Herausgegeben von
Caspar Hirschi
Christian Joas
Veronika Lipphardt
Kärin Nickelsen
Sylvia Paletschek
Margit Szöllösi-Janze

WISSENSCHAFTSKULTUREN
Reihe III:
Pallas Athene
Geschichte der institutionalisierten Wissenschaft
Bd. 58

www.steiner-verlag.de/brand/Wissenschaftskulturen

Vanessa Osganian

DIE ALLIANZ DER WISSENSCHAFTSORGANISATIONEN

Kooperation und Konkurrenz im deutschen Forschungssystem

Franz Steiner Verlag

Die dieser Publikation zugrundeliegende Dissertation entstand im Rahmen der
DFG-Forschungsgruppe FOR 2553 „Kooperation und Konkurrenz in den Wissenschaften".

Umschlagabbildung: Wissenschaftszentrum Bonn, 2023
© Liza Soutschek
Im Wissenschaftszentrum Bonn, das eine Einrichtung des Stifterverbands und eine Servicestelle
für die Wissenschaftsregion Bonn ist, hat die Allianz der Wissenschaftsorganisationen seit den
ausgehenden 1970er Jahren wiederholt getagt.

Bibliografische Information der Deutschen Nationalbibliothek:
Die Deutsche Nationalbibliothek verzeichnet diese Publikation in der Deutschen
Nationalbibliografie; detaillierte bibliografische Daten sind im Internet über
dnb.d-nb.de abrufbar.

Dieses Werk einschließlich aller seiner Teile ist urheberrechtlich geschützt.
Jede Verwertung außerhalb der engen Grenzen des Urheberrechtsgesetzes
ist unzulässig und strafbar.
© Franz Steiner Verlag, Stuttgart 2024
www.steiner-verlag.de

Zugleich Dissertation an der Ludwig-Maximilians-Universität München, 2022

Layout und Herstellung durch den Verlag
Satz: SchwabScantechnik, Göttingen
Druck: Beltz Grafische Betriebe, Bad Langensalza
Gedruckt auf säurefreiem, alterungsbeständigem Papier.
Printed in Germany.
ISBN 978-3-515-13489-7 (Print)
ISBN 978-3-515-13491-0 (E-Book)
DOI 10.25162/9783515134910

Für Ludwig und meine Mutter Anschi

Danksagung

Das vorliegende Buch basiert auf dem geringfügig überarbeiteten Manuskript meiner Dissertationsschrift, die ich im Juni 2022 an der Fakultät für Geschichts- und Kunstwissenschaften der Ludwig-Maximilians-Universität München eingereicht habe. Seine Entstehung ist nur mit der Unterstützung zahlreicher Personen und Institutionen möglich gewesen, denen ich an dieser Stelle danken möchte.

Mein herzlicher Dank gilt an erster Stelle meinem Doktorvater Prof. Dr. Helmuth Trischler, der meine Arbeit mit großem Engagement begleitet und mich in jeder Phase dieses Projekts gefördert, ermutigt und mit unerschöpflicher Tatkraft unterstützt hat. Besonders dankbar bin ich für die vertrauensvolle und produktive Zusammenarbeit sowie seine fachlichen Anregungen, die maßgeblich zum Gelingen dieses Projekts beigetragen haben. Ebenfalls danken möchte ich Prof. Dr. Andreas Wirsching, der das Zweitgutachten zu meiner Arbeit verfasst und das Projekt mit vielen hilfreichen Ratschlägen unterstützt hat. Prof. Dr. Margit Szöllösi-Janze danke ich für Ihr Interesse und die Bereitschaft, sich als Drittprüferin an der Disputation zu beteiligen.

Über eine eher im Verborgenen agierende Ritterrunde, als welche die Allianz trefflich beschrieben wurde, kann man nur schreiben, wenn es gelingt, einen Blick hinter die Kulissen zu werfen. Für diese Einblicke in das Innenleben der Allianz und des Präsidentenkreises, für die detaillierten Hintergrundinformationen zu den Modi der Zusammenarbeit ebenso wie für das große mir entgegengebrachte Vertrauen und ihre Unterstützung bin ich meinen Interviewpartnerinnen und Interviewpartnern zu tiefstem Dank verpflichtet: Dr. Barbara Bludau, Dr. Christian Bode, Dr. h.c. Edelgard Bulmahn, Dr. Klaus Fleischmann, Prof. Dr. Wolfgang Frühwald, Eva Maria Heck, Dr. Josef Lange, Prof. Dr. Heinz Riesenhuber, Dr. Christoph Schneider, Prof. Dr. Herwig Schopper, Prof. Dr. Winfried Schulze und Prof. Dr. Joachim Treusch.

Es ist dem Entgegenkommen zahlreicher Institutionen zu verdanken, die mir eine Recherche in ihren Aktenbeständen ermöglichten und umfangreichen Verkürzungen der Schutzfrist zugestimmt haben, dass dieses Forschungsvorhaben mit dem gewählten zeitlichen Zuschnitt überhaupt verwirklicht werden konnte. Ein besonderer Dank gilt speziell der Max-Planck-Gesellschaft, der Deutschen Forschungsgemeinschaft, der Hochschulrektorenkonferenz und dem Wissenschaftsrat. Stellvertretend für die zahlreichen Mitarbeiterinnen und Mitarbeiter in den Archiven und Geschäftsstellen gebührt an dieser Stelle Walter Pietrusziak (DFG), Thomas Lampe (HRK), Petra Langhein-Lewitzki (WR) sowie Barbara Groß (Bundesarchiv) mein herzlicher Dank für die intensive Betreuung und die uneingeschränkte Unterstützung, die ich während meiner Recherchen erfahren habe.

Ferner habe ich von einer engen Kooperation mit dem Forschungsprogramm zur *Geschichte der Max-Planck-Gesellschaft (1945–2005)* (GMPG) am Berliner Max-Planck-Institut für Wissenschaftsgeschichte (MPIWG) profitiert, auf deren ebenso umfangreiche wie benutzerfreundliche Datenbanken und hervorragende IT-Infrastruktur ich zugreifen durfte. Für die vielfältige Unterstützung und für den wertvollen kollegialen Austausch während meiner Aufenthalte am MPIWG danke ich allen beteiligten Mitarbeiter:innen des Projekts, darunter unter anderem Prof. Dr. Jürgen Kocka, Prof. Dr. Carsten Reinhardt, Prof. Dr. Jürgen Renn, Dr. Florian Schmaltz, Urs Schoepflin, Dr. Felix Falko Schäfer, PD Dr. Jaromír Balcar, Dr. Birgit Kolboske, PD Dr. Alexander von Schwerin, Prof. Dr. Mitchell Ash und Prof. Dr. Carola Sachse. Bei der Klärung aller organisatorischer Fragen war Kristina Schönfeldt stets eine unschätzbar große Hilfe.

Die Durchführung dieses Forschungsprojekts wurde durch eine großzügige Förderung der DFG ermöglicht. Während meiner Promotion war ich wissenschaftliche Mitarbeiterin in der DFG-Forschungsgruppe 2553 zum Thema *Kooperation und Konkurrenz in den Wissenschaften*. Ich danke allen Mitgliedern der Forschungsgruppe für ihre kompetenten Anregungen im Rahmen zahlreicher Retreats, Workshops und Diskussionen, die zur theoretischen Fundierung meiner Arbeit beigetragen haben. Insbesondere Dr. Dana von Suffrin danke ich für ihr Engagement und die vielen aufmunternden Worte.

Das Forschungsinstitut für Wissenschafts- und Technikgeschichte am Deutschen Museum bot mir während der Promotionsphase ein ideales Arbeitsumfeld mit inspirierendem interdisziplinären und internationalen Austausch. Für die gewissenhafte Unterstützung bei allen administrativen Herausforderungen des Forschungsprojekts möchte ich Andrea Walther und Daria Schumann danken. Eine große Hilfe bei der Literaturbeschaffung waren Florian Preiß und das gesamte Team der Bibliothek des Deutschen Museums.

In zahlreichen Gesprächen auf Konferenzen und Workshops, aber nicht zuletzt auch in den Mittags- und Kaffeepausen am Deutschen Museum haben mir Kolleg:innen durch die Höhen und Tiefen des Doktorandinnendaseins geholfen. Danken möchte ich hierfür – neben vielen anderen, die ich an dieser Stelle nicht aufzählen kann – Dr. Liliia Zemnukhova, Dr. Christian Götter, PD Dr. Rudolf Seising, Dr. Ellen Harlizius-Klück, Dr. Helen Piel, Kira Schmidt, Susanne Brunner, Dr. Noemi Quagliati, Dr. Martin Meiske, Dr. Fabian Zimmer, Christina Elsässer, Katharina Drexler, Dr. Sebastian Kasper, Nicolas Lange, Mia Dechant, Katharina Bock, Anabel Harisch, Dr. Caterina Schürch, Christian Ballis und Alexander Wünsche. PD Dr. Elsbeth Bösl, PD Dr. Ulf Hashagen und PD Dr. Désirée Schauz haben mich in der Entscheidung für eine Promotion bekräftigt und meine Dissertationsphase stets interessiert verfolgt. Dr. Karin Hutflötz hat mich in besonderer Weise in den letzten turbulenten Wochen vor der Abgabe unterstützt und mich vor vielen schlaflosen Nächten bewahrt. Dr. Andrea Lucas möchte ich für das präzise Lektorat, ihren wachen und kritischen Blick und die bereichernde Zusammenarbeit herzlich danken.

Dinah Pfau, Ramona Pohlmann, Simone Sappl, Liza Soutschek, Julia Wettengl und Dr. Fabienne Will waren in besonderer Weise eine Stütze – nicht nur im unentwegten Kampf mit Gliederungs- und Kapitelentwürfen. Auch Moritz Schlenker hat mit seiner gewissenhaften Arbeitsweise und seinem großen Engagement maßgeblich zum Gelingen dieses Projekts beigetragen.

Den Herausgeber:innen der Wissenschaftskulturen danke ich herzlich für die Aufnahme in die Reihe und dem Franz Steiner Verlag, insbesondere Katharina Stüdemann, für die Betreuung und die reibungslose Zusammenarbeit.

Mein besonderer Dank gilt meiner Familie, besonders meinem Vater Wresch und seiner Frau Ingrid ebenso wie meiner Großmutter Karin, die mich bedingungslos auf meinem Weg unterstützt und mir stets Mut zugesprochen haben. Meinen Freund:innen, darunter insbesondere Lisa, Kathi, Nathalie, Anna, Sabrina und Susanne, danke ich für ihre offenen Ohren und für die notwendige Zerstreuung in den vergangenen Jahren.

Mehr als in Worte zu fassen ist, verdanke ich Ludwig, der mir immer den Rücken freigehalten und an mich geglaubt hat. Ihm und meiner Mutter Anschi ist diese Arbeit gewidmet.

Inhalt

1	**Einleitung**		15
1.1	Die Heilige Allianz – Annäherung an eine „Ritterrunde im Verborgenen"		15
	1.1.1	Eine Allianz der Wissenschaftsorganisationen?	15
	1.1.2	Die Aufgaben der Allianz und ihre Beziehung zur Politik	19
1.2	Theoretische und methodische Grundlagen		22
	1.2.1	Kooperation und Konkurrenz als handlungsleitende Interaktionsmodi	22
	1.2.2	Überlegungen zum Verhältnis von Wissenschaft und Politik	31
1.3	Forschungsdesign		35
	1.3.1	Ziel der Studie und erkenntnisleitende Fragestellungen	35
	1.3.2	Untersuchungszeitraum und Stand der Forschung	38
	1.3.3	Quellenkorpus und Expert:inneninterviews	43
	1.3.4	Aufbau der Studie	48
2	**Herausbildung der Allianz (ca. 1955–1968)**		51
2.1	Absprachen zwischen den Wissenschaftsorganisationen – Eine Allianz *avant la lettre*		51
	2.1.1	Die Gründung des Wissenschaftsrats als Katalysator für die Herausbildung der Allianz	53
	2.1.2	Bedeutung personalpolitischer Entscheidungen für die Entstehung der Allianz	58
	2.1.3	Positionierung zur Errichtung eines Bundesforschungsministeriums	63
2.2	Erweiterung und Festigung der Allianz		70
	2.2.1	Verstetigung der Zusammenarbeit	71
	2.2.2	Erste Kontakte zum neu gegründeten Bundesforschungsministerium und Entstehung des Präsidentenkreises	79
	2.2.3	Vom Finden einer gemeinsamen Identität	86

3	Institutionalisierung als wissenschaftspolitisches Beratungsgremium (ca. 1969–1989)	89
3.1	Institutionalisierung der Zusammenarbeit mit der Politik	89
	3.1.1 Zwischen Informalität und Wiederbelebung: Der Präsidentenkreis zu Beginn der 1970er Jahre	92
	3.1.2 Etablierung und schrittweise Institutionalisierung der Gespräche mit dem Bundesforschungsministerium in den langen 1970er Jahren	101
	3.1.3 Beziehungsgeflecht zwischen Wissenschaft und Politik im Spannungsfeld von Kooperation und Konkurrenz	107
3.2	Formalisierung der Zusammenarbeit in der Allianz	115
	3.2.1 Selbstverständnis und sich wandelnde interne Abläufe	117
	3.2.2 Zusammenarbeit in personalpolitischen Fragen	122
	3.2.3 Kooperation trotz Konkurrenz in finanzpolitischen Fragen	131
3.3	Erweiterungen der Allianz zwischen Kooperation und Konkurrenz	144
	3.3.1 Die widerwillige und spannungsgeladene Einbindung der Arbeitsgemeinschaft der Großforschungseinrichtungen (AGF)	146
	3.3.2 Eine nahezu lautlose Erweiterung der Allianz – Das Beispiel der Fraunhofer-Gesellschaft (FhG)	158
	3.3.3 Die vergeblichen Bemühungen der Konferenz der Akademien	166

4	Tiefgreifende Veränderungen in der deutschen Wissenschaftslandschaft (ca. 1990–2000)	173
4.1	Die Wiedervereinigung als Bewährungsprobe für die Allianz	173
	4.1.1 Zwischen Eigeninteressen und gemeinsamer Abstimmung	174
	4.1.2 Zunehmende Spannungen in der Allianz	184
	4.1.3 Konflikteskalation: Der Fall Neuweiler	194
4.2	Der Reformprozess geht weiter	204
	4.2.1 Startschuss für umfassende Evaluationen im deutschen Wissenschaftssystem	205
	4.2.2 Die Systemevaluation der bundesdeutschen Forschung	211
	4.2.3 Eine neue Governance der Wissenschaft?	218
4.3	Die Allianz im Wandel	226
	4.3.1 Debatten über das Selbstverständnis	227
	4.3.2 Einbindung weiterer Kooperationspartner	232
	4.3.3 Zögerliche Abkehr vom Primat der nationalen Forschungsförderung	240
	4.3.4 Erste Schritte in das Licht der Öffentlichkeit	251

5	Ausblick: Die Allianz nach der Jahrtausendwende	263
5.1	Die Allianz im Wissenschaftssystem des neuen Jahrtausends	263
5.2	Neue Arbeitsweisen und Sitzungsteilnehmende	271
5.3	Die Allianz als Stimme der Wissenschaft?	277

6	**Fazit**	283
7	**Anhang**	301
7.1	Abkürzungsverzeichnis	301
7.2	Abbildungsverzeichnis	304
8	**Quellen- und Literaturverzeichnis**	305
8.1	Archivmaterial und Interviews	305
	8.1.1 Archivalien	305
	8.1.2 Interviews	306
8.2	Gedruckte Quellen und Sekundärliteratur	306
9	**Personenregister**	335

1 Einleitung

1.1 Die Heilige Allianz – Annäherung an eine „Ritterrunde im Verborgenen"

1.1.1 Eine Allianz der Wissenschaftsorganisationen?

Als die Bundesregierung und die Ministerpräsident:innen der Länder im Zuge der weltweiten, durch die Verbreitung des Virus SARS-CoV-2 ausgelösten Pandemie im Winter 2021 eine erneute Verschärfung der Quarantänemaßnahmen beschlossen, veröffentlichte die Boulevardzeitung *Bild* unter dem Titel „Die Lockdown-Macher" einen reißerischen Artikel über die am 2. Dezember 2021 in Kraft getretenen Regelung zur Eindämmung der Pandemie.[1] In ihrem Beitrag machten die Verfasser:innen[2] dabei explizit drei Physiker:innen für die Implementierung verschiedener, teils unpopulärer Maßnahmen, wie die 2G-Nachweispflicht oder die umfangreichen Kontaktbeschränkungen, verantwortlich. Bereits in den Monaten zuvor hatte die *Bild* die ohnehin angespannte Stimmung in der deutschen Gesellschaft eher angeheizt, als zum Verständnis der zugrundeliegenden wissenschaftlichen Erkenntnisse beizutragen. Doch die öffentliche Diffamierung der drei namentlich benannten Wissenschaftler:innen stellte eine neue Stufe der Eskalation dar und rief die einflussreichsten deutschen Wissenschaftsorganisationen auf den Plan. Nur zwei Tage nach der Veröffentlichung des *Bild*-Artikels trat die Allianz der Wissenschaftsorganisationen, die lange Zeit eher als „Ritterrunde im Verborgenen" agiert hatte,[3] mit einem „Aufruf zu mehr Sachlichkeit

---

[1] Vgl. o. A. (2021), Die Lockdown-Macher.
[2] In dieser Studie wird bei der Bezeichnung von Personen eine gendersensible Schreibweise verwendet, sofern Männer und Frauen (und weitere Geschlechtsidentitäten) gemeint sind oder sein können. Bei feststehenden (Gremien-)Bezeichnungen hingegen (z. B. Präsidentenkreis) erfolgt aus Gründen der historisch korrekten Begriffsverwendung keine Angleichung an eine geschlechtergerechte Sprache. Gleiches gilt für Zeiten, in denen nachweislich keine Frauen in bestimmten Personenkreisen, also etwa unter den Generalsekretären der Allianz, vertreten waren. Bei Institutionen und Wissenschaftsorganisationen erfolgt aus Gründen der leichteren Lesbarkeit im vorliegenden Text keine Angleichung an eine gendersensible Schreibweise.
[3] Van Bebber (2011), Ritterrunde, S. 35.

in Krisensituationen" öffentlichkeitswirksam ins Scheinwerferlicht.[4] Darin bemängelte sie die populistische und „einseitige Berichterstattung" der Zeitung und monierte insbesondere, dass „einzelne Forscherinnen und Forscher zur Schau gestellt und persönlich für dringend erforderliche, aber unpopuläre Maßnahmen zur Pandemie-Bekämpfung verantwortlich gemacht" würden. Ein solches Verhalten sei, so die zusammengeschlossenen Wissenschaftsorganisationen weiter, „in keiner Weise akzeptabel" und widerspreche „den Grundregeln einer freien und offenen Gesellschaft sowie den Grundprinzipien unserer Demokratie". Aus diesem Grund forderten sie von der Presse ein höheres Maß an „Sachlichkeit in Diskussion und Berichterstattung", damit Wissenschaftler:innen auch weiterhin mit ihrer fachlichen Expertise zur Lösung gesamtgesellschaftlicher Probleme beitragen.

Um die Reichweite ihres Aufrufs zu erhöhen, verwiesen die beteiligten Wissenschaftsorganisationen an zentralen Stellen auf ihren Homepages und Social-Media-Kanälen auf die gemeinsame Stellungnahme. Der auf Twitter verbreitete Appell der Allianzmitglieder wurde noch am selben Tag von privaten Nutzer:innen, Wissenschaftler:innen und einzelnen Forschungsinstituten rege geteilt, weswegen der sonst eher sporadisch genutzte Hashtag #AllianzWissenschaft am 6. Dezember 2022 sogar zeitweise unter den drei meistgenutzten Hashtags in Deutschland aufgeführt wurde. Auch abseits von Twitter erhielt die Allianz, insbesondere aus Wissenschaft und Forschung, Zuspruch für ihre unmittelbare gemeinsame Reaktion.[5] Doch neben der Begeisterung offenbarte sich in dieser Situation zugleich, wie wenig über die Zusammensetzung, das Betätigungsfeld und die Geschichte der Allianz der Wissenschaftsorganisationen in der breiteren Öffentlichkeit bekannt ist.[6] Nicht zufällig hat die Wissenschaftsjournalistin Christine Prussky diesen Zusammenschluss noch vor wenigen Jahren als „Fürstenrunde" charakterisiert, welche „die Dinge gerne unter sich ausmacht".[7] Da die Allianz der Wissenschaftsorganisationen im Zentrum der vorliegenden Arbeit steht, erscheint es daher geboten, einige Bemerkungen zu ihren Mitgliedern, ihrer Arbeitsweise und der öffentlichen Wahrnehmung dieses Zusammenschlusses an den Beginn zu stellen, um sich diesem bisweilen etwas nebulösen Gremium schrittweise anzunähern, bevor dessen Geschichte unter besonderer Berücksichtigung der spannungsreichen Gleichzeitigkeit kooperativer und kompetitiver Handlungsmodi in seinem Binnenverhältnis ebenso wie im Zusammenwirken mit externen Akteuren in den Fokus gerückt werden kann.

---

4 Vgl. Allianz der Wissenschaftsorganisationen (2021), Aufruf zu mehr Sachlichkeit. Die folgenden Zitate ebd.
5 So veröffentlichten bspw. die Deutsche Physikalische Gesellschaft (DPG) und die Junge Akademie einige Tage darauf ihrerseits Stellungnahmen, in denen sie ihre Unterstützung für den Aufruf der Allianz kundtaten. Vgl. Deutsche Physikalische Gesellschaft e. V. (2021), Die DPG unterstützt den „Aufruf zu mehr Sachlichkeit in Krisensituationen"; Die Junge Akademie (2021), Appell für eine sachliche Berichterstattung.
6 So vermuteten manche Twitter-User:innen, dass sich die Allianz erst am Tag der Veröffentlichung des gemeinsamen Aufrufs gegründet hatte.
7 Prussky (2017), Fürsten.

Eigenen Angaben zufolge versteht sich die Allianz der Wissenschaftsorganisationen, so kann man es einer kurzen Selbstbeschreibung in Kursivdruck am Ende der gemeinsamen Verlautbarung entnehmen, als „Zusammenschluss der bedeutendsten Wissenschafts- und Forschungsorganisationen in Deutschland".[8] Zu ihren Mitgliedern zählen heute – in alphabetischer Reihenfolge – die Alexander von Humboldt-Stiftung (AvH), der Deutsche Akademische Austauschdienst (DAAD), die Deutsche Forschungsgemeinschaft (DFG), die Fraunhofer-Gesellschaft (FhG), die Helmholtz-Gemeinschaft Deutscher Forschungszentren (HGF), die Hochschulrektorenkonferenz (HRK), die Leibniz-Gemeinschaft (WGL), die Max-Planck-Gesellschaft (MPG), die Nationale Akademie der Wissenschaften Leopoldina und der Wissenschaftsrat (WR).[9]

Obwohl sich in ihr die einflussreichsten deutschen Wissenschafts- und Forschungsorganisationen versammeln, ist die Allianz der Wissenschaftsorganisationen als Institution wenig greifbar. Es handelt sich um kein offizielles Gremium mit einem festen Mitarbeiter:innenstab oder einer Geschäftsstelle. Über eine eigene Website, auf der nicht nur die aktuellen gemeinsamen Verlautbarungen des Gremiums zu finden sind, sondern auch die Betätigungsfelder und das Wirken vorgestellt werden, verfügt die Allianz erst seit dem Sommer 2022.[10] Zuvor waren äußerst spärliche Informationen über ihr Bestehen und ihre Mitglieder lediglich an wenig prominenten Stellen auf den Websites der beteiligten Wissenschaftsorganisationen zu finden – diese enthielten jedoch kaum tiefgreifendere Informationen, sondern lediglich eine wenige Zeilen umfassende Selbstbeschreibung, die der Zusammenschluss ebenfalls seinen gemeinsamen Presseerklärungen beifügt.[11]

Angesichts dieses so zurückhaltenden öffentlichen Auftritts, erscheint es zutreffend, wenn Experten die Allianz als „Ritterrunde im Verborgenen"[12] oder als „Institution, die es als solche eigentlich nicht gibt",[13] bezeichnen. Trotzdem haben die Wissenschaftsorganisationen in der jüngeren Vergangenheit den Anforderungen der modernen Wissens- und Mediengesellschaft Tribut gezollt,[14] da sie (zumindest punktuell) auf den

---

8 Allianz der Wissenschaftsorganisationen (2021), Aufruf zu mehr Sachlichkeit.
9 Einzelne Ergebnisse dieser Arbeit wurden bereits vorab im Rahmen eines Preprints des Forschungsprogramms „Geschichte der Max-Planck-Gesellschaft" veröffentlicht, vgl. Osganian/Trischler (2022), Die MPG als wissenschaftspolitische Akteurin. Darüber hinaus wurden weitere Teilergebnisse insbesondere zu Kapitel 3.3.1 dieser Arbeit, im Rahmen eines Aufsatzes publiziert, vgl. Osganian (2022), Competitive Cooperation.
10 Vgl. Allianz der Wissenschaftsorganisationen (o. J.), Allianz.
11 So beispielsweise auf dem Internetauftritt des Wissenschaftsrats, der 2021 den Vorsitz innehatte. Vgl. Wissenschaftsrat (o. J.), Allianz.
12 Van Bebber (2011), Ritterrunde, S. 35.
13 Interview mit Josef Lange (München/Hannover 20.08.2020).
14 Der Terminus und die Theorie der Wissensgesellschaft sind in der Forschung keineswegs unumstritten. Vgl. zu den entsprechenden Debatten bspw. Bittlingmayer (2005), ‚Wissensgesellschaft' als Wille und Vorstellung; Bittlingmayer (2006), Die „Wissensgesellschaft"; Böschen (2017), Wissensgesellschaft; Kübler (2009), Mythos Wissensgesellschaft.

damit einhergehenden wachsenden Informationsbedarf der Öffentlichkeit zu reagieren begannen:[15] Um das Jahr 2010 herum veröffentlichte die Allianz erstmals eine Broschürenreihe, die zum Start der vom Bundesministerium für Bildung und Forschung (BMBF) entwickelten *Hightech-Strategie 2020*[16] die Arbeit der Wissenschaftsorganisationen in den fünf von der Bundesregierung definierten Bedarfsfeldern darstellen und in einen gesellschaftlichen Dialog bringen sollte.[17] Daneben initiierte die Allianz verschiedene Schwerpunktinitiativen, etwa zu den Themen „Digitale Information"[18] oder „Tierversuche verstehen",[19] die über eigene Websites mit vielfältigen Informationen verfügen. Ebenso zeugt die im Jahr 2019 durchgeführte Kampagne „Freiheit ist unser System"[20] anlässlich des 70-jährigen Jubiläums des deutschen Grundgesetzes davon, dass die Öffentlichkeit als Adressatin gemeinsamer Initiativen verstärkt in den Fokus des Gremiums rückt. Die konkrete Arbeit der Allianz erfolgt jedoch weiterhin bewusst im Hintergrund, und es dringen meist keine Details über die gemeinsamen Beratungen oder deren Inhalte an die Öffentlichkeit. Einzig über die Verhandlungen im Rahmen des Projekts DEAL zur bundesweiten Lizenzierung für das Portfolio der Wissenschaftsverlage Wiley, Springer Nature und Elsevier wurde in größerem Umfang berichtet.[21]

Dass die Allianz mit solchen Aktionen inzwischen gezielt ins Scheinwerferlicht tritt, ist ein Phänomen, das sich in größerem Umfang erst seit den 2010er Jahren beobachten lässt. In den Jahrzehnten zuvor hatten sich die gemeinsamen Initiativen des Gremiums meist ausschließlich an die politische Exekutive gerichtet, und ebenso fand die Einbindung der Allianz in Prozesse der wissenschaftspolitischen Entscheidungsfindung unter Ausschluss der Öffentlichkeit statt. Dieser eher zurückhaltende kollektive Auftritt weckte noch zu Beginn des neuen Jahrtausends herbe Kritik. So bemängelte Andreas Sentker in der *Zeit*, dass es in Deutschland an einer Institution fehle, „die die gesamte Wissenschaft gegenüber Politik und Öffentlichkeit vertreten könnte".[22] Den Treffen der Allianz attestierte er aufgrund fehlender verbindlicher Beschlüsse „wenig Wirkung" und bezeichnete einen „gemeinsamen Brief ans Forschungsministerium

---

15 Vgl. Donges (2008), Medialisierung, S. 19–26.
16 Vgl. dazu Bundesministerium für Bildung und Forschung (2010), Ideen. Innovation. Wachstum.
17 Siehe Allianz der Wissenschaftsorganisationen (2010), Energie; Allianz der Wissenschaftsorganisationen (2011), Kommunikation; Allianz der Wissenschaftsorganisationen (2011), Sicherheit; Allianz der Wissenschaftsorganisationen (2011), Gesundheit; Allianz der Wissenschaftsorganisationen (2012), Mobilität.
18 Vgl. Allianz der Wissenschaftsorganisationen (2008), Digitale Information.
19 Vgl. Allianz der Wissenschaftsorganisationen (2016), Tierversuche verstehen. Diese Initiative verfügt neben einer eigenen Website auch über einen eigenen Twitter-Account (1799 Follower, Stand 09.06.2022) und einen YouTube-Kanal (423 Abonnent:innen, Stand 09.06.2022).
20 Vgl. Allianz der Wissenschaftsorganisationen (o. J.), Freiheit ist unser System.
21 Dazu existiert bspw. ein eigener Twitter-Account (1254 Follower, Stand 09.06.2022), der über den Verlauf der Verhandlungen auf dem Laufenden hält. Die Presse berichtet ebenfalls in erheblichem Umfang über die Verhandlungen, wie unter anderem dem Pressespiegel auf der zugehörigen Projekt-Website zu entnehmen ist. Hochschulrektorenkonferenz (o. J.), Projekt DEAL.
22 Sentker (2004), Schrebergarten.

[als] Gipfelpunkt der Einigkeit".[23] Die kritische Einschätzung des *Zeit*-Redakteurs ist der hochgradigen Informalität geschuldet, welche die Arbeit der Allianz über lange Jahre ihres Bestehens kennzeichnete und zum Teil noch heute charakterisiert. Doch sollte man ihre Zurückhaltung in der Öffentlichkeit mitnichten pauschal als Zeichen von Ineffizienz oder gar Wirkungslosigkeit verstehen – vielmehr bleibt zu untersuchen, wie sich das Handeln im Verborgenen und ein hohes Maß an Informalität auf die Performanz kooperativer Strukturen und deren Erfolgschancen in kompetitiven Situationen auswirkte.

1.1.2 Die Aufgaben der Allianz und ihre Beziehung zur Politik

In den Sitzungen der Allianz der Wissenschaftsorganisationen tauschen sich die Präsident:innen beziehungsweise Vorsitzenden und Generalsekretär:innen (und inzwischen auch die Geschäftsführer:innen)[24] der Mitgliedsorganisationen über zentrale „Fragen der Wissenschaftspolitik, der Forschungsförderung und der strukturellen Weiterentwicklung des deutschen Wissenschaftssystems" aus.[25] Erörtert werden also Belange, die alle Allianzmitglieder gleichermaßen betreffen und an deren Klärung ein gemeinsames Interesse besteht.

In dieser vage formulierten Selbstbeschreibung deuten sich zwei für die Allianz zentrale Charakteristika an: Das Ziel der vertraulichen Besprechungen war (und ist) es einerseits, sich gegenseitig über wichtige Aktivitäten zu informieren. Andererseits geht es den Teilnehmer:innen auch darum, gemeinsame Positionen zu finden, um gegenüber den politischen Akteur:innen Stellung beziehen zu können. Dabei fungiert der Zusammenschluss gewissermaßen als Abstimmungsgremium und als intermediärer Akteur selbstverwalteter Forschung, welcher die divergierenden Interessen seiner Mitglieder bündelt, harmonisiert und diese in der Öffentlichkeit vertritt. Denn die Mitgliedsorganisationen der Allianz sind, etwa hinsichtlich ihrer internen Organisation sowie ihrer rechtlichen Grundlagen, äußerst heterogen und erfüllen unterschiedliche Aufgaben im deutschen Wissenschafts- und Forschungssystem: darunter die (außer-)universitäre Forschung, die Forschungsförderung und die Politikberatung.[26] So bringen die einzelnen Mitgliedsorganisationen verschiedene Anliegen in die gemeinsamen Beratungen ein und vertreten unterschiedliche Standpunkte.

---

23 Ebd.
24 Lange Zeit nahmen von AGF und FhG nur die Vorsitzenden bzw. Präsidenten teil, nicht aber ihre Geschäftsführer. Analog wurde von der WGL zunächst nur der Präsident zu den Sitzungen der Allianz eingeladen. Inzwischen sind jedoch auch die Geschäftsführer:innen Mitglieder der Allianz. Der Ausschluss der Geschäftsführer sorgte mitunter für Spannungen in der Allianz, was in den Kapiteln 3.3.2 und 5.1 dieser Arbeit beleuchtet und in den jeweiligen historischen Kontext eingebettet wird.
25 Wissenschaftsrat (o. J.), Allianz.
26 Vgl. bspw. Behlau (2017), Forschungsmanagement, S. 14–47.

Die Allianz der Wissenschaftsorganisationen rückt damit gleichsam ins Zentrum des Spannungsfelds von Kooperation und Konkurrenz, das für diese Studie erkenntnisleitend sein wird: Schließlich verfolgen die einzelnen Mitglieder je separate Ziele und setzen ihre eigenen, an den Aufgaben der jeweiligen Wissenschaftsorganisation ausgerichteten Prioritäten. Nichtsdestoweniger kommen sie seit Jahrzehnten in regelmäßigen Abständen zusammen, um gemeinsam über Themenkomplexe zu beraten, die das gesamte (bundes-)deutsche Wissenschaftssystem betreffen und nehmen so Einfluss auf die Ausgestaltung der Wissenschafts- und Forschungspolitik. Um gemeinsam effizient agieren und bei Bedarf mit starker Stimme auftreten zu können, müssen die Mitgliedsorganisationen miteinander kooperieren, Informationen und Erfahrungen austauschen, ihre Einzelinteressen koordinieren und so die zwischen ihnen bestehende strukturelle Konkurrenz, beispielsweise um finanzielle Mittel, möglichst minimieren. Auf diesen Annahmen aufbauend wird die vorliegende Arbeit ergründen, wie die Allianz diese spannungsreiche Gleichzeitigkeit von kooperativen und kompetitiven Praktiken ausbalancierte und wie dies zum einen auf ihr Binnenverhältnis und zum anderen auf ihre Beziehung zu außenstehenden Wissenschaftsorganisationen rückwirkte.

Was die Allianzmitglieder nämlich über alle Unterschiede hinweg eint, ist ihre Finanzierung durch die öffentliche Hand, weswegen es für sie besonders relevant ist, „ihre budgetären Interessen gegenüber der politischen Seite untereinander [...] ab[zu]stimmen".[27] Diese Koordination gemeinsamer Interessen in finanzpolitischen Fragen in der Allianz ist von umso größerer Bedeutung, als die Präsident:innen bzw. Vorsitzenden der beteiligten Wissenschaftsorganisationen seit den 1960er Jahren in regelmäßigen Abständen vom Bundesforschungsministerium zu Besprechungen im sogenannten Präsidentenkreis eingeladen werden.[28]

In den zuletzt genannten Zusammenkünften beraten sich diese mit der Ministerin oder dem Minister und den Staatssekretär:innen[29] des BMBF beziehungsweise seiner Vorgängerinstitutionen über generelle wissenschaftspolitische Entwicklungen.[30] Dabei fungiert die Allianz als wichtiges Beratungsgremium, mittels dessen sich das Forschungsministerium der Akzeptanz geplanter politischer Initiativen versichern kann. Gleichzeitig lässt sich die Allianz vor diesem Hintergrund als Interessensgemeinschaft, mitunter

---

27 DFGA, AZ 02219–04, Bd. 11. Brief von Dieter Simon an Gotthard Schettler vom 01.09.1989.
28 Zur internen Vorabstimmung der Allianz hinsichtlich der Vorbereitung der Minister:innengespräche siehe AMPG, II. Abt., Rep. 57, Nr. 1424. Brief der DFG an die Allianz vom 05.04.2000.
29 Von Seiten des Ministeriums sind und waren je nach zu besprechender Tagesordnung zuweilen auch weitere Mitarbeiter:innen, häufig (Unter-)Abteilungsleiter:innen sowie ein:e Protokollführer:in, bei diesen Terminen anwesend.
30 Auf die Entstehung und die Kompetenzerweiterungen des Ministeriums geht die Arbeit in Kapitel 2.1.3 und 2.2.2 noch detaillierter ein. Vgl. dazu ausführlicher Kölbel (2016), BMBF, S. 534–537; Stucke (1993), Institutionalisierung, S. 15–17; Weingart/Taubert (2006), Bundesministerium, S. 11–18.

auch als Lobbyorganisation oder „pressure group"[31] der einflussreichsten nationalen Wissenschaftsorganisationen verstehen, die auf diesem korporatistischen Weg Einfluss auf die künftige Schwerpunktsetzung im Bereich der Forschungspolitik nehmen.

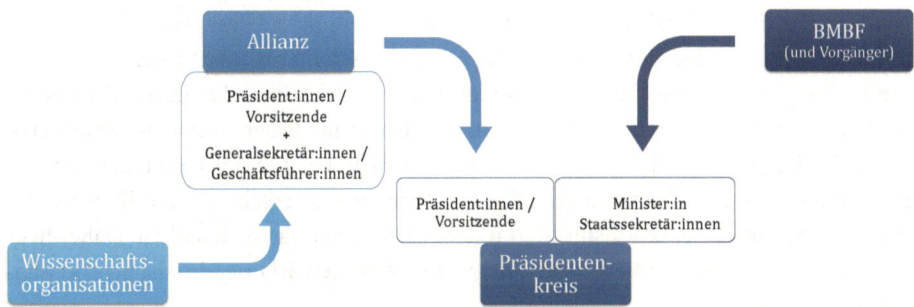

Abb. 1: Personelle Zusammensetzung von Allianz und Präsidentenkreis.[32]

Die Gespräche mit den Vertreter:innen des Forschungsministeriums finden, ähnlich wie die Besprechungen der Allianz, hinter verschlossenen Türen statt und genießen ein hohes Maß an Vertraulichkeit. So erklärt sich auch, dass in der Öffentlichkeit über diese Konsultationen bis heute noch weniger bekannt ist als über die lange im Verborgenen agierende Allianz.[33] Zwar existieren neben dem Präsidentenkreis diverse andere Gesprächsformate zwischen Wissenschaft und Politik, doch kommt ihm darunter eine besondere Rolle zu.

So gewährt der Präsidentenkreis seinen Mitgliedern den privilegierten Zugang zur Leitung des für die Wissenschafts- und Forschungspolitik zuständigen Fachressorts. Während andere Gesprächskreise oft nur bei Bedarf zu Rate gezogen werden und ihre Zusammensetzung häufig wechselt, hat der Präsidentenkreis ohne größere personelle Änderungen seit den 1960er Jahren Bestand. Zudem tragen die Inhalte der Gespräche zur Bedeutung des Präsidentenkreises bei, da sie der Allianz die Möglichkeit bieten, die Entscheidungsprozesse des Ministeriums in zentralen wissenschaftspolitischen Fragen zu beeinflussen. So informieren die Vertreter:innen des Forschungsministeriums die Wissenschaftsorganisationen vorab über ihre mittelfristige Finanzplanung oder über die forschungspolitischen Schwerpunkte für die kommenden Jahre und suchen dabei in den von einer vertrauensvollen Atmosphäre geprägten Gesprächen

---

31 Klofat (1991), Herrenhaus.
32 Eigene Visualisierung.
33 Auch in der Forschung basieren Einschätzungen über die Arbeit des Präsidentenkreises in erster Linie auf den Aussagen von Insidern und Kenner:innen der deutschen Wissenschaftspolitik. Vgl. Hintze (2020), Kooperative Wissenschaftspolitik, S. 415–424.

häufig gezielt den Rat der Präsident:innen und Vorsitzenden.[34] Wenngleich es keine rechtliche Gewährleistung dafür gibt, dass die von der Allianz in den Gesprächen geäußerten Vorschläge anschließend von den Verantwortlichen politisch umgesetzt werden, so attestieren die beteiligten Akteur:innen ebenso wie die politikwissenschaftliche Forschung dem Präsidentenkreis eine „Sonderstellung".[35] Diese lässt sich vor allem auf die Reputation der in ihm versammelten Wissenschaftsorganisationen zurückführen und begünstigt eine Umsetzung seiner Anliegen. Mit dem Historiker Mitchell G. Ash gesprochen dienen beide Kooperationspartner in dieser durchaus asymmetrischen Beziehung einander als Ressourcen,[36] weswegen es bei der Untersuchung dieses komplexen wechselseitigen Verhältnisses lohnenswert erscheint, den Blick auf die vorherrschenden Interaktionsmodi und deren situative Folgen zu lenken. Daher liegt ein zweiter Fokus der Studie auf der Analyse der Wechselwirkungen zwischen Wissenschaft und Politik im Präsidentenkreis.

1.2 Theoretische und methodische Grundlagen

1.2.1 Kooperation und Konkurrenz als handlungsleitende Interaktionsmodi

Als die Allianz Mitte der 1980er Jahre über die Frage diskutierte, wie man sich bezüglich des vom BMFT geplanten Weltraumprogramms positionieren könnte, von dem man befürchtete, dass es sich nachteilig auf die Haushaltssituation der einzelnen Wissenschaftsorganisationen auswirken würde, kam man zunächst zu dem Schluss, „daß die Allianz sich nicht enthalten solle, gemeinsam Stellung zu nehmen".[37] Denn eine gemeinsame Stellungnahme würde, so die Hoffnung der beteiligten Akteure, gegenüber den politischen Verhandlungspartner:innen eine höhere Überzeugungskraft besitzen als separate Äußerungen der Mitgliedsorganisationen. Doch trotz des offensichtlichen Mehrwerts einer gemeinschaftlichen Verlautbarung der Wissenschaftsorganisationen sollte sich die Entscheidungsfindung in dieser Angelegenheit als schwierig erweisen, da die in der Allianz versammelten Forschungsorganisationen gleichzeitig ihre jeweiligen Partikularinteressen im Auge behielten – insbesondere die MPG erhoffte sich von der Förderung der Weltraumforschung durch das BMFT finanzielle Zugewinne. So resümierte MPG-Präsident Heinz A. Staab bereits in der darauffolgenden Allianzsitzung, dass ein geschlossenes Vorgehen schwierig sei, weil „die einzelnen hier am

---

34 Vgl. Luhmann (2014), Vertrauen; Frevert (2003), Spurensuche.
35 Hintze (2020), Kooperative Wissenschaftspolitik, S. 415; vgl. bspw. auch Interview mit Edelgard Bulmahn (Berlin/München 23.07.2020); Interview mit Heinz Riesenhuber (Frankfurt am Main / München 02.05.2020).
36 Vgl. zum Ressourcenansatz Ash (2002), Ressourcen; Ash (2010), Wissenschaft und Politik; Ash (2016), Reflexionen.
37 DFGA, AZ 02219–04, Bd. 7. Interner Vermerk der DFG über die Sitzung der Allianz am 28.11.1984.

Tisch vertretenen Organisationen, was das Geld anbelange, [...] als Konkurrenten auftreten müßten".[38]

Wie dieser kurze Einblick in die Diskussionen der Allianz verdeutlicht, agiert dieses informelle Gremium unmittelbar im Zentrum des Spannungsfeldes von Kooperation und Konkurrenz, das den theoretischen Referenzrahmen für diese Studie markiert. Gemeinhin gelten diese beiden Interaktionsmodi als antagonistische Prinzipien,[39] allerdings sind sie vielmehr als beziehungsgeschichtliche Phänomene in einer spannungsreichen Gleichzeitigkeit zu verstehen: Denn Akteur:innen, die nicht miteinander konkurrieren, arbeiten nicht automatisch zusammen und umgekehrt. Ferner sind beide Handlungsmodi durch Instabilität gekennzeichnet und daher steten Aushandlungsprozessen unterworfen.[40] Schließlich steht es den beteiligten Parteien frei, beispielsweise eine bestehende Kooperationsbeziehung zu lösen, wenn der Mehrwert eines kooperativen Vorgehens fraglich erscheint.

Die vorliegende Studie stützt sich bei der Untersuchung der Allianz der Wissenschaftsorganisationen im Spannungsfeld von Zusammenarbeit und Wettbewerb auf die Überlegungen des Soziologen Georg Simmel,[41] der Konkurrenz als geregelten Wettbewerb von mindestens zwei Akteur:innen beschreibt, die um eine knappe Prämie konkurrieren.[42] Aufbauend auf Simmels Konzept lassen sich fünf Charakteristika identifizieren, welche die Beschreibung von *Konkurrenzkonstellationen* weiter konkretisieren und die methodische Analyse anleiten werden:

Im Hinblick auf das Erreichen eines Ziels besteht zwischen den Konkurrent:innen (a) eine *negative Interdependenz*: Nur wenn die andere konkurrierende Partei nicht erfolgreich ist, kann sich ein:e Akteur:in den Erhalt der Prämie sichern.[43] Zentral hierbei ist (b) die *triadische Struktur*: Das bedeutet, dass sich der „Kampfpreis nicht in der Hand eines der Gegner befindet",[44] sondern der beziehungsweise die sogenannte *Dritte*, also ein:e außenstehende:r Schiedsrichter:in, über den Erfolg im Wettbewerb und damit auch über die Zuteilung der Prämie entscheidet. Diese (c) *Indirektheit* der Wettbewerbshandlung und die triadische Konstellation unterscheidet die Konkurrenz

---

38 DFGA, AZ 02219–04, Bd. 7. Interner Vermerk der DFG über die Sitzung der Allianz am 21.02.1985.
39 So beschreibt bspw. der Althistoriker Christoph Ulf Kooperation als „das Gegenteil von Wettbewerb". Ulf (2013), Wettbewerbskulturen, S. 91.
40 Vgl. dazu insbesondere Nickelsen (2014), Kooperation und Konkurrenz; Nickelsen/Krämer (2016), Introduction; Soutschek/Nickelsen (2019), „Zusammenwirken" oder „Wettstreit der Nationen", S. 230–234.
41 Neben Simmel entwickelten auch andere einflussreiche Vertreter:innen dieser Disziplin ihrerseits Theorien zum Handlungsmodus der Konkurrenz. Vgl. Bourdieu (1975), Specificity; Geiger (2012), Konkurrenz; Mannheim (1929), Bedeutung der Konkurrenz; Weber (2009), Wirtschaft und Gesellschaft.
42 Vgl. hierzu und im Folgenden Simmel (1986), Soziologie der Konkurrenz. Zu den Charakteristika von Konkurrenzkonstellationen vgl. außerdem die Überlegungen von Kirchhoff (2015), Konkurrenz, S. 13–17; Werron (2011), Zur sozialen Konstruktion moderner Konkurrenzen, S. 228–236.
43 Vgl. Nickelsen/Krämer (2016), Introduction, S. 121.
44 Simmel (1986), Soziologie der Konkurrenz, S. 174.

damit vom (direkt gegen eine andere Partei gerichteten) Konflikt.[45] Darüber hinaus achtet der bzw. die Dritte auf die Einhaltung der von ihm bzw. ihr gesetzten, kulturell fundierten Spielregeln des Wettbewerbs.[46] Konkurrenz setzt (d) *Knappheit* voraus, denn nur wenn nicht der Wunsch jeder oder jedes Einzelnen erfüllt werden kann, entstehen kompetitive Situationen. Auf diese Weise legitimiert Konkurrenz Ungleichheit und Asymmetrien. Die Prämie, gewinnt in der Regel nur ein:e Konkurrent:in, während zahlreiche weitere Parteien leer ausgehen. Grundsätzlich gelten moderne Gesellschaften als vom Prinzip der Konkurrenz geprägt, da die Verteilung von knappen Gütern durch leistungsorientierte Wettbewerbsprozesse erfolgt, um auf diese Weise eine von der Gesamtheit akzeptierte Ungleichheit herzustellen.[47] Das Wettbewerbsparadigma führt gleichzeitig dazu, dass die Konkurrent:innen ständig darum bemüht sind, ihre eigenen Fähigkeiten zu verbessern oder weiterzuentwickeln, um in der Zukunft als Sieger:in aus der Konkurrenzsituation hervorzugehen.[48] Davon profitiert schließlich das Publikum, ebenso wie der oder die Dritte, um deren Gunst die konkurrierenden Parteien kontinuierlich werben, weswegen Simmel diesem Handlungsmodus eine „ungeheure vergesellschaftende Wirkung" zuschreibt.[49]

Jüngere soziologische Arbeiten heben in diesem Zusammenhang jedoch hervor, dass Konkurrenz strukturierte Machtverhältnisse und damit einhergehende Ungleichheiten reproduzieren kann.[50] Das erklärt auch, warum Konkurrenz als (e) *instabiler Handlungsmodus* zu verstehen ist: Denn obwohl ein:e Dritte:r generell über die Einhaltung der Regelwerke und die Vergabe der Prämie wacht, stellt sich stets die Frage, ob die Verlierer:innen ihre Niederlage akzeptieren werden oder ob sie beispielsweise die Spielregeln oder die Objektivität des beziehungsweise der Dritten in Frage stellen. Doch nicht nur die Unterlegenen können die Konkurrenzkonstellation destabilisieren, gleiches gilt für die siegreiche Partei, die sich unter Umständen den Erhalt der Prämie auf Dauer sichern und somit zukünftige Wettbewerbe verhindern will.[51] Deshalb werden die einer Konkurrenz zugrundeliegenden Regelsysteme von den Beteiligten

---

45 Vgl. Werron (2010), Direkte Konflikte, S. 304–307.
46 Die Begriffe Konkurrenz und Wettbewerb werden im Folgenden synonym verwendet, da im Rahmen dieser Studie davon ausgegangen wird, dass jede Form von Konkurrenz als soziale Konstellation und daher regelgeleiteter Handlungsmodus zu verstehen ist. Dem unter anderem von Thomas Kirchhoff gemachten Vorschlag, den Wettbewerb als speziellen Fall von Konkurrenzen zu betrachten, wird daher nicht gefolgt. Vgl. dazu Kirchhoff (2015), Konkurrenz, S. 16–17. Siehe zur Unterscheidung der Begriffe bspw. auch die Anmerkungen von Ferdinand Tönnies in o. A. (1929), Diskussion über „Die Konkurrenz", S. 84–88.
47 Vgl. Szöllösi-Janze (2021), Archäologie des Wettbewerbs, S. 241–246; Vogt (2015), Konkurrenz und Solidarität, S. 191–198.
48 Vgl. auch Imbusch (2015), Konkurrenz, S. 215–220.
49 Simmel (1986), Soziologie der Konkurrenz, S. 176.
50 Vgl. Reitz (2015), Beharrungsprinzip, S. 182–186. Vgl. zu reproduzierten Ungleichheiten im Wissenschaftssystem auch Merton (1985), Entwicklung und Wandel von Forschungsinteressen, S. 147–170; Hönig (2020), Matthäus-Effekt.
51 Vgl. Szöllösi-Janze (2021), Archäologie des Wettbewerbs, S. 243–245.

kontinuierlich neu ausgehandelt. Dieses letzte Charakteristikum kompetitiver Konstellationen ist für die Untersuchung zur Allianz der Wissenschaftsorganisationen von besonderem Interesse, da sich in diesem Zusammenhang die Fragen nach dem Umgang mit Regelverstößen und dem Verhalten der verschiedenen beteiligten Parteien in Kippmomenten des drohenden Umschlags von Kooperation in Konkurrenz stellen.

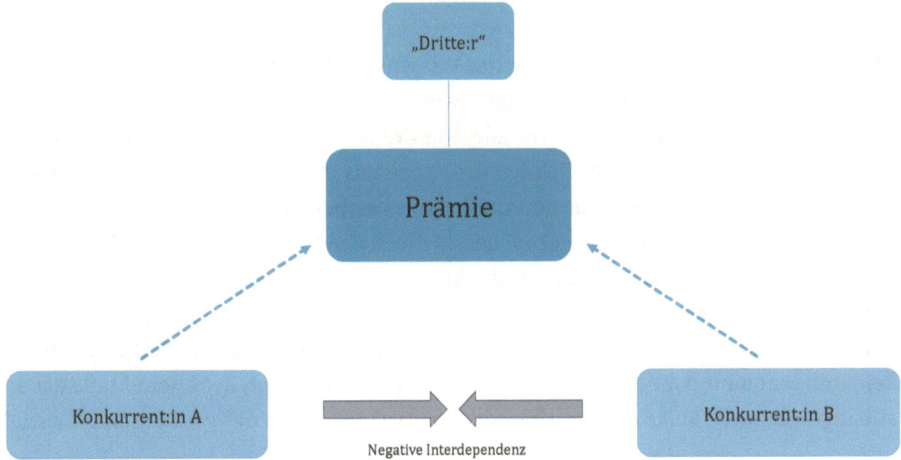

Abb. 2: Schematische Visualisierung einer triadischen Konkurrenzkonstellation.[52]

In der öffentlichen Wahrnehmung gilt Konkurrenz – meist nicht näher hinterfragt – als entscheidende Triebfeder für die Weiterentwicklung und das Vorankommen moderner Gesellschaften. Untermauert wird dies durch die Diagnose, dass sich Wettbewerb als allgegenwärtiger Interaktionsmodus seit dem späten 20. Jahrhundert in nahezu allen Lebensbereichen ausgebreitet hat und damit das alltägliche Zusammenleben in hohem Maß beeinflusst.[53] Auch für die Wissenschaft als gesellschaftliches Teilsystem wird häufig angenommen, dass es von einem ständigen Wettbewerb um unterschiedliche Prämien, beispielsweise Forschungsgelder, die besten Wissenschaftler:innen oder Topplatzierungen in (inter-)nationalen Rankings geprägt ist.[54] Vor diesem Hintergrund ist es wenig überraschend, dass sich in der Vergangenheit verschiedene Disziplinen, wie die Soziologie,[55] die Wirtschafts-, die Kultur- und die Politikwissenschaft, mit

---

[52] Eigene Visualisierung aufbauend auf den Überlegungen von Simmel mit Fokus auf die in den Händen eines bzw. einer Dritten liegenden Prämie.
[53] Vgl. dazu insbesondere Jessen (2014), Einleitung, S. 7–20; Kirchhoff (2015), Konkurrenz, S. 7–11.
[54] Vgl. zur Rolle von Konkurrenz im Bereich der Wissenschaften den Überblick bei Felt/Nowotny/Taschwer (1995), Wissenschaftsforschung, S. 75–83. Zur Gestalt der Prämien im Bereich Bildung und Universitäten siehe Wetzel (2013a), Soziologie des Wettbewerbs, S. 60–61.
[55] Vgl. Brankovic/Ringel/Werron (2018), Rankings; Bürkert/Engel/Heimerdinger u. a. (2019), Auf den Spuren der Konkurrenz; Duret (2009), Sociologie de la Competition; Krücken (2008), Zwischen gesell-

kompetitiven Praktiken auseinandergesetzt haben.[56] Auch die Geschichtswissenschaften haben diesen gesellschaftlichen Handlungsmodus entdeckt und sich der Historisierung der Konkurrenz gewidmet.[57] Die Förderung verschiedener (interdisziplinärer) Forschungsgruppen und -verbünde sowie einzelner Forschungsprojekte durch die Deutsche Forschungsgemeinschaft (DFG) zeugt von der Aktualität und dem hohen fachlichen und gesellschaftlichen Interesse an wettbewerblichen Praktiken.[58]

Doch spielen speziell für den Bereich der Wissenschaft *kooperative Praktiken* eine gleichermaßen wichtige Rolle wie der Wettbewerb um unterschiedliche Prämien.[59] Dieser Interaktionsmodus hat zunächst vor allem in der Soziologie und der Psychologie besondere Beachtung gefunden.[60] Untersuchungen aus diesen beiden Disziplinen legen ihren Fokus unter anderem auf die Ähnlichkeit der beiden Handlungsmodi, die sich vor allem im Hinblick auf das zu erreichende Ziel darstellen lässt. In beiden Fällen streben zwei oder mehr Akteur:innen nach einer Prämie. Während Konkurrenz aus einer negativen Interdependenz resultiert, sind die Ziele von möglichen Kooperationspartner:innen in der Regel *positiv interdependent*. Das bedeutet, dass die Wahrscheinlichkeit, mit der eine:r der Akteur:innen ihr bzw. sein Ziel erreicht, in hohem Maße davon abhängt, ob auch die jeweiligen Kooperationspartner:innen das gemeinsame Teilziel

---

schaftlichem Diskurs; Nullmeier (2005), Wettbewerb und Konkurrenz; Nullmeier (2006), Konkurrenzgesellschaft; Wetzel (2013b), Soziologie des Wettbewerbs; Werron (2009), Zur sozialen Konstruktion; Werron (2010), Direkte Konflikte; Werron (2011), Zur sozialen Konstruktion moderner Konkurrenzen; Werron (2019), Form und Typen von Konkurrenz.

56 Vgl. bspw. Benz (2007), Politischer Wettbewerb; Brink (2015), Kapitalismus; Diefenbacher/Rodenhäuser (2015), Konkurrenz; Tauschek (2019), Konkurrenznarrative; Tauschek (2013), Zur Kultur des Wettbewerbs.

57 Vgl. dazu besonders die verschiedenen Beiträge in Jessen (2014), Konkurrenz in der Geschichte; siehe außerdem Mayer (2019), Universitäten im Wettbewerb; Szöllösi-Janze (2021), Archäologie des Wettbewerbs; Waßer (2019), Von der „Universitätsfabrik" zur „Entrepreneurial University".

58 So wurde, um nur einige Beispiele zu nennen, von 2014 bis 2018 ein wissenschaftliches Netzwerk zum Thema „Konkurrenz und Institutionalisierung in der griechischen Archaik" gefördert (siehe https://gepris.dfg.de/gepris/projekt/269125951). Ein weiteres Netzwerk unter der Leitung von Markus Tauschek zu „Wettbewerb und Konkurrenz: Zur kulturellen Logik kompetitiver Figurationen" im Bereich der Kultur- und Sozialwissenschaften erhielt zwischen 2014 und 2017 eine Förderung (https://gepris.dfg.de/gepris/projekt/256304398). Daneben gründeten die Universitäten Köln und München einen Forschungsverbund „Konkurrenzkulturen Soziale Praxis, Wahrnehmung und Institutionalisierung von Wettbewerb in historischer Perspektive", dessen Teilprojekte sich der Herausbildung und der Veränderung von Wettbewerbsordnungen in historischer Perspektive widmeten (vgl. https://neuere-geschichte.phil-fak.uni-koeln.de/forschung/verbundprojekte/konkurrenzkulturen). Darüber hinaus hat 2021 die interdisziplinäre DFG-Forschungsgruppe „Multipler Wettbewerb im Hochschulsystem" (DFG FOR 5234) ihre Arbeit aufgenommen (https://gepris.dfg.de/gepris/projekt/447967785).

59 Zur Bedeutung von kooperativen Praktiken in der Wissenschaft vgl. insbesondere Nickelsen (2014), Kooperation und Konkurrenz.

60 Vgl. dazu exemplarisch Deutsch (2006), Cooperation and Competition; Deutsch (2014), Cooperation, Competition and Conflict; Johnson/Maruyama/Johnson u. a. (1981), Effects of Goal Structures; Johnson/Johnson (1989), Cooperation and Competition.

und darauf aufbauend ihre jeweils separaten Ziele erreichen.[61] Hinzu kommt, dass die Akteur:innen ihr Ziel alleine gar nicht oder nur ungleich schwerer erreichen können und auf bestimmte Ressourcen, wie zum Beispiel auf die Expertise oder das Prestige anderer, angewiesen sind.[62]

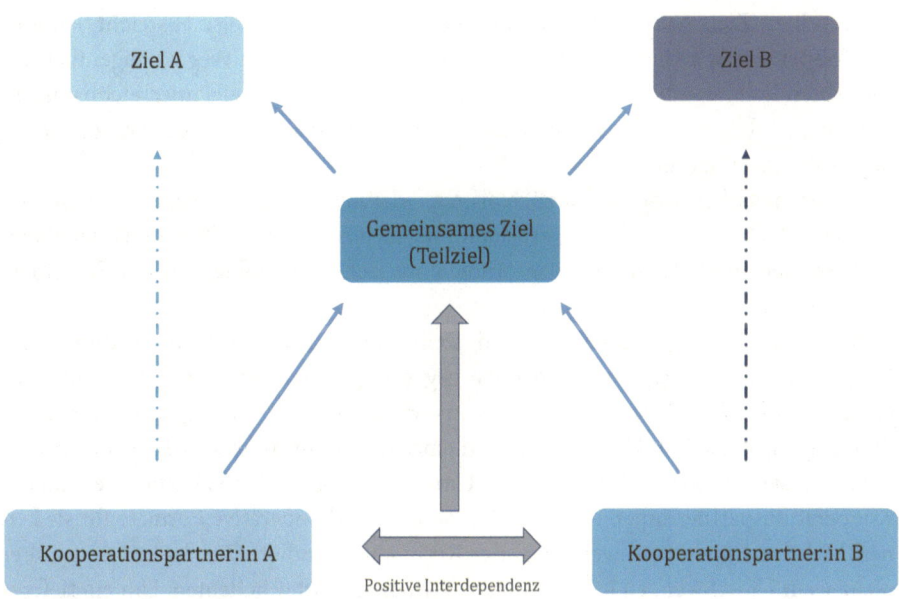

Abb. 3: Schematische Visualisierung einer Kooperation.[63]

Gerade die Hoffnung auf Vorteile in parallel existierenden Konkurrenzsituationen kann ein zentrales Motiv für das Eingehen einer Kooperationsbeziehung darstellen. Denn einzelne Kooperations- oder Konkurrenzgefüge stehen nicht für sich alleine. Stattdessen agieren Akteur:innen stets in verschiedenen, oft miteinander verknüpften oder aufeinander aufbauenden Konstellationen.[64]

Wie die psychologische Forschung herausgearbeitet hat, können Kooperationszusammenhänge mitunter *asymmetrisch* ausgeprägt sein.[65] Das bedeutet, dass die wechselseitige Abhängigkeit der Akteur:innen unterschiedlich verteilt sein kann. Während ein:e Kooperationspartner:in stark auf den Erfolg von anderen Akteur:innen an-

---

61 Vgl. Deutsch (2014), Cooperation, Competition and Conflict, S. 4–6.
62 Vgl. Nickelsen/Krämer (2016), Introduction, S. 121.
63 Eigene Visualisierung mit Fokus auf dem gemeinsamen und den individuellen Zielen der Kooperationspartner:innen.
64 Siehe Eggmann (2013), Wettbewerb diskursiviert, S. 37–41.
65 Vgl. hierzu und im Folgenden Deutsch (2014), Cooperation, Competition and Conflict, S. 6–8.

gewiesen ist, hat ein Scheitern möglicherweise kaum Konsequenzen für die zuletzt Genannten. Solche Konstellationen beeinflussen das Binnenverhältnis der kooperierenden Parteien maßgeblich, etwa hinsichtlich der Einflussmöglichkeiten auf das Festlegen von Regeln für die Zusammenarbeit. Eine ähnliche Asymmetrie lässt sich auch in Bezug auf die jeweiligen zu erreichenden Ziele feststellen: Während das Erreichen des geteilten Ziels für Kooperationspartner:in B möglicherweise ausreicht, kann es für Kooperationspartner:in A nur ein Zwischenschritt auf dem Weg zur eigentlich angestrebten Prämie sein, die ohne dieses gemeinsame Zwischenziel unerreichbar ist. In der Folge sind manche Akteur:innen eher am Weiterbestand einer Kooperationsbeziehung interessiert als andere.

Zusammenarbeit ist grundsätzlich als *regelgeleiteter Interaktionsmodus* zu verstehen und basiert, ebenso wie Wettbewerbshandlungen, auf kulturellen Normen oder einem (ungeschriebenen) Regelwerk, wie Studien aus der Philosophie und der Soziologie nachweisen konnten.[66]

Auf diesen Überlegungen aufbauend, stellt sich für kooperative Interaktionen die Frage nach dem Umgang mit Verstößen gegen die vorher definierten, teils auch impliziten Spielregeln. Denn ähnlich wie Konkurrenz zeichnet sich die Zusammenarbeit durch eine gewisse *Instabilität* aus: Sobald einzelne Akteur:innen den Eindruck gewinnen, dass sie das Ziel auch (oder unter Umständen sogar leichter) ohne die anderen Kooperationspartner:innen erreichen können, haben kooperative Formate für sie keinen Mehrwert mehr und werden in der Regel aufgekündigt. Dies kann – muss aber nicht – ein Umschwenken in kompetitive Verhaltensmuster bedeuten. Um ein tieferes Verständnis für die verschiedenen Ausformungen kooperativer Formate zu erlangen und diese gleichzeitig systematisch erfassen zu können, ist es folglich notwendig, das Zustandekommen und den Fortbestand von Kooperationsbeziehungen ebenso wie deren Einbettung in gleichzeitig bestehende Konkurrenzkonstellationen zu untersuchen.

In den Geschichtswissenschaften ist jüngst das Interesse an der Untersuchung von kooperativen Konstellationen gewachsen, wobei sich zunächst insbesondere die Wissenschaftsgeschichte dieser Thematik angenommen hat.[67] Darüber hinaus beginnen auch andere historische Teildisziplinen, sich diesem Interaktionsmodus zuzuwenden, wovon beispielsweise ein 2019 erschienener Sammelband zeugt, der die Modi der Zusammenarbeit von der Antike bis zur Gegenwart nachzuvollziehen sucht.[68] Dabei konstatieren die Herausgeber:innen, dass die „Fokussierung auf formelle und informelle

---

[66] Vgl. dazu Bicchieri/Muldoon (2011), Social Norms; Deutsch (2014), Cooperation, Competition and Conflict, S. 16–18.
[67] Vgl. insbesondere die Arbeiten von Musil-Gutsch/Nickelsen (2020), Ein Botaniker in der Papiergeschichte; Nickelsen/Schürch (2020), Dynamik. Siehe außerdem Andersen (2016), Collaboration, interdisciplinarity, and the epistemology of contemporary science; Nickelsen (2017), Zusammenarbeiten; Soutschek/Nickelsen (2019), „Zusammenwirken" oder „Wettstreit der Nationen".
[68] Siehe Henrich-Franke/Hiepel/Thiemeyer u. a. (2019), Grenzüberschreitende institutionalisierte Zusammenarbeit von der Antike bis zur Gegenwart.

Strukturen grenzüberschreitender Zusammenarbeit [...] diese Forschungsperspektive in die Nähe der sozialwissenschaftlichen Governance-Forschung" rücke.[69] Die Verbindung von historischer Analyse und Fragen der *Governance* wird neben den bereits genannten Schwerpunkten auch in der vorliegenden Arbeit eine Rolle spielen, speziell wenn es darum geht, informelle Strukturen der Zusammenarbeit in ihrer Komplexität zu beschreiben und näher zu charakterisieren.[70] In Abgrenzung zu den Begriffen der Planung und der Steuerung wird Governance dabei als Konzept auf „sämtliche Formen der gesellschaftlichen Interdependenzbewältigung" angewandt,[71] was es in unmittelbare Verbindung zu den Handlungsmodi von Kooperation und Konkurrenz rückt, mittels derer ebenfalls die Interdependenz verschiedener Akteur:innen und die intentionale Gestaltung sozialer und gesellschaftlicher Verhältnisse zu verstehen versucht wird. So lässt sich die Allianz als autonom agierende, korporative Akteurin begreifen, die den in ihr zusammengeschlossenen Wissenschaftsorganisationen als intermediäres Koordinations- und Abstimmungsgremium dient und ihnen zugleich eine Einbindung in wissenschafts- und forschungspolitische Entscheidungsprozesse ermöglicht.[72] Eine Analyse der zugrundeliegenden impliziten und expliziten Regeln ihrer Zusammenarbeit und der kompetitiven Strukturen dieses informellen Zusammenschlusses ermöglicht es, zu verstehen, welche internen oder externen Faktoren zur Stabilisierung beziehungsweise Destabilisierung von Kooperationen und Wettbewerben beitragen und wie Koordinationsmechanismen etabliert werden.

Kooperation und Konkurrenz sind keine einander ausschließenden Handlungsmechanismen. Vielmehr markieren sie eine spannungsreiche Gleichzeitigkeit, die situativ unterschiedliche Wirkungen hervorrufen kann.[73] Mit dieser komplexen Verschränkung haben sich seit den 1990er Jahren vor allem die Wirtschaftswissenschaften be-

---

69 Henrich-Franke/Hiepel/Thiemeyer u. a. (2019), Einleitung, S. 15.
70 Vgl. zum Versuch einer Definition des Begriffs Governance bspw. Bach/Philipps/Barlösius u. a. (2013), Ressortforschungseinrichtungen, S. 141–143. Benz/Lütz/Schimank u. a. (2007), Einleitung; Mayntz (2009), Governancetheorie.
71 Schimank (2009), Planung, S. 235.
72 Für eine Übersicht über die Governance-Forschung, ihre Einsatzfelder und Perspektiven siehe Benz/Dose (2010), Governance; Benz/Lütz/Schimank u. a. (2007), Handbuch Governance; Grande/Jansen/Jarren u. a. (2013), Neue Governance; Grande/May (2009), Perspektiven; Schuppert (2006), Governance-Forschung. Vgl. zur Analyse von Governance-Mechanismen im Bereich der Hochschulen bspw. Schimank (2016), Governance. Zum Mehrwert der Governance-Forschung für die Untersuchung einzelner (außer-) universitärer Wissenschaftsorganisationen vgl. als frühe Beispiele Hohn/Schimank (1990), Konflikte und Gleichgewichte; Schimank (1995), Politische Steuerung. Für jüngere Arbeiten siehe u. a. Heinze/Arnold (2008), Governanceregimes; Heinze/Kuhlmann (2007), Heterogeneous Collaboration; Groß/Arnold (2007), Regelungsstrukturen der außeruniversitären Forschung; Arnold/Groß (2005), Entscheidungsstrukturen der Leibniz-Gemeinschaft; Schimank (2009), Governance-Reformen.
73 Vgl. zur Performanz der Konkurrenz auch Tauschek (2013), Zur Kultur des Wettbewerbs, S. 13–26.

schäftigt und dabei die Motive der Akteur:innen ebenso wie unterschiedliche Ausformungen der *coopetition* in den Fokus gerückt.[74]

Noch früher als die Wirtschaftswissenschaften wurde die Wissenschaftsforschung auf die Gleichzeitigkeit kooperativer und kompetitiver Praktiken aufmerksam, da die beiden Interaktionsmodi besonders in der Wissenschaft beinahe unauflöslich miteinander verbunden scheinen und die Balance zwischen ihnen stets neu ausgehandelt werden muss. So diagnostizierte Robert K. Merton bereits 1942 eine „competitive cooperation" und charakterisierte die Akteur:innen im Feld der Wissenschaft als „compeers".[75] Doch trotz dieses frühen Befunds des Wissenschaftssoziologen Merton blieb eine systematische Analyse der Wechselwirkungen beider Handlungsmodi lange Zeit weitgehend aus. Stattdessen konzentrierten sich Studien lediglich auf eine der beiden Praktiken.[76] Erst in der jüngeren Vergangenheit rückte die Verschränkung beider Konzepte im Bereich der Wissenschaften zunehmend in den Fokus einzelner (Wissenschafts-)Historiker:innen.[77]

An diese Studien knüpft die vorliegende Arbeit an und fragt danach, wie sich die Interaktionsdynamik der beiden Handlungsmodi Kooperation und Konkurrenz auf das Binnenverhältnis der Allianz und ihre Beziehungen zu externen Partnern auswirkt. Dabei baut sie auf den Überlegungen der DFG-Forschungsgruppe „Kooperation und Konkurrenz in den Wissenschaften" (FOR 2553) auf,[78] welche die spannungsreiche Gleichzeitigkeit von Zusammenarbeit und Wettbewerb in unterschiedlichen historischen Kontexten in den Mittelpunkt stellt und diesen Ansatz so für die Geschichtswissenschaften im Allgemeinen fruchtbar machen möchte.

---

74 Vgl. dazu exemplarisch Herzog (2011), Strategisches Management, S. 1–50. Zur wirtschaftswissenschaftlichen Auseinandersetzung mit dem Handlungsmodus siehe u. a. Brandenburger/Nalebuff (2012), Coopetition; Engelhard/Sinz (1999), Kooperation im Wettbewerb; Jansen/Schleissing (2000), Konkurrenz und Kooperation; Littig (1999), Coopetition; Sydow/Duschek (2011), Management interorganisationaler Beziehungen; Schreyögg/Sydow (2007), Kooperation und Konkurrenz; Ullrich (2004), Die Dynamik von Coopetition; Zentes/Swoboda/Morschett (2005), Kooperationen, Allianzen und Netzwerke.
75 Merton (1973), Normative Structure, S. 277.
76 Vgl. zur bisherigen Auseinandersetzung mit Kooperation und Konkurrenz den instruktiven Überblick von Nickelsen/Krämer (2016), Introduction; Eine Ausnahme davon bildet die Studie von Kohler (1994), Lords of the Fly.
77 Vgl. bspw. Meunier (2016), Epistemic Competition; Nickelsen (2014), Kooperation und Konkurrenz; Nickelsen (2017), Zusammenarbeiten; Vermeulen (2016), Big Biology; Soutschek/Nickelsen (2019), „Zusammenwirken" oder „Wettstreit der Nationen"; Volf (2021), Apollo-Soyuz Test Project. Auch andere Fachgebiete, darunter die Gender Studies, beschäftigen sich in letzter Zeit verstärkt mit dem wechselseitigen Verhältnis von Kooperation und Konkurrenz. Vgl. dazu bspw. Schlüter/Metz-Göckel/Mense u. a. (2020), Kooperation und Konkurrenz im Wissenschaftsbetrieb.
78 Die vorliegende Studie entstand aus einem Teilprojekt dieser Forschungsgruppe. Vgl. zur Konzeption der Forschungsgruppe und den bearbeiteten Projekten den Internetauftritt von Ludwig-Maximilians-Universität München (o. J.), DFG-Forschungsgruppe „Kooperation und Konkurrenz in den Wissenschaften".

1.2.2 Überlegungen zum Verhältnis von Wissenschaft und Politik

Im Fokus der vorliegenden Studie steht einerseits das Binnenverhältnis der Allianzmitglieder zueinander sowie die Interaktionen des Gremiums mit außenstehenden Wissenschaftsorganisationen und andererseits das Verhältnis von Wissenschaft und Politik. Dies markiert – neben den Interaktionsmodi von Kooperation und Konkurrenz – den weiteren konzeptionellen Rahmen für die Analyse: Um das wechselseitige Verhältnis zwischen Wissenschaft und Politik analytisch fassen zu können, wird die vorliegende Arbeit auf interaktionstheoretische Modelle zurückgreifen.[79] In der Allianz sind die wissenschaftliche und die politische Sphäre nahezu unauflöslich miteinander verbunden, da die in ihr versammelten Wissenschaftsmanager:innen stets in beiden Bereichen agieren: Einerseits lässt sich die Allianz, ihrem Namen entsprechend, als Zusammenschluss der Leitungsebene der einflussreichsten Wissenschaftsorganisationen und damit zunächst als Gremium der Wissenschaft verstehen. Doch die in ihr versammelten Präsident:innen und Vorsitzenden engagieren sich andererseits auch in politischen Fragen, nehmen gegenüber der Bundespolitik und den Ministerpräsident:innen der Länder Stellung zu politischen Programmen und verfolgen darüber hinaus auch innerhalb ihrer Institutionen eine politische Agenda.[80] Die Präsident:innen, Vorsitzenden und Generalsekretär:innen der Allianz sind demnach fortwährend an der Schnittstelle zwischen Wissenschaft und Politik tätig – eine klare Abgrenzung ihrer Aufgaben voneinander scheint unmöglich, was die „systematisierte Einbeziehung und Reflexion der politischen Dimension" unabdingbar macht.[81]

Eine zunehmende, flächendeckende und wechselseitige *Verzahnung* der beiden gesellschaftlichen Teilsysteme diagnostiziert Peter Weingart,[82] der von einer – seit den 1960er Jahren verstärkt zu beobachtenden – *Verwissenschaftlichung der Politik* und einer *Politisierung der Wissenschaft* spricht.[83] In den späten 1960er Jahren war das politische Denken der Bundesrepublik in hohem Maß von Planungseuphorie geprägt, was sowohl einen quantitativen Anstieg wissenschaftlicher Politikberatung als auch eine zunehmende Institutionalisierung dieser Beratungsformate bedingte.[84] Nicht von ungefähr fällt in eben diese Zeit die informelle Gründung und graduelle Institutionalisierung der Allianz. Wissenschaftlichen Berater:innen kommt dabei zum einen die Auf-

---

79 Vgl. zur Bedeutung interaktionstheoretischer Ansätze für die Erforschung kooperativer Konstellationen bspw. Schmid (2005), Kooperation.
80 Letzteres bezeichnet der Historiker Mitchell G. Ash sehr treffend als „Innenpolitik der Institution". Ash (2020), Vereinigung, S. 10.
81 Roelcke (2010), Politik in der Wissensproduktion, S. 177.
82 Hinsichtlich der Unterscheidung von Wissenschaft und Politik als Teilsysteme des ausdifferenzierten Sozialsystems bezieht sich die vorliegende Untersuchung auf die von Niklas Luhmann herausgearbeitete Systemtheorie. Vgl. dazu Luhmann (1984), Soziale Systeme.
83 Vgl. Weingart (1983), Verwissenschaftlichung; Weingart (2005), Stunde der Wahrheit?, S. 11–35; siehe dazu auch Rudloff (2004), Einleitung, S. 16–17.
84 Vgl. dazu bspw. Rudloff (2005), Science, S. 1–19; Rudloff (2004), Verwissenschaftlichung; Trischler (1990), Planungseuphorie, S. 117–119.

gabe der Rationalisierung politischer Entscheidungen zu, während sie zum anderen für eine Entlastung der politischen Akteur:innen hinsichtlich möglicher (negativer) Folgen sorgen. Der Wissenschaft ermöglicht die Einbindung in Prozesse politischer Entscheidungsfindung zugleich, diese in ihrem Sinn mitzugestalten.[85]

Um die Kopplung und komplementäre Verschränkung von Wissenschaft und Politik greifbar zu machen, nutzt die vorliegende Untersuchung den von Mitchell G. Ash geprägten *Ressourcenbegriff,* der sich als theoretisch und empirisch äußerst fruchtbar erwiesen hat.[86] Denn Wissenschaft und Politik lassen sich zwar grundsätzlich als Teilbereiche der Gesellschaft mit je systeminternen Logiken begreifen, doch sind sie eng miteinander verbunden und stehen in einem ständigen Ressourcenaustausch. Diese Ressourcen können unterschiedlicher Gestalt sein und reichen von finanziellen über personelle Mittel bis hin zu institutionellen oder rhetorischen Handlungsweisen.[87] Um die Praktiken von Kooperation und Konkurrenz auf Ebene der Wissenschaftsorganisationen ebenso wie in der Interaktion mit politischen Vertreter:innen analysieren zu können, ist es notwendig, den Blick auf die Frage nach den Motiven der daran beteiligten Akteur:innen und damit gleichsam auf die Bedeutung beider Teilsysteme als wechselseitige Ressourcen füreinander in übergeordneten Konkurrenzverhältnissen zu richten.

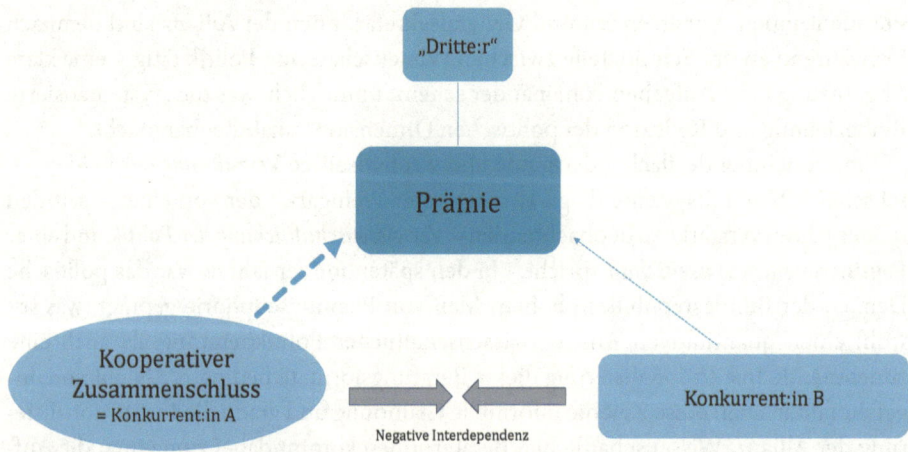

Abb. 4: Schematische Visualisierung von Kooperation in Konkurrenzverhältnissen.[88]

---

85 Vgl. Herbold (2007), Wissenschaft für die Politik, S. 83–90; Rudloff (2004), Verwissenschaftlichung, S. 216–218; Seefried (2010), Experten, S. 111–116; Siefken (2006), Expertenkommissionen, S. 220–222; Tils (2006), Politikberatung in der Umweltpolitik, S. 451–454.
86 Vgl. dazu ausführlicher Ash (2002), Ressourcen; Ash (2010), Wissenschaft und Politik; Ash (2016), Reflexionen; Ash (2020), Vereinigung.
87 Vgl. für eine Übersicht über die verschiedenen Ressourcentypen bspw. Ash (2020), Vereinigung, S. 5–15; Ash (2010), Wissenschaft und Politik, S. 11–18. Dabei lässt sich überdies eine Anlehnung an die von Pierre Bourdieu definierten Kapitalsorten erkennen, vgl. Bourdieu (1992), Mechanismen der Macht, S. 49–81.
88 Je kürzer und dicker ein auf die Prämie gerichteter Pfeil ist, umso näher steht der Akteur bzw. die Akteurin dem Erreichen derselben. Eigene Visualisierung.

Außerdem greift die vorliegende Studie auf das Theorem des *Korporatismus* zurück, das bislang vor allem auf die Felder der Wirtschafts-, Gesundheits-, und Arbeitsmarktpolitik angewendet wurde und mittels dessen die Beteiligung von Interessensgruppen und Verbänden an der Erarbeitung politischer Programme zu erklären versucht wird.[89] Diesem Konzept zufolge lassen sich korporatistische Strukturen als System der wechselseitigen Interessensvermittlung definieren, die auf politischem Tausch basieren und in denen Interessensgruppen mit Repräsentationsmonopolen auf ihrem jeweiligen Gebiet an staatlichen Beratungs- und Entscheidungsnetzwerken partizipieren. Kennzeichnend ist dabei, dass die Verbände als intermediäre Akteure zu verstehen sind, die zwei konkurrierende Logiken ausbalancieren müssen: Einerseits ist es ihre Aufgabe, die mitunter divergierenden Interessen ihrer Mitglieder zunächst zu bündeln und zu harmonisieren, bevor sie diese gegenüber den staatlichen Instanzen repräsentieren. Andererseits müssen sie die getroffenen politischen Vereinbarungen, an deren Findungsprozess sie beteiligt waren, im Anschluss nach innen hin vertreten und gegebenenfalls ihre Umsetzung sicherstellen.[90] Die Untersuchung der Allianz unter dem Gesichtspunkt ihrer korporatistischen Strukturen verspricht Erkenntnisse hinsichtlich der Frage, wie die Einbindung dieses Gremiums in Prozesse der politischen Entscheidungsfindung funktionierte und welche Rolle dabei dem Bundesforschungsministerium und den Ministerpräsident:innen der Länder zukam.

Die Traditionen der korporatistischen Ausgestaltung von Politik, Wirtschaft und Gesellschaft reichen in Deutschland zum Teil bis in das Kaiserreich zurück; sie bildeten sich im Spannungsfeld von autoritärem Staat, aufstrebenden Wirtschaftseliten und liberalem Bildungsbürgertum heraus.[91] Während zunächst die autoritäre Variante des Korporatismus dominierte, kam der liberalen Variante korporatistischer Interessensregulierung in der Bundesrepublik nach der Totalitarismuserfahrung der nationalsozialistischen Herrschaft wachsende Bedeutung zu.[92] Dabei erschienen die Mechanismen korporativer und konsensorientierter Konfliktregelung zunehmend als unabdingbar, wovon beispielsweise die Ende der 1960er Jahre initiierte „Konzertierte Aktion" im Bereich der Lohnpolitik zeugt.[93] Obwohl der Ausstieg der Gewerkschaften 1976 ihr Ende bedeutete, kommen korporatistische Elemente in der Bundesrepublik seither weiterhin in vielen Bereichen der Politik- und Gesellschaftsgestaltung zu breiter Anwendung, wie politikfelderübergreifen-

---

89 Vgl. Weßels (1999), Deutsche Variante, S. 89–90; Behrends (1999), Erklärung von Gruppenphänomenen, S. 92–103.
90 Vgl. Kaiser (2006), Korporatismus, S. 23–118; Weßels (1999), Deutsche Variante; Weßels (2000), Entwicklung des dt. Korporatismus.
91 Vgl. Feldman (1993), The Great Disorder; Feldman/Steinisch, Irmgard (1985), Industrie und Gewerkschaften; Rehling (2015), Demokratie und Korporatismus; Rehling (2011), Konfliktstrategie und Konsenssuche in der Krise.
92 Zur Unterscheidung zwischen autoritärem und liberalem Korporatismus, die auf Gerhard Lehmbruch zurückgeht, siehe bspw. den konzisen Überblick von Kaiser (2006), Korporatismus, S. 47–62.
93 Vgl. Weßels (1999), Deutsche Variante, S. 92–96; Kaiser (2006), Korporatismus, S. 169–173.

de Studien nachgewiesen haben.⁹⁴ Umso schärfer tritt das Fehlen von Arbeiten über korporatistische Mechanismen im Bereich von Wissenschaft und Forschung hervor.

An dieser Stelle setzt die vorliegende Studie an, indem sie diese Debatte erstmals für das Feld der Forschungspolitik, die überdies von einem gesellschaftsübergreifenden Konsens der Freiheit von Wissenschaft und Forschung geprägt ist,⁹⁵ fruchtbar macht. Dabei wird sie von der Hypothese geleitet, dass Staat und Wissenschaft in der Bundesrepublik, häufig gezielt an Parlamenten und Parteien vorbei, die Grundlinien forschungspolitischer Gestaltung korporatistisch aushandelten. Diese These knüpft überdies an Werner Abelshausers Charakterisierung Deutschlands als „first post-liberal nation"⁹⁶ und die Debatten um die verschiedenen Spielarten des Kapitalismus an.⁹⁷

Da die korporatistische Einbindung der Allianz im Präsidentenkreis, anders als beispielsweise bei offiziell einberufenen Expert:innenkommissionen, nicht verfassungsrechtlich oder institutionell kodifiziert ist, basiert dieses asymmetrische Kooperationsverhältnis in hohem Maße auf gegenseitigem *Vertrauen*. Vertrauen ist dabei nicht nur ein zentraler Terminus für die Akteure der Allianz, der sich in den für diese Studie ausgewerteten Quellen findet, er ist gleichsam ein Schlüsselbegriff, um das Verhältnis von Wissenschaft und Politik im Präsidentenkreis und das Binnenverhältnis in der Allianz analytisch zu erfassen.⁹⁸ Niklas Luhmann hat auf die wichtige soziale Funktion des Vertrauens hingewiesen,⁹⁹ das die in modernen Gesellschaften bestehende soziale Komplexität reduziert.¹⁰⁰ Da Entscheidungsträger:innen, etwa in der Politik, trotz aller Planung niemals alle zukünftigen Handlungsmöglichkeiten überschauen und ihre potentiellen Auswirkungen evaluieren können, diene Vertrauen, zum Beispiel in Expert:innen, auch dazu, „Unsicherheiten zu absorbieren" und auf diese Weise handlungsfähig zu bleiben.¹⁰¹ Vertrauen sei dabei – im Unterschied zur Vertrautheit – auf die Zukunft und auf die Erwartbarkeit des Handelns anderer Personen (oder Institu-

---

94 Vgl. Weßels (2000), Entwicklung des dt. Korporatismus; Kaiser (2006), Korporatismus. Zur korporatistischen Ausprägung der mit der Forschungspolitik eng verknüpften Berufsbildungspolitik siehe Baethge (2006), Berufsbildungspolitik.
95 Von der Bedeutung der grundgesetzlichen Wissenschaftsfreiheit für die Allianz zeugt vor allem ihre umfangreiche Kampagne zum 70-jährigen Bestehen des Grundgesetzes. Vgl. Allianz der Wissenschaftsorganisationen (o.J.), Freiheit ist unser System; Allianz der Wissenschaftsorganisationen (2019), Freiheit der Wissenschaft.
96 Abelshauser (1984), First Post-liberal Nation.
97 Vgl. Abelshauser (2006), Kampf der Wirtschaftskulturen; Hall/Soskice (2001), Varieties of Capitalism; Spangenberger (2011), Rheinischer Kapitalismus.
98 Siehe zum Begriff des Vertrauens u. a. Frevert (2003), Spurensuche; vgl. überdies Frevert (2013), Vertrauensfragen; Götter (2018), Risikoberechnung. Vgl. zur Rolle des Vertrauens insbesondere für kooperative Verbindungen Ullrich (2004), Die Dynamik von Coopetition, S. 69–90 und S. 190–194.
99 Vertrauen wird im Folgenden in Anlehnung an Niklas Luhmann als Analysekategorie verwendet, ohne dabei auf eine Ergänzung oder Kritik dieser Überlegungen abzuzielen.
100 Vgl. hier und im Folgenden Luhmann (2014), Vertrauen, S. 1–9 und S. 27–38.
101 Ebd., S. 30.

tionen) gerichtet.[102] Luhmanns methodische Überlegungen verweisen auf das hohe Potenzial der Analysekategorie des Vertrauens für Fragen nach kooperativen Verbindungen, die im Zentrum der vorliegenden Untersuchung stehen werden. Denn gerade für ein hochgradig informelles Gremium ohne kodifizierte Regeln und Abläufe stellt sich die Frage, wie die Zusammenarbeit im Einzelfall organisiert wurde und mit wem man überhaupt kooperieren wollte oder konnte.

1.3 Forschungsdesign

1.3.1 Ziel der Studie und erkenntnisleitende Fragestellungen

Auf Grundlage der ausgeführten theoretischen und methodischen Konzepte ist es das Ziel der vorliegenden Studie, eine politische Wissenschaftsgeschichte der Bundesrepublik zwischen den ausgehenden 1950er Jahren und der Jahrtausendwende zu schreiben. Zu diesem Zweck wird mit der Allianz der Wissenschaftsorganisationen ein kooperativ agierender Verbund in den Blick genommen, der in multiple, auch intern wirkende und aufeinander aufbauende Konkurrenzkonstellationen des deutschen (und internationalen) Wissenschaftssystems eingebettet ist. Insbesondere die Frage danach, wie die Allianz die spannungsreiche Gleichzeitigkeit von Kooperation und Konkurrenz in ihrem Inneren ebenso wie in ihren Verbindungen zu externen Akteuren ausbalancierte, leitet die Analyse an. Die Zusammenarbeit der Wissenschaftsorganisationen in der Allianz, aber auch zwischen Wissenschaft und Politik im Präsidentenkreis, ist nicht offiziell durch Satzungen oder Vorgaben geregelt. Sie hängt in hohem Maße von den beteiligten Akteur:innen, dem zwischen ihnen bestehenden Vertrauensverhältnis und ihren Bemühungen um eine Koordination der (unter Umständen divergierenden) Interessen ab. Daher sollen die Rahmenbedingungen, die (ungeschriebenen) Regeln und die unterschiedlichen Ausformungen von Kooperations- und Konkurrenzformaten auf der Ebene der Wissenschaftsorganisationen ebenso wie im Verhältnis von Wissenschaft und Politik in historischer Perspektive in den Fokus gerückt werden.

Damit leistet die Arbeit zugleich einen Beitrag zu einer neuen Institutionengeschichte der Wissenschaft, die ein erweitertes Institutionenverständnis verfolgt: Anders als der häufig vorherrschende eng geführte Institutionenbegriff, der sich im Wesentlichen auf die Untersuchung von Organisationen beschränkt,[103] werden Institutionen im Folgenden als Systeme verschiedener miteinander verknüpfter formaler wie auch informeller Regeln verstanden. Dieser Zugriff macht es möglich, die Inter-

---

102 Vgl. ebd., S. 20–27.
103 Vgl. bspw. Jaeggi (2009), Institution.

aktion in der Allianz als Verflechtung dynamischer sozialer Prozesse zu fassen und gleichzeitig langfristige Entwicklungen aufzuzeigen.[104]

Das Forschungsdesign zielt darauf ab, das komplexe Beziehungsgeflecht der Allianz in dreifacher Hinsicht zu erfassen. Hinsichtlich des *Binnenverhältnisses* in der Allianz wird die Untersuchung von der These geleitet, dass die in ihr versammelten Wissenschafts- und Forschungsorganisationen, anders als der selbst gewählte Name ihres Zusammenschlusses vermuten lässt, mitnichten ausschließlich als Kooperationspartner auftreten, sondern vielmehr gleichzeitig als Akteure in verschiedene kompetitive Konstellationen eingebunden sind. Damit verbindet sich die Frage, welche Umstände die Leitungspersonen der großen deutschen Wissenschaftsorganisationen trotz ihrer Partikularinteressen dazu bewogen, zu kooperieren, ihre Zusammenarbeit im Rahmen der Allianz zu verstetigen und gewissermaßen institutionell zu verfestigen. Der erste Fokus der Untersuchung liegt entsprechend darauf, die Interaktionsdynamik von Kooperation und Konkurrenz in der Allianz in der historischen Genese dieses Gremiums und hinsichtlich ihrer wissenschaftspolitischen Auswirkungen herauszuarbeiten. Ein weiterer Schwerpunkt der Analyse wird auf hierarchischen Elementen in der wechselseitigen Beziehung ebenso wie auf dem Umgang mit Regelverstößen liegen, um auf diese Weise (de-)stabilisierende Faktoren von Kooperations- und Konkurrenzkonstellationen systematisch erfassen zu können. Gerade die Analyse von *Kippmomenten* erscheint vielversprechend, um Rückschlüsse auf die Interaktionsdynamik der beiden eng miteinander verflochtenen Phänomene von Kooperation und Konkurrenz ziehen zu können. In diesen Situationen ist das weitere Vorgehen zunächst offen, da sowohl ein Umschwenken von Kooperation in Konkurrenz als auch das Lösen einer Kooperationsbeziehung valide Handlungsalternativen darstellen. Darauf aufbauend stellt sich ferner die Frage, wie die Allianz mit Destabilisierungen ihres kooperativen Arrangements umging und welche Methoden der Restabilisierung sie ergriff.[105]

Der zweite Fokus liegt auf dem *Umgang der Allianz mit externen Akteuren:* Sowohl während des Untersuchungszeitraums dieser Studie als auch danach erlebte die Allianz verschiedene Erweiterungen ihres Teilnehmerkreises, während sich zugleich das (wissenschafts-)politische System grundlegend änderte. Einige Wissenschaftsorganisatio-

---

[104] Vgl. zur Erweiterung des Institutionenbegriffs Löffler (2007), Moderne Institutionengeschichte; vom Bruch (2000), Wissenschaft im Gehäuse. Die vorliegende Arbeit knüpft zum einen an wissenschaftssoziologische Studien an, vgl. Berger/Luckmann (1977), Gesellschaftliche Konstruktion der Wirklichkeit. Zum Anderen bezieht sie sich auf Ansätze der neuen Institutionenökonomik, siehe Williamson (1975), Markets and Hierarchies; North (1990), Institutions, institutional change, and economic performance; zur Bedeutung der Neuen Institutionenökonomik für den Handlungsmodus der Kooperation siehe bspw. Woratschek/Roth (2005), Kooperation. Vgl. zum Wert der Institutionengeschichte und ihrer Umsetzung bspw. auch Gerber (2014), Universitätsgeschichte; Malich (2018), Zukunft der Wissenschaftsgeschichte.
[105] Siehe generell zu Mechanismen der De- und Restabilisierung (allerdings mit einem Fokus auf Evidenz und Evidenzpraktiken) Ehlers/Zachmann (2019), Wissen und Begründen; Will (2021), Evidenz für das Anthropozän, S. 22–27 und S. 288–296.

nen wurden neu gegründet, während andere – bedingt durch externe Entwicklungen – eine unerwartete Festigung und Aufwertung erfuhren, was sich unter anderem am Beispiel der Blauen Liste während der Wiedervereinigung nachvollziehen lässt. Diese Veränderungen stellten die bis dahin etablierte Aufgabenteilung in der deutschen Forschungslandschaft auf die Probe und erforderten mitunter eine Positionierung der Allianz. Als generell strukturkonservatives Gremium, so die These, standen ihre Mitgliedsorganisationen tiefgreifenden Veränderungen, insbesondere solchen, die ihre Position gefährden konnten, eher skeptisch gegenüber und bemühten sich gemeinsam um die Bewahrung etablierter Strukturen. Im Detail wird dabei zu untersuchen sein, wie die Aufnahme der FhG, der WGL und der Arbeitsgemeinschaft der Großforschungseinrichtungen (AGF) in die Allianz erfolgte und wie sich die Beziehungen zwischen diesen Wissenschaftsorganisationen und den Allianzmitgliedern im Vorfeld gestalteten. Außerdem soll beleuchtet werden, auf welche Weise parallel existierende respektive übergeordnete kompetitive oder kooperative Gefüge auf die Allianz rückwirkten und um welche Prämien beziehungsweise um die Gunst welcher Dritter konkurriert wurde.

Zudem zielt die Studie auf ein vertieftes Verständnis des *Verhältnisses von Wissenschaft und Politik* ab, indem sie die Einbindung der Allianz in die diskursive Gestaltung der deutschen Wissenschafts- und Forschungspolitik in den Blick nimmt. Unter den Beratungsformaten des Bundesforschungsministeriums kommt dem Präsidentenkreis aufgrund seines quasi institutionalisierten Status' eine besondere Rolle zu. Das Ressort fungiert im Präsidentenkreis als Kooperationspartner der Allianz, wenngleich sich zwischen den Vertreter:innen aus Wissenschaft und Politik eine deutliche Asymmetrie beobachten lässt. Vor diesem Hintergrund stellt sich die Frage, wie sich die Beziehung zwischen diesen so ungleichen Partnern analytisch fassen lässt. Hinzu kommt ferner, dass das Ministerium nicht nur mit der Allianz kooperiert, sondern gleichzeitig gegenüber den Wissenschaftsorganisationen auch die Rolle des Dritten bekleidet, der über die Vergabe der (meist monetären) Prämie entscheidet. Wie wirkte sich die daraus resultierende situative Gleichzeitigkeit der beiden Handlungsmodi auf die zu untersuchenden Kooperations- und Konkurrenzkonstellationen aus? Welche Rolle spielten die kompetitiven Logiken zwischen den Mitgliedsorganisationen in ihrem Verhältnis zum Forschungsministerium und wie wirkten diese auf die korporatistische Aushandlung der Wissenschaftspolitik zurück?

Die Bedeutung der Interaktionsdynamik von Kooperation und Konkurrenz im Hinblick auf die Verflechtung zwischen den Wissenschaftsorganisationen ebenso wie zwischen Wissenschaft und Politik, also als Elemente nationaler wissenschaftspolitischer Gestaltung, blieb bislang von der historischen Forschung weitgehend unberücksichtigt.[106] Dabei kann gerade eine solche Herangehensweise in besonderem Maße von ei-

---

106 Eine Ausnahme, allerdings mit dem Fokus auf der europäischen Ebene, bildet Patel (2021), Kooperation und Konkurrenz.

ner Verknüpfung historischer Methoden mit Ansätzen aus der Governance-Forschung und ebenso aus den Sozial- und Wirtschaftswissenschaften profitieren. So wird das Beispiel der Allianz verdeutlichen, dass die spannungsreiche Gleichzeitigkeit von Kooperation und Konkurrenz im wissenschaftspolitischen Bereich nicht erst ein Phänomen der 1990er oder 2000er Jahre ist, sondern die nationale Forschungspolitik seit langem prägt. Die Arbeit folgt der These, dass die Allianz sich dabei in erstaunlicher historischer Kontinuität über verschiedene Umbrüche hinweg als zentraler institutioneller Ort der Konsensfindung für die Wissenschafts- und Forschungsorganisationen etablierte, wenngleich die Entwicklung, sowohl in ihrem Inneren als auch in der Verbindung mit externen Partnern, keineswegs linear oder konfliktfrei verlief. Vielmehr musste sich die Allianz situativ an diese wandelnden Gegebenheiten anpassen und ihr komplexes Beziehungsgeflecht neu ausbalancieren.

1.3.2 Untersuchungszeitraum und Stand der Forschung

Die Jahrtausendwende fungierte für die Geschichte der Allianz in mehrfacher Hinsicht als Zäsur: *Erstens* erfuhr die Zusammenarbeit eine starke Formalisierung, was sich unter anderem in konkreten Überlegungen zu einem effizienteren Arbeitsablauf manifestierte. Zwar waren die internen Arbeitsabläufe und die Sitzungsorganisation der Allianz auch in früheren Jahren vereinzelt Diskussionsgegenstand, allerdings resultierten daraus bis dato keine grundlegenden Veränderungen. Dies sollte sich erst im Jahr 2000 ändern, als sich die Sitzungsteilnehmer:innen nach einer ausführlichen Diskussion darauf einigten, einerseits die „lockere Struktur der Allianz [...] in ihrer Bandbreite zwischen aktuellem Austausch bis hin zur Vorbereitung gemeinsamer Stellungnahmen zu wichtigen Fragen in der Öffentlichkeit" zu erhalten, andererseits aber „die Vorbereitung der Sitzungen [...] verbesser[n]" zu wollen.[107]

Zweitens lässt sich ein Mentalitätswandel in der Allianz hinsichtlich ihrer Rolle in Wissenschaft und Öffentlichkeit feststellen.[108] Seit der Jahrtausendwende tritt sie aktiv und öffentlich als wissenschaftspolitische Akteurin auf. Die bereits erwähnte Broschürenreihe zum Start der Hightech-Strategie des BMBF ist dafür ebenso ein Beispiel wie die Gründung der Initiative Wissenschaft im Dialog (WiD) im Jahr 2000,[109] deren Ziel es unter anderem ist, durch gemeinsame Aktionen den Dialog zwischen Wissenschaft

---

[107] Siehe dazu AMPG, II. Abt., Rep. 57, Nr. 1424. Brief der DFG an die Allianz vom 05.04.2000. Auf die konkreten Veränderungen in der Arbeitsweise der Allianz wird Kapitel 5 genauer eingehen.
[108] Vgl. Interview mit Josef Lange (München/Hannover 20.08.2020).
[109] Das Memorandum PUSH *(Public Understanding of the Sciences and Humanities)* wurde bereits im Mai 1999 unterzeichnet und gilt als Grundstein für die Initiative Wissenschaft im Dialog. Siehe Erhardt (2005), Dampfwalze; Korbmann (2019), Weckruf für die Wissenschaftskommunikation. Siehe außerdem zum Spektrum der Tätigkeiten von Wissenschaft im Dialog (2009), 10 Jahre Wissenschaft im Dialog.

und Gesellschaft zu fördern.[110] Außerdem werden seit den frühen 2000er Jahren die gemeinsamen Stellungnahmen der Allianz veröffentlicht und stehen auf der Website der jeweils vorsitzenden Institution und des Wissenschaftsrats ebenso wie auf der Homepage der Allianz zum Abruf bereit.

Um die Jahrtausendwende veränderte sich *drittens* die Zusammensetzung der Allianz grundlegend: Zunächst wurde der Kreis der teilnehmenden Wissenschaftsorganisationen 1998 um die WGL erweitert.[111] Im Jahr 2007 folgte die Aufnahme zweier Wissenschaftsorganisationen, die als Mittlerinnen für den internationalen wissenschaftlichen Austausch tätig sind: der DAAD und die AvH. Die Vermutung liegt nahe, dass die Einbindung dieser Organisationen nicht ohne Auswirkungen auf die in der Allianz verhandelten Themen blieb, insbesondere da 2008 schließlich auch die Leopoldina, nach ihrer Ernennung zur Nationalen Akademie der Wissenschaften, in den Kreis der Allianz aufgenommen wurde. Damit wuchs die Zahl der Teilnehmer:innen der gemeinsamen Besprechungen von ursprünglich acht auf rund 20 Personen an, was die interne Dynamik der Allianz verändert hat. Auch externe Faktoren, wie etwa die Erwartungen einer von der Digitalisierung geprägten Öffentlichkeit an die Wissenschaft oder wissenschaftspolitische Weichenstellungen, spielen dabei eine nicht zu unterschätzende Rolle. Festzuhalten bleibt, dass der Kreis der Mitglieder seit der Jahrtausendwende nicht nur größer, sondern im Hinblick auf die von ihnen vertretenen Interessen auch heterogener geworden ist. Dies wiederum wirkt sich maßgeblich auf das Verhältnis der Mitgliedsorganisationen untereinander, ebenso wie auf das Zusammenspiel von Kooperation und Konkurrenz, aus.

Viertens können zwischen 1998 und 2003 in den meisten Mitgliedsorganisationen – damaligen wie zukünftigen – Wechsel in mindestens einer entscheidenden Führungsposition beobachtet werden.[112] Akteure, die über lange Jahre hinweg die Geschicke der Allianz mitbestimmt hatten, schieden aus dem erlesenen Kreis aus, weswegen dieser Zeitraum auch in personeller Hinsicht als Zäsur gedeutet werden kann. All die genannten Aspekte zeigen, dass sich das Gesicht der Allianz in diesem Zeitraum maßgeblich veränderte – Grund genug, das Jahr 2000 als dynamischen Endpunkt für die Arbeit zu wählen. Allerdings werden einzelne Handlungsstränge auch über die Jahrtausendwende hinaus verfolgt, um sie zeithistorisch adäquat verorten zu können.

---

110 Vgl. Allianz der Wissenschaftsorganisationen / Stifterverband für die Deutsche Wissenschaft / Arbeitsgemeinschaft industrieller Forschungsvereinigungen (1999), PUSH-Memorandum.
111 Zunächst wurde der Präsident der WGL, Ingolf Hertel, als Gast zur Sitzung der Allianz am 19.06.1998 eingeladen, als es um die Planungen für die Expo 2000 ging, an denen die WGL ebenfalls beteiligt war. Außerhalb der Tagesordnung – und vor Erscheinen Hertels – einigten sich die Allianzmitglieder darauf, ihn offiziell als Mitglied in ihre Runde aufzunehmen. Vgl. AMPG, II. Abt., Rep. 57, Nr. 649, Bd. 2. Interner Vermerk über die Sitzung der Allianz am 19.06.1998.
112 Lediglich bei DFG und DAAD gab es in diesem Zeitraum weder im Amt des Präsidenten noch des Generalsekretärs einen Wechsel.

Bedingt durch die organisationsspezifischen Eigenheiten des Untersuchungsgegenstands ist der Startpunkt dieser Studie ebenso fluider Natur und liegt in den späten 1950er und frühen 1960er Jahren. Wie es für informelle intermediäre Organisationen nicht unüblich ist, lässt sich die Gründung der Allianz nicht auf ein konkretes Treffen oder gar ein exaktes Datum festlegen, vielmehr ist ihre Entstehung prozesshaft zu verstehen. Sie bildete sich, wie in Kapitel 2 im Detail nachgezeichnet wird, erst allmählich heraus, als sich die Gespräche zwischen den bestens miteinander bekannten Führungspersonen der großen westdeutschen Wissenschaftsorganisationen zu verstetigen begannen.

Für den Zeitraum, in dem sich die Allianz herauszubilden und schrittweise zu institutionalisieren begann, kann sich die Arbeit auf einige zentrale Studien zur Geschichte und Struktur der Wissenschafts- und Forschungslandschaft in Deutschland stützen. Insbesondere die beiden frühen Arbeiten von Thomas Stamm und Maria Osietzki rückten diesen Themenkomplex in den 1980er Jahren ins Zentrum ihrer Forschung und sind auch heute noch Standardwerke für die Phase des wissenschaftlichen Wiederaufbaus nach Ende des Zweiten Weltkriegs.[113]

Wenngleich wissenschaftspolitische Entwicklungen in allgemeingeschichtliche Darstellung über die Bundesrepublik lange kaum oder nur am Rande berücksichtigt wurden,[114] nahmen sich seit den ausgehenden 1980er Jahren mehrere groß angelegte Forschungsverbünde der Untersuchung einzelner Teile beziehungsweise Organisationen des bundesdeutschen Wissenschaftssystems an. Den Auftakt bildete dabei das 1986 gestartete Projekt zur Geschichte der Großforschungseinrichtungen in der Bundesrepublik, in dessen Zusammenhang mehr als ein Dutzend Monografien zu den einzelnen Großforschungszentren erschienen sind.[115] Besonders hervorzuheben ist darunter Margit Szöllösi-Janzes bis zum Jahr 1980 reichende Darstellung zum Dachverband AGF, die wichtige Impulse insbesondere für die Analyse des Binnenverhältnisses der Allianz lieferte.[116] Auch die Geschichte der DFG – und damit eines weiteren Allianzmitglieds – wurde in einem von Ulrich Herbert und Rüdiger vom Bruch geleiteten Forschungsvorhaben detailreich für die Zeit zwischen 1920 und 1970 aufgearbei-

---

113 Vgl. Osietzki (1984), Wissenschaftsorganisation und Restauration; Stamm (1981), Zwischen Staat und Selbstverwaltung. Siehe darüber hinaus auch Bentele (1979), Kartellbildung; Braun (1997), Politische Steuerung; Staff (1971), Wissenschaftsförderung.
114 Vgl. bspw. Rödder (2010), BRD 1969–1990; Wolfrum (2011), Die Bundesrepublik Deutschland; Bracher/Jäger/Link (1986), Republik im Wandel; Brechenmacher (2010), Die Bonner Republik.
115 Vgl. hierzu u. a. den aus einem Symposium in München hervorgegangenen Sammelband, der einen guten Überblick über die verschiedenen Teilprojekte bietet: Szöllösi-Janze/Trischler (1990), Großforschung. Siehe darüber hinaus Ritter/Szöllösi-Janze/Trischler (1999), Antworten. Von den Einzelstudien sei an dieser Stelle auf diejenigen verwiesen, von denen die vorliegende Arbeit in besonderem Maße profitierte: Mutert (2000), Großforschung; Rusinek (1996), Forschungszentrum; Trischler (1992), Luft- und Raumfahrtforschung.
116 Vgl. Szöllösi-Janze (1990), Arbeitsgemeinschaft der Großforschungseinrichtungen.

tet.[117] Bereits zuvor hatten sich verschiedene Arbeiten der Geschichte der Forschungsgemeinschaft angenommen, diese gehen jedoch entweder kaum über die Zeit nach 1945 hinaus oder können aufgrund der Involviertheit ihrer Verfasser in die Belange der DFG eher als Quelle denn als Sekundärliteratur gelten.[118] Die Geschichte der Kaiser-Wilhelm-Gesellschaft, speziell in der Zeit des Nationalsozialismus, ist unter anderem durch eine 1998 eingesetzte, unabhängige Präsidentenkommission sehr gut erforscht worden.[119] Für die Zeit nach ihrer Neugründung im Jahr 1948 fehlte bislang eine ähnlich umfassende Aufarbeitung – eine Lücke, die ein von 2014 bis 2022 durchgeführtes Forschungsprogramm am Berliner Max-Planck-Institut für Wissenschaftsgeschichte jüngst schließen konnte.[120]

Darüber hinaus liegen zu weiteren Mitgliedsorganisationen der Allianz verschiedene detailreiche Einzelstudien vor: Der Wissenschaftsrat wurde dabei sowohl aus historischer,[121] juristischer,[122] sozialwissenschaftlicher[123] und integrationstheoretischer

---

117 Aus der Fülle an Einzelstudien seien besonders die beiden hervorgehoben, die sich der DFG auf der Ebene ihrer Organisation nähern und daher für die vorliegende Arbeit von besonderem Interesse waren: Orth (2011), Autonomie und Planung; Wagner (2021), Notgemeinschaften der Wissenschaft. Darüber hinaus sei noch auf zwei Sammelbände, die im Rahmen von Symposien des Forschungsverbundes entstanden sind, hingewiesen: Orth/Oberkrome (2010), Die Deutsche Forschungsgemeinschaft 1920–1970; Trischler/Walker (2010), Physics and politics.
118 Letzteres trifft insbesondere auf die umfangreiche Studie von Kurt Zierold zu, dem langjährigen Generalsekretär der DFG: Zierold (1968), Forschungsförderung. Weitere Studien zur Geschichte der DFG vor 1945 sind Hammerstein (1999), Die Deutsche Forschungsgemeinschaft in der Weimarer Republik und im Dritten Reich; Marsch (1994), Notgemeinschaft der Deutschen Wissenschaft; Kirchhoff (2007), Wissenschaftsförderung. Eine Ausnahme bildet die Arbeit von Thomas Nipperdey und Ludwig Schmugge, die anlässlich des 50-jährigen Bestehens der DFG verfasst wurde: Nipperdey/Schmugge (1970), 50 Jahre Forschungsförderung.
119 Vgl. dazu u. a. Hachtmann (2007), Wissenschaftsmanagement im „Dritten Reich"; Kaufmann (2000), Geschichte der Kaiser-Wilhelm-Gesellschaft im Nationalsozialismus; Maier (2002), Rüstungsforschung im Nationalsozialismus; Schieder/Trunk (2004), Adolf Butenandt und die Kaiser-Wilhelm-Gesellschaft. Siehe außerdem die Arbeiten von Vierhaus / Vom Brocke (1990), Forschung; Vom Brocke / Laitko (1996), Die KWG/MPG.
120 Eine umfassende Studie unter Mitarbeit zahlreicher Historiker:innen ist kürzlich erschienen: Kocka/Reinhardt/Renn u. a. (2024), Max-Planck-Gesellschaft. Aktuell liegen darüber hinaus rund 20 Preprints vor, darunter Ash (2020), Vereinigung; Balcar (2018), Garching Instruments GmbH; Balcar (2019), Ursprünge; Balcar (2020), Wandel durch Wachstum; Lax (2020), Planung; Scholz (2019), Partizipation. Ebenso wurden weitere Einzelstudien als Monografien bzw. Sammelbände veröffentlicht: Ash (2023), Die Max-Planck-Gesellschaft im Prozess der deutschen Vereinigung. Kolboske (2023), Hierarchien; Sachse (2023), Wissenschaft und Diplomatie; Duve/Kunstreich/Vogenauer (2023), Rechtswissenschaft in der Max-Planck-Gesellschaft, 1948–2002. Einige dieser Studien sind erst nach Drucklegung dieses Buches erschienen und konnten daher nicht vollumfänglich ausgewertet und eingearbeitet werden.
121 Vgl. Bartz (2006), Wissenschaftsrat und Hochschulplanung; Bartz (2007), Wissenschaftsrat. Darüber hinaus ist auf die jüngst veröffentlichte Dissertation von Marie-Christin Schönstädt hinzuweisen, die sich vornehmlich der Rolle des WR bei der Wiedervereinigung widmet, vgl. Schönstädt (2024), Wissenschaft evaluieren. Von der Autorin sind zu diesem Thema außerdem zwei Aufsätze erschienen: Schönstädt (2019), Wissenschaftswelt; Schönstädt (2021), Transformation. Ebenfalls mit der Phase der Wiedervereinigung beschäftigt sich Thijs (2021), Evaluierer aus dem Westen.
122 Vgl. Röhl (1994), Wissenschaftsrat.
123 Vgl. Neidhardt (2012), Institution; Stucke (2006), Wissenschaftsrat.

Perspektive[124] in den Blick genommen, wobei ebenso Darstellungen von beteiligten leitenden Akteuren existieren.[125] Als ähnlich gut beleuchtet kann die Geschichte der Fraunhofer-Gesellschaft bis in die späten 1990er Jahre hinein gelten.[126] Ebenso wurde die Geschichte der Helmholtz-Gemeinschaft, der Nachfolgerin der AGF, anlässlich ihres 20-jährigen Bestehens durch Helmuth Trischler und Dieter Hoffmann aufgearbeitet.[127] Einige Jahre zuvor erschien ferner eine Dissertation, die sich mit der Einführung der Programmorientierten Förderung in der HGF beschäftigt, dabei aber primär die verwaltungsrechtlichen Aspekte dieses Prozesses fokussiert und somit die Rückwirkungen desselben auf das Wissenschaftssystem außen vor lässt.[128] Während es zu einigen jüngeren Allianzmitgliedern historische Studien gibt,[129] bleibt die Geschichte anderer Akteure weiterhin – zumindest für weite Teile des hier gewählten Untersuchungszeitraums – ein Desiderat.[130]

Eine weitere wichtige Basis bilden Darstellungen zu Akteuren im Wissenschaftssystem, die nicht Teil der gemeinsamen Gespräche in der Allianz sind, so etwa das Bundesforschungsministerium, das im Rahmen des Präsidentenkreises jedoch einen engen Kontakt zu derselben pflegt.[131] Des Weiteren zu nennen sind Arbeiten zu anderen Wissenschafts- und Forschungsorganisationen, die als Kooperationspartner für die Allianz fungierten oder von denen sie sich abzugrenzen versuchte.[132]

So wertvoll die zuvor genannten Titel hinsichtlich ihrer Darstellung der Geschichte und Strukturen zentraler Wissenschafts- und Forschungsorganisationen und deren Einbettung in den breiteren Kontext der Entwicklung der bundesdeutschen Wissenschaftslandschaft sind, so unterliegen sie doch einer gewichtigen Einschränkung: Die Allianz der Wissenschaftsorganisationen taucht in besagten Studien bes-

---

124 Vgl. Foemer (1981), Integration komplexer Sozialsysteme.
125 Siehe bspw. den gut informierten Beitrag im Handbuch des Wissenschaftsrechts Benz (1996), Wissenschaftsrat. Vgl. ferner Neuweiler (2001), Wissenschaftsrat nach 1990.
126 Vgl. Trischler / vom Bruch (1999), Forschung für den Markt. Siehe zur FhG außerdem Lieske (2000), Forschung als Geschäft.
127 Vgl. Hoffmann/Trischler (2015), Helmholtz-Gemeinschaft.
128 Vgl. Helling-Moegen (2009), Forschen nach Programm.
129 Vgl. für den DAAD Alter (2000), Spuren in die Zukunft. Bd. 1; Scheibe (1975), Der Deutsche Akademische Austauschdienst 1950 bis 1975. Zur Leibniz-Gemeinschaft erschien vor wenigen Jahren eine bis in die jüngste Vergangenheit reichende historische Studie: Brill (2017), Von der „Blauen Liste". Zur Alexander von Humboldt-Stiftung siehe Jansen (2004), Exzellenz weltweit.
130 Das gilt insbesondere für die Geschichte der WRK bzw. HRK. Zwar gibt es umfangreiche Studien zu einzelnen Universitäten und zum deutschen Universitätssystem, doch die Geschichte der Rektorenkonferenz wurde bislang nur in kurzen Abhandlungen durch beteiligte Akteure verschriftlicht: Becker (1999), Reiseschreibmaschine; Fischer (1961), Westdeutsche Rektorenkonferenz. Ein Sammelband zur Geschichte der Leopoldina reicht nur bis in die Zeit der frühen DDR und endet damit weit vor ihrer Einbindung in die Gespräche der Allianz: Gerstengarbe / Thiel / vom Bruch (2016), Leopoldina.
131 Vgl. bspw. Weingart/Taubert (2006), Wissensministerium; Bruder (1986), Forschungs- und Technologiepolitik; Sobotta (1969), Das Bundesministerium für wissenschaftliche Forschung.
132 Vgl. dazu u. a. Schulze (1995), Stifterverband; Lundgreen (1986), Staatliche Forschung; Böttger (1993), Forschung für den Mittelstand.

tenfalls als Randnotiz auf. Zwar wird ihr Bestehen und ihre Rolle vereinzelt in sozial- und politikwissenschaftlichen Arbeiten angeschnitten, die sich beispielsweise mit dem Zusammenwirken von Bund und Ländern im deutschen Wissenschafts- und Forschungssystem oder dessen Finanzierungsmodi beschäftigen,[133] doch die Geschichte des kooperativ agierenden Gremiums ist bis heute ungeschrieben.[134] Hier setzt die vorliegende Arbeit an, indem sie unter Rückgriff auf die bereits erwähnte Forschungsliteratur zu einzelnen Allianzmitgliedern im Speziellen wie zum deutschen Wissenschafts- und Forschungssystem im Allgemeinen erstmals die Allianz der Wissenschaftsorganisationen ins Zentrum einer historischen Analyse rückt und dabei insbesondere die Wechselwirkung der Interaktionsmodi von Kooperation und Konkurrenz untersucht.

1.3.3 Quellenkorpus und Expert:inneninterviews

Die Untersuchung stützt sich erstens zu großen Teilen auf die Auswertung einer breiten Basis *archivalischer Quellen zu den Belangen von Allianz und Präsidentenkreis*, die von der historischen Forschung bislang noch nicht systematisch erschlossen wurden. Dem Entgegenkommen zahlreicher Institutionen ist es zu verdanken, dass in großem Umfang Akten jenseits der offiziellen Sperrfrist in die Analyse einbezogen werden konnten und so für den gesamten Untersuchungszeitraum Archivmaterial zur Verfügung stand.[135] Da die Allianz noch heute über keine eigene Geschäftsstelle mit einem festen Mitarbeiter:innenstab verfügt und ihre Sitzungen lange Zeit in einem äußerst informellen Rahmen stattfanden, existiert folglich kein zentral verwahrtes Archivgut. Vielmehr ist man auf die (dezentralen) Überlieferungen der einzelnen Mitgliedsorganisationen angewiesen. Diese ähneln sich hinsichtlich des Aufbaus der relevanten Bestände zwar in weiten Teilen; doch sind sie – einzeln betrachtet – nicht vollständig und lassen unterschiedliche Schwerpunkte in der Aktenführung erken-

---

133 Vgl. unter den für diese Arbeit zentralen sozial- und politikwissenschaftlichen Studien zum Forschungssystem in Deutschland, welche die Allianz thematisieren v. a. Hintze (2020), Kooperative Wissenschaftspolitik; Hohn/Schimank (1990), Konflikte und Gleichgewichte; Neumann (2015), Die Exzellenzinitiative; Stucke (1993), Institutionalisierung.
134 Lediglich zwei journalistische Veröffentlichungen von jeweils nur wenigen Seiten widmen sich etwas detaillierter der Allianz: van Bebber (2011), Ritterrunde; Klofat (1991), Herrenhaus.
135 Ein besonderer Dank gilt speziell der Max-Planck-Gesellschaft, der Deutschen Forschungsgemeinschaft, der Hochschulrektorenkonferenz und dem Wissenschaftsrat, die der Autorin in ihren Geschäftsstellen und (Zwischen-)Archiven umfangreiche Akteneinsicht gewährten und einer Verkürzung der Schutzfrist zahlreicher betreffenden Akten zustimmten. Besonders gedankt sei an dieser Stelle insbesondere Frau Langhein-Lewitzki (WR), Herrn Pietrusziak (DFG) und Herrn Lampe (HRK), die mich während meiner Archivrecherchen intensiv betreut, uneingeschränkt unterstützt und mir stets mit Rat und Tat zur Seite gestanden haben. Auch im Bundesarchiv wurden die Schutzfristen der relevanten Aktenbestände verkürzt, wofür die Verfasserin sehr dankbar ist.

nen.[136] Um ein möglichst umfassendes und ausgewogenes Bild der Vorgänge zu erhalten, wurden daher Unterlagen aus unterschiedlichen Provenienzen einbezogen. Der Fokus lag zunächst auf den Beständen der vier Gründungsmitglieder der Allianz, die jeweils über ein relativ gut strukturiertes zentrales Archiv- beziehungsweise Registraturwesen verfügen: MPG,[137] DFG, HRK und WR.[138] Akten der AGF,[139] die im Bundesarchiv Koblenz verwahrt werden, ergänzten das gesichtete Material und erweiterten den Quellenkorpus um die Perspektive eines neu in die Allianz aufgenommenen Mitglieds.[140] Ferner wurden die ebenfalls im Bundesarchiv Koblenz befindlichen Akten des BMFT und BMBW herangezogen, um die Sicht der Politik auf die Sitzungen des Präsidentenkreises und generell die externe Wahrnehmung der Allianz zu erfassen. Der Quellenkorpus enthält folglich umfangreiche Unterlagen zu einem Großteil der Sitzungen von Allianz und Präsidentenkreis während des Untersuchungszeitraums. Für die Zusammenkünfte der Allianz konnte über weite Teile sogar die Perspektive von bis zu fünf verschiedenen Wissenschaftsorganisationen auf die einzelnen Sitzungen in die Analyse einbezogen werden. Dies ermöglichte die systematische Auswertung und anschließende Verschlagwortung der Sitzungsinhalte.[141] Auf diese Weise ließen sich – jenseits subjektiver Leseeindrücke – die in-

---

136 Über weite Strecken des Untersuchungszeitraums hinweg wurde zu den Sitzungen der Allianz kein zentrales Protokoll angefertigt. Art, Stil und Umfang der Ergebnisvermerke lag im Ermessen der einzelnen Wissenschaftsorganisationen und spiegelt zugleich die Interessenschwerpunkte der jeweiligen Mitgliedsorganisation wider. Lücken in der Überlieferung erklären sich durch mögliche Kassationen und durch den Umstand, dass nicht immer der gesamte Mitgliederkreis an allen Sitzungen der Allianz teilnahm.
137 Diese Arbeit profitierte in besonderem Maße von der engen Zusammenarbeit mit dem Forschungsprogramm zur Geschichte der Max-Planck-Gesellschaft am MPI für Wissenschaftsgeschichte in Berlin. Die Verfasserin konnte auf die hervorragend erschlossenen, umfassenden Datenbanken zugreifen und erhielt zudem einen privilegierten Archivzugang, insbesondere zu den Akten der MPG.
138 Die DFG, die HRK und der Wissenschaftsrat geben einen Teil ihrer Akten in das Bundesarchiv Koblenz ab – Unterlagen zu den Vorgängen der Allianz bewahren diese drei Institutionen jedoch in ihren hauseigenen Archiven auf. Die im Bundesarchiv befindlichen Bestände der DFG (BArch, B 227) umfassen hauptsächlich Vorgänge der Förderverfahren. Bei HRK (BArch, B 478) und Wissenschaftsrat (Barch, B 247) wurden neben anderen, für diese Studie nicht relevanten Unterlagen, auch Korrespondenzen ihrer Vorsitzenden bzw. Präsidenten in das Bundesarchiv abgegeben.
139 Die AGF ist die Vorgängerinstitution der 1995 in Hermann von Helmholtz-Gemeinschaft Deutscher Forschungszentren umbenannten HGF.
140 Die Perspektive der FhG, des zweiten jüngeren Mitglieds, konnte nicht im selben Umfang in diese Arbeit einbezogen werden. Der Verbleib des durch Helmuth Trischler und Rüdiger vom Bruch während ihrer Arbeiten an der Studie zur Geschichte der FhG aufgebauten Zwischenarchivs in deren Geschäftsstelle, das die Bestände ab 1975 verwahrte, ist ungeklärt. Trotz mehrfacher Nachfragen bei der FhG konnte nicht eruiert werden, wo sich die relevanten Archivbestände zu den Belangen der Allianz befinden. Der im Archiv des Instituts für Zeitgeschichte (IfZ) befindliche Bestand zur FhG reicht nur bis in das Jahr 1975 und ist daher für die vorliegende Studie von vergleichbar geringer Relevanz, da die FhG erst ab 1980 an den Sitzungen der Allianz teilnahm. Jedoch bleibt ihre Rolle in der Allianz dank der umfangreichen Bestände der anderen Wissenschaftsorganisationen kein blinder Fleck.
141 Die Verschlagwortung erfolgte nach einer intensiven Lektüre aller vorhandenen Sitzungsvermerke in zwei Stufen. Die Verschlagwortung mit insgesamt 13 übergeordneten Themen lieferte eine erste Charakterisierung der von der Allianz geplanten Rahmenhandlung und eine grobe thematische Eingrenzung. In

haltlichen Schwerpunkte erkennen, in denen die Wissenschaftsorganisationen sich um eine Koordination ihrer gemeinsamen Interessen bemühten, was für die Untersuchung der Interaktionsmodi von Kooperation und Konkurrenz von besonderer Bedeutung ist. Ferner erlaubte der Vergleich der unterschiedlichen Schilderungen nicht nur Rückschlüsse auf das Selbstverständnis der jeweiligen, den Vermerk anfertigenden Institutionen, sondern ermöglichte zudem eine ausgewogene Darstellung von konflikthaften Situationen.

Zweitens stützt sich die Studie auf *Akten, die in indirekter Verbindung zu den Belangen der Allianz* und/oder *des Präsidentenkreises* stehen. Dieser Unterlagen sind äußerst heterogen, dennoch lassen sie sich grob drei unterschiedlichen Schwerpunkten zuordnen. Dabei handelt es sich (a) um die (oft bilaterale) Korrespondenz zwischen den Mitgliedern der Allianz, die nicht im gesamten Teilnehmer:innenkreis zirkulierte. Vor allem für die Rekonstruktion der Gründungsphase der Allianz waren diese Bestände aufgrund der hochgradigen Informalität der gemeinsamen Absprachen von großer Bedeutung. Folglich erlaubte erst die Auswertung der Korrespondenz zwischen den Präsidenten bzw. Vorsitzenden oder Generalsekretären der verschiedenen Wissenschaftsorganisationen Rückschlüsse auf die Anfänge der Allianz. Außerdem flossen (b) Aufzeichnungen zu (teilweise bilateralen) Gesprächen, die Mitgliedsorganisationen der Allianz mit Vertreter:innen aus der Politik oder der Wissenschaft führten, in den Quellenkorpus ein. Zuletzt wurden (c) interne Berichte der Wissenschaftsorganisationen über die Arbeit von Allianz und Präsidentenkreis ausgewertet, um zu beleuchten, wie die Zusammenarbeit der Allianzmitglieder untereinander und mit der Politik wahrgenommen und dargestellt wurde.[142]

Einen dritter Bestandteil stellen *gedruckte Quellen und graue Literatur* dar: Gemeinsame Veröffentlichungen der Allianz in Form öffentlichkeitswirksamer Stellungnahmen oder Publikationen existieren in erwähnenswertem Umfang erst für die Zeit nach der Jahrtausendwende.[143] Wenngleich sie damit aus dem eigentlichen Untersuchungszeit-

---

Abhängigkeit davon diente die zweite Stufe der weiteren Spezifizierung und der Herausarbeitung konkreter Themen der Abstimmung in der Allianz. Durch die zunehmende Ausführlichkeit in der Protokollführung ab Mitte der 1970er Jahre wurde deutlich, dass sie in ihren Sitzungen mitunter erheblich über den eigentlich angekündigten Tagesordnungspunkt hinausging und mehrere Themen auf einmal erörterte. Um dieser Entwicklung gerecht zu werden und weiterhin die Inhalte der Gespräche möglichst detailgetreu darzustellen, wurde in diesen Fällen ein Tagesordnungspunkt mehrfach verschlagwortet.

142 Aufgrund ihrer lückenlosen Überlieferung wurde hierfür in erster Linie auf die Akten des Senats der MPG zurückgegriffen, zu welchen der Verfasserin dank einer engen Kooperation mit dem Forschungsprogramm zur Geschichte der Max-Planck-Gesellschaft (GMPG) umfassende Akteneinsicht gewährt wurde. Bestände aus anderen Archiven wurden aus arbeitsökonomischen Gründen nur punktuell in diesen Teil des Quellenkorpus einbezogen.

143 In den Jahrzehnten zuvor trat die Allianz weniger mit öffentlichkeitswirksamen Publikationen in den Vordergrund, sondern wandte sich in gemeinsamen Briefen an die zuständigen Vertreter:innen in der Politik. Folglich kann diese Quellengattung für den größten Teil des in dieser Studie gewählten Untersuchungszeitraums nicht zu Rate gezogen werden, ermöglicht aber nichtsdestoweniger einen gewinnbrin-

raum der Studie herausfallen, wurden sie gesichtet und ausgewertet. Nur dadurch war es möglich, die Studie um einen Ausblick auf jüngste Veränderungen des Betätigungsfelds der Allianz und damit verbunden ihres Selbstverständnisses zu ergänzen. Um Erkenntnisse über das Verhältnis der Mitgliedsorganisationen untereinander ebenso wie zu Politik und Öffentlichkeit zu gewinnen, wurde auf Veröffentlichungen einzelner Mitgliedsorganisationen der Allianz zurückgegriffen, darunter die Empfehlungen und Stellungnahmen des Wissenschaftsrats, die bis 1967 herausgegebenen *Schwarzen Hefte* der WRK und die *Mitteilungen aus der Max-Planck-Gesellschaft*.[144] Punktuell wurden zudem die Jahresberichte, Aufzeichnungen von Jahresversammlungen oder Pressemitteilungen der einzelnen Mitgliedsorganisationen zu Rate gezogen, um damit den Fragen nachzugehen, welche Rolle die Zusammenarbeit in der Allianz für die jeweiligen Wissenschaftsorganisationen spielte und wie sie die Kooperation mit den übrigen Mitgliedern und den Vertreter:innen der Politik nach innen und außen darstellten. Zeitungsartikel zu ausgewählten wissenschaftspolitischen Debatten fanden Berücksichtigung, sofern sich im Zuge der Recherchen in anderen verwendeten Quellen konkrete Hinweise auf entsprechende Beiträge finden ließen. Diese waren insofern von Bedeutung, als sich aus ihnen – zumindest in Teilen – Aussagen über die Fremdwahrnehmung der Allianz ableiten lassen, was besonders im Hinblick auf öffentlich ausgetragene Konflikte des ansonsten äußerst zurückhaltend agierenden Gremiums von Interesse war.

Viertens stützt sich die Arbeit auf eine Kombination geschichtswissenschaftlicher und sozialwissenschaftlicher Methoden. *Expert:inneninterviews*[145] ergänzen dabei die klassische hermeneutische Methode der Text- und Quellenanalyse in mehrfacher Hinsicht.[146] Diese dienten erstens dem Zweck, Informationen über nicht dokumentierte Zusammenhänge zu erhalten, die den Handlungen und der Arbeitsweise der Allianz der Wissenschaftsorganisationen zugrunde lagen. Zweitens konnten durch die Gespräche mit den Zeitzeug:innen deren persönliche Wahrnehmung der Handlungsmodi Kooperation und Konkurrenz innerhalb der Allianz systematisch untersucht werden. Darüber hinaus konnten Erkenntnisse über die Zeit um die Jahrtausendwende gewonnen werden, für die trotz großzügig gewährter Schutzfristverkürzungen nur wenige archivalische Quellen zur Verfügung standen.

---

genden Ausblick in das veränderte Selbstverständnis und die Außenwirkung der Allianz in der jüngeren Vergangenheit.
144 Unter diesem Titel erschienen die Mitteilungen 1952 bis 1974. Von 1975 bis 1999 trugen sie den Titel *Berichte und Mitteilungen,* bis sie 2000 schließlich im *Max-Planck-Forum* aufgingen.
145 Wie im Folgenden noch detaillierter ausgeführt werden wird, erfolgte die Auswahl der Interviewpartner:innen in erster Linie über ihr für die Untersuchung relevantes Expert:innenwissen. Ausschlaggebend war dabei ihre Beteiligung an der Vorbereitung oder Durchführung von Sitzungen der Allianz der Wissenschaftsorganisationen bzw. des Präsidentenkreises. Daher werden die Begriffe Expert:in und Zeitzeug:in im Folgenden weitestgehend synonym verwendet.
146 Vgl. zur Überlegung, Interviews im Rahmen eines historischen Forschungsprojekts durchzuführen bspw. Chadarevian (1997), Using Interviews.

Die Studie konzentriert sich mit der Frage nach der Wahrnehmung von und dem Umgang mit Kooperation und Konkurrenz in der Allianz vor allem auf „Konsens- und Dissenselemente" ebenso wie auf die „Innenansichten"[147] der beteiligten Wissenschaftsorganisationen – und damit folglich auf einem Bereich, der mit schriftlichen Quellen alleine nur schwer erfasst werden kann. Der Mehrwert der Expert:inneninterviews liegt also, bei aller notwendigen methodisch-kritischen Reflexion,[148] in der Möglichkeit, interne Debatten und subjektive Wahrnehmungen von Kooperation und Konkurrenz sichtbar zu machen. Der Status als Expert:in definierte sich in erster Linie über die Beteiligung an den zu untersuchenden Prozessen, also beispielsweise die Teilnahme an Sitzungen der Allianz und des Präsidentenkreises oder die Einbindung in deren organisationsinterne Vorbereitungen. Aufgrund ihrer unmittelbaren Mitwirkung an der Arbeit von Allianz und/oder Präsidentenkreis verfügen die Interviewpartner:innen über spezifische Wissensbestände, die sich auch als sozial institutionalisierte Expertise fassen lassen. Wenngleich durch die gewählte Fragestellung der Expert:innenstatus häufig mit deren beruflichen Tätigkeiten im Wissenschaftsmanagement oder in der Politik korrelierte, war dieser primär über ihre aktive und unmittelbare Partizipation begründet.[149] Insgesamt konnten im Zeitraum zwischen September 2018 und Februar 2021 mit 12 Personen aus den Reihen der Allianzmitglieder und des Bundesforschungsministeriums leitfadenbasierte, semistrukturierte Interviews geführt werden.[150] Das Interviewsample wurde so angelegt, dass verschiedene Perspektiven auf die Zusammenarbeit der Allianz und des Präsidentenkreises in die Untersuchung einfließen konnten.[151] Die Leitfäden wurden – unter Rückgriff auf einen Basisleitfaden – jeweils individuell auf die Biografie der Interviewpartner:innen und ihre Funktionen in Wissenschaftsmanagement und Politik zugeschnitten. Die aus den Interviews gewonnenen Erkenntnisse wurden laufend durch die Auswertung verschiedener Archivquellen und publizierter Materialien ergänzt, was wiederum zu einer kontinuierlichen Überarbeitung der Leitfäden für spätere Gespräche

---

147 Plato (1991), Erfahrungswissenschaft, S. 104.
148 Vgl. zur Methodik der Oral History, der daran geübten Kritik und den damit verbundenen Herausforderungen bspw. die Ausführungen in Andresen/Apel/Heinsohn (2015), Das gesprochene Wort; Arp (2016), Historikertag 2016; Geppert (1994), Forschungstechnik; Kaminsky (2011), Oral History; Obertreis (2012), Oral History; Plato (1991), Erfahrungswissenschaft; Plato (2000), Zeitzeugen; Ritchie (2003), Doing Oral History; Wierling (2003), Oral History.
149 Vgl. Gläser/Laudel (2009), Experteninterviews. S. 11–15 und S. 38–43; Meuser/Nagel (2009), Experteninterview und Wissensproduktion, S. 36–42; Meuser/Nagel (1994), ExpertInnenwissen; Meuser/Nagel (1997), ExpertInneninterview, S. 483–486.
150 Das Interviewsample auf Seiten der Wissenschaftsorganisationen umfasste ehemaligen Präsidenten, Generalsekretär:innen, Geschäftsführer als auch in geringerem Umfang mit Personen, die in den Geschäftsstellen der Wissenschaftsorganisationen tätig waren.
151 Vgl. zur Triangulation Bogner/Littig/Menz (2014), Interviews mit Experten, S. 34–39; Flick (2018), Triangulation; Gläser/Laudel (2009), Qualitätsunterschiede; Wierling (2003), Oral History, S. 106–109.

führte.¹⁵² Ausgewertet wurden die Interviews in Anlehnung an das Schema von Michael Meuser und Ulrike Nagel: Hierfür wurden zunächst die thematisch relevanten Passagen der Gespräche transkribiert, paraphrasiert und schließlich kodiert. Daran anschließend erfolgte ein thematischer Vergleich der Interviews und damit verbunden eine erste Konzeptualisierung und theoretische Generalisierung der Aussagen aus den verschiedenen Expert:innengesprächen.¹⁵³

1.3.4 Aufbau der Studie

Die vorliegende Studie folgt im Kern einer chronologischen Gliederung, um die Genese, die Etablierung und die Festigung der Allianz der Wissenschaftsorganisationen im Spannungsfeld von Kooperation und Konkurrenz und ihre Rolle in der Gestaltung der (bundes-)deutschen Wissenschafts- und Forschungspolitik nachzeichnen zu können. In diese institutionenzentrierte Darstellung fließen ausgewählte Fallstudien zur konkreten Arbeitsweise der Allianz ein. Deren Themen bilden einerseits maßgebliche Diskurse im Bereich der Forschungspolitik ab, die im Laufe des Untersuchungszeitraums wiederholt Gegenstand der gemeinsamen Besprechungen der Wissenschaftsorganisationen waren. Andererseits erlauben es die Fallbeispiele, das Zusammenwirken der Mitgliedsorganisationen im Spannungsfeld von kooperativen und kompetitiven Praktiken näher zu beleuchten. Dabei werden Themen untersucht, welche die Zusammenarbeit der Allianz nahezu über den gesamten Zeitraum ihres Bestehens prägten und so gewissermaßen identitätsstiftend wirkten, etwa die Beratungen in finanziellen oder personalpolitischen Belangen. Zudem werden Diskussionen der Allianz über Themen mit konkreten (teils tagesaktuellen) forschungspolitischen Auswirkungen in den Fokus genommen, in denen die Wissenschaftsorganisationen über ein gemeinsames Vorgehen berieten oder dies koordinierten, etwa die Debatte um Tierversuche und die Frage der Europäisierung der Forschung. Diese Handlungs- und Diskursstränge werden in ihren jeweils zeithistorischen Rahmen eingebettet und fließen so komplementär in die zugrundeliegende chronologische Darstellung ein.

Das zweite Kapitel beschäftigt sich zunächst mit der Herausbildung der Allianz im Zeitraum zwischen 1955 und 1968. Da die Allianz keine instantane Geburt erlebte, ist es nahezu unmöglich, ein exaktes Gründungsdatum dieses Zusammenschlusses zu bestimmen, von welchem aus man ihre Vorgeschichte und ihre Wurzeln bestimmen könnte. Stattdessen fokussiert dieses Kapitel die verschiedenen Prozesse und Ereignis-

---

152 Vgl. Bogner/Littig/Menz (2014), Interviews mit Experten, S. 27–32; Gläser/Laudel (2009), Experteninterviews, S. 142–153; Kruse (2015), Qualitative Interviewforschung, S. 48–50; Meuser (2018), Leitfadeninterview; Wierling (2003), Oral History, S. 105–124.
153 Für eine ausführliche Darstellung der Auswertungsmethode siehe Meuser/Nagel (1991), ExpertInneninterviews, S. 451–466.

se, ebenso wie die (wissenschafts-)politischen Kontexte, welche die Zusammenarbeit der großen bundesdeutschen Wissenschaftsorganisationen entstehen und organisch wachsen ließen. Der Blick richtet sich auf die (wissenschafts- und forschungspolitischen) Scharniermomente der Formierung der Allianz als konsensorientiertes Gremium der Wissenschaftsorganisationen. Kapitel 2.1 untersucht, unter welchen Vorzeichen sich die Abstimmung gemeinsamer Interessen zwischen den zunächst drei großen Wissenschaftsorganisationen – MPG, DFG und WRK – entwickelte und welche Rolle dabei der allmählichen Zentralisierung staatlicher Kompetenzen auf Bundesebene zukam. Das diesen Abschnitt schließende Kapitel 2.2 thematisiert darauf aufbauend die Herausbildung der „Heiligen Allianz", die sich unter anderem in der Einbindung des WR in die gemeinsamen Gespräche und dem allmählich einsetzenden Austausch mit dem inzwischen gegründeten BMwF manifestierte.

An diese Beobachtungen anschließend widmet sich das dritte Kapitel der allmählichen Institutionalisierung der Allianz als wissenschaftspolitisches Beratungsgremium, die sich im Verlauf der 1970er und 1980er Jahren in verschiedenen Bereichen beobachten lässt. Kapitel 3.1 nimmt zunächst die Festigung der Zusammenarbeit zwischen der Allianz und der Politik im Rahmen der Konsultationen des Präsidentenkreises in den Blick. Wenngleich diese Entwicklung nicht linear verlief, zeigt sie eindrücklich die wachsende Vielschichtigkeit des Verhältnisses von Wissenschaft und Politik. Dabei agierten sowohl das BMFT als auch die Wissenschaftsorganisationen in unterschiedlichen Rollen, beispielsweise in parallel existierenden Kooperations- und Konkurrenzsituationen. Darauf wird bei der Analyse ein besonderes Augenmerk liegen. Auch in der Zusammenarbeit zwischen den Wissenschaftsorganisationen lassen sich Tendenzen einer allmählichen Formalisierung erkennen, wie Kapitel 3.2 herausarbeitet, das zudem auf die Bemühungen der Mitgliedsorganisationen eingeht, ihr tradiertes Selbstverständnis zu bewahren. Die Analyse wird dabei von der Frage nach der Bedeutung von Informalität und wechselseitigem Vertrauen für das erfolgreiche Fortbestehen kooperativer Strukturen angeleitet. Daran anschließend werden mit personal- und finanzpolitischen Fragen zwei zentrale Betätigungsfelder des Gremiums in den Blick genommen, anhand derer sich die spannungsreiche Gleichzeitigkeit von kooperativen und kompetitiven Praktiken nachvollziehen lässt. Seit den 1970er Jahren kam der Allianz immer deutlicher eine Verstärkerrolle für die Führungspositionen der in ihr zusammengeschlossenen Wissenschaftsorganisationen zu, weswegen die Zugehörigkeit zu diesem exklusiven Kreis für Außenstehende höchst erstrebenswert erschien. Wie die daraus resultierende Spannung von Inklusion und Exklusion wiederum auf die institutionelle Dynamik der Allianz rückwirkte und sie dadurch prägte, analysiert Kapitel 3.3.

Das vierte Kapitel untersucht, wie die tiefgreifenden Veränderungen, die das deutsche wissenschaftspolitische System in den 1990er Jahren erlebte, die Allianz beeinflussten und welche Gestaltungsmöglichkeiten die Wissenschaftsorganisationen ihrerseits in diesen turbulenten Zeiten nutzten. Kapitel 4.1 setzt sich dabei zunächst mit der Wiedervereinigung auseinander, die – wenngleich sie kein genuin wissenschaftspolitisches, sondern vielmehr ein staatspolitisches Ereignis war – für die Allianz ein Schlüsselmoment in forschungspolitischen Fragen werden sollte. Sie erfuhr in ihrer Gesamtheit zwar eine Bedeutungsaufwertung von politischer Seite, doch allen voran dem Wissenschaftsrat kam in diesem Prozess eine herausgehobene Rolle zu. Das sollte das Binnenverhältnis auf eine veritable Bewährungsprobe stellen, die schlussendlich sogar in einem öffentlich ausgetragenen Konflikt mündete. Auch die Beziehungen der Allianz zu externen Akteuren, insbesondere zu den Einrichtungen der Blauen Liste, werden in diesem Kapitel analysiert. Nachdem die Wiedervereinigung gewissermaßen den Auftakt für ein Jahrzehnt tiefgreifender Veränderungen im deutschen Wissenschaftssystem bereitet hatte, bildete die von den Regierungschefs von Bund und Ländern im Dezember 1996 beschlossene Systemevaluation einen weiteren Höhepunkt wissenschaftspolitischer Qualitätskontrolle, deren Planung, Durchführung und Auswirkungen für die Allianzmitglieder und das gesamtdeutsche Wissenschaftssystem in Kapitel 4.2 besprochen wird. Kapitel 4.3 fokussiert im Anschluss daran die Dynamik des Wandels der Allianz und ihres Binnenverhältnisses. Hier richtet sich die Darstellung sowohl auf die Allianz als Institution, etwa wenn die Debatten über ihr Selbstverständnis und die Einbindung neuer Kooperationspartner thematisiert werden, als auch einmal mehr auf das Agieren des Zusammenschlusses nach außen, wofür ihre Positionierungen im Prozess der Europäisierung der Forschung und zur Durchführung von Tierversuchen analysiert werden.

Kapitel fünf komplettiert in Form eines Ausblicks die Darstellung und zeichnet die zentralen Entwicklungen im Selbstverständnis, in der Organisationsstruktur und der Arbeitskultur der Allianz in der Langzeitperspektive nach. Um die Handlungsspielräume der Wissenschaftsorganisationen im Spannungsfeld von Kooperation und Konkurrenz zu fassen, wird der Blick über die Jahrtausendwende hinaus geweitet. Auf diese Weise werden die durch die tiefe, quellenbasierte Untersuchung gewonnenen Befunde, etwa zur Reaktionsdynamik der Allianz auf forschungspolitische Weichenstellungen und Herausforderungen, kritisch auf ihre Passung überprüft. Die Allianz selbst nahm die Jahrtausendwende zum Anlass, um vor dem Hintergrund des neuen Millenniums über die Effizienz ihres eigenen Handelns und ihre Rolle in der deutschen Wissenschaftslandschaft zu diskutieren, wie Kapitel 5.1 ausführen wird. Daran anschließend zeichnet Kapitel 5.2 nach, wie sich in der Allianz neue Arbeitsweisen, etwa in Form einer offiziellen Protokollführung, etablierten, während sich gleichzeitig der Kreis der Teilnehmer:innen erneut erweiterte. Schließlich thematisiert Kapitel 5.3 das seit den 2000er Jahren zunehmende Agieren der Allianz in der Öffentlichkeit und geht dabei insbesondere auf die veränderten Anforderungen einer modernen Medien- und Wissensgesellschaft an die Allianz und auf die Inhalte ihrer öffentlichkeitswirksamen Aktionen ein.

Die Untersuchung schließt mit einem Fazit, das die vielfältigen Handlungsstränge und Betätigungsfelder der Allianz noch einmal an die handlungsleitenden Interaktionsmodi von Kooperation und Konkurrenz rückbindet, indem die Befunde zum Beziehungsgeflecht, in dem die Allianz zu verorten ist, systematisiert werden.

2 Herausbildung der Allianz (ca. 1955–1968)

2.1 Absprachen zwischen den Wissenschaftsorganisationen – Eine Allianz *avant la lettre*

Als im Jahr 2019 das 70-jährige Jubiläum des Grundgesetzes gefeiert wurde, nutzte die Allianz der Wissenschaftsorganisationen – gewissermaßen als Sprachrohr der Wissenschaft – diesen Anlass, um mit ihrer Kampagne „Freiheit ist unser System. Gemeinsam für die Wissenschaft. 70 Jahre Grundgesetz" öffentlichkeitswirksam für das Prinzip der Freiheit von Forschung und Wissenschaft zu werben.[1] Sie organisierte zahlreiche Veranstaltungen an unterschiedlichen Orten, veröffentlichte Videointerviews, betrieb einen Podcast und legte zum Abschluss der Initiative gar ein Memorandum mit „Zehn Thesen zur Wissenschaftsfreiheit" vor.[2] Auch im Zuge der Bundestagswahl 2021 trat sie gegenüber den politischen Parteien als Fürsprecherin der Autonomie von Wissenschaft und Forschung auf. In zwei Stellungnahmen, im Vorfeld und im Nachgang der Wahl, appellierte sie an die politischen Vertreter:innen, in der anstehenden Legislaturperiode die „Weichen für die Zukunft des deutschen Wissenschaftssystems zu stellen".[3] Die in der Allianz zusammengeschlossenen Präsident:innen, Vorsitzenden, Generalsekretär:innen und Geschäftsführer:innen hatten sieben Felder identifiziert, in denen es besonderen Handlungsbedarf gebe, um die Zukunfts- und Wettbewerbsfähigkeit des deutschen Wissenschaftssystems sicherzustellen. An erster Stelle rekurrierte die Allianz einmal mehr auf die Wissenschaftsfreiheit, die gestärkt werden müsse. Sie plädierte in diesen beiden öffentlichen Verlautbarungen insbesondere für den Abbau

---

[1] Siehe dazu z. B. Allianz der Wissenschaftsorganisationen (2019), Freiheit der Wissenschaft; Allianz der Wissenschaftsorganisationen (o. J.), Freiheit ist unser System.
[2] Allianz der Wissenschaftsorganisationen (2019), Zehn Thesen zur Wissenschaftsfreiheit. Eine Übersicht über die medialen Angebote und Veranstaltungen findet sich auf der Website zur Kampagne: Allianz der Wissenschaftsorganisationen (o. J.), Freiheit ist unser System.
[3] Allianz der Wissenschaftsorganisationen (2021), Weichen für die Zukunft.

administrativer Hürden und einen Verzicht auf eine Detailsteuerung.⁴ Darüber hinaus sei der Pluralismus der Forschungsthemen, der durch „die ausdifferenzierte Landschaft wissenschaftlicher Organisationen" gewährleistet würde, „das Fundament jedes wissenschaftlichen Fortschritts".⁵

Es ist kein Zufall, dass die Allianz sich heute als zentrale Fürsprecherin der Autonomie von Wissenschaft und Forschung versteht und sich entsprechend öffentlich äußert. Denn nicht erst in jüngerer Vergangenheit und im Zeichen von *Fake News* oder öffentlicher Diffamierungen von Wissenschaftler:innen bestimmte dieses Anliegen die gemeinsamen Aktivitäten.⁶ Vielmehr gab die Wahrung der Wissenschaftsfreiheit bereits den Anstoß für die informelle Gründung der Allianz: Obwohl es schon in den späten 1940er Jahren vereinzelte Treffen zwischen den Präsidenten der großen deutschen Wissenschaftsorganisationen gegeben hatte, wandelte sich deren Dynamik, vorwiegend begründet durch verschiedene wissenschaftspolitische Initiativen des Bundes, in den 1950er Jahren grundlegend.⁷ Die Wissenschaftsorganisationen befürchteten nämlich, dass die wachsenden Bemühungen des Bundes um eine Steigerung seines Einflusses im Bereich der Forschungs- und Technologiepolitik mit einem zentralstaatlichen Steuerungsanspruch verbunden sein würde und suchten daher den Schulterschluss. Die Freiheit von Wissenschaft, Forschung und Lehre galt (und gilt noch heute) in Deutschland als hohes und traditionsreiches Gut, dessen Bewahrung nach den Erfahrungen massiver staatlicher Eingriffe während des Nationalsozialismus sogar im Grundgesetz festgeschrieben wurde.⁸ Die drei einflussreichsten bundesdeutschen Wissenschaftsorganisationen, MPG, DFG und WRK, verstanden sich als Gralshüterinnen der Autonomie der Wissenschaft und bemühten sich tunlichst darum, diese vor möglichen politischen Kontroll- und Lenkungsversuchen zu schützen. In diesem Zusammenhang intensivierten sie schließlich ihren Austausch untereinander, was die prozesshafte Herausbildung der Allianz in Gang setzte.

---

4 Detailsteuerung meint staatliche Steuerungseingriffe, Detailvorgaben und Kontrollmechanismen auf der Inputebene, wie beispielsweise konkrete Stellenpläne. Dies schränke, so die Argumentation der Wissenschaftsorganisationen, die Möglichkeiten zum effizienten Ressourceneinsatz ein und wirke sich in der Folge nachteilig auf Kreativität und Ergebnisoffenheit von Forschungsprozessen aus. Vgl. zu Steuerungsmechanismen in der Wissenschaft bspw. Schimank (2009), Governance-Reformen; Helling-Moegen (2009), Forschen nach Programm; Jansen (2010), Steuerung.
5 Vgl. dazu Allianz der Wissenschaftsorganisationen (2021), Wissenschafts- und Innovationspolitik 2021–2025; Allianz der Wissenschaftsorganisationen (2021), Erwartungen.
6 Vgl. die eingangs erwähnte Stellungnahme der Allianz in Reaktion auf die öffentlichen Angriffe der Bild-Zeitung gegen drei Wissenschaftler:innen: Allianz der Wissenschaftsorganisationen (2021), Aufruf zu mehr Sachlichkeit.
7 Vgl. Balcar (2020), Wandel durch Wachstum, S. 102–103.
8 Vgl. dazu auch Füssel (2010), Von der akademischen Freiheit zur Freiheit der Wissenschaft.

2.1.1 Die Gründung des Wissenschaftsrats als Katalysator für die Herausbildung der Allianz

Für eine erste Intensivierung der bis dato sporadischen Kontakte zwischen den Präsidenten der drei großen Wissenschaftsorganisationen in der jungen Bundesrepublik sorgten die Überlegungen von Bund und Ländern zur Gründung des Wissenschaftsrats. Die Pläne zur Schaffung eines Zentralrats, wie er in internen Schreiben zunächst betitelt wurde, hingen dabei eng mit dem indirekten Einstieg des Bundes in die Forschungsförderung zusammen.

Obwohl die Zuständigkeit für die Kultur- und Forschungspolitik nach dem 1949 geschlossenen Königsteiner Staatsabkommen bei der Ländergemeinschaft lag, ermöglichte das Grundgesetz nach Art. 74 dem Bund im Sinne der konkurrierenden Gesetzgebung eine Mitsprache im Bereich der Forschungsförderung.[9] Die allgemeine Befürchtung, die Bundesrepublik könnte auf technologischem Gebiet gegenüber der UdSSR ins Hintertreffen geraten, und die Angst vor einem Nachwuchsmangel in den entscheidenden Fächern heizte die Debatte um eine Steigerung der Aufwendungen für Wissenschaft und Forschung an, die jedoch der Ländergemeinschaft finanziell nicht möglich war.[10] Allerdings hatte der Bund unter Finanzminister Fritz Schäffer im Hinblick auf die erwartete Wiederaufrüstung mehrere Milliarden DM angespart, den sogenannten Juliusturm. Von diesen umfangreichen finanziellen Mitteln profitierten nach zähen Verhandlungen zwischen Bund und Ländern ab Mitte der 1950er Jahre schließlich verschiedene Bereiche der Kultur- und Forschungspolitik, darunter auch die beiden großen deutschen Wissenschaftsorganisationen MPG und DFG, denen aus diesen Bundesmitteln Sonderzuschüsse zuflossen.[11]

Diese komplexe Finanzierungslage erforderte – nach Ansicht verschiedener Akteure aus Wissenschaft und Politik – ein Gremium zur wechselseitigen Abstimmung zwischen Bund und Ländern zur besseren Koordination der forschungspolitischen Pläne. Angestoßen wurde die Debatte im Frühjahr 1956 schließlich von Seiten der Länder, in erster Linie vom Bayerischen Ministerpräsidenten Wilhelm Hoegner, wobei den Wissenschaftsorganisationen in der ersten Planungsphase ebenfalls eine bedeutende Rolle

---

9 Vgl. zur konkurrierenden Gesetzgebung und zur Theorie der Politikverflechtung König (1999), Politikverflechtung; Reissert/Scharpf/Schnabel (1976), Politikverflechtung. Bd. 1; Scharpf (1976), Politikverflechtung; Scharpf (1978), Theorie der Politikverflechtung.
10 Vgl. Benz, Winfried, „Der Wissenschaftsrat", in: Christian Flämig/Volker Grellert/Otto Kimminich/Ernst-Joachim Meusel/Hans Heinrich Rupp/Dieter Scheven/Hermann Josef Schuster/Friedrich Stenbock-Fermor (Hg.), Handbuch des Wissenschaftsrechts. Band 2 (Berlin/Heidelberg ²1996): 1667–1687; Orth (2011), Autonomie und Planung, S. 96–100; Stamm (1981), Zwischen Staat und Selbstverwaltung, S. 195–202; Wieland (2009), Neue Technik auf alten Pfaden?, S. 57–62.
11 Vgl. Bentele (1979), Kartellbildung, S. 69–87; Benz (1996), Wissenschaftsrat, S. 1667–1669; Hohn/Schimank (1990), Konflikte und Gleichgewichte, S. 115–120; Orth (2011), Autonomie und Planung, S. 100–106; Stamm (1981), Zwischen Staat und Selbstverwaltung, S. 202–219; Speiser (2017), Wissenschaftsföderalismus auf dem Prüfstand, S. 6–10.

zukam. Kurt Zierold, seinerzeit Generalsekretär der DFG, schrieb DFG-Präsident Gerhard Hess und dem Vorstand der Forschungsgemeinschaft gar die entscheidende Initiative zu, die schließlich zur Gründung des Wissenschaftsrats führte.[12]

Unter den großen bundesdeutschen Wissenschaftsorganisationen brachten sich besonders DFG und WRK[13] aktiv in die Planungen zur Errichtung des Wissenschaftsrats ein und bemühten sich, Unterstützer für dieses Projekt zu akquirieren.[14] Dabei sollte mittels des Zentralrats, so die Vorstellung von DFG und WRK, dem Bund ein gewisses Mitspracherecht bei der Mittelzuteilung eingeräumt werden, während Wissenschaft und Forschung umgekehrt von den umfangreichen finanziellen Bundesmitteln profitieren könnten, ohne dass der Politik ein steuernder Eingriff in die Forschung erlaubt würde. Seit dem Sommer 1956 standen die Präsidenten der Wissenschaftsorganisationen diesbezüglich nicht nur in engem Austausch, sondern unterhielten auch einen regen Kontakt zu den Verantwortlichen aus der Politik, um die Ausgestaltung eines solchen Zentralrats in ihrem Sinne zu beeinflussen.[15] So warben sie wiederholt bei den Kultusministern der Länder um Unterstützung für ihre Pläne.[16] Auffallend ist, dass sich die Präsidenten der Wissenschaftsorganisationen bei den Ministerpräsidenten der Länder speziell dafür einsetzten, eine Mitfinanzierung der Forschung durch den Bund zuzulassen, ohne diesem den alleinigen Einfluss auf die Forschungssteuerung zu gewähren. Als Abstimmungs- und Koordinationsgremium zwischen Bund, Ländern und Wissenschaft sollte der Zentralrat dienen. Denn trotz ihrer „Leistung [...] für den Wiederaufbau und den Ausbau der von ihnen getragenen wissenschaftlichen Institute" nach 1945 und ihrer Bemühungen „die wissenschaftlichen Institute in ihrer personellen und sachlichen Ausstattung den modernen Erfordernissen der Forschung anzupassen", wäre DFG-Präsident Hess zufolge die „finanzielle Kapazität der Länder" nicht mehr ausreichend, um „den erforderlichen weiteren Ausbau der Wissenschaft zu

---

12 Vgl. die sicherlich nicht unvoreingenommene Schilderung von Zierold (1968), Forschungsförderung, S. 535.
13 Die Präsidenten der beiden Wissenschaftsorganisationen stimmten sich im Verlauf des Gründungsprozesses eng miteinander ab und kommunizierten ihre Zusammenarbeit auch gegenüber den Vertretern des Bundes und der Länder. Die MPG schien in dem Abstimmungsprozess der Wissenschaftsorganisationen zu diesem Zeitpunkt noch eine vergleichsweise geringe Rolle zu spielen und brachte sich in viele der Absprachen nicht aktiv ein. Vgl. die Hinweise auf die Kooperation zwischen DFG und WRK bspw. in DFGA, AZ 6, Bd. 1. Schreiben von G. Hess an A. Hennig vom 08.12.1956; DFGA, AZ 6, Bd. 1. Schreiben von G. Hess an G. A. Zinn vom 25.02.1957; DFGA, AZ 6, Bd. 1. DFG-interne Notiz über eine Besprechung zwischen G. Hess und H. Coing am 06.04.1957; DFGA, AZ 6, Bd. 1. Schreiben von G. Hess an H. Coing vom 21.06.1957.
14 Vgl. zur Entstehungsgeschichte des Wissenschaftsrats Bartz (2007), Wissenschaftsrat, S. 23–36; Bartz (2006), Wissenschaftsrat und Hochschulplanung, S. 41–55; Bentele (1979), Kartellbildung, S. 85–86; Benz (1996), Wissenschaftsrat, S. 1667–1670; Stucke (2006), Wissenschaftsrat, S. 249–250; Zierold (1968), Forschungsförderung, S. 533–539.
15 Vgl. DFGA, AZ 6, Bd. 1. Auszug aus dem Protokoll über die Sitzung des Senats der DFG am 22.10.1956; DFGA, AZ 6, Bd. 1. Schreiben von G. Hess an W. Hoegner vom 06.06.1956.
16 Vgl. DFGA, AZ 6, Bd. 1. Schreiben von G. Hess an A. Hennig vom 08.12.1956.

leisten".[17] Deshalb wäre es notwendig, so die Argumentation der beiden Präsidenten Gerhard Hess und Helmut Coing, dass der Bund sich mit „zusätzlichen Mittel[n]" an der Finanzierung von Wissenschaft und Forschung beteilige, die nach einem „umfassenden zusätzlichen Bedarfsplan" verteilt werden sollten, für dessen Erstellung der geplante Zentralrat zuständig sein sollte.[18]

Nimmt man die Kooperation zwischen DFG und WRK in der Planungsphase für die Errichtung des Wissenschaftsrats genauer in den Blick, fällt auf, dass sie nicht nur in engem Austausch standen, sondern auch die nächsten zu ergreifenden Schritte untereinander koordinierten, was – auch aufgrund der freiwilligen Selbstverpflichtung – als Zeichen für eine intensive Form der Zusammenarbeit gewertet werden kann. So notierte Hess nach einem Gespräch mit Coing, dass beide „am 15.4 [...] getrennt [...] einen Brief an den Bundeskanzler schreiben" würden und in ihrer Forderung zudem „die vom Partner geforderten Summen mit berücksichtigen" wollten.[19] In dieser Situation entschieden sich die Präsidenten also zunächst für eine je separate Kontaktaufnahme zum Kanzler und anderen Bundestagsabgeordneten, wobei sie jedoch stets ihr gemeinsames Ziel im Blick behielten, die Wünsche des jeweiligen Kollegen zur Sprache bringen wollten und damit wechselseitig die von ihnen vorgebrachten Argumente stützten.

Auch ihr öffentliches Engagement für die Errichtung des Zentralrats stimmten die Präsidenten miteinander ab und äußerten sich in der Folge gegenüber der Presse und der Fachöffentlichkeit entsprechend.[20] Größere Bekanntheit erlangte unter anderem Gerhard Hess' Beitrag in der *FAZ*, in welchem er seine diesbezüglichen Überlegungen und die von ihm gewünschte Aufgabenstellung an das Gremium detailliert ausführte.[21] Die Bemühungen der beiden Präsidenten sollten schließlich von Erfolg gekrönt sein. Sie konnten den Bundespräsidenten von ihren Plänen überzeugen, der sich daraufhin ebenfalls – beispielsweise gegenüber Bundeskanzler Adenauer – für die Errichtung eines solchen Zentralrats einsetzte.[22]

Nachdem WRK-Präsident Coing im Dezember 1956 noch einmal bei einem persönlichen Termin mit Adenauer für die Pläne der Wissenschaftsorganisationen geworben hatte,[23] übernahm die Bundesregierung in Person von Bundesinnenminister Gerhard Schröder im darauffolgenden Jahr schließlich die Federführung im Gründungsprozess des Wissenschaftsrats. Die Kultusminister der Länder hatten ihrerseits ebenfalls schon

---

17 Ebd. Dieses Schreiben verfasste Hess eigenen Angaben zufolge „im Einvernehmen mit Herrn Coing".
18 Ebd. Hervorhebungen im Original.
19 DFGA, AZ 6, Bd. 1. Interner Vermerk der DFG über ein Treffen von G. Hess mit H. Coing am 06.04.1957.
20 Das geht beispielsweise aus einem Vermerk der DFG hervor: DFGA, AZ 6, Bd. 1. Interner Vermerk der DFG zu Änderungen an einem Manuskript für eine Forschungssendung vom 11.12.1956.
21 Vgl. Hess (1956), Langfristiger Plan.
22 Vgl. Bartz (2007), Wissenschaftsrat, S. 23–36; Orth (2011), Autonomie und Planung, S. 100–106.
23 Von Seiten der Bundesländer waren in der Zwischenzeit verschiedene Möglichkeiten zur Gestalt eines solchen Zentralrats ins Spiel gebracht worden, wovon der Entwurf des bayerischen Ministerpräsidenten denen von DFG und WRK am ähnlichsten war. Vgl. Bartz (2007), Wissenschaftsrat, S. 27–29.

die Planungen zu dessen Ausgestaltung konkretisiert – sehr zum Missfallen der Wissenschaftsorganisationen. So berichtete Hess auf der Sitzung des Senats der DFG im Februar 1957, dass die Kultusministerkonferenz (KMK) ein aus zwei getrennten Kammern bestehendes Gremium favorisieren würde, in dem der wissenschaftlichen Kammer eine rein beratende Funktion zukäme, während die mit Verwaltungsbeamt:innen besetzte Kammer die alleinige Entscheidungsgewalt besäße.[24] Die DFG, die ursprünglich ein „gemischtes Gremium aus Vertretern von Verwaltung, Wissenschaften und […] des öffentlichen Lebens" vorgeschlagen hatte, sah in dem Ansinnen der Kultusminister eine akute „Gefahr" für ihr zukünftiges Mitspracherecht und bemühte sich in der Folge vergeblich, die Ministerpräsidenten von den Nachteilen der Überlegungen der KMK zu überzeugen.[25] Schlussendlich profitierten die Wissenschaftsorganisationen von der starken Position des Bundes, der – auch aus parteipolitischen Gründen – die Vorschläge der Wissenschaftsorganisationen gegenüber den Ausarbeitungen der Länder unterstützte.[26] Gemeinsam mit den Ministerpräsidenten einigte sich die Bundesregierung im März 1957 darauf, eine sechsköpfige Arbeitsgruppe einzusetzen. In der Folgezeit sollte diese einen Entwurf für ein Verwaltungsabkommen zwischen Bund und Ländern zur Regelung der Tätigkeit des Wissenschaftsrats erarbeiten. Bereits im Vorfeld hatten sowohl die KMK als auch die Ministerpräsidenten signalisiert, dem Bund bezüglich der Rolle der Wissenschaftler:innen im späteren Wissenschaftsrat entgegenkommen zu wollen.

Während es den Wissenschaftsorganisationen im Vorfeld der Planungen also gelungen war, sich Gehör bei den politischen Akteuren zu verschaffen, wurden sie von den weiteren Aktivitäten dieser Arbeitsgruppe zunächst ausgeschlossen. Es gelang DFG-Präsident Hess dennoch, in Besitz einer Abschrift des Entwurfs über das Verwaltungsabkommen zu gelangen, die er sofort an Coing weiterleitete mit der Anmerkung, dass seiner Ansicht nach „viele Artikel und Ziffern einfach unannehmbar" wären.[27] Die DFG störte sich, wie Hess seinen Kollegen Coing und Tellenbach von der WRK mitteilte, unter anderem an der Bindung der Geschäftsstelle des Wissenschaftsrats an ein Bundesland, an den der Verwaltungskommission zugestandenen Sonderrechten und daran, dass sich das Vorschlagsrecht der Wissenschaftsorganisationen nicht auf die sechs Vertreter:innen des öffentlichen Lebens erstreckte.[28] Unterstützung erhielten die Wissen-

---

24 Vgl. DFGA, AZ 6, Bd. 1. Auszug aus dem Protokoll über die Sitzung des Senats der DFG am 22.02.1957. Das folgende Zitat ebd.
25 Vgl. DFGA, AZ 6, Bd. 1. Schreiben von G. Hess an G. A. Zinn vom 25.02.1957.
26 Vgl. insbesondere zu den parteipolitischen Überlegungen: Bartz (2007), Wissenschaftsrat, S. 31–32.
27 DFGA, AZ 6, Bd. 1. Schreiben von G. Hess an H. Coing vom 21.06.1957. Vgl. zu den Kritikpunkten am Entwurf auch DFGA, AZ 6, Bd. 1. Auszug aus dem Protokoll über die Sitzung des Senats der DFG am 05.07.1957.
28 Vgl. DFGA, AZ 6, Bd. 1. Auszug aus dem Protokoll über die Sitzung des Senats der DFG am 05.07.1957; DFGA, AZ 6, Bd. 1. Schreiben von G. Hess an H. Coing vom 21.06.1957; DFGA, AZ 6, Bd. 1. Schreiben von G. Hess an G. Tellenbach vom 09.07.1957.

schaftsorganisationen durch den Stifterverband für die Deutsche Wissenschaft, dessen Vorsitzender, Ernst H. Vits, sich zugleich als Vertreter des Deutschen Industrie- und Handelstags wie auch des Bundesverbands der Deutschen Industrie (BDI) äußerte.[29] In seinem Schreiben an Gerhard Hess und auf einem Vortrag auf der Jahresversammlung des Stifterverbandes monierte Vits Punkte ähnlich denen des DFG-Präsidenten.[30]

Die Kritik am Entwurf des Abkommens zeigte offenbar Wirkung, denn zur letzten Sitzung des Unterausschusses „Wissenschaftsrat" wurden schließlich – auf Initiative des Kanzleramts – Vertreter derjenigen Wissenschaftsorganisationen eingeladen, die über die Nomination der Wissenschaftlichen Kommission entscheiden sollten. Die DFG und WRK waren jeweils mit ihren Präsidenten vertreten, während die MPG ihren Vizepräsidenten und ein weiteres Vorstandsmitglied entsandte.[31] Die Präsidenten von DFG und WRK sprachen sich im Vorfeld über ihre gemeinsame Agenda ab und in der DFG wurde ein ausführlicher Notizzettel mit den gewünschten Änderungen am Entwurf des Verwaltungsabkommens angefertigt.[32] Letztlich gebilligt wurden im Unterausschuss lediglich einige kleinere Änderungen, die darüber hinaus hauptsächlich vom Bund angeregt worden waren. Folglich kann angenommen werden, dass die Hoffnungen der Wissenschaftsvertreter in dieses Treffen nicht erfüllt wurden, da sie unter anderem ihre Forderung nicht durchsetzen konnten, auf die Nominierung der Vertreter:innen des öffentlichen Lebens Einfluss zu nehmen. Auch dem Wunsch nach einer „unmittelbaren Auskunftsmöglichkeit" bei sämtlichen Dienststellen von Bund und Ländern wurde nicht entsprochen.[33] Davon abgesehen lassen sich jedoch im verabschiedeten Verwaltungsabkommen einige Punkte finden, die sicherlich im Sinne der Wissenschaftsorganisationen waren: So wurde beispielsweise in Artikel 8 die umstrittene Formulierung, dass die Geschäftsstelle des WR bei einem Bundesland einzurichten sei, gestrichen und stattdessen festgehalten, dass diese „im Einvernehmen mit Bund und Ländern" zu errichten sei.[34] Auf diese Weise sollte die gewünschte Unabhängigkeit der Geschäftsstelle von politischen Befindlichkeiten gewährleistet werden. Bereits im Entwurf enthalten war das Prozedere bei der Beschlussfassung im Wissenschaftsrat. Dieses schrieb die Vollversammlung als entscheidende Instanz fest und dürfte damit den Wünschen der Wissenschaftsorganisationen entgegengekommen sein.[35]

---

29 Vgl. DFGA, AZ 6, Bd. 1. Entwurf eines Schreibens von E. H. Vits an G. Hess vom 10.07.1957.
30 Vgl. Vits (1957), Aufgaben des Stifterverbandes.
31 Vgl. DFGA, AZ 6, Bd. 1. Teilnehmerliste der Besprechung über Fragen des Deutschen Wissenschaftsrats am 18.07.1957.
32 Vgl. DFGA, AZ 6, Bd. 1. DFG-interne Notizen für die Sitzung am 18.07.1957 (Wissenschaftsrat) vom 17.07.1957.
33 Ebd.
34 DFGA, AZ 6, Bd. 1. Verwaltungsabkommen zwischen Bund und Ländern über die Errichtung eines Wissenschaftsrats [undatiert].
35 Vgl. Bartz (2007), Wissenschaftsrat, S. 34–36; Benz (1996), Wissenschaftsrat, S. 1667–1670; Stamm (1981), Zwischen Staat und Selbstverwaltung, S. 202–216.

2.1.2 Bedeutung personalpolitischer Entscheidungen für die Entstehung der Allianz

Wenngleich die Wissenschaftsorganisationen nur Vorschläge für die Besetzung der Wissenschaftlichen Kommission machten durften und keinen Einfluss auf die Auswahl der Personen des öffentlichen Lebens hatten, lässt sich festhalten, dass ihnen dadurch gestattet wurde, die bundesdeutsche Wissenschaftslandschaft in nicht unerheblichem Maße mitzugestalten. Der Wissenschaftsrat sollte in den folgenden Jahren und Jahrzehnten als wichtiges Beratungsgremium und als „[d]iskursive Schnittstelle zwischen Politik und Wissenschaft" fungieren,[36] an der langfristig die zentralen Leitlinien der deutschen Wissenschaftspolitik ausgehandelt wurden. Obwohl seine Empfehlungen für die Politik nicht bindend sind und ihm keine politischen Entscheidungsrechte zustehen, sollte sein Einfluss nicht unterschätzt werden. Da seine Stellungnahmen aufgrund seiner Zusammensetzung und Entscheidungsstruktur bereits einen Konsens zwischen den Vertreter:innen aus Wissenschaft und Politik darstellen,[37] stoßen sie auch nach ihrer Verabschiedung auf breite Zustimmung bei den politischen Entscheidungsträger:innen, was die Wahrscheinlichkeit ihrer Umsetzung erhöht.[38] Diese institutionelle Einbindung der wissenschaftlichen ebenso wie der politischen Perspektive in die Ausarbeitung seiner Stellungnahmen unterscheidet den Wissenschaftsrat von anderen, in der Politikberatung tätigen Akteuren und macht ihn zur „wichtigste[n] Beratungsarena für wissenschaftspolitische Fragen in der Bundesrepublik".[39]

Mit der Unterzeichnung des Verwaltungsabkommens erteilten Bund und Länder MPG, DFG und WRK das gemeinsame Vorschlagsrecht für die Mitglieder der Wissenschaftlichen Kommission des Wissenschaftsrats und ermöglichten ihnen so, über die Besetzung eines wichtigen Gremiums zur Abstimmung zwischen Vertreter:innen von Bund, Ländern und Wissenschaft mitzuentscheiden. Einen ersten Entwurf mit insgesamt 16 vorgeschlagenen Personen legte die WRK bereits im Juli 1957 ihren Verhandlungspartnern vor.[40] Daran anschließend beriet die DFG in ihren Gremien über den Vorschlag der WRK und modifizierte diese Liste an zwei Stellen.[41] Entgegen der ursprünglichen Vermutung der Wissenschaftsorganisationen wollte Bundespräsident

---

[36] Hintze (2020), Kooperative Wissenschaftspolitik, S. 402.
[37] Zur Verabschiedung von Empfehlungen wird eine Zweidrittelmehrheit der Vollversammlung des Wissenschaftsrats benötigt. Weder die Wissenschaftliche noch die Verwaltungskommission des WR verfügen alleine über die erforderliche Mehrheit, folglich ist stets die Zustimmung von Teilen der jeweils anderen Kommission vonnöten.
[38] Vgl. Benz (1996), Wissenschaftsrat, S. 1683–1687; Neidhardt (2012), Institution, S. 271–276; Hintze (2020), Kooperative Wissenschaftspolitik, S. 402–414; Stucke (2016), Staatliche Akteure, S. 490–492; Stucke (2006), Wissenschaftsrat, S. 252–254.
[39] Stucke (2016), Staatliche Akteure, S. 490.
[40] Vgl. das Schreiben der WRK an die DFG und die angehängte Vorschlagsliste in DFGA, AZ 6, Bd. 1. Schreiben von J. Fischer an G. Hess vom 22.07.1957.
[41] Vgl. DFGA, AZ 6, Bd. 1. Schreiben von G. Hess an den Senat und das Präsidium der DFG vom 26.09.1957.

Theodor Heuss nicht nur ein „Funktionär fremder [...] Vorschläge"[42] sein. Stattdessen forderte er ein gewisses Maß an Wahlfreiheit und Mitbestimmung bei der Ernennung der Mitglieder für den WR, weshalb er nach einer insgesamt 24 Personen umfassenden Vorschlagsliste verlangte.[43] In der Folge veränderte die DFG ihre ursprüngliche Liste an einer Stelle und fügte weitere acht Namen auf einer Ergänzungsliste hinzu. Im Verlauf der Entscheidungsfindung stimmten sich speziell die Präsidenten von DFG und WRK eng untereinander ab und erörterten mehrmals die zu erwartenden Schwierigkeiten.[44] Ende Oktober 1957 überreichten sie gemeinsam mit dem Präsidenten der MPG dem Bundespräsidenten ihre Vorschläge.[45] Interessanterweise baten nur wenige Tage später zwei Nobelpreisträger und zugleich hochkarätige Mitglieder der MPG – ihr Präsident Otto Hahn und kurz darauf der Direktor des MPI für Biochemie Adolf Butenandt – darum, trotz ihrer Nominierung nicht in den Wissenschaftsrat berufen zu werden. Dies mag zunächst erstaunen, schließlich hatte die MPG der gemeinsamen Vorschlagsliste zugestimmt. Doch zumindest Hahn hatte bereits frühzeitig gegenüber seinen Kollegen aus DFG und WRK angedeutet, dass er sich im Falle seiner Ernennung als Mitglied des Wissenschaftsrats gerne ständig durch den Vizepräsidenten der MPG, Richard Kuhn, vertreten lassen wollte. Dieser dauerhaften Vertretung stand der Bundespräsident allerdings äußerst skeptisch gegenüber, was vermutlich beim gemeinsamen Treffen Ende Oktober noch einmal zur Sprache gekommen war, weswegen sich Hahn in der Folge dazu gezwungen sah, persönlich um eine Streichung seines Namens von der Liste zu bitten.

Trotz der gewünschten „Mitverantwortung",[46] die Theodor Heuss bei der Auswahl der Nominierten übernehmen wollte, unterschied sich die schlussendliche Ernennung lediglich in drei Fällen von der ursprünglichen, aus 16 Namen bestehenden, Vorschlagsliste.[47] Dabei entsprach er dem Wunsch von Hahn und Butenandt und berief statt-

---

42 Wissenschaftsrat (1983), Wissenschaftsrat, 1957–1982, S. 8.
43 Vgl. DFGA, AZ 6, Bd. 1. Auszug aus dem Protokoll über die Sitzung des Senats der DFG am 23.10.1957; DFGA, AZ 6, Bd. 1. Interner Vermerk der DFG über ein Gespräch mit dem Bundespräsidenten am 14.10.1957.
44 Vgl. bspw. DFGA, AZ 6, Bd. 1. Schreiben von G. Tellenbach an G. Hess vom 06.10.1957.
45 Vgl. DFGA, AZ 6, Bd. 1. Interne Notiz der DFG über eine Besprechung mit dem Bundespräsidenten vom 31.10.1957; auch die Presse erfuhr von dieser eigentlich vertraulichen Liste und veröffentlichte sie sogleich: Schw. (1957), Mitglieder des Wissenschaftsrates. Kurz darauf informierte Hess zudem den niedersächsischen Kultusminister Richard Langeheine über die Vorschlagsliste: DFGA, AZ 6, Bd. 1. Schreiben von G. Hess an R. Langeheine vom 07.11.1957, siehe dabei besonders die angehängte Liste.
46 Wissenschaftsrat (1983), Wissenschaftsrat, 1957–1982, S. 8.
47 Olaf Bartz identifiziert eine Abweichung in vier Fällen, wobei nicht ganz klar ist, von welcher Liste er ausgeht, wenn er von der „anfänglichen 16er-Liste" spricht. Vergleicht man die Berufungen mit der Liste, welche die DFG-Gremien im September verabschiedet hatten, ergeben sich tatsächlich vier Abweichungen. Nimmt man jedoch die Liste aus dem Oktober (mit der ergänzenden Liste von 8 Personen) als Grundlage, lassen sich nur drei Abweichungen identifizieren. Siehe Bartz (2007), Wissenschaftsrat, S. 41–43. Zitat auf S. 42; vgl. außerdem Stamm (1981), Zwischen Staat und Selbstverwaltung, S. 219–220. Bezüglich der Vorschlagsliste vgl. DFGA, AZ 6, Bd. 1. Schreiben von G. Hess an R. Langeheine vom 07.11.1957 (inkl. Vorschlagsliste). Zur tatsächlichen Berufung vgl. bspw. die Mitgliederliste in Wissenschaftsrat (2008), 50 Jahre Wissenschaftsrat, S. 61–84.

dessen zwei Personen von der ergänzenden Liste. In einem weiteren Fall lässt sich die abweichende Berufung allerdings, wie Olaf Bartz rekonstruiert hat, direkt auf Heuss zurückführen.[48] Spätere Bundespräsidenten folgten bei der Ernennung neuer Mitglieder stets der durch die Wissenschaftsorganisationen vorgeschlagenen Reihung der Nominierten, was vom großen Einfluss der zukünftigen Allianz auf die Zusammensetzung der Wissenschaftlichen Kommission zeugt.[49]

Auch das Interesse anderer wissenschaftspolitischer Akteure daran, in die Frage der Mitgliederfindung für den Wissenschaftsrat einbezogen zu werden, kann als Indiz für die Bedeutung der gemeinsam erstellten Vorschlagsliste gewertet werden. Doch gelang es den drei Wissenschaftsorganisationen, die in Bundesinnenminister Gerhard Schröder in diesem Punkt einen wichtigen Verbündeten hatten, entsprechende Vorstöße erfolgreich abzuwehren und ihre exklusive Position zu verteidigen. Schröder erteilte sowohl den Bemühungen des BDI, den Stifterverband in die Runde der Vorschlagsberechtigten aufzunehmen, eine Absage wie auch seinen Kabinettskollegen Franz Josef Strauß (Bundesministerium der Verteidigung) und Hans-Christoph Seebohm (Bundesministerium für Verkehr), die sich noch im August 1957 für eine Einbeziehung des Präsidialrats der Deutschen Luftfahrtforschung eingesetzt hatten. Nach Ansicht des Innenministers repräsentierten DFG, MPG und WRK die bundesdeutsche Wissenschaft in ihrer vollen Breite, weshalb die Einbindung weiterer Akteure nicht vonnöten war.[50]

Ebenso maßen die drei Wissenschaftsorganisationen dem Wissenschaftsrat eine bedeutende Rolle in der künftigen Gestaltung der Forschungspolitik bei, was sich bereits in ihren ersten Vorschlägen für die Besetzung der Wissenschaftlichen Kommission abzeichnete: Unter den ersten Mitgliedern waren hochrangige Vertreter aus den vorschlagsberechtigten Organisationen selbst. WRK und DFG waren jeweils durch ihre aktuellen Präsidenten, Gerd Tellenbach und Gerhard Hess, ebenso wie durch deren Amtsvorgänger Helmut Coing[51] und Ludwig Raiser[52] vertreten, die MPG mit dem Nobelpreisträger und Direktor des MPI für medizinische Forschung, Richard Kuhn.[53] Die direkte Zugehörigkeit zu einer der vorschlagsberechtigten Wissenschaftsorganisationen war freilich formal kein ausschlaggebendes Kriterium für die Nominierung, doch zeigt sich nicht ohne Grund ein „Verfahren der mehrfachen Quotierung und Repräsentation".[54] Da der Wissenschaftsrat als zentrales Abstimmungsgremium zwi-

---

48 Dabei handelte es sich um die Position, welche die Wissenschaftsorganisationen Werner Weber zugedacht hatten. Doch Heuss äußerte sich skeptisch über die Tatsache, dass mit Weber ein dritter Jurist in das Gremium berufen werden sollte und entschied sich stattdessen für den Finanzwissenschaftler Fritz Neumark. Vgl. Bartz (2007), Wissenschaftsrat, S. 41–43.
49 Vgl. Benz (1996), Wissenschaftsrat, S. 1670–1672.
50 Vgl. dazu Bartz (2007), Wissenschaftsrat, S. 36–38.
51 Coing war von 1956 bis 1957 Präsident der WRK gewesen.
52 Raiser hatte von 1952 bis 1955 das Amt des DFG-Präsidenten inne.
53 Vgl. zu den Mitgliedern die Aufstellung in Wissenschaftsrat (2008), 50 Jahre Wissenschaftsrat, S. 61–84.
54 Bartz (2007), Wissenschaftsrat, S. 42.

schen Wissenschaft und Politik fungieren sollte, erschien es den drei kooperierenden Wissenschaftsorganisationen dieser Allianz *avant la lettre* notwendig, vor allem Personen vorzuschlagen, die sich nicht nur durch ihre fachliche Expertise, sondern auch durch ihre Erfahrungen im Bereich des Wissenschaftsmanagements auszeichneten. Dies erklärt die zahlreichen Überschneidungen zwischen (ehemaligen) Mitgliedern des Senats der DFG und der ersten Wissenschaftlichen Kommission.[55]

In dieser Episode zeigt sich, wie eng die Wissenschaftsorganisationen bereits untereinander verbunden waren, speziell auf ihrer Leitungsebene. Das lag erstens daran, dass sich ihr Führungspersonal aus einem vergleichsweise kleinen und daher bestens miteinander bekannten Personenkreis rekrutierte.[56] Dass diese Wissenschaftsmanager in verschiedenen Organisationen nacheinander tätig waren und sich also mit ihren direkten Amtsnachfolgern austauschten, war eher die Regel als die Ausnahme und stärkte die persönliche Beziehung zwischen den Wissenschaftsorganisationen weiter – vor allem, wenn der spätere Nachfolger bereits vorab in der ein oder anderen Funktion in die Führungsriege seiner Institution eingebunden war. Zweitens waren vornehmlich die Präsidenten qua Amt in den Gremien der anderen Wissenschaftsorganisationen vertreten,[57] was erweiterte Räume für einen informellen Austausch über wissenschaftspolitische Belange schuf.

Bedingt durch die prägende Rolle von DFG, MPG und WRK in personalpolitischen Fragen – wie sie ihnen im Verwaltungsabkommen über den Wissenschaftsrat von politischer Seite zugebilligt wurde – rückten ihre Spitzenfunktionäre noch enger zusammen und etablierten erstmals ein Forum für ihren Austausch, das später im Rahmen der sogenannten Heiligen Allianz eine zaghafte Institutionalisierung erfahren sollte. Ein erstes Treffen im Kreis der drei Präsidenten und ihrer Generalsekretäre lässt sich auf den 22. Januar 1958 datieren, als sich die Teilnehmer unter anderem über ihre weitere Zusammenarbeit austauschten und weitere Formalitäten zur internen Organisation des Wissenschaftsrats klärten. Während der Kontakt in der Gründungsphase des WR hauptsächlich zwischen den Präsidenten von DFG und WRK bestand, nahmen an diesem Gespräch nicht nur der Präsident der MPG, sondern auch die Generalsekretäre aller drei Organisationen teil.[58] Damit war gewissermaßen der Grundstein für die Bil-

---

55 Vgl. dazu auch Wagner (2021), Notgemeinschaften der Wissenschaft, S. 356–357.
56 Der Politikwissenschaftler Wilhelm Hennis sprach im Zusammenhang mit dieser kleinen Wissenschaftselite und ihrem Wechsel zwischen den einzelnen Wissenschaftsorganisationen von einem „Bäumchen-wechsle-dich-Spiel". Hennis (1969), Deutsche Unruhe, S. 51.
57 Die Präsidenten von MPG und WRK waren beispielsweise Mitglieder im Senat der DFG, was bereits in der Gründungssatzung festgehalten wurde. Etwas später kooptierte der Senat der MPG den Präsidenten der DFG (1956), den Vorsitzenden des Wissenschaftsrats (1966) und den Präsidenten der WRK (1969). Vgl. Balcar (2020), Wandel durch Wachstum, S. 100–102. Zur Satzung der DFG siehe Zierold (1968), Forschungsförderung, S. 555–561.
58 DFGA, AZ 6, Bd. 1. Vertraulicher Vermerk der WRK über ein Treffen von DFG, MPG und WRK am 22.01.1958.

dung der Allianz der Wissenschaftsorganisationen gelegt, wenngleich die Absprachen zwischen den Mitgliedern dieser *Proto-Allianz* zunächst noch unregelmäßig und auf hochgradig informeller Basis stattfanden.

Doch gerade das Abstimmen der gemeinsamen Vorschlagsliste für die Mitglieder der Wissenschaftlichen Kommission des Wissenschaftsrats, die dem Bundespräsidenten vorgelegt werden sollte, erforderte von den drei Wissenschaftsorganisationen eine intensive Abstimmung und Koordination ihrer separaten Interessen und ist ein erster Hinweis auf die korporatistische Struktur der sich herausbildenden Proto-Allianz. Bald kristallisierte sich – auch aus arbeitsökonomischen Gründen – eine funktionale Arbeitsteilung heraus, wobei die Federführung in den Händen der DFG lag. Denn aufgrund der dreijährigen Amtszeit der Mitglieder des Wissenschaftsrats, deren Nachfolge lückenlos erfolgen sollte, wurden die Beratungen über die Nominierungen zum regelmäßig wiederkehrenden Tagesordnungspunkt in den Besprechungen der Allianz.

Die DFG informierte zunächst die anderen vorschlagsberechtigten Wissenschaftsorganisationen mit gewissem Vorlauf über die freiwerdenden Plätze. Nachfolgend berieten die Wissenschaftsorganisationen getrennt voneinander in ihren Ausschüssen und Gremien über mögliche Kandidat:innen. Anschließend tauschten sich die Präsidenten und Generalsekretäre über ihre separat erstellten Vorschläge aus und einigten sich in der folgenden Diskussion auf eine gemeinsame Liste für jeden der frei werdenden Plätze, die schließlich dem Bundespräsidenten vorgelegt wurde.[59] Wenngleich die Nominierten idealerweise nicht als Vertreter:innen einzelner fachlicher Disziplinen, sondern als Repräsentant:innen der Wissenschaft per se galten,[60] achteten die Vorschlagsberechtigten bei der Erstellung ihrer Namensliste auf eine gewisse disziplinäre Streuung und eine Verteilung der Mitglieder „nach dem Gewicht der jeweiligen [vorschlagenden] Organisationen".[61] Dies erforderte mitunter eine Harmonisierung divergierender Vorschläge, die auch aus organisationsspezifischen Gründen gespeist sein konnten. Und eben jene von außen an die Wissenschaftsorganisationen herangetragene Forderung nach einer regelmäßigen Koordination in personalpolitischen Fragen sollte ein maßgeblicher Katalysator für die Herausbildung und Festigung einer über Jahrzehnte andauernden Kooperationsbeziehung sein.

---

59 In der Regel legen die Wissenschaftsorganisationen dem Bundespräsidenten für jeden freiwerdenden Platz eine Dreierliste vor, wobei der Bundespräsident meist dem erstgenannten Vorschlag folgt. Häufig halten die Wissenschaftsorganisationen im Vorfeld einer Nominierung Rücksprache mit den gewünschten Kandidaten, um zu klären, ob der- oder diejenige für eine Mitarbeit zur Verfügung steht. Vgl. zum Prozedere bspw. Röhl (1994), Wissenschaftsrat, S. 11–13.
60 Vgl. Bartz (2006), Wissenschaftsrat und Hochschulplanung, S. 36–44; Benz (1996), Wissenschaftsrat, S. 1671–1673; Röhl (1994), Wissenschaftsrat, S. 11–13.
61 Röhl (1994), Wissenschaftsrat, S. 12.

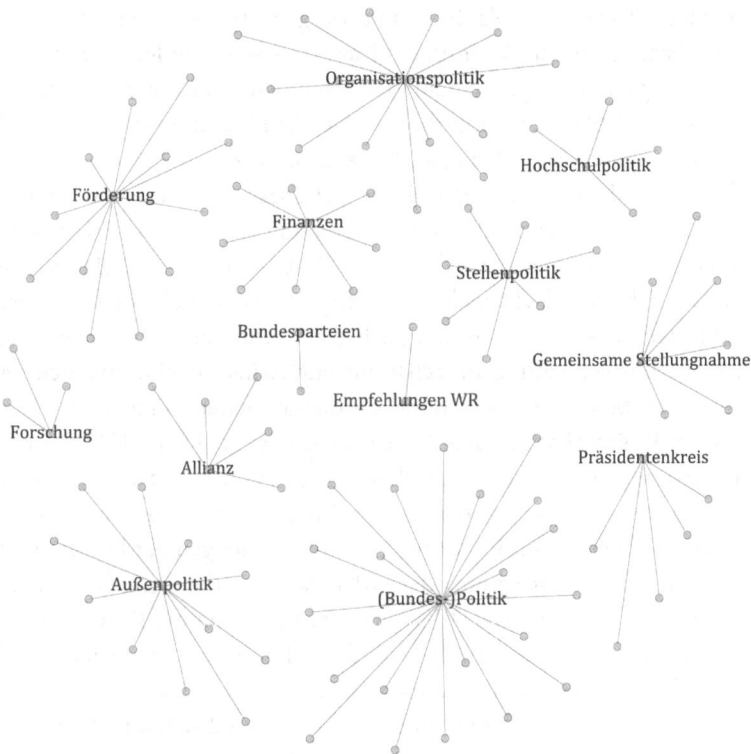

Abb. 5: Themen der Allianzsitzungen (1955–1968).[62]

2.1.3 Positionierung zur Errichtung eines Bundesforschungsministeriums

Der zweite Faktor, der entscheidend zur Entstehung der Allianz beitrug, lässt sich in der allmählichen Zentralisierung staatlicher Kompetenzen im Bereich der Forschungsförderung zusammenfassen, die sich zunächst in verschiedenen wissenschaftspolitischen Initiativen des Bundes manifestierten und dabei in engem Zusammenhang mit der Gründung des Wissenschaftsrats standen.

Im Oktober 1955 wurde das *Bundesministerium für Atomfragen* (BMAt) unter Franz Josef Strauß (CSU) geschaffen, womit der Bund faktisch – wenn auch zunächst nur

---

[62] Übersicht über die Tagesordnungspunkte der Allianzsitzungen zwischen 1955 und 1968 mit Sichtbarkeit der Schlagwörter erster Ebene und ihrer Verbindung zu den einzelnen (nicht sichtbaren) TOPs. Eigene Visualisierung auf Basis einer systematischen Auswertung aller Tagesordnungspunkte aus den Vermerken zu den einzelnen Sitzungen der Allianz in AMPG, II. Abt., Rep. 57, DFGA, AZ 02219–04, DFGA, AZ 0224, AdHRK, Allianz und Präsidentenkreis und AdWR, 6.2 – Allianz-Sitzungen.

in einem kleinen, aber dafür umso prestigeträchtigeren Bereich – in die Forschungs- und Technologiepolitik einstieg.⁶³ Das war von besonderer Brisanz, da das Feld der Forschungsförderung nach dem 1949 geschlossenen Königsteiner Abkommen zu jener Zeit ausschließlich der Kulturhoheit der Länder und somit nicht dem Einflussbereich des Bundes unterlag.⁶⁴ Wenngleich die Ländergemeinschaft einem möglichen Eindringen des Bundes in die Domäne der Forschungspolitik äußerst skeptisch, gar ablehnend gegenüberstand, konnte der Bund diese Front allmählich durch verschiedene Sonderzuschüsse finanzieller Art aufweichen.⁶⁵ Dabei profitierte er gleich in doppelter Weise von der sich verschlechternden Finanzlage der Bundesländer. Denn neben dem Widerstand der Bundesländer waren auch die Autonomiebestrebungen der wissenschaftlichen Selbstverwaltung zunächst ein Hindernis für eine mögliche Kompetenz des Bundes im Bereich der Forschung, die dieser seit den frühen 1950er Jahren anstrebte.⁶⁶

Den Wissenschaftsorganisationen, allen voran MPG und DFG, war an einem sicheren und stetig wachsenden Haushalt gelegen, und so setzten sich insbesondere Politiker, die zugleich Senatsmitglieder der MPG waren, dafür ein, dass die Mittel des sogenannten Juliusturms in Form von Sonderzahlungen der Forschung zugutekamen.⁶⁷ Im Haushaltsjahr 1956 erhielt die MPG erstmals erhebliche finanzielle Zuschüsse von Bundesseite, während die DFG bereits seit 1953 von der Finanzkraft des Bundes profitierte.⁶⁸ Diese Sonderhaushalte und die Förderung einzelner Forschungsprojekte, speziell durch das BMAt, verstetigten sich in den folgenden Jahren. Wenngleich die Länder vorerst verhindern konnten, dass der Bund sich direkt an der Grundfinanzierung der Wissenschaftsorganisationen beteiligte, bezuschusste er doch einen massiven Ausbau der Forschungsinfrastruktur, dessen laufende Finanzierung die Möglichkeiten der Länder bald übersteigen sollte. Auf diese Weise wurde der Bund durch eine Politik der goldenen Zügel als indirekter Finanzier der Forschung immer wichtiger.⁶⁹ Darüber

---

63 Vgl. Braun (1997), Politische Steuerung, S. 222–232; Radkau (2006), Ursprung der Forschungspolitik, S. 33–37; Weingart/Taubert (2006), Bundesministerium, S. 11–15; Szöllösi-Janze/Trischler (1990), Entwicklungslinien.

64 Vgl. Knie (1989), Organisation der Forschung, S. 81–87; Meusel (1996), Außeruniversitäre Forschung in der Verfassung, S. 1245–1247; Wollmann (1989), Entwicklungslinien, S. 49–51.

65 Vgl. Braun (1997), Politische Steuerung, S. 215–222; Wollmann (1989), Entwicklungslinien, S. 51–53.

66 Vgl. Braun (1997), Politische Steuerung, S. 222–232; Radkau (2006), Ursprung der Forschungspolitik, S. 37–52.

67 Vgl. dazu insbesondere die Ausführungen in Balcar (2020), Wandel durch Wachstum, S. 60–85; Bartz (2007), Wissenschaftsrat, S. 18–23; vgl. darüber hinaus auch Braun (1997), Politische Steuerung, S. 215–222; Hohn/Schimank (1990), Konflikte und Gleichgewichte, S. 111–120; Stucke (1993), Institutionalisierung, S. 35–44.

68 Vgl. zur finanziellen Entwicklung der MPG Balcar (2020), Wandel durch Wachstum, S. 60–85; Hohn/Schimank (1990), Konflikte und Gleichgewichte, S. 79–134. Siehe außerdem zur Beziehung zwischen der MPG und den Ländern Balcar (2019), Ursprünge, S. 90–102. Zur DFG vgl. bspw. Stucke (1993), Institutionalisierung, S. 40–42.

69 So lautete die allgemein gebräuchliche Bezeichnung für die vom Bund verfolgte Strategie, über die Gewährung beträchtlicher zweckgebundener Mittel die Frontstellung von Ländern und Wissenschaftsorganisationen aufzuweichen. Vgl. dazu Braun (1997), Politische Steuerung, S. 215–222.

hinaus war es ein offenes Geheimnis, dass die Bundesländer den wachsenden Ressourcenbedarf der Wissenschaftsorganisationen nicht im erforderlichen Umfang stemmen konnten.[70] Die von Bundesseite gewährten Sonderzuschüsse waren jedoch zweckgebunden und entbehrten in den späten 1950er Jahren noch einer langfristig bindenden rechtlichen Grundlage, die den Forschungsorganisationen Planungssicherheit gewährt hätte.[71] Folglich trugen also besonders jene finanzpolitischen Erwägungen dazu bei, dass die Präsidenten von DFG, MPG und WRK sich proaktiv für die Gründung des Wissenschaftsrats einsetzten, mittels dessen dem Bund ein Mitspracherecht in der Mittelzuteilung eingeräumt werden sollte.[72]

Den großen Wissenschaftsorganisationen von überregionaler Bedeutung war jedoch daran gelegen, die Ländergemeinschaft als Finanzier zu erhalten und sich nicht gänzlich in die Abhängigkeit der Bundespolitik zu begeben. Denn die bundespolitischen Akteure erwarteten von der steigenden finanziellen Beteiligung gleichermaßen einen Kompetenzzuwachs im Bereich der Forschungspolitik. Dies widersprach dem Wunsch der Selbstverwaltungsorganisationen nach größtmöglicher Autonomie in Fragen von Wissenschaft und Forschung. So lehnte die MPG 1959 wegen eines befürchteten Steuerungsanspruchs und einer direkten Einflussnahme durch die Politik wohlweislich das großzügige Angebot des Bundes ab, ihre Finanzierung nach dem bevorstehenden Auslaufen des Königsteiner Abkommens im Alleingang zu übernehmen.[73]

Die Ambitionen des Bundes auf einen Kompetenzzuwachs im Bereich der Forschungspolitik sollten schon bald nach der Gründung des BMAt deutlich zutage treten. So strebte der erste bundesdeutsche Atomminister Franz Josef Strauß bereits 1956 den Ausbau der Ressortzuständigkeit auf die Energie- und Forschungspolitik an, was ihm jedoch – auch aufgrund seines baldigen Wechselns in das Verteidigungsministerium – verwehrt bleiben sollte.[74] Erst unter seinem Nachfolger, dem Quereinsteiger Siegfried Balke, konnte das Ministerium seine Zuständigkeiten um den Bereich der Weltraumforschung erweitern, was in der Retrospektive als essentieller Schritt auf dem Weg zum Forschungsministerium angesehen werden kann.[75] So charakterisierte der Umwelthistoriker Joachim Radkau in seiner Analyse die Atomforschung als „eine

---

70 Vgl. Balcar (2020), Wandel durch Wachstum, S. 66–85; Bartz (2007), Wissenschaftsrat, S. 18–23; Braun (1997), Politische Steuerung, S. 215–222; Bentele (1979), Kartellbildung, S. 88–90.
71 Vgl. AMPG, II. Abt., Rep. 61, Nr. 55, Bd. 1. Niederschrift über die 55. Sitzung des Verwaltungsrats der MPG vom 22.11.1962.
72 Vgl. Braun (1997), Politische Steuerung, S. 48–56; Orth (2011), Autonomie und Planung, S. 100–106.
73 Vgl. AMPG, II. Abt., Rep. 60. Nr. 32.SP. Niederschrift über die 32. Sitzung des Senats der MPG vom 12.02.1959. Siehe ausführlich dazu Balcar (2020), Wandel durch Wachstum, S. 60–85.
74 Vgl. zu Strauß als Forschungspolitiker auch Weyer (1993), Akteurstrategien, S. 173–197.
75 Vgl. Braun (1997), Politische Steuerung, S. 225–232; Lorenz (2010), Siegfried Balke, S. 77–91; Orth (2011), Autonomie und Planung, S. 107–112; Weyer (1994), Space Policy; Weyer (2006), Raumfahrtpolitik.

Trägerrakete, die die Forschungspolitik auf Bundesebene" befördern sollte, derer man sich nach Erreichen des Ziels allerdings entledigte.[76]

Balke zeigte sich, was den Zuschnitt seines Ressorts anging, zunächst zurückhaltend und ruderte vor dem Haushaltsausschuss des Bundestags insbesondere hinsichtlich der Strauß'schen Pläne zur Umwandlung des BMAt in ein Energieministerium deutlich zurück. Nach der Bundestagswahl 1957 erhielt das Ministerium zusätzlich die Zuständigkeit für die Wasserwirtschaft. Das infolge des neuen Zuschnitts umbenannte Ministerium sollte allerdings nur für eine Legislaturperiode Bestand haben, bevor die Wasserwirtschaft dem neugeschaffenen Bundesministerium für Gesundheit übertragen wurde.[77]

Dem Verlust dieses offenbar eher unliebsamen Einflussbereichs trauerte Balke keineswegs nach – vielmehr verfolgte er zu dieser Zeit schon ein anderes Ziel: Im Vorfeld der Bundestagswahl 1961 wies er in Vorträgen und Publikationen wiederholt – direkt und indirekt – auf die Notwendigkeit eines Forschungsministeriums hin. Auf diese Weise wollte er beim Bundeskanzler, aber auch in der Öffentlichkeit, um Unterstützung für sein Vorhaben werben. Balke war zugleich bewusst, dass die Schaffung eines Bundesforschungsressorts gegen den Widerstand der großen deutschen Wissenschaftsorganisationen ein schwieriges Unterfangen werden würde. Deshalb bemühte er sich zeitgleich darum, die Präsidenten von MPG, DFG und WRK in verschiedenen Einzelgesprächen für seine Pläne zu gewinnen.[78] Dieser Versuch des Atomministers, die Wissenschaftsorganisationen von seinen Überlegungen zur Konzeption eines Forschungsressorts zu überzeugen, kann als wichtiges Momentum betrachtet werden, das schließlich die Entstehung der sogenannten Heiligen Allianz weiter forcieren sollte. Da die Allianz zu diesem Zeitpunkt noch weit von einer Institutionalisierung entfernt war und man bestenfalls von einer Art Proto-Allianz sprechen kann, erfolgte die Kontaktaufnahme des Ministeriums zu den Wissenschaftsorganisationen je separat.[79] Der Präsident der MPG schilderte gegenüber den Senatsmitgliedern, dass die Frage, „ob in Deutschland ein besonderes Forschungsministerium benötigt wird oder nicht", sehr weitreichende Konsequenzen für die gesamte bundesdeutsche Wissenschaftslandschaft nach sich ziehen würde, weswegen unter den drei Organisationen „Einigkeit anzustreben sei".[80] In der Folge intensivierten die Wissenschafts-

---

76 Radkau (2006), Ursprung der Forschungspolitik, S. 36.
77 Lorenz (2010), Siegfried Balke, S. 89–96; Stamm (1981), Zwischen Staat und Selbstverwaltung, S. 225–243; Radkau (2006), Ursprung der Forschungspolitik; Stucke (2006), Forschungsministerium, S. 299–301. Vgl. zum sich verändernden Ressortzuschnitt bspw. Sobotta (1969), Das Bundesministerium für wissenschaftliche Forschung, S. 23–31.
78 Vgl. Lorenz (2010), Siegfried Balke, S. 91–96; Lorenz (2009), Spendenportier, S. 194–195; Orth (2011), Autonomie und Planung, S. 100–116; Stucke (1993), Institutionalisierung, S. 54–67; Stamm (1981), Zwischen Staat und Selbstverwaltung, S. 225–252.
79 Vgl. AMPG, II. Abt., Rep. 60, Nr. 40.SP. Niederschrift über die 40. Sitzung des Senats der MPG am 06.12.1961.
80 Ebd.

organisationen auf Betreiben der MPG ihren Kontakt und stimmten sich in diesem Punkt eng miteinander ab.[81] Nur wenige Wochen nachdem die Präsidenten sich in den entscheidenden Gremien ihrer eigenen Organisationen über ein konzertiertes Handeln rückversichert hatten, wandten sie sich in gemeinsamen Schreiben an den Bundeskanzler und die Ministerpräsidenten. Einen weiteren Monat später und damit kurz vor der Bundestagswahl, die im September 1961 stattfinden sollte, schrieben sie zudem an die Parteivorsitzenden. In diesem Brief bezogen sich Butenandt, Hess und Hans Leussink, der 1960 das Präsidentenamt der WRK übernommen hatte, insbesondere auf die Frage nach der Notwendigkeit eines Forschungsressorts und baten generell darum, „vor Entscheidungen über Maßnahmen oder Gesetze, die für die Wissenschaft von lebenswichtiger Bedeutung sind, von den verantwortlichen Stellen gehört zu werden".[82] Ihren Wunsch begründeten sie mit einem detaillierten Rekurs auf die „Freiheit der Forschung und Lehre", welche die staatlichen Stellen nur durch eine partnerschaftliche „Beziehung zur Selbstverwaltung der Wissenschaft" sichern könnten.[83] Ihre Forderung, künftig in die politische Entscheidungsfindung im Bereich von Wissenschaft und Forschung einbezogen zu werden, kann als erster Hinweis auf das Selbstverständnis der sich herausbildenden Allianz verstanden werden.

Obwohl sich die Präsidenten in ihrem Schreiben inhaltlich zunächst nicht zu Balkes Plänen äußerten, waren sie sich in diesem Punkt einig. So berichtete Butenandt dem Senat der MPG, dass er und seine Kollegen „die Gründung eines Forschungsministeriums nicht unterstützen" wollten.[84] Diesen Standpunkt machten sie den politischen Vertretern in persönlichen Gesprächen deutlich, was durchaus als weitere Bekräftigung ihres Anspruchs auf eine künftige korporatistische Einbindung ihrer Runde verstanden werden kann.[85]

Dies war nicht, wie es bislang häufig dargestellt worden ist, der „erste Schritt der ‚Großen Drei' auf dem Weg zu einer Allianz".[86] Schließlich lässt sich – wie im Vorigen ausgeführt – bereits in den späten 1950er Jahren eine Koordination des gemeinsamen Vorgehens von MPG, DFG und WRK in Bezug auf die Gründung des Wissenschaftsrats beobachten. Dennoch war die Aktion für die Entstehung der Allianz und für ihre Festigung von nicht zu unterschätzender Bedeutung: Durch die Bemühungen des Bundes,

---

81 Vgl. dazu auch Karlson (1990), Adolf Butenandt, S. 257; Marsch (2003), Butenandt als Präsident, S. 140–141; Orth (2011), Autonomie und Planung, S. 112–113.
82 Westdeutsche Rektorenkonferenz (1962), Schreiben der Präsidenten der MPG, DFG und WRK an den Bundeskanzler und die Ministerpräsidenten der Länder vom 11.08.1961, S. 16.
83 Vgl. AMPG, II. Abt., Rep. 60, Nr. 40.SP. Niederschrift über die 40. Sitzung des Senats der MPG am 06.12.1961.
84 Ebd.
85 Vgl. die entsprechende Schilderung in AMPG, II. Abt., Rep. 60. Nr. 44.SP. Niederschrift über die 44. Sitzung des Senats der MPG vom 13.03.1963.
86 Stamm (1981), Zwischen Staat und Selbstverwaltung, S. 238. Diesem Urteil schloss sich unter anderem auch Karin Orth an: Orth (2011), Autonomie und Planung, S. 112.

seine Kompetenz im Bereich der Wissenschaftspolitik auszubauen, rückten die drei Wissenschaftsorganisationen enger zusammen. So versicherte Butenandt gegenüber dem Senat der MPG, dass er die „damit zusammenhängenden Probleme weiter" mit seinen Kollegen diskutieren,[87] ja diesbezüglich sogar in „dauernder Fühlung" mit ihnen bleiben würde.[88] In den Unterlagen der drei Mitglieder dieser Proto-Allianz lassen sich zwar – vermutlich aufgrund der hohen Informalität – keine Unterlagen zu etwaigen gemeinsamen Besprechungen im Sommer 1961 finden, doch geben insbesondere die Berichte des Präsidenten der MPG auf den Senatssitzungen ebenso wie das gemeinsam verfasste Schreiben Grund zu der Annahme, dass sich die Präsidenten darüber wiederholt persönlich ausgetauscht hatten. Bereits im Herbst 1961 fand mindestens ein weiteres – und dieses Mal auch dokumentiertes – Treffen zwischen Leussink, Hess und Butenandt statt, auf dem sie auch andere forschungspolitisch relevanter Themen diskutierten.[89]

Wie sich nach der Regierungsbildung im November 1961 herauskristallisierte, schien der Vorstoß zur Gründung eines Forschungsressorts zur Freude der Wissenschaftsorganisationen vorerst abgewendet. Denn entgegen Balkes Wunsch wurde in Adenauers viertem Kabinett kein eigenständiges Bundesforschungsministerium gegründet, stattdessen wurde er Bundesminister für Atomkernenergie (BMAt).[90] Wenige Monate später wurde das Ministerium dann aber offiziell mit der Zuständigkeit für die Weltraumforschung und Raumfahrttechnik betraut, was gewissermaßen eine Richtungsentscheidung hinsichtlich der zukünftigen Entwicklung des Ressorts werden sollte.[91] Nicht umsonst begannen die Wissenschaftsorganisationen in dieser Phase damit, ihren Dialog allmählich zu verstetigen. Dass nach der im Zuge der Spiegel-Affäre erforderlichen Kabinettsumbildung Ende 1962 dann doch ein Bundesministerium für wissenschaftliche Forschung (BMwF) geschaffen wurde, kam für die Selbstverwaltungsorganisationen dennoch „überraschend"[92] und stieß zunächst auf ein gewisses Maß an Unmut.[93] Auch dessen Besetzung sorgte bei den Präsidenten für Verwunderung:

---

87 AMPG, II. Abt., Rep. 60, Nr. 40.SP. Niederschrift über die 40. Sitzung des Senats der MPG am 06.12.1961.
88 AMPG, II. Abt., Rep. 60, Nr. 41.SP. Niederschrift über die 41. Sitzung des Senats der MPG am 09.03.1962.
89 Ein Treffen diesbezüglich fand am 25.09.1961 statt. Vgl. den entsprechenden Hinweis in AMPG, II. Abt., Rep. 69, Nr. 334. Interner Vermerk der MPG zur Presseerklärung der WRK vom 15.02.1965. Thomas Stamm konnte ein weiteres Treffen der drei Präsidenten für den 18.10.1961 rekonstruieren – allerdings ohne Angabe einer Quelle: Stamm (1981), Zwischen Staat und Selbstverwaltung, S. 239. In den Akten, die für die vorliegende Untersuchung gesichtet wurden, konnte kein Beleg für den Termin im Oktober gefunden werden. Jedoch ist die Überlieferung aller drei beteiligten Wissenschaftsorganisationen in diesem Zeitraum keineswegs lückenlos.
90 Vgl. Orth (2011), Autonomie und Planung, S. 112–114.
91 Zur Entwicklung der Raumfahrtpolitik siehe ausführlicher Stucke (1993), Raumfahrtpolitik des Forschungsministeriums; Stucke (1993), Institutionalisierung, S. 215–250; Trischler (1993), Bundesdeutsche Raumfahrt; Trischler (1992), Luft- und Raumfahrtforschung.
92 AMPG, II. Abt., Rep. 60. Nr. 44.SP. Niederschrift über die 44. Sitzung des Senats der MPG vom 13.03.1963.
93 AMPG, II. Abt., Rep. 69, Nr. 334. Auszug aus der Niederschrift über die Sitzung des Wissenschaftlichen Rates der MPG am 14.05.1963.

Der Bundeskanzler hat sich entschlossen, auf Minister Balke, der sich viele Jahre ganz nachhaltig für die Schaffung eines Forschungsministeriums eingesetzt hat, zu verzichten. Persönlich bedauern wir sehr, daß Herr Balke, dem wir viel zu verdanken haben, sein Amt nicht mehr ausübt.[94]

Butenandt konnte den zentralen Gremien der MPG 1963 aber zufrieden berichten, dass der neue Bundesforschungsminister Hans Lenz, der zuvor für ein Jahr das Amt des Bundesschatzministers innegehabt hatte,[95] „sehr bald nach seiner Amtsübernahme den Präsidenten [der MPG, Anm. d. Verf.] in München besucht" und ihm im gemeinsamen Gespräch versichert hätte, „daß es nicht seine Absicht sei, die Forschungsorganisationen in ihrer Eigenzuständigkeit zu beeinflussen". Bei dieser Gelegenheit regte Butenandt an, einen regelmäßigen „Gedanken- und Erfahrungsaustausch zwischen dem Ministerium und den großen Forschungsorganisationen" einzuführen. Obwohl die Wissenschaftsorganisationen von Adenauers Beschluss durchaus überrascht worden waren, konnten sie von ihrer bereits gefestigten Kooperationsstruktur im Rahmen der Proto-Allianz profitieren. Denn die zeitnahe Kontaktaufnahme des neuen Forschungsministers mit den Präsidenten zeigt eindrucksvoll, dass dieser sich der Bedeutung der Wissenschaftsorganisationen für sein erfolgreiches Agieren, insbesondere in politischen Konkurrenzverhältnissen – etwa in Zuständigkeitsfragen mit anderen Bundesministerien oder mit der Ländergemeinschaft – bewusst war. Ferner kam den drei Präsidenten zugute, dass sie durch den ehemaligen Atom- und Verteidigungsminister Franz Josef Strauß vor der Regierungsneubildung bereits wiederholt konsultiert worden waren, um mit ihm über Fragen der Verteidigungsforschung und der Forschungsförderung zu beratschlagen.[96] Strauß hatte versichert, dass er mit ihnen „von Zeit zu Zeit" zusammenkommen und „dieses als sehr fruchtbar empfundene Gespräch" auf diesem Wege fortsetzen wollte,[97] was allerdings durch seine Entlassung in Folge der Spiegel-Affäre nicht im geplanten Umfang geschehen sollte. Auch Gespräche mit dem Bundespräsidenten hatte es zu diesem Zeitpunkt bereits vereinzelt gegeben, und so war es der Proto-Allianz gelungen, ihren Weg der korporatistischen Interessensvermittlung und damit ihre Partizipation an Prozessen der politischen Entscheidungsfindung bereits vor der Bildung des Forschungsministeriums zu etablieren.

---

94 Hier und die folgenden beiden Zitate AMPG, II. Abt., Rep. 60. Nr. 44.SP. Niederschrift über die 44. Sitzung des Senats der MPG vom 13.03.1963.
95 Vgl. zu Lenz Henkels (1963), 99 Bonner Köpfe, S. 188–190.
96 Vgl. bspw. die entsprechenden Berichte und Notizen über diese Treffen in AMPG, II. Abt., Rep. 60, Nr. 43.SP. Niederschrift über die 43. Sitzung des Senats der MPG vom 23.11.1962; AMPG, II. Abt., Rep. 69, Nr. 373. Auszug aus der Niederschrift über die Sitzung des Verwaltungsrats am 0.12.1963; AMPG, II. Abt., Rep. 69, Nr. 373. Interner Vermerk der MPG über das Verhältnis zum Verteidigungsministerium vom 06.11.1963.
97 AMPG, III. Abt., Rep. 84-2, Nr. 6812. Niederschrift über das Treffen zwischen dem BMVg mit den Präsidenten von MPG, DFG und WRK am 05.06.1962.

Gegenüber dem Senat äußerte der MPG-Präsident bei dieser Gelegenheit die Hoffnung, dass sich die „früheren Bedenken" gegenüber dem neugeschaffenen Ministerium als unbegründet erweisen würden.[98] Denn wie sich im Verlauf von Lenz' Amtszeit immer stärker herauskristallisierte, konnte es mitunter im Sinne der korporatistischen Interessensvermittlung auch vorteilhaft für die Wissenschaftsorganisationen sein, eine zentrale Instanz für Fragen der Forschungsförderung auf Bundesebene zu haben.[99] Dass Lenz von sich aus den Kontakt zu den Wissenschaftsorganisationen suchte, sich generell um ein gutes Verhältnis zu den Selbstverwaltungsorganisationen bemühte und auch ihrem Wunsch nach einer korporatistischen Einbindung offen gegenüberstand, mag sicherlich zur veränderten Einschätzung innerhalb der MPG beigetragen haben. Jedenfalls konnten die Wissenschaftsorganisationen darauf hoffen, ihrer Stimme gegenüber einem zentralen bundespolitischen Ansprechpartner in Fragen der Forschungspolitik Gehör zu verschaffen. Zudem erschienen die Kompetenzen des BMwF – insbesondere in Konkurrenz zum Bundesinnenministerium – zunächst nicht besonders weitreichend.[100]

2.2 Erweiterung und Festigung der Allianz

Nachdem sich in den späten 1950er Jahren allmählich eine Kooperationsbeziehung zwischen den Präsidenten von DFG, MPG und WRK herausgebildet hatte, erlebte dieser informelle Zusammenschluss in den 1960er Jahren eine erste Festigung. Für das Zustandekommen der ersten Absprachen zwischen den drei großen Wissenschaftsorganisationen hatten in erster Linie die wissenschaftspolitischen Initiativen des Bundes den Ausschlag gegeben: Der wachsende Einfluss des Bundes in Fragen der Forschungsförderung, wie er sich in der Gründung des BMAt und dessen Erweiterung zum BMwF sowie in den Sonderzuschüssen aus dem sogenannten Juliusturm manifestierte, legte eine engere Abstimmung ihrer Interessen nahe. Folglich muss der Entschluss, miteinander zu kooperieren und das weitere Vorgehen zu koordinieren, als Reaktion der Selbstverwaltungsorganisationen auf die schleichende Expansion des Bundes im Bereich der Wissenschafts- und Forschungspolitik verstanden werden.[101] So war es gegenüber den unterschiedlichen Akteuren auf Bundesebene vorteilhaft, in wichtigen Anliegen, wie

---

98 AMPG, II. Abt., Rep. 60. Nr. 44.SP. Niederschrift über die 44. Sitzung des Senats der MPG vom 13.03.1963.
99 So setzte sich die Allianz anlässlich der Kabinettsbildung 1965 gegenüber dem Bundeskanzler und dem Bundespräsidenten für eine Ausweitung und stärkere Konzentration der forschungs- und wissenschaftspolitischen Kompetenzen des BMwF ein. Vgl. die entsprechende Schilderung in AMPG, II. Abt., Rep. 69, Nr. 334. Auszug aus der Niederschrift über die 17. Hauptversammlung der MPG am 22.06.1966.
100 Zur Wahrnehmung der eingeschränkten Handlungsmacht des BMwF siehe bspw. AMPG, II. Abt., Rep. 69, Nr. 334. Auszug aus der Niederschrift über die Sitzung des Wissenschaftlichen Rates der MPG am 14.05.1963; vgl. zum Konkurrenzverhältnis in Kompetenzfragen Bentele (1979), Kartellbildung, S. 83–85 und S. 95.
101 Schimank (1995), Politische Steuerung, S. 106–111.

beispielsweise bei den Planungen über die Ausgestaltung des Wissenschaftsrats, mit einer Stimme zu sprechen. Nur so konnte es gelingen, den befürchteten staatlichen Steuerungsanspruch abzuwehren. Die Wahrung der wissenschaftlichen Autonomie stellte also jenes geteilte Ziel der drei Partner dar, das die Proto-Allianz entstehen ließ.

Die Befürchtung konkreter staatlicher Steuerungseingriffe in die Belange von Wissenschaft und Forschung – deren Autonomie DFG, MPG und WRK nur gemeinsam verteidigen konnten – kann somit als zentrales Motiv für den Entschluss der drei Wissenschaftsorganisationen zur erstmaligen Kooperation angesehen werden, die schließlich zur Herausbildung dieser Proto-Allianz führte. In den folgenden Jahren trat dieses konkrete Ziel der Abwehr staatlicher Lenkungsansprüche zunächst in den Hintergrund der Kooperationsbeziehung. Die positive Erfahrung, die man in der Zusammenarbeit gesammelt hatte, war die Grundlage für ihren Fortbestand, während sich neue Kooperationsräume eröffneten.

Die Transformation der Proto-Allianz zur Allianz kennzeichneten zwei Entwicklungen: erstens die Verstetigung der Kooperation, die sich zunächst in einer Erweiterung ihres Teilnehmerkreises um den Wissenschaftsrat niederschlug. Seit Beginn der 1960er Jahre stellte sich eine erste Verstetigung der Besprechungen und gemeinschaftlichen wissenschaftspolitischen Initiativen ein, wodurch ein Forum für den wechselseitigen Austausch abseits akuter Problemlagen geschaffen wurde. Zweitens gelang es der jungen Allianz, sich als wichtiges Beratungsgremium im Bereich der Wissenschaftspolitik auf Bundesebene zu etablieren und dadurch ihre politische Umwelt aktiv mitzugestalten.

2.2.1 Verstetigung der Zusammenarbeit

Obwohl die Proto-Allianz in ihrem Bemühen Ende 1961 einen Erfolg verbuchen konnte und die Gründung eines Forschungsministeriums auf Bundesebene zunächst abgewendet schien, stellten die Präsidenten ihre gemeinsamen Beratungen keineswegs ein. Stattdessen beschlossen sie, „die damit zusammenhängenden Probleme weiter zwischen Forschungsgemeinschaft, Rektorenkonferenz, Max-Planck-Gesellschaft und dem Präsidenten [sic!] des Wissenschaftsrats" zu diskutieren.[102]

Damit wurde zum Jahreswechsel 1961/1962 der Kreis der Teilnehmer um den Vorsitzenden des Wissenschaftsrats erweitert. Mit Ludwig Raiser wurde kein Unbekannter in die Runde aufgenommen, denn er hatte zwischen 1951 und 1955 schon die DFG geleitet und war damit direkter Amtsvorgänger von Hess. Als Rektor der Universität Göttingen hatte er außerdem 1949 zu den Gründungsmitgliedern der Westdeutschen Rektorenkonferenz gezählt und sich seitdem um die Neuorganisation der Wissenschaft in der jungen Bundesrepublik verdient gemacht. Ab 1957 war Raiser auf ge-

---

[102] AMPG, II. Abt., Rep. 60, Nr. 40.SP. Niederschrift über die 40. Sitzung des Senats der MPG am 06.12.1961.

meinsamen Vorschlag von DFG, MPG und WRK Mitglied in der Wissenschaftlichen Kommission des Wissenschaftsrats, und es gab sogar die Überlegung, ihn zu dessen ersten Vorsitzenden zu wählen.[103] Zwar wurde mit Helmut Coing zunächst ein anderer Rechtswissenschaftler gewählt, doch folgte Raiser diesem nach,[104] was von seinem hohen wissenschaftlichen Ansehen bei den Mitgliedern beider Kommissionen zeugt. Raisers wissenschaftspolitisches Geschick und seine Erfahrung in verschiedenen Führungspositionen des Wissenschaftsmanagements trugen sicherlich maßgeblich dazu bei, dass die Aufnahme des Wissenschaftsrats in die junge Allianz ohne größere Diskussionen vonstatten ging.[105] Nur wenige Jahre später kooptierte der Senat der MPG den Vorsitzenden des Wissenschaftsrats, was die Beziehungen dieses Gremiums zu den anderen drei Allianzmitgliedern weiter stärken sollte.[106]

Der Wissenschaftsrat befand sich dabei aufgrund seines Aufgabenprofils und seiner Zusammensetzung gewissermaßen in einer Sonderstellung und wurde in der Anfangszeit nicht in alle Beratungen vollumfänglich eingebunden. Bei einigen Stellungnahmen der Allianz sah sich der Wissenschaftsrat mitunter nicht in der Lage, diese zu unterzeichnen, was allerdings das junge Kooperationsgefüge keineswegs beeinträchtigte. Stattdessen herrschte zwischen den vier Wissenschaftsorganisationen Konsens darüber, dass der Wissenschaftsrat dort involviert wurde, wo es „sachlich zulässig" wäre.[107] Die anderen drei Allianzmitglieder strebten in den übrigen Fragen Einigkeit an: So bezogen beispielsweise in der Frage über die Gründung eines universitätsähnlichen Instituts durch die NATO, das möglicherweise das Promotionsrecht erhalten sollte, nur die Präsidenten von MPG, DFG und WRK gemeinsam gegenüber der Kultusministerkonferenz Stellung.[108]

---

103 Vgl. DFGA, AZ 6, Bd. 1. Schreiben von E. H. Vits an G. Hess vom 30.01.1958.
104 Zudem war Raiser bereits 1959 zum Vorsitzenden der Wissenschaftlichen Kommission gewählt worden und folgte in dieser Funktion ebenfalls Helmut Coing nach. Vgl. Wissenschaftsrat (2008), 50 Jahre Wissenschaftsrat, S. 111.
105 Wagner (2021), Notgemeinschaften der Wissenschaft, S. 305–306; Vgl. zu Raisers Person Orth (2011), Autonomie und Planung, S. 81–85. Siehe außerdem Bälz (2005), Ludwig Raiser; Raiser (2003), Raiser, Ludwig.
106 Eine Aufnahme des Vorsitzenden des WR in den Senat der MPG war bereits zuvor diskutiert worden. Da der WR zu dieser Zeit allerdings eine die MPG betreffende Stellungnahme vorbereitete, stellte die MPG diese Pläne zunächst zurück. Nach der Verabschiedung der entsprechenden Empfehlung brachte MPG-Präsident Butenandt diesen Punkt wieder auf die Tagesordnung und erhielt breite Zustimmung. Um nicht bis zur nächsten Wahl 1966 warten zu müssen, wurde Hans Leussink 1965 bereits als Gast zu den Senatssitzungen geladen. Vgl. AMPG, II. Abt., Rep. 60, Nr. 50.SP. Niederschrift über die 50. Sitzung des Senats der MPG am 12.03.1965.
107 AMPG, II. Abt., Rep. 69, Nr. 334. Auszug aus der Niederschrift über die Hauptversammlung der MPG am 22.06.1966.
108 Vgl. zum gemeinsamen Schreiben von MPG, DFG und WRK AMPG, II. Abt., Rep. 60, Nr. 42.SP. Niederschrift über die 42. Sitzung des Senats der MPG am 23.05.1962. Außerdem wurden die Nominationen für die Mitglieder der Wissenschaftlichen Kommission des WR gemäß dem Verwaltungsabkommen ebenfalls im Dreierkreis (unter Exklusion des WR) besprochen.

Grundsätzlich wollten sich die vier Organisationen fortan „in regelmäßigen Abständen" treffen, „um wissenschaftspolitische Grundsatzfragen zu diskutieren" und um miteinander in „dauernder Fühlung" zu bleiben.[109] Der Entschluss der Wissenschaftsorganisationen, auf ihrer obersten Führungsebene enger miteinander zu kooperieren und ihre Interessen zu koordinieren, markiert einen zentralen Scharniermoment für die Geschichte der Allianz der Wissenschaftsorganisationen.[110] Denn mit der Aufnahme des Wissenschaftsrats und der geplanten Fortführung und Verstetigung der gemeinsamen Konsultationen – auch abseits von akuten Problemstellungen – war die Allianz im Jahr 1962 schließlich geboren, wenngleich sie zu diesem Zeitpunkt noch ein Kind ohne Namen blieb.

Die wissenschaftspolitischen Initiativen des Bundes, die insbesondere mit den Plänen zur Gründung eines Forschungsressorts die Interessen der Wissenschaftsorganisationen berührten, hatten MPG, DFG, WRK und Wissenschaftsrat die Bedeutung eines regelmäßigen Austauschs vor Augen geführt. Gerade gegenüber einer sich herausbildenden zentralstaatlichen forschungspolitischen Instanz war ein geschlossener Auftritt von Vorteil. Doch nicht nur in diesem Punkt sollte sich die Zusammenarbeit der Wissenschaftsorganisationen rasch bewähren – weitere wissenschaftspolitische Entwicklungen beförderten die Festigung der Kooperationsstrukturen in der Allianz. Im Besonderen die unsichere Finanzsituation, der sich die Allianzmitglieder ausgesetzt sahen, fungierte als Katalysator: Bereits 1951 hatte Kanzler Adenauer Überlegungen angestellt, ein Gesetz für die gemeinschaftliche Forschungsförderung durch Bund und Länder zu erlassen, das allerdings schon früh am vehementen Widerstand der Länder gescheitert war.[111] Im Jahr 1954 hatten sich die Vertreter der Bundesländer zunächst auf eine Verlängerung des Königsteiner Staatsabkommens um weitere fünf Jahre geeinigt und damit erneut, durchaus zum Missfallen der Wissenschaftsorganisationen, eine gesetzlich verankerte Bundesbeteiligung verhindert.[112] Als jedoch auch diese Verlängerung auszulaufen drohte und sich die Frage nach der künftigen Finanzierung von Wissenschaft und Forschung in der BRD erneut stellte, hatte sich das politische Klima gewandelt, was die Vertreter des Bundes auf eine gesetzliche Lösung in ihrem Sinne hoffen ließ – schließlich beteiligte sich der Bund schon seit Mitte der 1950er Jahre mit Sonderzuschüssen an der Finanzierung der Wissenschaftsorganisationen, und die

---

109 AMPG, II. Abt., Rep. 60, Nr. 41.SP. Niederschrift über die Sitzung des Senats der MPG am 09.03.1962.
110 Schimank (1995), Politische Steuerung, S. 106–111.
111 Vgl. auch Bentele (1979), Kartellbildung, S. 80–83.
112 In diesem Zusammenhang war erstmals der Vorschlag gefallen, die gemeinschaftliche Finanzierung der DFG in einer Verwaltungsvereinbarung gesetzlich zu verankern, was jedoch zunächst nicht umgesetzt werden sollte. Vgl. zur Kritik von Seiten der Wissenschaftsorganisationen Raiser (1954), Falscher Föderalismus.

Gründung des Wissenschaftsrats hatte ihm ein Mitspracherecht in der Forschungspolitik eingeräumt.[113]

Doch auch 1959 lehnten die Ministerpräsidenten der Länder einen zuvor von der KMK vorgeschlagenen Beitritt des Bundes zum Königsteiner Abkommen ab, aus Furcht, dieser würde die Zuständigkeiten im Bereich der Kultur- und Forschungsförderung vereinnahmen wollen.[114] In den folgenden Jahren verschlechterte sich das Verhältnis zwischen dem Bund und den Ländern spürbar. Wenngleich die Ursachen des Konflikts nicht im Bereich der Forschungsförderung lagen,[115] so wirkte er doch deutlich auf die für die künftige Finanzierung von MPG und DFG wichtigen Verhandlungen zurück. Als der Bund vor dem Hintergrund seiner sich verschlechternden Haushaltslage von den Ländern eine Ausgleichszahlung forderte, schlugen diese im Gegenzug seinen vollständigen Rückzug aus der Finanzierung der Wissenschaftsorganisationen vor.[116] Die Allianz – allen voran MPG und DFG, die von der gemeinsamen Finanzierung durch Bund und Länder enorm profitierten – war von diesem Vorstoß der Bundesländer höchst alarmiert und sah sich erneut zum kooperativen Handeln veranlasst. Der Vorsitzende des Wissenschaftsrats enthielt sich in dieser Sache offiziell, da in der Verwaltungskommission Vertreter der beiden Konfliktparteien versammelt waren, was eine öffentliche Stellungnahme dieses Gremiums unmöglich machte. Die übrigen drei Präsidenten sprachen sich in einer konzertierten Aktion deutlich für die Beibehaltung der gemeinschaftlichen Verantwortung von Bund und Ländern in Finanzierungsfragen aus. Ihre Bedenken taten Butenandt, Hess und Leussink zudem in je separaten Briefen gegenüber dem Bundeskanzler, dem Bundesinnenminister, dem Präsidenten des Bundesrats und dem Vorsitzenden der Ministerpräsidentenkonferenz kund.[117] Der mögliche Ausstieg des Bundes aus der

---

113 Vgl. Hohn/Schimank (1990), Konflikte und Gleichgewichte, S. 115–120; Stamm (1981), Zwischen Staat und Selbstverwaltung, S. 256–262. Siehe außerdem Bartz (2006), Wissenschaftsrat und Hochschulplanung, S. 94–97.
114 Vgl. Meusel (1996), Außeruniversitäre Forschung in der Verfassung, S. 1245–1247; Stamm (1981), Zwischen Staat und Selbstverwaltung, S. 256–261.
115 Vgl. zur Bedeutung des sog. „Fernseh-Urteils" des Bundesverfassungsgerichts für den Bereich der Forschungsförderung bspw. Bartz (2007), Wissenschaftsrat, S. 69; Bartz (2006), Wissenschaftsrat und Hochschulplanung, S. 94–97; Bentele (1979), Kartellbildung, S. 91–94. Vgl. auch den Hinweis in Daniel (2018), Beziehungsgeschichten, S. 335–343.
116 Bartz (2006), Wissenschaftsrat und Hochschulplanung, S. 94–97; Bartz (2010), Föderalismusreform, S. 91–94; Bentele (1979), Kartellbildung, S. 95–98; Hohn/Schimank (1990), Konflikte und Gleichgewichte, S. 117–120; Stamm (1981), Zwischen Staat und Selbstverwaltung, S. 256–271.
117 Den Wortlaut seines Schreibens an Kanzler Adenauer gab der Präsident der MPG in der Senatssitzung im März 1962 wieder: AMPG, II. Abt., Rep. 60, Nr. 41.SP. Niederschrift über die 41. Sitzung des Senats der MPG am 09.03.1962. Das Schreiben des Präsidenten der WRK ist abgedruckt in Westdeutsche Rektorenkonferenz (1962), Schreiben des Präsidenten der WRK an den Bundeskanzler und an den Präsidenten der MPK vom 19.02.1962. Auch weitere zentrale Akteure im deutschen Forschungssystem, wie der Stifterverband oder der Bundesverband der Deutschen Industrie, äußerten sich in ähnlicher Weise: Westdeutsche Rektorenkonferenz (1962), Fernschreiben des Bundesverbandes der deutschen Industrie an die Minister-

Forschungsförderung erfülle sie „mit einer schweren Sorge", so die Wissenschaftsorganisationen, weshalb sie dringend eine endgültige „Regelung der gemeinsamen Finanzierung" anrieten.[118] In ihrer weiteren Argumentation verwiesen sie auf die „reibungslose und fruchtbare Zusammenarbeit" zwischen Bund und Ländern in der Vergangenheit, durch welche die „Mitsprachemöglichkeit der Länder" nie beeinträchtigt worden wäre und die gleichzeitig die „integrierende Kraft" der Wissenschaft für das Gemeinwesen gewährleisten würde. Auch auf die negativen Konsequenzen einer entsprechenden Entscheidung für den Wissenschaftsrat, der „seiner so erfolgreich und vielversprechend begonnenen Aufgabe nicht mehr gerecht werden" könnte und dessen „Existenzgrundlage" geradezu bedroht würde, nahmen die übrigen Allianzmitglieder Bezug. Dieser explizite Hinweis auf die Folgen einer solchen Entscheidung für den jungen Wissenschaftsrat kann als Indiz dafür gewertet werden, dass die Abstimmung über dieses Papier im Kreis der vier Wissenschaftsorganisationen erfolgt war und der Vorsitzende des WR die Haltung seiner Kollegen sehr wohl teilte, sich allerdings aus den bereits beschriebenen Gründen nicht in der Lage sah, ein entsprechendes Schreiben zu unterzeichnen.[119] In seiner Antwort versicherte Kanzler Adenauer dem MPG-Präsidenten, dass die „Bundesregierung auf das Angebot, den Ländern die Finanzierung der kulturelle Aufgaben zu übertragen, um dadurch die Bundesfinanzen zu entlasten, nicht eingehen" würde.[120] Das beruhigte die Allianz zunächst, wenngleich sich die Konfliktparteien in der Folge lediglich auf einen einmaligen Zuschuss der Länder zum Bundeshaushalt einigen konnten. Die Frage der Förderung von Wissenschaft und Forschung durch den Bund schwelte somit weiterhin und eskalierte 1963 erneut im Zuge grundsätzlicher Finanzierungsstreitigkeiten, was wiederum die Allianz auf den Plan rufen sollte. Dieses Mal wagten die Präsidenten allerdings den Weg in die Öffentlichkeit, um ihren Mahnungen den erforderlichen Nachdruck zu verleihen: Im Abstand von nur wenigen Wochen bezogen Hess, Raiser und Butenandt in Vorträgen Stellung zu der verfahrenen Lage.[121] Der Historiker Olaf Bartz hat zurecht auf die Ähnlichkeit der Verlautbarungen der drei Allianzmitglieder hingewiesen, die das Verhalten der Verhandlungsparteien deutlich kritisierten und deren Rückkehr an den Verhandlungstisch anmahnten, weswegen er ein „offensichtlich ab-

---

präsidenten und Finanzminister der Länder vom 21.02.1962; Westdeutsche Rektorenkonferenz (1962), Presseverlautbarung des Stifterverbandes für die Deutsche Wissenschaft vom 21.02.1962.
118 AMPG, II. Abt., Rep. 60, Nr. 41.SP. Niederschrift über die 41. Sitzung des Senats der MPG am 09.03.1962. Die folgenden Zitate ebd.
119 Vgl. zur Position des WR auch Bartz (2006), Wissenschaftsrat und Hochschulplanung, S. 95.
120 Ebenso findet sich der Wortlaut des Antwortschreibens im Protokoll der MPG-Senatssitzung: AMPG, II. Abt., Rep. 60, Nr. 41.SP. Niederschrift über die 41. Sitzung des Senats der MPG am 09.03.1962.
121 Die Äußerungen von Hess und Butenandt wurden zudem im Abstand von nur fünf Tagen auch in der Presse veröffentlicht. Vgl. Butenandt (1963), Deutsche Forschung; Hess (1963), Deutsche Forschung. Siehe auch Bartz (2006), Wissenschaftsrat und Hochschulplanung, S. 94–97.

gesprochene[s] Manöver" dahinter vermutete.¹²² Diese vermehrten Absprachen und gemeinsamen Aktionen der Wissenschaftsorganisationen zeugen von einer Verstetigung ihrer Kooperation, wenngleich jeweils nur drei der vier Allianzmitglieder in den Vordergrund traten. Die Initiative dürfte dabei in beiden Fällen von der MPG oder der DFG ausgegangen sein, die bislang in besonderem Maße von den Zuschüssen der Bundesseite profitiert hatten.

Doch auch in Belangen, in denen zunächst keine unmittelbare Reaktion der Allianz geplant oder gewünscht war, blieben die Mitgliedsorganisationen weiterhin in engem Austausch. Dies zeigt sich beispielsweise an den fortwährenden Beratungen über die möglichen Pläne des Bundes zum Entwurf eines Forschungsförderungsgesetzes. Schon als dieses Thema 1961 erstmals auf ihrer Tagesordnung stand, waren sich die Wissenschaftsorganisationen einig, keinesfalls von sich aus die Initiative zu ergreifen. Falls jedoch die Bundesregierung ihrerseits eine erste Ausarbeitung für ein solches Gesetz präsentieren sollte, wollten sie „„einen' eigenen Entwurf für ein Forschungsförderungsgesetz in der Schublade" haben,¹²³ um gegebenenfalls mit Änderungsvorschlägen reagieren zu können. Auch als sich die Vorzeichen Mitte der 1960er Jahre geändert hatten, da Bund und Länder sich übergangsweise auf ein Verwaltungsabkommen zur Förderung von Wissenschaft und Forschung geeinigt hatten, blieb die Allianz ihrer Linie treu.¹²⁴ Dieser beständige Austausch zwischen den Präsidenten und ihren Generalsekretären in verschiedenen wissenschaftspolitischen Fragen und die damit verbundene gegenseitige Information über „die wichtigsten Ereignisse", ohne dass dabei zwangsläufig eine sofortige Aktion (oder Reaktion) gefordert war, ist ein weiteres zentrales Kennzeichen der Transformation der auf unregelmäßigen Absprachen beruhenden Proto-Allianz hin zur Allianz der Wissenschaftsorganisationen.

Damit zeichneten sich bereits in dieser frühen Phase drei Merkmale ab, welche die Zusammenarbeit zwischen den Mitgliedsorganisationen für lange Zeit prägen sollten:

Erstens lässt sich die Allianz als konsensorientiertes Gremium verstehen, das der wechselseitigen Abstimmung in zentralen wissenschaftspolitischen Fragen diente. In diesen Beratungen ging es allerdings für die Mitglieder nicht darum, die anderen Teilnehmer auf Biegen und Brechen von ihrem gewünschten Kurs zu überzeugen. Im Zentrum stand vielmehr der vertrauensvolle Austausch. Sofern aus der Sicht der Wissenschaftsorganisationen eine konzertierte Aktion erforderlich war, setzte dies die Zustimmung aller Beteiligten voraus. Sollte eine öffentliche Stellungnahme für eine

---

122 Bartz (2006), Wissenschaftsrat und Hochschulplanung, S. 96.
123 So wurde der damalige Verhandlungsstand in der Allianz zumindest in einer MPG-internen Notiz festgehalten: AMPG, II. Abt., Rep. 69, Nr. 334. Interne Notiz der MPG zur Presseerklärung der WRK vom 15.02.1965.
124 Vgl. DFGA, AZ 02219–04, Bd. 1a. Interner Vermerk der DFG über die Sitzung der Allianz am 29.06.1965. Vgl. außerdem zur forschungspolitischen Beurteilung der Situation Bentele (1979), Kartellbildung, S. 98–103; Staff (1971), Wissenschaftsförderung, S. 84–123.

Mitgliedsorganisation unmöglich sein – was aufgrund ihrer heterogenen Zusammensetzung insbesondere auf die WRK und den Wissenschaftsrat zutreffen konnte[125] –, so wurde in den untersuchten Fällen offenbar eine Enthaltung akzeptiert.[126] Als Alternative bei divergierenden Interessen stand es den Präsidenten schließlich weiterhin offen, je separat im Sinne der eigenen Organisation aktiv zu werden. Zugleich diente der wechselseitige Informationsaustausch in der Allianz nicht nur dazu, in konkreten Problemfällen gemeinsame Verlautbarungen und Initiativen vorzubereiten; vielmehr sprach man auch über allgemeine Themen, die für die Wissenschaftsorganisationen von Interesse waren.

Der Kooperation innerhalb der Allianz kam zweitens ein zentraler Mehrwert zu, den ihre Mitglieder strategisch einzusetzen wussten. Gemeinsame Äußerungen gegenüber der Politik, die der primäre Adressat der Allianz war, hatten eine besondere Strahlkraft. Da sich in der Allianz die einflussreichsten Wissenschaftsorganisationen versammelten, konnte sie sich als Stimme der Wissenschaft etablieren.[127]

Drittens tauschten sich die Vertreter der Mitgliedsorganisationen in ihren Sitzungen zwar auf Augenhöhe innerhalb eines kleinen, bestens miteinander vernetzten elitären Kreises von Spitzenfunktionären aus; dennoch war die Allianz mitnichten ein hierarchiefreier Raum.[128] So lassen sich DFG und MPG meist als tonangebende Mitglieder rekonstruieren, was sich auf deren Organisationsstruktur, Zentralisierungsgrad und damit zusammenhängend auf die Befugnisse ihrer Präsidenten zurückführen lässt. Denn obwohl die einzelnen Max-Planck-Institute zwar in inhaltlichen Fragen autonom agieren, sind sie nicht rechts-selbstständig. Der Präsident hat daher, verglichen mit seinem Kollegen der Rektorenkonferenz, relativ weitgehende Befugnisse, etwa wenn es um die Definition der wissenschaftspolitischen und haushaltsrechtlichen Ziele seiner Gesellschaft geht.[129] Ähnlich gestalten sich das Aufgabenprofil und die Befugnisse des DFG-Präsidenten.[130] Bei den Mitgliedshochschulen der WRK dagegen verfügt ihr Prä-

---

125 So verwies die HRK in einem Schreiben an die MPG darauf, dass eine Umfrage bei den Mitgliedshochschulen über die möglichen Pläne der Bundesregierung, ein Forschungsförderungsgesetz zu erlassen, lediglich dem Zweck diente, „dem Präsidenten für den Fall, daß er gemeinsam mit Ihnen [Butenandt] und Herrn Heß zu einem etwaigen Gesetzesentwurf des Innen-Ministeriums [sic!] Stellung beziehen muß, [...] mit einem gewissen Mindestmaß an Autorisierung seitens der Mitgliedshochschulen zu sprechen". BArch, B 478/203. Schreiben von H. Leussink an A. Butenandt vom 16.08.1962.
126 Da in den beiden zuvor untersuchten Beispielen jeweils drei Allianzmitglieder eine konzertierte Aktion wagten, kann vermutet werden, dass der Präsident bzw. Vorsitzende der in diesem Fall nicht inkludierten Wissenschaftsorganisation diesem Vorgehen grundsätzlich zugestimmt hatte und eine gemeinsame Stellungnahme vielleicht sogar befürwortet hatte – aber aus institutionenpolitischen Gründen eben nicht mitzeichnen konnte.
127 So zumindest die Einschätzung des Staatssekretärs im BMwF, Wolfgang Cartellieri. Vgl. AMPG, II. Abt., Rep. 60, Nr. 50.SP. Niederschrift über die 50. Sitzung des Senats der MPG am 12.03.1965.
128 Vgl. bspw. Klofat (1991), Herrenhaus; Interview mit Christian Bode (Bonn/München 30.04.2020); Interview mit Klaus Fleischmann (Bonn 23.09.2020).
129 Vgl. dazu bspw. den Überblick von Meusel (1996), Max-Planck-Gesellschaft.
130 Vgl. Letzelter (1996), Deutsche Forschungsgemeinschaft, S. 1393–1395. Siehe außerdem die Satzung der DFG, abgedruckt in Zierold (1968), Forschungsförderung, S. 555–561.

sident über keinerlei Durchgriffsrechte und ist stattdessen an die Beschlüsse der Mitgliederversammlung gebunden.[131] Dies wirkte sich entsprechend auf die Verhandlungsposition der jeweiligen Allianzmitglieder aus, insbesondere da die Beschlussfassung bei der WRK aufgrund der heterogenen Interessen der in ihr zusammengeschlossenen Hochschulen mitunter langwieriger sein konnte als in den Gremien von DFG und MPG.[132] Daher ist es nachvollziehbar, dass MPG und DFG nicht nur in den internen Abstimmungen der Allianz häufig den Ton angeben konnten, sondern auch in ihrer gemeinsamen Kommunikation nach außen die Federführung ergriffen. So nahmen nach der Bundestagswahl 1965 zunächst Adolf Butenandt und kurz darauf der ab 1964 amtierende DFG-Präsident, Julius Speer, Fühlung zum neuen Bundeskanzler Ludwig Erhard auf, um diesem die Anliegen der Wissenschaftsorganisationen im Vorfeld der weichenstellenden, aber zugleich schwierigen Etatverhandlungen zu vermitteln.[133] Das Reputationsgefüge und mit ihm die Machtverhältnisse innerhalb der sich herausbildenden Allianz blieben den externen Verhandlungspartner in der Politik keineswegs verborgen, wie der Staatssekretär des BMwF, Hans von Heppe, in einer internen Notiz festhielt. Im Jahr 1967 hatte sich der SPD-Politiker und Vorsitzender des Bundestagsausschusses für Wissenschaft, Kulturpolitik und Publizistik, Ulrich Lohmar, mit dem Vorschlag zur Errichtung einer gemeinsamen Pressestelle der Allianz zunächst an deren Generalsekretäre und anschließend an Bundesforschungsminister Gerhard Stoltenberg gewandt. Anlässlich dieser im BMwF als „in mehrfacher Hinsicht etwas problematisch" eingeschätzten Initiative nahm das Ministerium zunächst Kontakt zur MPG und anschließend zur DFG auf, um deren Stimmungsbild in dieser Sache abzufragen.[134] Friedrich Schneider versicherte dem Staatssekretär, er habe „den Brief bisher nicht beantwortet", da „die Max-Planck-Gesellschaft nicht der Auffassung ist, daß es sehr sinnvoll wäre, eine solche Neueinrichtung zu schaffen".[135] Ähnlich zurückhaltend positionierte sich auch der Generalsekretär der DFG, weshalb von Heppe schließlich resümierte, „daß ein positives Echo nur bei der WRK [...] vorhanden" sei. Dies ließe sich, so seine interne Einschätzung, auf die „alten Wunschträume" in der Rektorenkonferenz zurückführen, die eigene Organisation „durch möglichste Gleichstellung mit den anderen großen Wissenschaftsorganisationen innerlich und äußerlich aufzuwerten".[136] Bei den „anderen großen Wissenschaftsorganisationen" handelte es sich um DFG und MPG – nicht umsonst hatte der Staatssekretär zunächst mit deren beiden Generalsekretären Rückspra-

---

131 Siehe Erichsen (1996), Hochschulrektorenkonferenz.
132 Vgl. die entsprechende Selbsteinschätzung Leussinks gegenüber Butenandt in BArch, B 478/203. Schreiben von H. Leussink an A. Butenandt vom 16.08.1962.
133 Vgl. DFGA, AZ 02219-04, Bd. 1b. Interner Vermerk der DFG über ein Treffen der DFG mit MD Scheidemann (BMwF) am 28.10.1965.
134 BArch, B 138/6536. Schreiben von H. von Heppe an F. Schneider vom 21.09.1967.
135 BArch, B 138/6536. Schreiben von F. Schneider an H. von Heppe vom 28.09.1967.
136 BArch, B 138/6536. Interner Aktenvermerk des BMwF zu den Plänen über die Errichtung einer gemeinsamen Public-Relations-Stelle vom 06.10.1967.

che gehalten, bevor man sich im Ministerium über das weitere Vorgehen verständigte. Die Allianz diente DFG und MPG als höchst effektive Plattform für ihre wechselseitige Interessensabstimmung, der gleichzeitig eine Verstärkerrolle ihrer Führungspositionen in den Bereichen Forschungsförderung und Forschung zukam.[137] Umso mehr war den anderen Mitgliedern der Allianz bereits in den späten 1960er Jahren daran gelegen, den Konsens mit DFG und MPG zu suchen und von Politik und Öffentlichkeit als auf gleicher Augenhöhe agierend wahrgenommen zu werden. In den folgenden Jahrzehnten sollte sich diese Tendenz noch deutlicher manifestieren, als sich Fragen nach der Inklusion bisher exkludierter Wissenschaftsorganisationen vermehrt zu stellen begannen.

2.2.2 Erste Kontakte zum neu gegründeten Bundesforschungsministerium und Entstehung des Präsidentenkreises

Die Bundespolitik reagierte ihrerseits auf die Herausbildung und Konsolidierung der Allianz und bemühte sich um einen Austausch mit den Präsidenten und Vorsitzenden.[138] Die Wissenschaftsorganisationen profitierten dabei von der bereits zu einem gewissen Grad gefestigten Position der Allianz im Bereich der Wissenschafts- und Forschungspolitik. Schon vor der Gründung des BMwF hatten sich die Präsidenten und Vorsitzenden der Wissenschaftsorganisationen in forschungspolitischen Fragen mit anderen Ressorts und mit den Ministerpräsidenten der Länder ausgetauscht und so bereits den korporatistischen Weg der Interessensvermittlung etablieren können.[139] Der Allianz kam dabei das strukturelle Expertisegefälle im Bereich der Forschungsförderung und -organisation zwischen den Wissenschaftsorganisationen und dem noch in den Kinderschuhen steckenden und erst allmählich (personell wie fachlich) wachsenden Ministerium zugute. Sie profitierte vom weitgehenden Fehlen festgelegter politischer Programme oder Instrumente für die Forschungsförderung, denn das Bedürfnis der Politik nach einem Austausch mit der Wissenschaft war entsprechend groß. Durch das geschlossene Auftreten der Präsidenten der Selbstverwaltungsorganisationen konnte die Allianz ihr politisches Umfeld aktiv mitgestalten und so die bundesdeutsche Forschungspolitik maßgeblich beeinflussen.[140]

---

137 Zur Selbstpositionierung der MPG als die nationale Wissenschaftssäule für die Grundlagenforschung und zum damit verbundenen, die Wiedergründung begleitenden Mythos siehe die Darstellungen von Sachse (2018), Basic Research; Sachse (2014), Grundlagenforschung; Schauz (2020), Nützlichkeit und Erkenntnisfortschritt, S. 343–379; vgl. auch Balcar (2019), Ursprünge.
138 Vgl. Hohn/Schimank (1990), Konflikte und Gleichgewichte, S. 405–406.
139 Siehe bspw. AMPG, II. Abt., Rep. 69, Nr. 334. Auszug aus der Niederschrift über die Sitzung des Wissenschaftlichen Rates der MPG am 14.05.1963; AMPG, III. Abt., Rep. 84-2, Nr. 6812. Aktenvermerk über eine Besprechung beim BMVg am 05.06.1962.
140 Vgl. Braun (1997), Politische Steuerung, S. 222–234; Stucke (1993), Institutionalisierung, S. 54–67.

Obwohl die Herausbildung der Allianz als Abstimmungsgremium der großen Wissenschaftsorganisationen von der Politik nicht intendiert worden war, arrangierten sich die politischen Vertreter bald mit der neuen Situation. Sie erkannten entscheidende Vorteile einer koordinierten Einbindung der Wissenschaft – in Form der Allianz – in die Formulierung forschungspolitischer Programme. Schon Mitte der 1960er Jahre befürwortete das BMwF offen die Zusammenarbeit der Wissenschaftsorganisationen in der Allianz und sah in ihr „den Willen der deutschen Wissenschaft" repräsentiert.[141]

Die Etablierung der Allianz als wissenschaftspolitisches Beratungsgremium fällt in eine Zeit, in der das politische Denken in der Bundesrepublik von einer Phase der Planungseuphorie und dem Wunsch nach einer engeren Verzahnung von Wissenschaft und Politik gekennzeichnet war, um so gesamtgesellschaftliche Probleme mithilfe wissenschaftlicher Politikberatung lösen zu können.[142] Nicht von ungefähr trat das Bundesverteidigungsministerium in der zweiten Hälfte der 1960er Jahre wiederholt an die Wissenschaftsorganisationen mit dem Wunsch heran, sie mögen dem Minister „Vorschläge für einen Wissenschaftlichen Berater" machen.[143] Die Bemühung der Allianz, sich selbst als Beratungsgremium für die gesamte Bundesregierung zu etablieren und so die Bestellung je separater Expert:innen für die verschiedenen Ressorts zu verhindern, veranschaulicht eindrucksvoll, wie sich das Selbstverständnis dieses Gremiums in wenigen Jahren gewandelt hatte.[144] Dabei sollten die Allianzmitglieder von einer immer engeren Vernetzung untereinander, aber auch von ihrer Zusammenarbeit mit dem Bundesforschungsministerium profitieren, das für die korporatistische Einbindung der Allianz in die Wissenschaftspolitik zum Kristallisationspunkt werden sollte.

Der „kurze Sommer der konkreten Utopie" einer verwissenschaftlichten Politik ging zwar in den frühen 1970er Jahren schon wieder zu Ende,[145] aber auch danach wurden Expert:innen und Wissenschaftler:innen von verschiedenen Ressorts ebenso wie vom Parlament zu Rate gezogen,[146] und wissenschaftliche Erkenntnisse fanden Einzug in die

---

141 So fasste zumindest das Protokoll die Aussage von Wolfgang Cartellieri, Staatssekretär des BMwF, zusammen: AMPG, II. Abt., Rep. 60, Nr. 50.SP. Niederschrift über die 50. Sitzung des Senats der MPG am 12.03.1965.
142 Vgl. Herbert (2014), Geschichte Deutschlands im 20. Jahrhundert, S. 805–809; Orth (2011), Autonomie und Planung, S. 155–165; Rudloff (2004), Einleitung, S. 13–17; Rudloff (2004), Macht den Räten; Rudloff (2004), Verwissenschaftlichung; Schimank (2009), Planung, S. 232–234; Seefried (2010), Experten, S. 111–116; Trischler (1990), Planungseuphorie, S. 117–119; Wieland (2009), Neue Technik auf alten Pfaden?, S. 70–80.
143 AMPG, II. Abt., Rep. 69, Nr. 373. Interner Vermerk der MPG über ein Gespräch im Verteidigungsministerium am 05.09.1966.
144 Zur Positionierung der Allianz zum Wunsch des BMVg siehe ebd.
145 Ruck (2000), Kurzer Sommer, S. 362.
146 Etwa in Form von Enquete-Kommissionen beispielsweise zu Fragen der zukünftigen Kernenergie-Politik (1979–1983) oder zu Chancen und Risiken der Gentechnologie (1984–1987).

Ausarbeitung politischer Programme.[147] So lässt sich in der Bundesrepublik seit den 1960er Jahren sowohl eine Verwissenschaftlichung der Politik als auch eine Politisierung der Wissenschaft beobachten, die sich in einer immer engeren Kopplung der beiden Bereiche manifestierte. Damit ging sowohl ein quantitativer Anstieg wissenschaftlicher Politikberatung einher als auch in der Folge eine zunehmende Institutionalisierung dieser Beratungsformate.[148] Der Einbindung wissenschaftlichen Wissens kam dabei eine legitimatorische Aufgabe zu, da es für eine vermeintliche Rationalisierung der politischen Entscheidungen sorgen sollte. Den Wissenschaftler:innen und Wissenschaftsmanager:innen ermöglichte die Einbindung in Prozesse politischer Entscheidungsfindung, diese in ihrem Sinn zu beeinflussen. Beides zeugt von einer engen wechselseitigen Verbindung zwischen Wissenschaft und Politik, die als Ressourcen füreinander fungieren können, auch wenn sie ihren eigenen systeminternen Logiken folgen.[149]

Wie bereits angedeutet, kam dem neu geschaffenen Bundesforschungsministerium eine besondere Rolle im Verhältnis der Allianz zur Politik zu. Diese Entwicklung war Anfang der 1960er Jahre allerdings weder vorhersehbar noch von den Wissenschaftsorganisationen intendiert gewesen. Stattdessen hatten sich die Präsidenten inständig darum bemüht, ihre bestehenden Kontakte zu anderen politischen Akteuren, insbesondere zum Bundesverteidigungsministerium, weiterzuführen. Doch Kai-Uwe von Hassel hatte die von seinem Vorgänger im Amt, Franz Josef Strauß,[150] begonnenen Gespräche mit den Wissenschaftsorganisationen zunächst nicht wieder aufgenommen – durchaus zu deren Missfallen. Als die Gesprächspause schon ein knappes Jahr andauerte, ergriff die Allianz unter Federführung der Rektorenkonferenz schließlich die Initiative.[151] Nach einem Telefonat zwischen der WRK und dem BMVg im April 1964 lud von Hassel die drei Präsidenten zur Teilnahme am „Gesprächskreis[…] Verteidigung und Wissenschaft",[152] um sich über die künftige Beratung seines Hauses

---

147 So flossen die Ergebnisse der vom Bundesminister für Justiz und dem Bundesminister für Forschung und Technologie einberufene Arbeitsgruppe „In-Vitro-Fertilisation, Genomanalyse und Gentherapie" (1984–1985) in die Ausarbeitung des Embryonenschutzgesetzes ein. Siehe Bogner (2006), Politikberatung, S. 486.
148 Vgl. Foemer (1981), Integration komplexer Sozialsysteme, S. 47–57; Carson/Gubser (2002), Science, S. 175–178; Rudloff (2004), Einleitung, S. 16–17; Rudloff (2005), Science, S. 1–19; Weingart (1983), Verwissenschaftlichung; Weingart (2008), Wissen – Beraten – Entscheiden; Weingart (2005), Stunde der Wahrheit?, S. 11–35.
149 Vgl. zum Ressourcenbegriff Ash (2002), Ressourcen; Ash (2010), Wissenschaft und Politik, S. 11–18; Ash (2016), Reflexionen; vgl. überdies Bourdieu (1992), Mechanismen der Macht, S. 49–81.
150 Vgl. zu den Gesprächen der drei Präsidenten mit Strauß bspw. AMPG, II. Abt., Rep. 60, Nr. 43.SP. Niederschrift über die 43. Sitzung des Senats der MPG am 23.11.1962.
151 Vgl. AMPG, II. Abt., Rep. 69, Nr. 373. Auszug aus der Niederschrift über die Sitzung des Verwaltungsrates der MPG am 03.12.1963.
152 AMPG, II. Abt., Rep. 69, Nr. 373. Undatierte Einladung von K.-U. von Hassel an A. Butenandt zum gemeinsamen Frühstück im Rahmen der Zusammenkunft des Gesprächskreises Wissenschaft und Verteidigung am 14.07.1964.

auszutauschen.[153] Rund zwei Monate nach Hassels schriftlicher Kontaktaufnahme in diesem Anliegen fand das Gespräch schließlich statt – allerdings in einem stark erweiterten Kreis. Neben den Präsidenten von MPG, DFG und WRK waren nicht nur jeweils ein bis zwei weitere, selbst benannte Persönlichkeiten aus den Wissenschaftsorganisationen, sondern auch vom BMVg geschätzte „[u]nabhängige Persönlichkeiten aus der Wissenschaft" und der Industrie, sowie verschiedene Mitarbeiter des BMVg und Staatssekretär Wolfgang Cartellieri aus dem BMwF anwesend.[154] Die Vertreter der drei Wissenschaftsorganisationen plädierten geschlossen für eine Steigerung der Forschungsausgaben durch die Bundesregierung, die den Wissenschaftsorganisationen als Pauschalmittel zur Verfügung gestellt werden sollten, um die „Freiheit der Wissenschaft" zu wahren.[155] Minister von Hassel und seine Mitarbeiter gingen auf diese Forderung nicht direkt ein, wollten diese Angelegenheit aber „in Zusammenarbeit mit den anderen Ressorts, insbesondere dem BMwF" noch einmal erörtern.

Der in der Niederschrift über dieses Treffen notierte Hinweis auf eine Rücksprache mit dem BMwF kann ebenso wie die Einladung von Staatssekretär Cartellieri als Indiz dafür gewertet werden, dass es dem Forschungsministerium in den rund eineinhalb Jahren seines Bestehens offenbar gelungen war, seine Zuständigkeit im Bereich der Forschungsförderung trotz anfänglicher Bedenken von Seiten der Wissenschaftsorganisationen zu behaupten und sukzessive auszubauen. Vor diesem Hintergrund ist es wenig überraschend, dass sich das BMwF allmählich zum primären Ansprechpartner der Allianz auf Ebene der Bundespolitik entwickeln sollte.

Schon der erste Bundesminister für wissenschaftliche Forschung, Hans Lenz, hatte nach seiner Amtsübernahme den Kontakt zu den Präsidenten der Wissenschaftsorganisationen gesucht und sich vereinzelt mit ihnen ausgetauscht.[156] Doch erst sein Nachfolger, Gerhard Stoltenberg, intensivierte ab 1965 die Beziehungen zu den Selbstverwaltungsorganisationen merklich, um mit ihnen „in regelmäßigen Abstand [...] über Probleme der Wissenschaft zu sprechen"[157] – obwohl er sich zunächst „verärgert" darüber zeigte, dass die Präsidenten von MPG und DFG nach der Bundestagswahl 1965 dem neuen Kanzler Erhard ihre Aufwartung gemacht hatten, ohne ihn hinzuziehen.[158] Nicht einmal zwei Monate nach der Übernahme des Ministeramts lud Stoltenberg die

---

153 Vgl. AMPG, II. Abt., Rep. 69, Nr. 373. Interner Vermerk der MPG über ein Telefonat mit der WRK am 24.04.1964; AMPG, II. Abt., Rep. 69, Nr. 373. Schreiben von K.-U. von Hassel an A. Butenandt vom 12.05.1964.
154 AMPG, II. Abt., Rep. 69, Nr. 373. Niederschrift der 1. Sitzung des Gesprächskreises Verteidigung und Wissenschaft am 14.07.1964. Das Zitat entstammt der beigefügten Teilnehmerliste.
155 Dieses und das folgende Zitat ebd.
156 Vgl. AMPG, II. Abt., Rep. 60, Nr. 44.SP. Niederschrift über die 44. Sitzung des Senats der MPG am 13.03.1963; AMPG, II. Abt., Rep. 69, Nr. 334. Auszug aus der Niederschrift über die Sitzung des Wissenschaftlichen Rates der MPG am 14.05.1963; Orth (2011), Autonomie und Planung, S. 168–170; Zierold (1968), Forschungsförderung, S. 533–535.
157 AMPG, II. Abt., Rep. 60, Nr. 52.SP. Niederschrift über die 52. Sitzung des Senats der MPG am 14.12.1965.
158 DFGA, AZ 02219-04, Bd. 1b. Interner Vermerk der DFG über ein Treffen mit MD Scheidemann (BMwF) am 28.10.1965.

Spitzenvertreter der vier Wissenschaftsorganisationen erstmals zu einem gemeinsamen Gespräch und versäumte es nicht, gleich einen Folgetermin zu vereinbaren.[159] Er schätzte insbesondere den „ausführlichen Meinungsaustausch",[160] den er mit den Präsidenten pflegte, und kam während seiner Amtszeit etwa viermal im Jahr mit ihnen zusammen.

Damit stärkte Stoltenberg die Beziehung seines Ressorts zu den Selbstverwaltungsorganisationen. Mit den Kaminrunden, wie die Zusammenkünfte des Präsidentenkreises künftig bezeichnet wurden, schuf er zudem einen informellen Rahmen für diesen Austausch, was den Dialog mit den Allianzmitgliedern intensivierte und langfristig prägte.[161] Denn mit den nun etablierten regelmäßigen und exklusiven Gesprächen existierte ein institutionelles Framing für einen personalisierten, von Vertrauen geprägten Austausch mit den Spitzenvertretern der Wissenschaft über Grundfragen der Forschungsförderung. Auf diesem Wege wurden die Positionen und Interessen der einflussreichsten Wissenschaftsorganisationen in die politische Entscheidungsfindung einbezogen und die bereits bestehenden korporatistischen Strukturen in der bundesdeutschen Wissenschaftspolitik gefestigt.[162] Durch die regelmäßigen Sitzungen des Präsidentenkreises räumte Stoltenberg den vier Präsidenten die Möglichkeit ein, ihre Meinungen und Wünsche – beispielsweise in Fragen der Finanzplanung – in die Politik einfließen zu lassen. Ferner stand der Forschungsminister der von den „vier Wissenschaftsorganisationen ausgesprochene[n] Bereitschaft zur Beratung in speziellen Dingen" aufgeschlossen gegenüber,[163] was die Chance einer Berücksichtigung von Forderungen oder Bedenken der Wissenschaftsorganisationen bei der Ausarbeitung forschungspolitischer Programme weiter erhöhte.

Die informelle Natur der Gespräche war die Basis für das so wichtige gegenseitige Vertrauensverhältnis und lange Zeit das maßgebende Charakteristikum und die Stärke des Präsidentenkreises.[164] Die von MPG-Präsident Adolf Butenandt bei einer Senatssitzung hervorgehobene „vertrauensvolle Atmosphäre", in der „alle Sorgen bereitenden Fragen besprochen" werden könnten, ist ein Schlüsselbegriff für das Verständnis des Verhältnisses von Wissenschaft und Politik im Präsidentenkreis.[165] Vertrauen war

---

159 Vgl. AMPG, II. Abt., Rep. 60, Nr. 52.SP Niederschrift über die 52. Sitzung des Senats der MPG am 14.12.1965.
160 AMPG, II. Abt., Rep. 69, Nr. 334. Auszug aus der Niederschrift über die Sitzung des Verwaltungsrates der MPG am 14.02.1966.
161 Vgl. Trischler / vom Bruch (1999), Forschung für den Markt, S. 87–92; Weßels (1999), Deutsche Variante, S. 87–96.
162 Vgl. Braun (1997), Politische Steuerung, S. 222–234; Stucke (1993), Institutionalisierung, S. 54–67.
163 AMPG, II. Abt., Rep. 61, Nr. 68. Niederschrift über die 68. Sitzung des Verwaltungsrats der MPG vom 14.02.1966.
164 Vgl. Patzwaldt/Buchholz (2006), Politikberatung, S. 463; Schimank (1995), Politische Steuerung, S. 130–132; Interview mit Edelgard Bulmahn (Berlin/München 23.07.2020); Interview mit Heinz Riesenhuber (Frankfurt am Main / München 02.05.2020).
165 AMPG, II. Abt., Rep. 60, Nr. 54.SP. Niederschrift über die 54. Sitzung des Senats der MPG am 22.06.1966.

die maßgebliche Ressource sowohl für den Minister und seine leitenden Beamten als auch für die Präsidenten der Forschungsorganisationen in ihren suchend-sondierenden Gesprächen, in denen gemeinsame Positionen in Sachfragen der Forschungsförderung und anstehenden wissenschaftspolitischen Entscheidungen ausgelotet werden konnten.[166] Im geschützten Raum der Kaminrunden konnten die Spitzenverantwortlichen von Wissenschaft und Politik in einer „sehr aufgeschlossenen und positiven Atmosphäre" abseits medialer Aufmerksamkeit auf informellem Wege Positionen ventilieren, Meinungen äußern und vor allem Informationen gewinnen, die auf formellem Wege nicht zu erhalten waren.[167] Nicht von ungefähr ist der Begriff des Vertrauens eine vielbemühte Akteurskategorie, die den korporatistischen Dialog des Präsidentenkreises bestimmte. Mit der Schlüsselressource Vertrauen korrespondierte die Informalität der Gespräche, weshalb insbesondere der Allianz an deren Erhalt gelegen war. Denn obwohl die Mitglieder im Herbst 1968 über die Rektorenkonferenz erfahren hatten, dass das Ministerium zu den gemeinsamen Gesprächen Aktennotizen anfertigte, aus denen „die Referenten dieses Hauses [BMwF, Anm. d. Verf.] einen Informationsvorsprung vor den Geschäftsstellen der Selbstverwaltungskörperschaften" gewinnen würden und an denen folglich ein hohes Interesse bestand, zögerte man, proaktiv deren Übermittlung an alle Teilnehmer einzufordern.[168] Butenandt brachte die Bedenken der Runde auf den Punkt, als er die Frage aufwarf, ob man damit „das Gespräch in eine so offizielle Atmosphäre rücken werde, daß man das Ziel der Zusammenkünfte" nicht mehr erreichen würde. Schlussendlich kam man überein, den beamteten Staatssekretär Hans von Heppe im persönlichen Zwiegespräch gelegentlich „an die Übersendung der von ihm gefertigten Vermerke" erinnern zu wollen – die Allianz wählte also auch bei diesem Anliegen einen informellen Weg.

Durch die enge wechselseitige und regelmäßige Abstimmung mit dem Forschungsminister fungierte dieser häufig nicht nur als primärer Adressat der Allianz in Fragen der Forschungspolitik auf bundespolitischer Ebene, sondern gleichsam als zentraler Kooperationspartner. Diese Entwicklung zeigt sich beispielsweise anlässlich eines weiteren Treffens mit dem Bundesverteidigungsminister im Jahr 1966, in dem es erneut um die Frage der wissenschaftlichen Beratung gehen sollte. Im Vorfeld lud Stoltenberg die Vertreter von Wissenschaftsrat, DFG und MPG zu einer gemeinsamen Vorbesprechung. Schon die Einladung zu diesen internen „Vorerörterungen",[169] in de-

---

166 Vgl. zum Terminus des Vertrauens insbesondere Luhmann (2014), Vertrauen; Frevert (2013), Vertrauensfragen.
167 AMPG, II. Abt., Rep. 61, Nr. 68. Niederschrift über die 68. Sitzung des Verwaltungsrats der MPG vom 14.02.1966; vgl. außerdem bspw. AMPG, II. Abt., Rep. 60, Nr. 54.SP. Niederschrift über die 54. Sitzung des Senats der MPG am 22.06.1966.
168 Vgl. AMPG, II. Abt., Rep. 57, Nr. 602, Bd. 1. Ergebnisvermerk der DFG über die Sitzung der Allianz am 22.10.1968. Die folgenden beiden Zitate ebd.
169 AMPG, II. Abt., Rep. 69, Nr. 373. Schreiben von W. Cartellieri an F. Schneider vom 25.08.1966.

nen man sich über ein mögliches gemeinsames Vorgehen austauschte, zeugt von der engen und vertrauensvollen Verbindung zwischen dem BMwF und den Präsidenten, die sich in den wenigen Jahren des Bestehens des Forschungsministeriums herausgebildet hatte. Die drei Wissenschaftsorganisationen standen dem Wunsch des Verteidigungsministeriums nach der Bestellung eines wissenschaftlichen Beraters äußerst kritisch gegenüber. Sie befürchteten, dass weitere Ressorts nachziehen und ihrerseits eigene Beraterstellen besetzen würden, die jedoch lediglich „die Interessen ihrer Ressorts [...] vertreten" würden; dadurch würde keine „objektive, die Gesamtsituation richtig berücksichtigende Beurteilung [...] zustande" kommen.[170] Diese könnte nur durch eine „Gesamtberatung der Bundesregierung" gewährleistet werden, deren Kern die Allianzmitglieder bilden sollten. Diese Überlegungen stellten sie also Stoltenberg vor, der den Vorschlag der Wissenschaftsorganisationen nachdrücklich befürwortete und im anschließenden Termin bei von Hassel um dessen Zustimmung warb. Der Forschungsminister trat in dieser Situation als Fürsprecher der Allianz auf, der bereit war, die Wissenschaftsorganisationen beim Erreichen ihres Ziels zu unterstützen. Wenngleich der Verteidigungsminister zunächst von diesem Vorschlag wenig überzeugt schien, war es auf lange Sicht vorteilhaft, dass die Allianz in dieser Sache einen Verbündeten im Kabinett hatte. So fand noch im selben Jahr auf Vermittlung Stoltenbergs eine Besprechung mit Bundeskanzler Ludwig Erhard statt, bei der man sich inhaltlich zwar in erster Linie über Fragen der Forschungsfinanzierung austauschte, die Präsidenten jedoch auch wiederholt auf die Bedeutung einer wissenschaftlichen Beratung der Regierung hinweisen konnten.[171]

Die Zusammenarbeit war allerdings bei weitem keine Einbahnstraße, bei der die Allianz ihre Anliegen in der Hoffnung auf deren Berücksichtigung gegenüber dem Forschungsminister und bei Bedarf auch gegenüber anderen Mitgliedern der Bundesregierung ventilieren konnte. Vielmehr profitierten bereits in den 1960er Jahren beide Seiten von ihrer Kooperationsbeziehung. Im vertraulichen Gespräch mit den Präsidenten konnte Stoltenberg beispielsweise seine persönliche Unzufriedenheit mit einzelnen Bestandteilen der geplanten Finanzierungsreform zu erkennen geben und die Allianz um ein „Tätigwerden" bitten, um „eine Änderung des Ergebnisses in den kommenden Verhandlungen zu erreichen".[172] Dem BMwF war es in diesem Fall nicht gelungen, sich gegenüber dem Finanzministerium durchzusetzen. Da die Präsidenten die kritische Einschätzung des Forschungsministers teilten, sollte sich nun die Allianz bei den beteiligten Akteuren aus Bund und Ländern um Änderungen bei den strittigen Punkten bemühen. Die Wissenschaftsorganisationen und das BMwF vereinte auch in

---

170 AMPG, II. Abt., Rep. 69, Nr. 373. Interner Vermerk der MPG über das Treffen im Bundesverteidigungsministerium am 05.09.1966. Das folgende Zitat ebd.
171 AMPG, II. Abt., Rep. 60, Nr. 55.SP. Niederschrift über die 55. Sitzung des Senats der MPG am 29.11.1966.
172 AMPG, II. Abt., Rep. 57, Nr. 603, Bd. 1. Interner Vermerk der MPG über die Sitzung des Präsidentenkreises am 30.08.1967.

diesem Punkt ein gemeinsames Ziel, für das die Allianzmitglieder ihr gebündeltes wissenschaftliches Renommee einzusetzen bereit waren.

Auf diese Weise schufen sowohl die von Stoltenberg eingeführte Regelmäßigkeit der informellen Beratungen als auch die in der Kooperation gesammelten positiven Erfahrungen die Voraussetzung für die in den 1970er und 1980er Jahren zu beobachtenden Institutionalisierungsprozesse in der Zusammenarbeit zwischen dem Forschungsministerium und den vier Wissenschaftsorganisationen. Die historische Analyse des Zusammenwirkens von Wissenschaft und Politik im sich herausbildenden Präsidentenkreis belegt eine deutliche Verschiebung der Machtverhältnisse im Bereich der Forschungspolitik im Verlauf der 1960er Jahre. Während die konzertierten Aktionen der Proto-Allianz beispielsweise bei den Beratungen über die Ausgestaltung des Verwaltungsabkommens zur Errichtung des Wissenschaftsrats insbesondere auf die Ministerpräsidenten und Kultusminister der Bundesländer abzielten, wuchs die Bedeutung des Bundes für die Wissenschaftsorganisationen stetig. Gerade das neu geschaffene Forschungsministerium, dessen Minister sich um ein gutes Verhältnis zu den Präsidenten der großen Wissenschaftsorganisationen bemühten, wurde allmählich zum wichtigsten Ansprech- und auch Kooperationspartner der Allianz auf Bundesebene.

2.2.3 Vom Finden einer gemeinsamen Identität

Ab der zweiten Hälfte der 1960er Jahre und damit in einer Phase, in der sich eine erste Routine der Besprechungen sowohl zwischen den Wissenschaftsorganisationen als auch mit der Politik einzuspielen begann, lässt sich auch die Einführung der Bezeichnung *Heilige Allianz* beziehungsweise *Allianz* beobachten. Im Kreis der Wissenschaftsorganisationen sprach man zwar offiziell in den Ergebnisvermerken von „Besprechungen der Präsidenten und des Vorsitzenden sowie der Generalsekretäre der Wissenschaftsorganisationen",[173] doch im internen Sprachgebrauch bürgerte sich der wesentlich kürzere Name „Heilige Allianz" ein.[174]

Angeblich wurde die Bezeichnung von MPG-Präsident Adolf Butenandt geprägt, der mit einem gewissen Augenzwinkern bemerkte, es sei dann wohl Aufgabe der Heiligen Allianz einen Missstand zu korrigieren, auf den man ihn zuvor angesprochen hatte.[175] Die Wahl des Namens in Anlehnung an die 1815 von Russland, Preußen und Ös-

---

173 Dies kann man den Überschriften der Ergebnisvermerke in diesem Zeitraum entnehmen, etwa in AMPG, II. Abt., Rep. 57, Nr. 602, Bd. 2. Ergebnisvermerk der DFG über die Sitzung der Allianz am 19.11.1967. Vgl. im Allgemeinen die Ergebnisvermerke der Allianz-Sitzungen im entsprechenden Zeitraum, in AMPG, II. Abt., Rep. 57, Nr. 602, Bd. 1 und Bd. 2; AMPG, II. Abt., Rep. 57, Nr. 603; DFGA, AZ 02219-04, Bd. 1a; AdWR, 6.2 – Allianz-Sitzungen, Bd. 1.
174 AdWR, 6.2 – Allianz-Sitzungen, Bd. 1. Schreiben von C. H. Schiel an A. Hocker vom 05.05.1965.
175 Vgl. Klofat (1991), Herrenhaus.

terreich gegründete Heilige Allianz, die sich trotz aller Unterschiede in politischer und konfessioneller Orientierung zu gegenseitiger Loyalität und Kooperation mit dem Ziel der Restauration der vorrevolutionären Strukturen verpflichtet hatte, war dabei sicherlich kein Zufall.[176] Vielmehr spiegelt der Begriff das Selbstverständnis der beteiligten Akteure und deren (wissenschafts-)politischen Gestaltungsanspruch wider.[177] Er beinhaltete auch die Verpflichtung zur Kooperation und den Anspruch, mögliche Konkurrenzen zurückzustellen, das Konfliktpotenzial diskursiv zu minimieren und einvernehmlich die gemeinsamen Interessen zu vertreten.

Schon bald nach ihrem erstmaligen Auftauchen setzte sich die Betitelung der gemeinsamen Treffen als (Heilige) Allianz auch in der jeweils institutsinternen Aktenablage durch.[178] Insbesondere im internen Schriftverkehr zur Vorabstimmung von Termin und Inhalt der Sitzungen sprach man ab 1965 überwiegend von der „Heiligen Allianz".[179] Dabei lässt sich mitunter ein selbstironischer Unterton in der Begriffsverwendung erkennen, beispielsweise als die Mitglieder im Januar 1969 den erkrankten und daher an der Sitzung verhinderten Vorsitzenden des Wissenschaftsrats mit einem Telegramm bedachten: „Die Mitglieder der Unheiligen Allianz vermissen Sie sehr, grüßen herzlich und wünschen gute Besserung."[180] Im Jahr 1970 wurde erstmals ein von der WRK an alle Mitglieder versendeter Vermerk offiziell als Ergebnisniederschrift einer „Sitzung der Allianz" überschrieben.[181] In den Protokollen konnte sich diese Bezeichnung zunächst noch nicht durchsetzen, doch spätestens ab Mitte der 1970er Jahre wurden die – inzwischen nur noch intern angefertigten – Ergebnisvermerke stets als *Sitzungen der (Heiligen) Allianz* überschrieben.[182]

---

176 Vgl. Fehrenbach (2010), Ancien Régime, S. 126–135; Pyta (1996), Idee und Wirklichkeit.
177 Vgl. van Bebber (2011), Ritterrunde, S. 36.
178 Darauf deuten zumindest die Rücken der Aktenordner hin, in denen die entsprechenden Unterlagen abgeheftet wurden. So trägt im Archiv der MPG bspw. schon der Aktenordner, dessen Laufzeit 1966 beginnt, den Titel „Heilige Allianz": AMPG, II. Abt., Rep. 57, Nr. 603, Bd. 2. Auch Wissenschaftsrat und DFG hatten diese Bezeichnung für die Aktenablage gewählt: u. a. DFGA, AZ 02219–04, Bd. 1a; AdWR, 6.2 – Allianz-Sitzungen, Bd. 1. Zwar kann die Beschriftung der Ordner auch im Nachhinein erfolgt sein; allerdings erscheint dies insbesondere bei der DFG eher unwahrscheinlich, da sich die Betitelung der Ordnerrücken dort im Verlauf des Untersuchungszeitraum wandelt. Die Bezeichnung „Heilige Allianz" findet sich dort nur bis 1976, anschließend wird – weniger pathetisch – von Allianz-Sitzungen oder Präsidentenbesprechungen gesprochen.
179 Vgl. bspw. AdWR, 6.2 – Allianz-Sitzungen, Bd. 1. Ergebnisvermerk der DFG über die Sitzung der Allianz mit dem Präsidium der DFG am 14.10.1966; AdWR, 6.2 – Allianz-Sitzungen, Bd. 1. Schreiben von C. H. Schiel an K.-G. Hasemann vom 04.08.1966. Auch in den Vermerken zu den Allianz-Sitzungen findet sich die Selbstbezeichnung vereinzelt im Fließtext: bspw. AMPG, II. Abt., Rep. 57, Nr. 602, Bd. 2. Ergebnisvermerk der DFG über die Sitzung der Allianz am 19.11.1967; AMPG, II. Abt., Rep. 69, Nr. 334. Interner Vermerk der MPG zur Sitzung der Allianz am 13.10.1965.
180 AMPG, II. Abt., Rep. 57, Nr. 603, Bd. 2. Telegramm von A. Butenandt an H. Leussink vom 20.01.1969.
181 DFGA, AZ 02219–04, Bd. 1a. Ergebnisvermerk der WRK über die Sitzung der Allianz am 11.04.1970.
182 Vgl. bspw. AdWR, 6.2 – Allianz-Sitzungen, Bd. 2. Interner Vermerk des WR über die Sitzung der Allianz am 05.02.1975; DFGA, AZ 02219–04, Bd. 2. Interner Vermerk der DFG über die Sitzung der Allianz am 21.10.1974.

Die Unterlagen der vier Gründungsmitglieder legen die Vermutung nahe, dass der Terminus zunächst als Selbstbezeichnung entstand, sich innerhalb kürzester Zeit dann auch als Fremdbezeichnung durchsetzte. Im Bundesforschungsministerium sprach man bei der internen Vorbereitung der Kaminrunden bereits ab 1967 meist von den Zusammenkünften des Ministers mit der „Heiligen Allianz".[183]

---

[183] BArch, B 138/6536. Interner Vermerk des BMwF zur Vorbereitung des Präsidentenkreises am 13.01.1967.

3 Institutionalisierung als wissenschaftspolitisches Beratungsgremium (ca. 1969–1989)

3.1 Institutionalisierung der Zusammenarbeit mit der Politik

Nimmt man die historische Forschung zu den 1970er Jahren in den Blick, fällt das breite Spektrum an Periodisierungsmodellen in diesem Zeitraum auf, die sich beispielsweise an politischen Zäsuren, an ökonomischen Entwicklungen oder organisationsspezifischen Einschnitten orientieren: Dabei plädieren einige Studien dafür, die Kanzlerschaft Brandts in eine Ära mit der zuvor regierenden Großen Koalition zusammenzufassen und sehen folglich erst in der Amtsübernahme durch Helmut Schmidt im Jahr 1974 einen Wendepunkt.[1] Andere Darstellungen hingegen betonen die Bedeutung der nach dem Ölpreisschock ausbrechenden weltweiten Wirtschaftskrise und damit das Jahr 1972/73,[2] während wieder andere im Übergang von der Großen zur Sozialliberalen Koalition einen tiefgreifenden Wandel sehen und folglich das Jahr 1969 herausgreifen.[3]

Ein ähnlich heterogenes Bild zeichnet sich ab, wenn man sich den Darstellungen zu einzelnen Wissenschaftsorganisationen zuwendet: Während sich Olaf Bartz in seiner Untersuchung des Wissenschaftsrats ebenso wie Peter Alter für den DAAD am Jahr 1975 orientieren,[4] unterstreichen Helmuth Trischler und Rüdiger vom Bruch für die Fraunhofer-Gesellschaft sowohl 1969 als auch 1973 als Scharniermomente.[5] Karin Orth lässt ihre Studie mit dem Jahr 1968 (fluide) enden und hebt damit den Zäsurcharakter der Einführung der Sonderforschungsbereiche für die Geschichte der DFG hervor.[6] Das aktuell laufende, umfangreiche Forschungsprogramm zur Geschichte der MPG sieht im Jahr 1972 einen Umbruch, der sich nicht nur gesamtgesell-

---

1 Vgl. dazu bspw. Schildt (1999), Entwicklungsphasen.
2 Vgl. u. a. Herbert (2014), Geschichte Deutschlands im 20. Jahrhundert, S. 887–959; Doering-Manteuffel (2007), Brüche und Kontinuitäten; Raphael (2019), Kohle und Stahl.
3 Vgl. Bracher/Jäger/Link (1986), Republik im Wandel; Morsey (1990), Die Bundesrepublik Deutschland; Rödder (2010), BRD 1969–1990.
4 Siehe Bartz (2007), Wissenschaftsrat, S. 80–157.
5 Vgl. Trischler / vom Bruch (1999), Forschung für den Markt, S. 98–144.
6 Vgl. Orth (2011), Autonomie und Planung, S. 157–238.

schaftlich durch die bereits erwähnte Wirtschaftskrise, sondern auch in der Binnenperspektive durch einen Wechsel im Präsidentenamt und eine Reform der Satzung begründen lässt.[7]

Festhalten kann man dabei, dass jede Periodisierung vom jeweiligen Untersuchungsgegenstand und Erkenntnissinteresse einer Studie abhängig ist, wobei die meisten Arbeiten für die Zeit zwischen den ausgehenden 1960er und den frühen 1970er Jahren einen tiefgreifenden Wandel diagnostizieren. In der vorliegenden Untersuchung der Allianz der Wissenschaftsorganisationen muss vor allem der Regierungswechsel 1969 betont werden, da dieser insbesondere im Bereich der Forschungs- und Technologiepolitik eine Zäsur markiert – wenngleich viele der in diesem Zeitraum umgesetzten Veränderungen schon von der Großen Koalition unter Kurt Georg Kiesinger angestoßen wurden.[8]

Die Allianz war aufgrund ihres Selbstverständnisses und ihres Agierens an der Schnittstelle von Wissenschaft und Politik von den sich verändernden politischen Konstellationen geprägt. Da vor allem das Forschungsressort spätestens seit Mitte der 1960er Jahre zum Fixpunkt für den Zusammenschluss der Wissenschaftsorganisationen geworden war, prägten die Veränderungen dieses Ressorts auch die Geschichte der Allianz. Im Jahr 1969 wurden die Kompetenzen des Ministeriums zunächst auf den Bereich der Bildung ausgedehnt, was schließlich drei Jahre später zur Aufteilung der Ressorts für Bildung und Wissenschaft auf der einen und Forschung und Technologie auf der anderen Seite führen sollte. Dieser Zeitraum kann folglich als Scharnierphase verstanden werden,[9] in der die Weichen für die Festigung der Allianz als wissenschaftspolitisches Beratungsgremium gestellt wurden und deren Beginn im Jahr 1969 mit der Amtsübernahme durch Hans Leussink anzusetzen ist. Gleichzeitig setzte mit dem Beginn der Kanzlerschaft von Willy Brandt eine Phase ein, die von häufigen personellen Wechseln an der Spitze des Ministeriums geprägt war und damit auch die Entwicklung des Präsidentenkreises beeinflusste. Die Orientierung der Allianz an der Bundespolitik, insbesondere an der Person des Forschungsministers, wurde durch die Grundgesetzänderung im Jahr 1969 zementiert. Mit der Einführung von Artikel 91 a und b erfuhr der bis in die 1950er Jahre zunächst stark regional dominierte Bereich der Forschungsförderung eine deutliche Zentralisierung, was insbesondere für die in der Allianz versammelten außeruniversitären Forschungs- und Forschungsförderungsorganisationen von großer Bedeutung war, da es den kooperativen Föderalismus im Grundgesetz verankerte. Damit wurde die im Verwaltungsabkommen von 1964 gefundene paritätische Finanzierung von MPG und DFG durch die Verankerung der Gemeinschaftsaufgaben – und damit verbun-

---

[7] Vgl. Balcar (2020), Wandel durch Wachstum, S. 6–7.
[8] Vgl. zum Wandel in diesem Politikfeld unter der sozialliberalen Koalition Wollmann (1989), Entwicklungslinien, S. 54–57; Hauff/Scharpf (1975), Modernisierung der Volkswirtschaft.
[9] Vgl. Trischler / vom Bruch (1999), Forschung für den Markt, S. 84–86.

den der kooperative Föderalismus – verfassungsrechtlich legitimiert.[10] Zur besseren Koordination der Zusammenarbeit von Bund und Ländern wurde auf dieser Basis 1970 die Bund-Länder-Kommission für Bildungsplanung (BLK) als ständiges Gesprächsforum eingerichtet, deren Aufgabenspektrum 1975 auf den Bereich der Forschungsförderung erweitert wurde.[11] In diesem Jahr schlossen der Bund und die Länder nach langwierigen Verhandlungen die Rahmenvereinbarung Forschungsförderung, die für die wissenschaftspolitische Entwicklung der Bundesrepublik und damit auch für die Allianz der Wissenschaftsorganisationen einen weiteren zentralen Scharniermoment markiert.[12] Die genaue Ausgestaltung der Gemeinschaftsaufgaben war im Grundgesetz 1969 nämlich nicht festgehalten worden, weswegen sich zwischen Bund und Ländern in den frühen 1970er Jahren eine Kontroverse um die Finanzierung der sogenannten Königsteiner Institute entzündete, die letztlich auch die Haushaltssituation der übrigen Wissenschaftsorganisationen bedrohen sollte. Mit ihrer Einigung im November 1975 auf die Rahmenvereinbarung balancierten der Bund und die Länder das föderative Gleichgewicht in der Forschungsförderung neu aus. Der Bund verpflichtete sich unter anderem dazu, zahlreiche bislang ausschließlich nach dem Königsteiner Schlüssel finanzierte Institute multilateral zu fördern. Allerdings sollte es noch rund eineinhalb Jahre dauern, bis sich die Verhandlungspartner über eine Ausführungsvereinbarung abstimmten, in der diejenigen Einrichtungen, die der gemeinsamen Förderung unterlagen, festgehalten wurden.[13] Darüber hinaus wurden die Zuwendungsschlüssel für die verschiedenen außeruniversitären Wissenschaftsorganisationen festgeschrieben, denen zufolge der Bund bei den Großforschungseinrichtungen und der Fraunhofer-Gesellschaft je 90 % der Grundfinanzierung übernahm. Dieses Arrangement bedeutete für die Allianzmitglieder ein hohes Maß an Planungssicherheit, während sie aufgrund der engen Verflechtung von Zuständigkeiten zwischen ihren beiden Zuwendungsgebern kaum steuernde Eingriffe zu befürchten hatten. Im Gegenzug begrenzte das Geleitzugprinzip, demzufolge der finanzschwächste Partner die Zuschusshöhe festlegt, das Wachstum der Wissenschaftsorganisationen.[14]

---

10 Vgl. dazu Bentele (1979), Kartellbildung, S. 66–122; Staff (1971), Wissenschaftsförderung, S. 17–23 und S. 84–123; Hohn/Schimank (1990), Konflikte und Gleichgewichte, S. 111–131; Stamm (1981), Zwischen Staat und Selbstverwaltung, S. 256–271; Stucke (2016), Staatliche Akteure, S. 486–490.
11 Vgl. Bentele (1979), Kartellbildung, S. 122–133.
12 Vgl. Hintze (2020), Kooperative Wissenschaftspolitik, S. 94–96; Trischler / vom Bruch (1999), Forschung für den Markt, S. 84–86.
13 Vgl. dazu auch Brill (2017), Von der „Blauen Liste", S. 14–23.
14 Vgl. ausführlicher zu den Konsequenzen der Rahmenvereinbarung für die beteiligten Akteure Stucke (1992), Westdeutsche Wissenschaftspolitik, S. 4–6. Zur Bedeutung insbesondere für die MPG siehe Balcar (2020), Wandel durch Wachstum, S. 65–79; Hohn/Schimank (1990), Konflikte und Gleichgewichte, S. 127–134.

Zusammenfassend lässt sich festhalten, dass verschiedenartige gesetzliche und institutionelle Veränderungen das deutsche Wissenschaftssystem um 1970 herum prägten, deren Rückwirkungen auf das kooperative Gefüge der Allianz und auf ihre Rolle in der Forschungspolitik im Folgenden genauer in den Blick genommen werden.

3.1.1 Zwischen Informalität und Wiederbelebung: Der Präsidentenkreis zu Beginn der 1970er Jahre

Im Jahr 1969 schied der bisherige Forschungsminister Gerhard Stoltenberg (CDU), der den informellen Rahmen für die Beratungen seines Ressorts mit den Präsidenten und Vorsitzenden der Allianz abgesteckt und sich um einen regelmäßigen, vertrauensvollen Austausch bemüht hatte, nach vier Jahren aus diesem Amt aus. Für die gerade erst etablierten Konsultationen und die daraus resultierende korporatistische Einbindung der Wissenschaftsorganisationen hätte dieser Wechsel aus verschiedenen Gründen gravierende Folgen haben können: So war die CDU – und damit die Partei des bisherigen Amtsinhabers – nicht mehr an der Regierung beteiligt, weswegen das Forschungsressort in neue Hände überging. Meist ist mit einem solchen Wechsel im Amt des Ministers auch ein Austausch der leitenden Ministerialen verbunden, die zuvor eng in die Vorbereitung der sogenannten Kaminrunden einbezogen worden waren: So stellte insbesondere Stoltenbergs Staatssekretär Hans von Heppe für die Allianz eine zentrale personelle Schnittstelle dar, über die man sich auf inoffiziellem Wege im Vorfeld der gemeinsamen Besprechungen mitunter über die Erwartungen des Ministeriums informieren konnte.[15] Von Heppe blieb jedoch über den Regierungswechsel hinaus im Amt und konnte somit weiterhin als Ansprechpartner für die Allianz fungieren.

Der zweite – und vermutlich ausschlaggebende – Faktor, der die Kontinuität der Konsultationen zwischen Ministerium und Allianz wahren, ja sogar auf eine gänzlich neue Ebene bringen sollte, war die Person des Ministers selbst. Mit Hans Leussink hatte Kanzler Brandt einen Seiteneinsteiger ins Amt berufen, der zwar bislang keine Erfahrung in der Leitung eines Ministeriums gesammelt hatte, dafür aber viele Jahre in leitender Funktion in verschiedenen Wissenschaftsorganisationen tätig gewesen und daher bestens mit der Allianz vertraut war.[16] Wenngleich es sowohl vor 1969 als auch danach Quereinsteiger in führenden politischen Ämtern gegeben hatte,[17] sind der-

---

15 So versprach sich die Allianz von Staatssekretär von Heppe, dass man ihn gelegentlich um die Übersendung der Notizen des Ministeriums über die Sitzungen des Präsidentenkreises bitten könnte, ohne dass die Gespräche damit in eine offizielle Atmosphäre gerückt würden: AMPG, II. Abt., Rep. 57, Nr. 602, Bd. 1. Ergebnisvermerk der DFG über die Sitzung der Allianz am 22.10.1968.
16 Vgl. zu Seiteneinsteigern in der Politik den Überblick und die Annäherung an eine Definition bei Lorenz/Micus (2009), Politische Seiteneinsteiger.
17 So war auch Atomminister Siegfried Balke, der sich nachdrücklich um die Schaffung eines eigenständigen Forschungsressorts bemüht hatte, vor der Übernahme des Ministeramts für Post- und Fernmelde-

artige Karrieren in der Bundesrepublik doch vergleichsweise selten. Da die Reform des Bildungssystems eines der zentralen gesellschaftspolitischen Themen des Wahlkampfs war, das sowohl von der SPD als auch von der FDP bemüht worden war, mag es umso mehr überraschen, dass schließlich ein parteiloser Seiteneinsteiger an die Spitze des mit neuen Kompetenzen ausgestatteten Ministeriums gelangte. Zugute kam Leussink neben parteipolitischen und koalitionstaktischen Erwägungen insbesondere sein Ruf als versierter Experte in Fragen der Hochschul- und Bildungspolitik. Trotz seiner Erfahrung im Bereich der Wissenschaftspolitik und seiner Mitarbeit in der Wissenschaftlichen Kommission des Wissenschaftsrats – und damit an der Schnittstelle von Wissenschaft und Politik – war Leussink jedoch keineswegs unumstritten.[18] Gerade von Seiten der Studierenden und des wissenschaftlichen Nachwuchses an den Universitäten schlug dem neuen Minister, der ihren Wünschen nach einer Demokratisierung der Hochschulen zurückhaltend gegenüberstand, Misstrauen entgegen.[19] Ganz anders wiederum gestaltete sich das Verhältnis Leussinks zur Allianz, deren Führungspersonal die Forderungen vieler Reformer:innen nach einer umfangreichen paritätischen Mitbestimmung ebenfalls zu weitreichend erschienen.[20] Einzig der langjährige Generalsekretär der WRK, Jürgen Fischer, wich in dieser Angelegenheit vom Kurs der Allianz ab. Bereits während seiner Studien- und Promotionszeit in Göttingen hatte er sich im Rahmen des Historischen Colloquiums teils vehement für Formen studentischer Partizipation eingesetzt.[21] Auch in seiner Tätigkeit als Generalsekretär der WRK – ein Posten, zu dem ihm sein akademischer Lehrer Hermann Heimpel verholfen hatte – setzte er sich für die Interessen der Studierenden ein und scheute keine Auseinandersetzung, womit er bei seinen Kollegen in der Allianz nicht auf ungeteilte Begeisterung stieß.[22]

---

wesen nicht in der Politik, sondern vor allem in der Industrie tätig gewesen. Vgl. zu Balke bspw. Lorenz (2009), Spendenportier; Lorenz (2010), Siegfried Balke. Zu den Karrierewegen der Minister und Kanzler zwischen 1949 und 1990 vgl. außerdem Kempf (2001), Regierungsmitglieder.
18 Vgl. Behrmann (2001), Leussink; Gillessen (2009), Leussink, S. 402–404.
19 Vgl. zur Kritik an Leussink o. A. (1969), Erwartungen. Leussinks Einstellung zum „Unsinn der Drittelparität" geht bspw. aus einem Schreiben an Helmut Coing hervor: BArch, B 247/149. Schreiben von H. Leussink an H. Coing vom 16.01.1968.
20 Dennoch verschlossen sich die Wissenschaftsorganisationen diesen Forderungen nicht gänzlich. Die Diskussionen und Entwicklungen in der MPG hat kürzlich Juliane Scholz umfassend aufgearbeitet, vgl. Scholz (2019), Partizipation.
21 Vgl. zu Fischers Zeit in Göttingen Renken (2021), Heimpel und das „Historische Colloquium".
22 Ob diese Ansichten Fischers der Grund für seine partielle Exklusion aus dem Kreis der Allianz war oder ob sich diese auf seinen Gesundheitszustand zurückführen lässt, kann nur spekuliert werden. Zumindest geht aus den Einladungsschreiben und internen Sitzungsvermerken der Allianzmitglieder hervor, dass er ab etwa 1972 nicht mehr an den Sitzungen des Gremiums teilnahm und auch nicht mehr dazu eingeladen wurde. Ferner verwies George Turner 1980 anlässlich der geplanten Neubesetzung des Generalsekretär-Postens auf „die Schwierigkeiten, die die WRK mit ihrem Generalsekretär in den letzten Jahren gehabt habe und die genugsam bekannt seien": DFGA, AZ 02219–04, Bd. 5. Interner Vermerk der DFG über die Sitzung der Allianz am 30.06.1980. Vgl. zu Fischers Person auch Grunenberg (1981), Kreuzritter. Siehe außerdem Interview mit Christoph Schneider (Bonn 24.09.2019).

Der Konsens zwischen der Allianz und Leussink in wissenschaftspolitischen Fragen kam nicht von ungefähr: Der Minister war zuvor im Rahmen seiner Tätigkeit als Präsident der WRK (1960–1962) und Vorsitzender des Wissenschaftsrats (1965–1969) selbst langjähriges Mitglied dieses elitären Zirkels gewesen und hatte sich eng mit seinen Kollegen abgestimmt. Über die Jahre hatte sich so eine vertrauensvolle Beziehung zwischen ihm und den anderen Präsidenten herausgebildet, bei der manch gemeinsamer Termin gar als „Freundschaftsbesuch" verstanden wurde.[23] Nur wenige Monate vor Leussinks Übernahme des Ministeramts schickten ihm die übrigen Allianzmitglieder ein gemeinsames Telegramm mit Genesungswünschen, als er – noch in seiner Funktion als Vorsitzender des WR – nicht an der Januar-Sitzung des Gremiums teilnehmen konnte.[24]

Enge Kontakte zu seinen ehemaligen Kollegen sollte Leussink auch in seiner Funktion als Minister pflegen. Die von seinem Vorgänger im Amt, Gerhard Stoltenberg, etablierten regelmäßigen Konsultationen mit der Allianz wichen in diesem Zeitraum einem hochgradig informellen Austausch mit einer gar partnerschaftlichen Einbindung der Präsidenten und Vorsitzenden in die politische Entscheidungsfindung. An die Stelle offizieller Einladungsschreiben mit Ankündigung einer vorher festgelegten Tagesordnung und minutiös vorbereiteter Sprechzettel des Ministeriums traten vertrauliche Gespräche, die mitunter beim gemeinsamen Abendessen in Leussinks Wohnung stattfanden.[25] Damit knüpfte dieser an die Traditionen der Allianz-Sitzungen an, deren Zusammenkünfte anfangs häufig im privaten Rahmen abgehalten worden waren. Diese hochgradige Informalität führte auch zu einem Rückgang der archivalischen Spuren der sogenannten Kaminrunden, da die Teilnehmer beim gemeinsamen Imbiss in kleiner Runde und vertrauensvoller Atmosphäre offenbar keinen Anlass sahen, eine Ergebnisniederschrift anzufertigen. Auffallend ist außerdem, dass in der Allianz selbst keine Vorabstimmung über die Termine mit dem Ministerium erfolgte, wie es vor und nach Leussinks Amtszeit durchaus üblich war.[26] Das Fehlen solcher Belege für die Sitzungen des Präsidentenkreises in Form von Einladungsschreiben, Tagesordnungen, interner Notizen oder Ergebnisvermerke bedeutet allerdings keinesfalls, dass die Kontakte zwischen Ministerium und Wissenschaftsorganisationen zum Erliegen gekommen wären, wie man aus der Übersicht der Sitzungstermine schlussfolgern könnte.

---

23 AMPG, III. Abt., Rep. 84–2, Nr. 7288. Schreiben von A. Butenandt an H. Leussink vom 02.11.1966.
24 Vgl. AMPG, II. Abt., Rep. 57, Nr. 603, Bd. 2. Telegramm von A. Butenandt an H. Leussink vom 20.01.1969.
25 Vgl. AMPG, III. Abt., Rep. 84–2, Nr. 7288. Schreiben von H. Leussink an die Mitglieder der Allianz vom 09.07.1971.
26 Vgl. die entsprechenden Tagesordnungen und internen Ergebnisvermerke zu den Sitzungen der Allianz in AMPG, II. Abt., Rep. 57, Nr. 603, Bd. 1; DFGA, AZ 02219-04, Bd. 1a; AdWR, 6.2 – Allianz-Sitzungen, Bd. 1.

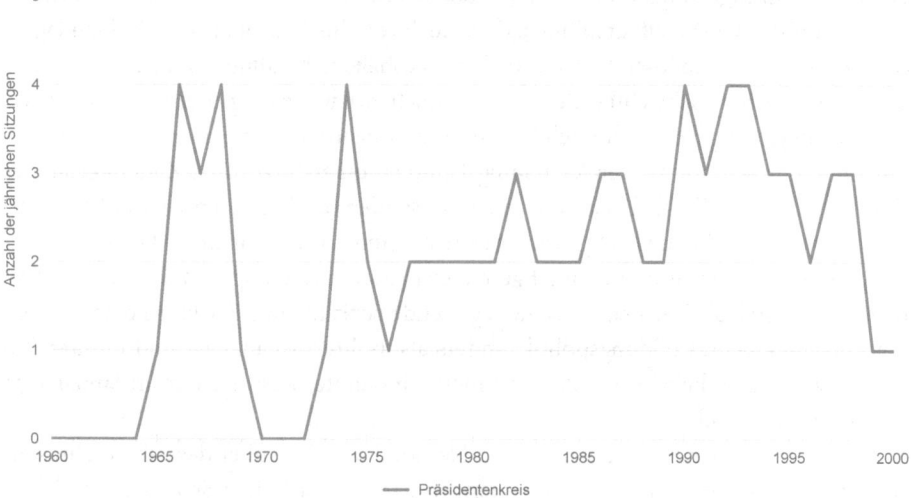

Abb. 6: Anzahl der jährlichen Sitzungen des Präsidentenkreises (1960–2000).[27]

Stattdessen wandelte sich lediglich die Natur der Gespräche, da mit Leussink ein Vertrauter aus dem Kreise der Allianz den Ministerposten innehatte, der den „persönlichen Ratschlag"[28] seiner ehemaligen Kollegen wertschätzte und den Belangen der Wissenschaftsorganisationen durch seine langjährige Mitarbeit in ihren Gremien eng verbunden blieb.[29] Der neue Minister band die Allianz mitunter gar eng in das wissenschaftspolitische Tagesgeschäft ein. Die Präsidenten der Wissenschaftsorganisationen begleiteten ihn unter anderem 1970 auf eine Reise in die Sowjetunion und übernahmen damit repräsentative Aufgaben.[30]

---

27 Eigene Visualisierung auf Basis der Unterlagen zu den einzelnen Treffen in AMPG, II. Abt., Rep. 57, DFGA, AZ 02219–04, AdHRK, Allianz und Präsidentenkreis, AdWR, 6.2 – Allianz-Sitzungen, BArch, B 136, BArch, B 138 und BArch, B 196.
28 AMPG, III. Abt., Rep. 84-2, Nr. 7288. Schreiben von H. Leussink an die Mitglieder der Allianz vom 09.07.1971.
29 Während seiner Amtszeit als Minister nahm Leussink an beinahe allen Sitzungen des Senats der MPG als Gast teil – eine Wahl zum Senator hatte er, anders als seine Vorgänger, „aus grundsätzlichen Erwägungen" abgelehnt. AMPG, II. Abt., Rep. 60, Nr. 65.SP. Niederschrift über die 65. Sitzung des Senats der MPG am 03.03.1970. Anlässlich seines Rücktritts vom Ministeramt betonte Adolf Butenandt, dass Leussink sich „in allen kritischen Situationen als Freund und Helfer" der MPG erwiesen habe und unterstrich damit einmal mehr das enge Verhältnis der Wissenschaftsorganisationen zum scheidenden Minister, AMPG, II. Abt., Rep. 60, Nr. 71.SP. Niederschrift über die 71. Sitzung des Senats der MPG am 15.03.1972.
30 Vgl. AMPG, II. Abt., Rep. 60, Nr. 67.SP. Niederschrift über die 67. Sitzung des Senats der MPG am 24.11.1970; DFGA, AZ 02219–04, Bd. 1a. Interner Vermerk der DFG über die Sitzung der Allianz am 13.07.1970; DFGA, AZ 02219–04, Bd. 1a. Schreiben von F. Schneider an die Mitglieder der Allianz vom 03.12.1970; Orth (2011), Autonomie und Planung, S. 165–173.

Neben seinem engen und informellen Austausch erlebte Leussink während seiner Amtszeit als Minister, wie bereits erwähnt, jedoch auch verschiedene politische Problemlagen. So konnte er als parteiloser Minister in den Haushaltsverhandlungen für das Jahr 1972, die von der sich verschlechternden wirtschaftlichen Lage geprägt waren, weder innerhalb der Regierungskoalition noch bei den Bundesländern eine Hausmacht mobilisieren, die ihn in den monetären Verteilungskämpfen unterstützt hätte. Zudem gelang es ihm nicht, in der Öffentlichkeit für seine umfassenden (und kostenintensiven) Reformpläne zu werben oder die Erfolge seines Ministeriums zu akzentuieren.[31] Die schließlich vom Bundesfinanzministerium durchgesetzten massiven Kürzungen im Etat des BMBW deutete Leussink als Zeichen, dass die regierende sozialliberale Koalition dem Bereich der Forschungs- und Bildungspolitik, anders als in ihrer Anfangszeit und in ihrer Regierungserklärung, keine hohe Priorität mehr einräumte, weswegen er im Januar 1972 seinen Rücktritt erklärte.[32]

Für die verbleibenden Monate bis zur Neuwahl im November desselben Jahres ernannte Bundeskanzler Brandt den bisherigen parlamentarischen Staatssekretär Klaus von Dohnanyi zu dessen Nachfolger. Dohnanyi sollte dieses Amt auch im zweiten Kabinett Brandts bekleiden, wenngleich die Zuständigkeit für die Bereiche Forschung und Technologie nach den Wahlen 1972 in ein eigenes Ressort unter Leitung von Horst Ehmke ausgegliedert wurden.[33] Durch diese personellen Wechsel kamen die Konsultationen zwischen Politik und Wissenschaft kurzzeitig vollständig zum Erliegen, bevor der Kontakt nach der Aufteilung der Ressortzuständigkeiten zwischen BMBW und BMFT wieder intensiviert wurde. Bereits im Februar 1973 luden Ehmke und von Dohnanyi die Präsidenten der Allianz zu einem ersten Gespräch, das insbesondere der Information über die Verteilung der Zuständigkeiten zwischen den beiden Ministerien diente.[34] Doch die Beziehung zwischen den beiden Ministerien und den Wissenschaftsorganisationen hatte sich zu diesem Zeitpunkt bereits grundlegend verändert, wozu unter anderem die mehr als ein Jahr andauernde Gesprächspause beigetragen hatte. Hinzu kam ferner, dass die beiden Minister, anders als ihr Vorgänger Leussink, gerade abseits der Kaminrunden einen weniger engen Kontakt zu den Wissenschaftsorganisationen pflegten.[35] Dies begrenzte die Möglichkeiten der informellen Kontaktpflege und konnte

---

31 Vgl. zur Kritik an Leussink und dessen glücklosem Agieren bspw. Grossner (1972), Fiasko der Forschungsplanung.
32 Vgl. Behrmann (2001), Leussink, S. 434–437.
33 Vgl. Behrmann (2001), Dohnanyi, S. 203–204.
34 Vgl. AdWR, 6.2 – Allianz-Sitzungen, Bd. 1. Interner Vermerk des WR über die Sitzung zwischen BMBW, BMFT und Allianz am 06.02.1973; BArch, B 196/16341. Interner Vermerk von H. Haunschild zur Vorbereitung der Sitzung zwischen BMBW, BMFT und Allianz am 06.02.1973.
35 So waren von Dohnanyi und, nach der Aufteilung der Ressortzuständigkeiten, Forschungsminister Ehmke bspw. als Gäste zu den Senatssitzungen der MPG eingeladen, nahmen allerdings meist nicht daran teil. Stattdessen war nur der Staatssekretär des BMBW (bzw. später des BMFT) als Senator an den Sitzungen beteiligt. Vgl. die entsprechenden Teilnehmerlisten und Senatsprotokolle in AMPG, II. Abt., Rep. 60.

mitunter die Kommunikation mit der Politik erheblich erschweren: So waren die Präsidenten rund zweieinhalb Wochen vor dem anberaumten Termin noch unsicher, ob das erwartete Gespräch wirklich stattfinden würde, da noch keine offizielle Einladung eingegangen war. Deshalb erschien es der Allianz besonders notwendig, sich intern auf diesen Termin vorzubereiten und die „Vorstellungen der beteiligten Organisationen, soweit das zweckmäßig erscheint, aufeinander abzustimmen".[36] Das Bedürfnis der Allianzmitglieder, ihre Positionen im Vorfeld des Gesprächs mit den Ministern untereinander zu harmonisieren, kann als erstes Anzeichen einer erneuten Formalisierung gedeutet werden. Während Leussinks Amtszeit hatte es solche Vorabstimmungen im Kreis der Allianz nur sehr selten gegeben, da die Wissenschaftsorganisationen eine enge Verbindung zu ihm als Minister pflegten, die von hohem gegenseitigem Vertrauen geprägt war. Auf dieser Grundlage konnten die Präsidenten der Allianz offen sprechen und mitunter divergierende Interessen äußern, da sie sich auf das Verständnis und die Diskretion ihres ehemaligen Kollegen verließen. Diese persönliche Ebene verschwand, als Leussink aus dem Ministeramt ausschied, was die Konsultationen wieder in eine formellere Atmosphäre rückte. Nichtsdestoweniger war der Allianz an einem regelmäßigen Austausch mit den Ministerien gelegen, wie sie im Laufe der Beratung betonten.[37] In den mit harten Bandagen geführten Abgrenzungsverhandlungen um wissenschaftspolitische Zuständigkeiten bemühte sich vor allem die Spitze des BMFT um den Schulterschluss mit den Präsidenten der Forschungseinrichtungen. Die Allianz wurde zu einer wichtigen Ressource für forschungspolitischen Einfluss. Zwar kam das BMFT nicht umhin, bis auf weiteres die Spitzen des BMBW zu den Gesprächen mit den Präsidenten einzuladen; diese wurden jedoch nicht in die Sitzungsvorbereitung einbezogen und sollten lediglich als Gäste den Sitzungen beiwohnen. Und in der Tat wurde das BMBW in einem schleichenden Prozess mehr und mehr aus dem Dialog mit den Allianzorganisationen ausgeschlossen, während das BMFT sich als zentraler Ansprechpartner positionieren konnte.

Es sollte nach der ersten Fühlungnahme im Februar 1973 jedoch noch ein Jahr dauern, bis man im Forschungsministerium den Entschluss fasste, die „Hl. Allianz als informelle[n] Gesprächskreis" wiederzubeleben.[38] Im Zuge dessen begab man sich im Ministerium auch auf die Suche nach einem passenderen Namen für die Gesprächsrunde: Der ernsthaft ventilierte Namensvorschlag „Elferrat" wurde „wegen der unvermeidlichen Karnevals-Assoziation" bald verworfen, ebenso die Alternative „Sechserkreis"; stattdessen einigte man sich auf die Bezeichnung „Präsidentenkreis".[39] Das erste inhaltliche Treffen – wenn auch zunächst „ohne bestimmte Themenwahl" – sollte schließlich im März

---

36 DFGA, AZ 02219–04, Bd. 1a. Schreiben von J. Speer an die Mitglieder der Allianz und den Vorsitzenden des Deutschen Bildungsrates vom 18.01.1973.
37 Vgl. AdWR, 6.2 – Allianz-Sitzungen, Bd. 1. Interner Vermerk des WR über die Sitzung zwischen BMBW, BMFT und Allianz am 06.02.1973.
38 BArch, B 196/16341. Interner Vermerk des BMBF zur Einladung der Hl. Allianz vom 01.02.1974.
39 Ebd.

1974 in der Wohnung des Forschungsministers stattfinden.[40] Wenngleich Ehmke einen privaten Rahmen für das Gespräch wählte und dieses mit der Einladung „zu einem Glas Wein" verbinden wollte,[41] um die informelle Natur der Gespräche zu wahren, bereitete man sich im Ministerium akribisch auf das Treffen und mögliche Gesprächspunkte vor.[42]

Auch in der Allianz nahm die Vorbereitung auf die Gespräche des Präsidentenkreises eine große Rolle ein und wurde gar zu einem regelmäßigen Tagesordnungspunkt in den Besprechungen der Wissenschaftsorganisationen.[43] Dabei wurden die vom Ministerium angekündigten Themen detailliert im internen Rahmen besprochen und überlegt, welche Wünsche, Anliegen oder Kritik man dem Minister gegenüber zur Sprache bringen wollte. Mitunter wurden sogar komplette Allianz-Sitzungen der Vorbereitung des Präsidentenkreises gewidmet oder nur für diesen Zweck anberaumt, was davon zeugt, welch hohen Stellenwert die Wissenschaft dem gemeinsamen Termin mit dem Minister einräumte.[44]

Ziel der allianzinternen Vorgespräche war, die teils divergierenden Vorstellungen zu harmonisieren und das gemeinsame Vorgehen bei Bedarf zu koordinieren.[45] Denn obwohl das Forschungsministerium für die Allianz zum zentralen Ansprechpartner auf der Ebene der Bundespolitik wurde, nahm man dieses als externen Verhandlungspartner wahr, zu dem man in einem gewissen Abhängigkeitsverhältnis stand – demzufolge wollten gemeinsame Positionierungen und deren mögliche Folgen wohl überlegt sein.

---

40 BArch, B 196/16341. Entwurf des BMBF für die Einladung der Hl. Allianz zur Sitzung des Präsidentenkreises am 12.03.1974. Die Sitzung fand dann allerdings am 13. und nicht wie zuerst geplant am 12.03. statt.
41 Ebd.
42 Vgl. die entsprechenden Vermerke zu verschiedenen Themen, von denen man erwartete, dass sie zur Sprache kommen würden: Bspw. BArch, B 196/16341. Interner Vermerk von AL 2 zur Vorbereitung des Präsidentenkreises am 13.03.1974; BArch, B 196/16341. Interner Vermerk von H.-H. Haunschild zur Vorbereitung des Präsidentenkreises am 13.03.1974.
43 Siehe bspw. DFGA, AZ 02219–04 Bd. 1a. Interner Vermerk der DFG über die Sitzung der Allianz am 26.2.1974; DFGA, AZ 02219–04 Bd. 1a. Interner Vermerk der DFG über die Sitzung der Allianz am 27.11.1974; DFGA, AZ 02219–04 Bd. 2, Interner Vermerk der DFG über die Sitzung der Allianz am 2.9.1975.
44 Gerade in den späten 1980er und frühen 1990er Jahren fanden viele Sitzungen der Allianz ausschließlich zur Vorbereitung des Präsidentenkreises statt. Dieser Umstand blieb den Teilnehmern freilich nicht verborgen, vielmehr regte sich ein gewisser Unmut darüber, und man einigte sich darauf, die Eigenständigkeit der Allianz-Gespräche wieder stärker in den Vordergrund zu rücken und auch unabhängig vom Präsidentenkreis zusammenzukommen. Vgl. DFGA, AZ 02219–04, Bd. 13. Interner Vermerk der DFG über die Sitzung der Allianz am 20.1.1992; DFGA, AZ 02219–04, Bd. 13. Interner Vermerk der DFG zur Tagesordnung für die Sitzung der Allianz am 20.1.1992.
45 Vgl. zum Wunsch nach einer internen Vorabstimmung bspw. DFGA, AZ 02219–04, Bd. 1a. Schreiben von J. Speer an die Mitglieder der Allianz und den Vorsitzenden des Deutschen Bildungsrates vom 18.01.1973; AdWR, 6.2. – Allianz-Sitzungen, Bd. 3. Schreiben von G. zu Putlitz an die Allianz vom 12.01.1982; AdWR, 6.2. – Allianz-Sitzungen, Bd. 11. Interner Vermerk des WR über die Sitzung der Allianz am 20.01.1992; DFGA, AZ 02219–04, Bd. 18. Interner Vermerk der DFG über die Sitzung der Allianz am 13.07.1994. Auch gegenüber der Konferenz der Akademien, die 1989 um Aufnahme in die Allianz ersuchte, wurde der Punkt der Vorabstimmung gemeinsamer Interessen gegenüber der Politik als eine Kernaufgabe der Allianz definiert, vgl. DFGA, AZ 02219–04, Bd. 11. Schreiben von D. Simon an G. Schettler vom 01.09.1989.

Schon bei der ersten Sitzung des Präsidentenkreises nach der Aufteilung des Ministeriums wurde der Allianz ihr asymmetrische Verhältnis zur Politik deutlich vor Augen geführt: Ohne Rücksprache mit den bisherigen Beteiligten beschloss der Minister, den Kreis um zwei neue Teilnehmer zu erweitern. Im Entwurf für das Einladungsschreiben vermerkte er, ihm sei daran gelegen,

> in einem kleinen und vertraulichen Kreis Fragen der Forschungs- und Technologiepolitik zu besprechen. Anknüpfend an eine frühere Übung möchte ich dazu in unregelmäßigen Abständen die Präsidenten bzw. Vorsitzenden der Deutschen Forschungsgemeinschaft, Max-Planck-Gesellschaft, Fraunhofer-Gesellschaft, des Wissenschaftsrats, der Westdeutschen Rektorenkonferenz und der Arbeitsgemeinschaft der Großforschungseinrichtungen bitten.[46]

Dieses Schreiben versendete Ehmke sodann an die von ihm gewünschten Gesprächspartner und inkludierte so den Präsidenten der Fraunhofer-Gesellschaft und den Vorsitzenden der Arbeitsgemeinschaft der Großforschungseinrichtungen in die gemeinsamen Besprechungen. Dies war insofern heikel, als diese nicht Teil der Allianz waren, nun aber in die Absprachen mit dem Ministerium einbezogen wurden. Die Allianz verhielt sich gegenüber den neuen Teilnehmern des Präsidentenkreises zunächst zurückhaltend, akzeptierte das Vorgehen des BMFT aber mit Zähneknirschen.[47] Als es jedoch im Dezember 1974 um die Änderung des Verwaltungsabkommens über den Wissenschaftsrat gehen sollte, probten die Allianzmitglieder den Aufstand: Als die Vertreter des Ministeriums ihre Überlegungen äußerten, die AGF in das Vorschlagsrecht für die Mitglieder der Wissenschaftlichen Kommission einzubeziehen, sah die Allianz sich in ihrer exklusiven Position bedroht, weshalb die Präsidenten von DFG und WRK ebenso wie der Vorsitzende des WR ihre erheblichen Zweifel an der avisierten Änderung äußerten. In der Sitzung des Präsidentenkreises kristallisierte sich allerdings heraus, dass ihre Proteste im BMFT auf taube Ohren stießen und sie in dieser Situation keine Möglichkeit zur Intervention hatten.[48]

Ähnlich verhielt es sich mit dem von Ehmke geäußerten Plan, das ministerielle Beratungswesen zu reformieren und einen beratenden Ausschuss für die Forschungspolitik zu installieren. Dies stieß bei den Allianzmitgliedern auf wenig Gegenliebe, befürchteten sie doch, dass diesem Ausschuss erhebliche Befugnisse eingeräumt würden und er auf diese Weise ihre Position unterminieren könnte. So kam man intern schnell zu dem Schluss, dass „ein neuer beratender Ausschuß für Bildung und Wissenschaft – oder wie auch immer der Name lauten möge, nicht anzustreben sei, sondern ein formloses Gespräch der Präsidenten der ‚Allianz' mit dem Minister den Vor-

---

46 BArch, B 196/16341. Entwurf eines Einladungsschreibens zum Präsidentenkreis vom 13.03.1974.
47 Vgl. dazu etwa die Überlegungen innerhalb der Allianz zur Rolle der AGF in AdWR, 6.2 – Allianz-Sitzungen, Bd. 1. Interner Vermerk des WR über die Sitzung der Allianz am 27.11.1974.
48 Vgl. BArch, B 136/33238. Interner Vermerk des BMFT über die Sitzung des Präsidentenkreises am 02.12.1974.

zug verdiene".⁴⁹ Entsprechend wollte man auf den Minister bei der ersten offiziellen Sitzung des Präsidentenkreises im März 1974 einwirken, doch im Ministerium waren die Planungen über Gestalt und Aufgaben des künftigen Beratenden Ausschusses für Forschung und Technologie (BAFT) bereits in vollem Gange,⁵⁰ weswegen die Bemühungen der Allianz in diesem Punkt ins Leere liefen. Nicht einmal Ehmkes plötzliches Ausscheiden aus dem Amt verhinderte die Gründung des BAFT – vermutlich, weil diese grundlegende Reform des Beratungswesens vom gesamten Ministerium angestrebt und befürwortet wurde, so dass der Wechsel an der Spitze, zumal der Posten weiterhin von einem Mitglied der SPD bekleidet wurde, kein grundsätzliches Infragestellen aller bisherigen Entscheidungen bedeutete. Entgegen ihrer Befürchtungen sollte die Allianz jedoch – trotz der Schaffung dieses beratenden Ausschusses – ihren Platz am Tisch des BMFT behaupten und sich als gewichtige Gesprächspartnerin in Fragen der Forschungspolitik etablieren können. Als sich einige Jahre später unter Ehmkes Nachnachfolger Volker Hauff wieder die Frage nach der Fortführung verschiedener Beratungsformate stellte, gelang es der Allianz gar, das BMFT von seinen Plänen zur erneuten Installation eines zentralen beratenden Ausschusses abzubringen. Stattdessen einigte man sich darauf, den Präsidentenkreis künftig häufiger einzuberufen, „vielleicht in etwas erweiterter Besetzung".⁵¹

Nichtsdestoweniger manifestierte sich in diesen beiden Episoden offenkundig das Machtgefüge im Verhältnis des Ministeriums zu den Wissenschaftsorganisationen, das die Kooperationsbeziehung zwischen den ungleichen Partnern schon in den frühen 1970er Jahren entscheidend prägte: Die Erfahrung hatte gezeigt, dass es für die Allianz weniger darum gehen konnte, der Politik des Ministeriums gewissermaßen ihren Stempel aufzudrücken – denn im Zweifelsfall saßen der Minister und seine Mitarbeiter:innen unter anderem aufgrund der finanziellen Abhängigkeiten am längeren Hebel. Stattdessen musste der Allianz an einem möglichst partnerschaftlichen Austausch gelegen sein, der in erster Linie der Sondierung und dem Ausloten gemeinsamer Positionen, beispielsweise in Sachfragen der Forschungsförderung oder hinsichtlich der Leitlinien der künftigen Wissenschaftspolitik, diente. Die Asymmetrie dieser Kooperationsbeziehung lässt mitnichten auf eine fehlende Wirkmächtigkeit der Allianz schließen, allerdings ist sie zentral für das Verständnis des komplexen Beziehungsgeflechts zwischen Wissenschaft und Politik im Präsidentenkreis.

---

49 DFGA, AZ 02219–04, Bd. 1a. Interner Vermerk der DFG über die Sitzung der Allianz am 26.02.1974.
50 Vgl. BArch, B 196/16341. Interner Vermerk des BMFT zur Vorbereitung des TOP Beratungswesen für die Sitzung des Präsidentenkreises am 13.03.1974.
51 AMPG, II. Abt., Rep. 57, Nr. 604, Bd. 1. Interner Vermerk der DFG über die Sitzung der Allianz am 15.12.1978.

3.1.2 Etablierung und schrittweise Institutionalisierung der Gespräche mit dem Bundesforschungsministerium in den langen 1970er Jahren

Als Horst Ehmke im Mai 1974 – nur einen Tag nach Willy Brandt und damit zugleich nur einige Wochen nach seinem ersten gemeinsamen Termin mit der Allianz – wegen der Guillaume-Affäre von seinem Amt als Forschungsminister zurücktrat,[52] stand das Fortbestehen des Präsidentenkreises kurz nach dessen Wiederbelebung erneut auf dem Spiel. Doch Hans Matthöfer, dem Brandts Nachfolger Helmut Schmidt die Leitung des BMFT übertragen hatte, entschloss sich, das bereits von seinem Vorgänger anberaumte Treffen des Präsidentenkreises im Juli 1974 stattfinden zu lassen – allerdings nicht, wie ursprünglich geplant, im Wohnhaus des Ministers, sondern in den Räumen des Ministeriums in Bonn und damit in einem formelleren Rahmen.[53]

Generell waren die 1970er Jahre von häufigen Wechseln an der Spitze des Forschungsministeriums geprägt: Sowohl Horst Ehmke (1972–1974) als auch Volker Hauff (1978–1980)[54] und Andreas von Bülow (1980–1982)[55] sollten dieses Ministerium jeweils nur zwei Jahre leiten. Hans Matthöfer (1974–1978) wechselte ebenfalls bereits nach vier Jahren das Ressort und wurde im Zuge der Kabinettsumbildung 1978 Finanzminister.[56] Obwohl auf der Leitungsebene des Ministeriums die personelle Kontinuität fehlte und die Allianz in der Folge in regelmäßigen Abständen von immer neuen Gesprächspartnern zu den gemeinsamen Sitzungen eingeladen wurde, stabilisierte sich die wechselseitige Beziehung zwischen den Wissenschaftsorganisationen und der Politik im Präsidentenkreises in diesem Zeitraum nachweislich: Während die Häufigkeit der sogenannten Kaminrunden in den 1960er und frühen 1970er Jahren noch starken Schwankungen unterlag, begann sich ab etwa 1975 eine gewisse Regelmäßigkeit von durchschnittlich zwei bis drei Sitzungen im Jahr einzustellen, die schließlich bis zu Beginn der 1990er Jahre Bestand haben sollte. Im Zuge der Wiedervereinigung sollte der Abstimmungsbedarf zwischen Wissenschaft und Politik ansteigen, was sich unter anderem an der Zunahme der Termine des Präsidentenkreises ablesen lässt.[57]

Der Dialog zwischen Allianz und BMFT verstetigte sich seit 1974, so lässt sich kein vollständiges Abreißen der gemeinsamen Gespräche mehr beobachten – wie es etwa nach Leussinks Ausscheiden aus dem Amt und vor der Aufteilung der Ressortzuständigkeiten im Jahr 1972 der Fall war. Anders als in der Gründungsphase der Allianz

---

52 Vgl. Billing (2001), Ehmke, S. 214–215.
53 Vgl. BArch, B 196/16341. Entwurf des BMFT für die Einladung zur Sitzung des Präsidentenkreises am 09.07.1974; BArch, B 196/16341. Schreiben von O. Mohr an H. Matthöfer vom 10.06.1974.
54 Nach der Bundestagswahl 1980 übernahm Hauff auf Wunsch des Kanzlers die Leitung des Verkehrsministeriums, obwohl er selbst seinen Verbleib im BMFT favorisiert hätte. Vgl. Ismayr (2001), Hauff.
55 Von Bülow schied 1982 mit dem Zerbrechen der sozialliberalen Koalition und der Wahl Kohls zum Kanzler aus der Bundesregierung aus. Vgl. Behrmann (2001), Bülow.
56 Vgl. Rudzio/Yu (2001), Matthöfer.
57 Siehe dazu auch Abbildung 7 dieser Arbeit.

hing es kaum noch von der Person des jeweiligen Ministers ab, ob und in welchem Rahmen Treffen mit den Präsidenten der Allianz stattfanden, vielmehr wurde der Präsidentenkreis ab den 1970er Jahren allmählich institutionalisiert. Zur selben Zeit wurde auch die Vorbereitung der Gespräche im Ministerium merklich intensiviert. Die jeweiligen (Unter-)Abteilungsleiter fertigten seitenlange Sprechzettel zu den verschiedenen Gesprächsthemen an, um den Minister im Vorfeld auf alle Eventualitäten und möglichen Forderungen der Allianzmitglieder vorzubereiten. Dies war insbesondere dann von Vorteil, wenn sich ein neuer Minister kurze Zeit nach seiner Amtsübernahme zu einem Gespräch mit den Präsidenten der Wissenschaftsorganisationen zusammenfand und unter Umständen noch keinen umfassenden Überblick beispielsweise über förderpolitische Entwicklungen der Vergangenheit hatte. Über die Sitzungen wurde seit der Übernahme des Ministeriums durch Hans Matthöfer – erstmals nach einer mehrjährigen Pause – wieder ein ausführliches Protokoll über den Gesprächsverlauf geführt, das im Nachgang im BMFT zirkulierte.[58] Damit knüpfte man im Ministerium an die unter Stoltenberg etablierte Praxis an und professionalisierte die (internen) Arbeitsabläufe zunehmend.

In den 1970er Jahren festigte sich nicht nur eine Routine hinsichtlich der Vorbereitung und Durchführung der Sitzungen; auch das professionelle Vertrauensverhältnis zwischen BMFT und den Präsidenten verstärkte sich.[59] Dies mag angesichts der vergleichsweise kurzen Amtszeiten der zuständigen Minister paradox erscheinen, da grundsätzlich sowohl Zeit als auch eine gewisse Beständigkeit der personellen Beziehungen notwendig sind, um eine solide Vertrauensbasis zu schaffen. Die häufigen Wechsel an der Spitze des Ressorts schienen dem eher entgegenzuwirken. Kaum war ein Minister im Amt und hatte die Gelegenheit, über einige Kamingespräche hinweg sowohl die informelle Arbeitskultur der Allianz als auch deren Präsidenten näher kennenzulernen, schon wurde er wieder abgelöst. Und doch stabilisierten sich in der Phase der sozialliberalen Koalition (1969–1982) die wechselseitigen Beziehungen dadurch, dass die leitenden Ministerialbeamten des Ressorts die Allianz als verlässlichen Partner im forschungspolitischen Dialog kennen und schätzen lernten. Und auf eben diesen Ebenen lässt sich die wichtige personelle Konstanz finden.[60]

---

58 Vgl. BArch, B 196/16341. Interner des BMFT Vermerk über die Sitzung des Präsidentenkreises am 09.07.1974.
59 Vgl. zum von Vertrauen geprägten Verhältnis zwischen den Wissenschaftsorganisationen, speziell der MPG, und dem BMFT in den 1970er Jahren auch Leendertz (2022), Macht, S. 245–248.
60 Dies trifft auch auf die jeweiligen Leiter der Abteilung II im BMFT zu, die für forschungspolitische Grundsatzfragen, allgemeine Forschungsförderung und internationale Zusammenarbeit zuständig war und deren Führungspersonal zumeist intensiv in die Vorbereitung des Präsidentenkreises einbezogen wurde. Karl-Friedrich Scheidemann, der von 1973 bis 1975 und damit in der Phase der Wiederbelebung des Präsidentenkreises die Abteilung II leitete, war in derselben Funktion bereits seit 1963 im BMwF tätig und schon unter Gerhard Stoltenberg in die Zusammenarbeit des Forschungsministeriums mit den Präsidenten involviert

Von besonderer Bedeutung dabei war Hans-Hilger Haunschild, der mehr als 15 Jahre lang das Amt des Staatssekretärs im BMFT (und zuvor im BMBW) innehatte, nachdem er bereits in den 1950er und 1960er Jahren im BMAt und BMwF zunächst als Referent und später als Ministerialdirigent tätig gewesen war. Unter dem der Allianz so verbundenen Minister Hans Leussink wurde Haunschild auf den Posten des Ministerialdirektors befördert und mit der Leitung der Abteilung I betraut. Im Jahr 1971 übernahm er schließlich von dem aus Altersgründen ausscheidenden Hans von Heppe, zu dem die Allianz ebenfalls einen regen Kontakt gepflegt hatte, den Posten des Staatssekretärs im BMBW.[61] Durch seine langjährige Tätigkeit im Forschungsministerium hatte er nicht nur einen fundierten Überblick über die forschungspolitische Arbeit des Ministeriums erhalten. Zugleich war er über die Bedeutung eines vertrauensvollen Austauschs mit den Wissenschaftsorganisationen informiert, da er sowohl die Herausbildung der Kaminrunden unter Gerhard Stoltenberg als auch die höchst informellen Kontakte unter Leussink miterlebt hatte. Was die Wertschätzung für die Abstimmung mit der Allianz betrifft, war Haunschild im Forschungsministerium im Übrigen kein Einzelfall: Die bei ihm tätigen (Unter-)Abteilungsleiter:innen waren für die Rolle der Beratungen ihres Ministeriums durch die Allianz ebenso sensibilisiert und sicherten in Zeiten häufiger Wechsel an der Spitze des Ressorts gemeinsam mit dem Staatssekretär den Fortbestand des regelmäßigen Dialogs zwischen Wissenschaft und Politik. Und die Präsidenten der Wissenschaftsorganisationen wussten ihre vielfältigen, über die Jahre gefestigten Kontakte gewinnbringend zu nutzen. In manchen Belangen wandten sie sich zunächst gezielt an die für einzelne Fach- und Förderbereiche zuständigen Ministerialdirigent:innen und nicht an die oberste Leitungsebene des Ministeriums, um so frühzeitig erste Informationen über bevorstehende Entscheidungen und das allgemeine Stimmungsbild des Ministeriums zu erlangen und darauf aufbauend das gemeinsame Vorgehen zu koordinieren.[62]

Während sich trotz der häufigen Ministerwechsel im BMFT ab Mitte der 1970er Jahren die Kaminrunden etablieren konnten, wandelte sich deren Wahrnehmung im selben Zeitraum entscheidend: Der zweite Bundesminister für wissenschaftliche Forschung,

---

gewesen. Scheidemann hatte bereits Mitte der 1960er Jahre einen vertrauensvollen Austausch mit den Wissenschaftsorganisationen gepflegt und sie 1965 über den Missmut des Ministers darüber informiert, dass dieser nicht in ein Gespräch der Präsidenten mit dem Bundeskanzler einbezogen worden war. Vgl. DFGA, AZ 02219–04, Bd. 1b. Interner Vermerk der DFG über ein Treffen mit MinDir. K.-F. Scheidemann am 28.10.1965, siehe auch Hoffmann (1976a), Bonner Kulisse; Hoffmann (1976b), Bonner Kulisse. Auch Scheidemanns Nachfolger in Abteilung II, Günther Lehr, war den Wissenschaftsorganisationen durch seine vorherige langjährige Leitung der Abteilung III des Ministeriums bereits vertraut. Vgl. Berger (1978), Aufgabe, Struktur und Interessen in der Forschungspolitik, S. 174–175.
61 Vgl. o. A. (o. J.), Haunschild. Siehe zur Rolle Haunschilds innerhalb des Ministeriums auch Interview mit Herwig Schopper (Genf/München 16.04.2020).
62 Vgl. dazu bspw. die entsprechenden Überlegungen in der Allianz zur Vorbereitung des Präsidentenkreises im September 1982. DFGA, AZ 02219–04, Bd. 6. Interner Vermerk der DFG über die Sitzung der Allianz am 08.09.1982.

Gerhard Stoltenberg, war es, der bei den Konsultationen mit den Präsidenten der Allianz einen festen Rhythmus einführte und ihnen zusicherte, regelmäßig gemeinsam „Probleme der Wissenschaft" erörtern zu wollen.[63] Die Konsultationen blieben noch eher unverbindlich und galten unter den Teilnehmern bisweilen als „ausführlicher Meinungsaustausch", der „in zwangloser Folge" fortgesetzt werden sollte.[64] Nichtsdestoweniger hatte Stoltenberg damit erstmals einen informellen Rahmen geschaffen, der die Basis für einen vertrauensvollen Dialog zwischen Wissenschaft und Politik bilden sollte. Unter seinem Nachfolger Leussink wurden die Positionen der einflussreichsten Wissenschaftsorganisationen gleichsam unbürokratisch in die politische Entscheidungsfindung einbezogen und die bereits bestehenden korporatistischen Strukturen in der bundesdeutschen Wissenschaftspolitik gefestigt, was schließlich in die Institutionalisierung des Präsidentenkreises münden sollte.[65]

In Zeiten häufiger Wechsel an der Spitze des Ministeriums waren es die eben erwähnten leitenden Beamten, welche die Beziehung ihres Ressorts zur Allianz prägten. Ihnen oblag die Aufgabe, den jeweils neuen Minister beispielsweise über den Ablauf der Kaminrunden zu informieren und ihn auf die zu erwartenden Forderungen der Präsidenten vorzubereiten. Als nach längerer Pause 1974 erstmals wieder eine Sitzung des Präsidentenkreises stattfinden sollte, war es nicht zufällig Karl-Friedrich Scheidemann, der Minister Ehmke darüber informierte, dass die „Hl. Allianz als informeller Gesprächskreis" fungiere, dessen erste Sitzung „in der Wohnung" des Ministers stattfinden sollte.[66] Für Scheidemann, der unter Forschungsminister Leussink im BMBW die Leitung der neu eingerichteten Abteilung III (Forschungsplanung) übernommen hatte, korrespondierte die Informalität des Dialogs mit der Schlüsselressource des Vertrauens, die für das Verhältnis zwischen den so ungleichen Partnern kennzeichnend war und in den folgenden Jahren das maßgebende Charakteristikum des Präsidentenkreises bleiben sollte.[67] In der Einladung zur ersten (und zugleich letzten) Kaminrunde seiner Amtszeit betonte Ehmke schließlich, dass ihm daran gelegen sei, „in einem kleinen und vertraulichen Kreis Fragen der Forschungs- und Technologiepolitik zu besprechen".[68] Obwohl sich sein direkter Amtsnachfolger Hans Matthöfer dazu entschied, die Gespräche mit den Präsidenten nicht in seiner Privatwohnung, sondern in den Räumen des Ministeriums in Bonn – und damit in einem formelleren Rahmen – zu veranstalten, versicherte er ihnen, die gemeinsamen Beratungen „über Fragen der Forschungs- und

---

63 AMPG, II. Abt., Rep. 60, Nr. 52.SP. Niederschrift über die 52. Sitzung des Senats der MPG am 14.12.1965.
64 AMPG, II. Abt., Rep. 57, Nr. 334. Auszug aus der Niederschrift über die Sitzung des Verwaltungsrates der MPG am 14.02.1966.
65 Vgl. Braun (1997), Politische Steuerung, S. 222–234; Stucke (1993), Institutionalisierung, S. 54–67.
66 BArch, B. 196/16341. Interner Vermerk des BMFT für die Einladung des Präsidentenkreises vom 01.02.1974.
67 Vgl. Patzwaldt/Buchholz (2006), Politikberatung, S. 463; Schimank (1995), Politische Steuerung, S. 130–132.
68 BArch, B 196/16341. Entwurf eines Einladungsschreibens für die Sitzung des Präsidentenkreises am 12.03.1974.

Technologiepolitik im Kreise der Präsidenten" fortführen zu wollen.⁶⁹ Als Matthöfer seine Abteilungsleiter im Vorfeld der Novembersitzung 1974 um Themenvorschläge bat, bemühten sich die in Abteilung II des BMFT federführenden Beamten, alle im Ministerium beteiligten Mitarbeiter:innen und den Minister davon zu überzeugen, ausschließlich eher „[a]llgemeine Themenkomplexe zur Verbesserung des gegenseitigen Meinungsaustausches und des Klimas" auf die Tagesordnung zu setzen.⁷⁰ Themen, „an deren Beratung die Präsidenten der Wissenschaftsorganisationen ein besonderes Interesse" hätten und von deren Erörterung sie sich mitunter konkrete Ergebnisse versprachen, sollten „wegen der Macht der hl. Allianz möglichst vermieden werden".⁷¹ Als Matthöfer im Zuge der Kabinettsumbildung 1978 in das Bundesministerium der Finanzen wechselte, übernahm der bisherige Parlamentarische Staatssekretär, Volker Hauff, sein Amt – der in eben dieser Funktion bereits seit rund vier Jahren in den Austausch mit der Allianz eingebunden gewesen und sich der Bedeutung dieser Konsultationen mehr als bewusst war. Folglich lobte der neue Minister gleich zu Beginn der ersten von ihm veranstalteten Sitzung das „große [...] Erfahrungspotential" der Präsidenten, das Einzug in die „Ausgestaltung der Forschungspolitik" finden würde, und betonte, dass ihm – ebenso wie seinen Vorgängern – daran gelegen sei, weiterhin „forschungspolitisch interessante Fragen von übergreifender Bedeutung" in diesem Rahmen zu erörtern.⁷² Neben einer thematischen Eingrenzung zeigt sich an diesen Formulierungen erstmals – wenn auch tentativ – eine gewisse Verbindlichkeit der gemeinsamen Besprechungen, da diese direkt in die politischen Entscheidungsfindung einfließen sollten.

Wie sehr die Allianz gegen Ende der siebziger Jahre im Bundesforschungsministerium geschätzt – und mitunter gar gefürchtet wurde –, zeigt instruktiv die Episode eines neuerlichen Ministerwechsels im Jahr 1980. Der mit dem Feld der Wissenschafts- und Technologiepolitik wenig vertraute Andreas von Bülow wurde vor seinem ersten Treffen mit dem Präsidentenkreis detailliert unterwiesen. In einer internen Notiz für den neuen Minister informierten die Ministerialen ihn ausführlich über die Zusammensetzung und Bedeutung des Gesprächskreises:

> Der Präsidentenkreis ist ein informelles Beratungsgremium, in dem die großen Einrichtungen der Wissenschaft vertreten sind: AGF, DFG, FhG, MPG, WRK und Wissenschaftsrat, ferner der StS im BMBW. Vom BMFT nehmen teil M, PSt, St, außerdem AL 2, der den (internen) Sitzungsvermerk fertigt. Der Kreis tagt etwa zweimal pro Jahr.⁷³

---

69 BArch, B 196/16341. Entwurf eines Einladungsschreibens für die Sitzung des Präsidentenkreises am 09.07.1974.
70 BArch, B 196/16342. Interner Vermerk des BMFT zur Vorbereitung der Sitzung des Präsidentenkreises am 25.11.1974.
71 Ebd. Der zweite Teil des Zitats entstammt einer auf dem Vermerk beigefügten handschriftlichen Notiz, die möglicherweise vom Leiter der Unterabteilung 21 verfasst wurde.
72 BArch, B 136/33238. Interner Vermerk des BMFT über die Sitzung des Präsidentenkreises am 17.4.1978.
73 BArch, B 196/19557. Interner Vermerk des BMFT zur Vorbereitung des Präsidentenkreises am 18.12.1980.

Aus dieser für den Minister erstellten Übersicht über den Ablauf der Sitzungen geht hervor, dass sich die Zusammenarbeit zwischen Allianz und Ministerium in den vergangenen Jahren etabliert und gefestigt hatte. Die leitenden Beamten des Ministeriums nutzten die Gelegenheit, um dem Minister vor allem Tagesordnungspunkte vorzuschlagen, in denen er „seine Politik darlegen und ohnehin zu erwartende Fragen beantworten" könne.[74] Gleichzeitig sensibilisierten sie von Bülow dahingehend, sich von den einflussreichen Präsidenten der Wissenschaftsorganisationen in wichtigen forschungspolitischen Fragen nicht überrumpeln zu lassen. Dafür fertigten die Ressortbeamten zahlreiche Schriftsätze und Sprechzettel an, in denen sie auf mögliche Reaktionen der Präsidenten hinwiesen, die Vorgeschichte zentraler forschungspolitischer Entscheidungen in aller Kürze skizzierten und dem Minister damit gewissermaßen ein sorgfältig vorbereitetes Drehbuch für die im Gespräch zu erreichenden Ziele an die Hand gaben.[75]

Bemerkenswert ist überdies, dass der Präsidentenkreis bei diesem Anlass erstmals explizit als „Beratungsgremium" bezeichnet wurde,[76] dessen Expertise regelmäßig in forschungspolitischen Fragen zu Rate gezogen würde. Eine ähnliche, zugleich aber noch deutlichere Aufgabenbeschreibung des Präsidentenkreises findet sich zwei Jahre später, als mit dem Ende der sozialliberalen Koalition ein erneuter Ministerwechsel bevorstand. Hier taten sich die Ministerialen insofern sehr viel leichter, als mit dem Chemiker Heinz Riesenhuber ein Mann in das Ressort einzog, der sich aus der Opposition heraus bereits als ausgewiesener Experte für das Feld der Forschungspolitik und ebenso meinungs- wie entscheidungsstarker Politiker profiliert hatte. Intern wurde der Präsidentenkreis anlässlich Riesenhubers Amtsübernahme explizit als ein „seit 1972 bestehendes informelles Beratungsgremium des BMFT" charakterisiert, „das etwa zweimal pro Jahr tagt".[77] Diese Wertschätzung der gemeinsamen Termine unterstrich Riesenhuber bei seiner ersten Sitzung des Präsidentenkreises, als er der Allianz ihre Rolle als „Spitzenberatung" zusicherte, durch die „die grundsätzlichen Auffassungen der großen Wissenschaftsorganisationen in die Forschungspolitik eingebracht würden".[78]

An der Schwelle zu den 1980er Jahren hatte sich also die Wahrnehmung des Präsidentenkreises massiv gewandelt und seine Bedeutung als Element korporatistischer Politikgestaltung war enorm gestiegen. Er wurde von einem lockeren Gesprächsforum, das von Stoltenberg gelegentlich zum „Meinungsaustausch"[79] eingeladen wurde, zum institutionalisierten, hauseigenen „Beratungsgremium des BMFT",[80] dessen Ratschläge

---

74 Ebd.
75 Vgl. die Sprechzettel zu den unterschiedlichen Tagesordnungspunkten für die Dezember-Sitzung des Präsidentenkreises in BArch, B 196/19557.
76 BArch, B 196/19557. Interner Vermerk des BMFT zur Vorbereitung des Präsidentenkreises am 18.12.1980.
77 BArch, B 196/51378. Interner Vermerk des BMFT zur Vorbereitung des Präsidentenkreises am 16.11.1982.
78 BArch, B 136/33238. Interner Vermerk des BMFT über die Sitzung des Präsidentenkreises am 16.11.1982.
79 AMPG, II. Abt., Rep. 57, Nr. 334. Auszug aus der Niederschrift über die Sitzung des Verwaltungsrates der MPG am 14.02.1966.
80 BArch, B 196/51378. Interner Vermerk des BMFT über die Sitzung des Präsidentenkreises am 16.11.1982.

nahezu selbstverständlich Einzug in die forschungspolitischen Programme des Ministeriums fanden. Dadurch räumte das BMFT, an dessen Spitze mit Heinz Riesenhuber nach zahlreichen Wechseln nun für mehr als zehn Jahre personelle Konstanz Einzug halten sollte, den Präsidenten der Allianz die Deutungshoheit in wissenschaftspolitischen Fragen ein – zumindest, was die Perspektive der Wissenschaftsorganisationen anbelangte.[81] Dieser korporatistische Einschluss der Expertise der Allianzmitglieder in die politische Entscheidungsfindung wertete das ohnehin hohe Ansehen der in ihr versammelten Wissenschaftsorganisationen weiter auf und festigte so ihre Stellung an der Spitze des bundesdeutschen Wissenschaftssystems.

3.1.3 Beziehungsgeflecht zwischen Wissenschaft und Politik im Spannungsfeld von Kooperation und Konkurrenz

Die Beziehungen zwischen dem Bundesforschungsministerium und der Allianz sind vielschichtig und situationsabhängig, was vor allem mit dem dieser Studie zugrundeliegenden Fokus auf die Interaktionsdynamik von Kooperation und Konkurrenz deutlich wird:

Grundsätzlich tritt die Bundespolitik, vorrangig vertreten durch das Forschungs- und Wissenschaftsministerium, als zentraler Geldgeber für die verschiedenen Wissenschaftsorganisationen und darüber hinaus für spezielle Forschungsbereiche auf. In der triadischen Konkurrenzkonstellation nach Georg Simmel lässt sich das Ministerium demnach als der Dritte verstehen, der über die Vergabe der begehrten – in diesem Falle meist monetären – Prämien entscheidet.[82] Unter diesem Gesichtspunkt zeigt sich außerdem, dass das Verhältnis zwischen den Beteiligten der Gespräche des Präsidentenkreises von einer Asymmetrie der Macht geprägt ist.[83] Anders als bei den internen Beratungen der Allianz wechselte der Vorsitz im Rahmen des Präsidenten-

---

[81] Darauf deutet bspw. das Bekenntnis Riesenhubers hin, der durch die Beratungen im Präsidentenkreis die „grundsätzlichen Auffassungen der großen Wissenschaftsorganisationen" repräsentiert sah. Vgl. BArch, B 136/33238. Interner Vermerk des BMFT über die Sitzung des Präsidentenkreises am 16.11.1982. Und nicht nur im BMFT wurde den Präsidenten der Allianz diese Rolle zugeschrieben, ähnlich liest sich die Äußerung des CDU-Fraktionsvorsitzenden und späteren Kanzlers Helmut Kohl, der sein Treffen mit den Präsidenten der Allianz als Beginn seines Dialogs mit „der Wissenschaft" betrachtete und ihnen darüber hinaus die Möglichkeit eröffnete, ihre Anregungen zur forschungspolitischen Schwerpunktsetzung in seine Regierungserklärung einfließen zu lassen. Vgl. BArch, B 388/1. Interner Vermerk der AGF über ein Treffen der Allianz mit Helmut Kohl am 21.4.1982.
[82] Vgl. Simmel (1986), Soziologie der Konkurrenz; Werron (2019), Form und Typen von Konkurrenz; Werron (2009), Zur sozialen Konstruktion.
[83] Vgl. zur dominierenden Rolle des BMBF im Präsidentenkreis auch Hintze (2020), Kooperative Wissenschaftspolitik, S. 414–424. Dieser Befund lässt sich auf den in der vorliegenden Studie untersuchten Zeitraum übertragen, da dem BMFT (ebenso wie dem BMBF als seinem Nachfolger) die Gestaltung der Sitzungen des Präsidentenkreises oblag.

kreises nicht, und das Ministerium war stets der alleinige Veranstalter der Treffen. Folglich oblag es dem Minister – beziehungsweise den unter ihm tätigen leitenden Beamt:innen –, die Häufigkeit und die Termine der Sitzungen festzulegen. Auch hinsichtlich der inhaltlichen Gestaltung war das Ministerium im Präsidentenkreis federführend, da es die Tagesordnung für die gemeinsamen Besprechungen festlegte und diese in der Einladung den übrigen Teilnehmenden ankündigte. Die meisten Minister:innen räumten der Allianz zwar die Möglichkeit ein, ihrerseits Themen in die Sitzungen einzubringen, was allerdings in zweierlei Hinsicht das asymmetrische Verhältnis nicht vollständig auflösen konnte:[84] Erstens war trotz der vereinzelten Vorschläge von Seiten der Wissenschaftsorganisationen der Schwerpunkt der Gespräche durch das Ministerium gesetzt. Zweitens war der Anspruch der Allianz auf eine Mitgestaltung der informellen Gespräche in keiner Weise kodifiziert, und so konnte es im Zuge eines Ministerwechsels dazu kommen, dass die Präsidenten in eine passive Rolle gezwungen wurden. Als Jürgen Rüttgers Mitte der 1990er Jahre das neu zusammengeführte Bundesministerium für Bildung, Wissenschaft, Forschung und Technologie übernommen hatte, regte sich in der Allianz ein „[a]llgemeines Unbehagen" über die zunächst von ihm an den Tag gelegte Art der Gesprächsführung in Form einer nicht abgestimmten Tagesordnung.[85] Entsprechend hatten sich die Präsidenten vorgenommen, „den Minister nachdrücklich um eine bessere Abstimmung der Tagesordnung für künftige Treffen des Präsidentenkreises zu bitten". Der Minister hatte offenbar jedoch bereits auf informellem Wege von der Verstimmung erfahren, denn er nahm ihnen gleich zu Beginn „den Wind aus den Segeln, indem er einleitend erklärt, er wolle in Zukunft die Präsidenten des Beratungskreises selbst um Vorschläge für die Tagesordnung bitten".[86] Auch wenn Rüttgers in dieser Episode nach nur wenigen Sitzungen einlenkte, wird doch das Abhängigkeitsverhältnis der Allianz von der Politik deutlich. Denn im Zweifelsfall standen den Wissenschaftsorganisationen keine direkten Sanktionen zur Verfügung, um beispielsweise das von ihnen bislang ausgeübte Vorschlagsrecht für die gemeinsam zu besprechenden Themen einzufordern; sie waren vielmehr auf das Entgegenkommen des Ministeriums angewiesen. Selbiges gilt im Übrigen für die korporative Einbindung der Allianz im Präsidentenkreis als solche, der sich zwar über die Jahrzehnte zu einem pseudoinstitutionalisierten Gremium entwickelte hatte, dessen Existenz aber einer rechtlich bindenden Grundlage entbehrte.

---

84 Für eine Übersicht der Tagesordnungen und darüber, wer die einzelnen Punkte vorgeschlagen hatte, siehe die entsprechenden Einladungen und internen Vermerke in BArch, B 196.
85 AMPG, II. Abt., Rep. 57, Nr. 621. Interner Vermerk der MPG über die Sitzung der Allianz am 07.06.1995. Das folgende Zitat ebd.
86 DFGA, AZ 02219–04, Bd. 18. Interner Vermerk der DFG über die Sitzung der Allianz und des Präsidentenkreises am 07.06.1995.

Wie bereits angedeutet, ist die Beziehung zwischen dem Forschungsressort und den Wissenschaftsorganisationen jedoch keinesfalls so eindimensional, wie es auf den ersten Blick scheinen mag. Der Allianz kam nämlich die Verflechtung der Zuständigkeiten zwischen Bund und Ländern und der seit der Unterzeichnung des Verwaltungsabkommens 1964 und der folgenden Grundgesetzänderung 1969 rechtlich fixierte kooperative Föderalismus auf dem Gebiet der Forschungspolitik zugute.[87] Das Bundesforschungsministerium musste sich die Rolle als zentraler Finanzier für die Wissenschaft im föderativen System der Bundesrepublik mit den Bundesländern teilen. Folglich existierten verschiedene Dritte für die Vergabe der monetären Prämie an die Wissenschaftsorganisationen. Diese Konstellation garantierte Letzteren, wie die Soziologen Hans-Willy Hohn und Uwe Schimank und jüngst der Historiker Jaromir Balcar herausgearbeitet haben,[88] trotz finanzieller Abhängigkeit von der öffentlichen Hand ein vergleichsweise hohes Maß an Autonomie, an deren Wahrung die Allianz seit jeher großes Interesse hatte. Insbesondere MPG und DFG profitierten von dieser Situation, da aufgrund ihrer paritätischen Finanzierung keiner der beiden Geldgeber in der Position war, Reformen und Veränderungen gegen den Willen des anderen durchzusetzen und es den Wissenschaftsorganisationen in diesem verflochtenen Mehrebenensystem gelang, situativ die divergierenden Interessen der verschiedenen Zuwendungsgeber gegeneinander auszuspielen, um die eigenen Handlungsspielräume zu erhalten.[89] Bund und Länder fungieren also nicht nur als Dritte, in deren Händen sich die monetäre Prämie befindet; zugleich sind sie selbst Konkurrenten in einem Wettbewerb um staatliche Macht und politischen Einfluss. In dieser Situation können die Wissenschaftsorganisationen (neben anderen Akteuren) die Position des Dritten übernehmen, der unter anderem über die Zuteilung symbolischen Kapitals und öffentlicher Reputation entscheidet.

Das Forschungsministerium agiert in verschiedenen kompetitiven Settings, beispielsweise als Akteur in der eben ausgeführten Bund-Länder-Konkurrenz, um politische Macht oder im Wettbewerb mit anderen Fachressorts um mediale Aufmerksamkeit oder knappe Finanzressourcen. Denn eine mögliche Umverteilung von Finanzmitteln war vom Zutun zahlreicher Akteur:innen abhängig. Auch auf Seiten des Bundes lag die Verfügungsgewalt keineswegs allein beim Forschungsministerium. Stattdessen wurden die Budgets der Ressorts unter anderem unter Beteiligung des gesamten Kabinetts festgelegt, wobei dem Bundesfinanzministerium eine Schlüsselposition zukam. In diesen Situationen war das Forschungsministerium darum bemüht, die Allianz als Koopera-

---

87 Vgl. zur Theorie der Politikverflechtung Reissert/Scharpf/Schnabel (1976), Politikverflechtung. Bd. 1; Scharpf (1978), Theorie der Politikverflechtung; Scharpf (1985), Politikverflechtungs-Falle. Siehe darüber hinaus auch Hohn (2005), Forschungspolitische Reformen; Hohn (2010), Wissenschaftspolitik im semisouveränen Staat; Lehmbruch (1998), Parteienwettbewerb im Bundesstaat.
88 Siehe Balcar (2020), Wandel durch Wachstum; Hohn/Schimank (1990), Konflikte und Gleichgewichte.
89 Vgl. Hohn (2010), Wissenschaftspolitik im semi-souveränen Staat, S. 145–153; siehe für die MPG auch Balcar (2020), Wandel durch Wachstum.

tionspartnerin zu gewinnen, wozu die Sondierungen im Rahmen des Präsidentenkreises einen Beitrag leisten sollten.

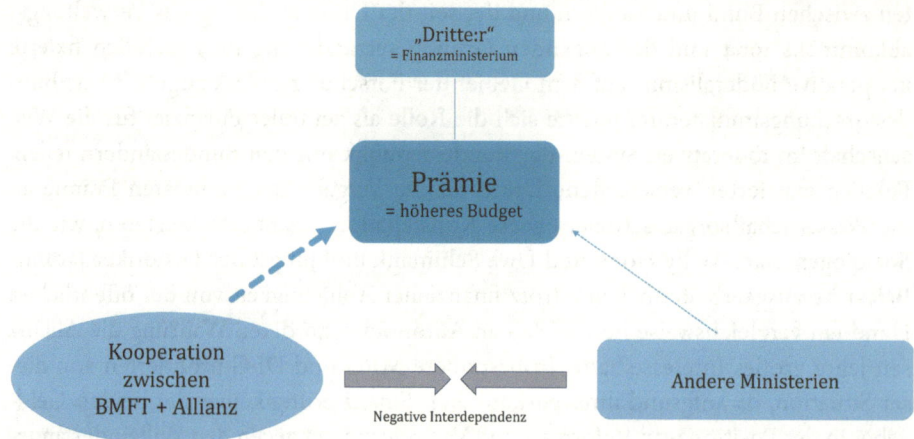

Abb. 7: Kooperation zwischen BMFT und Allianz in Konkurrenzkonstellationen.[90]

So vermerkte ein:e Mitarbeiter:in des BMFT für den neu ins Amt gekommenen Minister Andreas von Bülow zur Vorbereitung seiner ersten Sitzung mit den Wissenschaftsorganisationen, dass er im gemeinsamen Gespräch insbesondere auf „die Einbindung der Präsidenten in die FuT-Politik des BMFT" abzielen sollte, da die Wissenschaftsorganisationen ebenso wie das Ministerium angesichts knapper Kassen „in einem Boot" säßen.[91] Diese Rahmenbedingungen waren den Allianzmitgliedern bestens bekannt, da der Forschungsminister sich in den gemeinsamen „Kaminrunden" periodisch über die Bestrebungen des Finanzministeriums zur Ausgabendisziplin der Ressorts beklagte, die den Interessen der Wissenschaftsorganisationen zuwiderliefen. Nicht selten resultierte daraus (mehr oder minder offen formuliert) die Bitte an die Präsidenten, dem gemeinsamen Interesse entsprechend die Initiative zu ergreifen und die eigenen Netzwerke zu mobilisieren, um die Bestrebungen um eine Etaterhöhung für den Bereich von Wissenschaft und Forschung zu unterstützen.[92] Die flankierenden Appelle der

---

90 Je kürzer und dicker der auf die Prämie gerichtete Pfeil ist, desto näher ist der Akteur bzw. die Akteurin dem Erreichen derselben. Eigene Visualisierung.
91 BArch, B 196/19557. Interner Vermerk des BMFT zur Vorbereitung von TOP 1 für die Sitzung des Präsidentenkreises am 18.12.1980.
92 Ein deutlicher Hinweis fiel z. B. im Jahr 1979: „St Granzow macht auf das Streben der Finanzminister aufmerksam, die Zahl der Hochschulstellen an der zu erwartenden niedrigeren Studentenzahl […] zu orientieren. […] [E]s wäre nützlich, wenn sich die Präsidenten dazu äußern würden." BArch, B 136/332386. Interner Vermerk des BMFT über die Sitzung des Präsidentenkreises am 31.10.1979. Ähnlich liest sich ein Bericht aus dem Jahr 1982: „Der Minister fordert den Präsidentenkreis auf, flankierend zu seinem Wider-

Allianz verliehen der Argumentation des Forschungsministers gegenüber seinen Kabinettskolleg:innen politischen Nachdruck und wurden von den Kooperationspartnern als Möglichkeit erachtet, sich Vorteile in dieser übergeordneten Wettbewerbssituation zu verschaffen.

Ausschlaggebend für eine Zusammenarbeit dieser ungleichen Partner war ein gemeinsames Ziel, wie zum Beispiel die Erhöhung des Budgets für Wissenschaft und Forschung, das keiner der beiden Akteure im Alleingang erreichen konnte. In der Konkurrenz mit den Kabinettskolleg:innen oder den Ministerpräsident:innen der Länder erhöhten sich bei einer Kooperation mit der Allianz die Erfolgsaussichten für das Forschungsministerium, da dem Wort der Präsidenten der einflussreichsten Wissenschaftsorganisationen in der Politik Bedeutung beigemessen wurde.[93] Dieses Mehrwerts einer kooperativen Einbindung der Allianz war man sich schon in der Frühphase der Kaminrunden in den 1960er Jahren bewusst gewesen, und so hatte Minister Stoltenberg die vier Präsidenten in einzelnen Fällen konkret um ein „Tätigwerden" im gemeinsamen Interesse gebeten.[94] Durch die allmähliche Institutionalisierung des Präsidentenkreises als gewichtiges Beratungsgremium des BMFT im Verlauf der 1970er und 1980er Jahre verstetigte sich gleichsam die Zusammenarbeit. Wiederholt bat der Minister die Allianz seither um „Unterstützung",[95] um die gemeinsamen forschungspolitischen Interessen umzusetzen oder er wollte gemeinsam mit den Präsidenten „Aufklärungsarbeit [...] bei den [...] parlamentarischen Stellen" leisten, um Haushaltskürzungen abzuwenden.[96] In den suchend-sondierenden Gespräche des Präsidentenkreises ging es folglich darum, herauszufinden, inwieweit die Wissenschaftsorganisationen bereit waren, „in der öffentlichen Diskussion die BMFT-Politik mitzutragen" und entsprechende Initiativen zu ergreifen.[97] So stimmten die Allianz und Minister Heinz Riesenhuber ihr für das gemeinsame Gespräch mit Bundeskanzler Kohl geplantes Vorgehen und die an-

---

stand gegen den Haushaltsausschuß auch den eigenen Widerstand voranzutragen und direkt an die Parlamentarier heranzutreten." BArch, B 388/1. Interner Vermerk der AGF über die Sitzung des Präsidentenkreises am 25.01.1982.
93 Vgl. Interview mit Edelgard Bulmahn (Berlin/München 23.07.2020); Interview mit Heinz Riesenhuber (Frankfurt am Main/München 02.05.2020).
94 AMPG, II. Abt., Rep. 57, Nr. 603, Bd. 1. Interner Vermerk der MPG über die Sitzung des Präsidentenkreises am 30.08.1967. Im zitierten Beispiel konnte sich Stoltenberg im Kabinett bei der Festlegung der Steigerungsraten von MPG und DFG nicht gegen den Finanzminister durchsetzen und bat die Allianz um Hilfe, „um eine Änderung des Ergebnisses in den kommenden Verhandlungen zu erreichen". Auch in den Verhandlungen über die Verlängerung des Verwaltungsabkommens empfahl Stoltenberg, das gemeinsame Vorgehen zu koordinieren. Vgl. AMPG, II. Abt., Rep. 69, Nr. 334. Interner Vermerk der MPG über die Sitzung des Präsidentenkreises am 06.10.1966.
95 BArch, B 196/103439. Interner Vermerk des BMFT über die Sitzung des Präsidentenkreises am 04.11.1987. Vgl. außerdem ähnliche Äußerungen von Seiten des Ministeriums bspw. in BArch, B 136/33238. Interner Vermerk des BMFT über die Sitzung des Präsidentenkreises am 31.10.1979.
96 BArch, B 136/33238. Interner Vermerk des BMFT über die Sitzung des Präsidentenkreises am 25.01.1982.
97 BArch, B 196/19557. Interner Vermerk zur Vorbereitung von TOP 1 für die Sitzung des Präsidentenkreises am 18.12.1980.

zusprechenden Themenbereich in höchst informellen Rahmen ab – denn bei einer offiziellen Vorbesprechung hätte sich unter anderem die DFG verpflichtet gefühlt, den Minister für Bildung und Wissenschaft einzubeziehen, wogegen sich andere Mitglieder der Allianz jedoch aussprachen, da sie zu diesem Ressort kein vergleichbar vertrauensvolles Verhältnis pflegten.[98]

Vertrauen ist überhaupt ein Schlüsselbegriff, um die komplexe Beziehung zwischen dem BMFT und der Allianz analytisch greifen zu können. Es war die zentrale Ressource sowohl für den Forschungsminister und seine leitenden Ministerialen als auch für die Präsidenten und Vorsitzenden der Forschungsorganisationen in ihren sondierenden Gesprächen, in denen gemeinsame Positionen in Sachfragen der Forschungsförderung und anstehenden wissenschaftspolitischen Entscheidungen ausgelotet werden konnten. Nicht von ungefähr ist der Begriff des Vertrauens eine Akteurskategorie, die den korporatistischen Dialog des Präsidentenkreises bestimmte. Gerade in Zeiten der häufigen personellen Wechseln an der Spitze des Ministeriums wusste man um die Notwendigkeit „vertrauensbildender[r] Maßnahmen und Äußerungen"[99] und die jeweils neu ins Amt gekommenen Minister in den 1970er Jahren nutzten jede Gelegenheit, um den Mitgliedern der Heiligen Allianz ihrer exklusiven Rolle zu versichern.[100]

Wissenschaft und Politik dienen sich im Präsidentenkreis wechselseitig als Ressourcen, die in übergeordneten oder parallellaufenden Konkurrenzen genutzt und zum eigenen Vorteil eingesetzt werden können.[101] Diese Kooperationsbeziehung ist allerdings, unter anderem bedingt durch die politische Macht des BMFT und seine finanziellen Ressourcen, von einer asymmetrischen Machtverteilung geprägt, denn das BMFT ist in den Kaminrunden der fokale Akteur, der die Tagesordnung weitgehend bestimmt und zudem entscheidet, ob und wann ein Treffen stattfindet. Der Allianz fehlte dagegen, trotz der beobachteten, in den 1970er Jahren einsetzenden Institutionalisierung des Präsidentenkreises und ihrer nicht abzustreitenden Rolle als bedeutende konsultative Gesprächsrunde, eine Art institutioneller Absicherung ebenso wie

---

98 DFGA, AZ 02219–04, Bd. 11. Interner Vermerk der DFG über die Sitzung der Allianz am 11.04.1989.
99 BArch, B 196/19557. Interner Vermerk des BMFT zur Vorbereitung von TOP 1 für die Sitzung des Präsidentenkreises am 18.12.1980.
100 So versicherte Minister von Bülow der Allianz bspw., dass es kein anderes „universelles ‚Spitzenberatungsgremium'" neben der Allianz gäbe. BArch, B 136/33238. Interner Vermerk des BMFT über die Sitzung des Präsidentenkreises am 25.01.1982. Vgl. für die Aufwartungen, die der jeweils neue Minister den Präsidenten machte, bspw. auch BArch, B 196/16341. Entwurf eines Einladungsschreibens für die Sitzung des Präsidentenkreises am 12.03.1974; BArch, B 136/33238. Interner Vermerk des BMFT über die Sitzung des Präsidentenkreises am 17.4.1978; BArch, B 196/51378. Interner Vermerk des BMFT über die Sitzung des Präsidentenkreises am 16.11.1982.
101 Vgl. dazu ausführlicher Ash (2002), Ressourcen; Ash (2010), Wissenschaft und Politik.

eine „formelle Zuständigkeitsregelung"[102] als Basis für eine Einflussnahme im Vorfeld der Ausarbeitung wissenschaftspolitischer Programme jenseits appellativer Empfehlungen.[103] Es oblag allein der Einschätzung des Ministers und seiner Spitzenbeamt:innen, bei welchen Themen die Allianz zu Rate gezogen wurde und in welchem Umfang ihre Wünsche, Anregungen und Kritik letztlich in politische Entscheidungen einflossen.

Diese Asymmetrie wirkte sich auf die interne Wahrnehmung der Zusammenarbeit aus, weshalb sich die Gesprächskultur und das Kooperationsformat des Präsidentenkreises von den Beratungen der Allianz unterschied. Zwar galt das BMFT in der Allianz in vielen Belangen als Kooperationspartner, doch hatten die Präsidenten mitunter das Gefühl, sich gemeinsam und geschlossen gegen die Wünsche des Ministeriums zur Wehr setzen zu müssen.[104] Gisbert zu Putlitz, der Vorsitzende der AGF, die aufgrund der mehrheitlichen Finanzierung ihrer Großforschungseinrichtungen aus Bundesmitteln ein engeres Verhältnis zum Forschungsministerium pflegte als die übrigen Wissenschaftsorganisationen, vermerkte im Nachgang seiner ersten Teilnahme an einer Allianzsitzung mit gewissem Unbehagen, dass „das BMFT [...] eigentlich als der natürliche Gegner der Mitglieder der Allianz betrachtet" werde.[105] Wenngleich diese subjektive Einschätzung sicherlich etwas drastisch formuliert ist, lässt sich doch festhalten, dass der Wunsch nach einer gewissen Mitsprache bei der Ausgestaltung der Forschungspolitik die Vorbereitung der Präsidentenkreisgespräche deutlich prägte.[106] Entsprechend dünnhäutig reagierte die Allianz, wenn sie den Eindruck hatte, keinen „nennenswerten Einfluss auf die Forschungspolitik" auszuüben, oder wenn andere Stimmen sich im Ministerium mehr Gehör verschaffen konnten.[107] Ein weiteres Charakteristikum der Kooperation zwischen Wissenschaft und Politik war, dass die Allianz bei der Zusammenarbeit mit dem Ministerium in der Regel ein übergeordnetes, separates Ziel verfolgte; das gemeinsame Ziel, das BMFT und die Wissenschaftsorganisationen teilten, war dabei nur ein notwendiger Zwischenschritt.

---

102 BArch, B 196/51378. Handschriftliche Notiz auf internem Vermerk des BMFT zur Vorbereitung der Sitzung des Präsidentenkreises am 16.11.1982. Die handschriftliche Notiz wurde vermutlich vom Leiter der Unterabteilung 21 angefertigt.
103 Vgl. Hintze (2020), Kooperative Wissenschaftspolitik, S. 414–424.
104 Vgl. AdHRK, Allianz und Präsidentenkreis, Bd. 2. Interner Vermerk der WRK über die Sitzung der Allianz am 08.10.1986
105 BArch, B 388/1. Interner Vermerk der AGF über die Sitzung der Allianz am 04.03.1981.
106 Vgl. den entsprechenden Hinweis, dass man den Wunsch des BMFT nach einer Beratung durch die Allianz dringend nutzen sollte. Siehe DFGA, AZ 02219-04, Bd. 6. Interner Vermerk der DFG über die Sitzung der Allianz am 10.06.1982.
107 AdWR, 6.2 – Allianz-Sitzungen, Bd. 3. Interner Vermerk des WR über die Sitzung der Allianz am 18.05.1983. Vgl. auch DFGA, AZ 02219-04, Bd. 4. Interner Vermerk der DFG über die Sitzung der Allianz am 02.03.1983.

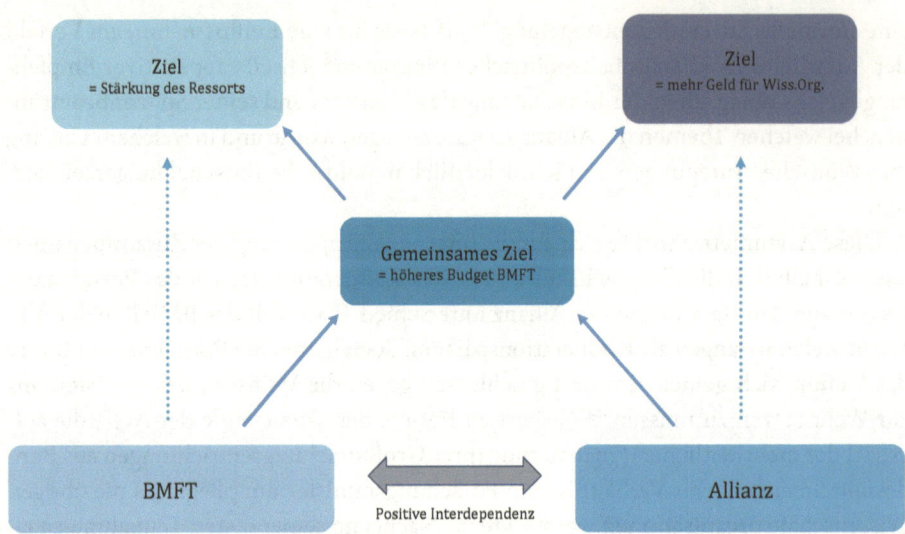

Abb. 8: Schematische Darstellung der Kooperation zwischen Allianz und BMFT.[108]

Ferner wurde das Ministerium als externer Partner wahrgenommen, was eine interne Vorabstimmung vonnöten machte.[109] Denn anders als in den Sitzungen der Allianz, in denen offen und teils heftig diskutiert wurde und „Spannungen aus[ge]halten" werden mussten,[110] sollte die Wissenschaft im Dialog mit der Politik mit einer Stimme sprechen und eine kohärente Position vertreten.[111] Es sollte nach Möglichkeit vermieden werden, im Gespräch mit dem Minister konträre Äußerungen zu tätigen, da dies die Verhandlungsposition der Allianz in ihrer Gesamtheit schwächen würde.[112] Als sich beispielsweise

---

108 Eigene Visualisierung mit besonderem Fokus auf das gemeinsame Ziel und die darüber liegenden individuellen Ziele.
109 Vgl. Zum Wunsch nach einer internen Vorabstimmung bspw. AdWR, 6.2. – Allianz-Sitzungen, Bd. 3. Schreiben von G. zu Putlitz an die Allianz vom 12.01.1982; AdWR, 6.2. – Allianz-Sitzungen, Bd. 11. Interner Vermerk des WR über die Sitzung der Allianz am 20.01.1992; DFGA, AZ 02219–04, Bd. 18. Interner Vermerk der DFG über die Sitzung der Allianz am 13.07.1994. Auch gegenüber der Konferenz der Akademien, die 1989 um Aufnahme in die Allianz suchten, wurde der Punkt der Vorabstimmung gemeinsamer Interessen gegenüber der Politik als eine Kernaufgabe der Allianz definiert, siehe DFGA, AZ 02219–04, Bd. 11. Schreiben von D. Simon an G. Schettler vom 01.09.1989.
110 Archiv der Hochschulrektorenkonferenz (AdHRK), Allianz und Präsidentenkreis, Bd. 8. Interner Vermerk der HRK über die Sitzung der Allianz am 11.11.1996.
111 BArch, B 388/1. Interner Vermerk der AGF über die Sitzung der Allianz am 25.01.1982. Gänzlich verhindern ließen sich von der gemeinsamen Linie abweichende Äußerungen jedoch nicht, da sich die Allianz nicht als Instanz zur vollständigen Disziplinierung divergierender Einzelinteressen verstehen wollte. Vgl. dazu auch DFGA, AZ 02219–04, Bd. 15. Interner Vermerk der DFG über die Sitzung der Allianz am 04.11.1992.
112 Vgl. zum Gedanken der gemeinsamen Abstimmung im Vorfeld des Präsidentenkreises exemplarisch AdWR, 6.2. – Allianz-Sitzungen, Bd. 1. Schreiben von J. Speer an die Allianz vom 18.01.1973; DFGA, AZ 02219–04, Bd. 6. Interner Vermerk der DFG über die Sitzung der Allianz am 10.06.1982; AMPG, II. Abt.,

DFG-Präsident Seibold Mitte der 1980er Jahre in Anwesenheit des Ministers offen gegen die „Ausführungen der MPG gewandt" hatte, ließ eine baldige, von der MPG initiierte interne Aussprache nicht lange auf sich warten.¹¹³ Bereits in der darauf folgenden Allianz-Sitzung brachte Heinz A. Staab das Thema zur Sprache und bat darum, in Zukunft die „Bestrebungen der MPG gegenüber Minister Riesenhuber zu unterstützen".¹¹⁴ Bei wichtigen Fragen, so die Argumentation des MPG-Präsidenten, müsse man zusammenstehen und die Anliegen der anderen Allianzmitglieder nach Möglichkeit unterstützen.

Taktische Überlegungen und die Frage, wie sich die Wissenschaftsorganisationen als auf Augenhöhe agierender Verhandlungspartner für das Ministerium präsentieren und folglich Einfluss auf die Ausgestaltung der Forschungspolitik nehmen konnten, spielten für die Kooperationsbeziehung zwischen den ungleichen Partnern also eine große Rolle. Bereits 1968, als die Wissenschaftsorganisationen von der internen Protokollführung des Ministeriums Kenntnis erhalten hatten, hatte sie die Sorge um „einen Informationsvorsprung" umgetrieben, den die Vertreter:innen der Politik dadurch gegenüber den Selbstverwaltungsorganisationen erlangen würden.¹¹⁵ Gegenüber dem Ministerium wollte man keinesfalls ins Hintertreffen geraten und möglicherweise in den anschließenden Gesprächen von unerwarteten, weil nicht notierten Forderungen überrumpelt werden. Zusammen mit der Tatsache, dass die Gesprächspartner in unterschiedlichen gesellschaftlichen Teilsystemen verortet waren und daher anderen systemimmanenten Logiken folgten, begünstigten diese strategischen Erwägungen auf beiden Seiten die Institutionalisierung des Präsidentenkreises im Verlauf der 1970er und 1980er Jahren.

3.2 Formalisierung der Zusammenarbeit in der Allianz

Nachdem sich die Allianz in der Selbst- wie in der Fremdwahrnehmung im Verlauf der 1960er Jahre stabilisiert hatte, lässt sich nicht nur in ihrer Zusammenarbeit mit der Politik, sondern auch im internen Bereich eine allmähliche Formalisierung der Abläufe beobachten. Verglichen mit den eben ausgeführten Entwicklungen des Präsidentenkreises setzte dieser Wandel allerdings später ein und war von einem Wechselspiel aus Institutionalisierungstendenzen und dem Wunsch nach Bewahrung höchstmöglicher Informalität geprägt. Denn anders als bei den Zusammenkünften mit dem Ministerium, an denen ein externer Partner beteiligt war und die deshalb einer stärkeren Koordination

---

Rep. 57, Nr. 644. Interner Vermerk der MPG zur Vorbereitung der Sitzung des Präsidentenkreises am 23.02.1987; AdWR, 6.2 – Allianz-Sitzungen, Bd. 10. Interner Vermerk des WR über die Sitzung der Allianz am 01.02.1991.
113 DFGA, AZ 02219–04, Bd. 9. Interner Vermerk der DFG über die Sitzung der Allianz am 19.02.1986.
114 Ebd.
115 DFGA, AZ 02219–04, Bd. 1a. Ergebnisvermerk der DFG über die Sitzung der Allianz am 22.10.1968.

bedurften, galt die Allianz den beteiligten Mitgliedern vor allem als informeller Club, in dem man „ganz frei miteinander sprechen" und offen unterschiedliche Meinungen ventilieren konnte.[116] Dafür waren insbesondere die persönlichen Verbindungen zwischen dem Führungspersonal der beteiligten Wissenschaftsorganisationen von großer Bedeutung, die bei verschiedenen Gelegenheiten erneuert und gepflegt wurden. Nicht zufällig waren die Präsidenten und Vorsitzenden der anderen Allianzmitglieder als Gäste oder reguläre Mitglieder in die Gremien ihrer Kooperationspartner eingebunden. Und nicht zufällig erfolgte 1969 schließlich die Aufnahme des Präsidenten der WRK in den Senat der MPG,[117] an dessen Sitzungen der Präsident der DFG und der Vorsitzende des Wissenschaftsrats bereits seit einigen Jahren teilnahmen.[118] In den 1970er Jahren nahm die Zahl der im Rahmen der Allianzsitzungen gemeinsam besprochenen Themen deutlich zu. So diskutierte man in den internen Runden zum Beispiel über anstehende Institutsgründungen, internationale Beziehungen oder gemeinsame Projekte zur Nachwuchsförderung, was trotz aller Informalität eine detailliertere Vor- und Nachbereitung der Gespräche in den jeweiligen Mitgliedsorganisationen erforderte.

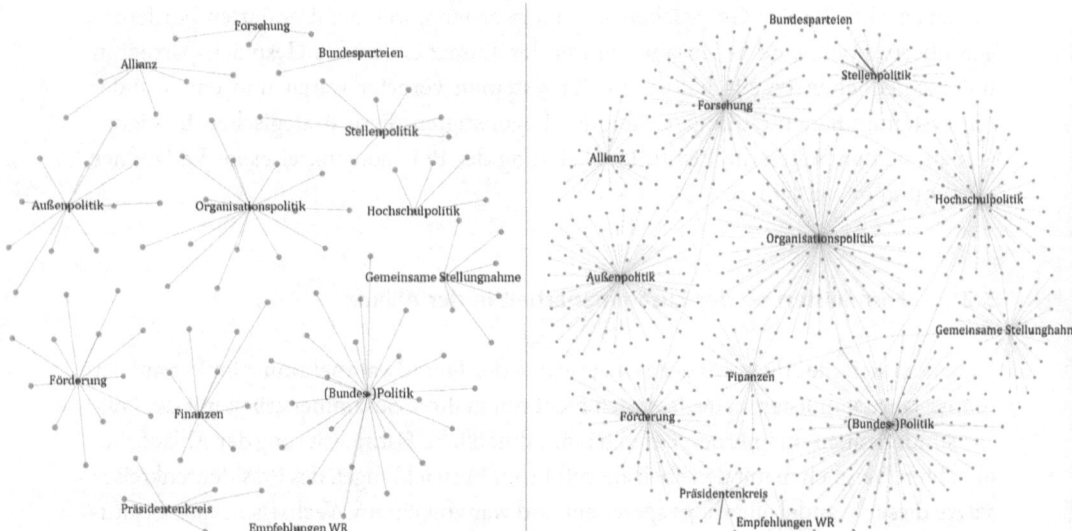

Abb. 9: Vergleich der in der Allianz besprochenen Themen.[119]

---

116 DFGA, AZ 02219–04, Bd. 9. Interner Vermerk der DFG über die Sitzung der Allianz am 08.10.1986.
117 Vgl. AMPG, II. Abt., Rep. 60. Nr. 62.SP. Niederschrift über die 62. Sitzung des Senats der MPG vom 06./07.03.1969.
118 Im Senat der DFG waren die Präsidenten von WRK und MPG ebenfalls schon lange Jahre als Mitglieder beteiligt. Vgl. Balcar (2020), Wandel durch Wachstum, S. 99–102; Zierold (1968), Forschungsförderung, S. 555–561.
119 Auf der linken Bildhälfte findet sich die Darstellung der Themen für den Zeitraum 1955–1968 und auf der rechten Bildhälfte für den Zeitraum 1969–1989. Zu sehen sind dabei jeweils die Schlagwörter erster

Auf diese Weise führte die Tatsache, dass die Allianz sich in immer mehr Bereichen engagierte oder ihre Mitglieder sich darin zumindest untereinander abstimmten, zu einer Verstetigung der kooperativen Strukturen des Gremiums. Allmählich wandelte sich dadurch das Selbstverständnis der Allianz, was sich zunächst vor allem in der Professionalisierung der internen Abläufe erkennen lässt. Die Wissenschaftsorganisationen erkannten beispielsweise zunehmend die Notwendigkeit, sich im Vorfeld der Zusammenkünfte mit dem Minister intern abzustimmen, um anschließend gemeinschaftlich argumentieren zu können. Die Institutionalisierung des Präsidentenkreises bedingte auch eine Formalisierung der Allianz, wenngleich die Dynamik, wie das folgende Kapitel analysieren wird, dabei eine andere war.

Das Binnenverhältnis der Allianz und ihre Beziehung zu externen Akteuren prägten vor allem zwei Themengebiete: die Personalpolitik und Fragen der Forschungsfinanzierung. So war es im Bereich der Stellen- und Personalpolitik erforderlich, dass sich die Allianz auf konkrete gemeinsame Vorschläge einigte und diese entsprechend nach außen kommunizierte; während strittige Themen ansonsten häufig ausgespart wurden, mussten sich die beteiligten Wissenschaftsorganisationen auf diesem Gebiet, speziell bei den Nominierungen für den Wissenschaftsrat, konsensual verständigen und mitunter divergierende Vorschläge harmonisieren. Es gelang der Allianz nicht nur hinsichtlich der Wissenschaftlichen Kommission des Wissenschaftsrats ihren Einfluss bei der Besetzung zentraler Posten an der Schnittstelle von Wissenschaft und Politik geltend zu machen. Auch die Forschungsfinanzierung entwickelte sich mehr und mehr zu einem ihrer zentralen Betätigungsfelder. Und hier manifestierte sich die Interaktionsdynamik von Kooperation und Konkurrenz besonders deutlich. Denn trotz des strukturell vorgegebenen Wettbewerbs entschieden sich die Mitgliedsorganisationen – wie im Folgenden herausgearbeitet wird – häufig für ein kooperatives Vorgehen, während sie zugleich nach außen hochgradig kompetitiv auftraten.

3.2.1 Selbstverständnis und sich wandelnde interne Abläufe

In den 1970er Jahren lässt sich in der Allianz, nach der Stabilisierung ihrer Rolle in der Selbst- wie auch in der Fremdwahrnehmung, in ihrer Arbeitsweise ebenfalls schrittweise eine Festigung beobachten. Die einsetzende Verstetigung spiegelt sich in der Aktenüberlieferung der beteiligten Wissenschaftsorganisationen wider: Für die Zeit vor 1967 kann die Quellenlage als vergleichsweise dünn gelten, da viele Treffen der Allianz – trotz der

---

Ebene und ihre Verbindung zu den einzelnen (nicht sichtbaren) TOPs. Je dicker die Verbindung zwischen den Knoten ist, desto häufiger lässt sich der TOP in den Protokollen finden. Eigene Visualisierung auf Basis einer systematischen Auswertung aller Tagesordnungspunkte aus den Vermerken zu den einzelnen Sitzungen der Allianz in AMPG, II. Abt., Rep. 57, DFGA, AZ 02219–04, DFGA, AZ 0224, AdHRK, Allianz und Präsidentenkreis und AdWR, 6.2 – Allianz-Sitzungen.

Einsichtnahme in die Überlieferung der vier Gründungsmitglieder – lediglich mithilfe vereinzelter Einladungsschreiben oder des Schriftverkehrs zwischen den Mitgliedern, teilweise nur durch kurze handschriftliche Hinweise auf einen anberaumten Termin, rekonstruiert werden können.[120] Dies ändert sich für den Zeitraum zwischen 1967 und 1970, als die jeweils sitzungsleitende Wissenschaftsorganisation einen zentralen Ergebnisvermerk anfertigte und diesen im Nachgang an die übrigen Sitzungsteilnehmer versendete. Diese Praxis wurde jedoch nach dem Juli 1970 – aus bislang ungeklärten Gründen – eingestellt, was eine kurzzeitige Verschlechterung der Quellenlage mit sich brachte. Für die Treffen der Allianz zwischen Dezember 1970 und Juli 1973 konnte in den Archiven des Wissenschaftsrats, der MPG und der DFG nur vereinzelt auf (interne) Sitzungsvermerke zurückgegriffen werden,[121] bevor deren Anzahl ab November 1973 wieder zunimmt. Obwohl die Zahl der internen Ergebnisprotokolle zwischen 1970 und 1973 ähnlich lückenhaft wie in der Anfangszeit der Allianz ist, ließen sich die stattgefundenen Treffen aufgrund erster zögerlicher Formalisierungsprozesse doch vergleichsweise zuverlässig rekonstruieren. Ab etwa 1970 hatte sich der rotierende Sitzungsvorsitz innerhalb der Allianz fest etabliert. So lud reihum – allerdings ohne festgelegte Reihenfolge – je ein Mitglied zu den gemeinsamen Terminen ein und sammelte Vorschläge für die Tagesordnung. Die Sitzungen der Allianz wurden in den folgenden Jahren zunehmend akribisch vorbereitet: Meist wurde schon auf der jeweiligen Sitzung festgelegt, wer die Organisation des kommenden Treffens übernehmen sollte. Mit gewissem Vorlauf kümmerte sich die vorsitzende Organisation zunächst um die Terminfindung und stimmte diese mit den Sekretariaten der übrigen Präsidenten und Vorsitzenden ab. Anschließend erhielten die Teilnehmer eine schriftliche Einladung, die oft schon einen ersten Entwurf einer Tagesordnung enthielt. In der Folge sammelten die Wissenschaftsorganisationen intern – in Rücksprache mit ihren Mitarbeiter:innen in unterschiedlichen Abteilungen – Themen, die sie im Kreise der Allianz besprechen wollten und übermittelten diese Vorschläge an den Vorsitzenden des Treffens. Der Generalsekretär der vorsitzenden Organisation kompilierte gemeinsam mit seinem engsten Mitarbeiter:innenstab diese Themenwünsche und erstellte die finale Tagesordnung, die den anderen Teilnehmern zugesandt wurde.[122] Dieses Prozedere führte also zu einer deutlichen Zunahme des sitzungsbegleitenden Schriftverkehrs, anhand dessen sich die allmähliche Festigung und Routinisierung der Zusammenarbeit ablesen lässt.

---

120 Daher kann nicht ausgeschlossen werden, dass es weitere, hochgradig informelle Treffen der Allianzmitglieder gab, zu denen keine Unterlagen existieren und die folglich nicht in die vorliegende Auswertung einbezogen werden können.
121 Die Überlieferung des vierten Gründungsmitglieds, der WRK, beginnt im hauseigenen Archiv erst im Jahr 1979.
122 Vgl. zum Prozedere bspw. die entsprechenden Unterlagen in AMPG, II. Abt., Rep. 57, Nr. 603, Bd. 1; AMPG, II. Abt., Rep. 57, Nr. 604, Bd. 2; DA GMPG, BC 108053; DFGA, AZ 02219-04, Bd. 1a; DFGA, AZ 02219-04, Bd. 2; AdWR, 6.2 – Allianz-Sitzungen, Bd. 1; AdWR, 6.2 – Allianz-Sitzungen, Bd. 2.

Ein weiteres Kennzeichen für die einsetzende Formalisierung in der Zusammenarbeit der Allianz sind die bereits erwähnten Sitzungsvermerke. Gerade in der Anfangszeit der Allianz in den 1960er Jahren fertigten die Teilnehmer nur äußerst selten Niederschriften ihrer gemeinsamen Gespräche an, da die Treffen hochgradig informeller Natur waren und häufig am Rande anderer Termine oder in Form eines gemeinsamen Essens stattfanden. Eine formelle Protokollführung während des Gesprächs war damit schlichtweg fehl am Platz oder nicht möglich.[123] Zudem können die Führungspersonen der Allianz in ihrer Gründungsphase ebenso wie in der Zeit ihrer allmählichen Institutionalisierung als untereinander außerordentlich gut vernetzt und miteinander bekannt gelten. Nicht selten waren die Personen zuvor in ähnlichen Funktionen in gleich mehreren Wissenschaftsorganisationen tätig gewesen: So hatte beispielsweise der langjährige Generalsekretär der MPG, Friedrich Schneider, zuvor dieselbe Funktion im Wissenschaftsrat bekleidet; Julius Speer amtierte zunächst als Präsident in der WRK, bevor er 1964 an die Spitze der DFG wechselte; der erste Vorsitzende des Wissenschaftsrats, Helmut Coing, leitete von 1956 bis 1957 die WRK und war ab 1964 Direktor eines Max-Planck-Instituts. Die Bande zwischen den Allianzmitgliedern waren folglich aufgrund dieser vielschichtigen personellen Verflechtungen eng, und gleichzeitig herrschte zwischen dieser bestens vernetzten Führungselite im Wissenschaftsmanagement ein hohes Verständnis für die unterschiedlichen Anliegen, die in den gemeinsamen Sitzungen thematisiert wurden. Zudem bestand zwischen den Teilnehmern ein wechselseitiges Vertrauensverhältnis, das es – in Kombination mit der hohen Informalität der Besprechungen – in der Anfangszeit der Allianz zunächst nicht nötig erscheinen ließ, ein Protokoll zu führen.

Die Situation sollte sich 1967 ändern, als die MPG im Nachgang zum Februar-Treffen der Allianz den übrigen Teilnehmern ein Ergebnisprotokoll zukommen ließ.[124] Offenbar gab es weder im Vorfeld noch im Nachgang des Termins eine Diskussion über diese Änderung in der internen Arbeitsweise. Ferner schienen die übrigen Allianzmitglieder willens, dieses Prozedere fortzuführen – wenngleich keine festgeschriebene Pflicht zur Protokollierung bestand.[125] Was diesen Sinneswandel der Allianz hinsichtlich der Niederschrift zentraler Punkte auslöste, ist nicht klar. Ein Jahr zuvor war es in den Positionen der Generalsekretäre von MPG und WR zu einem Wechsel gekommen: Friedrich Schneider, zuvor Generalsekretär des Wissenschaftsrats, wechselte in gleicher Position in die MPG,

---

123 Diese Einschätzung sollte auch noch Jahre später für die Zusammenarbeit in der Allianz kennzeichnend sein, wie unter anderem das langjährige Mitglied Christian Bode feststellte: Interview mit Christian Bode (Bonn/München 30.04.2020).
124 Vgl. AMPG, II. Abt., Rep. 57, Nr. 602, Bd. 2. Ergebnisvermerk der MPG über die Sitzung der Allianz am 18.02.1967.
125 Vgl. bspw. AMPG, II. Abt., Rep. 57, Nr. 602, Bd. 2. Ergebnisvermerk der DFG über die Sitzung der Allianz am 04.04.1967. Allerdings sind nicht zu allen Sitzungen im Zeitraum zwischen 1967 und 1970 Vermerke vorhanden, was die Vermutung naheleght, dass die vorsitzende Organisation nicht verpflichtet ein Protokoll führen musste. Zur Sitzung am 20.01.1969 konnte z. B. in den Archiven der teilnehmenden Wissenschaftsorganisationen kein Vermerk ausfindig gemacht werden.

während Karl-Gotthart Hasemann dessen Position im WR übernahm.[126] Die veränderte Akteurskonstellation mag in diesem Kontext eine Rolle gespielt haben, zumal Schneiders Vorgänger im Amt des MPG-Generalsekretärs, Hans Ballreich, zuvor krankheitsbedingt lange Zeit ausgefallen war. Der Entschluss zur Protokollführung hebelte jedoch nicht das zuvor etablierte Vertrauensverhältnis der Mitglieder aus; schließlich verfasste in den kommenden drei Jahren jeweils nur die vorsitzende Institution einen Ergebnisvermerk, der allen Teilnehmern zugesandt und von den übrigen Mitgliedern unverändert bestätigt wurde.[127] Vielmehr zollte die Allianz mit der beginnenden Protokollierung den sich verändernden Rahmenbedingungen Tribut, da die Zahl der pro Sitzung besprochenen Themen in diesem Zeitraum deutlich wuchs und sich des Öfteren wiederkehrende Besprechungspunkte finden lassen. Ein gemeinsames Ergebnisprotokoll garantierte die Nachvollziehbarkeit der getroffenen Vereinbarungen zu den entsprechenden Themen und erleichterte den Beteiligten auf diese Weise die Vorbereitung der nächsten Sitzung. Nichtsdestotrotz zeigt sich darin erstmalig eine gewisse Institutionalisierung der Zusammenarbeit, wobei die Informalität noch lange das kennzeichnende Element der Allianz bleiben sollte. Eben dieses Spannungsverhältnis zwischen Formalisierungstendenzen und dem Wunsch nach der Beibehaltung der tradierten, informellen Arbeitsweisen prägte die Entwicklung des Gremiums in den folgenden Jahren.

So plötzlich wie die Protokollführung begonnen wurde, wurde sie nur drei Jahre später wieder eingestellt. Im Nachgang der Juli-Sitzung 1970 wurde von der DFG zum vorerst letzten Mal ein zentraler Ergebnisvermerk verschickt, bevor diese Praxis mit dem Dezember-Termin zum Erliegen kam. Erneut kann über die Beweggründe nur spekuliert werden, doch hatte es auf der Juli-Sitzung im selben Jahr von Seiten der WRK zum ersten Mal Einspruch gegen eine Formulierung des zentralen Ergebnisvermerks gegeben.[128] In der Folge stiegen die Wissenschaftsorganisationen wieder auf interne, nur für den engsten Mitarbeiter:innenkreis bestimmte und damit inoffizielle Vermerke um. Deren Anfertigung oblag meist dem jeweiligen Generalsekretär und war somit von dessen persönlicher Schwerpunktsetzung und Einschätzung der Diskussion geprägt. Im Rückschluss bedeutete das auch, dass die Sitzungen der Allianz keine offiziellen Ergebnisse hatten, die festgehalten wurden, was ihren Charakter als informelle Organisation – trotz ihrer zunehmend professionellen Sitzungsvorbereitung – über lange Zeit erhalten sollte. Die Entwicklung der Zusammenarbeit verlief also keineswegs linear in Richtung einer stärkeren Formalisierung. Vielmehr gab es bewusste Entscheidungen, derselben entgegenzuwirken und somit die etablierte

---

126 Vgl. Busch (1982), Friedrich Schneider; Lüst (1982), In Commemoration of Friedrich Schneider.
127 Für diesen Zeitraum lassen sich in den Archiven der Wissenschaftsorganisationen keine internen Ergebnisvermerke finden. Das legt die Vermutung nahe, dass man sich beim Festhalten der Besprechungsergebnisse auf die vorsitzende Organisation verließ und dieser das nötige Maß an Objektivität zutraute.
128 Vgl. AdWR, 6.2 – Allianz-Sitzungen, Bd. 1. Ergebnisvermerk der DFG über die Sitzung der Allianz am 13.07.1970.

Form der Kooperation zu wahren – vermutlich mit dem Ziel, die Kooperation zu (re-)stabilisieren und mögliches Konfliktpotential im Vorhinein zu beseitigen.

Andere Formalisierungsprozesse konnten (und mussten) indes nicht aufgehalten werden, so etwa die zunehmende Regelmäßigkeit der Zusammenkünfte. Während sich einzelne Treffen der Proto-Allianz in den späten 1950er Jahren nur durch mehr oder minder zufällige Erwähnungen in der Korrespondenz rekonstruieren lassen, änderte sich dies mit der Entstehung der Allianz als Kreis der vier einflussreichsten westdeutschen Wissenschaftsorganisationen zur Jahreswende 1961/62.

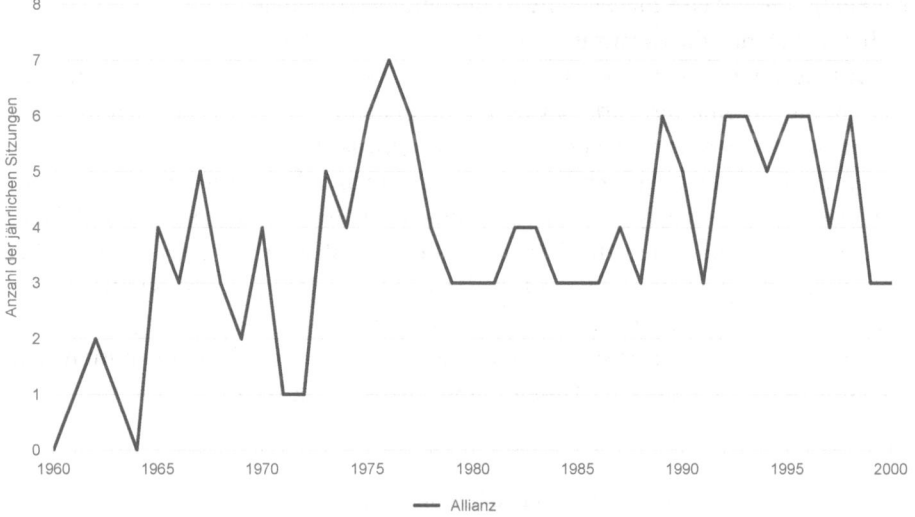

Abb. 10: Anzahl der jährlichen Sitzungen der Allianz (1960–2000).[129]

Dabei zeigen sich in den ersten knapp zehn Jahren ihres Bestehens deutliche Ausschläge nach oben wie nach unten: So fanden 1967 nicht weniger als fünf Allianz-Sitzungen statt sowie jeweils vier Zusammenkünfte in den Jahren 1965 und 1970. Für die Jahre 1971 und 1972 hingegen lässt sich nur jeweils ein Treffen des Gremiums belegen. Im Jahr 1973 nahm die Sitzungshäufigkeit der Allianz sprunghaft zu und pendelte sich vorerst auf recht hohem Niveau ein, bis sie 1976 mit sieben Terminen ihr Maximum erreichte. In den darauffolgenden Jahren stellte sich schließlich eine gewisse Regelmäßigkeit mit drei bis vier Besprechungen jährlich ein, die bis Ende der 1980er Jahre Bestand hatte. Ab diesem Zeitpunkt kam die Allianz jährlich mindestens drei

---

129 Eigene Visualisierung auf Basis der Unterlagen zu den einzelnen Treffen in AMPG, II. Abt., Rep. 57, DFGA, AZ 02219–04, AdHRK, Allianz und Präsidentenkreis und AdWR, 6.2 – Allianz-Sitzungen.

Mal zusammen. Das Fehlen signifikanter Ausschläge nach unten, mit zwei oder weniger Zusammenkünften,[130] kann, ebenso wie die Etablierung einer gewissen Konstanz der Treffen über das Jahr hinweg, als wichtiges Zeichen einer Institutionalisierung des Gremiums seit Mitte der 1970er Jahre betrachtet werden:[131] Die Allianz hatte sich als Instrument der Abstimmung gemeinsamer Interessen bewährt und wurde für die Mitgliedsorganisationen zu einem verbindlichen Forum des Austausches. Anders als in der Gründungsphase fanden ihre Zusammenkünfte nun als Arbeitstreffen in den Räumlichkeiten der jeweils vorsitzenden Wissenschaftsorganisation statt, obwohl insbesondere in den 1970er Jahren der informelle Rahmen noch eine große Rolle spielte. Dieser ermöglichte es den Teilnehmern, sich persönlich besser kennenzulernen und stärkte auf diese Weise zugleich ihre Kooperationsbeziehungen.[132]

Betrachtet man die Allianz unter der Perspektive der Formalisierung ihrer Zusammenarbeit, zeigt sich ein wechselhaftes Bild: Einerseits lassen sich Praktiken nachweisen, die auf eine Institutionalisierung hindeuten, etwa das Versenden formeller Einladungen, das Aufstellen von Tagesordnungen, das (wenn auch nur interne) Festhalten der Ergebnisse und schließlich die zunehmende Sitzungsregelmäßigkeit. Andererseits gab es in den 1970er Jahren verschiedene Tendenzen, die zumindest darauf hindeuten, dass eine zu starke Formalisierung der Allianz verhindert werden sollte. Den Allianzmitgliedern war vor allem daran gelegen, ihre gut eingespielte Zusammenarbeit in ihrem informellen und „gut funktionierende[n] Club" so gut es ging zu bewahren.[133] Daraus erklärt sich das komplexe Zusammenspiel von Institutionalisierungstendenzen und dem Festhalten an informellen Praktiken.

3.2.2 Zusammenarbeit in personalpolitischen Fragen

Eine gewichtige Rolle kam der Allianz in zweifacher Hinsicht in Personalfragen zu.[134] So fungierte das Gremium unter anderem als Rotationsplattform für das Leitungspersonal der darin versammelten Wissenschaftsorganisationen. Wie im vorigen Kapitel bereits

---

[130] Ausschläge nach oben, so etwa 1975, 1977 und 1989 mit je sechs Treffen und 1976 mit gar sieben Sitzungen lassen sich in diesem Zeitraum weiterhin beobachten. Allerdings zeugt dies lediglich davon, dass die Allianz in diesen Jahren einen erhöhten Gesprächs- und Klärungsbedarf hatte, der sich vor allem auf externe Umstände zurückführen lässt.
[131] So lässt sich feststellen, dass über den gesamten Untersuchungszeitraum gemittelt durchschnittlich ein Treffen pro Quartal stattfand, wobei die meisten Sitzungen im ersten, zweiten und letzten Quartal zu verzeichnen sind.
[132] Insbesondere die Abende bei dem DFG-Präsidenten und begnadeten Hobbykoch Heinz Maier-Leibnitz blieben den Teilnehmern in bester Erinnerung. Vgl. Interview mit Christian Bode (Bonn/München 30.04.2020); Interview mit Herwig Schopper (Genf/München 16.04.2020).
[133] DFGA, AZ 02219–04, Bd. 15. Interner Vermerk der DFG über die Sitzung der Allianz am 04.11.1992.
[134] Diese Einschätzung teilen auch ehemalige Allianzakteur:innen, vgl. Interview mit Wolfgang Frühwald (Augsburg 28.09.2018).

ausgeführt wurde, waren einige der an den Gesprächen der Allianz beteiligten Personen nacheinander in mehreren Mitgliedsorganisationen tätig. Dies trifft für die Gründungsphase der Allianz zum Beispiel auf Ludwig Raiser (DFG 1952–1955, WR 1961–1965), Gerhard Hess (WRK 1950–1951, DFG 1955–1964), Helmut Coing (WRK 1956–1957, WR 1958–1961), Hans Leussink (WRK 1960–1962, WR 1965–1969) und den bereits erwähnten Generalsekretär Friedrich Schneider (WR 1958–1966, MPG 1966–1976) zu. Auch in späteren Jahrzehnten und damit in einer Zeit, als sich die Allianz als wissenschaftspolitisches Beratungsgremium konsolidiert hatte, lassen sich solche Karrierewege weiterhin beobachten, etwa bei Julius Speer (WRK 1962–1964, DFG 1964–1973), Reimar Lüst (WR 1969–1972, MPG 1972–1984) und Hubert Markl (DFG 1986–1991, MPG 1996–2002). Berufliche Laufbahnen mit Stationen in verschiedenen Mitgliedsorganisationen der Allianz waren zudem keineswegs ausschließlich der obersten Führungsebene vorbehalten. Sie prägten mitunter auch die Karrieren der (leitenden) Mitarbeiter:innen in den Geschäftsstellen.[135]

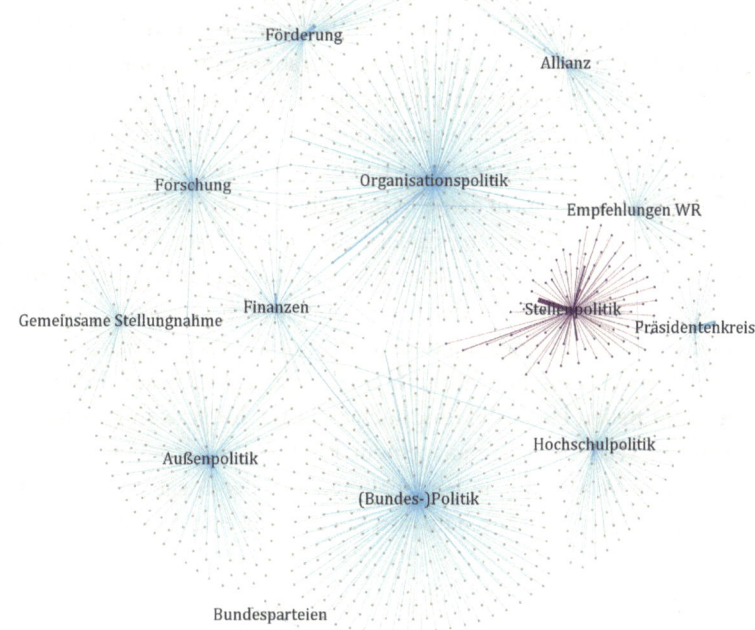

Abb. 11: Stellenpolitik als Thema in der Allianz (1955–2000).[136]

---

[135] Siehe hierzu etwa das Interview mit Christoph Schneider, der nach einer Referententätigkeit an der Universität Konstanz von 1972 bis 1983 als Planungs- und anschließend Senatsreferent der DFG tätig war, bevor er für vier Jahre in die Geschäftsstelle des Wissenschaftsrats wechselte. Im Jahr 1987 kehrte er als Leiter der Abteilung Fachliche Angelegenheiten der Forschungsförderung in die DFG zurück. Vgl. Interview mit Christoph Schneider (Bonn 24.09.2019).
[136] Übersicht über die Tagesordnungspunkte der Allianzsitzungen zwischen 1955 und 2000 mit Sichtbarkeit der Schlagwörter erster Ebene und ihrer Verbindung zu den einzelnen (nicht sichtbaren) TOPs. Farb-

Die Mobilität des Personals war bei den beteiligten Institutionen durchaus erwünscht, und entsprechende Empfehlungen aus dem Kollegenkreis erleichterten die Suche nach geeigneten Kandidat:innen zur Besetzung zentraler Positionen erheblich. Insbesondere eine vorherige Tätigkeit in einer der Mitgliedsorganisation der Allianz war dabei vorteilhaft, wie eine Diskussion über die sich verschlechternde „Nachwuchssituation der Wissenschaftsorganisationen" in den 1990er Jahren veranschaulicht.[137] Zur Vorbereitung der Dezembersitzung 1995 versandte DFG-Präsident Wolfgang Frühwald zu diesem Themenpunkt ein Diskussionspapier, in welchem er die Probleme bei der Besetzung von „Führungspositionen oberhalb der Referatsleiterstellen" zunächst grob umriss.[138] Als Lösung schlug er vor, die „Mobilität unter den Organisationen oder gar zwischen den Organisationen und der staatlichen Wissenschaftsverwaltung" zu erhöhen.[139] Zu letzterem führte er weiter aus, es läge in ihrer aller Interesse, Positionen in der „staatlichen Verwaltung, die für die Organisationen ja eine erhebliche, in vielen Fragen entscheidende Bedeutung haben", durch „besonders qualifizierte Mitarbeiter" aus ihrem Kreis zu besetzen.[140] Zu diesem Zweck sollten die Lebensläufe und Publikationsverzeichnisse der betreffenden Mitarbeiter:innen in einer zentralen Datenbank gesammelt und die Vernetzung dieses Personenkreises mit den Spitzenverantwortlichen anderer Wissenschaftsorganisationen und aus dem Bereich der Forschungspolitik durch regelmäßige Veranstaltungen vorangetrieben werden. Aus Zeitgründen konnte dieser Tagesordnungspunkt, ebenso wie viele andere, jedoch im Rahmen dieser Zusammenkunft nicht gemeinsam analysiert werden. Da dieses Problem allerdings nicht nur die DFG umtrieb, sondern auch die anderen Wissenschaftsorganisationen betraf, dauerte es nicht allzu lange, bis es erneut auf die Agenda gesetzt wurde.[141]

Die Allianz trat, wie in der eben untersuchten Diskussion angedeutet wurde, in personalpolitischen Fragen jedoch nicht nur als Vermittlerin von hochqualifizierten Mitarbeitenden zwischen ihren Mitgliedsorganisationen auf. Stattdessen nahm sie seit ihrer informellen Herausbildung auch aktiv auf die Besetzung verschiedener zentraler Posten im Wissenschaftsmanagement Einfluss. In besonderem Maße institutionalisiert ist ihre Mitwirkung in Personalfragen bei der Besetzung der Wissenschaftlichen Kommission des Wissenschaftsrats, wo sie sich bereits früh ihren Einfluss in dieser

---

lich hervorgehoben ist das Cluster Stellenpolitik. Je dicker die Verbindung zwischen den Knoten ist, desto häufiger lässt sich der TOP in den Protokollen finden. Eigene Visualisierung auf Basis der Unterlagen zu den einzelnen Treffen in AMPG, II. Abt., Rep. 57, DFGA, AZ 02219–04, AdHRK, Allianz und Präsidentenkreis und AdWR, 6.2 – Allianz-Sitzungen.

137 AMPG, II. Abt., Rep. 57, Nr. 1408. Schreiben von J. Lange an die Mitglieder der Allianz vom 24.10.1995.
138 AMPG. II. Abt., Rep. 57, Nr. 625. Schreiben von W. Frühwald an die Mitglieder der Allianz vom 05.10.1995.
139 Ebd.
140 Ebd.
141 Vgl. AMPG, II. Abt., Rep. 57, Nr. 625. Interne Unterlagen der MPG zur Vorbereitung von TOP 9 für die Sitzung der Allianz am 04.09.1996.

zentralen personalpolitischen Angelegenheit gesichert hatte.[142] Das im Verwaltungsabkommen zwischen Bund und Ländern über die Errichtung des Wissenschaftsrats festgehaltene Mitspracherecht bei der Auswahl der Mitglieder erforderte aufgrund der regulär dreijährigen Amtszeiten dieser Personen eine regelmäßige Abstimmung zwischen den vorschlagsberechtigen Wissenschaftsorganisationen. Da das Prozedere von der erstmaligen Information über ausscheidende Mitglieder bis zur Erstellung der finalen Vorschlagsliste einige Zeit in Anspruch nahm, ist es wenig verwunderlich, dass sich die Nominationen für den Wissenschaftsrat vergleichsweise häufig auf der Tagesordnung der gemeinsamen Besprechungen finden.[143]

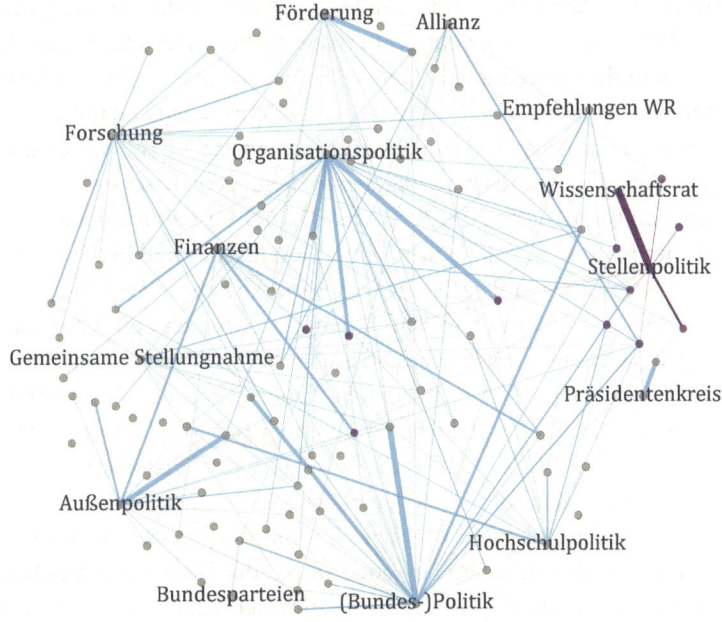

Abb. 12: Beratungen über die Nominationen für den WR in der Allianz (1955–2000).[144]

Neben dieser offiziellen Zuständigkeit, die Bund und Länder der Allianz in personalpolitischen Fragen eingeräumt hatten, nahm sie ferner auf die Besetzung von Spitzen-

---

142 Siehe dazu ausführlich Kapitel 2.1.2 dieser Arbeit.
143 Ab 1974 wurde der TOP Nominationen für den WR zum festen Bestandteil zahlreicher Allianzbesprechungen, der meist bei mindestens zwei bis drei der jährlichen Sitzungen auf der Tagesordnung stand.
144 Übersicht über die Tagesordnungspunkte der Allianzsitzungen zwischen 1955 und 2000 mit Sichtbarkeit der Schlagwörter erster Ebene und ihrer Verbindung zu den Schlagwörtern zweiter Ebene. Farblich hervorgehoben ist hierbei das Cluster Stellenpolitik und die Verbindung zum Schlagwort zweiter Ebene Wissenschaftsrat. Je dicker die Verbindung zwischen den Knoten ist, desto häufiger lässt sich der TOP in den Protokollen finden. Eigene Visualisierung auf Basis einer systematischen Auswertung aller Tagesordnungspunkte aus den Vermerken zu den einzelnen Sitzungen der Allianz in AMPG, II. Abt., Rep. 57, DFGA, AZ 02219–04, DFGA, AZ 0224, AdHRK, Allianz und Präsidentenkreis und AdWR, 6.2 – Allianz-Sitzungen.

positionen in verschiedenen anderen bundesdeutschen Organisationen Einfluss – allerdings auf deutlich informellerem Weg: In den 1960er und 1970er Jahren beratschlagten die Allianzmitglieder auf ihren Sitzungen intensiv über mögliche Kandidaten für das Amt des DAAD-Präsidenten.

Obwohl der DAAD zu dieser Zeit noch nicht in der Allianz vertreten war, existierten vielfältige Beziehungen, insbesondere mit der WRK. Im Jahr 1962 war die Organisation aus Platzgründen – denn mit dem Erfolg des akademischen Austausches und der Ausweitung der Arbeitsgebiete war nicht nur finanzielles, sondern auch personelles Wachstum verbunden – in einen Neubau in der heutigen Kennedyallee gezogen und befand sich damit seither in unmittelbarer Nähe zu den Geschäftsstellen der DFG und der WRK, ebenso wie zum 1973 erbauten Wissenschaftszentrum Bonn, in das unter anderem die Geschäftsstelle der AGF 1976 einziehen sollte.[145] Doch nicht nur diese – durch die räumliche Nähe begünstigten – informellen und unbürokratischen Kontakte zwischen den Mitarbeiter:innen der Geschäftsstellen sollten seit den 1960er Jahren für eine allmähliche Intensivierung der Beziehungen zwischen den Wissenschaftsorganisationen sorgen. Auch die Arbeit des DAAD im Bereich der auswärtigen Kulturpolitik, der Förderung des akademischen Austausches und in der Pflege außenpolitischer Kontakte war von hoher Bedeutung. So boten beispielsweise die vom DAAD etablierten Kooperationen mit ausländischen Hochschulen den Allianzmitgliedern vielfältige Möglichkeiten, um ihre bestehenden internationalen Kontakte weiter zu vertiefen oder auszubauen.[146] Die zahlreichen Außenstellen des Austauschdienstes fungierten sogar als offizielle Kontaktstellen für einige der Mitgliedsorganisationen der Allianz, darunter die DFG, die MPG, die WRK und der Wissenschaftsrat, wie der langjährige Generalsekretär des DAAD, Hubertus Scheibe, anlässlich eines Jubiläums herausstellte.[147] Aufgrund dieser wichtigen Verknüpfungen zwischen den Wissenschaftsorganisationen, aber insbesondere auch wegen der Bedeutung des Austauschdienstes als „Mittlerorganisation"[148] in der internationalen Kultur- und Wissenschaftspolitik, beschäftigte die Frage nach der Besetzung des Präsidentenamtes beim DAAD die Allianzmitglieder.[149] Erstmals beriet die Allianz 1967 über diesen Themenkomplex, um für den aus Altersgründen ausscheidenden Emil Lehnartz einen Nachfolger zu finden.[150] Dem damaligen Vorsitzenden des Wissenschaftsrats, Hans Leussink, war offenbar im Vorfeld eine Kandidatur für dieses Amt nahegelegt worden. Nachdem dieser sich jedoch

---

145 Vgl. Hoffmann/Trischler (2015), Helmholtz-Gemeinschaft, S. 23–24; Scheibe (1975), Der Deutsche Akademische Austauschdienst 1950 bis 1975, S. 77–102.
146 Vgl. Alter (2000), Der DAAD seit seiner Wiedergründung 1950, S. 78–93; Bode (1996), Der Deutsche Akademische Austauschdienst (DAAD), S. 1403–1404; Scheibe (1975), Der Deutsche Akademische Austauschdienst 1950 bis 1975, S. 77–102.
147 Vgl. Scheibe (1975), Der Deutsche Akademische Austauschdienst 1950 bis 1975, S. 90.
148 Bode (1996), Der Deutsche Akademische Austauschdienst (DAAD), S. 1405.
149 Vgl. dazu auch Schulte (1976), Der Deutsche Akademische Austauschdienst 1925/75.
150 DFGA, AZ 02219–04, Bd. 1a. Interner Vermerk der DFG über die Sitzung der Allianz am 04.04.1967.

entschieden hatte, diesem Vorschlag nicht zu folgen, erörterte die Runde andere in Frage kommende Persönlichkeiten. Schließlich sollte Gerhard Kielwein 1968 das Präsidentenamt für vier Jahre übernehmen, bevor dessen Nachfolge mit der Ernennung Hansgerd Schultes intern und ohne Zutun der Allianz geklärt wurde. Als sich Schultes erste Amtszeit allmählich dem Ende näherte, begann die Allianz erneut, über mögliche geeignete Kandidaten zu beratschlagen.[151] Doch Amtsinhaber Schulte, der zuvor die Pariser Außenstelle des DAAD geleitet hatte, entschloss sich letztlich zu einer wiederholten Kandidatur und wurde von der Mitgliederversammlung des DAAD im Amt bestätigt, was in der Allianz offenbar nicht auf ungeteilte Begeisterung stieß.[152] Ein ähnliches Prozedere wiederholte sich vier Jahre später, und Schulte blieb schließlich bis 1987 Präsident des Austauschdienstes.[153] Anders als in den Jahren 1974/75 und 1978/79 wurde die Thematik der Nachfolge im Präsidentenamt des DAAD in den 1980er Jahren in der Allianz nicht mehr ausführlicher diskutiert, was darauf hindeutet, dass mögliche Bedenken in der Zwischenzeit ausgeräumt werden konnten. Das partnerschaftliche Verhältnis zwischen dem DAAD und der Allianz sollte ab 1989 zudem noch eine weitere Stärkung erfahren, als Theodor Berchem, der ehemalige Präsident der WRK (und damit über viele Jahre Mitglied der Allianz), in den DAAD wechselte, gefolgt von seinem langjährigen Generalsekretär Christian Bode. Durch diese personellen Verflechtungen rückte der DAAD in den folgenden Jahren näher an die Allianz, wodurch der Austausch zwischen den Wissenschaftsorganisationen zunehmend intensiviert wurde, etwa im Rahmen der sogenannten Internationalen Allianz[154] und im Präsidentenkreis in den 1990er Jahren.[155] Auch die gemeinsame Unterzeichnung eines Aufrufs gegen den Fremdenhass in Deutschland zeugt von dieser engen Verbindung. Denn anders als DAAD und AvH, deren Präsident Reimar Lüst ebenfalls lange Jahre Mitglied der Allianz gewesen war, wurden andere Wissenschaftsorganisationen wie beispielsweise die WBL oder die Konferenz der Akademien bei der Erarbeitung der gemeinsamen öffentlichkeitswirksamen Stellungnahme exkludiert.[156] Dabei waren, neben der internationalen Ausrichtung von DAAD und AvH, sicherlich das Bestehen von informellen

---

151 DFGA, AZ 02219–04, Bd. 1a. Interner Vermerk der DFG über die Sitzung der Allianz am 27.11.1974; DFGA, AZ 02219–04. Bd. 2. Interner Vermerk der DFG über die Sitzung der Allianz am 05.02.1975.
152 Zur Zurückhaltung in der Allianz AdWR, 6.2 – Allianz-Sitzungen, Bd. 1. Interner Vermerk des WR über die Sitzung der Allianz am 27.11.1974.
153 DFGA, AZ 02219–04, Bd. 4. Interner Vermerk der DFG über die Sitzung der Allianz am 15.12.1978.
154 So bezeichneten die Allianzmitglieder ihre (unregelmäßigen) Treffen mit Vertretern von DAAD und AvH. An diesen Gesprächen nahmen von der Allianz jedoch nicht nur die Präsidenten und Generalsekretäre teil, sondern mitunter auch Mitarbeiter:innen, die sich in ihrer Arbeit insbesondere mit dem internationalen Austausch beschäftigten. Vgl. AMPG, II. Abt., Rep. 57, Nr. 622. Interner Vermerk der MPG über die Sitzung der Internationalen Allianz am 16.05.1995.
155 Vgl. zur schrittweisen Einbindung des DAAD ausführlicher Kapitel 4.3.2.
156 Der Vorsitzende der Konferenz der Akademien, Gerhard Thews, äußerte sein Bedauern über den Ausschluss durch die Allianz in dieser Angelegenheit sogar schriftlich gegenüber DFG-Präsident Frühwald. DFGA, AZ 02219–04, Bd. 16. Schreiben von G. Thews an W. Frühwald vom 22.12.1992.

Beratungsformaten und enge persönliche Verbindungen wichtig, da sie zur schnellen Ausarbeitung und anschließenden Veröffentlichung dieses Aufrufs beitrugen.

Der DAAD war dabei nicht die einzige Wissenschaftsorganisation, über deren Leitungspersonal sich die Allianz „Gedanken" machte.[157] In ähnlicher Weise versuchte sie in den langen 1970er Jahren, die Besetzung anderer Spitzenposten im bundesdeutschen Wissenschaftssystem zu beeinflussen, insbesondere, wenn es sich – wie beispielsweise beim Präsidentenamt des Hochschulverbandes – um eine Position handelte, die „im Gesamtrahmen wichtig" sei und die deshalb „mit einem guten und auf dem politischen Parkett sicheren Kollegen besetzt werden" müsste.[158] Eine solche bedeutende Funktion wurde offenbar auch dem Posten des Generalsekretärs der VW-Stiftung eingeräumt, da sich die Allianz wiederholt mit dieser Personalfrage auseinandersetzte.[159] Wenngleich ihre Bemühungen nicht in allen Fällen von Erfolg gekrönt waren, gelang es ihr doch des Öfteren, sich in die Suche nach geeigneten Nachfolgern einzubringen. Auf diese Weise konnten bereits bestehende Kontakte zu anderen Spitzenfunktionären an der Schnittstelle von Wissenschaft und Politik vertieft und entsprechende Posten mit ihren Wunschkandidaten besetzt werden.

Doch nicht nur die Zusammenarbeit der Wissenschaftsorganisationen profitierte von der persönlichen Bekanntschaft der beteiligten Personen und dem zwischen ihnen bereits geknüpften Vertrauensverhältnis. Auf dem internationalen Parkett war dies von ebenso hoher Bedeutung, was bei einem Blick auf die Teilnehmerlisten der Allianzsitzungen in den späten 1970er Jahren deutlich wird. Denn in diesem Zeitraum nahm mit Friedrich Schneider eine Person an ihren Sitzungen teil, der als Generalsekretär der frisch gegründeten European Science Foundation (ESF) ihr qua Amt eigentlich nicht angehörte. Doch war Schneider mitnichten ein Unbekannter im Kreis der Allianz: Zuvor war der Jurist zunächst von 1958 bis 1966 Generalsekretär des Wissenschaftsrats und anschließend bis 1976 in gleicher Funktion in der MPG tätig gewesen. So hatte er zur Zeit seines Amtsantritts in der ESF die Arbeit der Allianz bereits viele Jahre lang mitgeprägt.[160] In den frühen 1970er Jahren hatte die MPG die Gründung der ESF entschieden vorangetrieben und dabei oftmals die Initiative ergriffen, während sich andere Wissenschaftsorganisationen wie die DFG oder poli-

---

157 DFGA, AZ 02219–04, Bd. 1a. Interner Vermerk der DFG über die Sitzung der Allianz am 26.02.1974.
158 Ebd.
159 Vgl. zur Diskussion über mögliche Kandidaten für das Amt des Präsidenten des Hochschulverbandes DFGA, AZ 02219–04, Bd. 1a. Interner Vermerk der DFG über die Sitzung der Allianz am 26.02.1974. Siehe zu den Diskussionen über die Besetzung der Position des Generalsekretärs der VW-Stiftung bspw. AMPG, II. Abt., Rep. 57, Nr. 603, Bd. 1. Tagesordnung zur Sitzung der Allianz am 13.01.1967; DFGA, AZ 02219–04, Bd. 1a. Interner Vermerk der DFG über die Sitzung der Allianz am 26.02.1974; AZ 02219–04, Bd. 1a. Interner Vermerk der DFG über die Sitzung der Allianz am 27.11.1974; AZ 02219–04, Bd. 1a. Interner Vermerk der DFG über die Sitzung der Allianz am 05.11.1975.
160 Das Amt als Generalsekretär der ESF übernahm Schneider 1974, allerdings blieb er noch zwei weitere Jahre in gleicher Funktion auch in der MPG tätig, bevor mit Dietrich Ranft erneut ein Jurist dieses Amt übernahm.

tische Akteure aus Furcht vor einem Verlust ihrer eigenen Gestaltungsmöglichkeiten zunächst eher zurückhielten.[161] Dass sich die MPG, trotz der allgemein bei allen Allianzmitgliedern bis in die 1990er Jahre zu beobachtenden Skepsis gegenüber einer Institutionalisierung europäischer Gremien im Bereich von Wissenschaft und Technik, bei der Etablierung der ESF in dieser Weise einbrachte, lag vor allem daran, dass die Stiftung als nichtstaatliche Organisation von Wissenschaftler:innen für Wissenschaftler:innen zur Förderung der europäischen Zusammenarbeit gedacht war. Mit ähnlichen *bottom-up*-Initiativen im Bereich der Wissenschaftskooperation hatte die MPG bereits Erfahrungen gesammelt und sah sie als Chance, um im internationalen Wettbewerb erfolgreicher agieren zu können.[162] Es ist kein Zufall, dass sich die MPG unter ihrem Präsidenten Reimar Lüst für die Förderung europäischer Zusammenarbeit einsetzte. Schließlich wusste der Astrophysiker um die Bedeutung gemeinsamer Forschungsinfrastrukturen, die zahlreiche Weltraumexperimente erst ermöglichten, und hatte sich daher in den 1960er Jahren am Aufbau der European Space Research Organisation (ESRO) aktiv beteiligt.[163] Daneben war es insbesondere Generalsekretär Schneider, der sich dem Thema der internationalen Vernetzung verschrieben hatte: Er trieb dabei nicht nur die Gründung der ESF, deren erster Generalsekretär er werden sollte, entscheidend voran, sondern trug auch zum Gelingen weiterer internationaler, gemeinschaftlicher Projekte und Institutionen bei, darunter beispielsweise das Institut Laue-Langevin (ILL) in Grenoble, das Europäische Laboratorium für Molekularbiologie (EMBL) in Heidelberg und das Internationale Institut für Angewandte Systemanalyse (IIASA) in Laxenburg bei Wien.[164] Der MPG blieb Schneider nach der Übergabe seines Amts als Generalsekretär eng verbunden und fungierte in verschiedenen Angelegenheiten als Berater.[165] Seine engen persönlichen Verbindungen zu den Wissenschaftsorganisationen – allen voran zur MPG, aber auch zum Wissenschaftsrat – und seine umfassenden Kenntnisse im Wissenschaftsmanagement auf deutscher ebenso wie auf internationaler Ebene machten ihn in der Allianz zum gern gesehenen Gast, der sich weiter aktiv in die gemeinsamen Diskussionen ein-

---

161 Corinna Unger hat darauf hingewiesen, dass sich die anfänglichen Bedenken der DFG gegen die Gründung der ESF nicht nur aus Sorgen um die wissenschaftspolitische Eigenständigkeit speisten, sondern auch durch die Wahrnehmung einer Konkurrenz zwischen den Wissenschaftsorganisationen, etwa um Sichtbarkeit in der europäischen Zusammenarbeit, bedingt war, vgl. Unger (2020), Making Science European, S. 372–374.
162 Vgl. ebd.
163 Vgl. Osganian/Trischler (2022), Die MPG als wissenschaftspolitische Akteurin, S. 97–129; Nolte (2008), Wissenschaftsmacher.
164 Für den Hinweis auf Schneiders Verbundenheit zum IIASA und seine Mitwirkung im Rat dieses Instituts danke ich Liza Soutschek, die im Rahmen der DFG-Forschungsgruppe „Kooperation und Konkurrenz in den Wissenschaften" zur deutsch-deutschen Dimension des IIASA geforscht hat.
165 Vgl. zu Schneider bspw. Curien (1982), Scientific Policy for Europe; Heppe (1982), Denken und Handeln; Lüst (1982), In Commemoration of Friedrich Schneider.

brachte.¹⁶⁶ Gerade solche personellen Verflechtungen, wie sie in Schneiders Person greifbar werden, waren eine wichtige Voraussetzung für die gut funktionierenden und informellen Kooperationsbeziehungen zwischen den Spitzenfunktionären der verschiedenen Wissenschaftsorganisationen.¹⁶⁷ Denn erst die persönliche Verbindung der Allianzmitglieder zu Schneider und das auf diese Weise stabilisierte, vertrauensvolle Verhältnis der Akteure ermöglichte dessen regelmäßige Einbindung in die eigentlich internen Beratungen. Als Schneider zum Jahresende 1979 aus seinem Amt als Generalsekretär der ESF ausschied, wurde damit zugleich diese wichtige personelle Verbindung zwischen der europäischen Wissenschaftsstiftung und der Allianz gekappt. In der Folge wurden keine Vertreter der ESF mehr zu den Sitzungen eingeladen, stattdessen war die Stiftung – allerdings lediglich gelegentlich – Gegenstand der gemeinsamen Beratungen, insbesondere, wenn es um zentrale personalpolitische Entscheidungen ging, wie die Nachfolge Schneiders, die Mitglieder des *Nomination Committee* oder die Wahl eines neuen Präsidenten.¹⁶⁸

Wenngleich andere Themen, die sich etwa dem Feld der allgemeinen Bundespolitik zuordnen lassen – um nur ein Beispiel zu nennen –, durchaus häufiger in den jeweils internen Ergebnisvermerken auftauchen, kommt der Stellen- und Personalpolitik eine zentrale Rolle in den gemeinsamen Besprechungen zu.¹⁶⁹ Erstens führte die Notwendigkeit einer gemeinsamen Abstimmung bezüglich der Nominationen für die Wissenschaftliche Kommission des WR – natürlich in Kombination mit anderen Faktoren, wie in Kapitel 2 ausgeführt – überhaupt erst zur Verstetigung der vormals lockeren Kooperationsstruktur der beteiligten Wissenschaftsorganisationen. Zweitens stechen Personalfragen hinsichtlich der konkreten Wirkmächtigkeit der Allianz hervor. Denn bei anderen Themen dienten die gemeinsamen Besprechungen den Teilnehmenden häufig primär als Diskussionsforum, in dessen Rahmen über aktuelle Belange informiert und vage ein mögliches weiteres Vorgehen besprochen wurde. Dabei kam es jedoch in vielen Fällen (zunächst) nicht zu gemeinsamen Stellungnahmen oder gar

---

166 Wenngleich Schneider zwischen 1977 und 1980 vereinzelt an Sitzungen der Allianz aufgrund anderer terminlicher Verpflichtungen nicht teilnehmen konnte, wurde er in diesem Zeitraum dennoch zu allen gemeinsamen Besprechungen eingeladen. Vgl. bspw. zur Absage Schneiders den handschriftlichen Vermerk in DFGA, AZ 02219–04, Bd. 3. Einladung von H. Maier-Leibnitz zur Sitzung der Allianz am 14.07.1977. Darüber hinaus war Schneider (und damit die ESF) sogar Gastgeber einer Allianz-Sitzung am 13.05.1977. AMPG, II. Abt., Rep. 57, Nr. 604, Bd. 1. Einladung von F. Schneider zur Sitzung der Allianz am 13.05.1977.
167 Vgl. Ullrich (2004), Die Dynamik von Coopetition, S. 69–91.
168 Vgl. zur Diskussion über einen geeigneten Nachfolger auf dem Posten des Generalsekretärs bspw. DFGA, AZ 02219–04, Bd. 3. Interner Vermerk der DFG über die Sitzung der Allianz am 23.06.1978; zur Entsendung eines Mitglieds in das *Nomination Committee* siehe DFGA, AZ 02219–04, Bd. 5. Interner Vermerk der DFG über die Sitzung der Allianz am 11.05.1981; und zu den Überlegungen bezüglich der Wahl eines neuen Präsidenten siehe AdHRK, Allianz und Präsidentenkreis, Bd. 13. Interner Vermerk der HRK über die Sitzung der Allianz am 19.06.1998.
169 Interview mit Christian Bode (Bonn/München 30.04.2020); Interview mit Christoph Schneider (Bonn 24.09.2019).

zu offiziellen Beschlüssen, was von Kritiker:innen immer wieder als Beleg für die vermeintlich fehlende Gestaltungsmacht der Allianz angeführt wird.[170] Anders verhielt es sich im Bereich der Stellenpolitik, da sich die Mitgliedsorganisationen in diesem Punkt vergleichsweise oft auf ein gemeinsames Vorgehen einigten und beispielsweise Vorschläge zur Besetzung zentraler Posten im Wissenschaftsmanagement vorlegten – auf deutscher wie auf internationaler Ebene.

3.2.3 Kooperation trotz Konkurrenz in finanzpolitischen Fragen

Die Tätigkeit der Allianz erschöpfte sich freilich nicht in der Diskussion personalpolitischer Angelegenheiten. Auch die Abstimmung ihrer „budgetären Interessen"[171] war für die Mitgliedsorganisationen gleich in dreifacher Hinsicht ein zentrales Thema: Die Diskussion über Fragen der Forschungsfinanzierung besaß für die Wissenschaftsorganisationen erstens hohe tagespolitische Relevanz, da im Präsidentenkreis finanzpolitische Fragen noch präsenter als in den internen Beratungen der Wissenschaftsorganisationen waren. Der in seiner Betitelung eher allgemein gehaltene Besprechungspunkt Haushalt war „kraft Übung ein ständiger TO-Punkt" in den Kaminrunden und nach Einschätzung eines Ministerialdirektors im BMFT – gemeinsam mit dem Thema der Mittelfristigen Finanzplanung – gar „der einzig tragfähige, in dem sich Forschungspolitik" tatsächlich realisierte.[172] Dabei informierte der Forschungsminister regelmäßig über die weiteren finanziellen Planungen des BMFT, zu erwartende Probleme oder die künftige Schwerpunktsetzung in der Forschungsförderung und holte sich die Meinung der Allianzmitglieder dazu ein. Daneben wurden je nach Bedarf aktuelle Anliegen besprochen, wie etwa das Verhältnis von institutioneller und Projektförderung oder die Finanzierung konkreter Forschungsprojekte, etwa der Weltraumforschung.[173] Im Zuge der stetig wiederkehrenden Vorbereitung des Präsidentenkreises tauschten sich die Allianzmitglieder über die für die Ministergespräche angekündigten Themen aus und eruierten, wo ein gemeinsames Vorgehen und demnach eine Harmonisierung ihrer Interessen erforderlich war.

Zweitens waren finanzpolitische Angelegenheiten abseits jener vom BMFT vorgegebenen Besprechungspunkte auch für die Allianz inhaltlich relevant und machten daher einen großen Teil der gemeinsam erörterten Themen aus. Tagesordnungspunkte, die sich mit Fragen der Finanzierung im weiteren Sinne befassen, finden sich primär unter dem

---

170 Vgl. bspw. Sentker (2004), Schrebergarten.
171 DFGA, AZ 02219–04, Bd. 11. Schreiben von D. Simon an G. Schettler vom 01.09.1989.
172 BArch, B 196/19557. Interner Vermerk des BMFT zur Vorbereitung von TOP 1 für die Sitzung des Präsidentenkreises am 18.12.1980. Der zweite Teil des Zitats stammt aus einer handschriftlichen Notiz, die vermutlich vom Leiter der Abteilung II, Günther Lehr, angefertigt wurde.
173 Für einen Überblick über die behandelten Themen siehe bspw. die angekündigten Tagesordnungen für die Sitzungen des Präsidentenkreises in BArch/B 196.

Schlagwort Finanzen, aber ebenso unter den Kategorien der Bundes-, Hochschul- und Organisationspolitik. Die darunter besprochenen Aspekte reichen dabei von der Besoldung der Mitarbeiter:innen, über die Nachwuchsförderung oder Fragen der Besteuerung beispielsweise der Drittmittelforschung bis hin zur Finanzierung einzelner Institute.

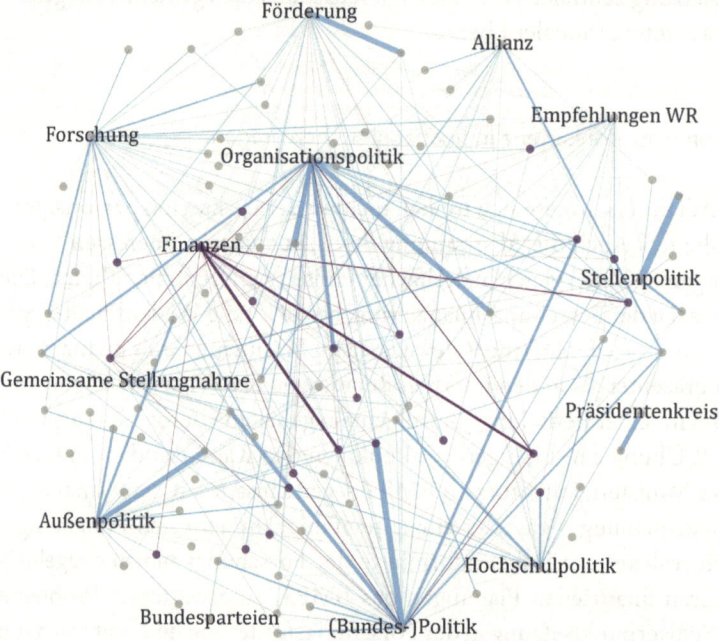

Abb. 13: Forschungsfinanzierung als Thema in der Allianz (1955–2000).[174]

Für die Analyse des Zusammenwirkens der Wissenschaftsorganisationen in der Allianz ist das Thema der Mittelakquise und -verteilung – auch jenseits der Bedeutung, welche sie diesem Bereich beimaßen – von besonderem Interesse, da es drittens das Binnenverhältnis dieses Gremiums ebenso wie seine Beziehung zu Externen entscheidend prägte: Die Allianzmitglieder wurden (und werden) zu je unterschiedlichen Anteilen aus staatlichen Mitteln finanziert. Da die finanziellen Aufwendungen sowohl des Bundes als auch der Länder für den Bereich von Wissenschaft und Forschung strukturell begrenzt sind, könnte man annehmen, dass es in der informellen Runde zu ausgeprägtem Konkurrenz-

---

174 Übersicht über die Tagesordnungspunkte der Allianzsitzungen zwischen 1955 und 2000 mit Sichtbarkeit der Schlagwörter erster Ebene und ihrer Verbindung zu den (nicht sichtbaren) Schlagwörtern zweiter Ebene. Farblich hervorgehoben sind diejenigen Schlagwörter erster und zweiter Ordnung, die sich finanzpolitischen Erwägungen zuordnen lassen. Je dicker die Verbindung zwischen den Knoten ist, desto häufiger lässt sich der TOP in den Protokollen finden. Eigene Visualisierung auf Basis einer systematischen Auswertung aller Tagesordnungspunkte aus den Vermerken zu den einzelnen Sitzungen der Allianz in AMPG, II. Abt., Rep. 57, DFGA, AZ 02219–04, DFGA, AZ 0224, AdHRK, Allianz und Präsidentenkreis und AdWR, 6.2 – Allianz-Sitzungen.

verhalten in Fragen der Forschungsfinanzierung hätte kommen können, wobei die staatlichen Zuwendungen die knappe, von den Konkurrenten angestrebte Prämie darstellen.

Doch die Beratungen in der Allianz zielten nach eigener Aussage vorrangig darauf ab, die „wissenschaftspolitischen und budgetären Interessen" der beteiligten Wissenschaftsorganisationen „gegenüber der politischen Seite [zu] harmonisieren",[175] was von der grundsätzlich kooperativen Ausrichtung des Gremiums zeugt. Dabei stellt sich die Frage, wie die Allianz es bewerkstelligte, trotz der strukturell vorgegebenen Konkurrenz und der nicht abzustreitenden Einzelinteressen der unterschiedlichen Selbstverwaltungsorganisationen ihre teils divergierenden Positionen in diesen Belangen erfolgreich zu koordinieren.

Gerade in finanzpolitischen Angelegenheiten erschien den Wissenschaftsorganisationen schon bald nach ihrer informellen Gründung ein kooperatives Auftreten notwendig, um die verantwortlichen Politiker:innen beispielsweise von einer Veränderung der Prioritätensetzung zu ihren Gunsten überzeugen zu können. Bereits 1966 hatte Adolf Butenandt auf der Hauptversammlung der MPG deutlich auf den Mehrwert einer kooperativen Abstimmung innerhalb der Allianz hingewiesen. Er berichtete, dass es bei den gemeinsamen Beratungen „nicht um die Erlangung von Vorteilen für einzelne Gruppen [ginge], sondern darum, die politischen Instanzen in Bund und Ländern auf ihre gemeinsame Verantwortung für die Wissenschaftsförderung" hinzuweisen.[176] Dieser „Prioritätsanspruch der Forschung"[177] und die Sicherstellung ihrer Finanzierung war also eines der gemeinsamen Anliegen der Allianz, bei dem nur eine von allen Mitgliedern vorgebrachte und unterstützte Argumentation die politischen Stellen überzeugen konnte. Damit ist die zentrale Voraussetzung für das Zustandekommen einer Kooperationsbeziehung in einem grundsätzlich eher kompetitiven Feld wie der Forschungsfinanzierung benannt: die Existenz eines gemeinsamen Ziels, das die beteiligten Akteur:innen durch ihre Zusammenarbeit erheblich leichter – wenn nicht gar ausschließlich auf diesem Weg – erreichen konnten.

In Butenandts kurzer Darstellung findet sich am Rande eine weitere Besonderheit, die den Bereich der Forschungsfinanzierung kennzeichnet: Bedingt durch die kooperative Verflechtung der Zuständigkeiten, die durch das 1964 getroffene Verwaltungsabkommen zwischen Bund und Ländern erstmals rechtlich kodifiziert und mit der Finanzreform 1969 schließlich Eingang in das Grundgesetz gefunden hatte, war die Bundespolitik für die Wissenschaftsorganisationen stets nur einer von mehreren, parallel agierenden Dritten.[178] In den frühen 1970er Jahren rückten im Zusammenhang mit den zähen Ver-

---

175 DFGA, AZ 02219–04, Bd. 11. Schreiben von D. Simon an G. Schettler vom 01.09.1989.
176 AMPG, II. Abt., Rep. 69, Nr. 334. Bericht des Präsidenten der MPG auf der Hauptversammlung der MPG am 22.06.1966.
177 Ebd.
178 Vgl. zu diesem Themenkomplex bspw. Bentele (1979), Kartellbildung, S. 60–252; Hohn (2010), Wissenschaftspolitik im semi-souveränen Staat; Hohn/Schimank (1990), Konflikte und Gleichgewichte; Staff (1971), Wissenschaftsförderung; Stamm (1981), Zwischen Staat und Selbstverwaltung.

handlungen über die Rahmenvereinbarung Forschungsförderung die Ministerpräsidenten der Bundesländer verstärkt in den Fokus der Allianz. Als sich durch eine Intervention der Ministerpräsidenten 1974 ein Scheitern des Abkommens abzuzeichnen begann, rief das die Allianz auf den Plan, die sich zu einem kooperativen Vorgehen veranlasst sah. Da eine Einigung in dieser Sache vom Zusammenspiel der verschiedenen politischen Akteur:innen abhängig war und die verfahrene Situation alle Allianzmitglieder gleichermaßen betraf, war ein abgestimmtes Handeln der beteiligten Präsidenten und Generalsekretäre erforderlich. In ihren internen Beratungen einigte sich die Allianz schließlich darauf, „mit Minister Matthöfer und auch den Ministerpräsidenten über die Fragen der Finanzierung von Lehre und Forschung nachdrücklich sprechen" zu wollen. Ihr Ziel war es, „eine ‚offensive Information' über Zahlen, z. B. der Beteiligung der verschiedenen Länder und des Bundes an den einzelnen Organisationen und deren Förderungsmaßnahmen" zu geben, wobei „jedoch keine Information über die einzelne Organisation erfolgen, sondern immer der Gesamtbereich ins Gespräch gebracht werden" sollte.[179]

Ein mögliches Scheitern der Verhandlungen zwischen Bund und Ländern stellte eine Bedrohung für die Haushaltslage der bundesdeutschen Wissenschafts- und Forschungsorganisationen in ihrer Breite dar. Das gemeinsame Ziel der Allianz war es folglich, den verantwortlichen Politiker:innen in Bund und Ländern ihre gemeinsame Verantwortung vor Augen zu führen, weswegen sie ihre Argumentation tunlichst auf den erwähnten – über ihre Mitgliedsorganisationen hinausgehenden – „Gesamtbereich" ausrichten mussten,[180] um die Tragweite der Entscheidung beziehungsweise ihrer Verzögerung gegenüber den beiden Verhandlungspartnern deutlich zu machen. Insbesondere der Entschluss der Ländergemeinschaft, die Regelung zur multilateralen Finanzierung der Wissenschaftsorganisationen nach dem Königsteiner Staatsabkommen nicht über das Jahr 1975 hinaus verlängern zu wollen, sorgte in der Allianz für Unruhe. Denn damit standen die Haushalte der Allianzmitglieder für das kommende Jahr auf dem Spiel und die Runde befürchtete „ernste Finanzprobleme", die sich gar in einer „völlige[n] Immobilität" niederschlagen könnten.[181] Als sich Anfang November 1975 nach jahrelangen Verhandlungen noch immer keine politische Einigung abzeichnete, erwogen MPG und DFG gar, „die Presse zu mobilisieren".[182] Der Gang an die Öffentlichkeit war für die Allianz in dieser Zeit die *Ultima Ratio* und zeigt, wie drängend die Lösung des Konflikts zwischen Bund und Ländern für die Wissenschaftsorganisationen war.[183] Die Ende November 1975 unterzeichnete Rahmenvereinbarung Forschungsförderung verrechtlichte schließlich die kooperative Verflech-

---

179 DFGA, AZ 02219–04, Bd. 1a. Interner Vermerk der DFG über die Sitzung der Allianz am 27.11.1974.
180 Ebd.
181 AdWR, 6.2 – Allianz-Sitzungen, Bd. 2. Interner Vermerk des WR über die Sitzung der Allianz am 05.11.1975.
182 Ebd.
183 Vgl. Bentele (1979), Kartellbildung, S. 181–209.

tung zwischen Bund und Ländern und stellt einen wichtigen Scharniermoment in der Geschichte der deutschen Forschungspolitik dar, dessen Auswirkungen sowohl im politischen wie auch im Wissenschaftssystem sichtbar waren.

Dennoch sah sich die Allianz auch in den folgenden Jahren und Jahrzehnten wiederholt dazu veranlasst, proaktiv auf andere Akteur:innen in Wissenschaft und Öffentlichkeit zuzugehen und auf diese Weise die eigenen Interessen in den übergeordneten Konkurrenzkonstellationen zu Gehör zu bringen: Als etwa die Wissenschaftsorganisationen Mitte der 1980er Jahre berieten, wie sie sich bezüglich des vom Bundesforschungsministerium geplanten Weltraumprogramms positionieren sollten, kamen sie trotz ihrer unterschiedlichen Ansichten rasch zu dem Schluss, „daß die Allianz sich nicht enthalten solle, gemeinsam Stellung zu nehmen".[184] Die Allianz befürchtete wegen der geplanten hohen Ausgaben für die Weltraumforschung finanzielle Nachteile für ihre Mitglieder; es würde deshalb „nicht genügen, wenn jede Organisation einzeln aus ihrem Interessenbereich heraus protestiere".[185] Von einer gemeinsamen Äußerung erhofften sich die Allianzmitglieder also eine höhere Wirkmächtigkeit, da sie ihre Wünsche oder Vorschläge gegenüber den politischen Ansprechpartner:innen auf diese Weise als Anliegen der gesamten Wissenschaft präsentieren konnten. Denn mit der Institutionalisierung der Allianz als wissenschaftspolitisches Beratungsgremium in den 1970er Jahren war ihre Bedeutung als korporatistisches Element in Fragen der Forschungspolitik gestiegen. Dabei blieb den in ihr zusammengeschlossenen Präsidenten und Generalsekretären freilich nicht verborgen, dass man ihnen zunehmend attestierte, die „grundsätzlichen Auffassungen der großen Wissenschaftsorganisationen" zu repräsentieren, wie die Vertreter des BMFT dem Gremium bei verschiedenen Gelegenheiten versicherten.[186] Und das galt nicht nur für den Forschungsminister und seine leitenden Beamten. Auch der spätere Bundeskanzler Helmut Kohl betrachtete sein Treffen mit den Mitgliedern der Allianz, das er noch in seiner Funktion als Vorsitzender der CDU/CSU-Fraktion veranstaltete, als Auftakt für seinen Dialog „mit der Wissenschaft".[187] So einigte sich die Allianz – um ihr soziales Prestige und ihre gesellschaftliche Autorität wissend – im November 1984 darauf, wegen der ungewissen Finanzierung des Weltraumprogramms und den befürchteten Einschnitten im Budget des BMFT „zunächst Minister Riesenhuber über die eigene Haltung informieren" zu wollen.[188] Falls dies nicht ausreiche, würde man „mit Abgeordneten" sprechen und „nach vorheriger Einigung" schließlich den „Schritt in die Öffentlichkeit" wagen.[189]

---

[184] DFGA, AZ 02219–04, Bd. 7. Interner Vermerk der DFG über die Sitzung der Allianz am 28.11.1984.
[185] Ebd.
[186] BArch, B 136/33238. Interner Vermerk des BMFT über die Sitzung des Präsidentenkreises am 16.11.1982.
[187] BArch, B 388/1. Interner Vermerk der AGF über ein Treffen der Allianz mit Helmut Kohl am 21.04.1982.
[188] Tatsächlich versendeten die Präsidenten und Vorsitzenden der Allianz bereits Anfang Dezember 1984 diesbezüglich ein gemeinsames Schreiben an dem Bundeskanzler und die Minister seines Kabinetts, in welchem sie ihre Bedenken kundtaten. Vgl. BArch, B 196/103431. Schreiben der Allianz an den Bundeskanzler und die Bundesminister vom 07.12.1984.
[189] DFGA, AZ 02219–04, Bd. 7. Interner Vermerk der DFG über die Sitzung der Allianz am 28.11.1984.

Die vertraulichen Beratungen in der Allianz über Fragen der Forschungsfinanzierung dienten den Mitgliedern also dazu, ihre grundsätzlichen Interessen auszuloten und bei Bedarf das weitere gemeinsame Vorgehen zu koordinieren. Zentral für letzteres war ein von den Allianzorganisationen geteiltes Ziel, das durch ein kooperatives Auftreten leichter erreicht werden konnte. Gerade der Wunsch nach einer Erhöhung des Budgets für Wissenschaft und Forschung einte die Wissenschaftsorganisationen in der Allianz über alle Partikularinteressen hinweg. Vorteilhaft für das Zustandekommen eines kooperativen Arrangements in Finanzierungsfragen waren darüber hinaus die scheinbar klar abgegrenzten Zuständigkeitsbereiche in Forschung und Forschungsförderung,[190] weswegen sich die Allianzmitglieder selbst meist nicht als Teilnehmer eines Wettbewerbs um die finanziellen Mittel des Bundes und der Länder wahrnehmen. So stand beispielsweise eine Erhöhung des Budgets für die MPG – und damit für die außeruniversitäre Grundlagenforschung – nach Wahrnehmung der Akteur:innen zunächst einmal in keinem direkten Zusammenhang mit dem Etat der universitären Forschung und Lehre.

Hinzu kam, dass konkrete budgetäre Einzelinteressen in den Sitzungen der Allianz oftmals außen vor gelassen wurden, sofern kein gemeinsames Vorgehen notwendig erschien. Ging es also um den Haushalt einer einzelnen Wissenschaftsorganisation, oblag es in erster Linie diesen selbst, ihre finanziellen Interessen in Eigenregie gegenüber den Zuwendungsgebern zu vertreten.[191] Diesem Grundsatz folgend, wandte sich MPG-Präsident Reimar Lüst im Juli 1975 schriftlich an Bundesforschungsminister Hans Matthöfer, um ihn davon zu überzeugen, die zuvor von Bund und Ländern verkündete Entscheidung gegen einen Stellenzuwachs im folgenden Haushaltsjahr zu revidieren.[192] Lüst verwies zudem darauf, dass die MPG bereits im vergangenen Jahr „beträchtliche Stellenkürzungen in Kauf nehmen"[193] musste, und betonte, dass sich seine Gesellschaft durchaus bemühe, sparsam zu wirtschaften und sich in ihrer „Etatgestaltung und Wirtschaftsführung der finanziellen Lage von Bund und Ländern" anzupassen versuche.[194] Verweise auf die Situation anderer Wissenschaftsorganisationen aus dem Kreise der Allianz finden sich in Lüsts Argumentation dagegen nicht, da sie für seine Bitte in diesem Zusammenhang keine Rolle spielten.

Nichtsdestoweniger konnten die institutionseigenen Einzelinteressen innerhalb der Allianz aber auch die Kooperation zwischen ihren Mitgliedern verhindern, was sich im weiteren Verlauf der Diskussionen über das bereits erwähnte internationale Weltraumprogramm zeigte. Nachdem die Präsidenten und Vorsitzenden bereits im Dezember 1984 und damit nur wenige Tage nach dem Beschluss, gemeinsam Stellung beziehen zu

---

190 Vgl. zum Phänomen der Segmentierung bspw. Hohn (2010), Wissenschaftspolitik im semi-souveränen Staat, S. 153–155.
191 Interview mit Barbara Bludau (München 22.10.2018).
192 AMPG, II. Abt., Rep. 57, Nr. 638. Schreiben von R. Lüst an H. Matthöfer vom 18.07.1975.
193 Ebd.
194 Ebd.

wollen, sich schriftlich an den Bundeskanzler und sein Kabinett gewendet hatten, um zu verhindern, dass dieses Programm „überwiegend aus dem Haushalt des BMFT" finanziert würde,[195] beratschlagten sie im Februar 1985 über ihr weiteres Vorgehen in dieser Angelegenheit. Denn sie befürchteten trotz ihrer schriftlich gegenüber dem Kabinett geäußerten mahnenden Worte weiterhin, dass die „Finanzierung der Weltraumprojekte [...] jetzt steil" ansteigen werde, was schließlich „auf Kosten anderer Projekte gehen" würde.[196] Deshalb wollten sie „nunmehr darauf drängen, an der Prioritätensetzung im BMFT beteiligt zu werden".[197] Genau in diesem Punkt trat nun offen zutage, was bereits im November des Vorjahres festgestellt worden war, zu diesem Zeitpunkt allerdings noch kein Hindernis dargestellt hatte: Die Positionen innerhalb der Allianz gingen „auseinander" und waren „zu unterschiedlich", um eine „wirklich einheitliche Meinung in den Einzelheiten" erreichen zu können.[198] Heinz Staab resümierte schließlich, dass ein kooperatives Vorgehen in diesem Punkt schwierig – wenn nicht gar unmöglich – sei, „weil ja die einzelnen hier am Tisch vertretenen Organisationen, was das Geld anbelange, gerade in einer geldknappen Zeit als Konkurrenten auftreten müßten".[199] Die Partikularinteressen der einzelnen Wissenschaftsorganisationen waren also in diesem Fall nicht kompatibel, weswegen ein gemeinsames und abgestimmtes Handeln in diesem Punkt nicht möglich erschien – obwohl man sich in der groben Stoßrichtung durchaus einig war. Das geteilte Ziel, nämlich zu verhindern, dass die Mittel für das Weltraumprogramm aus dem Etat des BMFT genommen würden, war in dieser Situation nicht ausreichend, um das weitere Vorgehen koordinieren und kompetitive Situationen vermeiden zu können.

Ein solch deutlicher Hinweis auf einen direkten Wettbewerb zwischen den Allianzmitgliedern in finanziellen Bereichen war in der Selbstwahrnehmung des Gremiums allerdings eher die Ausnahme als die Regel. Stattdessen wurden potentiell konfliktreiche oder kompetitive Belange in den Sitzungen häufig ausgespart und ein separates Vorgehen einzelner Wissenschaftsorganisationen toleriert.[200]

In der Fremdwahrnehmung hingegen spielte eine vermutete Konkurrenz zwischen den Wissenschaftsorganisationen eine bedeutende Rolle, insbesondere aus Sicht des Forschungsressorts, das sich auf diese Weise seiner Rolle als Dritter versicherte. Dabei war dem Ministerium besonders daran gelegen, in der Mittelzuteilung für die jeweiligen Wissenschaftsorganisationen die Balance zu halten, weswegen der Forschungsminister explizit darauf achtete, keinen Zuwendungsempfänger zu übervorteilen. Diese Einstellung zeigt sich anschaulich in der Antwort Matthöfers auf Lüsts zuvor

---

195 BArch, B 196/103431. Schreiben der Allianz an den Bundeskanzler und die Bundesminister vom 07.12.1984.
196 DFGA, AZ 02219–04, Bd. 7. Interner Vermerk der DFG über die Sitzung der Allianz am 21.02.1985.
197 Ebd.
198 DFGA, AZ 02219–04, Bd. 7. Interner Vermerk der DFG über die Sitzung der Allianz am 28.11.1984.
199 DFGA, AZ 02219–04, Bd. 7. Interner Vermerk der DFG über die Sitzung der Allianz am 21.02.1985.
200 Vgl. bspw. Interview mit Barbara Bludau (München 22.10.2018).

geschilderte Bemühungen, trotz der von Bund und Ländern beschlossenen Kürzungen finanzielle Mittel für die Besetzung offener Stellen in verschiedenen Max-Planck-Instituten zu akquirieren.[201] Denn trotz gründlicher Abwägung sah der Minister „keine Möglichkeit", dem von der MPG geäußerten „Wunsch im nächsten Jahr zu entsprechen".[202] Er begründete seine Entscheidung mit einem Hinweis auf den zu erwartenden Widerstand der Länder, auf deren Kooperation der Bund im verflochtenen nationalen Finanzierungssystem angewiesen war.[203] Zudem führte er das Verhältnis zu den anderen Wissenschaftsorganisationen als Ablehnungsgrund an:

> Auch gegenüber den anderen Forschungseinrichtungen, insbesondere den Großforschungseinrichtungen, ließe sich eine Stellenvermehrung bei der MPG nicht rechtfertigen, zumal in den vergangenen Jahren die MPG auf Kosten dieser Einrichtungen eine ganze Reihe von Stellen erhalten hat. Außerdem hat die MPG – anders als die meisten anderen Forschungseinrichtungen – eine Personalstellenreserve, auf die sie in ganz dringenden Fällen zurückgreifen kann [...].[204]

Der mehrmalige Hinweis auf die strukturellen Nachteile der „anderen Forschungseinrichtungen", die sich in Fragen der Stellenpolitik in einer ungünstigeren Position als die MPG befänden, verdeutlicht, dass der Bund als Zuwendungsgeber die Wissenschaftsorganisationen als Wettbewerberinnen um eine knappe monetäre Prämie wahrnahm, über die er selbst zu entscheiden hatte. Als Dritter sah sich das Forschungsministerium in dieser Konkurrenzkonstellation dazu verpflichtet, keine der konkurrierenden Parteien zu bevorzugen. Dabei fühlte sich der Minister offenbar insbesondere gegenüber den Großforschungseinrichtungen verpflichtet – dem Newcomer im Konzert der etablierten Wissenschaftsorganisationen, der zu diesem Zeitpunkt lediglich an den Beratungen des Präsidentenkreises, nicht aber an den Gesprächen der Allianz beteiligt war.

Das von Matthöfer angesprochene Verhältnis zwischen der AGF und den etablierten Wissenschaftsorganisationen sollte auch nach der erstmaligen Einladung ihres Vorsitzenden zu den Gesprächen der Allianz diversen Schwankungen unterworfen

---

[201] Vgl. AMPG, II. Abt., Rep. 57, Nr. 638. Schreiben von R. Lüst an H. Matthöfer vom 18.07.1975.
[202] AMPG, II. Abt., Rep. 57, Nr. 638. Schreiben von H. Matthöfer an R. Lüst vom 11.08.1975.
[203] Matthöfer zufolge wäre es „außerordentlich schwierig und wahrscheinlich unmöglich, die Länder in diesem Bereich zu einem Entgegenkommen gegenüber der MPG zu bewegen." AMPG, II. Abt., Rep. 57, Nr. 638. Schreiben von H. Matthöfer an R. Lüst vom 11.08.1975. Diese Argumentation beinhaltete zugleich einen Hinweis auf das Geleitzugprinzip, demzufolge der finanzschwächste Partner die Höhe des Globalhaushalts der MPG bestimmte und somit als bremsender Faktor für das Wachstum derselben wirkte. Vgl. ausführlich zum Geleitzugprinzip, den Vor- und Nachteilen für die MPG Balcar (2020), Wandel durch Wachstum, S. 127–134; Hohn (2010), Außeruniversitäre Forschungseinrichtungen, S. 470. Siehe außerdem zur Verflechtung von Bund Ländern, insbesondere bei der Finanzierung Schimank (2014), Hochschulfinanzierung in der Bund-Länder-Konstellation. Zur Theorie der Politikverflechtung vgl. bspw. Scharpf (1976), Politikverflechtung; Scharpf (1978), Theorie der Politikverflechtung; Scharpf (1985), Politikverflechtungs-Falle.
[204] AMPG, II. Abt., Rep. 57, Nr. 638. Schreiben von H. Matthöfer an R. Lüst vom 11.08.1975.

sein. Ausschließende Praktiken gegenüber der AGF lassen sich häufig im Zusammenhang mit personellen Wechseln an ihrer Spitze beobachten: Herwig Schopper beispielsweise wurde kurz nach seinem Amtsantritt als AGF-Vorsitzender nicht in die Ausarbeitung eines Ergänzungspapiers der Allianz zum Heisenberg-Programm einbezogen, obwohl sein Vorgänger, Karl Heinz Beckurts, ein Memorandum in derselben Angelegenheit mitunterzeichnet hatte.[205] Auch Schoppers Nachfolger, Gisbert zu Putlitz, sah sich – nachdem sich die Beziehung zur Allianz in den vorangegangenen Jahren schrittweise wieder intensiviert hatte[206] – mit einer ähnlichen Dynamik konfrontiert und erhielt etwa im Vorfeld gemeinsamer Termine mit Vertretern der Politik zirkulierende Unterlagen seiner Kollegen nicht.[207]

Kompetitive Spannungen zwischen der AGF als neu in den erlesenen Kreis aufgenommener Institution und den etablierten Mitgliedern traten auf besondere Weise zutage, wenn es um Fragen der Finanzierung und Mittelzuteilung ging. Als es in einer Sitzung des Präsidentenkreises im Juni 1981 – wie so häufig – um die allgemeine Haushaltslage ging, kam das Gespräch bald auf die Haushaltsstagnation und Stellenkürzungen bei den Großforschungseinrichtungen. Zu Putlitz warb bei Minister von Bülow und seinen Staatssekretären um Verständnis für „die besondere Lage der Großforschungseinrichtungen [...], die einer erheblichen Kürzung unterworfen werden sollen". Zudem bat er von Bülow darum, „den Großforschungseinrichtungen deutlich zu machen, warum diese Kürzung schwerpunktmäßig [sic!] bei den GFE" erfolgen sollten.[208] Obwohl zu Putlitz betonte, dass solche Kürzungen eine Möglichkeit zur Neujustierung der inhaltlichen Schwerpunkte beinhalten würden, blieb der Forschungsminister bei seiner Entscheidung und ging nicht auf die Forderungen ein. Auch von seinen anwesenden Kollegen erhielt der AGF-Vorsitzende keinerlei Unterstützung. Sie fielen ihm sogar offen in den Rücken, als sie die Gelegenheit nutzten, um in Anwesenheit der Gesprächspartner aus dem BMFT „in ein allgemeines Geheul über die Qualität der Großforschungszentren auszubrechen".[209] Dass die Allianzmitglieder in den jeweils nur sie betreffenden Haushaltsverhandlungen primär als Einzelkämpfer auftraten, ist zunächst wenig überraschend, der offene Affront der Präsidenten von DFG und MPG war hingegen keineswegs alltäglich. Denn statt sich in der Diskussion über die budgetären Spezifika der Großforschungseinrichtungen zurückzuhalten, diskreditierten die anderen Gesprächsteilnehmer die AGF. Der Hinweis auf qualitative Mängel der dort betriebenen Forschung kam in dieser Situation gar einem direkten Angriff auf die zuvor ausgeführte Argumentation zu Putlitz' gleich und schwächte dessen Verhandlungsposition gegen-

---

205 Vgl. dazu Szöllösi-Janze (1990), Arbeitsgemeinschaft der Großforschungseinrichtungen, S. 306–310.
206 BArch, B 388/2. Interner Vermerk der AGF zu den Highlights der Amtszeit von Prof. Schopper vom 28.02.1989.
207 BArch, B 388/1. Gesprächsnotiz von G. zu Putlitz über ein Treffen mit dem Bundespräsidenten am 12.01.1981.
208 BArch, B 388/1. Interner Vermerk der AGF über die Sitzung des Präsidentenkreises am 11.06.1981.
209 Ebd.

über von Bülow erheblich. Das kompetitive Verhalten der etablierten Allianzmitglieder in dieser Situation speiste sich wohl aus der vagen Befürchtung, dass ein Entgegenkommen des BMFT bei den Anliegen der AGF im Umkehrschluss zu Kürzungen in ihren eigenen Organisationen führen würde. Obwohl die Großforschungseinrichtungen im Kreis der Allianz ein Newcomer und Juniorpartner waren, überstiegen die dort vom Bund investierten Summen die Etats der anderen Wissenschaftsorganisationen um ein Vielfaches, so dass die Großforschungseinrichtungen trotz starker Einsparungen rund die Hälfte aller Finanzmittel absorbierten, die der Bund im Bereich der staatlich finanzierten außeruniversitären Forschung investierte.[210] Die „Eifersucht wegen ihrer geringeren Mittel", die man den anderen außeruniversitären Forschungseinrichtungen gelegentlich unterstellte, mag so gesehen nicht ganz unbegründet gewesen sein.[211]

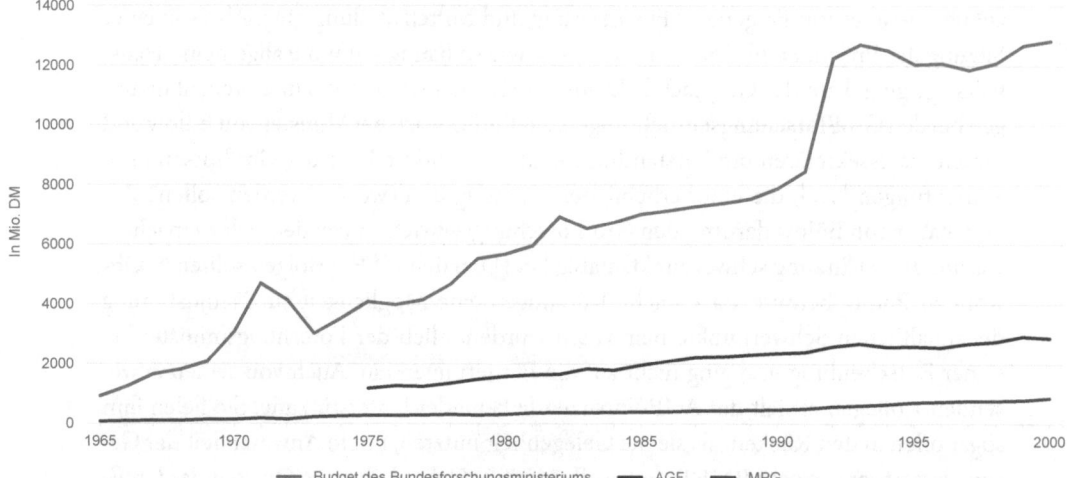

Abb. 14: Gesamtbudget des Bundesforschungsministeriums und Bundesanteil an der Förderung von AGF und MPG.[212]

Durch das Einbinden der AGF in die gemeinsamen Beratungen hielten Elemente eines Wettbewerbs um finanzielle Mittel Einzug in dieses sonst kooperativ agierende Gremium. Für das Binnenverhältnis der Allianz bedeutete die Aufnahme des Vorsitzenden der AGF letztlich nichts anderes als eine Destabilisierung ihres bis dato sorgfältig austarierten Machtverhältnisses. Die kompetitiven Praktiken gegenüber der AGF können als Versuch der etablierten Wissenschaftsorganisationen verstanden werden, diese spannungs-

---

210 Vgl. dazu Hohn/Schimank (1990), Konflikte und Gleichgewichte, S. 53–62.
211 BArch, B 388/1. Interner Vermerk der AGF über die Sitzung der Allianz am 11.09.1981.
212 Eigene Visualisierung basierend auf einer systematischen Auswertung der entsprechenden Angaben aus den Bundesberichten Forschung für die Jahre 1965 bis 2000.

reiche Situation zu restabilisieren – und gleichzeitig zeugen sie davon, dass die AGF als junge Dachorganisation in den 1970er und frühen 1980er Jahren trotz ihres Gaststatus' bei den Allianzsitzungen noch nicht als auf Augenhöhe agierende Verhandlungspartnerin wahrgenommen wurde. Wie die deutliche, in Anwesenheit des Ministers geäußerte Kritik an deren wissenschaftlicher Qualität veranschaulicht, galt die AGF im Bereich der Forschungsfinanzierung zu diesem Zeitpunkt eher als Konkurrentin denn als Mitglied des kooperativen Zusammenschlusses der Wissenschaftsorganisationen.

In jedem Fall beeinträchtigte diese, nun intern herrschende Konkurrenzkonstellation die Handlungsfähigkeit der Allianz, was nach und nach allen beteiligten Akteuren auf- und zuweilen missfiel. Gerade das Erreichen eines übergeordneten gemeinsamen Ziels gestaltet sich umso schwieriger,[213] wenn man die Kooperationsbereitschaft eines Akteurs offen in Frage stellte und diesen bei nahezu jeder sich bietenden Gelegenheit desavouierte. Aus diesem Grund wies zu Putlitz, dem als Juniorpartner in der Runde keine direkten Sanktionsmöglichkeiten zur Verfügung standen, seine Kollegen in den Allianzsitzungen wiederholt auf eben jenes, sie einende Ziel hin – zunächst jedoch ohne Erfolg.[214] Erst ein im Januar 1982 geführtes Gespräch zwischen Vertretern von AGF und MPG konnte die Wogen schließlich glätten.[215] Unter Rückbesinnung auf ihr geteiltes Ziel, die Stärkung von Wissenschaft und Forschung in der Bundesrepublik, und unter Betonung ihrer komplementären Ausrichtung gelang es den drei Teilnehmern, ihre divergierenden Interessen zu harmonisieren und ein wechselseitiges Verständnis für die Anliegen ihres Gegenübers zu schaffen. Die Aussprache erzielte jedenfalls die erhoffte Wirkung, denn fortan nahmen Angriffe innerhalb der Allianz auf die AGF ab und der kooperative Austausch konnte sich als Handlungsmodus innerhalb des Gremiums wieder etablieren.

Gegenüber Externen, also Wissenschafts- und Forschungsorganisationen, die nicht Teil der gemeinsamen Beratungen waren, agierte die Allianz dagegen seit jeher vergleichsweise kompetitiv. Denn die generelle Knappheit der erstrebten, durch Bund und Länder vergebenen monetären Prämie stand den Selbstverwaltungsorganisationen stets vor Augen, und während man versuchte, innerhalb der Allianz kompetitive Situationen zu minimieren und sich bei Bedarf untereinander abzustimmen, entfaltete diese im Wettbewerb mit außenstehenden Akteuren ihr ganzes Potenzial. Besonders offenkundig wird dies in ihrem Verhältnis zur sogenannten Blauen Liste, die bereits ab den

---

213 Vgl. zur Bedeutung des gemeinsamen Ziels für die Kooperation in Finanzierungsfragen die Schilderung Adolf Butenandts gegenüber der Hauptversammlung der MPG über die Allianz und den Mehrwert der Zusammenarbeit in AMPG, II. Abt., Rep. 69. Nr. 334. Bericht des Präsidenten der MPG auf der Hauptversammlung der MPG am 22.06.1966.
214 So betonte er bspw. in der September-Sitzung im Jahr 1981, es müssten doch alle Wissenschaftsorganisationen gleichermaßen „daran interessiert sein, daß unsere Forschung auf dem allerhöchsten Niveau bleibt". BArch, B 388/1. Interner Vermerk der AGF über die Sitzung der Allianz am 11.09.1981.
215 Auf jenes Gespräch wird in Kapitel 3.3.1, das die Einbindung der AGF in die Allianz analysiert, noch detaillierter eingegangen.

1980er Jahren ein wiederkehrendes Thema in den gemeinsamen Diskussionen war. So warnte der Generalsekretär der DFG anlässlich der im Dezember 1983 bevorstehenden Sitzung der Bund-Länder-Kommission für Bildungsplanung und Forschungsförderung die anderen Allianzmitglieder bei der Vorbereitung des Präsidentenkreises zu den Perspektiven der gemeinsamen Forschungsförderung von Bund und Ländern eindringlich davor, dass sich „zum Beispiel unvermeidliche Baukosten bei den Instituten der Blauen Liste [...] mindernd auf die Zuschußfestsetzung der Forschungsgemeinschaft auswirken" würden.[216] Deutlich mahnte er an, „daß die durch verschiedene Zufälligkeiten in der Blauen Liste zusammengefaßten Institute zu einer Belastung der Forschungsförderung in der Max-Planck-Gesellschaft und der Forschungsgemeinschaft – und damit der Forschung in den Universitäten" werden würden, weswegen „jetzt der Zeitpunkt" wäre, „in dem deutlich gesagt werden muß, was man von der Blauen Liste" halte.[217] Denn die BLK wollte grundsätzlich über „Bilanz und Perspektiven der gemeinsamen Forschungsförderung durch Bund und Länder" diskutieren, um so die Leistungsfähigkeit des bundesdeutschen Wissenschaftssystems zu sichern.[218] Zu diesem Zweck erschien es den in der BLK versammelten Vertreter:innen notwendig, unter Einbindung der betroffenen Wissenschaftsorganisationen die „forschungspolitische Konzeption der Gemeinschaftsaufgabe nach Artikel 91 b GG" zu verbessern und weiterzuentwickeln,[219] weshalb die Allianz in der zweiten Jahreshälfte 1984 zu einem Gespräch eingeladen werden sollte. Der kooperative Zusammenschluss wiederum wollte in seiner Dezembersitzung sein grundsätzliches Vorgehen in dieser Sache untereinander abstimmen, da einige seiner Mitgliedsorganisationen die Blaue Liste als (zumindest in Teilen) unerwünschte Konkurrentin um die finanziellen Mittel betrachtete. Denn die von Bund und Ländern festgesetzten Mittel für Wissenschaft und Forschung „müßten sich die Institutionen, die der gemeinsamen Forschungsförderung unterlägen, teilen".[220] Ein kompletter Rückzug des Bundes aus der Finanzierung der Blauen Liste erschien den Präsidenten und Generalsekretären allerdings ebenso wenig erstrebenswert, da man negative Folgen für die sonstige „Forschungsförderungspolitik des Bundes" und damit für die eigenen Wissenschaftsorganisationen befürchtete.[221] In den allianzinternen Beratungen einigte man sich schließlich, „die Blaue Liste nicht als unverrückbare Einheit stehenzulassen,

---

216 AMPG, II. Abt., Rep. 57, Nr. 606, Bd. 2. Schreiben von C. H. Schiel an die Mitglieder der Allianz vom 03.11.1983.
217 Ebd. Zum Verlauf der anschließenden Diskussion mit dem Minister siehe BArch, B 196/51380. Interner Vermerk des BMFT über die Sitzung des Präsidentenkreises am 29.11.1983.
218 Vgl. AMPG, II. Abt., Rep. 57, Nr. 606, Bd. 2. Pressemitteilung der BLK vom 09.12.1983.
219 AMPG, II. Abt., Rep. 57, Nr. 606, Bd. 2. Gesprächsunterlage für das Forschungspolitische Gespräch der BLK am 09.12.1983.
220 AMPG, II. Abt., Rep. 57, Nr. 606, Bd. 2. Schreiben von C. H. Schiel an die Mitglieder der Allianz vom 03.11.1983.
221 AdWR, 6.2 – Allianz-Sitzungen, Bd. 3. Interner Vermerk des WR über die Sitzung der Allianz am 14.09.1983; vgl. auch AMPG, II. Abt., Rep. 57, Nr. 606, Bd. 2. Schreiben von P. Kreyenberg an die Mitglieder der Allianz vom 31.10.1983.

sondern sie beweglich zu gestalten".²²² Dies bedeutete auch, dass „Schließungen und Neuaufnahmen [...] möglich sein" sollten,²²³ da man sich in der Allianz nicht sicher war, ob wirklich alle Einrichtungen der Blauen Listen „wissenschaftspolitisch Beachtung verdienten".²²⁴ Von staatlicher Seite erwartete man bezüglich dieses Vorschlags „Unverständnis", weswegen sich die Wissenschaftsorganisationen „gut auf das [...] geplante Gespräch mit der BLK vorbereiten" müssten.²²⁵ Doch nicht nur eine minutiöse Vorbereitung erhöhte nach Ansicht der Präsidenten und Generalsekretäre ihre Erfolgschancen, sie wollten vor der BLK zudem „möglichst mit einer Zunge sprechen".²²⁶

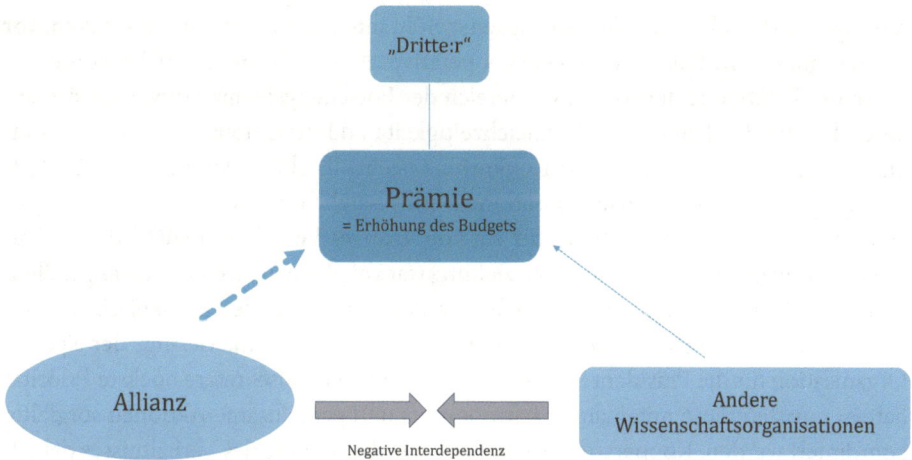

Abb. 15: Kooperation in der Allianz in Finanzierungsfragen.²²⁷

Der Zusammenarbeit innerhalb der Allianz räumten die Beteiligten also eine höhere Wirkmächtigkeit als einem separaten Agieren ein, was in anderen, übergeordneten Konkurrenzkonstellationen von Vorteil sein konnte – insbesondere, wenn man es mit einer derart heterogenen Konkurrentin wie der Blauen Liste zu tun hatte. Letztere verfügte zu diesem Zeitpunkt noch nicht über eine Dachorganisation und die Kontakte zwischen den verschiedenen Mitgliedsinstituten waren bestenfalls sporadischer Natur. Daher war es den vier zum Gespräch mit der BLK geladenen Vertretern der Blauen Lis-

---

222 DFGA, AZ 02219-04, Bd. 6. Interner Vermerk der DFG über die Sitzung der Allianz am 13.12.1983.
223 Ebd.
224 AdWR, 6.2 – Allianz-Sitzungen, Bd. 3. Interner Vermerk des WR über die Sitzung der Allianz am 14.09.1983.
225 Ebd.
226 AdWR, 6.2 – Allianz-Sitzungen, Bd. 4. Interner Vermerk des WR über die Sitzung der Allianz am 13.12.1983.
227 Je kürzer und dicker der auf die Prämie gerichtete Pfeil ist, desto näher steht ein Akteur dem Erreichen derselben. Eigene Visualisierung mit Fokus auf parallel existierende Konkurrenzkonstellationen.

te auch nicht möglich, dort eine einheitliche Argumentation zu präsentieren oder gar mit einer Stimme zu sprechen.[228] Umso überzeugender konnte in dieser Situation also ein gemeinsamer Auftritt der Allianzmitglieder auf die Vertreter:innen der Politik wirken. Erneut war für die Kooperation der Wissenschaftsorganisationen in der durchaus heiklen Frage der Forschungsfinanzierung, in der ein hoher Bedarf an Abstimmung und Kompromissbereitschaft seitens der Beteiligten bestand, ein geteiltes Ziel die notwendige Grundvoraussetzung. Doch trug noch ein weiterer Faktor zur Festigung dieser Zusammenarbeit bei: Die Existenz eines externen Konkurrenten beziehungsweise einer Konkurrentin konnte sich – über alle Unterschiede und möglichen Partikularinteressen hinweg – förderlich auf das Zugehörigkeitsgefühl innerhalb der Allianz auswirken, vor allem wenn ihre Mitglieder durch ein kooperatives Agieren Vorteile erzielen konnten.

An der Betätigung der Allianz im Bereich der Forschungsfinanzierung lässt sich auf besonders anschauliche Weise die Gleichzeitigkeit und Interaktionsdynamik der Handlungsmodi von Kooperation und Konkurrenz nachvollziehen. Denn obwohl die Mittelakquise für die Mitgliedsorganisationen grundsätzlich als kompetitives Feld galt, entschied sich die Allianz oftmals für ein kooperatives Vorgehen. Zentral für das Zustandekommen einer Kooperationsbeziehung war vor allem die Existenz eines geteilten Ziels, das nicht in Konflikt mit den freilich weiterhin bestehenden Partikularinteressen der Wissenschaftsorganisationen stehen durfte. Da prinzipiell die Belange der eigenen Organisation für die Präsidenten, Vorsitzenden und Generalsekretäre höchste Priorität hatten, mussten diese miteinander harmonisiert und gemeinsame Aktionen sorgfältig koordiniert werden. Kooperation war dabei – wie die Analyse des Verhältnisses der Allianz zur Blauen Liste gezeigt hat – kein Selbstzweck, sondern sollte den Beteiligten unter anderem in übergeordneten kompetitiven Konstellationen zum entscheidenden Vorteil verhelfen. Hierzu trug insbesondere das hohe Ansehen bei, das die Allianz in der Politik und im Bereich des Wissenschaftsmanagements genoss. Es ist daher kein Zufall, dass im Laufe der Zeit verschiedenste Akteure aus Wissenschaft und Forschung ihren Wunsch, ebenfalls an den Beratungen der Allianz beteiligt zu werden, an das Gremium herantrugen.[229]

3.3 Erweiterungen der Allianz zwischen Kooperation und Konkurrenz

Mit der in den 1970er Jahren einsetzenden Formalisierung der Zusammenarbeit innerhalb der Allianz und ihrer Institutionalisierung als wichtiges Beratungsgremium durch das Bundesforschungsministerium wurde sie im Umfeld von Wissenschaft und Politik präsenter wahrgenommen. Dadurch wuchs nicht nur das Interesse an der Arbeit der

---

[228] Vgl. Brill (2017), Von der „Blauen Liste", S. 15–23.
[229] Siehe hierzu generell die Ausführungen im folgenden Kapitel 3.3 und insbesondere in Kapitel 3.3.3 dieser Arbeit.

Allianz, auch ihre Zusammensetzung rückte wiederholt in den Fokus. Bei den Zusammenkünften des Präsidentenkreises war (und ist) das Bundesforschungsministerium der Veranstalter und damit federführender Akteur. Aufgrund dieses asymmetrischen Verhältnisses oblag die Entscheidung, wer daran teilnehmen durfte, primär den Vertreter:innen des Ministeriums. Anders gestaltete sich die Situation dagegen in der Allianz, bei welcher der Vorsitz reihum wechselte und auf deren Zusammensetzung die politischen Akteur:innen nicht direkt Einfluss nehmen konnten.[230]

Die Frage, wer Teil dieses elitären Zirkels war und wer nicht, wurde zu einem zentralen Maßstab forschungspolitischer Macht und wissenschaftlichen Prestiges. Denn durch die Verstetigung und institutionelle Verfestigung der Kaminrunden fungierte die Zugehörigkeit zur Allianz nicht nur als Verstärkerrolle für die in ihr zusammengeschlossenen Führungspersonen, sondern steigerte auch das öffentliche Ansehen ihrer Mitglieder. Ferner ging die Einbindung einer Wissenschaftsorganisation in die Allianz mit einem privilegierten Zugang zu zentralen politischen Instanzen der Bundesrepublik und der Möglichkeit einer korporatistischen Einflussnahme auf die Ausgestaltung der Wissenschafts- und Forschungspolitik einher. Folglich war die Allianz ab den späten 1970er Jahren wiederholt mit Bestrebungen bislang außenstehender Wissenschaftsorganisationen um deren Einbindung konfrontiert, auf die sie in unterschiedlicher Weise reagierte. Für die Allianz konnte die Aufnahme neuer Akteure in ihre Beratungen eine Destabilisierung des etablierten internen Machtgefüges zur Folge haben, weswegen sie sich gegenüber solchen Vorstößen zunächst eher zurückhaltend verhielt. Dass sich in der Praxis vollkommen unterschiedliche Rückwirkungen auf das Binnenverhältnis ergeben konnten, zeigt die Auswertung dreier Fallstudien. Die drei Beispiele – Aufnahme der AGF und der FhG, Ablehnung der Konferenz der Akademien –, auf die im Folgenden detailliert eingegangen wird, sind dabei so gewählt, dass sie erstens die internen Debatten der Allianz in ihrer Breite widerspiegeln und zweitens das komplette Spektrum ihrer Reaktionen auf sich verändernde institutionelle Konstellationen im bundesdeutschen Wissenschaftssystem in den 1970er und 1980er Jahren abbilden. Während die erste Erweiterung der Allianz um den Vorsitzenden der AGF besonders spannungsreich und von einem langwierigen Wechselspiel von kooperativen und kompetitiven Praktiken ebenso wie von Schließungs- und Öffnungsmechanismen geprägt war, verlief die Einbindung der FhG nur wenige Jahre später wesentlich reibungs- und konfliktärmer. Der Fall der Konferenz der Akademien hingegen verdeutlicht, dass die Allianz sich mitunter gegen den von außen an sie herangetragenen Wunsch nach einer Aufnahme in ihre Beratungen verschließen konnte. In den drei unterschiedlich gelagerten Fällen wird untersucht, wie divergierend die Spannung zwischen Inklusion und Exklusion die institutionelle Dynamik der Allianz prägen konnte und welche Faktoren Kooperation oder Konkurrenz beförderten.

---

230 Vgl. Hintze (2020), Kooperative Wissenschaftspolitik, S. 414–420; Hohn/Schimank (1990), Konflikte und Gleichgewichte, S. 401–413.

3.3.1 Die widerwillige und spannungsgeladene Einbindung der Arbeitsgemeinschaft der Großforschungseinrichtungen (AGF)

Bereits in den 1960er Jahren hatte der Bund die Großforschungseinrichtungen als wichtiges Mittel ausgemacht, um in der noch immer von den Ländern dominierten Wissenschafts- und Forschungspolitik Fuß zu fassen.[231] Aufgrund des enormen Mittelbedarfs in diesem Bereich und der sich verschlechternden Finanzlage der Länder machte der Bund 1968 schließlich den Vorschlag, seine Beteiligung an den Großforschungseinrichtungen auf 90 % zu steigern. Wenngleich diese Finanzierungsform erst 1975 durch die Rahmenvereinbarung Forschungsförderung rechtlich untermauert wurde, hatte sich damit ab 1969 der bis heute gültige Finanzierungsschlüssel 90:10 etabliert. Diese stärkere finanzielle Einbindung in die Großforschung verband der Bund mit dem Anspruch auf eine erhöhte Einflussnahme, etwa hinsichtlich der Planung und Steuerung der dort betriebenen Forschung.[232] Diese Entwicklung rief schließlich die Zentren auf den Plan, die sich zuvor lediglich zu einem lockeren und informellen Arbeitsausschuss formiert hatten, der das Zusammenwirken von Staat und Großforschung neu justieren und dadurch die wissenschaftliche Autonomie bewahren wollte.[233] Als sich im Januar 1970 die administrativen und wissenschaftlichen Leiter der Großforschungseinrichtungen zu einer mehrtägigen Klausursitzung auf dem Dobel in der Nähe von Karlsruhe trafen, beschlossen die Vertreter der zehn dort versammelten Zentren die Gründung der Arbeitsgemeinschaft der Großforschungseinrichtungen (AGF) und legten deren Zuständigkeit und Aufgaben fest.[234] Darüber hinaus einigten sie sich auf die sogenannten Dobeler Thesen, die als Leitlinien für das Verhältnis zwischen Staat und Großforschung gedacht waren und das sich festigende Selbstverständnis der Großforschungseinrichtungen widerspiegelten.[235] Das BMBW unter Minister Leussink zeigte sich zunächst wenig erfreut über die Gründung der AGF, da dem Ministerium nicht unbedingt an einem gemeinsamen und damit schlagkräftigeren Auftritt der Großforschungseinrichtungen gelegen war. Entsprechend erfuhr die junge Arbeitsgemeinschaft zunächst keine Unterstützung von Seiten der Bundespolitik hinsichtlich ihres Wunsches, stärker – neben den anderen

---

[231] Teilergebnisse dieses Abschnitts wurden bereits an anderer Stelle veröffentlicht, vgl. Osganian (2022), Competitive Cooperation.
[232] Vgl. Szöllösi-Janze (1990), Arbeitsgemeinschaft der Großforschungseinrichtungen, S. 129–136; Staff (1971), Wissenschaftsförderung, S. 23–30.
[233] Vgl. auch Szöllösi-Janze (1990), Identitätsfindung und Selbstorganisation.
[234] Diese umfassten das Kernforschungszentrum Karlsruhe (KfK), die Kernforschungsanalage Jülich (KFA), die Gesellschaft für Kernenergieverwertung in Schiffbau und Schifffahrt (GKSS), das Hahn-Meitner-Institut (HMI), das Deutsche Elektronen-Synchrotron (DESY), das Max-Planck-Institut für Plasmaphysik (IPP), die Gesellschaft für Strahlenforschung (GSF), die Deutsche Forschungs- und Versuchsanstalt für Luft- und Raumfahrt (DFVLR), die Gesellschaft für Mathematik und Datenverarbeitung (GMD) und die Gesellschaft für Schwerionenforschung (GSI).
[235] Vgl. Hoffmann/Trischler (2015), Helmholtz-Gemeinschaft, S. 13–21; Szöllösi-Janze (1990), Arbeitsgemeinschaft der Großforschungseinrichtungen, S. 131–154.

großen Selbstverwaltungsorganisationen – in die Gestaltung der Bildungs- und Forschungspolitik einbezogen zu werden. Das Verhältnis zwischen dem Forschungsressort und der Arbeitsgemeinschaft sollte sich jedoch schon bald entspannen.[236]

Im Jahr 1974 entschied sich Forschungsminister Horst Ehmke, den Präsidentenkreis als „informelle[n] Gesprächskreis"[237] nach längerer Pause wiederzubeleben. Im Zuge dessen erweiterte er den Teilnehmerkreis und lud neben den vier Vertretern aus der Allianz erstmals auch den Präsidenten der FhG und den Vorsitzenden der AGF zu den gemeinsamen Beratungen ein. Damit hatte der Minister – ohne vorherige Rücksprache mit den bis dato beteiligten Wissenschaftsorganisationen – neue Tatsachen geschaffen und dem Wunsch der AGF nach einer Einbindung in die wissenschaftspolitischen Beratungsgremien entsprochen.[238] Die Allianzmitglieder verhielten sich den neuen Verhandlungspartnern gegenüber zunächst zurückhaltend, wobei sie jedoch keine Handhabe gegen die Einbindung von AGF und FhG in die Kaminrunden hatten, da die Zusammensetzung des Präsidentenkreises aufgrund des asymmetrischen Verhältnisses allein dem Minister oblag. Darüber, wen sie zu ihren internen Sitzungen einluden, entschieden die Präsidenten und Generalsekretäre der Allianz allerdings autonom und so blieben die Vertreter von AGF und FhG vorerst exkludiert. Gleichzeitig beschäftigten sich die Allianzmitglieder, allen voran MPG und DFG, mit der drängenden Frage, welche Rolle die AGF im bundesdeutschen Forschungssystem spielen würde und wie sich die etablierten Wissenschaftsorganisationen ihr gegenüber positionieren sollten. Ihre Sorgen speisten sich insbesondere aus dem starken finanziellen Engagement des Bundes im Bereich der Großforschung. Die Aufwertung und Anerkennung der AGF, die sich unter anderem in der Einbindung ihres Vorsitzenden in den Präsidentenkreis manifestierte, sahen sie als Anzeichen für einen wachsenden Einfluss des Forschungsministeriums, der letztlich „die Selbständigkeit der Großforschungseinrichtungen beeinträchtigen würde".[239] In der Allianz, die sich als Hüterin der Autonomie von Wissenschaft und Forschung verstand, löste die Entstehung eines zentralen Dachverbands für die verschiedenen Großforschungszentren große Bedenken aus. Erschwerend kam hinzu, dass die Gründung der AGF aufgrund der in den 1970er Jahren einsetzenden Wirtschaftskrise in eine Phase zunehmender Ressourcenknappheit fiel. Wenngleich sich die konkreten Auswirkungen bei den Wissenschaftsorganisationen im Einzelfall unterscheiden konnten, verlangsamte sich doch generell das finanzielle Wachstum spürbar oder stagnierte sogar gänzlich.[240] Diese Krisenerfahrung begünstigte ein stärker kompetitives Auftreten der Wissenschaftsorganisationen – vor allem gegenüber ei-

---

236 Vgl. dazu ausführlicher Hoffmann/Trischler (2015), Helmholtz-Gemeinschaft, S. 22–24.
237 BArch, B 196/16341. Interner Vermerk des BMBF zur Einladung der Hl. Allianz vom 01.02.1974.
238 Diese Forderung hatte die AGF in ihren Dobeler Thesen festgehalten. Vgl. Szöllösi-Janze (1990), Arbeitsgemeinschaft der Großforschungseinrichtungen, S. 340–342.
239 AdWR, 6.2 – Allianz-Sitzungen, Bd. 1. Interner Vermerk des WR über die Sitzung der Allianz am 27.11.1974.
240 Vgl. Hohn/Schimank (1990), Konflikte und Gleichgewichte, S. 406–413.

nem sich neu formierenden Akteur, dessen Budget aus den Mitteln des Bundes um ein Vielfaches höher war als das der übrigen Allianzmitglieder. Just in dieser spannungsreichen Phase begannen die Großforschungseinrichtungen, ihre Identität als eigener, genuiner Typ außeruniversitärer Forschung zu verfestigen. Dass dies von den anderen Akteuren im Forschungssystem zunächst kritisch beäugt wurde, ist angesichts der gegebenen Umstände wenig überraschend.

Dessen ungeachtet hatte sich im Forschungsministerium die positive Einstellung gegenüber der AGF inzwischen weiter gefestigt; zudem wertete das BMFT diese 1975 auch in wissenschaftspolitischer Hinsicht auf. Bereits in ihren Dobeler Thesen hatte die AGF nach dem offiziellen Vorschlagsrecht für die Mitglieder der Wissenschaftlichen Kommission des Wissenschaftsrats gestrebt.[241] Sie hatte sie jedoch weder von Seiten der Politik noch von den übrigen Wissenschaftsorganisationen nachhaltige Unterstützung gefunden, weshalb sich AGF, BMBW und WR 1970 lediglich auf einen Kompromiss einigten. Darin wurde vereinbart, dass die AGF den vorschlagsberechtigten Institutionen gegenüber einmalig drei Wunschkandidaten für die Mitgliedschaft im WR benennen durfte. WRK, DFG und MPG stimmten diesen Vorschlägen zu und zwei der drei Nominierten – Michael Kaufmann und Karl Heinz Beckurts – wurden 1971 schließlich durch den Bundespräsidenten in den Wissenschaftsrat berufen.[242] Doch die Arbeitsgemeinschaft war mit dieser einmaligen Ausnahme nicht zufrieden, vielmehr drängten ihre Vertreter weiter auf eine formelle Anerkennung. So hatte Beckurts, der neben seiner Tätigkeit in der KfA Jülich nun auch Mitglied des Wissenschaftsrats war, im Jahr 1974 erneut die Initiative ergriffen und sich schriftlich an die BLK gewandt – mit der Bitte, seiner Organisation das offizielle (dauerhafte) Vorschlagsrecht für die Mitglieder der Wissenschaftlichen Kommission einzuräumen. Bei diesem Vorstoß kam der AGF zugute, dass sich die Skepsis, mit der das Forschungsressort zunächst auf die Herausbildung der Arbeitsgemeinschaft reagiert hatte, inzwischen gewandelt hatte. In den Überlegungen zur Reorganisation des Wissenschaftsrats, die in engem Zusammenhang mit einer umfassenden Reform des Beratungswesens standen, hatte sich das BMFT die Forderung zu eigen gemacht und die Erweiterung des Kreises der vorschlagsberechtigten Wissenschaftsorganisationen gegenüber dem Bundeskanzler und den Ministerpräsidenten vorangetrieben.[243] In einer Besprechung Ende November 1974 hatten sich die Vertreter des Bundes und der Länder in diesem und weiteren Punkten bereits auf eine Änderung des Verwaltungsabkommens geeinigt. Wie der Staatssekretär des BMBW, Reimut Jochimsen, die übrigen Mitglieder des Präsidentenkreises informierte, war der

---

241 Dies forderte die zehnte der Dobeler Thesen, wenn auch etwas verklausuliert, wie Margit Szöllösi-Janze herausgearbeitet hat. Das BMBW hatte nämlich zunächst den Eindruck, als wolle die AGF einen direkten Platz (für ihre Organisation) im WR für sich reservieren. Vgl. Szöllösi-Janze (1990), Arbeitsgemeinschaft der Großforschungseinrichtungen, S. 156–160. Siehe außerdem die Thesen ebd. im Anhang auf S. 340–342.
242 Vgl. ebd., S. 161–163.
243 Vgl. BArch, B 196/16342. Interner Vermerk des BMFT zur Vorbereitung von TOP 2 (Neuordnung der Beratungsgremien) der Sitzung des Präsidentenkreises am 02.12.1974.

Abschluss dieser umfangreichen Reorganisationsbemühungen jedoch aufgrund eines Widerspruchs zweier Ministerpräsidenten „gegen die Verlängerung des Bildungsrates [sic!] nicht möglich gewesen".[244] Die Mitglieder der Allianz nutzten diese Verzögerung und erhoben ihrerseits Einspruch gegen die Pläne der Bundesregierung. Die Präsidenten von DFG und WRK brachten in Kooperation mit dem Vorsitzenden des WR ihre „Zweifel" vor, „ob die Einbeziehung der AGF in das gemeinsame Vorschlagsrecht wegen des Bundeseinflusses und ihrer heterogenen Struktur sowie der Komplexität des Benennungsverfahrens [...] gerechtfertigt sei".[245] In der Folge sah sich der ebenfalls anwesende Beckurts genötigt, auf den offenen Affront zu reagieren und die anwesenden Politiker von der Notwendigkeit der Einbindung seiner Organisation zu überzeugen. Seine Bemühungen sollten von Erfolg gekrönt sein, denn insbesondere die Vertreter des BMFT ließen sich durch die konzertierte Aktion der Allianzmitglieder nicht von ihrem Standpunkt abbringen.[246] Im folgenden Jahr verständigten sich Bund und Länder schließlich – losgelöst von der noch immer ungeklärten Zukunft des Bildungsrats – auf die Fortführung des Wissenschaftsrats mit einem veränderten Aufgabenprofil. Das hierfür erforderliche modifizierte Verwaltungsabkommen führte die AGF nun offiziell im Kreis der Organisationen mit Vorschlagsrecht für die Wissenschaftliche Kommission des Wissenschaftsrats auf, womit die Bundespolitik ein weiteres Mal die Position der Arbeitsgemeinschaft gestärkt hatte.[247]

Für die Allianz machte dieser Beschluss eine engere Abstimmung mit der AGF erforderlich. Zunächst verhielt man sich der Arbeitsgemeinschaft als neuer Verhandlungspartnerin gegenüber jedoch weiterhin zurückhaltend und beschränkte den wechselseitigen Kontakt auf das Notwendigste. Die drei vorschlagsberechtigten Wissenschaftsorganisationen WRK, DFG und MPG berieten zunächst getrennt in ihren jeweiligen Unterausschüssen über mögliche Vorschläge – eine erste Vorschlagsliste wurde zuvor mit einer Übersicht über die freiwerdenden Plätze von der DFG, welche die Federführung in dieser Angelegenheit innehatte, an die anderen beiden Organisationen versandt. Nachdem sich die Unterausschüsse jeweils auf mögliche Kandidat:innen geeinigt hatten, besprachen sich die Präsidenten und Generalsekretäre in der Allianz und einigten sich schließlich auf eine gemeinsame Dreierliste pro freiwerdendem Platz. Schlussendlich übernahm dann die DFG die Abstimmung dieser Namensliste mit den Vorschlägen der AGF.[248]

Man kann sich leicht vorstellen, wie aufwändig dieses Prozedere war, insbesondere wenn die Vorschläge von AGF und Allianz nicht übereinstimmten und erneute Beratungen erforderlich waren. Einigen Allianzmitgliedern wurde bald bewusst, dass dieses

---

244 BArch, B 196/16342. Interner Vermerk des BMFT über die Sitzung des Präsidentenkreises am 02.12.1974.
245 Ebd.
246 Vgl. zum Verlauf der Diskussion BArch, B 196/16342. Interner Vermerk des BMFT über die Sitzung des Präsidentenkreises am 02.12.1974.
247 Vgl. Bartz (2007), Wissenschaftsrat, S. 123–127; Röhl (1994), Wissenschaftsrat, S. 11.
248 DFGA, AZ 02219-04, Bd. 2. Interner Vermerk der DFG über die Sitzung der Allianz am 05.11.1975.

Vorgehen auf Dauer wenig praktikabel war. Als es in der Aprilsitzung 1976 einmal mehr um die Nominationen für den Wissenschaftsrat ging, merkte Reimar Lüst, Präsident der MPG, an, man „müsste" diesbezüglich noch „Herrn Beckurts verständigen und um Zustimmung bitten".[249] Schon die im Sitzungsvermerk festgehaltene Formulierung deutet darauf hin, dass die Abstimmung der Vorschlagsliste mit der AGF als lästiges Erschwernis der bis dato eher informellen Absprachen wahrgenommen wurde. Der in diesem Zusammenhang vorgetragene Vorschlag von DFG-Präsident Heinz Maier-Leibnitz, „ob man in Zukunft nicht Herrn Beckurts als Gast, und zwar persönlich und nicht als Vertreter der Arbeitsgemeinschaft der Großforschungseinrichtungen zu den Sitzungen der Allianz einladen solle",[250] kann als Versuch verstanden werden, das Verfahren auf pragmatischem Wege zu vereinfachen, ohne dabei die Aufnahme der AGF in die Allianz zu präjudizieren. Dem Vorschlag Maier-Leibnitz' stimmten „die Anwesenden zu unter der Bedingung, daß Herr Beckurts als Gast persönlich eingeladen wird".[251]

Die Einladung des Vorsitzenden der AGF war also weniger aus der Anerkennung der wachsenden Bedeutung der Großforschungseinrichtungen heraus erfolgt, sondern wurde aus einer gewissen Notwendigkeit und dem pragmatischen Grund der Vermeidung unnötiger Mehrarbeit getroffen. Insbesondere die Tatsache, dass die Allianz Beckurts explizit nur „als Gast persönlich"[252] zu den Besprechungen einladen wollte, verdient Beachtung, da dieser Gaststatus an seine Person gebunden war. Als Kernphysiker und einflussreicher Wissenschaftsmanager hatte er sich ein hohes wissenschaftliches Renommee erarbeitet, aufgrund dessen er von seinen Kollegen in der Allianz geschätzt wurde. Er profitierte in dieser Angelegenheit zweifelsfrei von seiner persönlichen und fachlichen Autorität, was die Bedenken der Allianz über einen zu starken staatlichen Eingriff in die von den Großforschungszentren betriebene Arbeit schließlich überwog.[253] Nicht umsonst hatte sie nur wenige Jahre zuvor zugestimmt, den Physiker als Mitglied des Wissenschaftsrats zu nominieren.[254] Und so beschloss die Allianz, trotz weiterhin bestehender Vorbehalte – sowohl gegen die AGF als wenig handlungsfähiger Zusammenschluss im Allgemeinen als auch gegen die Qualität der Forschung in einigen Großforschungseinrichtungen im Speziellen –, Beckurts *ad personam* zu den gemeinsamen Sitzungen einzuladen. An den Bedenken der Allianz gegen die AGF als Organisation änderte sich dagegen zunächst wenig. Unter den etablierten Allianzmitgliedern galt die in den Großforschungszentren betriebene Forschung gewissermaßen als staatliche Auftragsforschung und sie fürchteten durch die Einbindung der AGF im Präsidentenkreis um ihren Autonomieanspruch. Dass die Großforschungszentren

---

249 DFGA, AZ 02219–04, Bd. 2. Interner Vermerk der DFG über die Sitzung der Allianz am 26.04.1976.
250 Ebd.
251 Ebd.
252 Ebd.
253 Vgl. Interview mit Herwig Schopper (Genf/München 16.04.2020).
254 Vgl. bspw. Rusinek (1996), Forschungszentrum, S. 739–754; Syrbe (1986), Beckurts.

einen Interessensverband gegründet hatten und folglich als kooperative Organisation auftraten, weckte bei den Allianzmitgliedern zudem die Sorge vor einer verbandspolitischen Konkurrenz. Einerseits wurde dadurch das sorgsam austarierte Machtverhältnis zwischen den Wissenschaftsorganisationen ebenso wie die Aufteilung ihrer forschungspolitischen Tätigkeitsbereiche auf die Probe gestellt. Andererseits wurde die AGF aufgrund der Selbstständigkeit ihrer Zentren als wenig handlungsfähiger Zusammenschluss betrachtet, was die Frage aufwarf, ob diese überhaupt als ebenbürtiger Verhandlungspartner für die übrigen Allianzmitglieder agieren konnte.[255] Das erklärt die etwas überspitzte Bemerkung, ob der Vorsitzende der AGF „nicht [...] bei seiner Arbeitsgemeinschaft um ‚Erlaubnis' nachsuchen muss".[256] Der persönliche Gaststatus, den die etablierten Mitglieder der Allianz Beckurts einräumten, scheint diesen Überlegungen zur Augenhöhe der Verhandlungspartner Rechnung zu tragen und somit die Rangordnung symbolisch zu untermauern.[257]

Die übrigen Teilnehmer wurden als Vertreter ihrer jeweiligen Wissenschaftsorganisationen eingeladen und erhielten *ex officio* den Mitgliedstatus in der Allianz, was dem Vorsitzenden der AGF zunächst verwehrt bleiben sollte. Während in den Allianz-Einladungen die übrigen Teilnehmer in ihrer Tätigkeit als Präsident, Vorsitzender oder Generalsekretär angeschrieben wurden, erhielt Beckurts diese Schreiben zunächst als Privatperson – eine Bezugnahme auf sein Amt innerhalb der AGF oder der KFA Jülich sucht man vergeblich.[258] Diesen Gaststatus gewährte man Beckurts für die folgenden zwei Sitzungen, bevor die Einladungen im Herbst desselben Jahres an ihn in seiner Funktion als Vorsitzender der AGF gerichtet wurden. Ob damit die formelle Mitgliedschaft in der Allianz verbunden war, ist fraglich. Jedenfalls schien sich die Allianz in den folgenden Monaten noch uneins, was die Einbindung der AGF in ihre Belange betraf, denn das Thema wurde in der April-Sitzung 1977 offenbar kurzfristig auf die Tagesordnung gesetzt.[259] Trotz der an ihn adressierten Einladung nahm Beckurts an dieser Sitzung nicht teil, was wiederum eines der anderen Allianzmitglieder aufgriff,[260]

---

255 Vgl. Szöllösi-Janze (1990), Arbeitsgemeinschaft der Großforschungseinrichtungen, S. 154–156 und S. 302–318.
256 DFGA, AZ 02219-04, Bd. 2. Interner Vermerk der DFG über die Sitzung der Allianz am 26.04.1976.
257 Vgl. Bourdieu (1992), Mechanismen der Macht, S. 49–81; Goffman (1969), Wir alle spielen Theater, S. 73–97.
258 Vgl. DFGA, AZ 02219-04, Bd. 2. Einladung von P. Kreyenberg zur Sitzung der Allianz am 31.05.1976.
259 Zumindest wurde der Besprechungspunkt nicht im vorher versandten Einladungsschreiben angekündigt. In den Unterlagen im Archiv der DFG findet sich im Einladungsschreiben nur ein handschriftlicher Vermerk, der darauf hindeutet, dass dieses Thema kurzfristig und nach Versendung der Einladung vorgeschlagen wurde. Vgl. DFGA, AZ 02219-04, Bd. 3. Einladung von C. H. Schiel zur Sitzung der Allianz am 01.04.1977.
260 Welches Mitglied dieses Thema letztlich zur Sprache brachte, konnte nicht rekonstruiert werden. Im Protokoll des Wissenschaftsrats zu dieser Sitzung der Allianz bleibt das Thema unerwähnt. Dies legt die Vermutung nahe, dass es nicht der WR war, der diesen Besprechungspunkt auf die Tagesordnung gesetzt hatte. Andernfalls wäre dessen Diskussion im internen Protokoll sicherlich mehr Beachtung geschenkt worden. Vgl. AdWR, 6.2 – Allianz-Sitzungen, Bd. 2. Interner Vermerk des WR über die Sitzung der Allianz am 01.04.1977.

um den Status der AGF in der Allianz zu thematisieren. Vermutlich war der bevorstehende Wechsel im Amt des Vorsitzenden der AGF der Grund, warum dessen Einbindung in die Allianz erneut kritisch reflektiert wurde. Die DFG hielt zur Besprechung folgendes fest:

> Nach ausführlicher Besprechung der Frage, ob und wie eine Beteiligung der Arbeitsgemeinschaft der Großforschungseinrichtungen an den Zusammenkünften der Allianz in Zukunft stattfinden solle, einigte man sich darauf, daß die AGF als Institution nicht eingeladen werden soll. – Soweit Probleme der Energieforschung die Anwesenheit von Herrn Beckurts wünschenswert erscheinen lassen, soll dieser eine persönliche Einladung von Fall zu Fall erhalten.[261]

Folglich hatte sich die Allianz – in Abwesenheit der AGF – dazu entschieden, die zuvor schrittweise erfolgte Öffnung gegenüber der Arbeitsgemeinschaft plötzlich wieder zurückzunehmen. Offenbar missfiel es mindestens einem der Allianzmitglieder, dass der zunächst gewährte Gaststatus der AGF sich beinahe unbemerkt in eine informelle Aufnahme verwandelt hatte, was zumindest die Einladungen Beckurts' als Vertreter der Großforschungseinrichtungen andeuten. Insbesondere der bevorstehende personelle Wechsel an der Spitze der AGF konfrontierte die Allianz nun mit der Frage, wie man sich künftig positionieren wollte. Darüber hinaus zeugt die Diskussion davon, dass die (zumindest partielle) Aufnahme der AGF an die persönliche und fachliche Autorität des Vorsitzenden Karl Heinz Beckurts geknüpft war und sich nicht automatisch auf dessen Nachfolger übertrug.[262] Die Allianz schien sich vielmehr durch den Ausschluss der AGF aus ihrem kooperativen Setting eine Hintertür offen zu halten, sollte der neue Vorsitzende ihren Anforderungen nicht entsprechen. Denn eine Einbindung in die Belange der Allianz war zugleich mit der Erwartung verknüpft, dass jedes Mitglied bereit und imstande war, sich für die gemeinsamen Ziele einzusetzen.[263]

Nicht wirklich ins Bild passt daher der Umstand, dass der neu gewählte Vorsitzende der AGF, Herwig Schopper, zur übernächsten Sitzung der Allianz im Juli 1977 eingeladen wurde. Anders als man vielleicht hätte erwarten können, wurde Schopper, seines Zeichens seit 1973 Vorsitzender des DESY und – wie sein Vorgänger – ein äußerst renommierter Physiker, nicht zunächst *ad personam*, sondern in seiner Funktion als AGF-Vorsitzender zu dieser Sitzung der Allianz geladen.[264] Wenngleich sich die Beziehungen zwischen AGF und Allianz in seiner Amtszeit vertieften und beispielsweise

---

261 DFGA, AZ 02219-04, Bd. 3. Interner Vermerk der DFG über die Sitzung der Allianz am 01.04.1977.
262 Vgl. Bourdieu (1992), Mechanismen der Macht, S. 49–81.
263 Vgl. Goffman (1969), Wir alle spielen Theater, S. 73–97.
264 Vgl. DFGA, AZ 02219-04, Bd. 3. Einladung von H. Maier-Leibnitz zur Sitzung der Allianz am 14.07.1977. Möglicherweise war die Einladung Schoppers als Vorsitzender der AGF durch den Sitzungsvorsitz der DFG begünstigt. Der Physiker und DFG-Präsident Maier-Leibnitz hatte sich bereits zuvor für die Einladung Beckurts' eingesetzt und stand der Großforschung keineswegs so skeptisch gegenüber wie einige seiner Kollegen in der Allianz. Vgl. Interview mit Christoph Schneider (Bonn 24.09.2019).

mit einer gemeinsamen Empfehlung mit der WRK „auch bilaterale Aktionen" gestartet wurden,[265] war ihr Status im Gremium selbst noch nicht final geklärt: So wurde Schopper, wie bereits erwähnt, nicht in die Ausarbeitung eines Ergänzungspapiers der Allianz zum Heisenberg-Programm einbezogen, obwohl sein Vorgänger ein Memorandum in derselben Angelegenheit gleichberechtigt mitunterzeichnet hatte.[266]

In der AGF beurteilte man die zunehmende Häufigkeit, mit der ihr Vorsitzender in die Beratungen der Allianz einbezogen wurde, positiv und bemerkte zufrieden, dass die „Gespräche" mit den anderen Wissenschaftsorganisationen „inzwischen erfreulich gediehen" seien.[267] Da sich die Rolle der AGF als Mitglied der Allianz in der eigenen Wahrnehmung gegen Ende der 1970er Jahre gefestigt zu haben schien und die Einladung des Vorsitzenden zu den gemeinsamen Besprechungen nicht mehr offen infrage gestellt wurde, gewann die AGF den Eindruck, sich „als Wissenschaftsorganisation, die die Großforschungseinrichtungen repräsentiert, ein gutes Stück vorangebracht" zu haben.[268]

Das Verhältnis zur Allianz sollte allerdings weiterhin diversen Schwankungen unterliegen und die Annäherung an dieselbe verlief in der Folgezeit weiterhin nicht linear. Wie bereits im Vorigen ausgeführt, stellte insbesondere der turnusgemäße Wechsel im Amt des Vorsitzenden der AGF die Beziehungen in den 1980er Jahren auf eine harte Probe. So vermerkte Gisbert zu Putlitz in einer internen Notiz zu einem Termin der Allianz beim Bundespräsidenten im Januar 1981, in dem es um die Nomination neuer Mitglieder für die wissenschaftliche Kommission des Wissenschaftsrats ging, dass er die „von den Herren Lüst, Turner und Seibold benutzte Unterlage [...] nicht in Besitz gehabt" habe.[269] Damit sah sich zu Putlitz zu Beginn seiner Amtszeit mit einer ähnlichen Dynamik wie wenige Jahre zuvor Herwig Schopper konfrontiert: Während sich das Verhältnis zwischen AGF und der Allianz unter dem Vorgänger – vor allem gegen Ende von dessen Amtszeit – stabilisiert zu haben schien, änderte sich die Situation mit der Amtsübernahme und es lassen sich erneut ausschließende Momente erkennen. Das Ansehen, das sich der Amtsvorgänger im Konzert der etablierten Wissenschaftsorganisationen erarbeitet hatte, ging mitnichten automatisch auf dessen Nachfolger über.

Stattdessen zeigten die Gründungsmitglieder der Allianz ihm zunächst deutlich die Grenzen ihrer Akzeptanz auf – und zwar nicht nur in den internen Beratungen,

---

265 BArch, B 388/2. Interner Vermerk der AGF zu den Highlights der Amtszeit von Prof. Schopper vom 28.02.1989.
266 Vgl. Szöllösi-Janze (1990), Arbeitsgemeinschaft der Großforschungseinrichtungen, S. 306–310.
267 AGF-G, 6.4.3. Heisenberg Programm, Auszug aus dem Protokoll der AGF-Mitgliederversammlung am 19./20.10.1977. Zitiert nach Szöllösi-Janze (1990), Arbeitsgemeinschaft der Großforschungseinrichtungen, S. 308.
268 BArch, B 388/2. Interner Vermerk der AGF zu den Highlights der Amtszeit von Prof. Schopper vom 28.02.1989.
269 BArch, B 388/1. Gesprächsnotiz von G. zu Putlitz über ein Treffen mit dem Bundespräsidenten am 12.01.1981.

sondern auch in den gemeinsamen Besprechungen mit den Vertretern der Politik.[270] So zögerten die Präsidenten von DFG und MPG erneut nicht, in Anwesenheit des Vorsitzenden der AGF, des Bundesforschungsministers und seiner Mitarbeiter, offene Kritik an den Großforschungszentren und der dort betriebenen Forschung zu äußern.[271] Offenbar überwog gerade in den Jahren unmittelbar nach der erstmaligen Einbindung der AGF in die Beratungen die Befürchtung finanzieller Einschränkungen für die Gründungsmitglieder das andernorts betonte Kooperationsgebot. Die virulente Frage finanzieller Ressourcen wirkte sich also destabilisierend auf die noch vergleichsweise wenig gefestigte Zusammenarbeit mit der AGF aus. Die Allianz ließ zu Putlitz zu Beginn seiner Amtszeit deutlich ihre Vorbehalte gegen die von ihm vertretene Newcomerin unter den Wissenschaftsorganisationen spüren; ein kompletter Ausschluss der AGF stand jedoch nicht mehr zur Debatte. In der Folge musste sich die AGF mit ihrer Rolle als Juniorpartnerin in der Allianz arrangieren. Eine Aussprache über das unkooperative Verhalten, das insbesondere DFG und MPG 1981 bei verschiedenen Anlässen an den Tag gelegt hatten, erfolgte in diesem Zusammenhang nicht unmittelbar. Die MPG hingegen duldete einen ähnlich offenen Widerspruch – der jedoch nur von einem Allianzmitglied geäußert wurde und vermutlich wesentlich weniger von persönlichen Befindlichkeiten geprägt war – gegen ihre im Präsidentenkreis vorgetragenen Wünsche rund fünf Jahre später keineswegs und regte unmittelbar im Nachgang eine Aussprache an, in der sie sich derartige Aktionen tunlichst verbat.[272] Die Beziehung zwischen den verschiedenen Allianzmitgliedern konnte also asymmetrisch ausgeprägt sein, wobei insbesondere die neu aufgenommenen Wissenschaftsorganisationen kaum eine Möglichkeit hatten, Verstöße gegen die ungeschriebenen Regeln effektiv zu ahnden.

Dass Ausgrenzung und Konflikte in einem grundsätzlich kooperativ agierenden Gremium auf Dauer destabilisierend wirkten, erkannten auch die Gründungsmitglieder der Allianz. Zu Beginn der 1980er Jahre galt die AGF im Forschungsressort längst als etablierte Säule des bundesdeutschen Forschungssystems, weshalb die Allianz akzeptieren musste, dass auch die Positionen dieser Newcomerin unter den Wissenschaftsorganisationen in die gemeinsamen Beratungen integriert werden mussten – vor allem, wenn man die Vertreter der Politik nicht vor den Kopf stoßen wollte.

Um die angespannte Situation zu entschärfen, lud Reimar Lüst schließlich Gisbert zu Putlitz zu einem vertraulichen Gespräch zwischen den beiden Wissenschaftsorganisationen, in dem er zunächst die hierarchische Ordnung in der deutschen Forschungslandschaft in unmissverständlicher Deutlichkeit absteckte:

---

270 BArch, B 388/1. Aktennotiz von G. zu Putlitz über die Sitzung der Allianz am 04.03.1981.
271 BArch, B 388/1. Gedächtnisprotokoll von G. zu Putlitz über die Sitzung des Präsidentenkreises am 11.06.1981.
272 Vgl. DFGA, AZ 02219-04, Bd. 9. Interner Vermerk der DFG über die Sitzung der Allianz am 19.02.1986.

> Einleitend zu diesem Gespräch äußert Herr Lüst seine Bedenken und Befürchtungen, daß zwischen Großforschung und Max-Planck-Gesellschaft eine Art Konkurrenz entstünde, die beiden nicht dienlich sei. Die Sonderstellung der Max-Planck-Gesellschaft müsse doch in jedem Fall anerkannt werden.²⁷³

Das Verhalten der MPG schien also von der Furcht vor einer Bedrohung der eigenen Position – in finanzieller, wissenschaftlicher oder wissenschaftspolitischer Hinsicht – durch die AGF geprägt zu sein. Gegenüber Externen agierte die Allianz seit jeher äußerst kompetitiv, weshalb auch die junge Dachorganisation den etablierten Wissenschaftsorganisationen lange Zeit – trotz ihrer Einbindung in die Gespräche des Präsidentenkreises (und später als Gast in der Allianz) – mehr als Konkurrentin denn als Mitglied ihres exklusiven Gremiums galt.²⁷⁴ Diese Wahrnehmung begann sich jedoch infolge der engeren, wenn auch spannungsreichen Zusammenarbeit allmählich zu wandeln. Ziel des von der MPG initiierten Gesprächs war es, die eigene „Sonderstellung" zu wahren und die AGF als Kooperationspartnerin dafür zu sensibilisieren.²⁷⁵ Das Entstehen einer Konkurrenzsituation oder gar eines offenen Konflikts sollte nun – plötzlich – unbedingt vermieden werden. Vielmehr hegte man in der MPG vielleicht sogar die Hoffnung, mit Unterstützung der AGF die eigenen und gemeinsamen Ziele leichter erreichen und so schlagkräftiger gegenüber den bundespolitischen Akteuren auftreten zu können.

In der AGF war man sich der Bedeutung eines kooperativen Verhältnisses zur MPG, einer der richtungsweisenden Institutionen innerhalb der Allianz, durchaus bewusst. Zu Putlitz beeilte sich daher, „die Sonderstellung und die Sonderrechte der MPG"²⁷⁶ anzuerkennen. Allerdings würde, so seine Beschwörung der Solidarität, eine „Demontage des Rufs der Großforschung" letztlich auch negative Konsequenzen für die übrigen Allianzmitglieder haben, da „eine Schwächung des Rufes der Großforschung klarerweise auf den Minister [...] zurückschlagen müsse, der auch das Budget der MPG und der DFG zu verteidigen habe".²⁷⁷ Der Vorsitzende der AGF stellte also das gemeinsame, auch von seiner Organisation geteilte Ziel in den Vordergrund seiner Argumentation, um seinen Gesprächspartnern die eigene Kooperationsbereitschaft zu verdeutlichen. Abschließend resümierte der Physiker, sie alle säßen „vielleicht mehr in einem Boot als manchmal bedacht würde",²⁷⁸ womit er überaus treffsicher das kooperative Gefüge der Allianz charakterisierte.

---

273 BArch, B 388/1. Aktennotiz von G. zu Putlitz über ein Gespräch mit Reimar Lüst und Dietrich Ranft (MPG) am 21.01.1982.
274 Siehe zum Verhalten der Allianz gegenüber Externen bspw. den Umgang mit der Blauen Liste in finanzpolitischen Fragen, der in Kapitel 3.2.3 dieser Arbeit thematisiert wird.
275 BArch, B 388/1. Aktennotiz von G. zu Putlitz über ein Gespräch mit Reimar Lüst und Dietrich Ranft (MPG) am 21.01.1982.
276 Ebd.
277 Ebd.
278 Ebd.

Ob dieses Gespräch der Auslöser für eine stärkere Einbindung der AGF in die Allianz war, lässt sich nicht mit Sicherheit sagen. Beobachten lassen sich allerdings ab etwa 1982 verschiedene einschließende Momente gegenüber der AGF.

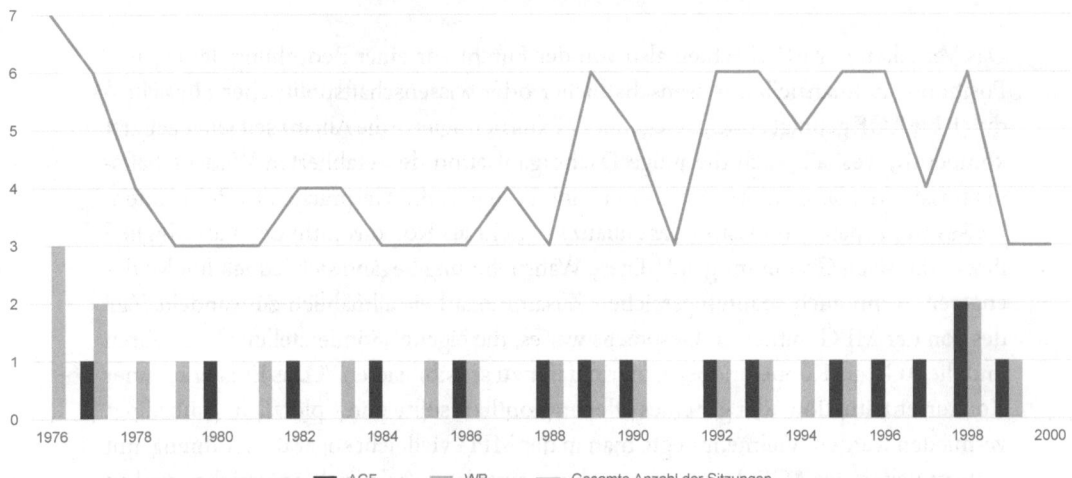

Abb. 16: Vergleich der Vorsitze von AGF und WR in der Allianz (1976–2000).[279]

Blickt man auf die Vorsitze der Allianzsitzungen, zeigt sich die Veränderung in der Rolle der AGF sehr deutlich: Hatte die AGF nach ihrer ersten Einladung 1976 in den 1970er Jahren nur einen gemeinsamen Termin veranstaltet, leitete sie in den 1980er Jahren durchschnittlich alle zwei Jahre eine Sitzung. Hinsichtlich der Gesamtzahl der jährlichen Zusammenkünfte mag dies marginal erscheinen. Vergleicht man die Daten allerdings mit den Sitzungsvorsitzen einzelner Gründungsmitglieder, zeichnet sich ein anderes Bild ab. Auffallend ist zunächst die Diskrepanz in den 1970er Jahren. Der Wissenschaftsrat, eines der etablierten Mitglieder der Allianz, übernahm in diesem Zeitraum mindestens eine, häufig sogar zwei Sitzungen im Jahr. In den frühen 1980er Jahren gleichen sich die Balken von AGF und WR hingegen allmählich an.

Gerade vor dem Hintergrund, dass der WR mit insgesamt 35 Sitzungsvorsitzen – neben der DFG, die 37 Sitzungen vorstand – in der Zeit zwischen 1962 und 2000 die meisten Treffen der Allianz leitete, zeugt diese Entwicklung davon, dass die AGF innerhalb der Allianz zumindest in dieser Hinsicht ihre Position festigen konnte. Die Übernahme der Leitung einer Sitzung beinhaltete die Vorbereitung derselben. Dies umfasste neben der Koordination des Treffens, der Terminfindung und der Einladung

---

[279] Eigene Visualisierung auf Basis der Unterlagen zu den einzelnen Treffen in AMPG, II. Abt., Rep. 57, DFGA, AZ 02219–04, DFGA, AZ 0224 und AdHRK, Allianz und Präsidentenkreis.

auch das Zusammenstellen der Tagesordnung. Durch die Übernahme von Sitzungsvorsitzen war die AGF folglich mehr als bei einer einfachen Teilnahme in der Lage, inhaltliche Schwerpunkte für die Treffen zu setzen und ihren Standpunkt einzubringen.

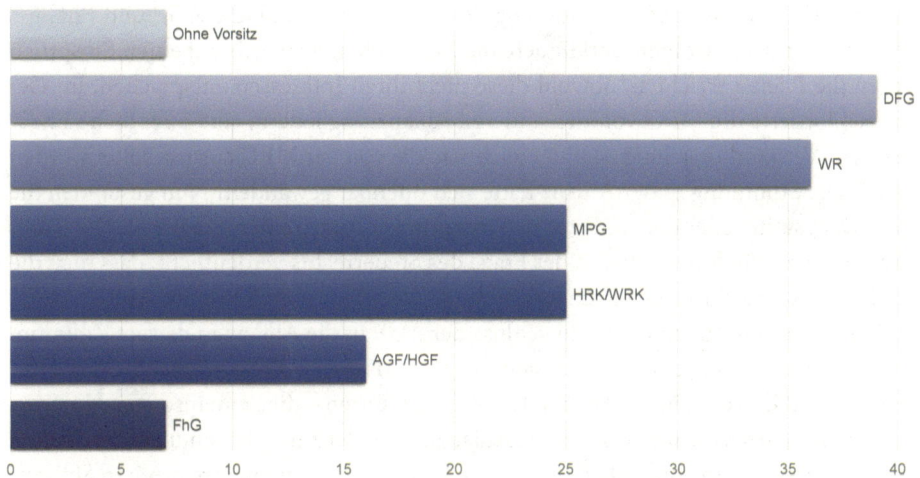

Abb. 17: Übersicht über alle Sitzungsvorsitze in der Allianz (1961–2000).[280]

Im selben Zeitraum nahmen die (halb-)öffentlichen Attacken einzelner Allianzmitglieder auf die AGF ab. Es lässt sich sogar beobachten, dass andere Wissenschaftsorganisationen sie gegenüber Externen unterstützten – besonders gegenüber Vertreter:innen der Politik, die im Hinblick auf das zu erreichende Ziel als Dritte agierten. So schrieb etwa der Präsident der FhG, Max Syrbe, 1984 an Bundeskanzler Helmut Kohl, um seine Zustimmung zu einer Initiative der AGF bezüglich des geplanten Arbeitszeitschutzgesetzes zu äußern.[281]

In den 1980er Jahren wurde die AGF regelmäßig in die Ausarbeitung von gemeinsamen Stellungnahmen einbezogen, wodurch es ihr möglich war, die Interessen der Großforschungszentren stärker in die kooperativen Bemühungen einzubringen und diese auch gegenüber der Politik sichtbarer zu machen. Dies ist insofern erwähnenswert, als die Einbindung der AGF in die Arbeit der Allianz in den späten 1970er Jahren noch starken Schwankungen unterworfen gewesen war: Hatte Karl Heinz Beckurts 1976 erstmalig ein Memorandum der Allianz zum Heisenberg-Programm gleichberech-

---

280 Vergleich zwischen allen Mitgliedsorganisationen der Allianz inkl. Sitzungen mit unklarem Vorsitz. Eigene Visualisierung auf Basis der Unterlagen zu den einzelnen Treffen in AMPG, II. Abt., Rep. 57, DFGA, AZ 02219–04, DFGA, AZ 0224 und AdHRK, Allianz und Präsidentenkreis.
281 Vgl. AMPG, II. Abt., Rep. 57, Nr. 606, Bd. 1. Schreiben von M. Syrbe an H. Kohl vom 04.07.1984; AMPG, II. Abt., Rep. 57, Nr. 606, Bd. 1. Schreiben von M. Syrbe an Allianzmitglieder vom 05.07.1984.

tigt unterzeichnet, wurde sein Nachfolger Herwig Schopper bei der Anfertigung eines Ergänzungspapiers in derselben Sache demonstrativ ausgeschlossen.[282] Auch die MPG, die sich noch zu Beginn der 1980er Jahre mit Kritik an den Großforschungseinrichtungen nicht zurückhielt, zeigte sich zunehmend kooperativ: Als es in einer Allianzsitzung um eine Diskussion über die Änderung des Steuerrechts ging, die AGF und FhG gemeinsam initiieren wollten, verkündete die MPG offen, sie würde auf einen Einspruch gegen die Pläne verzichten, obwohl diese nicht ihren Interessen entsprachen. Im Gegenzug forderte die MPG von den anderen Allianzmitgliedern, eine öffentliche Erklärung zur Verbundforschung zu unterzeichnen, die von der MPG ausgearbeitet worden war.[283] Die Stimmung in der Allianz hatte sich offenbar gewandelt: Nun gestanden die Gründungsmitglieder der AGF zu, als Partnerin auf Augenhöhe zu agieren. Die Kompromissbereitschaft der MPG in der Frage des Steuerrechts verdeutlicht, dass man die AGF inzwischen aktiv und gleichberechtigt in interne Absprachen einbezog.

Ein weiteres Indiz für einen Einschluss der AGF in die Allianz in diesem Zeitraum ist ihre Federführung bei der Ausarbeitung gemeinsamer Stellungnahmen. So koordinierte die AGF – um ein markantes Beispiel anzuführen – die gemeinsamen Aktionen und öffentlichen Verlautbarungen der Allianzmitglieder zum Tierschutz in den frühen 1990er Jahren.[284] Obwohl jede der Wissenschaftsorganisationen ihre eigenen Schwerpunkte in die Stellungnahme einbrachte, vertrauten die Gründungsmitglieder der AGF die Federführung an. Diese enge Einbindung in die konkrete Arbeit der Allianz zeugt davon, dass die AGF inzwischen als gleichrangiges Mitglied wahrgenommen wurde. Schließlich handelte es sich bei den Stellungnahmen der Allianz um öffentlichkeitswirksame Aktionen, die zumindest von einem auserlesenen Publikum in Wissenschaft und Politik wahrgenommen und beachtet wurden.

3.3.2 Eine nahezu lautlose Erweiterung der Allianz – Das Beispiel der Fraunhofer-Gesellschaft (FhG)

Die Erweiterung der Allianz um neue Mitglieder lässt sich als Reaktion auf sich verändernde Akteurskonstellationen im bundesdeutschen Wissenschafts- und Forschungssystem verstehen. Im spannungsreichen Fall der AGF resultierte ihre Ein-

---

282 Vgl. Szöllösi-Janze (1990), Arbeitsgemeinschaft der Großforschungseinrichtungen, S. 306–310.
283 AMPG, II. Abt., Rep. 57, Nr. 1398. Interner Vermerk der MPG über die Sitzung der Allianz am 04.11.1992; AMPG, II. Abt., Rep. 57, Nr. 613, Bd. 1. Interne Notiz der MPG zum Thema Verbundforschung für den Generalsekretär vom 05.01.1993.
284 Siehe bspw. AMPG, II. Abt., Rep. 57, Nr. 612, Bd. 1. Interner Vermerk der MPG über die Sitzung der Allianz vom 24.06.1992. So wandte sich die Allianz im Herbst 1992 mit einem Memorandum und einem Begleitschreiben an die Ministerpräsidenten der Bundesländer, verschiedene Bundesminister und die Vorsitzenden entsprechender Ausschüsse im Bundestag, um eine Verschärfung der Richtlinien für Tierversuche im Zuge der Novellierung des Tierschutzgesetzes zu verhindern.

bindung insbesondere aus den Initiativen des Bundes, die Arbeitsgemeinschaft in ihrer wissenschaftspolitischen Bedeutung zu stärken. Gerade wegen dieses externen Drucks und der vermeintlich engen Bindung der AGF an die Bundespolitik war ihr Einschluss von verschiedenen kompetitiven wie auch exkludierenden Mechanismen begleitet. So bemühte sich die Allianz wiederholt, die Destabilisierung ihres etablierten Kooperationsmodus, die aus der Integration einer neuen Verhandlungspartnerin resultierte, durch partielle Ausschlüsse derselben auszugleichen und damit das Binnenverhältnis zu restabilisieren. Auf diese Weise hielten jedoch verstärkt kompetitive Elemente Einzug in den Binnenraum der Allianz, die den beteiligten Akteuren auf lange Sicht wenig förderlich schienen.

Die Gründung und das Erstarken der AGF war nicht die einzige Veränderung, die sich im deutschen Wissenschaftssystem in den 1970er Jahren vollzog und mit der sich die Allianz arrangieren musste. Mit der Fraunhofer-Gesellschaft betrat eine weitere Akteurin die wissenschaftspolitische Bühne und sollte sich in der Folge zu einer tragenden Säule für den Bereich der angewandten Forschung entwickeln.

Die frühe Phase nach ihrer Gründung im Jahr 1949 war für die FhG zunächst von Krisen, Konflikten und einer hochgradig ungewissen Zukunft geprägt. Aufgrund ihres anfänglich unklaren Tätigkeitsprofils wurde sie von den anderen Wissenschaftsorganisationen, insbesondere von der DFG, der MPG und dem Stifterverband, angefeindet und chargierte in der Position einer Außenseiterin. Eine erste Weiche auf dem Weg aus ihrer bis dato prekären Existenz heraus stellte ihre Mitte der 1950er Jahre beginnende Zusammenarbeit mit dem Bundesverteidigungsministerium (BMVg), die allerdings nicht unumstritten war.[285] Die Notwendigkeit der Geheimhaltung bei der im Rahmen der Fraunhofer-Institute betriebenen Verteidigungsforschung stieß in der Wissenschaft auf herbe Kritik, der sich der Wissenschaftsrat in seinen Empfehlungen zum Ausbau der wissenschaftlichen Forschungseinrichtungen anschloss und den „zufälligen Eindruck" monierte, den die „Zusammensetzung des Institutsbestandes" erwecke.[286] Trotz all der Kritik eröffnete das Gutachten der Fraunhofer-Gesellschaft aber auch eine neue Perspektive: Der Wissenschaftsrat empfahl nämlich, dass sich die FhG zukünftig „im Wesentlichen der Vertragsforschung" widmen. solle,[287] wie es in ihrer Satzung ursprünglich intendiert worden war. Das Bundesforschungsministerium war grundsätzlich gewillt, diese Umstrukturierung und Neuorientierung der FhG voranzutreiben, doch lag dem Minister und seinen leitenden Beamten in diesem Punkt an einer Abstimmung mit den Präsidenten der großen Wissenschaftsorgani-

---

285 Vgl. dazu ausführlich Trischler / vom Bruch (1999), Forschung für den Markt, S. 30–83; Trischler (2006), Problemfall, S. 236–242.
286 Wissenschaftsrat (1965), Empfehlungen zum Ausbau der wissenschaftlichen Einrichtungen. Teil III., 83–89 und S. 49 (Zitat).
287 Ebd., S. 89.

sationen.²⁸⁸ So hatte Stoltenberg im Vorfeld seines Treffens mit den Präsidenten der Allianz diese um eine Einschätzung zur künftigen Förderung der angewandten Forschung gebeten.²⁸⁹ Der im Oktober 1966 unterbreitete Vorschlag, die „Fraunhofer-Gesellschaft von Verteidigungsaufgaben zu lösen und zu einer Gesellschaft für angewandte Forschung umzugestalten", fand die Unterstützung des Ministers. Trotzdem sollten die Wissenschaftsorganisationen noch eine „Alternativlösung" erarbeiten, für den Fall, „daß dieser Weg sich als nicht gangbar" erweise.²⁹⁰

Die Diskussionen über die Zukunft und die Mission der FhG sollten in den kommenden Jahren ein wiederkehrendes Thema in den gemeinsamen Beratungen sein – als eigenständige Akteurin begegnete sie den Allianzmitgliedern in den späten 1960er Jahren noch kaum.²⁹¹ Speziell der von der Allianz empfohlenen Ausgliederung derjenigen Institute, die mit Aufgaben der Verteidigungsforschung betraut waren, stand man innerhalb der FhG, ebenso wie der Fremdbestimmung durch die anderen Wissenschaftsorganisationen, zunächst ablehnend gegenüber.²⁹² Durch das Engagement des Forschungsministeriums eröffneten sich jedoch neue Chancen für die noch in der Findungsphase befindliche Organisation, da sie 1968 in die öffentliche Grundförderung und gleichsam in die Zuständigkeit des BMwF übernommen wurde. Darauf aufbauend entwickelte nun eine Kommission aus Vertretern der FhG und des Ministeriums die Leitlinien für den Umbau der Gesellschaft, womit sie zugleich die Grundlagen für ein neues Finanzierungsmodell schuf: das sogenannte Fraunhofer-Modell erfolgsabhängiger Grundfinanzierung.²⁹³

Auf dieser Grundlage konnte die Fraunhofer-Gesellschaft ihre Identität als neue Säule im bundesdeutschen Wissenschaftssystem für den Bereich der angewandten Forschung konsolidieren, weshalb ihre Einladung zu den wiederbelebten Kaminrunden für

---

288 Siehe ausführlicher zu den Diskussionen in der Bundesrepublik über die angewandte und Grundlagenforschung bspw. Schauz (2020), Nützlichkeit und Erkenntnisfortschritt, S. 366–389; Schauz/Lax (2018), Democratic Virtues, S. 75–87; Sachse (2018), Basic Research; Sachse (2014), Grundlagenforschung.
289 Vgl. dazu AMPG, II. Abt., Rep. 57, Nr. 603, Bd. 1. Schreiben von F. Schneider an G. Stoltenberg vom 22.09.1966; BArch B 138/6669. Schreiben von F. Schneider an G. Stoltenberg vom 05.10.1966.
290 AMPG, II. Abt., Rep. 57, Nr. 603, Bd. 1. Interner Vermerk der MPG über die Sitzung des Präsidentenkreises am 06.10.1966. Vgl. auch BArch, B 138/6536. Interner Vermerk des BMwF über die Sitzung des Präsidentenkreises am 06.10.1966.
291 Vgl. zu den entsprechenden Beratungen innerhalb der Allianz bspw. AdWR, 6.2 – Allianz-Sitzungen, Bd. 1. Vermerk der MPG über die Sitzung der Allianz am 18.02.1967; AdWR, 6.2 – Allianz-Sitzungen, Bd. 1. Vermerk der DFG über die Sitzung der Allianz am 04.04.1967; DFGA, AZ 02219–04, Bd. 1a. Interner Vermerk der DFG über die Sitzung der Allianz am 24.01.1970. Zur Behandlung des Themas im Rahmen des Präsidentenkreises siehe BArch, B 138/6536. Interner Vermerk des BMwF über die Sitzung des Präsidentenkreises am 04.04.1967; AMPG, II. Abt., Rep. 57, Nr. 603, Bd. 1. Interner Vermerk der MPG über die Sitzung des Präsidentenkreises am 30.08.1967.
292 Vgl. IfZ-Archiv, ED 721, Bd. 187. Interner Vermerk von A. Epp vom 13.12.1966. Siehe ausführlich zur Entwicklung der FhG in diesem Zeitraum Trischler / vom Bruch (1999), Forschung für den Markt, S. 84–131.
293 Vgl. vom Bruch (1999), Lumpensammler, S. 194–199; Trischler / vom Bruch (1999), Forschung für den Markt, S. 98–131; Trischler (2006), Problemfall; Trischler (1999), 50 Jahre Fraunhofer-Gesellschaft.

Forschungsminister Horst Ehmke und seine Spitzenbeamten die einzig logische Konsequenz war.[294] Doch erst sechs Jahre später – und damit zu der Zeit, als sich die AGF schließlich schrittweise als Mitglied in dem Gremium zu etablieren begann – entschied sich die Allianz zur Aufnahme des FhG-Präsidenten in ihren Kreis. Die Dynamik dieser zweiten Erweiterung unterschied sich dabei grundlegend von der Einbindung der AGF: Im Unterschied zu Letzterer hatte die FhG 1975 kein Vorschlagsrecht für die Wissenschaftliche Kommission des Wissenschaftsrats erhalten,[295] weshalb die Allianz zu keiner engen Abstimmung mit dem Präsidenten der Fraunhofer-Gesellschaft gezwungen war. Die Allianzmitglieder konnten somit frei darüber entscheiden, inwiefern sie bereit waren, ihre Kontakte zur FhG zu vertiefen. Es kann angenommen werden, dass sich die Beziehung zwischen den Präsidenten der Allianz und der FhG im Zuge der regelmäßig stattfindenden Treffen mit dem BMFT allmählich intensivierte. Zudem hatte die Allianz in dieser Zeit die Erfahrung gemacht, dass die Aufnahme der AGF zwar bei verschiedenen Gelegenheiten für Spannungen auf beiden Seiten gesorgt, entgegen der internen Befürchtung aber zu keiner nachhaltigen Erschütterung der etablierten (internen) Kooperationsmuster des Gremiums geführt hatte. Freilich wurde die AGF von den Gründungsmitgliedern lange als Außenseiterin und Juniorpartnerin wahrgenommen und entsprechend behandelt, ein kompletter Ausschluss derselben wurde aber nach 1977 nicht mehr diskutiert. Das teilweise kompetitive und ausgrenzende Verhalten der Allianz kann als Mechanismus der Restabilisierung verstanden werden, nachdem das Binnengefüge durch die Einbindung einer weiteren Akteurin zunächst destabilisiert worden war.

Die Allianz hatte sich bei dieser tiefgreifenden Veränderung in der Einschätzung ihrer Mitglieder jedoch bewährt und so erfolgte im Juni 1980 schließlich die nächste Erweiterung, als erstmals der Präsident der Fraunhofer-Gesellschaft, Heinz Keller, zu einer Sitzung eingeladen wurde. Angestoßen wurde die Diskussion darüber vermutlich in der vorangegangenen März-Sitzung durch eine Anfrage des DAAD, der um die Aufnahme in die Allianz gebeten hatte. Der Themenkomplex wurde dabei nicht in der regulären Sitzung, sondern in wesentlich informellerem Rahmen beim anschließenden gemeinsamen Abendessen erörtert. Wegen fehlender Notizen oder Mitschriften können über den Verlauf der Unterhaltung nur Vermutungen angestellt werden. Das Resultat war jedoch eindeutig: Der DAAD wurde nicht, wie sein Präsident wünschte, Mitglied der Allianz, stattdessen wurde der Präsident der FhG persönlich durch den

---

294 Vgl. BArch, B 196/16341. Entwurf eines Einladungsschreibens zum Präsidentenkreis vom 13.03.1974.
295 Das Vorschlagsrecht sollte die FhG auch nach ihrer Einbindung in die Allianz bis zur Jahrtausendwende nicht erhalten. Das Stimmungsbild hierzu änderte sich erst in den späten 1990er Jahren allmählich, als man 1998, bedingt durch die kurz zuvor erfolgte Einbindung der WGL in die Beratungen der Allianz, beschloss, FhG und WGL zunächst informell in den Abstimmungsprozess für die Nominierung neuer Mitglieder für die Wissenschaftliche Kommission des WR einzubeziehen. Das offizielle Vorschlagsrecht erhielten die beiden Wissenschaftsorganisationen schließlich 2007. Vgl. zur informellen Einbindung bspw. AdHRK, Allianz und Präsidentenkreis, Bd. 13. Interner Vermerk der HRK über die Sitzung der Allianz am 22.10.1998. Zur Änderung des Verwaltungsabkommens im Jahr 2007 siehe Bartz (2007), Wissenschaftsrat, S. 281.

Präsidenten der MPG, Reimar Lüst, zum Juni-Termin eingeladen, obwohl die AGF diese Sitzung leitete.[296] Die zur Sitzungsvorbereitung versandte allgemeine Einladung mit der Ankündigung der Tagesordnung erhielt Keller noch nicht. Vermutlich sollte das Angebot, an den Sitzungen der Allianz teilzunehmen, nicht auf formellem Weg, sondern eher über den Brief eines Kollegen oder über ein kurzes Telefonat erfolgen. Da Lüst die Einladung an Keller ausgesprochen hatte, kann angenommen werden, dass dieser die Initiative ergriffen und die Einbindung der FhG vorgeschlagen hatte. Jedenfalls war damit die Aufnahme der Fraunhofer-Gesellschaft in die Allianz beschlossene Sache, denn auch zu den folgenden Sitzungen wurde ihr Präsident eingeladen.[297]

Der durch die Einbindung der AGF in Gang gesetzte Lern- und Erfahrungsprozess gestaltete sich aus der Perspektive der Allianz offensichtlich positiv, denn die Aufnahme der Fraunhofer-Gesellschaft lief wesentlich weniger spannungsreich und deutlich unspektakulärer ab. Über einen möglichen Gaststatus wurde im Vorfeld nicht diskutiert, stattdessen wurde ihr Präsident von Beginn an offiziell als Vertreter seiner Organisation eingeladen.[298] Auch lassen sich keine öffentlichen Attacken von Seiten der etablierten Allianzmitglieder gegenüber der neu aufgenommenen Institution finden. Die Gründe für die vergleichsweise problemlose Integration der Fraunhofer-Gesellschaft sind vielfältig: Die Allianz musste in diesem Fall nicht auf externen Druck seitens des Bundesforschungsministeriums reagieren und war zu keiner engen Abstimmung mit derselben gezwungen. Folglich erlebte die Allianz die Fraunhofer-Gesellschaft weniger als eine Verhandlungspartnerin, die ihr von einem externen Akteur – von dem sie überdies in finanziellen Belangen abhängig war – aufgedrängt wurde. Vielmehr konnte sich zwanglos und langsam eine vertrauensvolle Beziehung zwischen den Präsidenten der Wissenschaftsorganisationen entwickeln. Darüber hinaus war die Bindung der FhG an die Bundespolitik mit ihrer erfolgsabhängigen Förderung weniger eng als die der AGF, die mitunter als verlängerter Arm der Politik wahrgenommen wurde. Zudem unterschied sich die wissenschaftliche Ausrichtung der Fraunhofer-Gesellschaft mit ihrem Schwerpunkt in der anwendungsorientierten und industrienahen Forschung grundlegend von derjenigen der übrigen Allianzmitglieder. Das langsame Erstarken der FhG und ihre Festigung als Wissenschaftsorganisation mit eigenem Profil konnten die übrigen Institutionen somit beruhigt beobachten, ohne einen Konkurrenzkampf zu fürchten, was sich förderlich auf das Entstehen des kooperativen Zusammenschlusses auswirkte.

Ferner lässt sich feststellen, dass die FhG ihre Einbindung in die Beratungen der Allianz weit weniger offensiv und ambitioniert vorantrieb als die AGF: Bis zur Jahrtausendwende übernahm die FhG lediglich sieben Sitzungsvorsitze und damit deutlich

---

296 Vgl. den entsprechenden Vermerk in AdWR, 6.2 – Allianz-Sitzungen, Bd. 3. Interner Vermerk des WR über die Sitzung der Allianz am 30.06.1980.
297 Vgl. DFGA, AZ 02219–04, Bd. 5. Interner Vermerk der DFG über die Sitzung der Allianz am 21.11.1980; DFGA, AZ 02219–04, Bd. 5. Interner Vermerk der DFG über die Sitzung der Allianz am 04.03.1981.
298 Vgl. DFGA, AZ 00219–04, Bd. 5. Einladung von R. Lüst zur Sitzung der Allianz am 21.11.1980.

weniger als alle übrigen Mitglieder. Da es bis zum Jahr 2000 keine festgelegte Abfolge hinsichtlich des Vorsitzes gab, wurde stets zum Abschluss einer Sitzung festgelegt, wer den folgenden Termin veranstalten sollte. Die Meldung zur Übernahme des Vorsitzes – und damit verbunden der Vorbereitung – erfolgte freiwillig, weshalb die Zurückhaltung der FhG in diesem Bereich durchaus beachtenswert erscheint.

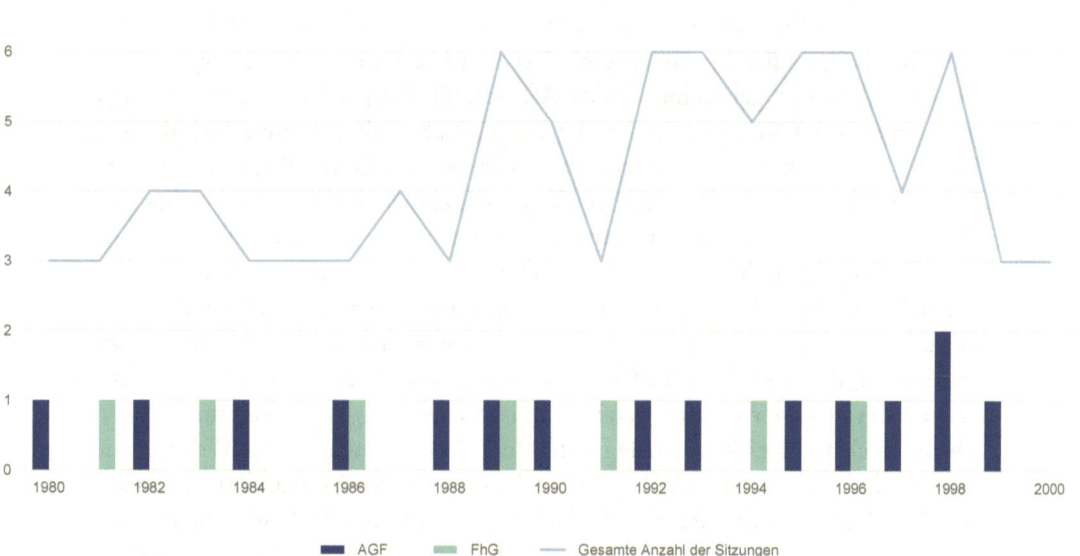

Abb. 18: Vergleich der Vorsitze von FhG und AGF in der Allianz (1980–2000).[299]

Akteur:innen in sozialen Organisationen sind häufig, obwohl sie formal gleich gestellt sein mögen, hierarchischen Strukturen unterworfen.[300] Dies lässt sich auch im Fall der Allianz beobachten, in der sich AGF und FhG weit über die 1980er Jahre hinaus in der Rolle von Juniorpartnerinnen befanden.[301] Während die Gründungsmitglieder bei den Treffen jeweils mit zwei Personen vertreten waren, wurden von AGF und FhG lediglich deren Vorsitzender beziehungsweise Präsident zu den Sitzungen eingeladen. Ihre Geschäftsführer waren – anders als die Generalsekretäre von MPG, DFG, WR und

---

299 Eigene Visualisierung auf Basis der Unterlagen zu den einzelnen Treffen in AMPG, II. Abt., Rep. 57, DFGA, AZ 02219-04, DFGA, AZ 0224 und AdHRK, Allianz und Präsidentenkreis.
300 Vgl. ausführlicher zur Theorie sozialer Organisationen bspw. Kühl (2015), Gruppen; Kühl (2020), Organisationen; Luhmann (1971), Zweck – Herrschaft – System; Luhmann (1995), Funktionen; Mayntz (1963), Soziologie der Organisation.
301 Auf die Ungleichheit hat bereits Rainer Klofat zu Beginn der 1990er Jahre hingewiesen, vgl. Klofat (1991), Herrenhaus.

WRK[302] – keine Mitglieder der Allianz und blieben (bis in die frühen 2000er Jahre hinein) von den Beratungen exkludiert. Im Umgang mit dieser Situation offenbart sich nun erneut die unterschiedliche Einstellung der beiden jüngeren Mitglieder hinsichtlich ihrer eigenen Position innerhalb der Allianz.

Heinz Keller akzeptierte, ebenso wie seine Nachfolger, diese Situation offenbar widerspruchslos und informierte seinen engsten Mitarbeiter:innenkreis im Nachgang der Sitzungen über deren wichtigste Ergebnisse. In der AGF hingegen regte sich Ende der 1980er Jahre deutlicher Unmut gegenüber dieser Praxis, die in ihrer symbolischen Dimension als Degradierung – oder zumindest als Infragestellung einer erhofften Gleichberechtigung – wahrgenommen wurde. Als Gotthilf Hempel, Direktor des Alfred-Wegener-Instituts (AWI), 1987 den Vorsitz der AGF übernahm, setzte er sich dafür ein, dass Klaus Fleischmann, der zeitgleich den Posten des Geschäftsführers angetreten hatte,[303] an der Dezember-Sitzung der Allianz teilnehmen durfte.[304] Die Geschäftsstelle der MPG in München, in deren Räumen die Besprechung stattfinden sollte und die für die Abholung der Teilnehmer am Flughafen in Riem zuständig war, wurde im Vorfeld ebenfalls über die Teilnahme Fleischmanns informiert.[305] Nur zwei Tage vor der Sitzung entschied sich Heinz Staab jedoch, seinem Kollegen Hempel – vermutlich telefonisch – mitzuteilen, dass der Geschäftsführer nun doch nicht teilnehmen dürfe.[306] Hempel zeigte sich von diesem kurzfristigen Entschluss Staabs wenig begeistert und brachte das Thema noch auf derselben Sitzung unter dem Tagesordnungspunkt „Verschiedenes" zur Sprache.[307] Doch Hempels Vorstoß erzielte nicht die gewünschte Wirkung, sondern wurde vielmehr von den übrigen Mitgliedern, offenbar unter Federführung der MPG, abgewehrt. Im internen Ergebnisvermerk wurde seitens der MPG abschließend festgehalten, dass die „Teilnahme des Geschäftsführers der AGF-Geschäftsstelle eine nicht für sinnvoll gehaltene Erweiterung des Kreises riskieren" würde,[308] was die Haltung der MPG in dieser Frage deutlich wiedergibt.

---

302 Der WRK kommt allerdings in gewissem Umfang eine Sonderrolle zu, da ihr langjähriger Generalsekretär Jürgen Fischer in den 1970er Jahren nicht mehr als Mitglied der Allianz betrachtet wurde und folglich keine Einladungen mehr erhielt. In der Anfangszeit der Allianz hingegen war Fischer Teil der Runde. Als schließlich Christian Bode zum neuen Generalsekretär der WRK wurde, nahm diese wieder mit zwei Personen an den gemeinsamen Sitzungen teil.
303 Der Amtsvorgänger Fleischmanns, Horst Zajonc, hatte bereits sechs Monate zuvor eine Stelle in Karlsruhe angenommen, weswegen die Position des Geschäftsführers der AGF für etwa sechs Monate vakant war. Vgl. Interview mit Klaus Fleischmann (Bonn 23.09.2020).
304 Vgl. AMPG, II. Abt., Rep. 57, Nr. 608, Bd. 2. Schreiben von G. Hempel an H. A. Staab vom 11.12.1987.
305 Vgl. AMPG, II. Abt., Rep. 57, Nr. 608, Bd. 2. Vermerk über Abholung vom und Rücktransport zum Flughafen anlässlich der Allianz-Sitzung am 17.12.1987.
306 BArch, B 388/133. Handschriftlicher Vermerk auf Schreiben von G. Hempel an H. A. Staab vom 11.12.1987.
307 Vgl. den entsprechenden Hinweis darauf, dass das Thema in der Sitzung zur Sprache gekommen ist, in AMPG, II. Abt., Rep. 57, Nr. 608, Bd. 2. Interner Vermerk der MPG über die Sitzung der Allianz am 17.12.1987.
308 Ebd.

So einvernehmlich, wie hier angedeutet wurde, war die Entscheidung gegen die Einladung des Geschäftsführers der AGF offenbar nicht, denn Hempel fühlte sich dazu veranlasst, sich im Nachgang der Besprechung noch einmal persönlich an seinen Kollegen Staab zu wenden.[309] In seinem Schreiben legte der Vorsitzende der AGF verschiedene Gründe dar, die für eine Teilnahme seines Geschäftsführers sprachen: Er hob hervor, dass „die Teilnahme des AGF-Geschäftsführers die Gleichwertigkeit der AGF gegenüber den anderen Wissenschaftsorganisationen unterstreichen" würde.[310] Die Frage nach der Augenhöhe der Allianzmitgliedern war für die AGF noch Ende der 1980er Jahre ein höchst wichtiges Thema, da man sich nach wie vor nicht mit einer Position in der zweiten Reihe der Allianz abfinden wollte. Fleischmanns Einbindung war mit dem Hinweis auf eine mögliche „Präjudizwirkung auf die Fraunhofer-Gesellschaft" abgewiesen worden.[311] Dieses Argument konnte Hempel eigenen Angaben zufolge „nicht entkräften", jedoch lag ihm daran, die „erhebliche[n] Unterschiede" der beiden Organisationen hinsichtlich ihres „Charakter[s] und Volumen[s]" hervorzuheben.[312] Die AGF war also bereit, eine Aufwertung ihres eigenen Status' auf Kosten des jüngsten Mitglieds durchzusetzen, das seinerseits aber weniger nachdrücklich an einer Änderung der bestehenden Verhältnisse interessiert war.[313] Darüber hinaus verwies Hempel auf die inhaltlichen Kenntnisse seines Geschäftsführers, die die Diskussionen in der Allianz bereichern könnten und erwähnte außerdem, dass „die ‚Mitgliedschaft' des Geschäftsführers [...] eine gewisse Kontinuität [...] sicherstellen" könnte, da dieser – im Gegensatz zu den Vorsitzenden, die diese Position meist nur zwei bis drei Jahre innehatten – längere Zeit im Amt sein würde.[314] Seinen letzten (vermeintlichen) Trumpf spielte Hempel schließlich aus, indem er darauf hinwies, dass das Verhalten der Allianz zur AGF „Rückwirkungen auf die in dieser Hinsicht hellhörige BMT-Bürokratie" hätte.[315] Somit versuchte die AGF, ihre enge Bindung an das BMFT als Druckmittel einzusetzen.

Die Bemühungen Hempels blieben jedoch vergebens; sein ambitioniertes Schreiben erzielte nicht die erhoffte Wirkung. In einem persönlichen Zwiegespräch auf dem Empfang des Bundespräsidenten teilte Staab seinem Kollegen mit, seine Einstellung in dieser Frage hätte sich durch das Schreiben Hempels nicht geändert.[316] Folglich blieb der Geschäftsführer der AGF weiterhin von den gemeinsamen Beratungen ausgeschlossen, obwohl er bei den Sitzungsvorbereitungen und der Ausarbeitung gemein-

---

309 Eine Kopie seines Schreibens schickte Hempel außerdem an den Präsidenten der DFG, Hubert Markl. Vermutlich hatte sich dieser in der Dezember-Sitzung ebenfalls klar gegen die Teilnahme Fleischmanns ausgesprochen. Vgl. das entsprechende Dokument in DFGA, AZ 0224, Bd. 6.
310 AMPG, II. Abt., Rep. 57, Nr. 608, Bd. 2. Schreiben von G. Hempel an H. A. Staab vom 06.01.1988.
311 Ebd.
312 Ebd.
313 Vgl. Bourdieu (1985), Sozialer Raum und „Klassen", S. 72–81.
314 AMPG, II. Abt., Rep. 57, Nr. 608, Bd. 2. Schreiben von G. Hempel an H. A. Staab vom 06.01.1988.
315 Ebd.
316 Siehe die handschriftliche Notiz in ebd.

samer Verlautbarungen eine wichtige Rolle spielte und in engem Austausch mit den Arbeitsebenen der übrigen Mitglieder stand.[317] In der AGF, insbesondere in ihrer Geschäftsstelle, sorgte diese Entscheidung zwar für Missmut, dennoch hielt sich Hempel – ebenso wie seine Nachfolger – für einige Jahre mit neuerlichen Vorstößen in diese Richtung zurück. Die Allianz hatte den neu aufgenommenen Mitgliedern deutlich klargemacht, dass ausgeübter Druck hinsichtlich der Angleichung der eigenen Stellung letztlich immer eine konzertierte Abwehr dieser Bemühungen zur Folge haben würde. Die FhG jedenfalls hielt sich in diesem Bereich in der Folgezeit komplett zurück.

3.3.3 Die vergeblichen Bemühungen der Konferenz der Akademien

Dass nicht alle Aspiranten in ihren Bemühungen um eine Aufnahme in die Allianz erfolgreich waren, hatte sich 1980 bereits am DAAD gezeigt. Besonders deutlich lassen sich Verhalten und Beweggründe der Allianz am Beispiel der Konferenz der Akademien nachvollziehen, die sich gegen Ende der 1980er Jahre ebenfalls darum bemühte, in die Beratungen der Präsidenten und Generalsekretäre einbezogen zu werden. Die Konferenz wurde von ihren Mitgliedern nach dem Ende des Zweiten Weltkriegs zunächst als Arbeitsgemeinschaft gegründet, bevor sie 1967 umbenannt wurde und nun vor allem der Koordination übergreifender Projekte dienen sollte. Darüber hinaus fungierte sie – beziehungsweise ihr Vorsitzender – im Rahmen des gemeinschaftlich von Bund und Ländern geförderten Akademieprogramms als Ansprechpartnerin für die Geldgeber.[318] Nach ihrem eigenen Verständnis hatte sich die Konferenz als Koordinationsgremium und Mittlerorganisation „einen festen Platz in der Forschungslandschaft der Bundesrepublik" erarbeitet, weswegen die Präsidenten der einzelnen Akademien „wiederholt den Wunsch geäußert [hatten], an der sog. Allianz [...] beteiligt zu werden".[319] Aus diesem Grund wandte sich Gotthard Schettler in seiner Rolle als Vorsitzender im Mai 1989 an Dieter Simon, den Vorsitzenden des Wissenschaftsrats, um bei diesem um Unterstützung zu werben.[320] Simon berichtete seinen Kollegen von der schriftlich vorgetragenen Bitte, worauf DFG-Präsident Hubert Markl vorschlug, das Anliegen auf

---

317 Vgl. bspw. BArch, B 388/133. Schreiben von K. Fleischmann an die Allianz zur Vorbereitung des Präsidentenkreises am 28.01.1989; DFGA, AZ 02219–04, Bd. 10. Schreiben von K. Fleischmann an H. Markl vom 01.09.1988. Auch an den Sitzungen der sogenannten Internationalen Allianz nahm er teil, vgl. bspw. AMPG, II. Abt., Rep. 57, Nr. 622. Interner Vermerk der MPG über die Sitzung der Internationalen Allianz am 16.05.1995.
318 Siehe ausführlicher zur Konferenz der Akademien Holl (1996), Akademien; Meusel (1999), Außeruniversitäre Forschung im Wissenschaftsrecht, S. 104–105. Vgl. außerdem die kurze Selbstbeschreibung ihres Vorsitzenden Gotthard Schettler zum Auftakt eines gemeinsamen Symposiums mit dem Deutschen Institut für Bluthochdruckforschung, Schettler (1992), Rolle der Wissenschaft.
319 AdWR, 6.2 – Allianz-Sitzungen, Bd. 9. Schreiben von G. Schettler an D. Simon vom 29.05.1989.
320 Vgl. ebd.

der Juni-Sitzung der Allianz zu besprechen.[321] In der eingehenden und teilweise offenbar durchaus kontrovers geführten Diskussion kristallisierte sich bei der Mehrheit der Teilnehmer bezüglich einer Erweiterung der Allianz um die Konferenz der Akademien Zurückhaltung, vereinzelt sogar „große Skepsis" heraus.[322] Zwar tat „man sich schwer, eine überzeugende Begründung für die Ablehnung zu finden";[323] doch zeichneten sich erste Kriterien ab, anhand derer über eine Mitgliedschaft in der Allianz entschieden werden könnte: Darunter fiel die „faktische Wichtigkeit"[324] der beteiligten Organisationen für die Wissenschaftspolitik der Bundesrepublik. Die Mitgliedsorganisationen vertraten die Meinung, dass sich in der Allianz nur die „big shots" des bundesdeutschen Wissenschaftssystems versammelten, wozu die Konferenz der Akademien ihrer Ansicht nach nicht zählte.[325]

Neben dem forschungspolitischen Gewicht wurde auch der finanzielle Aspekt als Charakteristikum benannt. Die Allianz zeichne sich, so die Diskutanten, dadurch aus, dass in ihr „Organisationen miteinander redeten, die über erhebliche Finanzmittel verfügten und aus diesem Grunde gemeinsame Interessen gegenüber den Geldgebern und gemeinsame forschungspolitische Anliegen zu vertreten hätten".[326] Diese Selbstdefinition ist insofern bedeutend, als sie glasklar das geteilte Ziel, auf dessen Erreichen die beteiligten Wissenschaftsorganisationen gemeinsam hinarbeiten, für die Existenz und den Fortbestand der Kooperationsbeziehung betont. Die Mitglieder zogen in Zweifel, ob die Konferenz der Akademien dieses Ziel verfolgen und in ihrem Sinne agieren würde. Hinzu kam die Sorge, ob „der informelle Charakter der Allianz" trotz einer Erweiterung gewahrt werden könne, insbesondere weil man – vielleicht aufgrund der in der Vergangenheit gemachten Erfahrungen mit politischer Einflussnahme auf die Zusammensetzung des Gremiums – fürchtete, dass es „dann kein Halten mehr" gebe und die Allianz es über kurz oder lang mit einer ganzen Reihe ähnlicher Gesuche zu tun bekäme.[327]

---

321 Vgl. die angekündigte Tagesordnung mit Hinweisen auf die vorschlagenden Personen in AMPG, II. Abt., Rep. 57, Nr. 608, Bd. 1. Schreiben von H. Markl an die Mitglieder der Allianz vom 15.06.1989.
322 AdHRK, Allianz und Präsidentenkreis, Bd. 4. Interner handschriftlicher Vermerk der HRK über die Sitzung der Allianz am 28.06.1989. Zur Zurückhaltung vgl. AMPG, II. Abt., Rep. 57, Nr. 608, Bd. 1. Interner Vermerk der MPG über die Sitzung der Allianz am 28.06.1989; AdWR, 6.2 – Allianz-Sitzungen, Bd. 8. Interner Vermerk des WR über die Sitzung der Allianz am 28.06.1989.
323 AMPG, II. Abt., Rep. 57, Nr. 608, Bd. 1. Interner Vermerk der MPG über die Sitzung der Allianz am 28.06.1989.
324 DFGA, AZ 02219–04, Bd. 11. Interner Vermerk der DFG über die Sitzung der Allianz am 28.06.1989.
325 AdHRK, Allianz und Präsidentenkreis, Bd. 4. Interner handschriftlicher Vermerk der HRK über die Sitzung der Allianz am 28.06.1989.
326 AMPG, II. Abt., Rep. 57, Nr. 608, Bd. 1. Interner Vermerk der MPG über die Sitzung der Allianz am 28.06.1989.
327 AdHRK, Allianz und Präsidentenkreis, Bd. 4. Interner handschriftlicher Vermerk der HRK über die Sitzung der Allianz am 28.06.1989.

Bei diesem Stimmungsbild sollte es zunächst bleiben, da die übrigen Allianzmitglieder nicht auf die Voten der Präsidenten von MPG und WRK verzichten wollten, die auf der Juni-Sitzung verhindert waren. Als die Allianz zwei Monate später wieder zusammentrat, stand dieses Thema ein weiteres Mal auf der Tagesordnung, da man – wie Hubert Markl einleitend feststellte – nun dringend eine Entscheidung treffen müsse. Die ablehnende Haltung der Allianz hatte sich in der Zwischenzeit allerdings nicht geändert und so wurden im Kern noch einmal die bereits im Juni diskutierten Argumente bestärkt. Markl betonte, dass „eine formelle Einrichtung ‚Allianz'" keineswegs existiere und die informellen Treffen lediglich dazu dienten, sich „im täglichen Geschäft mit den staatlichen Geldgebern abzustimmen".[328] Der dieses Mal anwesende MPG-Präsident Staab unterstützte dies nachdrücklich und führte aus, dass sowohl die Heterogenität der in der Konferenz versammelten Akademien als auch der ständig wechselnde Vorsitz eindeutig „gegen eine Einbeziehung" dieser Institution sprächen. Die WRK wiederum betonte einmal mehr, dass eine „Ausweitung" der Allianz „die Arbeitsfähigkeit dieses an sich nicht existenten Gremiums aufs Schwerste" gefährden würde. Wenig überraschend kamen die Kooperationspartner also zu dem Schluss, dass man der Konferenz der Akademien „eine freundliche Absage" erteilen würde.[329] Die Aufgabe fiel aus verschiedenen Gründen Dieter Simon zu: Der Wissenschaftsrat hatte die Federführung für die August-Sitzung übernommen und war somit die vorsitzende Organisation. Zudem hatte sich Gotthard Schettler mit seiner Bitte um eine Aufnahme in den „erlauchten Kreise"[330] an Simon gewandt, weswegen es naheliegend schien, dass dieser auf die Anfrage antwortete. Schließlich waren – und das wog vermutlich schwerer – Markl und Staab beide „Mitglieder der Heidelberger Akademie", die zur Konferenz gehörte. Aus diesem Grund sahen sich die beiden Präsidenten nicht in der Lage, diese „schlechte Botschaft" zu überbringen.[331] Hinrich Seidel, Präsident der WRK, war erneut verhindert gewesen und hatte an der Sitzung nicht teilnehmen können. Gleiches traf auf den erst im Juli neu ins Amt gekommenen Vorsitzenden der AGF, Harald zur Hausen, zu – wobei man den Juniorpartnerinnen AGF und FhG diese Aufgabe vermutlich ohnehin nicht zuteilen wollte.[332]

Bereits wenige Tage nach der gemeinsamen Erörterung versandte Simon das Antwortschreiben. Darin informierte er den Präsidenten der Konferenz der Akademien

---

328 DFGA, AZ 02219–04, Bd. 11. Interner Vermerk der DFG über die Sitzung der Allianz am 28.08.1989.
329 AdHRK, Allianz und Präsidentenkreis, Bd. 4. Interner handschriftlicher Vermerk der HRK über die Sitzung der Allianz am 28.08.1989.
330 DFGA, AZ 02219–04, Bd. 11. Schreiben von G. Schettler an H. G. Wagner vom 14.09.1989.
331 AdWR, 6.2 – Allianz-Sitzungen, Bd. 8. Interner Vermerk des WR über die Sitzung der Allianz am 28.08.1989.
332 Zumindest führte der WR in seinem Vermerk nur an, warum MPG und DFG dies nicht übernehmen könnten und daher Dieter Simon die Aufgabe zufiel. Diese Notiz kann durchaus auch als indirekter Hinweis auf bestehende Hierarchien zwischen den Kooperationspartnern in der Allianz gedeutet werden. Vgl. AdWR, 6.2 – Allianz-Sitzungen, Bd. 8. Interner Vermerk des WR über die Sitzung der Allianz am 28.08.1989.

über die „schon bei der ersten Beratung im Juni sich abzeichnende, jetzt einhellige Meinung [...], daß eine Erweiterung des Teilnehmerkreises nicht ins Auge gefaßt werden solle".[333] In seiner Argumentation folgte der Vorsitzende des Wissenschaftsrats dem zuvor in der Allianz besprochenen Vorgehen und begründete die Ablehnung wie folgt:

> Ausschlaggebend war hierfür die Überzeugung, daß die Interessen der Akademie der Wissenschaften in diesem Kreis so gut wie nicht tangiert werden, da es sich bei der in formellem Sinne nicht existierenden „Allianz" weder um ein Parlament der Wissenschaften oder der Wissenschaftler handelt, noch eine Abbildung der Forschungslandschaft in der Bundesrepublik Deutschland bezweckt wird.[334]

Simon verwies also zunächst auf die hochgradige Informalität der Allianz, deren Anspruch keineswegs eine allumfassende Repräsentation des Wissenschaftssystems der Bundesrepublik sei. Damit wollte er offenbar dem Anspruch der Konferenz der Akademien, deren Präsident in seiner Anfrage die Bedeutung seiner Organisation hervorgehoben hatte, den Wind aus den Segeln nehmen.[335] Auch die konsequente Verwendung der Anführungszeichen bei jeder Nennung der Allianz sollte diese Argumentation unterstützen und Schettler vor Augen führen, dass das Gremium nicht in der Art und Weise bestünde oder gefestigt sei, wie jener es vermutete. Weiter betonte Simon die Bedeutung des gemeinsamen Ziels als Basis für die informelle Zusammenarbeit, als er ausführte, dass die Allianz

> [e]ntgegen mancherlei Vermutungen [...] lediglich eine informelle Runde derjenigen überregionalen Wissenschaftsorganisationen [sei], welche in direktem Kontakt mit den politischen Instanzen unseres Landes stehen und daher sinnvollerweise ihre wissenschaftspolitischen und budgetären Interessen gegenüber der politischen Seite untereinander harmonisieren und abstimmen müssen. Diese Situation ist bei den Akademien nicht in vergleichbarer Weise gegeben.[336]

Trotz der deutlichen Worte, die der Vorsitzende des Wissenschaftsrats gegen Ende seines Schreibens gefunden hatte, wollte man sich in der Konferenz der Akademien nicht mit dem unbefriedigenden Ergebnis abfinden. Schettler wollte „die Akademien der Bundesrepublik stärker ins Bewußtsein der Öffentlichkeit und insbesondere auch der Politiker" rücken,[337] wozu eine Einbindung in die Allianz erheblich beitragen würde. In der Hoffnung, das Gremium doch noch umstimmen zu können, wollte er daher sein „Bemühen nicht aufgeben" und das „negative Schreiben des Herrn Kollegen Simon

---

333 DFGA, AZ 02219–04, Bd. 11. Schreiben von D. Simon an G. Schettler vom 01.09.1989.
334 Ebd.
335 Vgl. zur Argumentation Schettlers AdWR, 6.2 – Allianz-Sitzungen, Bd. 9. Schreiben von G. Schettler an D. Simon vom 29.05.1989.
336 DFGA, AZ 02219–04, Bd. 11. Schreiben von D. Simon an G. Schettler vom 01.09.1989.
337 DFGA, AZ 02219–04, Bd. 11. Schreiben von G. Schettler an H. G. Wagner vom 14.09.1989.

[…] nicht unbeantwortet lassen".³³⁸ Er wandte sich somit erneut in einem dreiseitigen Schreiben an Dieter Simon mit der Bitte, die Entscheidung nochmals im Kreise der Allianz „zu überdenken".³³⁹ In seiner Argumentation berief er sich auf die deutliche Überschneidung der Interessen und Betätigungsfelder der Allianz und der Konferenz der Akademien, die er sowohl im Bereich der Politikberatung als auch in der Mittlerfunktion gegenüber ausländischen wissenschaftlichen Einrichtungen ausmachte. Er schloss seinen Brief mit dem Hinweis, dass die Konferenz der Akademien „ja Ihre Arbeit nicht behindern, sondern unseren Teil dazu beitragen [möchte], die Akzeptanz der Politiker und der Öffentlichkeit im Allgemeinen für wissenschaftliche Grundfragen zu verbessern".³⁴⁰

Gegenüber einem Kollegen aus der Akademie der Wissenschaften zu Göttingen hatte sich Schettler außerdem verwundert darüber gezeigt, „daß wir bei unseren Mitgliedern Markl, Staab und zur Hausen keinerlei Unterstützung gefunden haben. Denn nach dem Schreiben von Herrn Simon bestand ja einhellig die Meinung, uns von der Allianz fernzuhalten."³⁴¹ Schettler beließ es daher auch nicht bei einem Schreiben an Dieter Simon, sondern nahm Fühlung mit den Akademiemitgliedern aus dem Kreis der Allianz auf und versuchte so, den Handlungsdruck auf das Gremium zu erhöhen.³⁴² Er konnte allerdings weder im Vorsitzenden der AGF noch in den Präsidenten von DFG und MPG einen Fürsprecher gewinnen, denn die Allianz war sich „in der Sache […] weiterhin einig".³⁴³ In Reaktion darauf wählte MPG-Präsident Staab schließlich den Weg eines klärenden Gesprächs, während die Allianzmitglieder über Staabs persönliche Kontaktaufnahme hinaus beschlossen, „derzeit auf ein weiteres Schreiben zu verzichten"³⁴⁴ und den „Vorgang zu den Akten" zu nehmen.³⁴⁵

Für die Folgezeit lässt sich beobachten, dass sich die Konferenz der Akademien zwar mit ähnlichen direkten Vorstößen und Forderungen einer Einbindung in die Allianz zurückhielt, grundsätzlich aber um eine gute Verbindung zu ihr bemüht war. So ließ Schettler den Allianzmitgliedern einen Satzungsentwurf für die geplante „Union der Akademien der Wissenschaft" zukommen, die unter anderem eine „Neudefinition der Aufgaben der Akademien" enthielt, und bat sie gegenüber dem Bundeskanzler und dem Bundesforschungsminister um Unterstützung.³⁴⁶

---

338 Ebd.
339 DFGA, AZ 02219–04, Bd. 11. Schreiben von G. Schettler an D. Simon vom 14.09.1989.
340 Ebd.
341 DFGA, AZ 02219–04, Bd. 11. Schreiben von G. Schettler an H. G. Wagner vom 14.09.1989.
342 DFGA, AZ 02219–04, Bd. 11. Schreiben von G. Schettler an H. Markl vom 15.09.1989.
343 AdWR, 6.2 – Allianz-Sitzungen, Bd. 9. Interner Vermerk des WR über die Sitzung der Allianz am 07.11.1989.
344 DFGA, AZ 02219–04, Bd. 11. Interner Vermerk der DFG über die Sitzung der Allianz am 07.11.1989.
345 AdWR, 6.2 – Allianz-Sitzungen, Bd. 9. Interner Vermerk des WR über die Sitzung der Allianz am 07.11.1989.
346 DFGA, AZ 02219–04, Bd. 12. Schreiben von G. Schettler an H. Markl vom 28.03.1990.

Die vorangegangenen Untersuchungen haben gezeigt, dass im deutschen Wissenschaftssystem Ende der 1980er Jahre kaum ein Zweifel an der Bedeutung bestand, die den Präsidenten, Vorsitzenden und Generalsekretären der Allianz auf dem Feld der Wissenschaftspolitik zukam – obwohl diese sich wiederholt darum bemüht hatten, ihre Rolle herunterzuspielen.[347] Nicht umsonst sah sich das Gremium seit der zweiten Hälfte der 1970er Jahre wiederholt mit Aufnahmegesuchen einzelner Wissenschaftsorganisationen konfrontiert. Während man sich dabei gegenüber der von der Politik geforderten Einbindung der AGF nicht gänzlich verschließen konnte, stand die Allianz als strukturkonservatives Gremium jenen Anfragen generell sehr skeptisch gegenüber. Zu groß war die Furcht, durch die Erweiterung des Kreises an Einfluss zu verlieren und aufgrund zu heterogener Anliegen nicht mehr in gewohnter Form miteinander kooperieren zu können. Auf äußeren Druck reagierte die Allianz allergisch, was sich 1980 im Fall des DAAD und 1989 im Fall der Konferenz der Akademien an der einhelligen, vehementen Ablehnung der entsprechenden Gesuche zeigte. Die AGF wiederum sah sich über viele Jahre hinweg – trotz ihrer augenscheinlichen Teilnahme an den Sitzungen der Allianz – mit kompetitiven und ausschließenden Praktiken konfrontiert und musste sich ihre Rolle als gleichberechtigte Partnerin hart erkämpfen. Nahezu ohne spürbare Spannungen verlief während der allmählichen Institutionalisierung der Allianz lediglich die Aufnahme der FhG – vermutlich, weil sich die Präsidenten und Generalsekretäre aus freien Stücken für die Integration entscheiden und zuvor eine vertrauensvolle Beziehung zu den Spitzen dieser Wissenschaftsorganisation aufbauen konnten.

---

347 Vgl. u. a. DFGA, AZ 02219–04, Bd. 11. Schreiben von D. Simon an G. Schettler vom 01.09.1989. Siehe auch die Einschätzung Schettlers in DFGA, AZ 02219–04, Bd. 11. Schreiben von G. Schettler an H. Markl vom 15.09.1989 und DFGA, AZ 02219–04, Bd. 11. Schreiben von G. Schettler an H. G. Wagner vom 14.09.1989.

4 Tiefgreifende Veränderungen in der deutschen Wissenschaftslandschaft (ca. 1990–2000)

4.1 Die Wiedervereinigung als Bewährungsprobe für die Allianz

Wie im vorangegangenen Kapitel gezeigt werden konnte, hatte sich die Allianz im Verlauf der langen 1970er Jahre als zentrales wissenschaftspolitisches Abstimmungsgremium der einflussreichsten, bundesgeförderten Wissenschaftsorganisationen etablieren und ihre Rolle als enge Gesprächspartnerin der Politik festigen können. Im Zuge der Wiedervereinigung erfuhr die Allianz nun eine weitere Bedeutungsaufwertung, da sie von politischer Seite in verschiedene wegweisende Verhandlungsprozesse zur Zukunft der ostdeutschen Forschungslandschaft eingebunden wurde.

Abb. 19: Anzahl der jährlichen Sitzungen von Allianz und Präsidentenkreis (1960–2000).[1]

---

[1] Eigene Visualisierung auf Basis der Unterlagen zu den einzelnen Treffen in AMPG, II. Abt., Rep. 57, DFGA, AZ 02219–04, DFGA, AZ 0224, AdHRK, Allianz und Präsidentenkreis und AdWR, 6.2 – Allianz-Sitzungen, BArch, B 136, BArch, B 138 und BArch, B 196.

Bei den Zusammenkünften des Präsidentenkreises lässt sich ein Anstieg um bis zu 100 Prozent beobachten: Während der Minister und die Allianz in den 1980er Jahren meist lediglich zweimal, vereinzelt auch dreimal jährlich konferiert hatten, fanden in den Jahren 1990, 1992 und 1993 je vier gemeinsame Sitzungen statt. Ferner häuften sich bilaterale Gespräche, in denen das BMFT den Austausch mit den führenden Vertreter:innen einzelner Wissenschaftsorganisationen suchte. Solche Einzelgespräche waren eine weitere wichtige Möglichkeit für den Forschungsminister und seine leitenden Beamt:innen, um sich ein fundiertes Stimmungsbild zu geplanten politischen Initiativen einzuholen und die Durchführung konkreter Maßnahmen im Detail zu besprechen.[2] Der mit der Vereinigung der beiden deutschen Staaten verbundene erhöhte Abstimmungsbedarf schlug sich in ähnlicher Deutlichkeit und sogar zeitlich früher in den Besprechungen der Allianz nieder. Die Anzahl der internen Beratungen verdoppelte sich bereits im Jahr 1989 und pendelte sich im Laufe des folgenden Jahrzehnts, mit einigen Schwankungen, im Durchschnitt bei fünf Terminen pro Jahr ein. Zugleich traf sich die Allianz verstärkt außerhalb der etablierten Kaminrunden mit zentralen Akteur:innen aus Wissenschaft und Politik, um über die Gestaltung der Forschungslandschaft im vereinten Deutschland zu debattieren und die Perspektive der großen westdeutschen Forschungsorganisationen in den Transformationsprozess einzubringen.[3]

Der Wandel im deutschen Wissenschaftssystem durch die Wiedervereinigung sollte schließlich nicht nur das Verhältnis der Allianz zu den politischen Akteuren prägen, sondern auch maßgeblich auf ihr Binnenverhältnis rückwirken. Denn ihre etablierten Kooperationsstrukturen wurden durch die tiefgreifenden Veränderungen in ihrem unmittelbaren Tätigkeitsfeld, beispielsweise durch das Erstarken neuer Verhandlungspartner in der gesamtdeutschen Forschungslandschaft, auf eine veritable Bewährungsprobe gestellt, die schließlich in einen handfesten Konflikt zwischen den Kooperationspartnern mündete.

4.1.1 Zwischen Eigeninteressen und gemeinsamer Abstimmung

Obwohl die Frage nach einer wissenschaftlichen Zusammenarbeit mit der DDR in den Beratungen des Präsidentenkreises erst mit der Märzsitzung 1990 zum Thema wurde, begannen sich die westdeutschen Wissenschaftsorganisationen bereits gegen Ende des

---

[2] Vgl. zur Zunahme bilateraler Gespräche Trischler / vom Bruch (1999), Forschung für den Markt, S. 197–211.
[3] Hinweise auf ein Treffen der Allianz mit den Regierungschefs von Bund und Ländern am 21.12.1989 finden sich z. B. in DFGA, AZ 02219–04, Bd. 12. Interner Vermerk der DFG über die Sitzung der Allianz am 21.12.1989. Ebenso fand im Dezember 1989 eine Besprechung der Allianz mit der BLK zu Fragen der Forschungsförderung statt, vgl. BArch, B196/103447. Interner Vermerk des BMFT zur Vorbereitung des Präsidentenkreises am 05.03.1990. Außerdem nahm die Allianz auch am Treffen des BMFT mit der DDR-Delegation am 03.07.1990 teil, vgl. AMPG, II. Abt., Rep. 57, Nr. 646, Bd. 2. Vermerk des BMFT über das Gespräch mit Vertretern der DDR und Vertretern aus Wissenschaft und Wirtschaft am 03.07.1990.

Jahres 1989 verstärkt für ihre ostdeutschen Kolleg:innen zu interessieren. Dabei agierten die Allianzmitglieder zunächst separat: So lud die WRK beispielsweise Rektor:innen ostdeutscher Universitäten zu ihren Sitzungen ein und die MPG setzte ihre 1987 begonnene Planung zu einer punktuellen Zusammenarbeit mit der Akademie der Wissenschaften (AdW) fort.[4] Im Zuge dessen sollte sich schnell herauskristallisieren, dass sich die turbulente Situation für die DFG und die WRK vergleichsweise einfach durch eine Erweiterung ihres Mitgliederkreises lösen ließe, während sich die Situation für die außeruniversitäre Forschung grundlegend anders darstellte. Insbesondere von MPG und FhG erwartete das BMFT, sich an der „Neuordnung von FuE-Strukturen in der DDR", vor allem hinsichtlich der Zukunft der AdW, aktiv zu beteiligen.[5] Von den Akteur:innen in der DDR *top-down* ebenso wie *bottom-up* initiierte Versuche, die AdW eigenverantwortlich von innen zu reformieren, waren im Frühjahr 1990 gescheitert, während zeitgleich vor dem Hintergrund der sich verschärfenden wirtschaftlichen Lage in der DDR die Finanzierung ihrer größten Forschungseinrichtung zu einem immer drängenderen Problem wurde.[6] In der Bundesrepublik waren sich die Teilnehmer des Präsidentenkreises derweil einig, dass die AdW reformiert und grundlegenden „Umstrukturierungsmaßnahmen" unterzogen werden müsse.[7] Die Arbeitsgruppe Deutsch-deutsche Wissenschaftsbeziehungen des WR sollte hierzu Vorschläge und konzeptionelle Ideen erarbeiten.[8]

In der direkt vor der Zusammenkunft mit dem Minister stattfindenden Sitzung der Allianz tauschten sich die Teilnehmer – zur Vorbereitung des folgenden Termins – erstmals ausführlich über die Frage der künftigen Gestaltung der deutsch-deutschen Wissenschaftsbeziehungen aus. Die einzelnen Mitgliedsorganisationen gaben einen Überblick über ihre jeweiligen Kontakte in die DDR.[9] Dabei offenbarten sich deutliche Unterschiede: So berichteten MPG und DFG von zaghaften institutionellen Verbindungen zur AdW, während die FhG bis dato lediglich Kontakte auf der Arbeitsebene gepflegt und die AGF vor 1989 kaum Beziehungen zu ostdeutschen Forschungsinstituten aufgebaut hatte. Auch die Planungen zum weiteren Vorgehen differierten erheblich. Die Fraunhofer-Gesellschaft hatte sich in den vergangenen Monaten bereits eng mit den Forschungsministern der DDR und der BRD abgestimmt und war

---

4 Vgl. Ash (2020), Vereinigung, S. 50–61; Bartz (2007), Wissenschaftsrat, S. 158–160.
5 BArch, B 196/103447. Interner Vermerk des BMFT zur Vorbereitung des TOP DDR für die Sitzung des Präsidentenkreises am 05.03.1990; vgl. auch AdWR, 6.2 – Allianz-Sitzungen, Bd. 9. Interner Vermerk des WR über die Sitzung der Allianz am 05.03.1990.
6 Vgl. dazu ausführlich Stark (1997), Reform der Akademie der Wissenschaften. Siehe auch Ash (2020), Vereinigung, S. 19–48; Gläser (1992), Akademie nach der Wende; Mayntz (1994), Academy in Crisis; Wolf (1994), Steamroller; Wolf (1996), Organisationsschicksale im deutschen Vereinigungsprozess.
7 BArch, B 196/103447. Interner Vermerk des BMFT über die Sitzung des Präsidentenkreises am 05.03.1990.
8 BArch, B 196/103447. Ergebnisvermerk des BMFT über die Sitzung des Präsidentenkreises am 05.03.1990.
9 Vgl. hierzu und im Folgenden die entsprechenden Schilderungen in DFGA, AZ 02219–04, Bd. 12. Interner Vermerk der DFG über die Sitzung der Allianz am 05.03.1990; AdWR, 6.2 – Allianz-Sitzungen, Bd. 9. Interner Vermerk des WR über die Sitzung der Allianz am 05.03.1990.

unter anderem willens, Patenschaften für DDR-Institute zu übernehmen.¹⁰ Auch die DFG hatte schon konkrete Maßnahmen zur Förderung von Kooperationsprojekten zwischen Wissenschaftler:innen aus Ost- und Westdeutschland eingeleitet und erwog außerdem eine Ausdehnung ihrer Zuständigkeit auf das Gebiet der DDR. In der AGF konzentrierte man sich vor allem auf „gemeinschaftliche Projekte", an denen sich insbesondere das DESY und das DKFZ beteiligten.¹¹ Zurückhaltender äußerte sich der Präsident der MPG, der zunächst die Ergebnisse einer eigens von der MPG eingesetzten Kommission zur Bestandsaufnahme in der AdW abwarten wollte,¹² bevor gezielt punktuelle Kooperationen angestoßen werden sollten.¹³

Aufgrund der divergierenden Pläne ihrer Mitglieder kam die Allianz zu dem Schluss, dass zur „Frage des weiteren Schicksals der Akademie der Wissenschaften" aus naheliegenden Gründen ein „gemeinsames Konzept [...] derzeit weder erforderlich noch möglich" sei.¹⁴ Gleichwohl waren sich die westdeutschen Wissenschaftsorganisationen darüber im Klaren, dass mit den „Umstrukturierungsmaßnahmen"¹⁵ auch eine umfassende Entflechtung der AdW und damit verbunden eine Trennung in eine „Gelehrtengesellschaft" und in davon unabhängige Forschungsinstitute einhergehen würde.¹⁶ Letztere sollten dabei in „Industriebetriebe" oder in die Universitäten überführt werden.¹⁷ Da jedoch keine Übereinstimmung über ein mögliches gemeinsames Vorgehen erzielt werden konnte, hielt sich die Allianz zurück. Den Mitgliedsorganisationen stand es indes offen, getrennt voneinander im eigenen Interesse zu agieren. Damit folgte das Gremium seinem zentralen Leitsatz, der sich in der langjährigen Kooperationsbeziehung mehrfach bewährt hatte.¹⁸

Dieses Prozedere eines getrennten Agierens im Falle fehlender gemeinsamer Interessen war den Kooperationspartnern im Bundesforschungsministerium vertraut. Daher

---

10 Siehe speziell zu den Bemühungen der FhG auch BArch, B 196/103447. Schreiben von D. Schnabel an G. Ziller vom 23.02.1990, BArch, B 196/103447. Mitteilung von P.-K. Budig (MFT der DDR) über ein Treffen mit M. Syrbe am 14.02.1990.
11 AdWR, 6.2 – Allianz-Sitzungen, Bd. 9. Interner Vermerk des WR über die Sitzung der Allianz am 05.03.1990.
12 Die Kommission verabschiedete im September 1990 schließlich ihre Empfehlungen. Vgl. DFGA, AZ 0224, Bd. 8. Empfehlungen der Präsidentenkommission der MPG zu Fragen der DDR aus dem September 1990.
13 Vgl. dazu DFGA, AZ 02219–04, Bd. 12. Interner Vermerk der DFG über die Sitzung der Allianz am 05.03.1990; AdWR, 6.2 – Allianz-Sitzungen, Bd. 9. Interner Vermerk des WR über die Sitzung der Allianz am 05.03.1990; AdWR, 6.2 – Allianz-Sitzungen, Bd. 9. Interner Vermerk des WR über die Sitzung des Präsidentenkreises am 05.03.1990.
14 AdWR, 6.2 – Allianz-Sitzungen, Bd. 9. Interner Vermerk des WR über die Sitzung der Allianz am 05.03.1990.
15 BArch, B 196/103447. Ergebnisvermerk des BMFT über die Sitzung des Präsidentenkreises am 05.03.1990.
16 AdHRK, Allianz und Präsidentenkreis, Bd. 4. Interner Vermerk der HRK über die Sitzung der Allianz am 05.03.1990.
17 Ebd.
18 Vgl. zum Selbstverständnis der Allianz und insbesondere zur Möglichkeit, bei mangelnder Übereinstimmung separat zu agieren, DFGA, AZ 02219–04, Bd. 9. Interner Vermerk der DFG über die Sitzung der Allianz am 08.10.1986. Siehe zum individuellen Handeln der westdeutschen Wissenschaftsorganisationen auch Mayntz (1994), Einigungsprozeß, S. 64–89.

suchten Riesenhuber und seine leitenden Mitarbeiter:innen gezielt den bilateralen Austausch mit den Spitzenfunktionären der einzelnen Wissenschaftsorganisationen.[19] Die Beratungen im Präsidentenkreis zu Fragen der Zusammenarbeit mit der DDR dienten eher der Abstimmung über das allgemeine Vorgehen und der Rückversicherung des BMFT über die Lage von Wissenschaft und Forschung in der DDR.[20] Konkrete Einzelmaßnahmen wurden stattdessen hauptsächlich auf bilateraler Ebene besprochen. So lud im April 1990 Gebhard Ziller, Staatssekretär im BMFT, die Vorstände der AGF zu einem gemeinsamen Gespräch und informierte sie über die Erwartungen des Ministeriums bezüglich eines Engagements der Wissenschaft auf dem Gebiet der DDR. Auch zur DFG hatte der Minister bereits im Vorfeld der Sitzung des Präsidentenkreises im März Kontakt aufgenommen und Hubert Markl um ein vertrauliches Treffen gebeten. Ähnlich verhielt es sich mit der Fraunhofer-Gesellschaft, wenngleich diese sich besonders proaktiv in bilaterale Verhandlungen einbrachte und bereits im Januar und Februar erste konkrete Überlegungen hinsichtlich möglicher Aktivitäten in der DDR zu präsentieren wusste.[21] Viele dieser Einzelaktionen der Wissenschaftsorganisationen waren zu dem Zeitpunkt, als das BMFT sich vom Präsidentenkreis ein „übergreifendes Konzept" mit konkreten „Vorschläge[n] für staatliches Handeln" erhoffte, also bereits im Gange.[22]

Mit ihrer klaren Absage an eine gemeinsame Linie bezüglich der Ausgestaltung der wissenschaftlichen und technischen Zusammenarbeit mit der DDR und hinsichtlich der Zukunft der AdW verzichtete die Allianz bewusst auf eine Disziplinierung der separaten Interessen. Auf diese Weise konnte sie zunächst das offensichtliche Konfliktpotenzial eingrenzen, das mit dem Versuch eines Übereinkommens verbunden gewesen wäre. Doch ergab sich aus dem je separaten Vorgehen der einzelnen Mitgliedsorganisationen ein anderes Risiko: das einer Destabilisierung der etablierten Kooperationspraktiken. Ein voneinander unabhängiges Agieren war nur dann ohne Spannungen zwischen den Wissenschaftsorganisationen möglich, wenn sich ihre jeweiligen Ziele nicht direkt wi-

---

19 Vgl. hierzu und im Folgenden auch Ash (2020), Vereinigung, S. 19–73. Dass eine separate Kontaktaufnahme mit einzelnen Wissenschaftsorganisationen üblich war, wenn das Thema nur die jeweilige Wissenschaftsorganisation und nicht die Gesamtheit der Allianz betraf, zeigt exemplarisch ein vorbereitender Vermerk zum Thema Haushaltslage, vgl. BArch, B 196/103447. Interner Vermerk des BMFT zur Vorbereitung von TOP 1 für die Sitzung des Präsidentenkreises am 05.03.1990.
20 Dies gilt umso mehr für die einmal pro Jahr stattfindende Sitzung des Präsidentenkreises mit den deutschen Nobelpreisträgern. Vgl. hierfür die Protokolle zu den entsprechenden Sitzungen in diesem Zeitraum, bspw. BArch, B 196/103447. Ergebnisvermerk des BMFT über die Sitzung des Präsidentenkreises am 28.06.1989; BArch, B 196/103443. Ergebnisvermerk des BMFT über die Sitzung des Präsidentenkreises am 29.11.1989; BArch, B 196/103447. Ergebnisvermerk des BMFT über die Sitzung des Präsidentenkreises am 05.03.1990; BArch, B 196/103448. Ergebnisvermerk des BMFT über die Sitzung des Präsidentenkreises am 02.07.1990.
21 Vgl. dazu Trischler / vom Bruch (1999), Forschung für den Markt, S. 194–201. Siehe auch die entsprechenden Unterlagen in BArch, B 196/103447. Bericht des BMFT zur deutsch-deutschen Zusammenarbeit bei den Wissenschaftsorganisationen vom 20.02.1990; BArch, B 196/103447. Schreiben von D. Schnabel an G. Ziller vom 23.02.1990.
22 BArch, B 196/103447. Schreiben von J. Rembser an die Mitglieder des Präsidentenkreises vom 14.02.1990.

dersprachen oder überlappten. In solchen Fällen drohten stattdessen Wettbewerb oder offene Konflikte, was ein kooperativ ausgerichtetes Handeln nahezu unmöglich machte und sich überdies nachteilig auf eine zukünftige Zusammenarbeit auswirken konnte.[23]

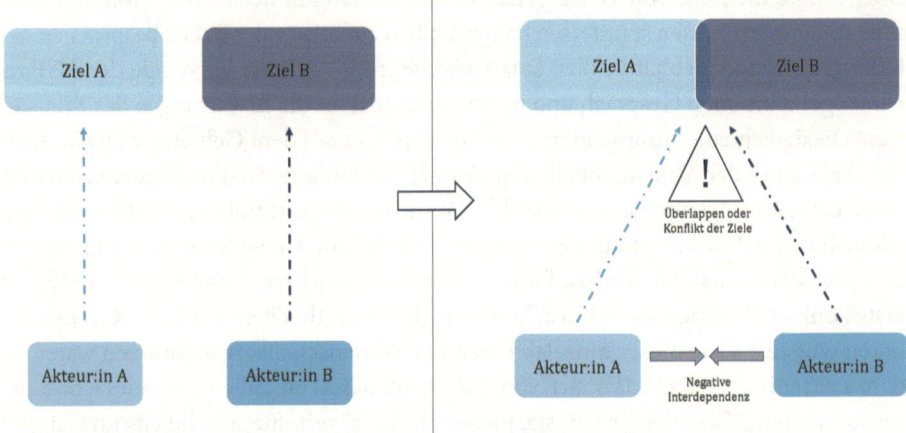

Abb. 20: Schematische Darstellung eines Kippmoments aufgrund überlappender Ziele.[24]

Daher stand das Thema der künftigen Zusammenarbeit mit der DDR auch in den folgenden Allianz-Sitzungen im Mai und Juli auf der Tagesordnung, diente dabei aber vornehmlich der wechselseitigen Information.[25] Diese war insofern von Bedeutung, als durch Absprachen das Risiko minimiert werden sollte, dass sich die einzelnen Mitglieder durch ihre Aktionen gegenseitig behinderten oder ausbremsten. Nicht umsonst hatte der Vorsitzende des Wissenschaftsrats in dieser Phase einen engen Austausch mit seinen Kollegen über die in Arbeit befindlichen *Perspektiven für Wissenschaft und Forschung auf dem Weg zur deutschen Einheit* gesucht und den übrigen Allianzmitgliedern vorab einen Entwurf dieser Empfehlungen zukommen lassen.[26] Das etablierte Vorgehen der Allianz, das auf einer freiwilligen Koordination bei gleichzeitigem autonomen Agieren basierte, stieß allerdings schnell an seine Grenzen: In den Beratungen der Allianz war die „[s]tärkste Zurückhaltung" hinsichtlich einer Zusammenarbeit mit wissenschaftlichen Einrichtungen der DDR bei der

---

23 Vgl. auch Ullrich (2004), Die Dynamik von Coopetition, S. 206–214.
24 Eigene Visualisierung.
25 Vgl. dazu bspw. die Schilderungen zur Sitzung im Mai in AMPG, II. Abt., Rep. 57, Nr. 610, Bd. 2. Interner Vermerk der MPG über die Sitzung der Allianz am 11.05.1990; DFGA, AZ 02219-04, Bd. 12. Interner Vermerk der DFG über die Sitzung der Allianz am 11.05.1990; AdHRK, Allianz und Präsidentenkreis, Bd. 4. Interner Vermerk der HRK über die Sitzung der Allianz am 02.07.1990.
26 Vgl. zum Prozess des gegenseitigen Informierens und Abstimmens in der Allianz in diesem Punkt bspw. DFGA, AZ 02219-04, Bd. 12. Schreiben von H. Markl an D. Simon vom 28.06.1990.

MPG zu spüren.²⁷ Sie begann zwar bereits 1989 Beratungen mit der AdW über eine mögliche Zusammenarbeit und regte so zumindest den Ausbau der bis dato eher punktuellen Beziehungen an, doch ein umfassendes bilaterales Abkommen war, insbesondere seit Jahresbeginn 1990, nicht im Interesse der MPG-Führungsriege.²⁸ Sie wollte zunächst die politischen Entwicklungen und Entscheidungen von staatlicher Seite abwarten, bevor sie selbst die Initiative ergriff. Dies traf in der Allianz weitgehend auf Zustimmung.²⁹ Auch innerhalb der eigenen Organisation, gegenüber einer ausgewählten Öffentlichkeit und dem Ministerium tat Präsident Heinz A. Staab seine Position wiederholt kund.³⁰ Auf einer Festversammlung der MPG in Lübeck äußerte er ausführlich die Bedenken, die gegen ein „institutionelles Engagement der Max-Planck-Gesellschaft im Bereich der [...] Akademie der Wissenschaften" sprächen, und berichtete, dass die MPG stattdessen gezielt „die Kooperation zwischen Wissenschaftlern oder Wissenschaftler-Gruppen hier und dort" fördern wolle.³¹ Staabs Nachfolger im Präsidentenamt der MPG, Hans F. Zacher, äußerte sich bei dieser Gelegenheit in ähnlicher Weise, als er in seiner Festansprache betonte, dass sich aus der Aufgabe der MPG, „herausragende Forschung durch Institute zu fördern", zugleich Grenzen eines möglichen Engagements auf dem Gebiet der DDR ergäben.³² Auf der ebenfalls in Lübeck stattfindenden Pressekonferenz, bei der Zacher als neuer MPG-Präsident der Öffentlichkeit vorgestellt wurde, hatte er noch deutlichere Worte gefunden. Seine Anmerkung, dass gewisse Bereiche der Geisteswissenschaften in der DDR einer „Wüste" gleichen würden,³³ wurde rasch zum geflügelten Wort und prägte, aufgrund der überspitzten Darstellung in der Presse, lange den Diskurs.³⁴ Im Kern war Zachers Einschätzung unter den westdeutschen Wissenschaftler:innen, Wissenschaftsmanagern und Wissenschaftspolitikern breiter Konsens, wenngleich seine Kollegen aus dem Kreis der Allianz dies in der Öffentlichkeit oftmals zurückhaltender formulierten. In den internen Beratungen fanden sie allerdings deutlichere

---

27 AdHRK, Allianz und Präsidentenkreis, Bd. 4. Interner Vermerk der HRK über die Sitzung am 02.07.1990.
28 Für eine detaillierte Analyse der Positionen und des Vorgehens der MPG siehe Ash (2020), Vereinigung, S. 19–110.
29 Vgl. DFGA, AZ 02219–04, Bd. 12. Interner Vermerk der DFG über die Sitzung der Allianz am 05.03.1990. AdWR, 6.2 – Allianz-Sitzungen, Bd. 9. Interner Vermerk des WR über die Sitzung der Allianz am 05.03.1990.
30 Vgl. zur Positionierung Staabs gegenüber dem BMFT bspw. AMPG, II. Abt., Rep. 57, Nr. 484. Schreiben von H. A. Staab an H. Riesenhuber vom 19.06.1990.
31 Staab (1990), Freiheit und Unabhängigkeit, S. 61.
32 Vgl. Zacher (1990), Herausforderungen, S. 64.
33 AMPG, II. Abt., Rep. 62, Nr. 1821. Anlage zum Ergebnisprotokoll der Sitzung der Chemisch-Physikalisch-Technischen Sektion des Wissenschaftlichen Rates der MPG am 2.10.1990 in Heidelberg. Bericht des Präsidenten.
34 Für eine ausführliche Analyse des Diskurses und seiner Nachwirkungen siehe Ash (2020), Vereinigung, S. 62–73.

Worte, und so stellten die Teilnehmer des Präsidentenkreises schon im März 1990 übereinstimmend fest, dass „die Lage der Forschung in der DDR [...] desolat wäre".[35]

Wesentlich aktiver agierte in dieser Zeit die Fraunhofer-Gesellschaft, womit sie gewissermaßen ihrem institutionellen Profil als junge und dynamische Wissenschaftsorganisation gerecht wurde.[36] Bereits in den ersten Monaten des Jahres 1990 brachte sie auf Basis zweier Gespräche mit dem DDR-Minister für Wissenschaft und Technik, Peter-Klaus Budig, ein breit angelegtes Kooperationsprogramm auf den Weg, das unter anderem Wissenschaftleraustauschprogramme, Workshops, Fortbildungslehrgänge, gemeinsame Verbundprojekte und Patenschaften für DDR-Institute vorsah.[37] Das Tempo und die Intensität des Engagements der FhG waren sowohl wissenschaftlich als auch persönlich motiviert: So lag ihrem Präsidenten, Max Syrbe, als gebürtigem Ostdeutschen daran, den Umbau der Forschungslandschaft in der DDR aktiv mitzugestalten. Zugleich erhoffte sie sich, vom Forschungspotential industrienaher Forschung in der DDR in fachlicher Hinsicht profitieren zu können.[38] Im Zuge der intensivierten Kooperation hatten die Zentralverwaltung und die Institutsleitungen in Abstimmung mit ihren Zuwendungsgebern und dem Ministerium für Forschung und Technologie der DDR damit begonnen, die ostdeutsche Forschungslandschaft im Hinblick auf Einrichtungen zu überprüfen, die möglicherweise in die FhG aufgenommen werden könnten. Schon im August 1990 lag ein internes Papier vor, das die Übernahme von insgesamt 14 Einrichtungen empfahl, darunter neun Akademie-Institute, drei Kombinatsinstitute und ein privates Institut.[39] Einen Monat später stellte Syrbe das Konzept in einem bilateralen Termin bei Minister Riesenhuber vor und verkündete die Pläne der FhG in der Presse.[40]

Damit positionierte sich die FhG diametral entgegengesetzt zur von der MPG verfolgten Linie, was schließlich zu Spannungen in der Allianz führen sollte. Denn wenngleich das Gremium kein gemeinsames Konzept zur Zukunft der AdW vorgelegt und stattdessen seinen Mitgliedern ein Handeln im eigenen Interesse ermöglicht hatte, versuchten die Beteiligten in der Allianz doch, die jeweiligen Pläne untereinander abzustimmen. Wiederholt hatte der damalige MPG-Präsident Staab sich bei seinen Kollegen hinsichtlich seiner abwartenden Haltung rückversichert und dabei von vielen

---

35 BArch, B 196/103447. Vermerk des BMFT über die Sitzung des Präsidentenkreis am 05.03.1990.
36 Vgl. hierzu und im Folgenden insbesondere Trischler / vom Bruch (1999), Forschung für den Markt, S. 194–203; vgl. außerdem Mayntz (1994), Einigungsprozeß, S. 123–124.
37 Vgl. BArch, B 196/103447. Bericht des BMFT zur deutsch-deutschen Zusammenarbeit bei den Wissenschaftsorganisationen vom 20.02.1990; BArch, B 196/103447. Schreiben von D. Schnabel an G. Ziller vom 23.02.1990.
38 Vgl. zur Wissenschaft in der DDR bspw. die Darstellung von Kocka (1998), Wissenschaft.
39 Vgl. AMPG, II. Abt., Rep. 57, Nr. 610, Bd. 1. Ausarbeitung der FhG „zur Ausdehnung der FuE-Aktivitäten der Fraunhofer-Gesellschaft auf das Gebiet der heutigen DDR" vom 20.08.1990.
40 O. A. (1990), Fraunhofer-Gesellschaft. 14 Institute in der DDR.

Seiten Zustimmung erfahren.⁴¹ In den internen Gesprächen im Frühjahr und Sommer 1990 hatte sich allerdings auch gezeigt, dass FhG-Präsident Syrbe „ein schnelleres Reagieren für notwendig" erachtete.⁴² So hatte er wiederholt seine Bereitschaft zur Übernahme von Akademie-Instituten in die FhG durchscheinen lassen und von der Gründung einer „Auffanggesellschaft" gesprochen.⁴³ Von solchen Vorschlägen hatte die Mehrzahl der Allianzmitglieder zwar „dringend abgeraten", um auf diese Weise keine Verfestigung unerwünschter Strukturen zu provozieren. Eine vertiefte Aussprache über die weiteren Planungen der FhG war jedoch erst einmal nicht erfolgt. Dass Syrbe sein Vorhaben offenbar davon unbeeindruckt weiterverfolgt und im Sommer schließlich soweit konkretisiert hatte, überraschte die anderen Präsidenten und Vorsitzenden der Allianz. Details des zunächst internen Konzeptpapiers zur Aufnahme ostdeutscher Forschungsinstitute, das aus einem detaillierten Begutachtungsprozess hervorgegangen war, drangen noch vor einer Abstimmung mit den übrigen Wissenschaftsorganisationen an die Öffentlichkeit und verbreiteten sich unter den Mitarbeiter:innen der Forschungseinrichtungen auf dem Gebiet der DDR.⁴⁴

Entsprechend sahen sich die Präsidenten und Vorsitzenden der übrigen Wissenschaftsorganisationen von der öffentlichen Willensbekundung der FhG überrumpelt. Schließlich hatten sie allesamt nicht damit gerechnet, dass Syrbe angesichts der mahnenden Worte seiner Kollegen in der Juli-Sitzung vom vermeintlich gemeinsam vereinbarten zurückhaltenden Kurs abweichen würde. Doch in diesem Punkt hatten sich die Kooperationspartner offensichtlich verkalkuliert und sahen sich nun einem enormen „Zeit- und Liquidationsdruck" ausgesetzt.⁴⁵ Insbesondere die MPG, die hinsichtlich möglicher Entscheidungen zur Zukunft ostdeutscher Forschungseinrichtungen zunächst die Evaluation durch den Wissenschaftsrat abwarten wollte, sah sich nun verstärkt mit Anfragen konfrontiert, ob sie „zu einem solchen Vorgriff" ebenfalls „bereit und imstande" wäre.⁴⁶ Damit war die MPG – angestoßen durch das unabgestimmte Handeln einer ihrer Partnerinnen – plötzlich unter erheblichem Zugzwang. Zugleich stand das Risiko im Raum, dass nun ein offener Wettbewerb zwischen den Allianz-

---

41 Vgl. bspw. AdWR, 6.2 – Allianz-Sitzungen, Bd. 9. Interner Vermerk des WR über die Sitzung der Allianz am 05.03.1990. So hatte man sich für die anschließende Sitzung des Präsidentenkreises auch darauf geeinigt, gegenüber dem Ministerium die Forderung vertreten, dass zunächst die politischen Weichen gestellt werden sollten und die Evaluation durch den WR abgewartet werden müsste.
42 AMPG, II. Abt., Rep. 57, Nr. 610, Bd. 2. Interner Vermerk der MPG über die Sitzung der Allianz am 02.07.1990.
43 DFGA, AZ 00219–04, Bd. 12. Interner Vermerk der DFG über die Sitzung der Allianz am 02.07.1990; vgl. auch die Schilderung der HRK in AdHRK, Allianz und Präsidentenkreis, Bd. 4. Interner Vermerk der HRK über die Sitzung der Allianz am 02.07.1990.
44 Vgl. AMPG, II. Abt., Rep. 57, Nr. 610, Bd. 1. Ausarbeitung der FhG „Zur Ausdehnung der FuE-Aktivitäten der Fraunhofer-Gesellschaft auf das Gebiet der heutigen DDR" vom 20.08.1990.
45 AdHRK, Allianz und Präsidentenkreis, Bd. 4. Interner Vermerk der HRK über die Sitzung der Allianz am 22.10.1990.
46 AMPG, II. Abt., Rep. 57, Nr. 610, Bd. 1. Schreiben von H. F. Zacher an Allianz vom 07.09.1990.

mitgliedern um die Frage, wer welche ostdeutsche Forschungseinrichtung übernimmt, entbrennen könnte. Eine solche Entwicklung schien den Beteiligten nicht erstrebenswert, weswegen sich Hans Zacher Anfang September mit mahnenden Worten an seine Kollegen wandte. In seinem Rundschreiben konstatierte er, „die öffentliche Erklärung der Fraunhofer-Gesellschaft" habe „in der Öffentlichkeit [...] beträchtliche Unruhe geschaffen", weshalb er dringend darum bat, „weitere Schritte dieser Art" zu unterlassen, „bis wir in der Allianz erneut darüber sprechen konnten".[47] Für den Fall, dass sich die Allianz gegen ein gemeinsames Agieren ihrer Mitglieder entschloss, waren also die wechselseitige Information ebenso wie die Koordination ihrer je separaten Vorhaben von großer Bedeutung, da sich hierdurch kompetitive Konstellationen zwischen den Wissenschaftsorganisationen idealerweise im Vorfeld diskursiv vermeiden ließen. Folglich zielte Zachers Schreiben also primär darauf ab, seinen Kollegen die Kooperationskultur der Allianz eindrücklich ins Gedächtnis rufen. Denn angesichts der sich überschlagenden (wissenschafts-)politischen Ereignisse schien mit einem Mal die gemeinsame Konsensfindung und wechselseitige Abstimmung innerhalb der Allianz hinter die jeweiligen Einzelinteressen der Mitgliedsorganisationen zurückzutreten, was die etablierten Mechanismen der Zusammenarbeit zu destabilisieren drohte.

Syrbe war sich der angespannten Situation und des möglichen Vertrauensverlusts durchaus bewusst gewesen, weswegen er seinem Kollegen Zacher nach Bekanntwerden der Pläne – und damit vor Zachers Ermahnung der FhG – das ausführliche, eigentlich für den internen Gebrauch angefertigte, Konzeptpapier seiner Gesellschaft umgehend zugesandt hatte.[48] Wenngleich sich der MPG-Präsident über diese Geste erfreut zeigte und mitteilte, dass er dieses „Papier für sehr interessant" halte, konnte ihn das nicht von dem erwähnten Rundschreiben an die gesamte Allianz abhalten.[49] Weiter führt Zacher aus, dass „auch die Max-Planck-Gesellschaft in der Sache davon lernen" könne, er aber weiterhin die „Gefahr des Auseinanderdriftens der Haltung der Wissenschaftsorganisationen" sehe, weswegen er „die Allianz auf diese Sorge aufmerksam" machen wollte. In seinem persönlichen Brief an Syrbe schlug er einen deutlich milderen Ton an, als in seinem Appell an alle Allianzmitglieder. Wie sich in der Oktobersitzung herausstellte, trafen seine mahnenden Worte in der Allianz auf starken Widerhall. Die Kollegen teilten die von der MPG vorgebrachten Bedenken,[50] sodass sich der Präsident der FhG tunlichst darum bemühte, diese auszuräumen, indem er die Möglichkeit zu Änderungen am Konzeptpapiers in den Vordergrund stellte.[51] Weiter

---

47 Ebd.
48 Vgl. AMPG, II. Abt., Rep. 57, Nr. 610, Bd. 1. Ausarbeitung der FhG „Zur Ausdehnung der FuE-Aktivitäten der Fraunhofer-Gesellschaft auf das Gebiet der heutigen DDR" vom 20.08.1990.
49 AMPG, II. Abt., Rep. 57, Nr. 610, Bd. 1. Schreiben von H. F. Zacher an M. Syrbe vom 10.09.1990.
50 Vgl. die entsprechende Darstellung in AMPG, II. Abt., Rep. 57, Nr. 610, Bd. 1. Interner Vermerk der MPG über die Sitzung der Allianz am 22.10.1990.
51 Vgl. DFGA, AZ 02219–04, Bd. 12. Interner Vermerk der DFG über die Sitzung der Allianz am 22.10.1990.

betonte er – laut MPG-Generalsekretär Wolfgang Hasenclever „vergeblich"[52] – dass das Vorgehen der FhG keinesfalls „im Widerspruch zu den Aktionen des Wissenschaftsrates"[53] stünde und man die besondere Rolle der angewandten Forschung bei der Bewertung seines „Alleingang[s]" bedenken müsse.[54] Dennoch herrschte, wegen des für die Veröffentlichung der Ergebnisse gewählten Zeitpunkts, bei den anderen Sitzungsteilnehmern ein gewisses „Unbehagen" vor. Sie befürchteten, dass der Eindruck einer drohenden „Filet-Metzgerei" entstünde,[55] an der sich letztlich auch Akteure außerhalb der Allianz beteiligen könnten, was die kompetitive Konstellation weiter verschärfen könnte. Daher plädierten allen voran Hans Zacher und Hubert Markl energisch für die „Wiederherstellung des Konsenses" zwischen den Allianzmitgliedern.[56] In der längeren Diskussion einigten sich die Teilnehmer schließlich, dass zwar jede Wissenschaftsorganisation weiterhin verschiedene „Konzepte [...] entwickeln" könne, diese aber in Zukunft „nicht nach außen" getragen werden sollten, um so den Primat der Evaluation des Wissenschaftsrats zu wahren.[57]

Obwohl das „Vorpreschen" der Fraunhofer-Gesellschaft zunächst die etablierte Kooperations- und Koordinationsstruktur des Zusammenschlusses erschüttert hatte, entbrannte in der Folge kein scharfer Verteilungskampf um die ostdeutschen Forschungseinrichtungen.[58] Vielmehr zeigte sich in dieser Situation eines latenten Umschlagens von Kooperation in Konkurrenz die große Stärke der Allianz: Die kontinuierlich geführten internen Gespräche ermöglichten einen offenen und durchaus kontroversen Austausch von Positionen, erlaubten aber, dass die divergierenden Interessen der einzelnen Mitglieder untereinander abgestimmt und harmonisiert, zumindest aber wechselseitig berücksichtigt wurden.

Wie wichtig es für die Allianzmitglieder war, Konkurrenz und vor allem Konfliktsituationen zu minimieren und stattdessen in enger Abstimmung miteinander zu handeln, sollte sich im Herbst 1991 noch einmal besonders eindrücklich zeigen. Als im Rahmen des Präsidentenkreises über die Umsetzung der Empfehlungen des Wissenschaftsrats diskutiert wurde, sah sich die MPG mit ihrem im Vergleich zu anderen Allianz-Akteuren vorsichtig-zurückhaltenden, am Kriterium der wissenschaftlichen Exzellenz orientierten Integrationskurs durch das Bundesforschungsministerium

---

52 AMPG, II. Abt., Rep. 57, Nr. 610, Bd. 1. Interner Vermerk der MPG über die Sitzung der Allianz am 22.10.1990.
53 Ebd.
54 AdWR, 6.2 – Allianz-Sitzungen, Bd. 10. Interner Vermerk des WR über die Sitzung der Allianz am 22.10.1990.
55 AdHRK, Allianz und Präsidentenkreis, Bd. 4. Interner Vermerk der HRK über die Sitzung der Allianz am 22.10.1990.
56 DFGA, AZ 02219–04, Bd. 12. Interner Vermerk der DFG über die Sitzung der Allianz am 22.10.1990.
57 AdHRK, Allianz und Präsidentenkreis, Bd. 4. Interner Vermerk der HRK über die Sitzung der Allianz am 22.10.1990.
58 AdHRK, Allianz und Präsidentenkreis, Bd. 4. Interner Vermerk der HRK über die Sitzung der Allianz am 22.10.1990.

„auf geradezu peinliche Weise" in das Zentrum der forschungspolitischen Aufmerksamkeit gerückt und zum „vollen Gehorsam" gegenüber der Politik verpflichtet.[59] Denn in der Wiedervereinigung hatte sich Minister Riesenhuber an den staatspolitischen Vorgaben der Bundesregierung zu orientieren, weswegen das konsensorientierte, korporatistische Aushandlungsformat, das die Mitglieder des Präsidentenkreises üblicherweise pflegten, an seine Grenzen stieß. Umso entscheidender wurde daher einmal mehr die Kooperation innerhalb der Allianz. Als die MPG dem BMFT ihre von den Empfehlungen des Wissenschaftsrats zur Evaluation der ostdeutschen Forschung abweichende Position bezüglich der Aufnahme der sogenannten Geisteswissenschaftlichen Zentren in ihren Forschungsverbund vortrug, sprangen ihr sowohl der Wissenschaftsratsvorsitzende Dieter Simon als auch der HRK-Präsident Hans-Uwe Erichsen und der DFG-Präsident Hubert Markl zur Seite. Gemeinsam konnten sie dem ob dieser konzertierten Aktion überraschten Forschungsminister

> klarmachen, daß durch unser Vorgehen vielleicht Erwartungen im Osten enttäuscht würden, daß dadurch jedoch ein Konflikt im Westen über die geisteswissenschaftlichen Zentren vermieden und die Chance einer harmonischen Lösung eröffnet würde.[60]

Wenngleich man in der MPG grundsätzlich wenig erfreut war, „daß die Max-Planck-Gesellschaft so viel Unterstützung gut gebrauchen konnte",[61] verdeutlicht diese Episode doch, dass der interne Konsens in dieser Scharnierphase zur zentralen Voraussetzung für die Wahrung der forschungspolitischen Handlungsautonomie der einzelnen Wissenschaftsorganisationen wurde.

4.1.2 Zunehmende Spannungen in der Allianz

Obwohl die Bedeutung der Allianz in ihrer Gesamtheit im Bereich der Politikberatung im Zuge der Wiedervereinigung gestiegen war, was sich unter anderem an der Häufigkeit der Konsultationen des Präsidentenkreises, aber auch an der Einbeziehung ihrer Mitglieder in Treffen mit Vertretern aus der ehemaligen DDR nachvollziehen lässt, kam dem Wissenschaftsrat dabei eine besondere Rolle zu.

Auf Anregung von BMFT und BMBW setzte der Wissenschaftsrat bereits im Januar 1990 – und damit zu einer Zeit, als eine mögliche Zusammenarbeit mit der DDR in den gemeinsamen Beratungen der Allianz noch kaum eine Rolle spielte – eine AG zum Thema Deutsch-deutsche Wissenschaftsbeziehungen ein, in der west- und ostdeutsche

---

59 AMPG, II. Abt., Rep. 57, Nr. 646, Bd. 1. Interner Vermerk der MPG über die Sitzung des Präsidentenkreises am 16.09.1991.
60 Ebd.
61 Ebd.

Wissenschaftler:innen zusammenarbeiteten.⁶² Der für die Arbeitsgruppe gewählte Titel zeugt von der ursprünglichen Erwartung, dass es sich bei der Wiedervereinigung um einen langwierigen Prozess handeln würde, der schließlich in den Neuaufbau einer gesamtdeutschen Wissenschaftslandschaft münden sollte.⁶³ Diese Einstellung spiegelt sich ebenso in den im Juli 1990 veröffentlichten *Perspektiven für Wissenschaft und Forschung auf dem Weg zur deutschen Einheit* wider. Das darin angekündigte und viel zitierte Versprechen, auch das westdeutsche Wissenschaftssystem einer eingehenden Prüfung zu unterziehen,⁶⁴ sollte der Wissenschaftsrat jedoch nicht halten können, was vor allem der Dynamik des Vereinigungsprozesses geschuldet war. Denn obwohl dem Wissenschaftsrat von politischer Seite eine besondere Rolle in der Gestaltung der gesamtdeutschen Wissenschafts- und Forschungslandschaft eingeräumt worden war, wurde sein Handeln maßgeblich von zahlreichen externen Faktoren und Akteuren beeinflusst.⁶⁵

Im Frühjahr 1990 nahm der Vereinigungsprozess ein enormes Tempo auf und der Beitritt der DDR zur BRD auf Grundlage des Artikels 23 des Grundgesetzes wurde immer konkreter. In der Folge erschien es den (wissenschafts-)politischen Akteur:innen, vor allem auf westdeutscher Seite, nicht erstrebenswert, separate DDR-Strukturen zu bewahren.⁶⁶ So entschied sich die DFG nach ihrer Senatssitzung im April, auf dem Gebiet der DDR tätig zu werden, um so die Gründung einer Parallelgesellschaft zu vermeiden.⁶⁷ Im BMFT kristallisierte sich eine vergleichbare Einstellung heraus. Im Vorfeld des für den 3. Juli terminierten Gesprächs zwischen dem BMFT, der Allianz, Vertretern der Industrie und einer Delegation der DDR wandte sich Minister Riesenhuber schriftlich an die Mitglieder des Präsidentenkreises und skizzierte seine „Erwartungen an Verlauf und Ergebnis des Gesprächs":⁶⁸

> Als Ergebnis des Gesprächs würde ich ideal finden, wenn breiter Konsens über folgende Thesen erreicht werden könnte:
> 1. Nach dem Beitritt der DDR zur Bundesrepublik Deutschland wird es eine einheitliche deutsche Forschungslandschaft geben, die in ihren Strukturen und Grundwerten der im jetzigen Bundesgebiet entspricht.

---

62 Sechs der insgesamt 18 Mitglieder kamen aus der ehemaligen DDR, darunter auch der Präsident der Akademie der Wissenschaften. Außerdem durften mit Hans Joachim Meyer (Bildung und Wissenschaft) und Frank Terpe (Forschung und Technologie) zwei Minister der ehemaligen DDR als Gast an den Sitzungen der Arbeitsgruppe teilnehmen. Auf bundesdeutscher Seite waren die Minister für Bildung und Wissenschaft sowie für Forschung und Technologie neben vier Länderministerien als reguläre Mitglieder in der AG vertreten.
63 Vgl. Bartz (2007), Wissenschaftsrat, S. 158–162; Mayntz (1994), Einigungsprozeß, S. 72–74.
64 Vgl. Wissenschaftsrat (1990), Perspektiven für Wissenschaft und Forschung auf dem Weg zur deutschen Einheit, S. 6.
65 Vgl. zum gebrochenen Versprechen des WR insbesondere Schönstädt (2019), Wissenschaftswelt.
66 Vgl. dazu auch Mayntz (1992), Außeruniversitäre Forschung, S. 73–75.
67 Vgl. dazu Ash (2020), Vereinigung, S. 34–35; Bartz (2007), Wissenschaftsrat, S. 159–161.
68 AMPG, II. Abt., Rep. 57, Nr. 646, Bd. 2. Schreiben von H. Riesenhuber an Präsidentenkreis und Industrievertreter vom 28.06.1990.

> 2. [...] [S]pezifische Sonderstrukturen für das Gebiet der DDR wird es – nach einer unvermeidlichen, aber hoffentlich kurzen Übergangs- und Anpassungszeit – nicht mehr geben. Vielmehr wird es nur <u>eine</u> DFG, <u>eine</u> MPG, <u>eine</u> FhG usw. geben.[69]

Die für den Vortag anberaumte Sitzung des Präsidentenkreises wollte Riesenhuber zu einer „gemeinsamen Vorbereitung" mit den Allianzmitgliedern nutzen,[70] wobei ihm insbesondere an einer Vorabstimmung mit den übrigen westdeutschen Teilnehmern gelegen war.[71] In seinem Schreiben kündigte der Bundesforschungsminister bereits an, dass die von ihm skizzierten Punkte „wesentlich" seien, er aber für ergänzende Vorschläge aus dem Kreis der Präsidenten dankbar wäre.[72] Nachdem Riesenhuber in den vorausgegangenen Wochen in bilateralen Gesprächen mit der teilweise herrschenden Skepsis der Wissenschaftsorganisationen bezüglich forschungspolitischer Aktivitäten auf dem Gebiet der DDR konfrontiert worden war, lag ihm daran, die Präsidenten und Vorsitzenden im Vorfeld von einem geschlossenen Auftreten gegenüber den ostdeutschen Vertretern zu überzeugen und ihre Bedenken zu zerstreuen. Ähnlich wie in der Konkurrenz mit anderen Ministerien war eine Kooperation mit den Präsidenten und Vorsitzenden der einflussreichsten Wissenschaftsorganisationen auch in dieser Situation von Vorteil, wenn es etwa darum ging, die Öffentlichkeit vom erwünschten weiteren Vorgehen zu überzeugen. Diese Ansicht teilte die Allianz offenbar, denn trotz ihrer divergierenden Interessen sicherte sie Riesenhuber im internen Vorgespräch ihre Unterstützung zu.

Wenngleich die Vertreter der DDR, wie jüngst Mitchell Ash zeigen konnte, vom geschlossenen Auftreten der Allianz offenbar überrascht wurden,[73] ist ihr Schulterschluss mit dem Bundesforschungsminister per se doch kaum verwunderlich.[74] Gerade im Umgang mit (in ihrer Wahrnehmung) externen Akteuren oder Konkurrenten erschien der Allianz ein kooperatives Vorgehen erfolgversprechend, wenngleich die jeweiligen Ziele ihrer Mitglieder mitunter divergieren konnten. Notwendig war lediglich die Existenz eines gemeinsamen Teilziels, das in diesem Fall die Vermeidung von separaten Strukturen in der Forschung und Forschungsförderung auf dem Gebiet der DDR in Form eines Fortbestands der AdW in ihrer damaligen Gestalt darstellte und damit der

---

69 Ebd. [Hervorhebungen im Original]; Das Schreiben findet sich auch in DFGA, AZ 0224, Bd. 8.
70 AMPG, II. Abt., Rep. 57, Nr. 646, Bd. 2. Schreiben von H. Riesenhuber an H. F. Zacher vom 12.06.1990.
71 Direkt vor der Sitzung des Präsidentenkreises am 02.07. kamen die Teilnehmer für eine Vorabstimmung mit fünf, von Riesenhuber ausgewählten, Vertretern der Industrie zusammen, die ebenfalls am gemeinsamen Gespräch mit der ostdeutschen Delegation teilnehmen sollten. Vgl. den entsprechenden Hinweis in DFGA, AZ 0224, Bd. 8. Vermerk des BMFT über die Sitzung des Präsidentenkreises am 02.07.1990.
72 AMPG, II. Abt., Rep. 57, Nr. 646, Bd. 2. Schreiben von H. Riesenhuber an Präsidentenkreis und Industrievertreter vom 28.06.1990.
73 So schilderte es in der Retrospektive zumindest Horst Klinkmann, der von Seiten der DDR an diesen Gesprächen teilgenommen hatte. Vgl. Klinkmann (2008), Zeitzeugenbericht, S. 247–249. Vgl. dazu ausführlicher Ash (2020), Vereinigung, S. 38–40.
74 Vgl. zum Umgang der Allianz mit Außenstehenden bspw. die Analyse in Kapitel 3.2.3 dieser Arbeit.

Verhinderung einer potentiellen Konkurrenzsituation diente.[75] Und obwohl sich die Detailpläne der Allianzmitglieder zum weiteren Vorgehen deutlich voneinander unterschieden, stimmten sie allesamt der von Riesenhuber vorgegebenen Stoßrichtung zu.[76] Das geschlossene Auftreten der Allianz sollte also mitnichten als Ausdruck einer einheitlichen Haltung in allen die Wiedervereinigung und die Organisationen des gesamtdeutschen Wissenschaftssystems betreffenden Punkten verstanden werden, ihre Mitglieder mussten dafür nur hinsichtlich des einen Teilziels übereinstimmender Meinung sein. Punkte, in denen man sich hingegen nicht auf ein kooperatives Vorgehen einigen konnte, wurden nach alter Übung so weit möglich aus den Gesprächen ausgeklammert. Auch der bereits angesprochene, von MPG-Präsident Zacher monierte Alleingang der FhG bezüglich des Vorschlags zur Eingliederung von AdW-Instituten zeugt davon, dass die separaten Interessen und die Zeitplanung der Allianzmitglieder zu diesem Zeitpunkt im Detail noch deutlich voneinander abwichen.

Der gemeinschaftlichen Argumentation der westdeutschen Teilnehmer bei dem Termin Anfang Juli konnten ihre ostdeutschen Kollegen offenbar nur wenig entgegensetzen. Der im Nachgang des Termins von Riesenhuber an die Mitglieder des Präsidentenkreises versandte Ergebnisvermerk weist sehr deutliche Übereinstimmungen mit seinen zuvor intern geäußerten Wünschen auf.[77] Sogar eine „Neuprofilierung" der AdW in Form einer „Verselbstständigung von Dienstleistungs- und Technologieunternehmen" und der Ausgliederung „von Instituten [...] zu Hochschulen und Universitäten" wurde darin festgehalten. Nach dieser Umstrukturierung sollte die Akademie lediglich als „Gelehrtensozietät [...] auf landesrechtlicher Basis" weiterbestehen.[78] Doch damit nicht genug, das BMFT veröffentlichte noch am selben Tag eine „[g]emeinsame Pressemitteilung", in der die Öffentlichkeit über die zentralen Ergebnisse des Gesprächs informiert wurde.[79] Dieser Verlautbarung zufolge hatte man sich darauf geeinigt, „eine einheitliche Forschungslandschaft für Gesamtdeutschland" schaffen zu wollen, deren künftige Struktur an die „Forschungslandschaft der Bundesrepublik Deutschland heu-

---

75 Vgl. dazu die Allianz-interne Vorbereitung auf das Vorgespräch mit Riesenhuber bspw. in AMPG, II. Abt., Rep. 57, Nr. 610, Bd. 2. Interner Vermerk der MPG über die Sitzung der Allianz am 02.07.1990. Gleichzeitig traten in dieser Sitzung einmal mehr die unterschiedlichen Ansichten der FhG und der übrigen Allianzmitglieder bezüglich des richtigen Zeitpunkts zu Tage, vgl. dazu auch DFGA, AZ 02219–04, Bd. 12. Interner Vermerk der DFG über die Sitzung der Allianz am 02.07.1990; AdHRK, Allianz-Sitzungen, Bd. 4. Interner Vermerk der HRK über die Sitzung der Allianz am 02.07.1990. Olaf Bartz spricht – sicher nicht zu Unrecht – in diesem Zusammenhang von einem sich herausbildenden „Interessensnetzwerk und eine[r] Interessensphalanx auf der Basis der jeweiligen Domänenbewahrung", wenngleich dies für die Akteure in Allianz und Präsidentenkreis keine einmalige Besonderheit darstellt. Bartz (2007), Wissenschaftsrat, S. 161.
76 Vgl. zu den unterschiedlichen Vorstellungen in der Allianz bspw. AdWR, 6.2 – Allianz-Sitzungen. Interner Vermerk des WR über die Sitzung der Allianz am 05.03.1990.
77 Vgl. AMPG, II. Abt., Rep. 57, Nr. 646, Bd. 2. Vermerk des BMFT über das Gespräch zwischen BMFT, Prof. Terpe und Vertretern aus Wissenschaft und Wirtschaft am 03.07.1990.
78 Ebd.
79 Bundesministerium für Forschung und Technologie (1990), Weichenstellung. Die folgenden Zitate ebd.

te" angepasst werden sollte. Als „zentrale Aufgabe" betrachteten die Gesprächsteilnehmer sowohl „die Einpassung der in der Akademie der Wissenschaften [...] der DDR zusammengefaßten Einrichtungen in eine solche Forschungslandschaft" als auch eine grundlegende „Umstrukturierung der staatlich geförderten außeruniversitären Forschungskapazitäten der DDR – hier insbesondere der AdW". Das mache es erforderlich, „leistungsfähige" Einrichtungen zu identifizieren, was den Wissenschaftsrat als zuständigen Akteur für diese Aufgabe ins Spiel brachte und bereits in der Presseerklärung nach dem gemeinsamen Gespräch im Juli öffentlichkeitswirksam festgehalten wurde.[80] Wie groß die Zustimmung der ostdeutschen Vertreter zu den von der westdeutschen Seite vorgebrachten Forderungen tatsächlich war oder ob man die Gesprächspartner lediglich überrumpelt hatte, lässt sich weder aus dem Vermerk noch aus der Pressemitteilung mit Sicherheit rekonstruieren. Immerhin räumte MPG-Präsident Zacher einige Monate später gegenüber den Mitgliedern der Chemisch-Physikalisch-Technischen Sektion des Wissenschaftlichen Rats der MPG ein, dass der Konsens auf der gemeinsamen Sitzung nicht in dieser Deutlichkeit formuliert worden war.[81]

Nichtsdestoweniger hatte Riesenhuber mit seinem Schritt in die Öffentlichkeit neue Tatsachen geschaffen, die schließlich auch Eingang in den Einigungsvertrag fanden und damit den weiteren Verlauf der Dinge maßgeblich prägten. Im August erhielt der Wissenschaftsrat durch Art. 38 des Einigungsvertrags den Auftrag zur Evaluation der öffentlich getragenen wissenschaftlichen Einrichtungen in der DDR, die bis zum Ende des Jahres 1991 abgeschlossen sein sollte.[82] Damit räumte die Politik dem Wissenschaftsrat eine bedeutende Rolle in der Neuorganisation und Gestaltung der Wissenschafts- und Forschungslandschaft in den neuen Ländern ein.[83]

Die Betätigung des Wissenschaftsrats sollte primär nach innerwissenschaftlichen Kriterien erfolgen und war auf die Evaluation der staatlich getragenen außeruniver-

---

80 Die Idee, den Wissenschaftsrat mit der Evaluation zu beauftragen, wurde bereits im Frühjahr 1990 von der Kultusministerkonferenz (KMK) entwickelt. Dabei kam vermutlich dem ehemaligen Generalsekretär des WR, Peter Kreyenberg, eine bedeutende Rolle zu, der direkt im Anschluss an seine dortige Tätigkeit 1988 als Staatssekretär an das Kultusministerium von Schleswig-Holstein gewechselt war. In dieser Funktion war Kreyenberg 1990 schließlich Vorsitzender der Amtschefkonferenz der KMK, die maßgeblich die Beratungen des Plenums der KMK vorbereiten. Vgl. Bartz (2007), Wissenschaftsrat, S. 160; Hintze (2020), Kooperative Wissenschaftspolitik, S. 109–115; Kreyenberg (1994), Rolle der KMK; Stucke (1992), Westdeutsche Wissenschaftspolitik, S. 10; Schönstädt (2021), Transformation, S. 225–226.
81 AMPG, II. Abt., Rep. 62, Nr. 1821. Anlage zu TOP3 (Bericht des Präsidenten) zum Protokoll der Sitzung der Chemisch-Physikalisch-Technischen Sektion des Wissenschaftlichen Rats am 02.10.1990. Auch gegenüber den Vizepräsidenten wies Zacher offenbar noch im Juli auf eine Diskrepanz zwischen den tatsächlich erzielten und den öffentlich verkündeten Ergebnissen hin. Vgl. dazu AMPG, II. Abt., Rep. 1, Nr. 330. Interne Notiz der MPG über die Besprechung zwischen Präsidenten und Vizepräsidenten am 11.07.1990. Für den Hinweis auf die beiden Berichte Zachers danke ich Mitchell Ash. Vgl. auch seine Interpretation Ash (2020), Vereinigung, S. 38–44.
82 Vgl. Bartz (2007), Wissenschaftsrat, S. 158–164; Brill (2017), Von der „Blauen Liste", S. 33–37; Mayntz (1992), Außeruniversitäre Forschung, S. 64–72; Mayntz (1994), Einigungsprozeß, S. 91–104.
83 Vgl. Röhl (1994), Wissenschaftsrat, S. 196–201.

sitären Forschung beschränkt. Die Forschung an den Hochschulen war folglich nicht im Evaluationsauftrag enthalten. Diese unterlag im föderativen System der Zuständigkeit der Länder.[84] Der Wissenschaftsrat setzte jedoch neben dem aus neun Arbeitsgruppen bestehenden Evaluationsausschuss auch einen Strukturausschuss ein, dessen 16 Arbeitsgruppen die Hochschulen besuchen sollten, um eine für die *Empfehlungen zur außeruniversitären Forschung* notwendige Einschätzung der „Forschungs- und Ausbildungsaktivitäten" der einzelnen Fächer zu erlangen.[85] Zudem sollte der Strukturausschuss den Um- und Ausbau der Hochschulen je fachspezifisch begleiten und überregional koordinieren.[86] Um der Größe des Verfahrens Herr zu werden,[87] waren in den verschiedenen Arbeitsgruppen der beiden Ausschüsse rund 500 Sachverständige tätig, während gleichzeitig die Geschäftsstelle des Wissenschaftsrats personell erweitert wurde.[88] Obwohl das Beratungsgremium bereits in den 1980er Jahren erste Erfahrungen in der Begutachtung wissenschaftlicher Einrichtungen gesammelt hatte, stellte die Evaluation bis dato nicht sein eigentliches Kerngeschäft dar. Dennoch bemühten sich die westdeutschen Akteure in der Politik darum, die Routine des Wissenschaftsrats in diesem Verfahren zu betonen.[89] Im Zuge seiner Evaluationstätigkeit versandte dieser ab Juli Fragebögen an die AdW-Institute und außeruniversitären Forschungseinrichtungen der DDR. Diese dienten als Grundlage für die ab September beginnenden Besuche der Gutachtenden in den jeweiligen Instituten. Damit folgte der Wissenschaftsrat einem Vorgehen, das er bereits bei der Begutachtung der Blaue-Liste-Institute angewandt hatte, wenngleich der Umfang und Untersuchungsgegenstand Neuland für die Gutachtenden waren.[90] Die Evaluation konnte größtenteils im Laufe des Jahres 1991 abgeschlossen werden und mündete in die *Stellungnahmen zu den außeruniversitären Forschungseinrichtungen in den neuen Ländern und in Berlin*, die 1992 schließlich in zehn Bänden publiziert wurden.[91]

---

84 Vgl. Bartz (2007), Wissenschaftsrat, S. 158–177; Kocka (1995), Vereinigungskrise, S. 64–69; Neidhardt (2012), Institution, S. 280–282; Neuweiler (2001), Wissenschaftsrat nach 1990, S. 265–268; Thijs (2021), Evaluierer aus dem Westen, S. 169–173.
85 Neuweiler (2001), Wissenschaftsrat nach 1990, S. 267.
86 Vgl. Krull (1994), Nichts Neues?, S. 205–206.
87 Schließlich mussten über 130 Institute der Akademie der Wissenschaften (AdW) und ihrer Schwesterorganisationen begutachtet werden.
88 Trotz entsprechender Bemühungen des Wissenschaftsrats rekrutierten sich die Sachverständigen größtenteils aus der ehemaligen Bundesrepublik. Ostdeutsche oder ausländische Wissenschaftler:innen waren nur in geringem Umfang vertreten. Vgl. Benz (1996), Wissenschaftsrat, S. 1682–1683; Kocka (1995), Vereinigungskrise, S. 64–69; Krull (1992), Neue Strukturen, S. 16–17; Mayntz (1994), Einigungsprozeß, S. 137–145; Simon (1992), Quintessenz, S. 29–31; Thijs (2021), Evaluierer aus dem Westen, S. 181–186.
89 Jüngst haben insbesondere Marie-Christin Schönstädt und Krijn Thijs herausgearbeitet, dass die Begutachtung eines anderen Wissenschaftssystems jedoch alles andere als Routine für dieses Gremium war. Vgl. Schönstädt (2021), Transformation; Thijs (2021), Evaluierer aus dem Westen.
90 Vgl. Bartz (2007), Wissenschaftsrat, S. 164–171; Mayntz (1994), Einigungsprozeß, S. 137–145; Thijs (2021), Evaluierer aus dem Westen, S. 172–181.
91 Vgl. Wissenschaftsrat (1992), Stellungnahmen zu den außeruniversitären Forschungseinrichtungen.

In seinen Stellungnahmen sprach sich der Wissenschaftsrat dafür aus, mehr als 30 ehemalige Akademie-Institute in die Blaue Liste einzugliedern, was einem Wachstum derselben um rund 70 Prozent entsprach und in der Folge zu Spannungen in der Allianz führte. Diese speisten sich im Kern aus zwei Motiven: Erstens fürchtete die Allianz um die Autonomie von Wissenschaft und Forschung, zweitens rechnete sie mit einer wachsenden Konkurrenz um finanzielle Mittel durch die Blaue Liste.

Für die Allianzmitglieder galt die Blaue Liste als Konglomerat unzusammenhängender Institute, deren überregionale Bedeutung und gesamtstaatliches wissenschaftliches Interesse – zumindest in Teilen – fragwürdig erschien.[92] Doch eben jene überregionale Bedeutung der von ihnen durchgeführten Forschung lag der gemeinsamen Förderung durch Bund und Länder zugrunde. Gerade die Heterogenität der Blauen Liste und ihre oft kritisierte Wahrnehmung als „Sammeltopf"[93] sollten nun zur Lösung für den Fortbestand positiv evaluierter Akademie-Institute werden, die sich nicht in die Profile von FhG, MPG oder AGF einpassen ließen.[94] Dieses überproportionale Wachstum der Blauen Liste durch die Wiedervereinigung sorgte in der Allianz für ein deutliches Unbehagen, obwohl den einzelnen westdeutschen Wissenschaftsorganisationen nicht daran gelegen war, selbst eine größere Zahl dieser Institute zu übernehmen. Stattdessen wäre eine Überführung der ehemaligen Akademie-Institute in die Universitäten die von den meisten Allianzmitgliedern bevorzugte Lösung gewesen.[95] Reimar Lüst, der als Vorsitzender des WR (1969–1972) und Präsident der MPG (1972–1984) langjähriges Mitglied der Allianz gewesen war und ab 1989 als Präsident der AvH fungierte, brachte deren Einschätzung auf den Punkt: In einem Artikel in der *FAZ* warnte er, dass die Blaue Liste auf Bestreben der Politik als neue Säule in der Forschungsförderung etabliert werden könnte. Da diese im Gegensatz zu MPG oder FhG allerdings über keine handlungsfähige Selbstverwaltung mit Exekutivgewalt verfügte, wäre sie starken staatlichen Steuerungseingriffen unterworfen. Dies wiederum könnte schlimmstenfalls einen Angriff auf das höchste Gut der Wissenschaftsorganisationen, ihre Autonomie, bedeuten.[96] Möglicherweise war die Skepsis der Allianz gegenüber einer Festigung der Blauen Liste als eigenständige und autonome Wissenschaftsorganisationen auch von der Befürchtung geprägt, dass auf diese Weise ein Wettbewerb um wissenschaftspolitischen Einfluss entstehen könnte. Ihre diesbezüglich in den in-

---

92 Vgl. zu dieser Wahrnehmung Lüst (1993), Blaue Listen.
93 AMPG, II. Abt., Rep. 57, Nr. 1405. Interner Vermerk der MPG über die Sitzung der Allianz am 09.01.1995.
94 Vgl. Bartz (2007), Wissenschaftsrat, S. 164–171; Brill (2017), Von der „Blauen Liste", S. 37–43; Krull/Sommer (2006), Die deutsche Vereinigung, S. 204–206; Mayntz (1994), Einigungsprozeß, S. 198–207.
95 Vgl. AdWR, 6.2 – Allianz-Sitzungen, Bd. 11. Interner Vermerk des WR über die Sitzung der Allianz am 16.09.1991; siehe dafür auch Hintze (2020), Kooperative Wissenschaftspolitik, S. 109–115.
96 Vgl. Lüst (1993), Blaue Listen. Dass auch einige Allianzmitglieder die von Lüst öffentlich verkündete Ansicht teilten, wurde bspw. auf einer Allianzsitzung im Jahr 1993 deutlich, vgl. AMPG, II. Abt., Rep. 57, Nr. 615. Interner Vermerk der MPG über die Sitzung der Allianz am 13.12.1993.

ternen Gesprächen geäußerten Bedenken sah die Allianz durch den Wissenschaftsrat allerdings nicht berücksichtigt.[97]

Die Vorbehalte der Allianz gegen das Anwachsen der Blauen Liste wurden überdies aus einer Konkurrenz um finanzielle Mittel gespeist. Wie auch die Mitgliedsorganisationen der Allianz wurden die Institute der Blaue Liste gemeinsam durch Bund und Länder gefördert.

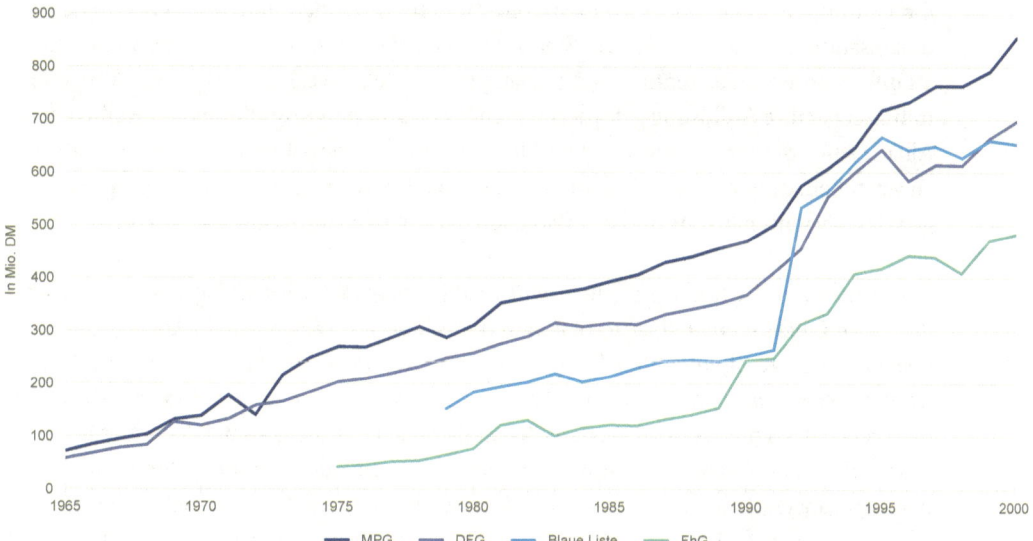

Abb. 21: Bundesanteil an der Förderung von MPG, DFG, BL und FhG (1965–2000).[98]

In Zeiten knapper finanzieller Ressourcen trat die Blaue Liste damit unweigerlich als Konkurrentin der Allianz auf – zumal ihr Fördervolumen von Bundesseite nach der Wiedervereinigung durch ihr rasantes Wachstum höher als das von DFG und FhG war und sogar den Vorjahreswert der MPG überschritt. In der Allianz wurden daraufhin Stimmen laut, die dem Wissenschaftsrat vorwarfen, mit seinen Empfehlungen eine „Wettbewerbsverzerrung" auszulösen, unter der die Qualität der Forschung erheblich leiden würde.[99] Die Skepsis gegenüber einem Wachstum der Blauen Liste und ihrer Etablierung als neue Säule im gesamtdeutschen Wissenschaftssystem war also auch einer von der Allianz als sich verschärfend wahrgenommenen Wettbewerbssituation geschuldet. Da-

---

97 Vgl. DFGA, AZ 02219-04, Bd. 13. Interner Vermerk der DFG über die Sitzung der Allianz am 16.09.1991; AdWR, 6.2 – Allianz-Sitzungen, Bd. 11. Interner Vermerk des WR über die Sitzung der Allianz am 16.09.1991.
98 Eigene Visualisierung basierend auf einer systematischen Auswertung der entsprechenden Angaben aus den Bundesberichten Forschung für die Jahre 1965 bis 2000.
99 Schneider (1992), Eine Ordnung für die Blaue Liste.

bei verfolgten ihre Mitglieder ein gemeinsames Ziel, nämlich ihre jeweiligen Etats und ihren forschungspolitischen Einfluss zu sichern – das quantitative Anwachsen der Blauen Liste gefährdete dabei die Erfolgsaussichten des kooperativen Zusammenschlusses. Als eigenständige Akteurin hatte sich die Blaue Liste bis dato nicht hervortun können, die Verbindungen zwischen ihren einzelnen Instituten waren allenfalls sporadischer Natur. Auf diese Weise hatte sich die Blaue Liste auch nicht, wie beispielsweise die FhG und die AGF, als autonom agierende Verhandlungspartnerin der Allianz erproben und über ihr Leitungspersonal eine vertrauensvolle Beziehung zu den anderen Wissenschaftsorganisationen aufbauen können. Stattdessen galt sie den Allianzmitgliedern seit jeher als unliebsame Konkurrentin um die staatlichen Mittel,[100] weshalb einige ihrer Vertreter mitunter gar ihre Auflösung gefordert hatten.[101] Die scharfen Angriffe aus den Reihen der Allianz sind somit vor allem vor dem Hintergrund der doppelten Konkurrenzsituation zu verstehen, der sich die Präsidenten und Generalsekretäre nun durch die Empfehlungen des Wissenschaftsrats und das Vorgehen der Politiker:innen ausgesetzt sahen.

Doch nicht nur die *Stellungnahmen zu den außeruniversitären Forschungseinrichtungen in den neuen Ländern und in Berlin* stießen in der Allianz auf Widerspruch. Auch gegen die ebenfalls 1992 veröffentlichten *Empfehlungen zur künftigen Struktur der Hochschullandschaft in den neuen Ländern und im Ostteil von Berlin* regte sich Kritik,[102] die sich insbesondere gegen das Vorgehen des Wissenschaftsrats richtete. Anders als bei der außeruniversitären Forschung waren diese Empfehlungen zwar nicht aus einer offiziellen Evaluation hervorgegangen, jedoch wies das Prozedere des Wissenschaftsrats in vielen Bereichen Ähnlichkeiten auf. Daher festigte sich der Eindruck eines quasi-evaluativen Verfahrens, was durch die zeitliche Nähe der beiden Publikationen und durch die zahlreichen konkreten Vorschläge zur Zukunft einzelner Hochschulen noch verstärkt wurde. Daran störte sich insbesondere die für die Belange der Hochschulen zuständige HRK, was zu teils heftigen Debatten in der Allianz führte. In den internen Besprechungen warf Hans-Uwe Erichsen, Präsident der HRK, seinem Kollegen Dieter Simon vor, bei seinen Empfehlungen einem rein „etatistische[n] Ansatz" zu folgen, der untragbar und schlichtweg „nicht akzeptabel" sei.[103] Im Gegenzug störte sich der Wissenschaftsrat an den vom Präsidium der HRK empfohlenen Verfahren zur Vorbereitung von Struktur- und Personalentscheidungen in den neuen Ländern, die nach Einschätzung der HRK größtenteils auf der Ebe-

---

100 Vgl. zur Wahrnehmung einer Konkurrenzsituation und zum gemeinsamen Agieren der Allianz gegenüber der BL bspw. AMPG, II. Abt., Rep. 57, Nr. 606, Bd. 2. Schreiben von C. H. Schiel an die Mitglieder der Allianz vom 03.11.1983.
101 Vgl. dazu bspw. AdWR, 6.1 – Präsidentenkreis, Bd. 3. Interner Vermerk des WR über die Sitzung des Präsidentenkreises am 22.03.1993; AdHRK, Allianz und Präsidentenkreis, Bd. 7. Interner Vermerk der HRK über die Sitzung der Allianz am 09.01.1995.
102 Vgl. Wissenschaftsrat (1992), Empfehlungen zur künftigen Struktur der Hochschullandschaft.
103 Vgl. AdHRK, Allianz und Präsidentenkreis, Bd. 4. Interner Vermerk der HRK über die Sitzung der Allianz am 22.05.1991.

ne der einzelnen Universitäten anzusiedeln seien.¹⁰⁴ Die Fronten zwischen den beiden Allianzmitgliedern verhärteten sich in den folgenden Wochen zunehmend, zumal als sich beide Parteien entschieden, statt eines klärenden internen Gesprächs ihre Sicht der Dinge in der Presse kundzutun. So beschuldigte Erichsen den Wissenschaftsrat, in die Zuständigkeitsbereiche der Länder hineinregieren zu wollen. Darüber hinaus warnte er, dass sich der Wissenschaftsrat zur „zentrale[n] Wissenschaftsplanungsinstanz" hoch stilisieren wolle.¹⁰⁵ Simon konterte diese Vorwürfe im Dezember mit einem ausführlichen, sehr deutlichen Artikel in der *FAZ*, in dem er die HRK unter anderem mit dem Vorwurf konfrontierte, ihre Kritik sei primär von finanziellen Eigeninteressen geprägt.¹⁰⁶

Mit dem Schritt in die Öffentlichkeit hatte die Kontroverse zwischen den beiden Rechtswissenschaftlern für die Allianz bis dahin ungekannte Ausmaße erreicht, weswegen die Situation auf die Tagesordnung für deren nächste Sitzung im Januar 1992 gesetzt wurde. Vor allem die nicht direkt an der Auseinandersetzung beteiligten Mitglieder befürchteten, dass diese Streitereien „der Wissenschaft insgesamt schaden" würden.¹⁰⁷ In der gemeinsamen Diskussion einigte man sich schließlich darauf, öffentliche Angriffe aufeinander künftig zu unterlassen, um „weiteren Schaden zu vermeiden".¹⁰⁸ Zu diesem Zeitpunkt wog das Kooperationsgebot der Allianz also trotz unterschiedlich gelagerter Interessen höher als divergierende Einzelinteressen ihrer Mitglieder.

Ungeachtet der internen Beschwichtigungsversuche registrierten auch die übrigen Allianzmitglieder die schleichende Bedeutungszunahme des Wissenschaftsrats, was schließlich auf das Binnenverhältnis der Allianz rückwirken sollte. Angesichts der hohen Akzeptanz, auf die die Empfehlungen des WR zur außeruniversitären Forschung in der Politik gestoßen waren, kann dieser eindeutig als ein Gewinner des Evaluationsverfahrens betrachtet werden.¹⁰⁹ Die übrigen Allianzmitglieder hingegen sahen die etablierte Kräftebalance innerhalb ihres Zusammenschlusses in Gefahr. So notierte die MPG in einem internen Papier zur Entwicklung der außeruniversitären Forschung in Deutschland seit 1990 mit spürbarem Missfallen, dass der „Wissenschaftsrat […] ein völlig neues Gewicht in der deutschen wissenschaftspolitischen Landschaft erlangt" hätte, was „zugleich eine neue Qualität seiner Steuerungskompetenzen" bedeuten würde.¹¹⁰ Er würde „zunehmend die Rolle eines Moderators im bisher recht ungleichgewichtigen Dialog

---

104 Vgl. dazu DFGA, AZ 02219–04, Bd. 13. Interner Vermerk der DFG über die Sitzung der Allianz am 22.05.1991.
105 Reumann (1991), Wissenschaftsrat.
106 Vgl. Simon (1991), Forschungslobby.
107 Vgl. AMPG, II. Abt., Rep. 57, Nr. 611, Bd. 1. Interner Vermerk der DFG über die Sitzung der Allianz am 20.01.1992.
108 Vgl. AdHRK, Allianz und Präsidentenkreis, Bd. 4. Interner Vermerk der HRK über die Sitzung der Allianz am 20.01.1992.
109 Vgl. Schönstädt (2021), Transformation, S. 233–235; Simon (1992), Quintessenz, S. 31.
110 AMPG, II. Abt., Rep. 57, Nr. 611, Bd. 1. Interner Vermerk der MPG zur Entwicklung der öffentlich getragenen außeruniversitären Forschung in Deutschland seit 1990 vom 25.03.1992. Die folgenden Zitate ebd.

zwischen Politik und Wissenschaft über die großen Orientierungslinien der Wissenschaften auf dem Weg [...] ins 21. Jahrhundert hinein" übernehmen.

> Dieses Vorgehen birgt, unvermeidbar, Risiken. Zu hinterfragen ist dabei weniger, ob es eines solchen Moderators zwischen Politik und Wissenschaft über heutige und künftige Leitlinien der Wissenschaftsstruktur und -politik bedarf, sondern, ob diese Funktion von der tatsächlich dazu geeigneten Institution übernommen wurde, und wenn ja, ob diese auf die erforderliche Kompetenz sowie auf eine breite Repräsentanz aller Beteiligten verweisen kann.

Offenbar sahen sich die übrigen Allianzmitglieder in der Entscheidungsfindung in wichtigen wissenschaftspolitischen Fragen durch die neue Rolle des Wissenschaftsrats übergangen. Denn anders als in den gemeinsamen Gesprächen der Allianz konnten sie ihre unterschiedlichen institutionellen Interessen nicht in gebührendem Maße in den Wissenschaftsrat einbringen, der zwar selbst auch als kooperatives Gremium konzipiert ist, jedoch primär als Mittler zwischen Wissenschaft und Politik diente. Sie begannen verstärkt in Frage zu stellen, ob der Wissenschaftsrat noch ihre gemeinsamen Ziele teilte. Dass der Wissenschaftsrat in den vergangenen Monaten beispielsweise ohne vorherige Rücksprache deutlich Partei für die Blaue Liste – und damit für eine direkte Konkurrentin der Allianz – ergriffen hatte, nährte Zweifel an der über Jahrzehnte gewachsenen Kooperationsbeziehung. Zudem sahen insbesondere die tonangebenden Mitgliedsorganisationen das Binnenverhältnis ihres Zusammenschlusses in Gefahr, da sich die politischen Vertreter:innen verstärkt an den Wissenschaftsrat zu wenden begannen und damit die Perspektiven der übrigen Forschungsorganisationen aus der politischen Entscheidungsfindung auszuklammern schienen. Die veränderte Wahrnehmung des Wissenschaftsrats als Konkurrent statt Kooperationspartner wirkte sich destabilisierend auf das sorgfältig austarierte Binnenverhältnis der Allianz aus und führte zu Misstönen innerhalb des Gremiums, die bereits 1991/92 unüberhörbar wurden.[111]

4.1.3 Konflikteskalation: Der Fall Neuweiler

In dieser angespannten Situation übernahm im Januar 1993 der Münchner Zoologe Gerhard Neuweiler den Vorsitz im Wissenschaftsrat. Neuweiler, der seit 1988 Mitglied und seit 1992 Vorsitzender der Wissenschaftlichen Kommission des Wissenschaftsrats war,[112] hatte den neuen Posten mit dem Vorsatz angetreten, das Reformwerk seines

---

111 Vgl. zu diesen Misstönen bspw. die WR-interne Schilderung über das Abschiedsessen Simons im Kreis der Allianz, bei dem die Spannungen teils offen zutage traten. AdWR, 6.2 – Allianz-Sitzungen, Bd. 13. Interner Vermerk des WR zur Sitzung der Allianz am 11.01.1993.
112 Vgl. Wissenschaftsrat (2008), 50 Jahre Wissenschaftsrat, S. 76 und S. 112.

Amtsvorgängers Dieter Simon fortzuführen.[113] Wenngleich der von der Allianz so ungeliebte Vorschlag einer Evaluation des westdeutschen Wissenschaftssystems vorerst nicht mehr offiziell zur Debatte stand,[114] preschte Neuweiler wiederholt mit öffentlichkeitswirksamen Vorschläge für konkrete und weitreichende Veränderungen vor: So sprach er sich mehrfach für die Abschaffung der Habilitation aus und plädierte für eine Verlagerung sämtlicher praxisorientierter Studiengänge – und damit auch der Lehrerbildung – an die Fachhochschulen sowie für eine grundlegende Reform des Hochschulsystems.[115] Solche umfassenden Reformpläne waren der Allianz, einem, wie sich schon im Zuge der Wiedervereinigung gezeigt hatte, vergleichsweise strukturkonservativen Gremium, dessen kooperatives Handeln sich auch auf die Wahrung seiner lange etablierten Einflussbereiche und auf die Sicherung seiner angestammten Wirkstätten richtete, ein Dorn im Auge.[116] So verschärften sich allianzintern nach Neuweilers Amtsübernahme die Spannungen weiter.

Bereits im Mai 1993 und damit in der zweiten Sitzung, an der Neuweiler als Vorsitzender teilnahm, kam es zu einer heftigen Debatte, da die Vertreter des Wissenschaftsrats einen gemeinsamen Brief der Allianz an das BMFT nicht unterzeichnen wollten. Zudem plädierten sie dafür, diesen überhaupt nicht abzusenden, um den Empfehlungen des WR in Sachen der europäischen Förderung der Grundlagenforschung nicht vorzugreifen. Die übrigen Wissenschaftsorganisationen aber wollten mit ihrer gemeinsamen Stellungnahme, auf die sie sich in der vorangegangenen Sitzung geeinigt hatten, nicht länger warten. Sie stimmten, trotz zunächst weiterer Einwände des Wissenschaftsrats, schließlich einstimmig dafür, den Brief nur im Namen der Präsidenten und Vorsitzenden von AGF, DFG, FhG, MPG und HRK zu versenden.[117]

Hinzu kamen Differenzen bezüglich der Forschungsprospektion, die Neuweiler qua Amt vor seinen Kollegen zu vertreten hatte.[118] Der Wissenschaftsrat arbeitete an einer Empfehlung zu diesem Thema, der die Allianz von vorne herein äußerst skeptisch gegenüberstand, da sie darin eine akute Gefahr für die Autonomie der Wissenschaft sah. Die Wissenschaftsorganisationen störten sich insbesondere an dem Vorschlag, für diese Aufgabe eine neue Einrichtung zu schaffen,[119] da sie die DFG, die

---

113 Vgl. bspw. ALI (1993), Reform.
114 Siehe Küpper (1993), Eigentor. Zur Zurückhaltung der Allianz hinsichtlich einer möglichen Evaluation des Westens vgl. bspw. Bartz (2007), Wissenschaftsrat, S. 190–193; Hintze (2020), Kooperative Wissenschaftspolitik, S. 109–115.
115 Vgl. z. B. Kursell (1993), Verzwickte, hochinteressante Situation; Neuweiler (1993), Hochschulreform; o. A. (1994), Beleidigter Stolz.
116 Vgl. dazu auch die Ausführungen von Stucke (1992), Westdeutsche Wissenschaftspolitik.
117 Vgl. zur Diskussion zwischen dem WR und dem Rest der Allianz die entsprechenden Schilderungen bspw. DFGA, AZ 02219-04, Bd. 17. Interner Vermerk der DFG über die Sitzung der Allianz am 05.05.1993; AdHRK, Allianz und Präsidentenkreis, Bd. 6. Interner Vermerk der HRK über die Sitzung der Allianz am 05.05.1993.
118 Vgl. Bartz (2007), Wissenschaftsrat, S. 192.
119 Vgl. Wissenschaftsrat (1994), Empfehlungen zu einer Prospektion für die Forschung, S. 39.

„von der wissenschaftlichen Community in Deutschland als unabhängig und interessensneutral in Sachen Forschungsförderung akzeptiert sei",[120] mit dieser Aufgabe betraut sehen wollten. Überdies fühlten sich die übrigen Allianzmitglieder bei der Vorbereitung und Ausarbeitung der Empfehlung in dieser so „grundsätzlichen Angelegenheit" übergangen.[121]

Doch nicht nur in inhaltlichen Fragen spitzte sich das angespannte Verhältnis zwischen dem Wissenschaftsrat und den übrigen Wissenschaftsorganisationen zu. Vielmehr regte sich auch gegen Neuweilers Person, beziehungsweise gegen sein forsches Auftreten in der Öffentlichkeit, allmählich Widerstand. Der Zoologe hatte sich etwa im Rahmen einer Veranstaltung der GEW auf Sylt in despektierlicher Weise über die Bundesregierung – und damit über eine wichtige Ansprech- und mitunter sogar Kooperationspartnerin der Allianz – geäußert. Obwohl die entsprechenden Kommentare offenbar in einer kleineren Runde und damit in vertraulicher Atmosphäre gefallen waren,[122] bekam die Presse Wind davon. Die *duz* zitierte den Vorsitzenden mit den Worten, dass „Kohl und seine Schauspieltruppe" den Bildungsgipfel „systematisch [...] zerstören" würden.[123] Für die in der Öffentlichkeit so zurückhaltend agierende Allianz, die sich stets um eine gute Beziehung zu den Vertreter:innen der Politik bemühte und den vertrauensvollen Austausch suchte, war dieser Vorfall ein Fiasko. Hinzu kam, dass Neuweiler sich mit öffentlicher und teils scharfer Kritik an seinen Kollegen nicht zurückhielt und damit gegen die ungeschriebenen Regeln verstieß.[124] Von einem Vortrag Neuweilers auf der Fachhochschulrektorenkonferenz im Jahr 1993 wurde in der *duz* das Folgende berichtet:

> Klare Worte gefunden hat einmal mehr der Vorsitzende des Wissenschaftsrates, Prof. Gerhard Neuweiler. [...] Die Blaue Liste verteidigte er [...] gegen „herbe und unseriöse" Angriffe aus der westdeutschen Wissenschaft, „insbesondere von der HRK, DFG und der Max-Planck-Gesellschaft". Der Vorwurf, in den neuen Ländern gebe es zuviele Blaue Liste Institute sei „falsch". [...] Eine auch nur marginale Eingliederung der BL-Forschungsaktivitäten in die Universitäten, so Neuweiler, wäre „schlichtweg unmöglich", habe sich doch in drei Jahren keine Universität gemeldet, die auch nur eine Arbeitsgruppe hätte übernehmen wollen. [...] Von den westdeutschen Herren wird aus durchsichtigen Gründen ein eigenes Wahrnehmungsproblem zu einem allgemeinen Strukturproblem hochgejubelt.[125]

---

[120] AMPG, II. Abt., Rep. 57, Nr. 614. Interner Vermerk der MPG über die Sitzung der Allianz vom 01.09.1993.
[121] Besonders deutlich wird dieser Punkt in der Schilderung der DFG, DFGA, AZ 02219–04, Bd. 17. Interner Vermerk der DFG über die Sitzung der Allianz am 01.09.1993.
[122] Auf diesen Aspekt weist Olaf Bartz hin, der sich diesbezüglich auf ein Interview mit Winfried Benz, dem langjährigen Generalsekretär, stützt. Vgl. Bartz (2007), Wissenschaftsrat, S. 192.
[123] ALI (1993), Neuweiler kritisiert Regierung.
[124] Vgl. Adam (1994), Der Einjährige; Küpper (1997), Ein Sonntagskind des Föderalismus.
[125] RAD (1993), Haltet den Dieb.

Damit trug Neuweiler den allianzinternen Dissens über die Empfehlungen zur außeruniversitären Forschung respektive über die Zukunft der Blauen Liste in die Öffentlichkeit. Dieses so unübliche Vorgehen bewog schließlich mit Reimar Lüst ein ehemaliges langjähriges Mitglied der Allianz dazu, sich mit mahnenden Worten an Neuweiler zu wenden und ihn auf die Umgangsformen dieses kooperativen Gremiums hinzuweisen:

> [A]us der DUZ 21/1993 kam mir eine Notiz mit Ihrem Bild zu Gesicht, in dem [sic!] Sie zitiert werden im Zusammenhang mit der Blauen Liste. Wenn die Zitate stimmen sollten, fände ich es schlimm, wie Sie mit den Kollegen in der Allianz umgehen. Ich gehöre ja nicht dazu, deswegen schreibe ich Ihnen. [...] Alles in allem ist mir diese Art der Wissenschaftspolitik des Wissenschaftsrats unverständlich. Denn sie ist kurzfristig und berücksichtigt weder das Verhältnis von Bund und Ländern noch die legitimen Interessen der Mitglieder der Allianz. Es war immer eine Aufgabe des Vorsitzenden des Wissenschaftsrates hier einen Ausgleich zu finden.[126]

Doch zum Zeitpunkt von Lüsts Schreiben hatte die Allianz bereits ihrerseits auf die Situation reagiert und neue Tatsachen geschaffen, allerdings zunächst hinter verschlossener Tür. Im Spätsommer stand turnusgemäß die Nominierung der Mitglieder für die Wissenschaftliche Kommission des Wissenschaftsrats auf der Tagesordnung der vorschlagsberechtigten Wissenschaftsorganisationen. Bereits im Vorfeld erhielt die Allianz Kenntnis von einer informellen Vorabsprache, nach der die Wissenschaftliche Kommission sich darauf geeinigt hätte, Neuweiler erneut als Vorsitzenden zu wählen.[127] Jedoch lief dessen zweite Amtszeit im Wissenschaftsrat im Januar 1994 aus, was in dieser Sache ein nicht zu unterschätzendes Problem darstellen sollte. Denn bei den allermeisten der bisherigen Nominierungen für den Wissenschaftsrat war die Allianz dem Prinzip der einmaligen Wiederwahl gefolgt, das die Dauer der Mitgliedschaft im Wissenschaftsrat auf sechs Jahre begrenzte. Neuweiler gehörte dem Gremium seit 1988 an, folglich hatte er diese Obergrenze bereits erreicht. Jedoch handelte es sich bei dem Grundsatz der einmaligen Wiederwahl lediglich um eine ungeschriebene Übereinkunft zwischen den vorschlagsberechtigten Mitgliedern der Allianz, die nicht im für den Wissenschaftsrat grundlegenden Verwaltungsabkommen zwischen Bund und Ländern schriftlich fixiert worden war. Nichtsdestoweniger waren die vorschlagsberechtigten Organisationen diesem Prinzip in den rund 35 Jahren des Bestehens des Wissenschaftsrats weitestgehend treu geblieben.[128] Insgesamt hatte es in der Vergangenheit nur fünf Ausnahmen gegeben: So wurden „aus besonderen Erwägungen" in den 1960er und frühen 1970er Jahren die Amtszeiten der beiden Gründungsmitglieder

---

126 DA GMPG, Barcode 108244. Schreiben von R. Lüst an G. Neuweiler vom 30.11.1993.
127 Zur informellen Vorabsprache im Wissenschaftsrat siehe den entsprechenden Hinweis in: DA GMPG, Barcode 108244. Interner Vermerk der MPG über die Sondersitzung der verkleinerten Allianz am 01.09.1993.
128 Vgl. hierzu und im Folgenden Bartz (2007), Wissenschaftsrat, S. 190–193.

Gerhard Hess und Ludwig Raiser ebenso wie die der ehemaligen Vorsitzenden Hans Leussink und Reimar Lüst um je ein weiteres Jahr verlängert.[129] Die letzte Amtszeitverlängerung erfolgte in großem zeitlichen Abstand zu den vorherigen – sie betraf Neuweilers direkten Amtsvorgänger, Dieter Simon – und war primär der einzigartigen Situation rund um die Wiedervereinigung geschuldet gewesen.[130] Der Vorschlag, dem Bundespräsidenten eine dritte Amtszeit Simons zu empfehlen, kam dabei von DFG-Präsident Markl, wobei die übrigen Allianzmitglieder „nachdrücklich" zustimmten.[131] Bemerkenswert ist, dass man sich eigentlich schon in einer früheren Sitzung auf drei mögliche Nachfolger für Simons Platz im Wissenschaftsrat geeinigt hatte, doch entschloss sich die Allianz, diese Pläne aufgrund der dynamischen Entwicklungen der Wiedervereinigung wieder zu verwerfen. „Maßgebender Grund" für die einstimmige Entscheidung der Allianz, der letzten Endes der Bundespräsident zugestimmt hatte, war „die besondere Belastung des Wissenschaftsrats in den nächsten Jahren durch die DDR-Problematik und das [...] Fehlen einer vergleichbaren Führungsfigur".[132] Nach Ansicht der Allianz war „in dieser Phase [...] eine Kontinuität im Wissenschaftsrat von höchster Bedeutung" gewesen.[133] In Neuweilers Fall war der Wunsch nach einer Verlängerung seiner Amtszeit allerdings nicht in der Allianz selbst entstanden, sondern wurde von außen an sie herangetragen, was in der angespannten Grundsituation nicht dienlich war. Die vorschlagsberechtigten Organisationen vermuteten, dass die Initiative gar direkt auf Neuweiler selbst zurückzuführen sei, dem lediglich durch „allgemeines Kopfnicken" zugestimmt worden wäre, was ihre Vorbehalte nur verstärkte.[134]

Die vorschlagsberechtigten Organisationen beschlossen, die damit zusammenhängenden, durchaus heiklen Fragen in einem persönlichen Gespräch zu klären. Daher lud der Präsident der DFG, dem die Federführung in dieser Angelegenheit oblag, die Präsidenten und Generalsekretäre von MPG und HRK ebenso wie den neuen Vorsitzenden der AGF zu einer informellen Vorbesprechung im Vorfeld der am selben Tag stattfindenden Allianzsitzung ein. Im Einladungsschreiben bemerkte die DFG bereits, dass „einige grundsätzliche Fragen" in dieser verkleinerten Runde bezüglich der Nominationen zu klären wären.[135] Vorbereitend versandte sie im Anhang ausführ-

---

129 DA GMPG, Barcode 108244. Interner Vermerk der MPG zur Nomination für die Wissenschaftliche Kommission des WR vom 22.09.1993. Ausschlaggebend für die Verlängerung von Lüsts Amtszeit war ein Wechsel im Amt des Generalsekretärs im Jahr 1971.
130 Vgl. dazu DA GMPG, Barcode 108243. Vertrauliche Aufzeichnung der DFG zur Nomination für die Wissenschaftliche Kommission des Wissenschaftsrats vom 26.07.1993.
131 DFGA, AZ 02219–04, Bd. 12. Interner Vermerk der DFG über die Sitzung der Allianz am 02.07.1990.
132 AdHRK, Allianz und Präsidentenkreis, Bd. 4. Interner Vermerk der HRK über die Sitzung der Allianz am 02.07.1990.
133 Ebd.
134 DA GMPG, Barcode 108244. Interner Vermerk der MPG über die Sondersitzung der verkleinerten Allianz am 01.09.1993.
135 DA GMPG, Barcode 108244. Schreiben der DFG an MPG, HRK und AGF bzgl. der Nominationen für den WR vom 26.07.1994.

liche Aufzeichnungen,[136] welche die Problemstellung detailliert umrissen und bereits deutlich auf den „Grundsatz der einmaligen Wiederbenennung" hinwiesen.[137] Damit steckte die DFG zugleich den rechtlichen Rahmen für die von ihr bevorzugte Entscheidung ab. Doch auch unter den übrigen Teilnehmern dieser Sondersitzung fand Neuweiler offenbar keine Fürsprecher, vielmehr störten sich alle an den zunehmenden Alleingängen des Wissenschaftsrats, die das Kooperationsgebot der Allianz offen in Frage stellten. So einigten sie sich, „Neuweiler nicht erneut zu nominieren".[138] In der anschließenden Allianzsitzung verkündeten sie dieses Ergebnis den beiden Vertretern des Wissenschaftsrats und beriefen sich dabei in erster Linie auf „prinzipielle [...] Gründe", die einer erneuten Nominierung Neuweilers entgegenstünden.[139]

Zudem informierten die vorschlagsberechtigten Organisationen den Wissenschaftsrat darüber, dass sie in Zukunft unter Ausschluss seiner Vertreter über die Nominationen beraten wollten.[140] Dieser symbolträchtige Beschluss kann als Indiz dafür gewertet werden, dass es nicht ausschließlich um das Prinzip der einmaligen Wiederwahl ging, sondern dass die übrigen Allianzmitglieder dem Wissenschaftsrat grundsätzlich seine Grenzen aufzeigen wollten. Sie waren nicht mehr bereit, eine Einmischung des Wissenschaftsrats in ihre Zuständigkeitsbereiche zu dulden, was sie am Beispiel der Nominationen für die Wissenschaftliche Kommission mehr als deutlich machten. Neuweiler war vom geschlossenen Vorgehen seiner Kollegen gegen seine Person „enttäuscht und persönlich betroffen". Auch sein Generalsekretär Winfried Benz erschien „sehr verbittert", weswegen vor allem der MPG im Nachgang daran gelegen war, klarzustellen, dass „die Haltung der Max-Planck-Gesellschaft nichts mit der Person Neuweiler [...] zu tun" hätte.[141]

Welche Rolle Neuweilers Person bei der Entscheidung über die verweigerte Nomination spielte, lässt sich anhand der Quellen nur mutmaßen. Nicht abzustreiten ist, trotz aller persönlicher Beteuerungen, dass in der Allianz ein gewisses Unbehagen über das in Teilen forsche Auftreten des WR-Vorsitzenden in der Öffentlichkeit herrschte. Doch ungleich schwerer wogen sicherlich die vermehrten Alleingänge des Wissenschaftsrats, die in der Allianz als ein Infragestellen des Kooperationsgebots gedeutet wurden. Denn schon bei den Evaluationen im Zuge der Wiedervereinigung

---

136 Vgl. DA GMPG, Barcode 108244. Verzeichnis der Mitglieder des Wissenschaftsrats vom 02.03.1993.
137 DA GMPG, Barcode 108244. Vertrauliche Aufzeichnung der DFG zur Nomination für die Wissenschaftliche Kommission des Wissenschaftsrats vom 26.07.1993.
138 DA GMPG, Barcode 108244. Interner Vermerk der MPG über die Sondersitzung der verkleinerten Allianz am 01.09.1993.
139 DA GMPG Barcode 108243. Interner Vermerk der MPG über die Sitzung der Allianz am 01.09.1993. Auch die DFG hielt fest, dass „prinzipielle [...] Erwägungen" der Entscheidung zugrunde lagen. DFGA, AZ 02219–04, Bd. 17. Interner Vermerk der DFG über die Sitzung der Allianz am 01.09.1993.
140 Vgl. DA GMPG, Barcode 108243. Interner Vermerk der MPG über die Sitzung der Allianz am 01.09.1993.
141 DA GMPG, Barcode 108244. Interner Vermerk der MPG über die Sondersitzung der verkleinerten Allianz am 01.09.1993.

hatten die übrigen Wissenschaftsorganisationen den Eindruck gewonnen, dass der Wissenschaftsrat ihre Bedenken bei der Ausarbeitung seiner Empfehlungen und Stellungnahmen nicht angemessen berücksichtigt hatte. Dieses Muster wiederholte sich unter Neuweilers Vorsitz, wie mitunter an den Diskussionen über die Empfehlungen zur Prospektion in der Forschung deutlich wurde. Nimmt man also das komplexe kooperative Geflecht der Wissenschaftsorganisationen auf ihrer Leitungsebene in den Fokus, wird deutlich, dass der Konflikt, der sich um Neuweilers verweigerte Wiederwahl entspann, weniger als Zeichen einer generellen Reformunwilligkeit im Wissenschaftssystem interpretiert werden sollte.[142] Vielmehr waren die Befürchtungen, dass ihr kooperatives Gefüge durch die als Vertrauensbruch wahrgenommenen, unabgestimmten Alleingänge des Wissenschaftsrats aus dem Gleichgewicht geraten würde, konstitutiv für das Handeln der Allianz. Gerade die Zweifel, ob der Wissenschaftsrat ihre Interessen und Perspektiven auch weiterhin in die Ausarbeitung seiner Empfehlungen einbinden würde, und die daraus resultierende Besorgnis einer Konkurrenz in Fragen der Politikberatung können aus institutionengeschichtlicher Sicht als Ursache für das Aufbrechen dieses Konflikts betrachtet werden.[143]

Rund drei Wochen nach dieser Allianzsitzung wandte sich der Vorsitzende der Wissenschaftlichen Kommission des Wissenschaftsrats, Helmut Gabriel, noch einmal schriftlich an die Präsidenten und den Vorsitzenden der vorschlagsberechtigten Organisationen und versuchte, sie doch noch umzustimmen. Darin führte Gabriel aus, dass eine erneuten Nominierung Neuweilers, der keine rechtlichen Beschränkungen entgegenstünden, sowohl die gesamte Wissenschaftliche Kommission als auch die Verwaltungskommission dringend befürwortet hätten, um so die „Arbeitsfähigkeit und [...] Wirkungsmöglichkeiten" des Gremiums zu wahren.[144] Doch das Schreiben erzielte, ebenso wie ein von zwei Mitgliedern der Verwaltungskommission, Fritz Schaumann (Staatssekretär im BMBW) und Diether Breitenbach (Minister für Wissenschaft und Kultur im Saarland), anberaumtes Treffen mit den Präsidenten, nicht die erhoffte Wirkung.[145] Obwohl die Allianzmitglieder zusicherten, noch einmal über die Angelegenheit zu beraten, blieben sie bei ihrer Entscheidung.[146] So übernahm im Januar 1994 schließlich der Mathematiker Karl-Heinz Hoffmann das Amt des Vorsitzenden des

---

142 Diese Deutung findet sich in Bartz (2007), Wissenschaftsrat, S. 193. Obwohl Bartz darauf hinweist, dass „ein komplexeres Bündel aus Interessenlagen und persönlichen Animositäten" zur Verweigerung der Nominierung Neuweilers führte, schließt er damit, „dass allzu radikale Reformvorschläge offenkundig nicht opportun waren"; diese Interpretation wird dem – für die Allianz – einmaligen Geschehniss nicht gerecht.
143 Vgl. zur Rolle von Vertrauen und dem Bruch desselben bspw. Ullrich (2004), Die Dynamik von Coopetition, S. 190–194; Laske/Neunteufel (2005), Vertrauen eine „Conditio sine qua non" für Kooperationen?; Frevert (2003), Spurensuche; Luhmann (2014), Vertrauen.
144 DFGA, AZ 02219–04, Bd. 17. Schreiben von H. Gabriel an W. Frühwald, H. Zacher, H.-U. Erichsen und J. Treusch vom 22.09.1993.
145 DA GMPG, Barcode 108244. Interner Vermerk der MPG über ein Gespräch bzgl. der Nomination für den Wissenschaftsrat am 30.09.1993.
146 Vgl. DFGA, AZ 02219–04, Bd. 17. Interner Vermerk der DFG über die Sitzung der Allianz am 13.10.1993.

Wissenschaftsrats, wohl infolge eines koordinierten Überzeugungsversuchs der vorschlagsberechtigten Organisationen.¹⁴⁷

Neuweiler holte indes resigniert zu einem verbalen Rundumschlag aus, wodurch der Konflikt schließlich in die Öffentlichkeit getragen wurde. Nur wenige Tage nach der Wahl seines Nachfolgers gab er der *Süddeutschen Zeitung* ein Interview, in dem er seinem Unmut unmissverständlich Luft machte. Auf die Frage, warum die Allianz seine Wiederwahl in den Wissenschaftsrat verhindert hätte, antwortete er unverhohlen:

> Die Allianz ist mit vielem, was der Wissenschaftsrat 1993 empfohlen hat, nicht einverstanden, beispielsweise mit den Blaue-Liste-Instituten, die von Bund und Ländern gemeinsam getragen werden. Der Wissenschaftsrat hat im Zuge der Wiedervereinigung eine ganze Reihe von neuen Blaue-Liste-Instituten eingerichtet, die damit in der außeruniversitären Forschungslandschaft ein sehr viel stärkeres Gewicht bekommen haben. Die anderen Wissenschaftsorganisationen betrachten diese Entwicklung mit gewisser Sorge. […] Letztlich geht es aber wohl auch um die Machtbalance innerhalb der Wissenschaftspolitik. Ich persönlich vermute, daß die Allianz ihre Interessen im Wissenschaftsrat nicht genügend repräsentiert sieht und unter Führung der DFG die Chance genutzt hat, dem Wissenschaftsrat eins auszuwischen. Denn seit der Wiedervereinigung ist der Einfluß des Rates gestiegen.¹⁴⁸

Im weiteren Verlauf des Interviews bemängelte Neuweiler die „kleinkarierte Haltung" seiner Kollegen, die er als allgemeinen Beweggrund für ihr geschlossenes Vorgehen gegen ihn ausmachte, und beschuldigte sie, ihre Aktion „überfallartig inszeniert" zu haben. Wenngleich er mit seiner Einschätzung zumindest in Teilen richtig gelegen haben mag, war die Tatsache, dass ein gerade ausgeschiedenes Mitglied der Allianz in der Presse seine Kollegen direkt angriff, ein offener Affront. Obschon es in der Vergangenheit bereits kleinere Kontroversen gegeben hatte, die zumindest teilweise in der Presse ihren Widerhall fanden, stellten Neuweilers Äußerungen dennoch eine neue Qualität dar.¹⁴⁹ Er rückte das Gremium schlagartig ins Licht der Öffentlichkeit und konfrontierte die Allianz mit dem Vorwurf, aus rein machtpolitischen Eigeninteressen heraus gegen den Wissenschaftsrat vorgegangen zu sein.

In der Folge sah sich erneut Reimar Lüst dazu veranlasst, öffentlich für die Allianz Stellung zu beziehen und die einseitige Darstellung zu berichten. Nur wenige Tage nach Neuweilers Interview erschien Lüsts Replik in Form eines Gastbeitrags in der *Zeit*. Nachdem Neuweiler zum wiederholten Male, trotz Lüsts Schreiben vom Novem-

---

147 Dies deutet zumindest die Notiz der MPG an, es bedürfte einer koordinierten Aktion, um „die in Frage kommenden Kandidaten für einen Vorsitz" zu überreden: DA GMPG, Barcode 108244. Interner Vermerk der MPG über die Sondersitzung der verkleinerten Allianz am 01.09.1993.
148 O.A. (1994), Waren Sie zu kritisch, Herr Neuweiler.
149 Das Interview war nicht der einzige Bericht über Neuweilers unfreiwilliges Ausscheiden, vgl. etwa Gehringer (1994), Kontinuität; o.A. (1994), Beleidigter Stolz; Ronzheimer (1994), Mut.

ber, die ungeschriebenen Regeln der Allianz gebrochen hatte, hielt sich nun der Präsident der AvH ebenso wenig mit persönlicher Kritik zurück:

> Von Diskussionen hielt [...] der bisherige Vorsitzende des Wissenschaftsrates, der Zoologe Gerhard Neuweiler, wenig. Öffentlich bekannt geworden ist er vor allem in der vergangenen Woche, als er sich über den Undank der Welt und „die Kleinkariertheit der Wissenschaftsorganisationen" beklagte. Das Großkarierte an ihm war, daß er zum Dialog mit anderen Wissenschaftsorganisationen kaum zur Verfügung stand. Er glaubte mehr an die Durchschlagskraft verbaler Rundumschläge. Nun wird ihn der Wissenschaftsrat künftig entbehren müssen. [...] Nun klagt er, daß er nicht wieder für den Wissenschaftsrat nominiert wurde, nachdem seine zweite Amtsperiode abgelaufen war – obwohl das die Regel ist. Vielmehr sei sein Abgang „überfallartig inszeniert" worden. Als wäre nicht ausführlich darüber geredet worden, ob Neuweiler entgegen der Regel Vorsitzender bleiben könne. Und wenn es keinen Grund gab, die bestehenden Regeln zu durchbrechen? Gewiß es gab Kontroversen [...]. Deswegen wurde noch kein Vorsitzender geköpft.[150]

Lüsts Erwiderung war eindeutig. Dem AvH-Präsidenten ging es darum, Schaden von der Allianz abzuwenden, der er sich immer noch eng verbunden fühlte, und den Vorwurf eines hinterlistigen und rein machtpolitisch motivierten Vorgehens zu entkräften. Damit entließ er Neuweiler gleichsam unehrenhaft aus dem Kreis der Heiligen Allianz, denn wer „seine Person über die ihn tragenden Institutionen stellt und in Kauf nimmt, daß sie Schaden leiden", sollte „keine unüblichen Treuebekundungen erwarten".[151]

Die Allianz selbst blieb indessen ihrer Linie treu und schwieg – zumindest in der Öffentlichkeit. Intern berieten die „Hauptangeklagten",[152] also die Präsidenten und Vorsitzenden der vorschlagsberechtigten Organisationen, nach dem öffentlichen Angriff Neuweilers im Frühjahr 1994 noch einmal über die Angelegenheit. Sie blieben schlussendlich bei ihrer Entscheidung und bekräftigten, auch weiterhin grundsätzlich am Prinzip der einmaligen Wiederwahl für die Mitglieder der Wissenschaftlichen Kommission des Wissenschaftsrats festzuhalten.[153] Darüber hinaus einigten sie sich darauf, „die unterschiedlichen Interpretationen zwischen Wissenschaftsrat und den anderen Wissenschaftsorganisationen [...] nicht weiter zu erörtern".[154] Der Verzicht auf weitere interne Diskussionen in dieser Sache kann als Versuch verstanden werden, das damit verbundene Konfliktpotential zu neutralisieren und den erlittenen Schaden durch die öffentlich ausgetragene Kontroverse zu minimieren. Zudem hatte mit

---

150 Lüst (1994), Brüderliche Härte.
151 Ebd.
152 AMPG, II. Abt., Rep. 57, Nr. 616. Schreiben von H. F. Zacher an W. Frühwald vom 09.02.1994.
153 Vgl. AdHRK, Allianz und Präsidentenkreis, Bd. 6. Interner Vermerk der HRK über die Sitzung der Allianz am 02.03.1994; AMPG, II. Abt., Rep. 57, Nr. 1401. Interner Vermerk der MPG über die Sitzung der Allianz am 02.03.1994.
154 AMPG, II. Abt., Rep. 57, Nr. 1401. Interner Vermerk der MPG über die Sitzung der Allianz am 02.03.1994.

Reimar Lüst ein ehemaliges Mitglied ihre Position bereits in der Öffentlichkeit kundgetan, und Neuweiler war forthin kein Teil der Allianz mehr.

Obwohl diese Episode für Neuweiler kein gutes Ende nahm und er seinen vielfältigen Ambitionen als Vorsitzender nicht gerecht werden konnte, gelang es dem Wissenschaftsrat als Institution, sich in den folgenden Jahren innerhalb der Allianz wieder zu konsolidieren. Blickt man auf die Allianz als kooperatives Gefüge, so zeigt sich, dass die übrigen Mitglieder vor allem den Vertrauensbruch auf persönlicher Ebene ahndeten, während sie dem Wissenschaftsrat als Organisation – trotz der vorangegangenen Differenzen und der aufkeimenden Sorge vor dem Entstehen einer Konkurrenz – nach einer personellen Erneuerung die Möglichkeit zugestanden, das verloren gegangene Vertrauen in der Interaktion mit den anderen Wissenschaftsorganisationen zurückzugewinnen. Die Allianz war als kooperativer Zusammenschluss in den 1990er Jahren folglich in ihrer Existenz auf eine Weise gefestigt, die auch durch solch heftige Turbulenzen, wie sie die Causa Neuweiler für das sorgsam austarierte Binnenverhältnis darstellten, nicht nachhaltig bedroht war.

Im Zuge der Wiedervereinigung kristallisierten sich insbesondere zwei Bedingungen heraus, die für den erfolgreichen Fortbestand der Zusammenarbeit der Allianz von großer Bedeutung waren: Erstens war es für die Kooperationskultur des informellen Gremiums seit seiner Gründung kennzeichnend, dass seine Mitgliedern bei divergierenden Interessen separat agieren konnten. Dieses Prinzip erforderte jedoch ein Mindestmaß an Koordination, um das Entstehen einer Konkurrenzsituation zwischen den sonst als Kooperationspartnern auftretenden Parteien zu vermeiden. Denn die jeweils individuell verfolgten Ziele durften nicht in direktem Konflikt miteinander stehen. Gerade der nicht abgestimmte Alleingang der FhG, der dem hohen zeitlichen Druck geschuldet war, der den Vereinigungsprozess begleitete, sorgte in diesem Zusammenhang für Unstimmigkeiten innerhalb der Allianz. Ein zweiter Faktor, der die Kooperationsbeziehungen maßgeblich stabilisierte, gerade in einer spannungsreichen und von vielschichtigen Veränderungen geprägten Zeit, war das wechselseitige Vertrauensverhältnis. Dass sich der Wissenschaftsrat, dem die Verantwortlichen in der Politik hinsichtlich der Gestaltung des gesamtdeutschen Wissenschaftssystems eine hervorgehobene Rolle einräumten, wiederholt für eine Stärkung der Blauen Liste ausgesprochen hatte, nährte bei den übrigen Allianzmitgliedern Zweifel. Vor allem die Tatsache, dass die Vertreter des Wissenschaftsrats die von ihren Kooperationspartnern in den gemeinsamen Gesprächen vorgebrachten Bedenken bei der Verabschiedung ihrer Empfehlungen und Stellungnahmen nicht entsprechend berücksichtigt hatten und stattdessen eine externe Konkurrentin unterstützten, nahmen die übrigen Wissenschaftsorganisationen als Verstoß gegen die ungeschriebenen Regeln ihres kooperativen Zusammenschlusses wahr. In Folge dessen begannen sie zu hinterfragen, ob der Wissenschaftsrat überhaupt noch als ihr Kooperationspartner auftrat und das gleiche Ziel verfolgte, oder ob er sich nicht vielmehr zu einem Konkurrenten um (wissenschafts-)politische Gestaltungsmacht entwickelte. Um das aus dem Gleichgewicht geratene Binnenverhältnis und damit auch die über Jahrzehnte gefestigte Kooperationsstruktur zu restabilisieren, zeigten sie dem Wissenschaftsrat – in Person seines Vorsitzenden Gerhard Neuweiler – in aller Deutlichkeit die Grenzen ihrer Akzeptanz auf.

4.2 Der Reformprozess geht weiter

Die Wiedervereinigung und die politisch bestimmte Einpassung der ostdeutschen Forschungslandschaft hatte den verschiedenen Akteuren in den seit den 1980er Jahren schwelenden Debatten um notwendige Reformen im westdeutschen Wissenschaftssystem vorerst eine kurze Verschnaufpause verschafft.[155] Die vom Wissenschaftsrat in seinen *Perspektiven für Wissenschaft und Forschung auf dem Weg zur deutschen Einheit* angeregte Überprüfung und Neustrukturierung des Systems nach der Wende war zunächst nicht erfolgt – durchaus zur Freude der Allianz.[156] Doch wenn man den Blick über die Zeit unmittelbar nach der Wiedervereinigung hinaus weitet, zeigen sich deren massive Rückwirkungen auf die gesamtdeutsche Wissenschaftslandschaft.

So führte die wissenschaftspolitisch konfliktreiche Phase der Wiedervereinigung schlussendlich zu einer Festigung des Wissenschaftsrats auf institutioneller Ebene und zu einer Veränderung seines Tätigkeitsspektrums.[157] Damit verbunden war ein Paradigmenwechsel im Hinblick auf Evaluationen als forschungspolitisches Instrument.[158] Nicht umsonst beschreibt Olaf Bartz die 1990er Jahre für den Wissenschaftsrat als ein „Jahrzehnt der Evaluation" – ein Befund, der gleichermaßen für das deutsche Wissenschafts- und Forschungssystem zutreffend erscheint.[159] Den Auftakt hierfür, der jedoch nicht als alleiniger Auslöser missverstanden werden sollte,[160] bildeten die umfassenden Evaluationen im Zuge der Wiedervereinigung, da sich damit die Praxis der Überprüfung von wissenschaftlichen Leistungen einzelner Einrichtungen zu etablieren begann. Hiervon zeugt auch die erneute Begutachtung aller Institute der Blauen

---

155 Vgl. Krull/Sommer (2006), Die deutsche Vereinigung, S. 200–204.
156 Vgl. Wissenschaftsrat (1990), Perspektiven für Wissenschaft und Forschung auf dem Weg zur deutschen Einheit, S. 6.
157 Vgl. Schönstädt (2021), Transformation, S. 233–235.
158 Vgl. dazu auch Lange (2007), Research in Germany; Gläser / Stuckrad (2013), Reaktionen auf Evaluationen, S. 73–75; Hornbostel (2016), (Forschungs-)Evaluation; Schiene/Schimank (2007), Research Evaluation.
159 Bartz (2007), Wissenschaftsrat, S. 204. Auch Manfred Popp diagnostizierte den 90er Jahren eine „Evaluitis" und sprach zugleich von einem „Jahrzehnt der Evaluierung", Popp (2003), Programmorientierte Förderung, S. 51.
160 Dem Befund von Alexander Mayer kann an dieser Stelle nur zugestimmt werden. Denn die Evaluation des ostdeutschen Wissenschaftssystems folgten, wie im Folgenden unter anderem anhand der wiederholten Evaluationen der Blauen Liste gezeigt wird, einem längerfristigen Trend. Nichtsdestoweniger kann die Wiedervereinigung, im Zuge derer die Verfahren ausgiebig erprobt und anschließend angepasst wurden als Katalysator für die Entwicklung betrachtet werden. Vgl. Mayer (2019), Universitäten im Wettbewerb, S. 212–214.

Liste in den 1990er Jahren.[161] Daneben führte der Wissenschaftsrat auf Bitten von Bund und Ländern in diesem Zeitraum Querschnittsstudien zu einzelnen Forschungsfeldern durch, so etwa zur Umweltforschung oder zur Materialforschung.[162] Für die Erarbeitung dieser Stellungnahmen weitete er seinen Blick und bezog Einrichtungen unterschiedlicher Forschungsorganisationen ein, um auf diese Weise Empfehlungen zu strukturellen Fragen und übergeordneten Aspekten geben zu können.[163] Den Höhepunkt des Reformprozesses stellte schließlich die sogenannte Systemevaluation dar,[164] die in nicht unerheblichem Maße auch das Binnengefüge der Allianz beeinflussen sollte.

4.2.1 Startschuss für umfassende Evaluationen im deutschen Wissenschaftssystem

In den internen Diskussionen der Allianz ebbte die Kritik an der Blauen Liste auch nach den Empfehlungen des Wissenschaftsrats zur außeruniversitären Forschung nicht ab.[165] Letztere waren von den verschiedenen Akteuren zu großen Teilen bis Ende 1991 umgesetzt oder zumindest angestoßen worden: Die MPG hatte zwei neue Institute in Halle und Potsdam, zwei Außenstellen und mehrere befristete Arbeitsgruppen gegründet,[166] während die FhG acht Institute und zehn Außenstellen errichtet hatte[167]. In Leipzig, Berlin-Buch und Potsdam nahmen drei neue Großforschungseinrichtungen ihre Arbeit auf und ferner einige Landesforschungseinrichtungen.[168] Die umfassendste Erweiterung erlebte allerdings die Blaue Liste, die zunächst 31 Institute übernahm, bevor noch drei weitere folgten. Damit wuchs sie – quasi über Nacht – von 47 auf insgesamt 81 Institute im Jahr 1992. Reimar Lüst, ehemals Präsident der MPG und seit 1989 in selber Funktion in der AvH tätig, trug die vielfältigen Bedenken 1993 in die Öffentlichkeit, als er sich, wie erwähnt, in der *FAZ* offen gegen eine Etablierung der Blauen Liste als neue Säule in der Forschungsförderung aussprach.[169] Die Vorbehalte der Spitzenfunktionäre in den verschiedenen westdeutschen Wissenschafts- und Forschungs-

---

161 Vgl. dazu Kuhlmann (2003), Leistungsmessung, S. 11; Röbbecke/Simon (1999), Zwischen Reputation und Markt, S. 7–16.
162 Vgl. Wissenschaftsrat (1994), Stellungnahme zur Umweltforschung; Wissenschaftsrat (1996), Stellungnahme zur Materialforschung.
163 Vgl. dazu bspw. Wissenschaftsrat (1994), Stellungnahme zur Umweltforschung in Deutschland; siehe zu diesem Thema auch Bartz (2007), Wissenschaftsrat, S. 208–209.
164 Vgl. Hintze (2020), Kooperative Wissenschaftspolitik, S. 116–120; Krull/Sommer (2006), Die deutsche Vereinigung, S. 202–206.
165 Vgl. exemplarisch AMPG, II. Abt., Rep. 57, Nr. 615. Interner Vermerk der MPG über die Sitzung der Allianz am 13.12.1993.
166 Vgl. ausführlicher zu dem Prozess und der Entwicklung in der MPG z. B. die Unterlagen in AMPG, II. Abt., Rep. 57, Nr. 646, Bd. 1. Siehe dazu auch die Ausführungen von Ash (2020), Vereinigung, S. 73–159.
167 Vgl. Trischler / vom Bruch (1999), Forschung für den Markt, S. 196–203.
168 Vgl. Hoffmann/Trischler (2015), Helmholtz-Gemeinschaft, S. 26–29.
169 Vgl. Lüst (1993), Blaue Listen.

organisationen speisten sich unter anderem aus der hohen Heterogenität der in der Blauen Liste versammelten Forschungseinrichtungen, dem sprunghaften Anstieg ihres Finanzierungsvolumens und dem Fehlen einer handlungsfähigen Selbstverwaltung.[170]

Die Verantwortlichen in der Politik waren sich ebenfalls der weitreichenden Konsequenzen bewusst, die diese umfangreiche Erweiterung der Blauen Liste für das gesamtdeutsche Wissenschaftssystem mit sich brachte. Aus diesem Grund erteilten die im Ausschuss Forschungsförderung der BLK versammelten Vertreter:innen von Bund und Ländern schon im August 1991 – und damit noch vor der Umsetzung der Empfehlungen zur zukünftigen Gestaltung der außeruniversitären Forschung im vereinigten Deutschland – dem Wissenschaftsrat den Auftrag, „zur künftigen Struktur und inhaltlichen Ausrichtung der Blauen Liste [...] Stellung zu nehmen". Damit war die Hoffnung verbunden, ein übergreifendes Konzept für „die Neuordnung der Blauen Liste" zu erarbeiten und zudem die Fragen nach einer „Bewertung und Neustrukturierung" einzelner Einrichtungen in Angriff zu nehmen.[171] Im Zuge dieses Prozesses suchte der Vorsitzende des Wissenschaftsrats zunächst den je bilateralen Austausch mit den anderen Wissenschaftsorganisationen, um deren Meinungen zu zentralen Fragen, wie etwa der inhaltlichen Abgrenzung der Blauen Liste oder möglicher Institutsübernahmen, einzuholen.[172] Doch wollte sich der Wissenschaftsrat – wissend um die vorherrschende Skepsis – in dieser Angelegenheit nicht zu sehr in die Karten sehen lassen. Daher hielten sich Generalsekretär und Vorsitzender in den Allianz-Sitzungen mit detaillierten Informationen zum Sachstand bewusst zurück.[173] In der Folge wurde das Thema größtenteils ausgespart, wobei sich zeitnah herauskristallisierte, dass „zwischen den Vorstellungen des Wissenschaftsrates und der Meinung der meisten anderen in der Allianz vertretenen Organisationen eine deutliche Meinungsverschiedenheit" bestand.[174] Nach der Veröffentlichung der Empfehlungen sollte sich die Situation zuspitzen, da der Wissenschaftsrat der Blauen Liste darin einen „festen Platz unter den gemeinsam von Bund und Ländern geförderten außeruniversitären Forschungseinrichtungen" attestierte.[175] Dieses Bekenntnis zum Fortbestand und zur Stärkung der Blauen Liste lag nicht im Interesse der übrigen Allianzmitglieder. In der Dezembersitzung, dem ersten Treffen der Allianz nach der Veröffentlichung der Ergebnisse, traten

---

170 Vgl. zur Entwicklung der Blauen Liste auch den entsprechenden Abschnitt in Wissenschaftsrat (1993), Empfehlungen zur Neuordnung der Blauen Liste, S. 14–17.
171 Ebd., S. 2.
172 Vgl. AMPG, II. Abt., Rep. 57, Nr. 612, Bd. 2. Schreiben von G. Neuweiler an H. F. Zacher vom 20.03.1992. Siehe auch den Hinweis der HRK, dass „[a]uch die anderen Allianz-Organisationen [...] von der AG des [WR] zur zukünftigen Entwicklung der Blauen Liste angehört" würden. AdHRK, Allianz und Präsidentenkreis, Bd. 4. Interner Vermerk der HRK über die Sitzung der Allianz am 22.06.1992.
173 AdWR, 6.2 – Allianz-Sitzungen, Bd. 12. Interner Vermerk des WR über die Sitzung der Allianz am 22.06.1992.
174 DA GMPG, Barcode 108244. Interner Vermerk der MPG über die Sitzung der Allianz am 13.10.1993.
175 Wissenschaftsrat (1993), Empfehlungen zur Neuordnung der Blauen Liste, S. 38.

die inhaltlichen Differenzen offen zutage. Während die meisten Teilnehmer „Kritik an der institutionellen Festschreibung der Blaue-Liste-Institute und insbesondere an der Instrumentalisierung durch [ihren] Zusammenschluß zu einer Gesamtorganisation" äußerten,[176] versuchte Gerhard Neuweiler gegenüber seinen Kollegen die Position des Wissenschaftsrats zu verteidigen.[177] So betonte er, dass man die übrigen Wissenschaftsorganisationen zwar bei der Vorbereitung einzelner Empfehlungen einbeziehe, er aber nicht gewillt sei, „seine Empfehlungen vor Verabschiedung von den Wissenschaftsorganisationen gegenlesen" zu lassen.[178] Bei dieser Gelegenheit zeigte sich einmal mehr die Verstimmung der Allianz über die Alleingänge des Wissenschaftsrats in den frühen 1990er Jahren – bereits vor der Eskalation im Herbst 1993, als man Neuweiler mitteilte, ihn nicht erneut als Mitglied der Wissenschaftlichen Kommission zu nominieren.

Die Allianz konnte zu diesem Zeitpunkt in die politische Lage kaum mehr korrigierend eingreifen – jenseits ihrer Versuche, den Wissenschaftsrat zukünftig zum Befolgen der internen, ungeschriebenen Regeln anzuhalten. Die Stellungnahme des Gremiums, die von den Vertreter:innen der Politik beauftragt wurde, war zu diesem Zeitpunkt längst veröffentlicht und rezipiert. Somit stand die weitere Existenz der Blauen Liste kaum mehr zur Debatte, was die Allianz zähneknirschend akzeptieren musste.

Die *Empfehlungen zur Neuordnung der Blauen Liste* enthielten jedoch – wie bereits ihr Titel impliziert – mehr als ein bloßes Bekenntnis zum Fortbestand der Blauen Liste als Element der Forschungsförderung durch Bund und Länder. Vielmehr gab die vom Wissenschaftsrat eingesetzte Arbeitsgruppe konkrete Handlungsvorschläge für die strukturelle und inhaltliche Weiterentwicklung des heterogenen Zusammenschlusses. Bedingt durch „das breite fachliche Spektrum" der versammelten Institute fehlte der Blauen Liste, gerade im Vergleich zu MPG oder FhG, ein klares Tätigkeitsprofil.[179] Stattdessen diente ihr vor allem die gemeinsame Förderung und wissenschaftspolitische Steuerung durch Bund und Länder als identitätsstiftendes Merkmal. Aus diesem Grund regte der Wissenschaftsrat eine grundlegende Neuausrichtung der Sektionen, in die sich die BL gliederte, ebenso wie eine intensivere Zusammenarbeit zwischen den Instituten an.[180]

Ferner hatte sich der Wissenschaftsrat klar für eine Fortführung der regelmäßigen externen Begutachtung der einzelnen Mitgliedseinrichtungen ausgesprochen, die der Leistungsbewertung und Qualitätssicherung der Institute dienen sollte. Er war bereit, diese Aufgabe zunächst selbst zu übernehmen, sofern hierfür ein eigenständiger Aus-

---

176 DFGA, AZ 02219–04, Bd. 17. Interner Vermerk der DFG über die Sitzung der Allianz am 13.12.1993.
177 Obwohl sich die Allianz bereits gegen eine erneute Nominierung Neuweilers in der kommenden Wahlperiode für den Wissenschaftsrat ausgesprochen hatte, amtierte er noch bis Januar 1994 als dessen Vorsitzender und war in diesem Zeitraum weiterhin ein Teil der Besprechungen im Rahmen der Allianz.
178 AdHRK, Allianz und Präsidentenkreis, Bd. 6. Interner Vermerk der HRK über die Sitzung der Allianz am 13.12.1993.
179 Wissenschaftsrat (1993), Empfehlungen zur Neuordnung der Blauen Liste, S. 14.
180 Vgl. ebd., S. 20–33.

schuss gebildet und die Geschäftsstelle personell entsprechend aufgestockt würde.[181] Wenngleich die Institute der Blauen Liste schon seit den 1970er Jahren Begutachtungen ausgesetzt waren, stand der Evaluationsprozess in den 1990er Jahren unter anderen Vorzeichen. Er markierte den Startschuss für umfangreiche Evaluationsmaßnahmen im nun vereinigten Deutschland, die sich schlussendlich auf den Bereich der Universitäten, die Großforschungseinrichtungen, MPG, DFG und FhG erstrecken sollten, womit die deutsche Forschungslandschaft in ihrer Gesamtheit in den Blick genommen wurde.[182] Dies zeugt eindrucksvoll vom sich verschärfenden Legitimationsdruck auf Wissenschaft und Forschung, der besonders dazu führte, dass extern durchgeführte institutionelle und kompetitiv ausgerichtete Evaluationen – als Ergänzung zu bereits etablierten internen Begutachtungen – zunehmend als probates Mittel zur Bewertung von Forschungsleistungen und als zentraler Indikator für künftige Förderentscheidungen angesehen wurden. Mit der fortschreitenden Verstetigung evaluativer Prozesse hatte sich der wissenschafts- und forschungspolitische Diskurs maßgeblich gewandelt.[183] Der Wissenschaftsrat, der etliche dieser Evaluationen im Verlauf der 1990er und 2000er Jahre durchführen sollte, wurde damit zu einem mächtigen wissenschaftspolitischen Akteur mit hohem Mitspracherecht bei der Gestaltung der deutschen Forschungslandschaft und bei Fragen zur Zukunft einzelner Einrichtungen. Kurz nach der Jahrtausendwende setzte er schließlich einen eigenen Evaluationsausschuss ein, der als „Steuerungsorgan für Evaluationsaufgaben" fungieren und die „spezifische Kompetenz des Wissenschaftsrates in dem zukunftsträchtigen und sich rasch ausdifferenzierenden Aufgabenfeld" erhalten und weiter ausbauen sollte.[184] Während unmittelbar beteiligte Akteure diesem Funktionswandel durchaus kritisch gegenüberstanden und befürchteten, das Gremium würde zu einer „Evaluationsmaschine",[185] lässt sich darin doch zweifelsfrei ein Bedeutungsgewinn des Wissenschaftsrats erkennen.[186]

Den Auftrag zur empfohlenen erneuten Evaluation aller Einrichtungen der Blauen Liste – inzwischen waren es 82 an der Zahl – erhielt der Wissenschaftsrat 1994 von

---

181 Vgl. Wissenschaftsrat (1993), Empfehlungen zur Neuordnung der Blauen Liste, S. 33–35. Siehe zur Entwicklung der Geschäftsstelle des WR auch Bartz (2007), Wissenschaftsrat, S. 266–270.
182 Siehe hierzu ausführlich die beiden folgenden Unterkapitel 4.2.2 und 4.2.3.
183 Vgl. Krull/Sommer (2006), Die deutsche Vereinigung, S. 200–206; Kuhlmann (2003), Leistungsmessung. Auch Marie-Christin Schönstädt konstatierte, dass „der Begriff Evaluation [...] sagbar geworden" ist. Schönstädt (2021), Transformation, S. 234. Das zeigt sich ebenso eindrucksvoll in Jürgen Rüttgers 1996 veröffentlichten Leitlinien zur strategischen Orientierung der deutschen Forschung, in denen er für mehr Flexibilität und einen stärkeren Wettbewerb plädierte. Vgl. AMPG, II. Abt., Rep. 57, Nr. 626. Schreiben von J. Rüttgers an H. Markl vom 09.07.1996. Im Anhang dieses Schreibens schickte Rüttgers einen Abdruck der Leitlinien: AMPG, II. Abt., Rep. 57, Nr. 626. Jürgen Rüttgers: Innovation durch mehr Flexibilität und Wettbewerb. Bonn 10.07.1996.
184 Wissenschaftsrat (25.01.2008), Aufgaben, Kriterien und Verfahren, S. 4.
185 Simon (1997), Im Block.
186 Vgl. dazu insbesondere Schönstädt (2021), Transformation, S. 230–236. Siehe darüber hinaus Bartz (2007), Wissenschaftsrat, S. 204–210; Röbbecke/Simon (1999), Zwischen Reputation und Markt, S. 11–22.

der BLK.[187] Im Januar des folgenden Jahres begann das Gremium mit der Durchführung der Einzelevaluation in den Institutionen der WBL, deren Verfahren im Kern auf das Erfassen der „fachliche[n] Qualität", „der überregionalen Bedeutung und des gesamtstaatlichen wissenschaftspolitischen Interesses" abzielten.[188] Dadurch sollte die Forschungsförderung in der Blauen Liste flexibilisiert und zugleich Spielraum für die Aufnahme neuer forschungsstarker Einrichtungen geschaffen werden.[189] Dabei drängte der Wissenschaftsrat die Zuwendungsgeber von Beginn an zur raschen Umsetzung seiner Empfehlungen,[190] was ihm Bundesforschungsminister Jürgen Rüttgers wiederholt zusicherte.[191] Zwischen 1998 und 2000 schieden aufgrund negativer Ergebnisse immerhin sechs Einrichtungen aus der gemeinsamen Förderung durch Bund und Länder aus. Eine negative Bewertung zog, anders als noch in den 1980er Jahren, als ein großer Teil der Empfehlungen kaum oder gar nicht implementiert wurde, nun entsprechende Konsequenzen nach sich.[192] Auch an dieser Stelle lässt sich also ein grundlegender Mentalitätswandel im deutschen Wissenschafts- und Forschungssystem hinsichtlich der Signifikanz evaluativer Verfahren feststellen.[193]

Die Empfehlungen des Wissenschaftsrats zur Neuordnung der Blauen Liste waren allerdings nicht nur im Hinblick auf die inhaltlichen Differenzen innerhalb der Allianz und der damit einsetzenden Verstetigung evaluativer Verfahren ein wichtiger Scharniermoment für die weitere Entwicklung des gesamtdeutschen Wissenschaftssystems. Zugleich hatte der Wissenschaftsrat darin eine strukturelle Veränderung der Blauen Liste angeregt, als er die Notwendigkeit einer stärkeren wissenschaftlichen Selbstverwaltung des Zusammenschlusses betonte.[194] Dies kam den internen Bestrebungen der 1991 gegründeten lockeren Arbeitsgemeinschaft Blaue Liste durchaus entgegen, die in ihrer Anfangszeit mit zahlreichen unterschiedlichen Problemen und internen wie externen Zweiflern zu kämpfen hatte:[195] So fehlten ihr beispielsweise jegliche Durchgriffsrechte auf die Mitgliedsinstitute und ihr Handlungsspielraum war stark

---

187 Vgl. Bartz (2007), Wissenschaftsrat, S. 204–206; Brill (2017), Von der „Blauen Liste", S. 68–73; Krull/Sommer (2006), Die deutsche Vereinigung, S. 202–206.
188 Wissenschaftsrat (1996), Stellungnahmen zu Instituten der Blauen Liste und zum Gmelin-Institut.
189 Vgl. dazu auch Hüttl (2003), Evaluation politikberatender Forschungsinstitute; Röbbecke/Simon (1999), Zwischen Reputation und Markt.
190 Sogar in den Pressemitteilungen erwähnte der Wissenschaftsrat diesen Hinweis explizit, vgl. bspw. Wissenschaftsrat (1997), Drei Stellungnahmen zu Instituten der Blauen Liste; Wissenschaftsrat (1997), Fünf Stellungnahmen zu Instituten der Blauen Listen.
191 Vgl. AMPG, II. Abt., Rep. 57, Nr. 626. Jürgen Rüttgers: Innovation durch mehr Flexibilität und Wettbewerb. Bonn 10.07.1996. S. 6.
192 Vgl. Bartz (2007), Wissenschaftsrat, S. 204–206; Hüttl (2003), Evaluation politikberatender Forschungsinstitute, S. 38–40.
193 Zur Entwicklung von Evaluationen im Bereich der deutschen Technologieüberblick siehe bspw. auch die Metastudie von Kuhlmann/Holland (1995), Evaluation von Technologiepolitik in Deutschland.
194 Vgl. Wissenschaftsrat (1993), Empfehlungen zur Neuordnung der Blauen Liste, S. 28–40.
195 Vgl. zur Gründung der AG Blaue Liste Brill (2017), Von der „Blauen Liste", S. 23–30; Paulig (1996), Forschungseinrichtungen der „Blauen Liste", S. 1332–1333.

eingeschränkt. Darüber hinaus mangelte es der Arbeitsgemeinschaft an öffentlicher Sichtbarkeit, weswegen sie kaum als eigenständige Akteurin wahrgenommen wurde. Dass man sich trotz ausführlicher interner Diskussionen Anfang der 1990er Jahre in der AG Blaue Liste nicht auf eine Koordinierung der Zusammenarbeit oder eine Stärkung der Arbeitsgemeinschaft einigen konnte, trug ein Übriges dazu bei. Erst die Empfehlungen des Wissenschaftsrats führten zu einem Umdenken innerhalb der Mitgliedseinrichtungen der Blauen Liste, wobei insbesondere die neu gegründeten Institute in den Neuen Bundesländern die Initiative ergriffen. Nachdem ein interner Ausschuss im November 1994 mit der Erarbeitung einer neuen Satzung betraut worden war, konnte dieser nur ein knappes halbes Jahr später seine Arbeitsergebnisse auf der Mitgliederversammlung der AG Blaue Liste präsentieren. Dort stimmten die Mitglieder schließlich für die Gründung eines eingetragenen Vereins, der unter dem Namen Wissenschaftsgemeinschaft Blaue Liste (WBL) firmieren sollte. Ein Ziel der WBL war es, ihre Kontakte zu den etablierten Wissenschaftsorganisationen zu stärken, weshalb die Geschäftsstelle in Bonn angesiedelt werden sollte. Doch auch, wenn man intern auf eine Einladung in den Kreis der Allianz hoffte, hielt sich die WBL in den folgenden Jahren mit offensiven Vorstößen in diese Richtung zurück, denn die in der Allianz herrschenden Vorbehalte waren den zentralen Akteuren der Blauen Liste keineswegs unbekannt.[196] Zunächst versuchte man durch die Einladung der Präsidenten und Vorsitzenden, den Dialog mit den übrigen Wissenschaftsorganisationen zu intensivieren – der Erfolg dieser Bemühungen war jedoch durchwachsen.[197] Vor allem MPG und FhG verhielten sich anfangs äußerst zurückhaltend und blieben den Jahrestagungen der WBL fern. DFG, HRK und die kürzlich umbenannte HGF zeigten sich den Bemühungen der WBL gegenüber hingegen aufgeschlossener.[198] Insbesondere Wolfgang Frühwald, der Präsident der DFG, sprach sich für eine Förderung der Kooperationen zwischen den Universitäten und den Einrichtungen der WBL und für eine Öffnung der DFG für die Institute der BL aus, was in der Forschungsgemeinschaft jedoch nicht unumstritten war.[199]

---

[196] Zur Zurückhaltung der Allianz hinsichtlich einer möglichen Einbeziehung der AG Blaue Liste in ihren Kreis, siehe exemplarisch AdHRK, Allianz und Präsidentenkreis, Bd. 7. Interner Vermerk der HRK über die Sitzung der Allianz am 09.01.1995. Auch nach der Gründung der WBL blieb die Allianz als Zusammenschluss weiterhin sehr zurückhaltend, vgl. DFGA, AZ 02219–04, Bd. 18. Interner Vermerk der DFG über die Sitzung der Allianz am 07.06.1995.
[197] Vgl. dazu bspw. die Information, die der Präsident der WBL seinem Kollegen Zacher zukommen ließ, in dem er ihn über die Gründung der WBL informierte und um ein Gespräch und Unterstützung bat. AMPG, II. Abt., Rep. 57, Nr. 1406. Schreiben von I. Hertel an H. F. Zacher vom 28.04.1995.
[198] Zur Aufnahme der Gespräche mit der in Gründung befindlichen WBL siehe DFGA, AZ 02219–04, Bd. 18. Interner Vermerk der DFG über die Sitzung der Allianz am 17.03.1995.
[199] Vgl. Brill (2017), Von der „Blauen Liste", S. 44–67; Hintze (2020), Kooperative Wissenschaftspolitik, S. 137–139.

4.2.2 Die Systemevaluation der bundesdeutschen Forschung

Das vorläufige Ausbleiben der Evaluation im Westen im Zuge der Wiedervereinigung, beziehungsweise die zunächst erfolgte Konzentration auf die Institute der Blauen Liste bedeutete allerdings keineswegs, dass den Akteur:innen in Wissenschaft und Politik die darüber hinausreichenden Probleme unbekannt gewesen wären. So waren etwa die Großforschungseinrichtungen in den 1980er Jahren ins Zentrum der Debatten um Innovationsfähigkeit und Marktorientierung der außeruniversitären Forschung gerückt.[200] Bereits 1984 hatte der Bericht der Bundesregierung über *Status und Perspektiven der Großforschungseinrichtungen* die Kritik der Wettbewerbsschwäche und der mangelnden Orientierung der dort betriebenen Forschung an den Interessen der Industrie gebündelt.[201] Sowohl in der Allianz als auch in den Gesprächen mit dem Ministerium war über dieses Thema beraten worden und lediglich ein Jahr später hatte die AGF versucht, sich im Konzert der außeruniversitären Forschungseinrichtungen thematisch neu zu positionieren.[202]

Trotz der vielfältigen Reformbemühungen verebbte die Kritik an der Großforschung in den folgenden Jahren nicht, wenngleich diese Debatten durch die Wiedervereinigung kurzzeitig in den Hintergrund rückten.[203] Bei der Übernahme ostdeutscher Forschungseinrichtungen spielten die Großforschungseinrichtungen – speziell im Vergleich mit der Blauen Liste und der Fraunhofer-Gesellschaft – zwar eher eine zweitrangige Rolle, aber immerhin wurden in den Neuen Bundesländern drei neue Zentren gegründet. Mit den Neugründungen in Leipzig, Potsdam und Berlin-Buch konnte die AGF ihr Tätigkeitsspektrum in den Umwelt- und Geowissenschaften und in der medizinisch-klinischen Forschung erheblich erweitern.[204] Doch obwohl das Konzept der Großforschungszentren einerseits offenbar – wenn auch in begrenztem Umfang – als tragfähiges Konzept für die Übernahme von Forschungseinrichtungen auf dem Gebiet der ehemaligen DDR galt, änderte sich andererseits wenig an der grundsätzlich kritischen Einschätzung derselben, die mitunter als „morsche Kähne" im deutschen Forschungssystem bezeichnet wurden.[205] Hinzu kam, dass die Ausgaben der Großforschungseinrichtungen stetig anstiegen und einen großen Teil des BMFT-Haushalts absorbierten.[206] Gerade in Zeiten knapper finanzieller Ressourcen erschien es daher dringend notwendig, diese Probleme

---

200 Vgl. Trischler/vom Bruch (1999), Forschung für den Markt, S. 171–174; Mutert (2000), Großforschung, S. 178–189.
201 Vgl. Bundesregierung (1984), Entwicklung der Großforschungseinrichtungen; Bundesregierung (1984), Ergänzende Stellungnahme.
202 Vgl. dazu Hoffmann/Trischler (2015), Helmholtz-Gemeinschaft, S. 23–24; Ritter (1992), Großforschung in Deutschland, S. 100–117.
203 Trischler (1995), Großforschung.
204 Vgl. Hoffmann/Trischler (2015), Helmholtz-Gemeinschaft, S. 25–30.
205 Adam (1991), Morsche Kähne.
206 Vgl. Hoffmann/Trischler (2015), Helmholtz-Gemeinschaft, S. 25–29.

anzugehen.²⁰⁷ In der Folge gab das BMFT in den frühen 1990er Jahren zwei Gutachten in Auftrag, die zahlreiche Kritikpunkte an den Großforschungseinrichtungen bündelten. Dabei hoben die Gutachtenden erneut insbesondere die fehlende Marktorientierung und Anwendungsrelevanz hervor, sodass eine Neuausrichtung der Forschungstätigkeit zunehmend unausweichlich schien.²⁰⁸

Allerdings waren die Großforschungseinrichtungen keineswegs die einzigen Sorgenkinder im westdeutschen Wissenschaftssystem: Auch Hochschulen und Universitäten mussten sich mit Vorwürfen von Ineffizienz und mangelnder internationaler Wettbewerbsfähigkeit auseinandersetzen. Bereits Mitte der 1980er Jahre hatten sich Stimmen gemehrt, die für mehr Konkurrenz – etwa um finanzielle Mittel, Student:innen und Reputation – im westdeutschen Hochschulsystem plädierten, um so die Leistungsfähigkeit zu steigern.²⁰⁹ Bestehende strukturelle und vor allem auch finanzielle Probleme, die sich etwa aus der seit den 1970ern konstant hohen Zahl an Studierenden ergaben, wurden durch die Deutsche Einheit weiter verschärft.²¹⁰

Da sich die Praxis der Evaluation durch die Wiedervereinigung und die wiederholte Überprüfung der Blauen Liste durch den Wissenschaftsrat aus Sicht zentraler Akteur:innen als Methode bewährt hatte, war es an der Zeit, die aufgeschobenen Probleme anzugehen. Die von den Regierungschef:innen von Bund und Ländern im Dezember 1996 beschlossene Systemevaluation kann damit als Höhepunkt der Ausweitung und einsetzenden Verstetigung evaluativer Verfahren im gesamtdeutschen Wissenschaftssystem betrachtet werden.²¹¹ Diese Begutachtungs- und Bewertungsprozesse standen dabei in engem Zusammenhang mit einem tiefgreifenden forschungspolitischen Wandel und sich verändernden Steuerungsmodi.²¹² Die Überlegung, alle nach Artikel 91b GG gemeinschaftlich geförderten Forschungseinrichtungen mit einem besonderen Blick auf das Gesamtsystem zu evaluieren, wurde durch den, auf Bitte der Ministerpräsident:innen der Ländern, von der BLK angefertigten Bericht zu den Bund-Länder-Finanzströmen bereits ein Jahr zuvor angeregt.²¹³ Der Hintergrund dieser Überlegungen war unter anderem die Flexibilisierung der Förderinstrumente, die Frage nach der generellen Anwendungsorientierung der Forschung und darauf aufbauend insbesondere die Stärkung des nationalen Wissenschafts- und Forschungs-

---

207 Vgl. dazu auch Helling-Moegen (2009), Forschen nach Programm, S. 93–100.
208 Vgl. ebd., S. 101–103; Hoffmann/Trischler (2015), Helmholtz-Gemeinschaft, S. 25–33.
209 Vgl. Wilms (1983), Hochschulpolitik für die 90er Jahre; Wissenschaftsrat (1985), Empfehlungen zum Wettbewerb im deutschen Hochschulsystem.
210 Vgl. Bierwisch (1998), Wissenschaften im Vereinigungsprozeß; Hintze (2020), Kooperative Wissenschaftspolitik, S. 203–208; Mayer (2019), Universitäten im Wettbewerb, S. 109–118; Szöllösi-Janze (2011), Geist des Wettbewerbs, S. 65–69; Szöllösi-Janze (2021), Archäologie des Wettbewerbs, S. 246–257.
211 Vgl. Hintze (2020), Kooperative Wissenschaftspolitik, S. 116–120; Krull/Sommer (2006), Die deutsche Vereinigung, S. 202–206.
212 Vgl. dazu Leendertz (2022), Macht; Mayer (2019), Universitäten im Wettbewerb, S. 164–223.
213 AMPG, II. Abt., Rep. 57, Nr. 624. Bericht der BLK zum Thema „Bund-Länder-Finanzströme" vom 25.09.1995.

systems im internationalen Wettbewerb.²¹⁴ Gegenstand dieser umfassenden Begutachtung sollten nun nicht nur einzelne Institute oder Forschungsfelder, sondern das Wissenschafts- und Forschungssystem in seiner Gesamtheit und damit auch dessen Strukturen ebenso wie die generellen Forschungspraktiken sein, weshalb sich rasch die Bezeichnung als Systemevaluation durchsetzte.²¹⁵

Die in der Allianz zusammengeschlossenen Wissenschaftsorganisationen begannen früh – noch vor der offiziellen Ankündigung zur Durchführung der Systemevaluation – sich mit dem Thema auseinanderzusetzen. Die MPG übernahm in den Diskussionen die Federführung, da sie sich in ihren Senatssitzungen ausführlich mit diesem Themenkomplex beschäftigte und ihre intern abgestimmten Überlegungen bereits im Februar 1996 in die gemeinsamen Beratungen einbringen konnte.²¹⁶ In dieser Sitzung konstatierten die Wissenschaftsorganisationen, dass die Frage der Entwicklung des Wissenschaftssystems in Deutschland und die bevorstehenden Evaluationen ausführlicher Beratungen bedürften, weshalb die MPG im Juni zu einer ganztägigen Sondersitzung einlud.²¹⁷ Ferner regte MPG-Präsident Zacher an, sich im Vorfeld dringend über das Prozedere der Evaluation und die Bestimmung der dafür zuständigen Instanzen auszutauschen und möglichst auf eine gemeinsame Linie zu einigen. Da ihm zu Ohren gekommen war, dass sich die Ministerpräsident:innen der Länder bereits auf eine erste Beschlussfassung geeinigt hatten, standen die Wissenschaftsorganisationen – sofern sie den Prozess aktiv beeinflussen und nach ihren Vorstellungen gestal-

---

214 Folglich spielten die noch immer offene Frage nach der Notwendigkeit und Daseinsberechtigung der Blauen Liste als eigene Säule in der Forschungsförderung ebenso wie die in den frühen 1990er Jahren vom BMFT in Auftrag gegebenen Gutachten zu den Großforschungseinrichtungen dabei eine nicht zu unterschätzende Rolle. Vgl. zu den Zielen der Systemevaluation Bund-Länder-Kommission für Bildungsplanung und Forschungsförderung (2000), Jahresbericht 1999, S. 39.
215 Olaf Bartz und Patrick Hintze haben darauf hingewiesen, dass dieser Terminus wohl insbesondere durch die MPG geprägt wurde, da diese ihn in ihrer internen Kommunikation schon 1996 verwendete. Vgl. Bartz (2007), Wissenschaftsrat, S. 207; Hintze (2020), Kooperative Wissenschaftspolitik, S. 116. In der Allianz wurde hauptsächlich von der Evaluation der außeruniversitären Forschung gesprochen. Vgl. bspw. AMPG, II. Abt., Rep. 57, Nr. 1410. Interner Vermerk der MPG über die Sitzung der Allianz am 06.02.1996. Nichtsdestoweniger verwendeten die einzelnen Mitglieder ab 1996, darunter vor allem DFG und MPG, vereinzelt den Begriff der Systemevaluation (z. B. in einer gemeinsamen Stellungnahme gegenüber der BLK), bis sich dieser Terminus schließlich 1999 auch offiziell in der Allianz durchsetzte. Vgl. bspw. DFGA, AZ 02219–04, Bd. 19. Vermerk von W. Frühwald über ein Gespräch mit F. E. Weinert vom 23.07.1996; AMPG, II. Abt., Rep. 57, Nr. 634. Interner Vermerk der MPG über die Sitzung der Allianz am 22.09.1999. Zur internen Verwendung des Begriffs in der MPG siehe bspw. AMPG, II. Abt., Rep. 60, Nr. 144.SP. Niederschrift über die 144. Sitzung des Senats der MPG am 22.11.1996.
216 Vgl. AMPG, II. Abt., Rep. 57, Nr. 1409. Schreiben von H. F. Zacher an K. Fleischmann vom 23.01.1996; auch im Entwurf für die Tagesordnung zur Sitzung, wurde vermerkt, dass die MPG (neben dem WR) diesen TOP vorgeschlagen hatte, vgl. AMPG, II. Abt., Rep. 57, Nr. 1409. Schreiben von K. Fleischmann an die Mitglieder der Allianz vom 30.01.1996.
217 Vgl. DFGA, AZ 02219–04, Bd. 19. Schreiben von H. F. Zacher an die Mitglieder der Allianz vom 07.03.1996; DFGA, AZ 02219–04, Bd. 19. Schreiben von H. F. Zacher an die Mitglieder der Allianz vom 19.04.1996; DFGA, AZ 02219–04, Bd. 19. Interner Vermerk der DFG über die Sitzung der Allianz am 20.03.1996.

ten wollten – nun unter Zugzwang.[218] Einmal mehr war also eine rasche interne Vorabstimmung nötig, um sich in der Konkurrenz mit den anderen wissenschaftspolitischen Akteuren erfolgreich positionieren zu können. In den gemeinsamen Gesprächen der Allianzmitglieder zeigte sich zunächst eine gewisse Skepsis über die bis dato nur vage angekündigte Systemevaluation.[219] Insbesondere die fehlenden Informationen von Seiten der Politik über den Ablauf und die Zielsetzung des Verfahrens riefen Bedenken hervor.[220] Doch das kooperative Gremium sollte seine Einstellung bald ändern: Da die Defizite im deutschen Wissenschafts- und Forschungssystem den Mitgliedern der Allianz nur allzu gut bekannt waren, kam man in der Sondersitzung überein, dass es – dem eigenen Selbstverständnis folgend – zuvorderst die Aufgabe der Allianz wäre, „eine Planskizze für ein neues System" zu entwickeln.[221]

Schon zuvor hatte die MPG die Initiative ergriffen und eine Arbeitsgruppe eingerichtet, die sich mit dem Thema der Evaluation auseinandersetzen sollte. In dieser Frage sah sich die MPG in einer Vorreiterrolle, hatte sie doch in den 1970er Jahren ein eigenes System der Begutachtung durch Fachbeiräte auf Institutsebene auf den Weg gebracht, das knapp 20 Jahre später umfassend reformiert wurde und im Rhythmus von zwei Jahren der wissenschaftlichen Qualitätskontrolle der einzelnen Max-Planck-Institute diente. Während Hubert Markls Präsidentschaft wurde das Fachbeiratswesen in der zweiten Hälfte der 1990er Jahre – und damit parallel zur Systemevaluation – ein weiteres Mal überarbeitet, wobei unter anderem die vergleichende Evaluation mehrerer Institute und die Frage nach der Positionierung der Institute im nationalen wie auch internationalen Umfeld stärker in den Fokus rückten.[222] Die wiederholte Reform der intern organisierten Begutachtungsverfahren sollte die Autonomie der MPG wahren und den Einfluss der Politik ebenso wie potenzielle Steuerungsansprüche weiterhin möglichst gering halten. Dadurch konnte die MPG in der Allianz reklamieren, ihre langjährigen Erfahrungen mit internen Evaluationsverfahren in die gemeinsamen Überlegungen einzubringen. Ferner war sie gegenüber der Politik in der Lage, die Genese der Systemevaluation aktiv mitzugestalten, weswegen sie gezielt den Schulterschluss mit der DFG

---

218 Vgl. AMPG, II. Abt., Rep. 57, Nr. 623. Schreiben von H. F. Zacher an die Mitglieder der Allianz vom 13.03.1996.
219 So berichtete der Generalsekretär der BLK der DFG, dass sich die Ministerpräsident:innen der Länder im März darauf geeinigt hätten, eine Evaluation aller gemeinsam geförderter Einrichtungen in Auftrag zu geben, die überdies bis Ende 1998 bereits abgeschlossen sein sollte. Vgl. DFGA, AZ 02219–04, Bd. 19. Schreiben von J. Schlegel an W. Frühwald vom 14.03.1996.
220 Vgl. DFGA, AZ 02219–04, Bd. 19. Interner Vermerk der DFG über die Sitzung der Allianz am 20.03.1996.
221 AMPG, II. Abt., Rep. 57, Nr. 1411. Interner Vermerk der MPG über die Sitzung der Allianz am 01.06.1996. Eine ähnliche Schilderung findet sich auch in AdHRK, Allianz und Präsidentenkreis, Bd. 8. Interner Vermerk der HRK über die Sitzung der Allianz am 01.06.1996.
222 Vgl. AMPG, II. Abt., Rep. 57, Nr. 625. Interne Notiz der MPG zu TOP 2a (Evaluation/Initiative der Allianz) für die Sitzung der Allianz am 04.09.1996; DA GMPG, Barcode 108650. Schreiben von H. Markl an J. Schlegel (BLK) vom 15.12.1998.

suchte.²²³ Beide Wissenschaftsorganisationen waren sich schnell einig, dass eine Begutachtung durch eine internationale Evaluierungskommission anzustreben sei.²²⁴ Als sie dies der BLK gemeinsam vorschlugen, kamen sie dem Angebot des Wissenschaftsrats zuvor, auch diese Evaluation zu übernehmen. Die BLK folgte der Empfehlung von MPG und DFG und setzte im September 1997 unter dem Vorsitz von Richard Brook, dem Leiter des britischen *Engineering and Physical Sciences Research Council*, eine zehnköpfige internationale Kommission ein.²²⁵ Diese machte es sich zur Aufgabe, nicht nur die beiden Wissenschaftsorganisationen hinsichtlich ihrer Strukturen und ihrer Leistungsfähigkeit im deutschen Forschungssystem zu bewerten, sondern auch die Universitäten in ihre Analyse mit einzubeziehen. Darauf aufbauend traf sie Aussagen zur Ausrichtung des gesamten deutschen Wissenschaftssystems.²²⁶ Ähnlich dem Vorgehen des Wissenschaftsrats bei seiner Begutachtung der Institute der Blauen Liste sandte sie nach ihrer konstituierenden Sitzung im Februar 1998 zunächst Fragebögen an MPG und DFG, in denen es unter anderem um die Einschätzung der eigenen Verortung im deutschen Forschungssystem, dessen Stärken und Schwächen sowie die spezifischen Arbeitsweisen und Methoden der Qualitätssicherung ging. Daran anschließend suchte die Evaluierungskommission zunächst die Generalverwaltung der MPG in München und die Geschäftsstelle der DFG in Bonn auf, um dort nicht nur mit Mitgliedern der Präsidien und weiteren Mitarbeiter:innen, sondern auch mit Vertreter:innen anderer Wissenschaftsorganisationen und Industrieunternehmen zu sprechen. Im Spätsommer und Herbst 1998 besuchten die Gutachter:innen schließlich noch einige ausgewählte Max-Planck-Institute und Universitäten, um die Arbeitsweise und Förderpraxis vor Ort unter die Lupe nehmen zu können.²²⁷ Bereits im Vorfeld übermittelte Wilhelm Krull, Generalsekretär der VW-Stiftung und in dieser Funktion Leiter des Sekretariats der internationalen Evaluierungskommission, Ende April DFG und MPG den vorläufigen Entwurf des Berichts. In der Folge bezogen die Präsidenten der beiden Wissenschaftsorganisationen, die mit vielen Einschätzungen der Gutachter:innen unzufrieden waren, gegenüber den Verantwortlichen der Kommission Stellung und wiesen explizit auf Äußerungen und Befunde hin, mit denen sie nicht einverstanden waren. Auf diese Weise gelang es ihnen in Teilen, die Gutachter:innen von einer Änderung des Texts zu über-

---

223 Siehe DA GMPG, Barcode 108645. Schreiben von R. Grunwald an B. Bludau vom 05.06.1996; DFGA, AZ 02219–04, Bd. 19. Vermerk von W. Frühwald über ein Gespräch mit F. E. Weinert vom 23.07.1996; AMPG, II. Abt., Rep. 57, Nr. 625. Vermerk von F. E. Weinert über ein Gespräch mit W. Frühwald am 23.07.1996; DFGA, AZ 02219–04, Bd. 19. Interner Vermerk der DFG über die Sitzung der Allianz am 11.11.1996.
224 Vgl. bspw. AMPG, II. Abt., Rep. 57, Nr. 625. Protokoll der MPG zur 1. Sitzung der Arbeitsgruppe Evaluation am 17.07.1996.
225 Die Brook-Kommission nahm im Februar 1998 ihre Arbeit auf und legte ihren Bericht am 25.05.1999 der BLK vor. Vgl. AMPG, II. Abt., Rep. 57, Nr. 633, Bd. 1. Materialien für die Sitzung des Senats der MPG am 10.06.1999. Unterlagen zu TOP 3 Systemische Evaluation der DFG und MPG.
226 Vgl. Hintze (2020), Kooperative Wissenschaftspolitik, S. 122–128; Krull/Sommer (2006), Die deutsche Vereinigung, S. 208–212.
227 Vgl. Krull (1999), Forschungsförderung in Deutschland, S. 2–3.

zeugen – so war im Zusammenhang mit der MPG beispielsweise nicht mehr von „ergebnisoffener"[228] sondern von der „erkenntnisorientierten Grundlagenforschung" die Rede,[229] und der DFG wurde nicht länger zugeschrieben, keine forschungspolitische Zielsetzung zu verfolgen.[230] Doch waren die beiden Präsidenten mit ihrem Einspruch nicht in allen Punkten erfolgreich. Insbesondere bezogen auf die konkreten Empfehlungen und Monita der Kommission, die etwa die mangelnde Kooperation der MPIs auf nationaler Ebene zum Beispiel mit den Universitäten oder die „starre Organisation"[231] der DFG-Geschäftsstelle bemängelten, konnten sich Ernst-Ludwig Winnacker und Hubert Markl mit ihren Argumentationen nicht durchsetzen.

Entsprechend der breiten Interpretation ihrer Aufgabenstellung kam die Evaluierungskommission zu weitgreifenden Empfehlungen die gesamte deutsche Wissenschafts- und Forschungslandschaft betreffend. So attestierten die Gutachter:innen dem System grundsätzlich ein hohes Maß an mangelnder Beweglichkeit. Darüber hinaus bemängelten sie die Schwäche der Universitäten im Vergleich zu den außeruniversitären Forschungseinrichtungen, was die Leistungsfähigkeit aller Teilbereiche negativ beeinflusse. Auch hinsichtlich der Nachwuchs- und Frauenförderung, des einrichtungsübergreifenden Wettbewerbs und der geltenden staatlichen Rahmenbedingungen stellten sie erhebliche Defizite fest.[232] Hinzu kamen separate Befunde und Empfehlungen zu DFG und MPG, ebenso zu den Universitäten.[233] Da insbesondere die allgemeinen und übergreifenden Aspekte alle Mitglieder der Allianz gleichermaßen betrafen, wurden die Arbeit und die zentralen Ergebnisse der Kommission in den gemeinsamen Gesprächen eruiert,[234] vor allem weil die politischen Akteur:innen die Evaluationen beauftragt und daher ein entsprechend hohes Interesse an deren Befunden hatten.[235] Auch in den einzelnen Wissenschaftsorganisationen wurde die Empfehlungen ausführlich diskutiert. So setzte die MPG unter anderem in ihrem Wissenschaftlichen Rat eine Arbeitsgruppe ein, und auch die DFG band ihre Gremien in die Bewertung der Vorschläge ein.[236] Darauf aufbauend bereiteten die beiden Wissenschaftsorganisationen zunächst separate Stellungnahmen

---

228 AMPG, II. Abt., Rep. 57, Nr. 633, Bd. 1. Schreiben von H. Markl an W. Krull vom 05.05.1999.
229 Dieser Terminus lässt sich auf zahlreichen Seiten des Berichts finden, bspw. Krull (1999), Forschungsförderung in Deutschland, S. 37.
230 AMPG, II. Abt., Rep. 57, Nr. 603, Bd. 1. Schreiben von E.-L. Winnacker an R. Brook vom 06.05.1999.
231 Krull (1999), Forschungsförderung in Deutschland, S. 30.
232 Vgl. ebd., S. 4–14.
233 Vgl. ebd., S. 15–50.
234 Dies geht u. a. aus den Tagesordnungen und den Protokollen der Allianzsitzungen hervor. Vgl. bspw. AMPG, II. Abt., Rep. 57, Nr. 634. Interner Vermerk der MPG über die Sitzung der Allianz am 01.06.1999; AMPG, II. Abt., Rep. 57, Nr. 634. Interner Vermerk der MPG über die Sitzung der Allianz am 22.09.1999.
235 Die Rolle des Interesses von Seiten der Politiker:innen an der Durchführung und den Ergebnissen eines Evaluationsprozesses für die Reaktionen der Evaluierten haben Jochen Gläser und Thimo von Stuckrad am Beispiel der Universitäten untersucht, vgl. Gläser/Stuckrad (2013), Reaktionen auf Evaluationen.
236 Vgl. AMPG, II. Abt., Rep. 57, Nr. 634. Interner Vermerk zur Vorbereitung von TOP 4 für die Sitzung der Allianz am 22.09.1999; AdHRK, Allianz und Präsidentenkreis, Bd. 15. Interner Vermerk der HRK über die Sitzung der Allianz am 22.09.1999.

vor,²³⁷ gingen schließlich aber mit einer gemeinsamen Verlautbarung zu den Empfehlungen an die Öffentlichkeit.²³⁸ Da sich ein Teil des Berichts der internationalen Evaluierungskommission dezidiert mit den Universitäten beschäftigte und man eine Veränderung in der grundlegenden wissenschaftspolitischen Atmosphäre wahrnahm, beschloss auch die HRK, sich öffentlich dazu zu positionieren.²³⁹

In etwa zeitgleich mit der Brook-Kommission nahm im Februar 1998 eine weitere internationale Evaluierungskommission ihre Arbeit auf, deren Untersuchungsgegenstand die Fraunhofer-Gesellschaft war.²⁴⁰ Die achtköpfige Kommission bestand neben zwei Niederländern vorrangig aus Vertretern der deutschen Wirtschaft, darunter Vorstandsmitglieder der Esprit Telecom, des VDI, der BASF AG, der Daimler-Benz AG und von Siemens. Der FhG-Ausschuss der Zuwendungsgeber hatte im Vorfeld sogenannte *Terms of Reference* formuliert, die der Kommission als Leitlinien für ihre Begutachtung dienen sollten.²⁴¹ In ihrem Abschlussbericht, der bereits im November 1998 vorgelegt werden konnte, orientierten sich die Gutachter explizit an den fünf in den *Terms of Reference* definierten Themenfeldern. Sie kamen zu dem Schluss, dass die FhG mit „ihrer klaren Mission" einer an den Bedürfnissen der Wirtschaft ausgerichteten Forschung ein „unverzichtbares Element der deutschen Forschungslandschaft" darstellte.²⁴² Sie stellten aber, ähnlich wie auch die Brook-Kommission, eine generelle Reformbedürftigkeit des deutschen Wissenschafts- und Forschungssystems fest und bekräftigten damit die politische Forderung nach der zeitgleich ablaufenden Systemevaluation. Die FhG zeigte sich grundsätzlich zufrieden mit den durchaus positiven Ergebnissen der Evaluation, die ihre Position gegenüber den politischen Verhandlungspartner:innen stärkten, insbesondere hinsichtlich der gewünschten Flexibilisierung der Vergütung ihrer Mitarbeiter:innen. Sie setzte sich aber auch intensiv mit den Anregungen der Kommission auseinander und bemühte sich in der Folge um eine Erhöhung ihrer internationalen Vernetzung und um die Erweiterung ihres Forschungsportfolios im Bereich der Informations- und Kommunikationstechnologien.²⁴³

---

237 Vgl. DFGA, AZ 02219–04, Bd. 22. Stellungnahme der DFG zum Bericht der internationalen Kommission zur Systemevaluation der DFG und MPG vom 28.10.1999; DFGA, AZ 02219–04, Bd. 22. Stellungnahme der MPG zum Bericht der internationalen Kommission zur Systemevaluation der DFG und MPG aus dem Dezember 1999.
238 Vgl. DFGA, AZ 02219–04, Bd. 22. Gemeinsame Stellungnahme der Präsidenten der DFG und der MPG zum Bericht der internationalen Kommission zur Systemevaluation der DFG und MPG. Zum Vorgehen von MPG und DFG vgl. auch AMPG, II. Abt., Rep. 57, Nr. 634. Interner Vermerk zur Vorbereitung von TOP 4 für die Sitzung der Allianz am 22.09.1999.
239 Vgl. Hochschulrektorenkonferenz (2000), Stellungnahme der HRK zur Systemevaluation.
240 Vgl. dazu Hintze (2020), Kooperative Wissenschaftspolitik, S. 128–132; Krull/Sommer (2006), Die deutsche Vereinigung, S. 208–212. Siehe auch die Überlegungen der HRK in AdHRK, Allianz und Präsidentenkreis, Bd. 14. Interner Vermerk der HRK zu TOP 1 für die Sitzung der Allianz am 01.06.1999.
241 Vgl. AMPG, II. Abt., Rep. 57, Nr. 633, Bd. 1. Systemevaluierung der Fraunhofer-Gesellschaft. Bericht der Evaluierungskommission. November 1998, S. 2–5.
242 Ebd., S. 5.
243 Vgl. Krull/Sommer (2006), Die deutsche Vereinigung, S. 208–212.

4.2.3 Eine neue Governance der Wissenschaft?

Beide internationale Evaluierungskommissionen waren in ihren Berichten zu einem ähnlichen Schluss gekommen: Es sei nicht ausreichend, nur einige „Teilelemente der deutschen Forschungslandschaft separat" zu begutachten, vielmehr bedürfe es einer „koordinierte[n] Evaluation" der gesamten deutschen Forschungslandschaft.[244] Die Brook-Kommission stellte bei HGF und WGL gar eine besondere Dringlichkeit für die Durchführung weiterer Systemevaluationen fest.[245] Damit standen diese beiden Wissenschaftsorganisationen unter besonderem Zugzwang. Zwar waren sie vom 1996 gefassten Beschluss zur Systemevaluation nicht direkt betroffen, da die politischen Akteur:innen den Auftrag zur externen Begutachtung in beiden Institutionen zur Genüge erfüllt sahen. Denn die Zentren der HGF wurden bereits regelmäßig im Abstand von fünf Jahren evaluiert, und der Wissenschaftsrat war 1993 mit der Begutachtung aller Leibniz-Institute betraut worden. Doch die Forderungen der internationalen Gutachter:innen – und das deutete sich schon im Verlauf ihrer Arbeit an, über die in der Allianz selbstverständlich diskutiert wurde – zeigten in eine andere Richtung.

Für die AGF bzw. HGF waren die 1990er Jahre ohnehin eine Phase des Umbruchs und der Umgestaltung. Vor dem Hintergrund der zunehmenden öffentlichen Kritik an den Großforschungszentren begab sie sich 1994 verstärkt auf die Suche nach Lösungen und neuen Strukturen für die „morsche[n] Kähne".[246] Nach intensiven – und teils äußerst kontroversen – internen Debatten und im engen Austausch mit den Kolleg:innen der Allianz entstand ein neues institutionelles Konzept:[247] Unter dem Namen Hermann von Helmholtz-Gemeinschaft Deutscher Forschungszentren rückten die Mitglieder nun enger zusammen und beriefen einen Senat, der sich mit deren Forschungsstrategie befassen und dadurch ihre Autonomie gegenüber den Zuwendungsgebern stärken sollte.[248] Im Jahr 1997 führte die HGF außerdem den sogenannten Strategiefonds ein, dessen Ziel eine strategischere Ausrichtung der in den Zentren betriebenen Forschung war. Der Strategiefonds sollte auch die zentrenübergreifende Zusammenarbeit und die Kooperation mit anderen (inter-)nationalen Forschungseinrichtungen und Universitäten befördern. Der Regierungswechsel 1998 zur rot-grünen Koalition unter Kanzler Gerhard Schröder brachte erhebliche Veränderungen im Forschungsressort mit sich. Edelgard Bulmahn, die neue Ministerin des nun umbenann-

---

[244] AMPG, II. Abt., Rep. 57, Nr. 633, Bd. 1. Systemevaluierung der Fraunhofer-Gesellschaft. Bericht der Evaluierungskommission. November 1998, S. 7.
[245] Vgl. Krull (1999), Forschungsförderung in Deutschland, S. 12–13.
[246] Adam (1991), Morsche Kähne.
[247] Vgl. Interview mit Joachim Treusch (Bremen/München 27.05.2020).
[248] Vgl. Helling-Moegen (2009), Forschen nach Programm, S. 101–103; Hoffmann/Trischler (2015), Helmholtz-Gemeinschaft, S. 29–33; Treusch (2008), Nur wer sich öffnet, kann sich behaupten. Siehe auch die Schilderungen in den Allianz-Sitzungen bspw. AdHRK, Allianz und Präsidentenkreis, Bd. 7. Interner Vermerk der HRK über die Sitzung der Allianz am 17.03.1995.

ten Bundesministeriums für Bildung und Forschung (BMBF) forcierte gemeinsam mit ihrem Staatssekretär Uwe Thomas eine programm- und outputorientierte Steuerung der Forschungszentren und förderte die in der HGF bereits begonnenen Maßnahmen zur Umstrukturierung.[249]

Unter diesen Vorzeichen bildete die HGF eine Arbeitsgruppe des Senats und eine *Task Force* auf Vorstandsebene, die sich mit der Erarbeitung von Konzepten zur zukünftigen Struktur der HGF und zur Stärkung zentrenübergreifender Strukturen beschäftigen sollten. Die Mitgliederversammlung der HGF stimmte schließlich 1999 dem Vorschlag der *Task Force* Horizontalstruktur/Verbünde einer Neuordnung ihrer Gemeinschaft in sechs Forschungsbereiche zu, während die Senatsarbeitsgruppe bereits die Systemevaluation vorbereitete. Noch im selben Jahr erhielt der Wissenschaftsrat den Auftrag zur systemischen Begutachtung der HGF, die er im Januar 2001 vollenden konnte.[250] In seiner abschließenden Stellungnahme bekräftigte er einerseits die wichtige Position der HGF im Wissenschaftssystem, die sich vor allem in der „Bearbeitung besonders komplexer Fragestellungen" und langfristiger Aufgaben im Sinne des Gemeinwohls niederschlage.[251] Andererseits bilanzierte er diverse Defizite, insbesondere in der mangelnden Vernetzung sowohl intern zwischen den Zentren als auch mit externen Kooperationspartnern.[252] In seiner Stellungnahme ging er auch dezidiert auf das Konzept zur Einführung der „Programmorientierten Förderung" (POF) ein, das von den Vertreter:innen der HGF und den Zuwendungsgebern parallel zum Evaluationsprozess erarbeitet worden war.[253] Diese geplante Änderung der Finanzierungsstruktur begrüßten die Gutachter:innen und hoben hervor, dass auf diese Weise die „Flexibilität, die Leistungs- und die Ergebnisorientierung der HGF"[254] gestärkt werden könnten. Sie betonten den Beitrag, den die POF zur Auflösung starrer Strukturen in der deutschen Wissenschaftslandschaft leisten könnte, indem sie Kooperationen und die Vernetzung sowohl innerhalb der HGF als auch mit anderen Akteuren des Forschungssystems und der Wirtschaft gezielt fördere.[255] Die Umstellung der Finanzierung könne jedoch nur dann erfolgreich sein, wenn im Rahmen der POF entsprechende Strukturen geschaffen bzw. gestärkt und die Verfahren konsequent umgesetzt würden.[256] Da-

---

249 Vgl. Heinze/Arnold (2008), Governanceregimes, S. 708–711; Helling-Moegen (2009), Forschen nach Programm, S. 107–108; Interview mit Eva Maria Heck (Bonn/München 02.02.2021); Interview mit Joachim Treusch (Bremen/München 27.05.2020).
250 Vgl. Helling-Moegen (2009), Forschen nach Programm, S. 113–114; Hintze (2020), Kooperative Wissenschaftspolitik, S. 131–137.
251 Wissenschaftsrat (2001), Systemevaluation der HGF, S. 5.
252 Vgl. Krull (1999), Forschungsförderung in Deutschland, S. 224–229.
253 Vgl. Hintze (2020), Kooperative Wissenschaftspolitik, S. 131–137.
254 Wissenschaftsrat (2001), Systemevaluation der HGF, S. 92.
255 Vgl. ebd., S. 97–100; Wissenschaftsrat (2001), Neuordnung von Struktur und Arbeit der Hermann-von-Helmholtz-Gemeinschaft Deutscher Forschungszentren (HGF).
256 Vgl. Helling-Moegen (2009), Forschen nach Programm, S. 140–141; Wissenschaftsrat (2001), Systemevaluation der HGF, S. 8.

rüber hinaus müsse die Gemeinschaft, ihre Gremien und ihre Geschäftsstelle gestärkt werden.[257] Folglich lässt sich die Stellungnahme des Wissenschaftsrats als Zustimmung zu den Reformplänen der HGF verstehen, die jedoch zunächst ins Stocken gerieten, da es unter anderem hinsichtlich der forschungspolitischen Vorgaben und der Satzung noch diverse Unstimmigkeiten gab. Erst nach einem Spitzengespräch im Juli 2001 und darauf aufbauenden weiteren Verhandlungen zwischen der HGF und den Zuwendungsgebern konnte in diesen Punkten schließlich Einigkeit erzielt werden, wobei es der HGF gelang, viele ihrer Positionen gegenüber der Politik durchzusetzen. Auch in dieser Phase suchte der Vorsitzende der AGF bewusst den intensiven Austausch mit seinen Kollegen in der Allianz, um sich deren Zustimmung zu den Reformplänen und zur Weiterentwicklung der HGF zu versichern.[258]

Im September 2001 stimmte die Mitgliederversammlung der Helmholtz-Gemeinschaft der neuen Satzung zu und überführte damit die HGF in eine neue Rechtsform als eingetragener Verein, wobei die Zentren jedoch weiterhin rechtlich selbstständig blieben. Noch im Dezember desselben Jahres fand sich der neue Senat zu seiner konstituierenden Sitzung zusammen und wählte Walter Kröll zum ersten Präsidenten.[259] Damit fanden die Reformprozesse in der HGF mit der tiefgreifenden Veränderung ihrer Governance-Strukturen und der Einführung der POF als neue Art der Mittelzuweisung ihren vorläufigen Abschluss. Dies entlastete die HGF in den seit dem Beginn der 1990er Jahren heftig geführten Debatten um eine mangelnde Effizienz der in ihren Zentren betriebenen Forschung deutlich und steigerte in der Folge ihr öffentliches Ansehen.[260] Bis zur Implementierung der POF im Jahr 2003 mussten allerdings noch weitere intensive Verhandlungen mit den Vertreter:innen der Politik geführt werden, um die finanziellen Flexibilisierungsmaßnahmen in geltendes Recht umzusetzen.[261]

---

257 Vgl. Wissenschaftsrat (2001), Systemevaluation der HGF, S. 10.
258 So stellte die HGF bspw. die Besetzung ihres zukünftigen Senats und dort insbesondere die Vertretung der übrigen Allianzmitglieder in den gemeinsamen Beratungen zur Debatte. Vgl. dazu bspw. AMPG, II. Abt., Rep. 57, Nr. 1424. Interner Vermerk der MPG über die Sitzung der Allianz am 27.09.2000; AdHRK, Allianz und Präsidentenkreis, Bd. 16. Interner Vermerk der HRK über die Sitzung der Allianz am 27.09.2000. Auch die geplante Umstrukturierung der Finanzierungsmodelle hatte die HGF in der Allianz diskutiert, vgl. DFGA, AZ 02219-04, Bd. 22. Interner Vermerk der DFG zur Vorbereitung von TOP 5 (Zukünftiges Forschungssystem in Deutschland, hier Stichworte zur HGF) für die Sitzung der Allianz am 16.11.1999; DFGA, AZ 02219-04, Bd. 22. Interner Vermerk der DFG über die Sitzung der Allianz am 12.01.2000.
259 Vgl. Helling-Moegen (2009), Forschen nach Programm, S. 141–145; Hintze (2020), Kooperative Wissenschaftspolitik, S. 135–137; Hoffmann/Trischler (2015), Helmholtz-Gemeinschaft, S. 33–36.
260 Hoffmann/Trischler (2015), Helmholtz-Gemeinschaft, S. 40; Vgl. Hintze (2020), Kooperative Wissenschaftspolitik, S. 137.
261 Vgl. Heinze/Arnold (2008), Governanceregimes, S. 708–711; Helling-Moegen (2009), Forschen nach Programm, S. 151–174; Hintze (2020), Kooperative Wissenschaftspolitik, S. 136; Hoffmann/Trischler (2015), Helmholtz-Gemeinschaft, S. 36–37; Schultz-Hector (2003), Begutachtung des Helmholtz-Forschungsbereichs Gesundheit, S. 60–61.

Der bereits erwähnte Bericht der BLK über die Bund-Länder-Finanzströme im Bereich der Forschungsförderung aus dem Jahr 1995 war für die WBL und ihre Selbstorganisation in doppelter Hinsicht von Bedeutung. Er stieß, wie in diesem Kapitel ausgeführt, die von den Regierungschefs von Bund und Ländern beschlossene Systemevaluation der gesamten deutschen Wissenschaftslandschaft an, wenngleich dies die WBL zunächst nicht direkt zu betreffen schien. Zugleich begann sich die BLK systematisch mit der Frage nach der Qualitätssicherung in der Forschung zu beschäftigen. Im Ergebnis dieser Beratungen, dem Beschluss zur *Sicherung der Qualität der Forschung*, kam sie zu dem Schluss, dass die externe Evaluation, der die Einrichtungen der Blauen Liste seit 1979 regelmäßig unterzogen wurden, in Zukunft nicht mehr „dauerhaft allein vom Wissenschaftsrat geleistet werden" könne. Dies sollten künftig vor allem wissenschaftliche Beiräte und in Ergänzung dazu *Visiting Committees* übernehmen. Weitere Maßnahmen im Zuge der erweiterten Qualitätssicherung sollten von der WBL aufgestellte Kosten-/Leistungsrechnungen sein, die Rückschlüsse auf eine wissenschaftliche und ökonomische Leistungsmessung ermöglichten, und die Einführung von Programmbudgets. Hinsichtlich dieser erweiterten Qualitätssicherung regte der Bericht überdies an, dass die „Gremien der WBL [...] in die Aufgabe hineinwachsen" und die Wirksamkeit dieser Maßnahmen überprüfen könnten.[262] Dies brachte in der WBL schließlich Überlegungen zur Gründung eines Senats ins Rollen, die im Rahmen einer vom Präsidium gegründeten Arbeitsgruppe konkretisiert wurden. Auf der Mitgliederversammlung 1997 stimmte die WBL der überarbeiteten Satzung zu und gab sich zugleich einen neuen Namen, der auch die gemeinsame Identität stärken sollte: Wissenschaftsgemeinschaft Gottfried Wilhelm Leibniz (WGL).[263]

Wie bei der HGF sah der Bund 1996 zunächst neben der bereits angelaufenen Evaluation der einzelnen Institute noch keinen Anlass, die WBL einer systemischen Begutachtung zu unterziehen. Als jedoch die Brook-Kommission eine besondere Dringlichkeit systemischer Evaluationen feststellte, insbesondere bei der WBL,[264] änderte sich die Ausgangslage. Hinzu kam, dass die Amtsübernahme der rot-grünen Koalition in Berlin für die WGL, wie für keine andere Wissenschaftsorganisation, eine enorme Belastungsprobe darstellte. Denn die neue Bundesforschungsministerin Edelgard Bulmahn hatte es sich zur Aufgabe gemacht, die deutsche Forschungslandschaft neu zu ordnen, die viel kritisierte Versäulung durch eine bessere Vernetzung und einen gesteigerten Wettbewerb aufzulösen und die Umsetzung von Forschungsergebnissen in

---

262 Bund-Länder-Kommission für Bildungsplanung und Forschungsförderung (1998), Sicherung der Qualität der Forschung, S. 25.
263 Vgl. Brill (2017), Von der „Blauen Liste", S. 61–67; Hintze (2020), Kooperative Wissenschaftspolitik, S. 137–140; Paulig (1996), Forschungseinrichtungen der „Blauen Liste", S. 1337–1338.
264 Vgl. Krull (1999), Forschungsförderung in Deutschland, S. 12–13.

marktreife Produkte zu fördern.²⁶⁵ Bereits in ihrer Rede vor dem Bundestagsausschuss im Dezember 1998, in der sie die forschungspolitischen Vorhaben der neuen Regierung skizzierte, stellte sie fest, dass bei den „Einrichtungen der sogenannten Blauen Liste" insbesondere aufgrund ihrer „Heterogenität" und ihrer „Überrepräsentierung in den Neuen Ländern [...] ein neues Nachdenken erforderlich" sei.²⁶⁶ Dies war ein erster, unmissverständlicher Hinweis auf die Skepsis der neuen Ministerin gegenüber der WGL. Schon in den frühen 1990er Jahren hatte diese lernen müssen, mit Kritik umzugehen, beispielsweise aus den Reihen der anderen Forschungsorganisationen, die ihre Festigung als eigenständige Säule der Forschung mit einem gewissen Maß an Argwohn beäugten.²⁶⁷ Doch dass nun das BMBF als Zuwendungsgeber offen ihre Daseinsberechtigung infrage stellte, mitunter gar für ihre Auflösung plädierte und stattdessen die Überführung einiger ihrer Mitgliedseinrichtungen in andere Wissenschaftsorganisationen befürwortete, verlieh der Situation neue Brisanz.²⁶⁸

Die internen Veränderungen und die Umbenennung der WGL fanden in den gemeinsamen Gesprächen der Allianz, ebenso wie die Pläne der Ministerin für eine möglichen Umstrukturierung oder gar Auflösung der jungen Wissenschaftsorganisation, kaum Beachtung.²⁶⁹ Vielmehr blieb die 1995 formulierte grundlegende Skepsis gegenüber der sich allmählich formierenden Dachorganisation und ihrer Institute weiter bestehen.²⁷⁰ Das sollte sich erst 1998 ändern, als sich die Allianzmitglieder darauf einigten, den Präsidenten der WGL in ihren Kreis einzubeziehen.²⁷¹ Seither wurden die Entwicklungen der WGL und das Ergebnis ihrer Systemevaluation gemeinsam diskutiert.²⁷² Auch Angriffe auf die WGL, wie sie 1999 speziell der Zentralverband Elektrotechnik- und Elektronikindustrie e. V. (ZVEI) öffentlichkeitswirksam vortrug, wurden

---

265 Vgl. zu den Plänen der Ministerin AMPG, II. Abt., Rep. 57, Nr. 633, Bd. 1. Bildungs- und forschungspolitische Vorhaben und Schwerpunkte der Bundesregierung in der 14. Wahlperiode. Skript für Rede vor dem BT-Ausschuss vom 02.12.1998.
266 AMPG, II. Abt., Rep. 57, Nr. 633, Bd. 1. Bildungs- und forschungspolitische Vorhaben und Schwerpunkte der Bundesregierung in der 14. Wahlperiode. Skript für Rede vor dem BT-Ausschuss vom 02.12.1998, S. 8.
267 Vgl. bspw. Lüst (1993), Blaue Listen.
268 Vgl. zu den Forderungen aus der Politik bil (1998), Strategiesche Neuordnung; Kühne/Wewetzer (2005), Die Länder bestimmen zu viel. Zum Einfluss des Regierungswechsels auf die WGL siehe auch Hintze (2020), Kooperative Wissenschaftspolitik, S. 139–142.
269 Bis sich die Namensänderung im politischen und öffentlichen Diskurs vollständig durchsetzen konnte, sollten noch einige Jahre vergehen. Auch die vom Wissenschaftsrat verabschiedeten Empfehlungen trugen noch den Titel „Systemevaluation der Blauen Liste", unter anderem da noch nicht alle Mitgliedseinrichtungen der Blauen Liste der WGL beigetreten waren. Vgl. dazu den Hinweis in Wissenschaftsrat (2000), Systemevaluation der Blauen Liste, S. 9. Siehe dazu ausführlicher Brill (2017), Von der „Blauen Liste", S. 68–69.
270 Zur Skepsis in der Allianz vgl. bspw. AMPG, II. Abt., Rep. 57, Nr. 1407. Interner Vermerk der MPG über die Sitzung der Allianz am 07.06.1995; DFGA, AZ 02219–04, Bd. 18. Interner Vermerk der DFG über die Sitzung der Allianz am 07.06.1995.
271 Vgl. dazu ausführlicher Kapitel 4.3.2.
272 Vgl. bspw. AMPG, II. Abt., Rep. 57, Nr. 633, Bd. 1. Entwurf der Tagesordnung für die Sitzung der Allianz am 01.06.1999; AMPG, II. Abt., Rep. 57, Nr. 1424. Interne Notiz der MPG zur Vorbereitung der Sitzung der Allianz am 31.01.2001.

nun in der Allianz thematisiert, und im Kreis der Wissenschaftsorganisationen wurde gemeinsam das weitere Vorgehen beraten.[273]

Die WGL kam jedoch trotz ihrer Aufnahme in die Allianz und internen Umstrukturierungen vorerst nicht zur Ruhe, zumal auch sie im Anschluss an die laufende Begutachtung aller Institute einer Systemevaluation durch den Wissenschaftsrat unterzogen wurde. Dabei stützte sich der WR in erster Linie auf die Ergebnisse der Einzelbegutachtungen ihrer Mitgliedsinstitute, um auf dieser Basis die „Frage zu beantworten, ob die Förderungsform als solche, die bisherigen Strukturen, die Qualitätssicherung und die forschungspolitische Steuerung der Blauen Liste künftig angemessen" seien.[274] In seiner abschließenden Stellungnahme stärkte er der WGL erheblich den Rücken, da er zu dem Schluss kam, dass „die Einrichtungen der Blauen Liste ein wichtiger Bestandteil des deutschen Forschungssystems"[275] und „[g]enerelle Bedenken hinsichtlich der Qualität der wissenschaftlichen Arbeit in Einrichtungen der Blauen Liste [...] nicht länger gerechtfertigt" seien.[276] Die regelmäßige Begutachtung der Mitgliedseinrichtungen sollte in einem Abstand von fünf bis sieben Jahren beibehalten, aber wie bereits von der BLK gefordert, schrittweise in die Hände der WGL gelegt werden.[277] Diese positive Einschätzung hatte sich allerdings keineswegs von Beginn an abgezeichnet. Stattdessen sah sich die WGL in einem ersten Entwurf mit der Forderung nach ihrer Auflösung konfrontiert. Damit wollte sie sich allerdings nicht abfinden: Kurz nachdem ihr Vorstand von den Plänen des Wissenschaftsrats erfahren hatte, veröffentlichte er ein Memorandum, in dem die Stärken des Zusammenschlusses deutlich hervorgehoben wurden. Auch von Seiten der Bundesländer regte sich deutliche Kritik an den Überlegungen, die WGL abzuschaffen. Offenbar fruchteten die verschiedenen Bemühungen, denn nach einem Gespräch mit Vertreter:innen der WGL im April 2000 kam der Ausschuss *Blaue Liste,* der für die Systemevaluation zuständig war, schließlich zu einem gänzlich anderen Ergebnis und sprach sich deutlich für den Erhalt der WGL aus.[278] Obwohl damit die Kritik an der WGL nicht sofort verstummte, zeigte sich bereits wenige Jahre später, wie wichtig diese positive Bewertung im Rahmen der Systemevaluation war. Als Forschungsministerin Bulmahn im Jahr 2004 ankündigte, den Wissenschaftsrat ein Konzept zur Auflösung der Leibniz-Gemeinschaft erarbeiten

---

273 Vgl. dazu die Unterlagen zur Sitzungsvorbereitung und die Vermerke zur Sitzung der Allianz am 01.06.1999, in AMPG, II. Abt., Rep. 57, Nr. 633; AMPG, II. Abt., Rep. 57, Nr. 1421; DFGA, AZ 02219-04, Bd. 22; AdHRK, Allianz und Präsidentenkreis, Bd. 14; AdWR, 6.2 – Allianz-Sitzungen, Bd. 15.
274 Wissenschaftsrat (2000), Systemevaluation der Blauen Liste, S. 2.
275 Ebd., S. 46.
276 Ebd., S. 4.
277 Vgl. Wissenschaftsrat (2000), Wissenschaftsrat verabschiedet Systemevaluation der Blauen Liste; Wissenschaftsrat (2000), Systemevaluation der Blauen Liste, S. 40–41; siehe außerdem Krull/Sommer (2006), Die deutsche Vereinigung, S. 222–224.
278 Vgl. dazu ausführlicher Brill (2017), Von der „Blauen Liste", S. 72–74; Hintze (2020), Kooperative Wissenschaftspolitik, S. 141–145.

zu lassen, reagierte dieser unter anderem mit einem Hinweis auf die erfolgte positive Evaluation.[279]

So gelang es der WGL um die Jahrtausendwende herum, sich allmählich als vierte Säule der deutschen Wissenschaftslandschaft zu etablieren und zu festigen, wozu neben den internen Reformen insbesondere die Systemevaluation beigetrug.

Die Begutachtungen und Empfehlungen des Wissenschaftsrats und der internationalen Kommissionen im Rahmen der Systemevaluation können generell als wichtige Weichenstellungen für das deutsche Wissenschaftssystem auf dem Weg in das neue Jahrtausend betrachtet werden. Ausgehend von den tiefgreifenden Veränderungen, welche die Forschung in den 1990er Jahren durchlaufen hatte, diagnostizierten schon Zeitgenossen den Verfahren der Evaluation ebenso wie der Prospektion eine zentrale Rolle für eben jenes „neue, moderne Wissenschaftssystem".[280] Zudem erfuhren sowohl das Wettbewerbsparadigma als auch der Wunsch nach einer hohen Effizienz (und mitunter Anwendungsorientierung) der Forschung eine maßgebliche Stärkung, was von den verschiedenen wissenschaftspolitischen Akteuren in und außerhalb der Allianz auf unterschiedliche Weise umgesetzt wurde.[281] Die Aufwertung des internen und externen Wettbewerbs als wissenschaftlicher Handlungsmodus ging mit einer Intensivierung der intra- und interinstitutionellen Kooperation einher.[282] Einmal mehr wird deutlich, wie intensiv Kooperation und Konkurrenz miteinander verbunden waren und wie sich die Dynamik ihrer Interaktion durch forschungspolitische Steuerungsimpulse verstärken konnte.

In dieser Scharnierphase manifestierten sich aber auch die Unterschiede in der Organisationsfähigkeit der einzelnen Wissenschaftsorganisationen: So war es MPG, DFG und FhG möglich, aktiv die Begutachtungsverfahren zu beeinflussen, wenngleich die Systemevaluation auch für sie einschneidende Veränderungen mit sich brachte.[283] Drastischer waren die unmittelbaren Auswirkungen der Systemevaluation für HGF und WGL, die sich in Reaktion auf heftige Kritik von allen Seiten um eine umfassende Reorganisation ihrer internen Strukturen bemühten, was zur Stärkung ihrer Dachorga-

---

279 Vgl. csl (2004), Stimme für Leibniz.
280 Weingart (1995), Weitblick, S. 18.
281 Vgl. Bartz (2007), Wissenschaftsrat, S. 206–208; Mayer (2019), Universitäten im Wettbewerb, S. 109–289; Leendertz (2022), Macht, S. 253–260.
282 Vgl. Heinze/Arnold (2008), Governanceregimes, S. 714–715; Hintze (2020), Kooperative Wissenschaftspolitik, S. 116–149; Schreiterer (2016), Deutsche Wissenschaftspolitik, S. 119–126. Siehe auch der explizite Hinweis im Bericht der Brook-Kommission bspw. Krull (1999), Forschungsförderung in Deutschland, S. 9–10.
283 So fusionierte die FhG auf Initiative des BMBF mit der Gesellschaft für Mathematik und Datenverarbeitung (GMD), die bis dato Mitglied der HGF gewesen war. Solche Neuzuordnungen und direkten Eingriffe in die Wissenschaftsorganisationen sollten die Ausnahme bleiben.

nisationen und zugleich zur Erhöhung ihrer wissenschaftlichen Autonomie beitragen sollte.

Für alle Wissenschaftsorganisationen gleichermaßen bedeutend war allerdings die sich verändernde Governance in der Forschungslandschaft. Periodische Evaluationen gewannen ebenso an Gewicht wie Zielvereinbarungen mit der Politik – mit erheblichen Konsequenzen für die Balance von Zentralität und Dezentralität. Besonders die regelmäßige Begutachtung der Qualität der Forschung in den Instituten und Zentren führte zu einem gesteigerten Wettbewerb um wissenschaftliche Reputation und finanzielle beziehungsweise personelle Ressourcen, wodurch sowohl der Handlungsdruck als auch die operativen Aufgaben des Controllings in die Wissenschaftsorganisationen hinein verlagert wurden.[284] In der Hierarchie der Institutionen wuchsen Größe und Einfluss der Dach- und Trägerorganisationen auf Kosten von deren Instituten beziehungsweise Mitgliedseinrichtungen. Dieser Befund deckt sich mit den Ergebnissen der einschlägigen Governanceforschung, die vor allem die steigende Bedeutung der Forschungsplanung durch die Aufsichtsorgane der Wissenschaftsorganisationen betont.[285]

Diese grundlegenden Veränderungen im deutschen Wissenschaftssystem wurden verschiedentlich auch in der Allianz thematisiert: Dabei debattierten die Präsidenten, Vorsitzenden und Generalsekretär:innen der Wissenschaftsorganisationen in den ausgehenden 1990er Jahren dezidiert über die Zukunft des Wissenschaftssystems. Der Wissenschaftsrat hatte sich ab 1997 dieses Themas angenommen und bereitete die Erarbeitung einer Stellungnahme vor,[286] nachdem der ehrgeizige Plan der Allianz, in diesem Rahmen eine „Planskizze für ein neues System [zu] entwerfen", im Sommer 1996 keine konkreten Ergebnisse erbracht hatte.[287]

---

[284] Vgl. insbesondere Heinze/Arnold (2008), Governanceregimes, 113–114; Hornbostel (2016), (Forschungs-)Evaluation. Siehe ferner Hornbostel (1997), Wissenschaftsindikatoren.
[285] Einen guten Überblick über diese Entwicklungen und den Stand der Forschung bietet Jansen (2010), Steuerung; Jansen (2009), Forschungspolitische Thesen. Der Befund des bürokratischen Wachstums gilt auch für die Dachorganisationen WGL und HGF, deren Institute bzw. Zentren weiterhin rechtlich selbstständig sind. Vgl. dazu Arnold/Groß (2005), Entscheidungsstrukturen der Leibniz-Gemeinschaft; Arnold (2007), German Extra-University Research Organizations; Groß/Arnold (2007), Regelungsstrukturen der außeruniversitären Forschung; Heinze/Arnold (2008), Governanceregimes; Helling-Moegen (2009), Forschen nach Programm, 133–131.
[286] Vgl. zur Arbeit des Wissenschaftsrats ausführlicher Bartz (2007), Wissenschaftsrat, S. 218–220; vgl. auch die Stellungnahme desselben Wissenschaftsrat (2000), Thesen zur künftigen Entwicklung. Exemplarisch zur Diskussion in der Allianz zu den Thesen des WR siehe DFGA, AZ 02219–04, Bd. 22. Interner Vermerk der DFG zur Vorbereitung von TOP 5 (Zukünftiges Forschungssystem in Deutschland) für die Sitzung der Allianz am 16.11.1999; AMPG, II. Abt., Rep. 57, Nr. 636. Interner Vermerk der MPG zu den Thesen der AG Künftiges Wissenschaftssystem des WR vom 12.11.1999; AMPG, II. Abt., Rep. 57, Nr. 792, Bd. 1. Interner Vermerk der MPG zur Vorbereitung von TOP 1 (Thesen des WR zur Zukunft des Wissenschaftssystems) für die Sitzung der Allianz am 27.09.2000.
[287] AMPG, II. Abt., Rep. 57, Nr. 1411. Interner Vermerk der MPG über die Sitzung der Allianz am 01.06.1996.

4.3 Die Allianz im Wandel

Nicht nur im deutschen Wissenschaftssystem, also im unmittelbaren Wirkungsfeld der Allianzmitglieder, vollzog sich in den 1990er Jahren ein tiefgreifender Wandel, der sich in der Organisation und Struktur der einzelnen Wissenschaftsorganisationen niederschlug. Die vielschichtigen Begutachtungs- und Evaluationsverfahren, die seit der Wiedervereinigung von verschiedenen Seiten erarbeitet und anschließend angewendet wurden, führten zu einer Aufwertung eben jener Begutachtungspraktiken sowie der Interaktionsmodi von Kooperation und Konkurrenz. Sie zeigten zugleich auch deutliche Rückwirkungen auf die Allianz als bis dato hochgradig informelles Beratungsgremium. Diese werden im Folgenden ins Zentrum gerückt.

So begannen in diesem Zeitraum erstmals intensive Auseinandersetzungen über das Selbstverständnis der Allianz. Diese waren von der Frage geleitet, ob die Neuordnung der gesamtdeutschen Forschungs- und Wissenschaftslandschaft eine stärkere Institutionalisierung der lockeren, auf wechselseitigem Austausch aufbauenden und nicht kodifizierten Strukturen erfordere. Zugleich musste die Allianz entscheiden, wie sie sich zu anderen, bislang exkludierten Wissenschaftsorganisationen positionieren wollte, darunter die WGL, die – wie dargestellt – nach vielfältigen Begutachtungen und Reformen wissenschaftspolitisch gestärkt worden war. Vor der gleichen Frage stand die Allianz auch in Bezug auf DAAD und AvH, deren wissenschaftliche Arbeit primär auf internationale Zusammenarbeit ausgerichtet war.

Nicht nur im Selbstverständnis der Allianz, ihrem Binnenverhältnis und ihren Kooperationspraktiken zeigt sich der tiefgreifende Wandel, den sie in den 1990er Jahren durchlief. Er wird auch in der gemeinsamen Arbeit des Gremiums deutlich. Seit der Einheitlichen Europäischen Akte (1986) und spätestens mit der Unterzeichnung des Vertrags von Maastricht im Jahr 1992 trat die Europäische Union als gewichtige forschungspolitische Akteurin auf, deren Programme zur Förderung von Forschungsvorhaben enorm an Bedeutung gewannen. Für die Allianz bedeutete dies im Umkehrschluss, dass sie ihre Strategie hinsichtlich der europäischen Forschungsförderung überdenken und sich den verändernden Rahmenbedingungen anpassen musste. Ferner öffnete sie sich neuen Themen und entdeckte dadurch neue Adressat:innen für ihre Initiativen, wie das Beispiel der Debatten über Tierversuche in der Forschung zum Abschluss dieses Unterkapitels veranschaulichen wird.

Lag der Schwerpunkt im vorangegangenen Unterkapitel auf den allgemeinen wissenschaftspolitischen Rahmenbedingungen und der Rolle der Allianz in der Gestaltung ebenso wie in der Adaption dieser Entwicklungen, soll der Fokus nun auf den konkreten Kooperationspraktiken liegen.

4.3.1 Debatten über das Selbstverständnis

Eine erste Diskussion über die Frage nach dem eigenen Selbstverständnis wurde bereits in den 1980er Jahren von der AGF, einer der beiden jüngeren Mitgliedsorganisationen, angestoßen. Ausschlaggebend für diesen Vorstoß war deren Wunsch, die Wissenschaftsorganisationen würden gegenüber der Wirtschaft und der Politik „gemeinsam [...] ihre Stimme zu Gehör" bringen.[288] Die Arbeitsgemeinschaft war zu diesem Zeitpunkt als Dachverband ein strukturell vergleichsweise schwaches Gremium, dem intern weitreichende Durchgriffsrechte fehlten. Zudem fand sie auf dem wissenschaftspolitischen Parkett wenig Gehör, gerade in Relation zu den anderen Allianzmitgliedern.[289] Die Kooperation innerhalb der Allianz sollte ihr helfen, diese wahrgenommenen Defizite in kompetitiven Situationen, etwa mit Akteur:innen aus der Wirtschaft, zu egalisieren. Denn eine gemeinsame Äußerung der Allianz hatte, beispielsweise in Diskussionen mit den Vertretern des BMFT, eine höhere Überzeugungs- und Durchschlagskraft – was insbesondere für die noch in den Kinderschuhen steckende AGF von Interesse war, deren Vorsitzender sein Amt gar nur nebenamtlich ausübte. Gänzlich anders stellte sich die Ausgangslage für die etablierten Allianzmitglieder dar, deren Präsidenten und Vorsitzende sich auch ohne die Unterstützung ihrer Kollegen gegenüber Politik und Wirtschaft durchzusetzen wussten, da sie im Zweifel neben ihrem persönlichen (wissenschaftlichen) Prestige auch das wissenschaftspolitische Gewicht ihrer jeweiligen Institution in die Waagschale werfen konnten. Für etablierte Organisationen wie DFG und MPG war daher die Kooperation innerhalb der Allianz nicht in allen kompetitiven Konstellationen, in denen sie agierten, notwendige Grundvoraussetzung, um das angestrebte Ziel zu erreichen. Aus diesem Grund verwahrten sie sich 1986 gegen die von der AGF initiierten Bestrebungen, die Allianz als die Stimme der Wissenschaft nach außen zu etablieren. Für sie lag der Mehrwert der Zusammenarbeit vielmehr in der Tatsache, im geschützten Raum „ganz frei miteinander [zu] sprechen" und so einen ebenso vertrauensvollen wie auch diskreten Austausch miteinander zu pflegen.[290] Ferner erschien es ihnen wichtiger – bedingt durch eben jene lockere Struktur und hochgradige Informalität –, „auch bei Nichtübereinstimmung nach außen im Handeln frei" zu sein.[291] Die von den Präsidenten Markl und Staab vorgebrachten Argumente überzeugten auch die übrigen Anwesenden. Denn letztlich wogen zu diesem Zeitpunkt bei dem Gros der Teilnehmer die Einzelinteressen und das Wohl der eigenen Institution schwerer als der Wunsch nach einer „weite-

---

[288] DFGA, AZ 02219-04, Bd. 9. Interner Vermerk der DFG über die Sitzung der Allianz am 08.10.1986.
[289] Vgl. Hoffmann/Trischler (2015), Helmholtz-Gemeinschaft, S. 19–24.
[290] DFGA, AZ 02219-04, Bd. 9. Interner Vermerk der DFG über die Sitzung der Allianz am 08.10.1986.
[291] Ebd.

ren institutionellen Verfestigung".²⁹² Diese Diskussion über die künftige Struktur der Allianz endete daher lediglich „in einem gegenseitigem Schwur zu [einem] etwas aktiveren Auftreten [...] gegenüber dem BMFT",²⁹³ führte allerdings zu keiner Veränderung im Selbstverständnis des Gremiums. Stattdessen wollte man weiterhin „gemeinsam hinter verschlossenen Türen [...] beraten und dann getrennt [...] handeln".²⁹⁴ Die wechselseitige Information, die nur bei Bedarf in einzelnen Fällen auch eine Koordination und Harmonisierung der Interessen nach sich zog, blieb für die folgenden Jahre das Charakteristikum der Allianz.

Im Zuge der Neuordnung der gesamtdeutschen Wissenschafts- und Forschungslandschaft nach der Wiedervereinigung wurde die Frage nach der Rolle und dem Selbstverständnis der Allianz jedoch drängender. Angestoßen wurde die Diskussion von einer externen Akteurin. Die Konferenz der Akademien bemühte sich 1989 darum, in die Allianz aufgenommen zu werden.²⁹⁵ Wenngleich sich die Allianz in ihrer diesbezüglichen Skepsis schnell einig war, musste eine Ablehnung des Gesuchs gut begründet werden. Schließlich hatte Gotthard Schettler in seinem Schreiben an Dieter Simon detailliert aufgeführt, weshalb die Konferenz der Akademien – nach Meinung ihrer Mitglieder – an den Beratungen der Allianz beteiligt werden sollte.²⁹⁶

Folglich musste sich die Allianz nun damit auseinandersetzen, wer Mitglied ihres Gremiums sein durfte und auf welchen Kriterien dieser Entschluss beruhte, wobei man sich anfangs durchaus „schwer [tat], eine überzeugende Begründung für die Ablehnung zu finden".²⁹⁷ Nach eingehenden Diskussionen verständigten sich die Sitzungsteilnehmer darauf, für eine Mitgliedschaft die „faktische Wichtigkeit für die Wissenschaftspolitik"²⁹⁸ der jeweiligen Organisation als ausschlaggebend zu werten. Gegenüber der Konferenz der Akademien begründete man den Entschluss schließlich damit, dass sich in dieser Runde lediglich diejenigen

> überregionalen Wissenschaftsorganisationen [versammeln], welche in direktem Kontakt mit den politischen Instanzen unseres Landes stehen und daher sinnvollerweise ihre wissenschaftspolitischen und budgetären Interessen gegenüber der politischen Seite untereinander harmonisieren und abstimmen müssen.²⁹⁹

---

292 AdHRK, Allianz und Präsidentenkreis, Bd. 2. Interner Vermerk der HRK über die Sitzung der Allianz am 08.10.1986.
293 Ebd.
294 DFGA, AZ 02219–04, Bd. 9. Interner Vermerk der DFG über die Sitzung der Allianz am 08.10.1986.
295 Vgl. ausführlicher zu den Bemühungen der Konferenz der Akademien und der Haltung der Allianz Kapitel 3.3.3 dieser Arbeit.
296 Vgl. dazu AdWR, 6.2 – Allianz-Sitzungen, Bd. 9. Schreiben von G. Schettler an D. Simon vom 29.05.1989.
297 AMPG, II. Abt., Rep. 57, Nr. 608, Bd. 1. Interner Vermerk der MPG über die Sitzung der Allianz am 28.06.1989.
298 DFGA, AZ 02219–04, Bd. 11. Interner Vermerk der DFG über die Sitzung der Allianz am 28.06.1989.
299 DFGA, AZ 02219–04, Bd. 11. Schreiben von D. Simon an G. Schettler vom 01.09.1989.

Mit dieser recht vage gehaltenen und damit in der Praxis variabel einsetzbaren Definition schien das Thema gegenüber Externen zunächst einmal geklärt. Intern trieb die Allianz jedoch die Klärung ihres Selbstverständnisses und ihre hochgradig informelle Organisationsform weiter um. Dabei wurde von verschiedenen Mitgliedern die Frage aufgeworfen, ob es nicht „generell einer stärkeren Institutionalisierung" und damit einhergehend auch eines Sekretariats ebenso wie eines offiziellen „Sprecher[s]" bedürfe.[300]

In einer Sitzung vom November 1992 wurde diesem Themenkomplex gar ein eigener Tagesordnungspunkt gewidmet.[301] Dort sollte geklärt werden, ob die Allianz sich künftig weiter als „lockeren Verbund" und „beruflichen Freundeskreis" oder doch als „Lobby-Einrichtung, die mit einer Stimme spreche", verstehen sollte.[302] Interessanterweise war es dieses Mal der Generalsekretär der MPG, Wolfgang Hasenclever, der sich unzufrieden über das zu schwache gemeinsame Auftreten der Wissenschaftsorganisationen äußerte.[303] Doch die Mehrheit der Teilnehmer schloss sich seinem Wunsch nicht an; vielmehr verwiesen insbesondere die Präsidenten und Vorsitzenden nun auf „die erfolgreichen Aktionen der vergangenen zwei Jahre" und betonten, man solle die „Vielfalt der Organisationen und Meinungen" in der Allianz als Chance verstehen.[304] Nicht einmal der MPG-Präsident unterstützte in der Diskussion den Vorstoß seines Generalsekretärs.[305] HRK-Präsident Hans-Uwe Erichsen äußerte Bedenken, eine Institutionalisierung der Allianz könne auf lange Sicht zu einer „Disziplinierung" der jeweiligen Partikularinteressen führen und verhindern, bei Dissens je getrennt zu agieren.[306] Abschließend verständigte man sich darauf, dass die Allianz weiterhin primär der „Ermittlung gemeinsamer Interessen der Wissenschaft gegenüber Öffentlichkeit und Politik" dienen sollte.[307] Sie sollte daher „nicht in Richtung einer formalen Organisation" verändert werden.[308] Nach intensiver Diskussion mit zunächst durchaus divergierenden Meinungen (auch innerhalb der jeweiligen Mitgliedsorganisationen) einigten sich die Beteiligten schlussendlich darauf, dass „die Verhältnisse […] in jeder Hinsicht so bleiben wie sie sind", wie MPG-Präsident Hans Zacher resümierte.[309]

---

300 DFGA, AZ 02219–04, Bd. 15. Interner Vermerk der DFG über die Sitzung der Allianz am 04.11.1992.
301 Vgl. zum Ablauf der Sitzung und der Diskussion die entsprechenden Vermerke bspw. in AdHRK, Allianz und Präsidentenkreis, Bd. 6; AdWR, 6.2 – Allianz-Sitzungen, Bd. 12; DFGA, AZ 02219–04, Bd. 15; AMPG, II. Abt., Rep. 57, Nr. 1398 und AMPG, II. Abt., Rep. 57, Nr. 613.
302 AdWR, 6.2 – Allianz-Sitzungen, Bd. 12. Interner Vermerk des WR über die Sitzung der Allianz am 04.11.1992.
303 Vgl. ebd.
304 AMPG, II. Abt., Rep. 57, Nr. 1398. Interner Vermerk der MPG über die Sitzung der Allianz am 04.11.1992.
305 Vgl. den expliziten Hinweis in AdWR, 6.2 – Allianz-Sitzungen, Bd. 12. Interner Vermerk des WR über die Sitzung der Allianz am 04.11.1992.
306 DFGA, AZ 02219–04, Bd. 15. Interner Vermerk der DFG über die Sitzung der Allianz am 04.11.1992.
307 AdHRK, Allianz und Präsidentenkreis, Bd. 6. Interner Vermerk der HRK über die Sitzung der Allianz am 04.11.1992.
308 DFGA, AZ 02219–04, Bd. 15. Interner Vermerk der DFG über die Sitzung der Allianz am 04.11.1992.
309 AdWR, 6.2 – Allianz-Sitzungen, Bd. 12. Interner Vermerk des WR über die Sitzung der Allianz am 04.11.1992.

Knapp vier Jahre nach dieser ausführlichen Debatte kam das Thema der Bedeutung der Allianz für ihre Mitglieder und damit verbunden auch die Frage nach dem Selbstverständnis – nun auf Anregung der HRK – in der Februar-Sitzung 1996 erneut zur Sprache. Der HRK ging es dabei vor allem um einen befürchteten „Bedeutungsabbau" der Allianz,[310] der sich darin äußerte, dass in der Vergangenheit wiederholt Mitglieder bei Terminen gefehlt hatten und die Sitzungen offenbar nicht für alle höchste Priorität hätten.[311] Ausgehend von dieser Kritik plante die Allianz, im Juni desselben Jahres eine außerordentliche Allianzsitzung unter Vorsitz der MPG zu veranstalten, „um das Thema ‚Strategien in und für die Allianz' zu diskutieren".[312] Doch die dafür anberaumte Sitzung fiel kürzer als ursprünglich angedacht aus. Zudem verlagerte sich der inhaltliche Schwerpunkt auf eine Diskussion über die Evaluation der Wissenschaftsorganisationen[313] und die Entwicklung des Wissenschaftssystems in Deutschland, während der Tagesordnungspunkt zum Selbstverständnis vollkommen in den Hintergrund rückte.[314] Erst ein kritisches Schreiben von WR-Generalsekretär Winfried Benz führte dazu, dass dieses Thema in der November-Sitzung 1996 erneut aufgegriffen wurde.[315] Dieses Mal waren es die Vertreter:innen von Wissenschaftsrat und Fraunhofer-Gesellschaft, die vehement für eine stärkere Strukturierung der Zusammenarbeit plädierten, während DFG und MPG weiterhin auf die Autonomie der Mitgliedsorganisationen pochten.[316] Dieser Vorstoß blieb erneut ohne spürbare Folgen auf die Allianz als Organisation; man einigte sich lediglich darauf, künftig intern „offen diskutieren", dabei aber unterschiedliche Positionen und „Spannungen" aushalten zu wollen.[317]

Der Blick in die Tagesordnungen der Allianz-Sitzungen offenbart, dass Fragen zum Selbstverständnis und zur Aufgabe des kooperativen Gremiums – in der Auswertung unter dem Schlagwort Allianz subsumiert – in den 1990er Jahren immer wichtiger wurden.

---

310 DFGA, AZ 02219–04, Bd. 16. Interner Vermerk der DFG über die Sitzung der Allianz am 06.02.1996.
311 Vgl. auch die HRK-interne Darstellung in AdHRK, Allianz und Präsidentenkreis, Bd. 9. Interner Vermerk der HRK über die Sitzung der Allianz am 06.02.1996.
312 AMPG, II. Abt., Rep. 57, Nr. 1410. Interner Vermerk der MPG über die Sitzung der Allianz am 06.02.1996.
313 Die DFG hielt in ihrem Vermerk zur März-Sitzung sogar fest, dass dies der primäre Zweck des Termins im Juni wäre. Vgl. DFGA, AZ 02219–04, Bd. 19. Interner Vermerk der DFG über die Sitzung der Allianz am 20.03.1996.
314 Vgl. zum Ablauf der Sitzung und der Diskussion die entsprechenden Vermerke bspw. in AdHRK, Allianz und Präsidentenkreis, Bd. 8; DFGA, AZ 02219–04, Bd. 19; AMPG, II. Abt., Rep. 57, Bd. 624 und AMPG, II. Abt., Rep. 57, Nr. 1411.
315 Vgl. AMPG, II. Abt., Rep. 57, Nr. 1414. Schreiben von W. Benz an W. Frühwald vom 08.11.1996; AMPG, II. Abt., Rep. 57, Nr. 1414. Interner Vermerk der MPG über die Sitzung der Allianz am 11.11.1996.
316 Vgl. DFGA, AZ 02219–04, Bd. 19. Interner Vermerk der DFG über die Sitzung der Allianz am 11.11.1996.
317 AdHRK, Allianz und Präsidentenkreis, Bd. 8. Interner Vermerk der HRK über die Sitzung der Allianz am 11.11.1996.

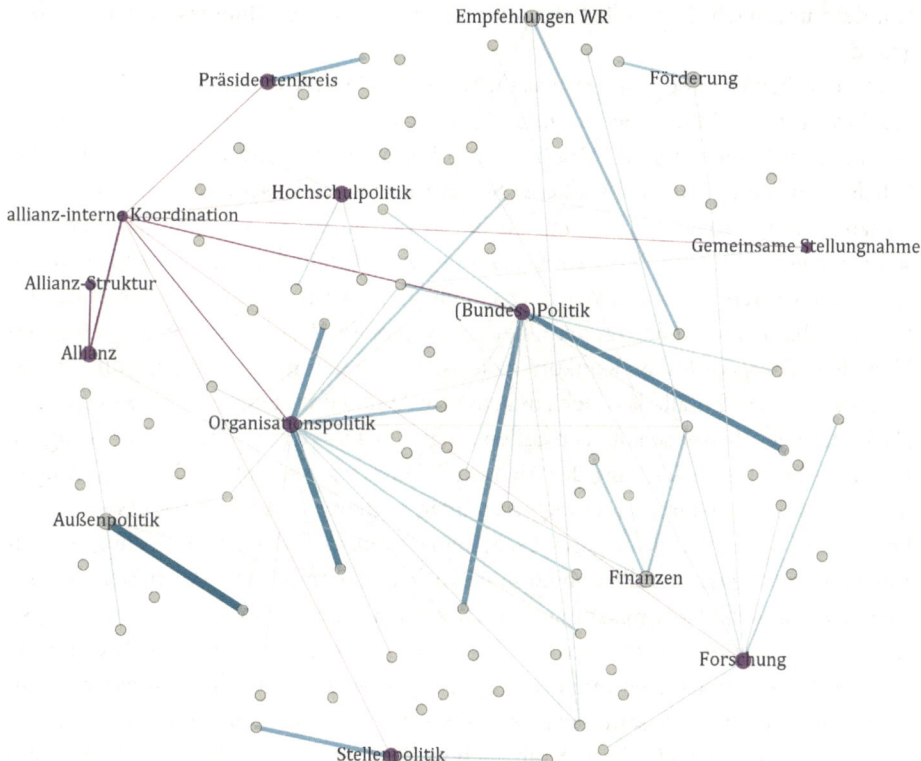

Abb. 22: Debatten über das Selbstverständnis der Allianz (1990–2000).[318]

Wenngleich Themen, die sich diesem Schlagwort zuordnen lassen, in früheren Jahrzehnten bereits vereinzelt auf der Tagesordnung standen, lässt sich eine deutliche Häufung seit 1989 beobachten. Hinzu kommt, dass sich die Beratungen in der Vergangenheit zumeist um eher technische Details gedreht hatten – beispielsweise den Austausch von Geräten zwischen den Mitgliedern oder die Teilnahme an Gremiensitzungen einer anderen Allianzorganisation. Nun rückten verstärkt strukturelle Fragen etwa nach einer gemeinsamen Öffentlichkeitsarbeit,[319] nach Erweiterungen der

---

[318] Übersicht über die Tagesordnungspunkte der Allianzsitzungen zwischen 1990 und 2000 mit Sichtbarkeit der Schlagwörter erster Ebene und ihrer Verbindung zu den (nur vereinzelt sichtbaren) Schlagwörtern zweiter Ebene. Farblich hervorgehoben sind hierbei die Schlagwörter zweiter Ordnung Allianz-Struktur und allianz-interne Koordination. Je dicker die Verbindung zwischen den Knoten ist, desto häufiger lässt sich der TOP in den Protokollen finden. Eigene Visualisierung auf Basis einer systematischen Auswertung aller Tagesordnungspunkte aus den Vermerken zu den einzelnen Sitzungen der Allianz in AMPG, II. Abt., Rep. 57, DFGA, AZ 02219–04, DFGA, AZ 0224, AdHRK, Allianz und Präsidentenkreis und AdWR, 6.2 – Allianz-Sitzungen.
[319] So bspw. in den Sitzungen am 11.04.1989, 11.05.1990 oder am 01.09.1993.

Runde[320] und nach dem Selbstverständnis des Zusammenschlusses in den Vordergrund.[321]

Dabei waren es interessanterweise nicht immer die Vertreter derselben Institution, die diese Themen in die gemeinsamen Gespräche einbrachten. Stattdessen lässt sich ein situativer Wandel bei den Mitgliedsorganisationen in ihrer Einschätzung hinsichtlich der Notwendigkeit einer stärkeren Strukturierung der Zusammenarbeit erkennen. Es kam mitunter sogar vor, dass innerhalb einer Organisation kein Konsens über diese Fragen herrschte und Präsident beziehungsweise Generalsekretär unterschiedliche Ansichten vertraten. Der Wunsch nach einem effektiveren gemeinschaftlichen Auftreten der Allianz war häufig von der Überlegung geprägt, dass ein kooperatives Agieren Vorteile in übergeordneten Konkurrenzkonstellationen mit sich bringen würde. So ist es sicherlich kein Zufall, dass sich zunächst die AGF dafür aussprach, die Allianz solle als Stimme der Wissenschaft nach außen fungieren. Dass einige Jahre später Wolfgang Hasenclever für eine Stärkung der Allianz plädierte, war vermutlich den Erfahrungen im Prozess der Wiedervereinigung geschuldet, in dem sich auch die MPG einem erhöhten Druck der Politik ausgesetzt sah, dem sie nur dank der Unterstützung aus den Reihen der Kollegen standhalten konnte. Doch so dynamisch die Positionen der einzelnen Wissenschaftsorganisationen im Hinblick auf das Selbstverständnis waren, so statisch und strukturkonservativ war das Gremium in seiner Gesamtheit. Denn bei keinem dieser Vorstöße konnten sich die Mitglieder schlussendlich zu einer wirklichen Änderung ihrer Zusammenarbeit durchringen. Stattdessen wollte man die etablierten Strukturen nach Möglichkeit auch in einem sich rasant wandelnden Wissenschaftssystem bewahren.

4.3.2 Einbindung weiterer Kooperationspartner

Die Allianz konnte sich im Verlauf der 1990er Jahre jedoch Neuerungen nicht völlig verschließen. So wurde der Teilnehmerkreis 1998 offiziell um die Wissenschaftsgemeinschaft Gottfried Wilhelm Leibniz (WGL) erweitert – die heutige Leibniz-Gemeinschaft. Bereits zwei Jahre zuvor hatte das BMBF sich dazu entschieden, künftig auch deren Präsidenten zu Sitzungen des Präsidentenkreises einzuladen. Damit wiederholten sich altbekannte Muster, denn es war der Bundesforschungsminister, der als Veranstalter der sogenannten Kaminrunden über deren Zusammensetzung bestimmte und – ähnlich wie bereits in den 1970er Jahren – neue Akteure ohne Absprache mit den Präsidenten und Vorsitzenden inkludieren konnte. Mit diesem Prozedere hatte sich die Allianz in-

---

320 Dieses Thema wurde bspw. in den Sitzungen am 28.06.1989, 28.08.1989, 07.11.1989, 12.12.1996 und am 12.02.1997 besprochen.
321 Der Punkt stand unter anderem in den Sitzungen am 06.02.1996, 04.09.1996 und am 12.01.2000 auf der Tagesordnung.

zwischen arrangiert, vor allem da das Verwaltungsabkommen über den Wissenschaftsrat und ihr darin kodifiziertes Vorschlagsrecht zunächst unberührt blieben. Vor diesem Hintergrund tauschten sich die Wissenschaftsorganisationen in der Dezember-Sitzung 1996 bei ihrer gemeinsamen Vorbereitung des Präsidentenkreises über den Entschluss des BMBF aus, wobei man sich schnell darauf einigte, gegen das Einbeziehen der WBL in die Gespräche mit dem Ministerium „keine Einwände zu erheben"; dies würde jedoch keineswegs die „Einbeziehung der WBL in die Allianz" bedeuten.[322] Anders als bei ihrer ersten Erweiterung um die AGF in den 1970er Jahren sah sie keine Notwendigkeit, die WBL in ihre internen Abstimmungen einzubinden, und auch das Ministerium übte in dieser Hinsicht keinen Druck auf die Selbstverwaltungsorganisationen aus. Dies könnte erklären, warum sich die Allianz ohne größere Diskussionen oder Exklusionsbemühungen mit der Teilnahme der WBL am Präsidentenkreis arrangierte, obwohl die Blaue Liste und ihre Institute noch wenige Jahre zuvor von verschiedenen Mitgliedern der Allianz heftig attackiert worden waren.

Diese Angelegenheit sollte anschließend für knapp zwei Jahre ruhen, bis sich Ingolf Hertel, Präsident der inzwischen umbenannten Wissenschaftsgemeinschaft Gottfried Wilhelm Leibniz (WGL), an seinen Kollegen Hubert Markl wandte und diesen darum bat, „bei speziellen Anlässen, welche die Leibnizgemeinschaft [sic!] direkt mitbetreffen",[323] in die Beratungen der Allianz eingebunden zu werden. Hertel hatte sich mit seinem Anliegen auch an andere Mitglieder der Allianz, beispielsweise an den Wissenschaftsrat, die Hochschulrektorenkonferenz und die Helmholtz-Gemeinschaft, gewandt.[324] Da man für das geplante Büro der deutschen Wissenschaften für die in Hannover stattfindende EXPO 2000 ohnehin eng mit der WGL kooperierte und diese dazu einen erheblichen finanziellen Beitrag leistete, zeigten die meisten Allianz-Akteure für die Bitte Hertels durchaus Verständnis. Hinzu kam die Tatsache, dass die WGL – zumindest in Hinblick auf ihr Finanzierungsvolumen von staatlicher Seite – sich seit der Wiedervereinigung in ähnlichen Dimensionen bewegte wie der Großteil der übrigen Allianzmitglieder. Laut der Selbstdefinition, die Dieter Simon gegenüber der Union der Akademien bemüht hatte, war insbesondere die Existenz gemeinsamer budgetärer Interessen eine wichtige Voraussetzung für eine mögliche Mitgliedschaft in der Allianz. Dies erfüllte die WGL und stand darüber hinaus, seit der allmählichen

---

322 AdHRK, Allianz und Präsidentenkreis, Bd. 11. Interner Vermerk der HRK über die Sitzung der Allianz am 12.12.1996.
323 Hertel bezog sich in diesem Fall auf die Planungen eines Büros der deutschen Wissenschaft im Rahmen der EXPO 2000. AMPG, II. Abt., Rep. 57, Nr. 1417. Schreiben I. Hertel an H. Markl vom 01.06.1998.
324 Vgl. die entsprechenden Hinweise auf die Kontaktaufnahme mit Klaus Landfried und Detlev Ganten im Schreiben Hertels in AMPG, II. Abt., Rep. 57, Nr. 1417. Schreiben I. Hertel an H. Markl vom 01.06.1998. Der interne Sitzungsvermerk des Wissenschaftsrats zur Allianz-Sitzung gibt außerdem Aufschluss darüber, dass der Vorsitzende des Wissenschaftsrats im Vorfeld eine schriftliche Anfrage Hertels erhalten hat. Vgl. AdWR, 6.2 – Allianz-Sitzungen, Bd. 15. Interner Vermerk des WR über die Sitzung der Allianz am 19.06.1998.

Konsolidierung ihrer Dachorganisation, in regelmäßigem Austausch mit den zentralen bundespolitischen Instanzen. Letzteres schlug sich unter anderem in der 1996 erfolgten Einbindung der WGL in den Präsidentenkreis nieder und war, wie auch die übrigen Entwicklungen, den Präsidenten, Vorsitzenden und Generalsekretär:innen der anderen Wissenschaftsorganisationen bestens bekannt. Aus diesem Grund entschloss sich die MPG, der die Federführung für die Juni-Sitzung oblag, im telefonischen Zwiegespräch mit den Kooperationspartnern deren Stimmungsbild zu einer Einladung des WGL-Präsidenten zum Tagesordnungspunkt Öffentlichkeitsarbeit abzufragen.[325]

Bei ihrer Zusammenkunft erörterten die Allianzmitglieder vor Eintritt in die festgelegte Tagesordnung dann gar die Frage nach einer grundsätzlichen Einbeziehung der WGL in die gemeinsamen Gespräche. Überraschenderweise einigten sie sich einvernehmlich darauf, offenbar sogar ohne jegliche Gegenargumente, Hertel die reguläre Mitgliedschaft in ihrem Gremium anzubieten.[326] Anders als im Falle der AGF in den 1970er Jahren wurde der Präsident der WGL nicht als Gast, sondern unmittelbar als vollwertiges Mitglied in die Allianz integriert, obwohl er als einziger Vertreter seiner Institution eingeladen wurde. Wie außergewöhnlich dieser ebenso rasche wie einstimmige Entschluss auch auf die Beteiligten wirkte, zeigt ein Kommentar der Vertreter des Wissenschaftsrats, die feststellten, dass damit gewissermaßen ein „Wunder zustande" gekommen sei.[327]

Was die Mitgliedsorganisationen letztlich zu der so reibungslos verlaufenden Aufnahme der WGL bewog, geht aus den Unterlagen nicht hervor, da die Vorabstimmung über diesen außerordentlichen Tagesordnungspunkt und die damit verbundene Einigung größtenteils im Vorfeld der Allianz-Sitzung (fern-)mündlich erfolgte. Fest steht jedoch, dass diese Entscheidung in gewissem Maße schlichtweg als Anerkennung der

---

325 Siehe zur zuvor erfolgten telefonischen Kontaktaufnahme zwischen den Allianzmitgliedern AdWR, 6.2 – Allianz-Sitzungen, Bd. 15. Interner Vermerk des WR über die Sitzung der Allianz am 19.06.1998; siehe ebenso die handschriftliche Notiz von einem Mitarbeiter oder einer Mitarbeiterin der MPG in AMPG, II. Abt., Rep. 57, Nr. 1417. Schreiben von I. Hertel an H. Markl vom 01.06.1996. Hertel wurde anschließend dazu eingeladen, der Sitzung ab 13:00 Uhr beizuwohnen. Die reguläre Allianz-Sitzung begann bereits um 12 Uhr, was den Allianzmitgliedern die Möglichkeit verschaffte, andere Tagesordnungspunkte vorzuziehen und noch einmal persönlich über die Einbindung der WGL zu diskutieren. Vgl. DFGA, AZ 02219–04, Bd. 20. Schreiben von H. Markl an I. Hertel vom 10.06.1998.
326 So schreibt die HRK in ihrem internen Sitzungsvermerk bspw. von „einstimmig[em] Einvernehmen", die DFG von „Übereinstimmung" und die MPG betont, dass „alle Vertreter der Forschungsorganisationen ihre Zustimmung" gegeben hätten. Siehe dazu die entsprechenden Notizen in AdHRK, Allianz und Präsidentenkreis, Bd. 13. Interner Vermerk der HRK über die Sitzung der Allianz am 19.06.1998; DFGA, AZ 02219–04, Bd. 20. Interner Vermerk der DFG über die Sitzung der Allianz am 19.06.1998; AMPG, II. Abt., Rep. 57, Nr. 1417. Interner Vermerk der MPG über die Sitzung der Allianz am 19.06.1998.
327 AdWR, 6.2 – Allianz-Sitzungen, Bd. 15. Interner Vermerk des WR über die Sitzung der Allianz am 19.06.1998.

wissenschaftspolitischen Realität verstanden werden muss.³²⁸ Möglicherweise spielte es auch eine Rolle, dass Hertel nur wenige Monate nach dieser Sitzung als Staatssekretär der Senatsverwaltung für Wissenschaft, Forschung und Kultur des Landes Berlin in die Politik wechselte. Darüber war innerhalb der anderen Wissenschaftsorganisationen schon im Vorfeld spekuliert worden.³²⁹ Zudem konnte die Allianz einer Erweiterung ihres Kreises in den ausgehenden 1990er Jahren mit wesentlich mehr Gelassenheit entgegensehen, als es noch in den 1970er Jahren der Fall war. Schließlich hatte die Einbindung von AGF und FhG in der Vergangenheit allen Mitgliedern gezeigt, dass eine Erweiterung nicht, wie in der Anfangszeit befürchtet, zu einer Destabilisierung ihres Gremiums führen musste.

Die WGL war nicht die einzige Wissenschaftsorganisation, zu der die Allianz in den von vielschichtigen Veränderungen geprägten 1990er Jahren ihre Beziehungen intensivierte: Bereits 1995 – also ein gutes Jahr vor Ingolf Hertel – wurden die AvH und der DAAD in die Beratungen des Präsidentenkreises einbezogen. Die Präsidenten beider Organisationen hatten sich zuvor schon regelmäßig mit Vertreter:innen aus der Politik ausgetauscht – allerdings primär mit dem für sie zuständigen Ministerium für Bildung und Wissenschaft (BMBW) und nicht mit dem BMFT, das als zentraler Ansprechpartner für die Allianz fungierte.

Bei der Bildung seines fünften Kabinetts beschloss Kanzler Kohl, die beiden seit 1972 getrennten Ressorts in einem Ministerium für Bildung, Wissenschaft, Forschung und Technologie (BMBF) zu vereinigen. Die Leitung dieses *Zukunftsministeriums* übertrug er Jürgen Rüttgers.³³⁰ Nach der Zusammenlegung der Ressorts stellte sich für alle Beteiligten die Frage, in welcher Form die etablierten Gesprächsrunden fortgeführt werden sollten. Auf Vorschlag der DFG beriet die Allianz im Januar 1995, noch vor ihrer ersten Zusammenkunft mit Rüttgers, über diese Fragen. Dabei kamen die Präsidenten, Vorsitzenden und Generalsekretär:innen überein, dass „der künftige gemeinsame Präsidentenkreis aus der Allianz, ergänzt um die Präsidenten von AvH und DAAD bestehen solle."³³¹ Dies entsprach auch den Überlegungen des Ministers und so wurden die beiden Wissenschaftsorganisationen fortan zu den Terminen des Präsidentenkreises eingeladen.³³² Obwohl deren amtierende Präsidenten, Theodor Berchem (DAAD)

---

328 Vgl. Interview mit Josef Lange (München/Hannover 20.08.2020); Interview mit Winfried Schulze (Essen 14.09.2018); Interview mit Barbara Bludau (München 22.10.2018).
329 Siehe zu den Spekulationen in der Allianz etwa den entsprechenden Hinweis des WR in AdWR, 6.2 – Allianz-Sitzungen, Bd. 15. Interner Vermerk des WR über die Sitzung der Allianz am 19.06.1998; vgl. zum beruflichen Lebenslauf von Hertel bspw. Strunk (2001), Hertel 60 Jahre.
330 Vgl. Kopp (2001), Rüttgers.
331 AMPG, II. Abt., Rep. 57, Nr. 1405. Interner Vermerk der MPG über die Sitzung der Allianz am 09.01.1995.
332 Vgl. AMPG, II. Abt., Rep. 57, Nr. 1405. Interner Vermerk der MPG über die Sitzung der Allianz am 09.01.1995; AdHRK, Allianz und Präsidentenkreis, Bd. 7. Interner Vermerk der HRK über die Sitzung der Allianz am 09.01.1995.

und Reimar Lüst (AvH), in der Vergangenheit durch ihre Leitungsfunktion in der HRK (Berchem, 1983–1987) beziehungsweise in WR (Lüst, 1969–1972) und MPG (Lüst, 1972–1984) selbst langjährige Mitglieder der Allianz gewesen waren, insistierte das Gremium darauf, dass deren Aufnahme in den Präsidentenkreis „keine Einbindung in die Allianz an und für sich" bedeutete.[333]

Damit bekräftigte die Allianz ihre Position, die sie wenige Jahre zuvor wiederholt kundgetan hatte. Als man intern über den Wunsch der Union der Akademien nach einer Mitgliedschaft in der Allianz debattierte, hatte sich eine grundsätzlich ablehnende Haltung gegenüber einer Ausweitung des Teilnehmerkreises herauskristallisiert. So wurde im vertraulichen Gespräch mitunter davor gewarnt, dass es dann „kein Halten mehr" gäbe und weitere Institutionen, wie beispielsweise Stifterverband, DAAD oder AvH um Aufnahme in den erlesenen Kreis bitten könnten.[334] Der restriktive Kurs der Allianz speiste sich also im Kern aus der Befürchtung, durch eine institutionelle Überdehnung an Effizienz zu verlieren. Sie lehnte daher in dieser Situation das besonders vom DAAD schon seit den frühen 1980er Jahren mehrfach an sie herangetragene Ersuchen neuerlich ab.[335] So war schon Berchems Vorgänger, Hansgerd Schulte, proaktiv auf die Allianz zugegangen und hatte dabei den Wunsch geäußert, in die Besprechungen der Allianz miteinbezogen zu werden. Dem hatte jedoch insbesondere die MPG seinerzeit vehement widersprochen, was möglicherweise in Teilen persönlichen Vorbehalten geschuldet war.[336] Auf Reimar Lüst, Theodor Berchem und Christian Bode – dieser war seinem ehemaligen HRK-Präsidenten 1990 in den DAAD gefolgt – als ehemalige Allianzmitglieder traf dies allerdings nicht zu. Sie genossen unter ihren Kolleg:innen ein hohes Ansehen und pflegten weiterhin enge Kontakte zu den anderen Wissenschaftsorganisationen. Deshalb bedeutete der 1995 bekräftigte formale Ausschluss keinesfalls, dass es mit den beiden internationalen Wissenschaftsorganisationen keinen informellen Austausch gegeben hätte. Das personelle Netzwerk der Forschungsorganisationen war eng geflochten und garantierte auf der Ebene der Spitzenfunktionäre eine enge Zusammenarbeit auch jenseits formaler Barrieren, vor allem wenn eine Kooperation funktional geboten schien. So wurden

---

333 DFGA, AZ 00219–04, Bd. 18. Interner Vermerk der DFG über die Sitzung der Allianz am 09.01.1995.
334 Vgl. bspw. AdHRK, Allianz und Präsidentenkreis, Bd. 4. Handschriftliche Notiz der HRK zum TOP Erweiterung der Allianz aus der Sitzung der Allianz am 28.06.1989.
335 Vgl. den entsprechenden Hinweis in AMPG, II. Abt., Rep. 57, Nr. 617. Interner Vermerk der MPG über die Mitgliederversammlung des Vereins zur Förderung europäischer und internationaler Zusammenarbeit am 07.11.1993.
336 Vgl. zur Zurückhaltung der Allianz bezüglich Schultes Person bspw. AdWR, 6.2 – Allianz-Sitzungen, Bd. 1. Interner Vermerk des WR zur Sitzung der Allianz am 27.11.1974; zum Vorstoß Schultes im Jahr 1980 siehe DFGA, AZ 02219–04, Bd. 4. Interner Vermerk der DFG über die Sitzung der Allianz am 05.03.1980.

sie beispielsweise 1992 in die Ausarbeitung einer öffentlichkeitswirksamen Stellungnahme gegen Fremdenhass und Ausländerfeindlichkeit einbezogen.[337]

Im Laufe der 1990er Jahre wurden die Kontakte dann weiter intensiviert: DAAD und AvH (ebenso wie je ein Vertreter des Stifterverbands und der KoWi) wurden 1994 erstmals offiziell zu einer Besprechung mit den Allianzmitgliedern geladen; intern sprach man dabei von einer „erweiterten Allianz".[338] In diesem Treffen verständigte man sich darauf, einen regelmäßigen, aber eher unverbindlichen „gegenseitige[n] Meinungsaustausch" zu etablieren, der trotz „unterschiedlicher Interessen der Organisationen" in erster Linie der „Information und Koordination" dienen sollte – eine Prämisse, die einmal mehr das Selbstverständnis der Allianz spiegelt.[339] In den Folgejahren 1995 und 1996 fanden mehrere Treffen der sogenannten Internationalen Allianz statt, zu deren festen Teilnehmerkreis neben den Allianzmitgliedern ebenfalls DAAD und AvH gehörten. Doch weder die erweiterte noch die Internationale Allianz verstetigten oder institutionalisierten sich in ähnlicher Weise wie die Allianz selbst. Stattdessen blieb der Austausch wesentlich sporadischer und ihre Mitglieder kamen nur kurzzeitig bei Bedarf, nicht aber in regelmäßiger Übung zusammen. Nichtsdestoweniger bestand zwischen den Spitzenfunktionären der AvH, des DAAD und der Allianzmitglieder ein Vertrauensverhältnis, das durch über lange Jahre erprobte Formate der informellen Zusammenarbeit weiter gestärkt worden war. Das erklärt ebenso, warum die Vertreter der beiden Organisationen vereinzelt sogar zu regulären Terminen der Allianz eingeladen wurden, wenn es etwa darum ging, im Vorfeld des Präsidentenkreises ein gemeinsames Vorgehen zu erarbeiten.[340] Obwohl AvH und DAAD erst 2007 offiziell als Mitglieder in die Allianz aufgenommen wurden, profitierten sie in den 1990er Jahren von den persönlichen Kontakten ihrer Führungskräfte wie auch von deren wissenschaftspolitischer Erfahrung.[341] Hinzu kam ferner, dass die Bedeutung der beiden international agierenden Förderinstitutionen durch die in den 1990er Jahren wachsende Internationalisierung von Wissenschaft und Forschung enorm stieg.

---

337 Vgl. AMPG, II. Abt., Rep. 57, Nr. 613, Bd. 1. Gemeinsame Pressemitteilung von AvH, DAAD und Allianz gegen Vorurteile, Aggressionen und Fremdenhass vom 02.12.1992.
338 AdHRK, Allianz und Präsidentenkreis, Bd. 7. Interner Vermerk der HRK über die Sitzung der erweiterten Allianz am 08.11.1994.
339 Ebd.
340 So wurden die Vertreter der beiden Wissenschaftsorganisationen bspw. zu den Sitzungen der Allianz am 07.06.1995 und am 23.11.1998 eingeladen. Vgl. DFGA, AZ 02219–04, Bd. 19. Schreiben von W. Frühwald an die Mitglieder der Allianz, T. Berchem und R. Lüst vom 25.11.1996; DA GMPG, Barcode 108649. Schreiben von J. Lange an die Mitglieder der Allianz vom 18.11.1998; AMPG, II. Abt., Rep. 57, Nr. 1419. Interner Vermerk der MPG über die Sitzung von Allianz und Präsidentenkreis am 23.11.1998.
341 Im November desselben Jahres werden sie in einem gemeinsamen Positionspapier der Allianz erstmals als Mitglieder der Allianz aufgeführt. Siehe Allianz der Wissenschaftsorganisationen (2007), Strategische Zusammenarbeit.

Zugleich zeigt sich in dieser Episode noch einmal eindrucksvoll der Wandel, den die Allianz in den vergangenen Jahrzehnten durchlaufen hatte: Während es noch in den ausgehende 1970er Jahren selbstverständlich erschien, Friedrich Schneider – den ehemaligen Generalsekretär von MPG und WR, der inzwischen in derselben Funktion in der ESF tätig war –, zu den gemeinsamen Sitzungen einzuladen und auf diese Weise die Kooperation mit dessen neuer Wirkstätte voranzutreiben, kam dergleichen Mitte der 1990er Jahre nicht mehr in Frage. Denn inzwischen war die Allianz – trotz aller Bemühungen ihrer Mitglieder, eine Institutionalisierung der gemeinsamen Besprechungen zu verhindern – eben keine hochgradig informelle Runde mehr, in der man sich zu einem gemütlichen Abendessen zusammenfand und wichtige wissenschaftspolitische Entscheidungen traf. Die Formalisierung hatte, wie im vorangegangenen Kapitel gezeigt, bereits in den 1970er Jahren allmählich eingesetzt und nach der Wiedervereinigung eine wachsende Dynamik entfaltet. Die wiederholten Debatten über Rolle und Selbstverständnis des Zusammenschlusses ebenso wie der Versuch, Kriterien für eine Mitgliedschaft festzulegen, hatten diese Entwicklung ungewollt forciert, weswegen eine formlose Einbindung von AvH und DAAD trotz aller persönlicher Wertschätzung nun nicht mehr geboten erschien.

Deutlicher fiel im selben Zeitraum die Exklusion der Leopoldina aus. Sie ist heute das jüngste Mitglied der Allianz und wurde erst 2008 nach ihrer Ernennung zur Nationalen Akademie der Wissenschaft in die gemeinsamen Beratungen einbezogen.[342] Vor der Wiedervereinigung hatten aufgrund der Teilung Deutschlands zwischen der in der ehemaligen DDR beheimateten Leopoldina und der Allianz für lange Zeit keine engen Beziehungen bestanden, was sich auch nach 1990 nur langsam änderte. Die erste Initiative zu einer stärkeren Einbindung ging von politischer Seite aus. Das BMFT ventilierte hier einmal mehr den Weg über den Präsidentenkreis: Leopoldina-Präsident Benno Parthier sollte „als Gast [...], und zwar entweder ständig oder im Einzelfall oder befristet für die – schwierige – Neugestaltungsphase" zu den Sitzungen des Präsidentenkreises eingeladen werden, wobei das Ministerium sich zunächst der Zustimmung der Allianz versichern wollte.[343] In der anschließenden November-Sitzung des Präsidentenkreises einigte man sich lediglich auf eine Sondersitzung zu der „repräsentative

---

342 Am 14.07.2008 wurde die Leopoldina offiziell zur Nationalen Akademie der Wissenschaften ernannt. Vgl. Präsidium der Deutschen Akademie der Naturforscher Leopoldina (2009), Festakt Leopoldina; ter Meulen (2009), Jahrbuch 2008, S. 245. Im Jahr 2009 unterzeichnete die Leopoldina dann erstmals zusammen mit den übrigen Allianzmitgliedern eine gemeinsame Stellungnahme. Vgl. Allianz der Wissenschaftsorganisationen (2009), Open Access und Urheberrecht.
343 BArch, B 196/103449. Interner Vermerk des BMFT zu TOP 3b) (Einbeziehung von Prof. Parthier in den Präsidentenkreis) zur Vorbereitung des Präsidentenkreises am 12.11.1990.

Persönlichkeiten aus der Wissenschaft in den neuen Ländern", darunter der Präsident der Leopoldina, eingeladen werden sollten.[344]

Eine grundsätzliche oder gar längerfristige Einbindung der Leopoldina in die Unterredungen zwischen dem Ministerium und den Präsidenten und Vorsitzenden der Allianz lehnte letztere offenbar ab. Doch anders als etwa die Konferenz der Akademien bemühte sich die Leopoldina in dieser Zeit von sich aus nicht um eine engere Anbindung oder gar um eine Aufnahme in das Gremium. Stattdessen beschloss der Senat der Leopoldina 1992, dass die „Leopoldina als älteste deutsche Akademie [...] eine eigenständige Besonderheit bleiben" müsse, die sich „weder an die ‚Konferenz der Akademien' noch an die ‚Allianz' binden" solle.[345] Folglich blieb das Verhältnis zwischen der Leopoldina und der Allianz in den kommenden Jahren eher oberflächlich, wenngleich die persönlichen Kontakte zwischen den Wissenschaftsorganisationen zunahmen: So wurde Benno Parthier, ab 1990 Präsident der Leopoldina, zwischen 1991 und 1997 zum Mitglied des Wissenschaftsrats ernannt und war ab 1991 ständiger Gast im Senat der MPG.[346]

Auf der inhaltlichen Ebene hatte sich die Allianz ohnehin mit Akademiefragen zu beschäftigen. Dies umso mehr, als es um die Errichtung einer nationalen Akademie ging. Diesen Plänen, die vor allem von politischer Seite vorangetrieben wurden, stand die Allianz zunächst mit einem gewissen Maß an Skepsis gegenüber.[347] Ausschlaggebend war dabei eine drohende Konkurrenzkonstellation: Die Allianzmitglieder befürchteten, sowohl in der wissenschaftlichen Politikberatung als auch in der internationalen Repräsentanz an Boden zu verlieren. Intern wurde die Gefahr von „Überlappungen" beschworen.[348] Käme es zu einer Nationalakademie, drohe gar der Verlust ihres Kernarbeitsfelds der Gestaltung von Wissenschaftspolitik im Dialog mit dem politischen System. Die Allianzmitglieder wollten das Entstehen eines direkten Wettbewerbs vermeiden und daher verhindern, dass sie – käme es zur Gründung einer nationalen Akademie – künftig in ihren angestammten Aufgabenbereichen übergangen würden. Da-

---

[344] BArch, B 196/103449. Ergebnisvermerk des BMFT über die Sitzung des Präsidentenkreises am 12.11.1990.
[345] Parthier (1993), Jahrbuch 1992, S. 87.
[346] Vgl. AMPG, II. Abt., Rep. 60, Nr. 127.SP. Protokoll der 127. Sitzung des Senats der MPG vom 08.03.1991. Ausführlicher zur Einladung Parthiers und anderer Vertreter der ostdeutschen Wissenschaft als Gäste in den Senat der MPG siehe Ash (2020), Vereinigung, S. 85–86.
[347] Vgl. AMPG, II. Abt., Rep. 57, Nr. 621. Interner Vermerk der MPG über die Sitzung der Allianz am 07.06.1995; AMPG, II. Abt., Rep. 57, Nr. 649, Bd. 2. Interner Vermerk der MPG über die Sitzung der Allianz am 19.06.1998; DFGA, AZ 02219-04, Bd. 20. Interner Vermerk der DFG über die Sitzung der Allianz am 19.06.1998.
[348] AdWR, 6.2 – Allianz-Sitzungen, Bd. 15. Interner Vermerk des WR über die Sitzung der Allianz am 09.03.1998.

her betonten sie intern wie auch gegenüber externen Gesprächspartner:innen immer wieder den Mehrwert des pluralistischen deutschen Wissenschaftssystems.[349]

Dieses Thema blieb für weitere zehn Jahre gewissermaßen ungeklärt, weswegen sich die Allianz weiterhin zurückhielt und die Initiativen der Politik abwartete. Als schließlich mit der Ernennung der Leopoldina zur Nationalakademie neue Tatsachen geschaffen wurden, kam die Allianz nicht umhin, entsprechend zu reagieren und den Präsidenten ebenso wie seine Generalsekretärin zu den gemeinsamen Gesprächen einzuladen.

4.3.3 Zögerliche Abkehr vom Primat der nationalen Forschungsförderung

Dem eigenen Verständnis nach kennt die Wissenschaft keine Grenzen. Sie lebt vom internationalen Austausch mit Kolleg:innen aus anderen Staaten, gemeinsamen Publikationen und grenzübergreifender Zusammenarbeit. Dieser häufig bemühten Selbstbeschreibung steht die Tatsache gegenüber, dass Wissenschaft und Forschung bis heute primär auf nationalstaatlicher Ebene organisiert und gefördert werden – unter anderem mit dem Ziel, im internationalen Wettbewerb als Sieger hervorzugehen. Transnationalität und die gleichzeitige Verankerung in nationalen Strukturen markieren dabei ein zentrales Spannungsfeld, in dem sich wissenschaftspolitische Akteur:innen bewegen und das durch die Gleichzeitigkeit kooperativer und kompetitiver Handlungsmodi geprägt ist.[350]

Ein erster Schlüsselmoment, in dem sich die Interaktionsdynamik von Kooperation und Konkurrenz auf der Ebene internationaler Wissenschafts- und Forschungspolitik manifestierte, waren die ausgehenden 1960er Jahre.[351] Mit dem 1967 von Jean-Jacques Servan-Schreiber veröffentlichten und breit rezipierten Essay „Le Défi Américain"[352] erreichte die Debatte um einen befürchteten technologischen Rückstand Europas gegenüber den USA eine breitere Öffentlichkeit. Nachdem in früheren Jahren vor allem nationalstaatliche Interessen in der Forschungspolitik dominiert hatten, wurde die diagnostizierte technologische Lücke mit einem Mal zu einem gesamteuropäischen Problem.[353] In der Folge bemühten sich insbesondere die Bundesrepublik und Frank-

---

349 Vgl. beispielsweise das Standpunktepapier der DFG in DFGA, AZ 02219-04, Bd. 20. Interner Vermerk der DFG zum Thema Wissenschaftliche Politikberatung.
350 Vgl. Flink (2016), EU-Forschungspolitik, S. 79–84; Schreiterer (2016), Deutsche Wissenschaftspolitik, S. 119–121; Trischler / vom Bruch (1999), Forschung für den Markt, S. 271–292; Patel (2021), Kooperation und Konkurrenz.
351 Vgl. hierzu und im Folgenden ausführlicher Osganian/Trischler (2022), Die MPG als wissenschaftspolitische Akteurin, S. 116–129.
352 Vgl. Servan-Schreiber (1967), Le défi américain; Servan-Schreiber (1968), Amerikanische Herausforderung; zur historischen Einordnung siehe auch Ritter/Szöllösi-Janze/Trischler (1999), Antworten.
353 Zwar hatte es schon in den 1950er Jahren erste Initiativen zur Förderung einzelner supranationaler Forschungsprojekte (z. B. EURATOM) gegeben, doch verlagerte sich der Schwerpunkt europäischer Forschungs- und Technologiepolitik bald auf die Gründung transnationaler, nichtstaatlicher Einrichtungen,

reich einerseits darum, ihre nationalen Ausgaben für den Bereich Forschung und Entwicklung zu erhöhen, während sie andererseits ihre Bestrebungen um eine wechselseitige Zusammenarbeit verstärkten.

Servan-Schreibers Mahnung sollte die europäische Forschungs- und Technologiepolitik maßgeblich prägen. In den folgenden Jahren wurden verschiedene Initiativen gestartet, die darauf abzielten, die transnationale Zusammenarbeit in den Bereichen Wissenschaft und Forschung auf europäischer Ebene zu koordinieren. So schlug der aus den Mitgliedsstaaten der EG rekrutierte Expertenrat PREST vor, die europaweite Zusammenarbeit in Informations- und Kommunikationstechnologie, Verkehr, Ozeanographie, Materialwissenschaften, Umweltwissenschaften und Meteorologie gezielt zu fördern.[354] Seither wurden auf transnationaler Ebene auch im Bereich der Forschungsförderung Bemühungen gestartet, um die europäische Integration weiter voranzutreiben. So initiierte der Ministerrat 1970 das COST-Programm *(European Cooperation in Science and Technology)* und gründete 1974 die ESF, deren erster Generalsekretär das ehemalige Allianzmitglied Friedrich Schneider war.[355] Dieser hatte sich bereits im Vorfeld der Gründung der ESF bei seinen Kollegen für die Schaffung der europäischen Stiftung und deren Belange stark gemacht und konnte sie so – trotz der bei vielen der Allianzmitglieder vorherrschenden Skepsis – von einer Mitarbeit in ihren Gremien überzeugen.[356]

Eine weitere Weichenstellung auf dem Weg zu einer gemeinsamen Forschungspolitik auf europäischer Ebene war 1986 die Unterzeichnung der Einheitlichen Europäischen Akte, die der EG offiziell die Zuständigkeit in den Bereichen von Forschung und Entwicklung einräumte.[357] Dass sich schlussendlich die Europäische Gemeinschaft (EG), beziehungsweise die Europäische Union (EU), zu einer forschungspolitischen Akteurin von erstrangiger Bedeutung entwickeln würde, war jedoch lange nicht vorhersehbar und der Prozess verlief keineswegs linear.[358] Denn neben der EG existierten sowohl auf europäischer als auch auf nationaler Ebene zahlreiche weitere Akteure, die forschungs-

---

wie die *European Organization for Nuclear Research* (CERN) sowie die *European Space Agency* (ESA) oder die *European Molecular Biology Organization* (EMBO). Vgl. bspw. Felder (1992), Forschungs- und Technologiepolitik, S. 82–84; Cassata (2015), A cold spring harbor in Europe; Hermann/Krige (2000), History of CERN. Bd. 1; Krige (2004), History of CERN. Bd. 3; Krige/Russo/Sebesta (2000), History of the European Space Agency.
354 Vgl. Lieske (1999), Zwischen Brüssel, Bonn und München.
355 Vgl. insbesondere zur ESF Unger (2020), Making Science European. Siehe darüber hinaus auch Patel (2021), Kooperation und Konkurrenz, S. 195–196.
356 Vgl. zur in der Allianz vorherrschenden Skepsis bspw. DFGA, AZ 02219-04, Bd. 1. Interner Vermerk der DFG über die Sitzung der Allianz am 23.11.1973.
357 Vgl. Flink (2016), EU-Forschungspolitik, S. 88–95.
358 Das bedeutet allerdings nicht, dass wissenschaftspolitische Akteur:innen oder Historiker:innen sich nicht an solchen Narrativen versucht hätten. Vgl. André (2007), L'Espace Européen de la Recherche; Guzzetti (1995), European Union Research Policy; Papon (2001), L'Europe de la Science; Papon (2012), L'Espace Européen.

politische Zuständigkeiten für sich reklamierten.³⁵⁹ Kiran Klaus Patel hat jüngst gezeigt, dass der Aufstieg der EG nicht nur durch das Spannungsverhältnis von Zusammenarbeit und Wettbewerb, sondern bisweilen auch von „Kairos" – also von sich bietenden und entsprechend genutzten günstigen Gelegenheiten – abhängig war.³⁶⁰

Nimmt man nun auf die Reaktionsdynamik der Allianz der Wissenschaftsorganisationen auf die zuvor grob skizzierten Entwicklungen in den Blick, lässt sich über lange Jahre eine skeptische Haltung zu den verschiedenartigen Bestrebungen erkennen, die auf eine Institutionalisierung der europäischen Zusammenarbeit in Wissenschaft und Forschung abzielten. Zwar beteiligten sich die Mitgliedsorganisationen in geringem Umfang an der Herausbildung wissenschaftlicher Organisationen, wie der ESF, und die einzelnen Wissenschaftsorganisationen betrieben ihrerseits seit langer Zeit internationale Kooperationen. Dies geschah allerdings vor allem im bi- oder trilateralen Rahmen.³⁶¹ Ferner gab die Allianz grundsätzlich wissenschaftsgesteuerten Initiativen, die *bottom-up* vorangetrieben wurden, den Vorrang, was sie gegenüber den politischen Akteur:innen der Bundesrepublik, so beispielsweise gegenüber Bundeskanzler Kohl, wiederholt deutlich machte.³⁶²

Insbesondere gegenüber Initiativen auf Ebene der EG beziehungsweise der Europäischen Kommission verhielt sich das kooperative Gremium äußerst zurückhaltend und riet ihren Ansprechpartnern im Bundesforschungsministerium lange vehement von einer aktiven Beteiligung ab. Schon im Vorfeld des ersten Rahmenprogramms der EG, das schließlich von 1984 bis 1987 laufen sollte, war sich die Allianz in ihrer Ablehnung einig.³⁶³ So lautete der gemeinsame Tenor, den man in der anschließenden Sitzung des Präsidentenkreises auch gegenüber Minister von Bülow kundtun wollte, dass es „am besten überhaupt kein Gemeinschaftsprogramm der Europäischen Gemeinschaft [...], was die Forschung anbelangt", geben sollte.³⁶⁴ Kritisiert wurde unter anderem die primäre Orientierung des Programms an den Interessen der Wirtschaft und die Fokussierung auf anwendungsorientierte Forschung.³⁶⁵ FhG-Präsident Heinz Keller resümierte, dass auf den Gebieten, auf die sich die Förderung konzentrieren

---

359 Vgl. Patel (2018), Projekt Europa, S. 22–64.
360 Vgl. Patel (2021), Kooperation und Konkurrenz, S. 192–198. Zitat auf S. 185.
361 Vgl. bspw. die Beratungen über die Benennung von Mitgliedern für die *European Science Assembly* in DFGA, AZ 02219-04, Bd. 10. Interner Vermerk der DFG über die Sitzung der Allianz am 13.09.1988; AdHRK, Allianz und Präsidentenkreis, Bd. 1. Interner Vermerk der HRK über die Sitzung der Allianz am 13.09.1988.
362 Vgl. DFGA, AZ 02219-04, Bd. 12. Interner Vermerk der DFG über das Treffen des Bundeskanzlers mit den Teilnehmern des Präsidentenkreises am 29.11.1989.
363 Bereits vor der Allianzsitzung hatten FhG und DFG gegenüber dem BMFT ihre Kritik am von der EG vorgelegten Vorschlag. Vgl. BArch, B 196/51377. Schreiben von E. Seibold an G. Lehr vom 07.09.1982; BArch, B 196/51377. Schreiben von H. Keller an G. Lehr vom 25.08.1982.
364 DFGA, AZ 02219-04, Bd. 6. Interner Vermerk der DFG über die Sitzung der Allianz am 08.09.1982.
365 Vgl. DFGA, AZ 02219-04, Bd. 6. Interner Vermerk der DFG über die Sitzung der Allianz am 08.09.1982; AdWR, 6.2 – Allianzsitzungen, Bd. 3. Interner Vermerk des WR über die Sitzung der Allianz am 08.09.1982.

sollte, zwischen den Mitgliedsstaaten ein „erheblicher Konkurrenzkampf" herrsche, weshalb ihm ein von der administrativen Ebene vorgeschriebenes koordiniertes und kooperatives Vorgehen unmöglich erschien.[366] DFG-Präsident Eugen Seibold warf der Europäischen Kommission in einem Schreiben an das BMFT gar vor, „ein unverständliches Papier" vorgelegt zu haben, und plädierte für eine stärkere Einbindung der ESF, deren Vizepräsident er war.[367] Einzig Reimar Lüst hegte offenbar die Hoffnung, dass man die Planungen der Kommission möglicherweise noch zum Positiven wenden könne und durchbrach damit die ablehnende Haltung der Allianzmitglieder.[368] Seine Position war allerdings insofern ebenso wenig überraschend wie Seibolds Eintreten für eine Zuständigkeit der ESF. Als Astrophysiker, der bereits in den 1960er Jahren die Vorgängerorganisation der ESA mit aufgebaut hatte, war er in einem Forschungsgebiet tätig, das bereits von europäischer Zusammenarbeit geprägt war und zu weiten Teile auf europäischer Ebene finanziert wurde.[369]

Im BMFT teilte man die grundlegenden Bedenken der Allianz bezüglich des europäischen Vorstoßes, unter anderem weil man Konkurrenz zu nationalen Zuständigkeiten und einen steuernden Eingriff der EG im Bereich der Forschung befürchtete.[370] Doch im Unterschied dazu war der Großteil der anderen Mitgliedsstaaten bereit, die entsprechenden finanziellen Mittel für die von der Europäischen Kommission gewünschte einjährige Testphase für ein Forschungsrahmenprogramm bereitzustellen.[371] Der neu gewählte Bundesforschungsminister Heinz Riesenhuber sah sich außerstande, das geplante Programm gegen diese überwältigende Mehrheit in seiner Gänze zu verhindern. Stattdessen verfolgte er die Strategie, die Experimentierphase zu verlängern und die investierte Summe etwas geringer zu halten, wovon er seine Kolleg:innen auf der Sitzung des europäischen Forschungsministerrats im November 1982 schließlich überzeugen konnte.[372]

---

366 BArch, B 196/51377. Schreiben von H. Keller an G. Lehr vom 25.08.1982.
367 BArch, B 196/51377. Schreiben von E. Seibold an G. Lehr vom 07.09.1982.
368 Vgl. DFGA, AZ 02219-04, Bd. 6. Interner Vermerk der DFG über die Sitzung der Allianz am 08.09.1982.
369 Vgl. Reinke (2004), Geschichte der deutschen Raumfahrtpolitik; Krige/Russo/Sebesta (2000), History of the European Space Agency; Trischler (2002), Triple Helix; Nolte (2008), Wissenschaftsmacher.
370 Vgl. BArch, B 196/51377. Interner Vermerk des BMFT zur Vorbereitung von TOP 5 für die Sitzung des Präsidentenkreises am 09.09.1982; BArch, B 196/51377. Schreiben von G. Lehr an R. Lüst vom 19.08.1982.
371 Lediglich Deutschland und Frankreich hatten in den Verhandlungen über den EG-Haushalt für das Jahr 1983 gegen diese Initiative gestimmt. Vgl. BArch, B 196/51377. Interner Vermerk des BMFT zur Vorbereitung von TOP 5 für die Sitzung des Präsidentenkreises am 09.09.1982.
372 Vgl. BArch, B 196/51378. Interner Vermerk des BMFT zur Vorbereitung von TOP 1 für die Sitzung des Präsidentenkreises am 16.11.1982.

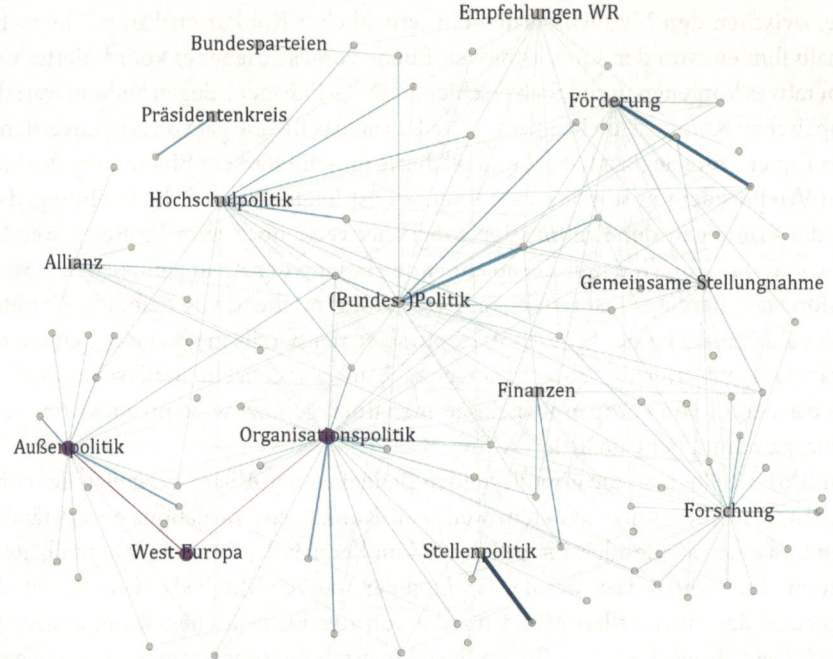

Abb. 23: Europa als Thema in der Allianz (1969–1989).[373]

Europa blieb auch in den folgenden Jahren ein eher ungeliebtes Thema in den Beratungen der Allianz, das meist nur im Vorfeld der Treffen mit dem Ministerium – und damit gewissermaßen auf externen Druck hin – auf die Tagesordnung genommen wurde. Auch die Verabschiedung des ersten Rahmenprogramms änderte wenig an der ablehnenden Einstellung des Gremiums zu den verschiedenen europäischen Initiativen. Der Nachdruck, mit dem in Brüssel nun eine gemeinsame Forschungspolitik vorangetrieben wurde, erschien den Allianzmitgliedern weniger als Chance, sondern vielmehr als Bedrohung für die Forschungsförderung auf nationaler Ebene und damit für ihre Finanzierung.

---

[373] Übersicht über die Tagesordnungspunkte der Allianzsitzungen zwischen 1969 und 1989 mit Sichtbarkeit der Schlagwörter erster Ebene und ihrer Verbindung zu den (vereinzelt sichtbaren) Schlagwörtern zweiter Ebene. Farblich hervorgehoben ist hierbei das Schlagwort zweiter Ordnung West-Europa. Je dicker die Verbindung zwischen den Knoten ist, desto häufiger lässt sich der TOP in den Protokollen finden. Eigene Visualisierung auf Basis einer systematischen Auswertung aller Tagesordnungspunkte aus den Vermerken zu den einzelnen Sitzungen der Allianz in AMPG, II. Abt., Rep. 57, DFGA, AZ 02219–04, DFGA, AZ 0224, AdHRK, Allianz und Präsidentenkreis und AdWR, 6.2 – Allianz-Sitzungen.

Vor allem das europäische Weltraumprogramm, an dem sich die Bundesrepublik beteiligte, galt in der Allianz (und darüber hinaus) in finanzieller Hinsicht als Schreckgespenst.[374] Die versammelten Wissenschaftsorganisationen teilten allesamt die Sorge, dass ihnen ein „zusätzlicher Mittelverlust durch den Einstieg der Bundesregierung in das Projekt Weltraumplattform drohe und daß dadurch die Mittel [...] in den übrigen Bereichen über Gebühr verkürzt würden".[375] Entsprechend wollte die Allianz Änderungen an dem bewährten, für seine Mitglieder durchaus günstigen Finanzierungsmodus verhindern. Sie folgte dabei einmal mehr altbekannten Mustern, befürchtete sie doch, dass die sich wandelnden Strukturen in der europäischen Forschungsförderung zu einer sich verschärfenden, weil nun international ausgerichteten Konkurrenz führen könnten. In dieser müssten sich die Allianzmitglieder dann gegenüber Wettbewerbern aus anderen nationalen Systemen behaupten.[376] Umso mehr bemühte sich Forschungsminister Riesenhuber die mit Nachdruck vorgetragenen Bedenken der Präsidenten zu zerstreuen, indem er betonte, dass die geplanten Weltraumprojekte „nur mit zusätzlichem BMFT-Geld zu realisieren" wären.[377]

Ähnlich skeptisch, wenn nicht sogar abwehrend, blieb die Haltung der Allianz zu den Forschungsrahmenprogrammen der EG, die 1987 in eine zweite Runde gehen sollten und deren Mittelaufwendungen sich – deutlich zum Missfallen der deutschen Wissenschaftsorganisationen – zu verdreifachen drohten. Sowohl in den internen Gesprächen als auch in den Beratungen mit dem Ministerium setzten die Allianzmitglieder wiederholt zu einer grundsätzlichen Kritik an den europäischen Programmen an und monierten die „kostenaufwendigen Pläne [...] der Brüsseler Kommission".[378]

---

374 Vgl. die Diskussionen in der Allianz, bspw. in DFGA, AZ 02219–04, Bd. 7. Interner Vermerk der DFG über die Sitzung der Allianz am 28.11.1984; DFGA, AZ 02219–04, Bd. 8. Interner Vermerk der DFG über die Sitzung des Präsidentenkreises am 05.12.1984; AdHRK, Allianz und Präsidentenkreis, Bd. 2. Interner Vermerk der HRK über die Sitzung der Allianz am 04.11.1987. Für die von außerhalb der Allianz kommende Kritik am Weltraumprogramm siehe bspw. Seh (1987), Fehlentscheidung.
375 AdHRK, Allianz und Präsidentenkreis, Bd. 1. Interner Vermerk der HRK über die Sitzung der Allianz am 28.11.1984. Ähnlich liest sich die Darstellung der DFG, vgl. DFGA, AZ 02219–04, Bd. 7. Interner Vermerk der DFG über die Sitzung der Allianz am 28.11.1984. Siehe außerdem die Einschätzung des Ministeriums zur Einstellung der Allianz, in dem „emotionale wie materielle Konkurrenzsituationen" diagnostiziert werden, BArch, B 196/103436. Interner Vermerk des BMFT zur Vorbereitung von TOP 1 (hier Weltraumforschung) für die Sitzung des Präsidentenkreises am 13.10.1986.
376 Vgl. Mayer (2019), Universitäten im Wettbewerb, S. 280–283.
377 BArch, B 196/103435. Interner Vermerk des BMFT über die Sitzung des Präsidentenkreises am 23.06.1986.
378 BArch, B 196/103435. Interner Vermerk über die Sitzung des Präsidentenkreises am 23.06.1986. Vgl. zu den internen Beratungen der Allianz bspw. DFGA, AZ 02219–04, Bd. 9. Interner Vermerk der DFG über die Sitzung der Allianz am 13.10.1986.

Zugleich bestanden sie vehement auf die Einhaltung des Subsidiaritätsprinzips und präferierten die Umsetzung nationaler Strategien der Forschungsförderung.[379] Da der bundesdeutsche Forschungsminister mit seiner Zurückhaltung bei der Planung der Rahmenprogramme bei seinen europäischen Kolleg:innen auf wenig Verständnis stieß, erwogen die Wissenschaftsorganisationen, direkt auf die deutschen Vertreter in der EG-Kommission einzuwirken und ihre eigenen Kontakte nach Brüssel zu verstärken.[380]

Mit Beginn der 1990er Jahre intensivierte sich die Debatte um die Rolle der EG in der Forschungspolitik. Der im Februar 1992 in Maastricht vom Europäischen Rat unterzeichnete Vertrag vergrößerte den Handlungsspielraum der EG im Bereich der Forschungs- und insbesondere der Technologiepolitik maßgeblich.[381] Die Allianz war zu diesem Zeitpunkt ungebrochen skeptisch, doch stand sie nun gewissermaßen unter Zugzwang, sollte doch der drohenden „Desintegration [...] der deutschen Forschungslandschaft durch Europa" aktiv entgegengewirkt werden, wie es MPG-Präsident Zacher auf einer Sitzung des Wissenschaftlichen Rats seiner Gesellschaft formulierte.[382] Aus diesem Grund rückte der Themenkomplex der Forschungsförderung auf europäischer Ebene ab 1992 verstärkt in den Fokus der Allianz.

In ihrer grundsätzlichen Schlagrichtung waren sich die Mitglieder einig: Sie wollten „eine Machtübernahme der Administration"[383] unter allen Umständen verhindern und „die Autonomie in der Forschung und Forschungsförderung" verteidigen,[384] zumal sie befürchteten, die Kommission würde ihre „Regierungs-Forschungspolitik" auch auf den Bereich der Grundlagenforschung ausdehnen, was einer „Schwächung" ihrer Position gleichkäme.[385]

---

379 Vgl. bspw. BArch, B 196/103436. Interner Vermerk des BMFT über die Sitzung des Präsidentenkreises am 13.10.1986; DFGA, AZ 02219–04, Bd. 11. Interner Vermerk der DFG über die Sitzung der Allianz am 07.11.1989.
380 Vgl. den entsprechenden Hinweis in DFGA, AZ 02219–04, Bd. 9. Interner Vermerk der DFG über die Sitzung der Allianz am 13.10.1986.
381 Vgl. z. B. Jasper (1998), Technologische Innovationen in Europa, S. 47–74.
382 AMPG, II. Abt., Rep. 62, Nr. 1980. Niederschrift über die Sitzung des Wissenschaftlichen Rats der MPG am 06.02.1992.
383 AdHRK, Allianz und Präsidentenkreis, Bd. 4. Interner Vermerk der HRK über die Sitzung der Allianz am 22.06.1992.
384 DFGA, AZ 02219–04, Bd. 14. Interner Vermerk der DFG über die Sitzung der Allianz am 22.06.1992.
385 AMPG, II. Abt., Rep. 60, Nr. 129.SP. Niederschrift über die 129. Sitzung des Senats der MPG am 22.11.1991.

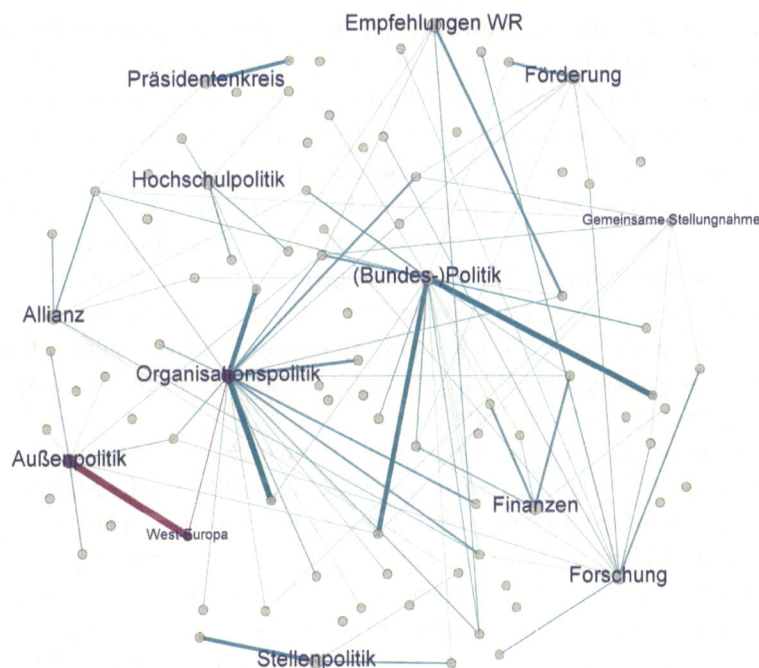

Abb. 24: Europa als Thema in der Allianz (1990–2000).[386]

Inzwischen hatten sich jedoch die forschungspolitischen Vorzeichen gewandelt. Anders als noch in den 1980er Jahren unterstützte das BMFT die rigorose Ablehnungshaltung der Allianz nicht mehr vollumfänglich.[387] So hob Riesenhuber im Dialog mit den Präsidenten hervor, dass er sich eine stärkere Beteiligung an der Gestaltung einer europäischen Forschungslandschaft wünschte.[388] Im Verhältnis zwischen dem BMFT

---

[386] Übersicht über die Tagesordnungspunkte der Allianzsitzungen zwischen 1990 und 2000 mit Sichtbarkeit der Schlagwörter erster Ebene und ihrer Verbindung zu den (vereinzelt sichtbaren) Schlagwörtern zweiter Ebene. Farblich hervorgehoben ist hierbei das Schlagwort zweiter Ordnung West-Europa. Je dicker die Verbindung zwischen den Knoten ist, desto häufiger lässt sich der TOP in den Protokollen finden. Eigene Visualisierung auf Basis einer systematischen Auswertung aller Tagesordnungspunkte aus den Vermerken zu den einzelnen Sitzungen der Allianz in AMPG, II. Abt., Rep. 57, DFGA, AZ 02219–04, DFGA, AZ 0224, AdHRK, Allianz und Präsidentenkreis und AdWR, 6.2 – Allianz-Sitzungen.
[387] Vgl. bspw. die Positionierung der SPD-Bundestagsabgeordneten und späteren Forschungsministerin Edelgard Bulmahn Ende der 1990er Jahre zur Rolle der EU: Bulmahn (1997), Die Rolle der Europäischen Union.
[388] Vgl. zur Einstellung des Ministeriums bspw. AMPG, II. Abt., Rep. 57, Nr. 611, Bd. 1. Kurzniederschrift des BMFT über die Sitzung des Präsidentenkreises am 20.01.1992; siehe AMPG, II. Abt., Rep. 60, Nr. 129. SP. Niederschrift über die 129. Sitzung des Senats der MPG am 22.11.1991; BArch, B 196/150853. Interner Vermerk des BMFT zum Brief der Allianz vom 19.05.1993 (hier Repräsentation der Wissenschaftsorganisationen auf EG-Ebene). Auch in den Allianzsitzungen wurden die zu erwartenden Äußerungen des Ministeriums thematisiert, vgl. bspw. DFGA, AZ 02219–04, Bd. 13. Interner Vermerk der DFG über die Sitzung

und den Wissenschaftsorganisationen bedeuteten die unterschiedlichen Positionen in gewissem Umfang einen „Konfliktstoff",[389] da die beiden Verhandlungsparteien inzwischen offensichtlich nicht mehr dasselbe Ziel teilten. Ferner bat das Ministerium die Allianz zwar wiederholt um Stellungnahmen zu den von der EG erarbeiteten Rahmenprogrammen oder um die Erarbeitung von Konzepten, beispielsweise für den Umbau der ESF, doch wurden die mühevoll erarbeiteten Vorschläge des Gremiums anschließend häufig nicht im gewünschten Umfang umgesetzt.[390] Besonders enttäuscht zeigten sich die Wissenschaftsorganisationen, als sie von Staatssekretär Gebhard Ziller bei einem gemeinsamen Treffen, das dem Austausch „über ein deutsches Positionspapier zum Vierten Rahmenprogramm" dienen sollte, erfuhren, dass die Bundesregierung ohne Rücksprache mit der Allianz bereits den Eckpunkten dieses Programms zugestimmt hatte.[391]

Darüber hinaus kam es in den 1990er Jahren nach einer mehr als zehnjährigen Phase personeller Konstanz zu mehreren Wechseln an der Spitze des Ministeriums, was sich auf die Beziehung zwischen Allianz und BMFT auswirken sollte. Im Zuge der Regierungsumbildung im Januar 1993 hatte Kanzler Kohl beschlossen, Heinz Riesenhuber abzulösen, der zuvor als verlässlicher Ansprechpartner der Allianz fungiert hatte.[392] Stattdessen ernannte er – für viele überraschend – den wirtschaftspolitischen Sprecher der CDU/CSU-Bundestagsfraktion Matthias Wissmann zu dessen Nachfolger. Allerdings blieb dieser nur wenige Monate im Amt, bevor er im Zuge einer weiteren Kabinettsumbildung an die Spitze des Verkehrsministeriums wechselte.[393] Ihm folgte für knapp eineinhalb Jahre der Politikneuling Paul Krüger, in dessen Amtszeit es vereinzelt zu Differenzen zwischen dem Ministerium und den Wissenschaftsorganisationen kam.[394]

Aufgrund dieser für sie mitunter frustrierenden Erfahrungen begab sich die Allianz auf die Suche nach neuen Kooperationspartnern, um ihre Anliegen – eine an wissenschaftlichen Kriterien ausgerichtete europäische Förderpolitik und eine Stärkung des

---

der Allianz am 20.01.1992; AdHRK, Allianz und Präsidentenkreis, Bd. 4. Interner Vermerk der HRK über die Sitzung der Allianz am 22.06.1992.
389 DFGA, AZ 02219–04, Bd. 14. Interner Vermerk der DFG über die Sitzung der Allianz am 22.06.1992.
390 Vgl. zum Wunsch nach Äußerungen von Seiten der Präsidenten bspw. DA GMPG, Barcode 108240. Kurzniederschrift des BMFT über die Sitzung des Präsidentenkreises am 22.06.1992; AMPG, II. Abt., Rep. 57, Nr. 1398. Kurzniederschrift des BMFT über die Sitzung des Präsidentenkreises am 11.01.1993. Für entsprechende Stellungnahmen siehe AMPG, II. Abt., Rep. 57, Nr. 1398. Schreiben von W. Frühwald an M. Wissmann vom 23.02.1993; BArch, B 196/150853. Schreiben der Allianz an P. Krüger vom 19.05.1993.
391 AMPG, II. Abt., Rep. 57, Nr. 616. Interner Vermerk der MPG zur Vorbereitung von TOP 8 für die Sitzung der Allianz am 02.03.1994.
392 Vgl. Metzler (2001), Riesenhuber.
393 Vgl. Kempf (2001), Wissmann.
394 Zwischen BMFT und HRK gab es bspw. eine Kontroverse über die Zuständigkeit für die Tage der Forschung. Vgl. AMPG, II. Abt., Rep. 57 Nr. 617. Interner Vermerk der MPG über die Sitzung der Allianz am 01.06.1994. Auch in der Allianz wuchs die Unzufriedenheit mit der Politik des Ministeriums, insbesondere wegen zunehmender Eingriffe in die Belange der Wissenschaften. Vgl. AMPG, II. Abt., Rep. 57, Nr. 618. Interner Vermerk der MPG über die Sitzung der Allianz am 13.07.1994.

Subsidiaritätsprinzips – erfolgreich voranzubringen.[395] Sie richteten ihren Blick nun auf die anderen europäischen Wissenschaftsorganisationen, um eine „[k]onzertierte Aktion" zur Sicherung der Autonomie der Wissenschaft zu starten.[396] Das Kernanliegen der Allianz blieb es, einen Zugriff der „EG-Bürokratie" auf die Grundlagenforschung durch europäische Fördermaßnahmen zu verhindern.[397] Dabei kristallisierten sich in der Diskussion über die mögliche Ausgestaltung der europäischen Förderstrukturen und darüber, wie die Belange der Wissenschaft am besten vertreten werden könnten, im Januar 1993 erstmals leichte Differenzen innerhalb der Allianz heraus: Während die MPG einen eher pragmatischen Ansatz vertrat und sich für eine stärkere Repräsentanz der europäischen Wissenschaftsorganisationen in der ESF beziehungsweise eine neu zu schaffende Einrichtung aussprach, wollten die anderen Allianzmitglieder – in unterschiedlicher Intensität – durch die ESF konkrete Förderaufgaben wahrgenommen sehen.[398] Um gegenüber den Kolleg:innen auf europäischer Ebene ebenso wie gegenüber den Vertreter:innen der Politik die Interessen der deutschen Wissenschaft erfolgreich repräsentieren zu können, war eine gemeinsame Argumentationslinie dringend von Nöten. Daher traf sich das Gremium im März zu einer Sondersitzung, bei der die Teilnehmenden nach einer intensiven Diskussion und dem Abwägen der verschiedenen Argumente schließlich zu einem gemeinsamen Forderungskatalog fanden.[399]

Im Austausch mit den europäischen Partnern jedoch sollten sich diese in der Allianz über lange Jahre erprobten und wirksamen Mechanismen der diskursiven Harmonisierung divergierender Interessen als nicht praktikabel erweisen. Nachdem sich die Allianz im März also auf eine gemeinsame Stoßrichtung geeinigt hatte, verfolgte das Gremium eine auf zwei internationale Akteure ausgerichtete Strategie: Zum einen wollten die deutschen Wissenschaftsorganisationen ihre Bindung an die ESF stärken, deren Ausbau zu einer europäischen Förderorganisation und ernstzunehmenden Gesprächspartnerin der EG sie befürworteten. Nachdem bereits in der Vergangenheit durch die Wechsel ehemaliger Allianzmitglieder in die europäische Stiftung enge personelle Ban-

---

395 Vgl. dazu bspw. AdHRK, Allianz und Präsidentenkreis, Bd. 4. Interner Vermerk der HRK über die Sitzung der Allianz am 20.01.1992; DFGA, AZ 02219–04, Bd. 14. Interner Vermerk der DFG über die Sitzung der Allianz am 22.06.1992.
396 AdHRK, Allianz und Präsidentenkreis, Bd. 4. Interner Vermerk der HRK über die Sitzung der Allianz am 20.01.1992.
397 DFGA, AZ 02219–04, Bd. 13. Interner Vermerk der DFG über die Sitzung der Allianz am 20.01.1992. Vgl. die entsprechenden Überlegungen der Allianz auch DFGA, AZ 02219–04, Bd. 14. Interner Vermerk der DFG über die Sitzung der Allianz am 22.06.1992.
398 Vgl. AMPG, II. Abt., Rep. 57, Nr. 613, Bd. 1. Interner Vermerk der MPG über die Sitzung der Allianz am 11.01.1993; DFGA, AZ 02219–04, Bd. 15. Interner Vermerk der DFG über die Sitzung der Allianz am 11.01.1993; AdWR, 6.2 – Allianz-Sitzungen, Bd. 13. Interner Vermerk des WR über die Sitzung der Allianz am 11.01.1993; AdHRK, Allianz und Präsidentenkreis, Bd. 6. Interner Vermerk der HRK über die Sitzung der Allianz am 11.01.1993.
399 Vgl. dazu bspw. AMPG, II. Abt., Rep. 57, Nr. 613, Bd. 1. Interner Vermerk der MPG über die Sitzung der Allianz am 03.03.1993.

de bestanden hatten, war nun mit Walter Kröll erneut ein ihnen bestens bekannter Wissenschaftsmanager zum Vizepräsidenten der ESF gewählt worden. Daher wurde beabsichtigt, diesen zukünftig „in gewissen Abständen zu den Allianz-Sitzungen bei einem entsprechenden Tagesordnungspunkt" einzuladen.[400] Zum anderen wollte die Allianz sich verstärkt in die Verhandlungen der *European Heads of Research Councils* (EUROHORCS) einbringen und eine Formalisierung dieses eher informellen Gremiums vorantreiben. Der Zusammenschluss der Vorsitzenden der europäischen Wissenschaftsorganisationen sollte die politischen Entwicklungen in Europa prägen und als gewichtige „Stimme der Wissenschaft in der Europäischen Union" wirken.[401] Doch dieser Plan war, wie sich bereits bei einem Treffen der EUROHORCS im November 1994 deutlich zeigte, aufgrund konkurrierender nationaler Einzelinteressen und einer grundsätzlich unterschiedlichen Beurteilung der Gesamtsituation nicht realisierbar. Insbesondere die Teilnehmenden aus dem Vereinigten Königreich, Frankreich und Italien waren nicht bereit, sich gegen die von Seiten der Politik formulierten Leitlinien zu stellen.[402]

Durch diesen konkreten Misserfolg und die mangelnde Unterstützung der anderen europäischen Wissenschaftsorganisationen desillusioniert, fuhr die Allianz ihre Bemühungen um eine aktive Gestaltung der europäischen Forschungslandschaft Mitte des Jahrzehnts deutlich zurück. Die Erarbeitung neuer Konzepte für eine europäische Förderungsstruktur rückte in den gemeinsamen Gesprächen schlagartig in den Hintergrund und auch zur künftigen Entwicklung existierender internationaler Gremien wie ESF und EUROHORCS nahm die Allianz von sich aus nicht länger Stellung. Stattdessen hatte man, wie es scheint, resigniert und beratschlagte sich nur noch auf Anregung des BMFT zum Vorschlag für das von der EG aufgestellte fünfte Rahmenprogramm.[403]

In etwa zeitgleich zum Versuch der Allianz, gestalterisch auf europäischer Ebene tätig zu werden, begann sich die Positionierung der einzelnen Wissenschaftsorganisationen sichtbar zu ändern. Die wechselseitig verstärkende Wirkung der rasant wachsenden Rahmenprogramme Forschung und der bilateralen Wissenschaftskooperationen auf der Ebene einzelner Institute und Forschungsgruppen weckte eine Begeisterung für Europa.[404] Es dauerte allerdings bis zur Jahrtausendwende, bis sich diese Aufbruchstimmung auch in den Beratungen der strukturkonservativen Allianz niederschlug,

---

400 DFGA, AZ 02219–04, Bd. 17. Interner Vermerk der DFG über die Sitzung der Allianz am 13.12.1993.
401 AMPG, II. Abt., Rep. 57, Nr. 619. Interne Vorbereitung der MPG zu TOP 7 für die Sitzung der Allianz am 09.01.1995. Hier Auszug aus der Niederschrift über die 157. Sitzung des Senats der DFG am 20.10.1994.
402 Vgl. AMPG, II. Abt., Rep. 57, Nr. 619. Tagesordnung, Teilnehmerliste, Protokoll und Abschluss-Statement des IV. EUROHORCS Plenary Meeting am 14./15.11.1994; AMPG, II. Abt., Rep. 57, Nr. 619. Vermerk der KOWI (Koordinierungsstelle EG der Wissenschaftsorganisationen) über das 4. Treffen der EUROHORCS am 14./15.11.1994.
403 Vgl. bspw. AMPG, II. Abt., Rep. 57, Nr. 1407. Interner Vermerk der MPG über die Sitzung der Allianz am 07.06.1995; DFGA, AZ 02219–04, Bd. 19. Interner Vermerk der DFG über die Sitzung der Allianz am 30.08.1995.
404 AMPG, II. Abt., Rep. 57, Nr. 637, Bd. 1. Positionspapier der MPG zur Europäischen Forschungsförderung vom 16.06.1999.

denn hierfür mussten alle Mitglieder dieses schweren Tankers dieser Kursänderung zustimmen. In den Diskussionen über das sechste Rahmenprogramm und die Gründung eines European Research Councils (ERC) deutete sich zaghaft ein solcher Kurswechsel an, der 2002 schließlich in aller Deutlichkeit formuliert werden sollte. Denn inzwischen befürworteten alle Allianzmitglieder die Gründung des ERC und wollten diese sogar aktiv vorantreiben. Die MPG plädierte gar offen dafür, zumal dieser „vor allem europäische Grundlagenforschung fördern" würde; im nächsten Rahmenprogramm sollte zudem eine deutliche „Stärkung der Grundlagenforschung" durchgesetzt werden.[405]

4.3.4 Erste Schritte in das Licht der Öffentlichkeit

In ihrer inhaltlichen Positionierung durchlief die vergleichsweise konservative Allianz der Wissenschaftsorganisationen allmählich einen Wandel, wie sich an der Untersuchung ihrer Haltung zu Europa und der europäischen Forschungsförderung gezeigt hat. Ebenso nachhaltig veränderten sich die Modi ihrer Zusammenarbeit – damit in gewissem Umfang auch ihr Binnenverhältnis – und ihre Positionierung in der Öffentlichkeit. Letztere lässt sich in den gemeinsamen Debatten über die Themen Tierschutz und Tierversuche nachvollziehen. Im Unterschied zu vielen anderen forschungs- und wissenschaftspolitischen Diskussionen war die Frage nach der Durchführung und der Notwendigkeit von Tierversuchen emotional aufgeladen und erregte mitunter aufgrund des Engagements von Tierschützer:innen eine breitere Aufmerksamkeit.

Schon im 19. Jahrhundert hatten sich in Deutschland erste Tierschutzvereine gegründet, denen es gelungen war, die Debatten um die Vivisektion in eine breitere Öffentlichkeit bringen, jedoch hatte dies – anders als in England – keine umfassende reichseinheitliche Tierschutzgesetzgebung zur Folge gehabt. Dies änderte sich erst im November 1933, als die Nationalsozialisten das Reichstierschutzgesetz verkündeten, durch das eine „grundsätzlich neue Qualität des Tierschutzes"[406] entstand, wenngleich es nicht vollumfänglich umgesetzt wurde.[407] Darin wurde erstmals festgelegt, dass Versuche primär an niederen Versuchstieren und im Normalfall unter Betäubung zu erfolgen hatten. Ferner mussten Tierversuche behördlich genehmigt werden und die wiederholte Durchführung von schmerzhaften Versuchen am selben Tier wurde untersagt.[408] Nach Ende des Zweiten Weltkriegs blieb das Reichstierschutzgesetz zu-

---

405 AdHRK, Allianz und Präsidentenkreis, Bd. 17. Interner Vermerk der HRK über die Sitzung der Allianz am 18.11.2002.
406 Klueting (2003), Regelungen, S. 83.
407 Vgl. Roscher (2012), Westfälischer Tierschutz.
408 Vgl. Klueting (2003), Regelungen, S. 85–87; Laufs (1986), Rechtshistorische Analekten; siehe auch den umfassenden Überblick zur Tierschutzgesetzgebung in Deutschland bei Eberstein (1999), Das Tierschutzrecht in Deutschland bis zum Erlaß des Reichs-Tierschutzgesetzes vom 24. November 1933, S. 77–370; Focke (2007), Tierschutz in Deutschland – Etikettenschwindel?!, S. 19–20.

nächst weiter in Kraft, bis 1972 in der Bundesrepublik schließlich ein neues Tierschutzgesetz verabschiedet wurde, das in vielen Punkten an die seit 1933 geltenden Regelungen anknüpfte.

Für die in der Allianz versammelten Wissenschaftsorganisationen spielte die Verabschiedung des Tierschutzgesetzes im Jahr 1972 offenbar keine zentrale Rolle, denn dieses Thema wurde weder in den Tagesordnungen der entsprechenden Sitzungen noch in den Ergebnisvermerken aus den späten 1960er und frühen 1970er Jahren aufgeführt. In den spärlichen Notizen zu den noch hochgradig informellen Treffen mit dem Ministerium finden sich für diesen Zeitraum ebenfalls keinerlei Hinweise auf Diskussionen über die Tierschutzgesetzgebung. Der Grund für das geringe Interesse der Wissenschaftsorganisationen am Entstehungsprozess dieses Gesetzes mag darin liegen, dass durch die geplante Regelung Tierversuche für die Forschung nicht verboten, sondern lediglich die Rahmenbedingungen für die Durchführung von Experimenten an lebenden Tieren etwas verengt wurden.[409] So mussten Tierversuche fortan der genehmigenden Behörde angezeigt werden. Sie sollten auf das notwendige Maß beschränkt und die zu erwartenden Ergebnisse nachweislich nicht durch den Rückgriff auf Alternativmethoden gewonnen werden können.[410] Letzteres wurde allerdings durch den Gesetzgeber vergleichsweise großzügig ausgelegt, weshalb die Forschenden die Beweislast hinsichtlich der Nützlichkeit ihrer Arbeit aufgrund des in Artikel 5 des Grundgesetzes festgehaltenen Grundrechts der Freiheit für Wissenschaft und Forschung in der Regel nur auf spezifische Nachfragen erbringen mussten.[411] Somit bedeutete das Gesetz keine gravierenden Nachteile oder Einschränkungen für die wissenschaftliche Forschung. Dieser Umstand erklärt, warum die Allianz keinen Anlass für ein abgestimmtes Handeln oder eine gemeinschaftliche Initiative sah.

Dies sollte sich allerdings in den 1980er Jahren grundlegend ändern, als die Debatte um die Notwendigkeit und die rechtlichen Rahmenbedingungen von Tierversuchen eine breitere Öffentlichkeit erreichte. Der Journalist Horst Stern hatte 1978 bei den Fernsehzuschauer:innen für Diskussionsstoff gesorgt, als er in drei Folgen seiner in der ARD ausgestrahlten Sendung *Sterns Stunde* Filmaufnahmen aus einem Schweizer Laboratorium zeigte und ausführlich über Experimente an Tieren berichtete.[412] Gleichzeitig begann sich in der Bundesrepublik eine bundesweit agierende Tierrechtsbewegung zu formieren, die sich – inspiriert von den Entwicklungen in Großbritannien – für die konsequente Abschaffung von Tierversuchen aussprach und vereinzelt radikale Protestaktionen initiierte.[413] In den folgenden Jahren wurde der Themenkomplex von

---

[409] Vgl. die Einschätzung zur Rechtslage von Doehring (1986), Forschungsfreiheit und Tierversuche.
[410] Vgl. Nüssel (1984), Problematik von Tierversuchen, S. 5–6.
[411] Vgl. dazu Doehring (1986), Forschungsfreiheit und Tierversuche, S. 141–148; Metzger (2008), Tierschutzgesetz – Kommentar, S. 182–183.
[412] Vgl. dazu auch Stern (1981), Tierversuche.
[413] Vgl. zu den Entwicklungen in Großbritannien und zur Radikalisierung dort insbesondere Roscher (2011), Ein Königreich für Tiere; Roscher (2012), „Animal Liberation ... or else!"; Eberstein (1999), Das

den Medien, beispielsweise durch Berichte in der Sendung *Panorama* und auch in der *Tagesschau*, immer stärker ins Visier genommen und blieb auf diese Weise im öffentlichen Diskurs präsent.[414] Im Zuge der nun einsetzenden, eingehenden Beschäftigung mit dem Tierschutzgedanken schien mit einem Mal auch die Politik gewillt, „den Erwartungen der Öffentlichkeit in dieser Frage Rechnung zu tragen".[415] So hatte zunächst der Freistaat Bayern im Bundesrat einen Entwurf für eine entsprechende Änderung des Tierschutzgesetzes eingebracht, dem weitere Initiativen anderer Politiker:innen folgten. Nun stand eine grundlegende Novellierung des bestehenden Gesetzes im Raum. Den Vorschlägen gemein war die Forderung nach einer Verschärfung der Nachweispflicht ebenso wie nach Einschränkungen im Umgang mit bestimmten Tierarten.[416]

Das rief die Wissenschaftsorganisationen auf den Plan, die zunächst je separat in ihren internen Gremien über die aktuellen Entwicklungen und das weitere Vorgehen beratschlagten. In der von diesen Debatten besonders betroffenen MPG wurden bereits 1980 Überlegungen angestellt, wie es gelingen könnte, mehr Verständnis und Aufmerksamkeit für die Interessen ihrer Wissenschaftler:innen zu generieren.[417] Aus diesem Grund veranstaltete der Wissenschaftliche Rat anlässlich der im darauffolgenden Jahr stattfindenden Hauptversammlung eine öffentliche Diskussionsrunde.[418] Dessen Bemühungen zielten insbesondere auf eine „Versachlichung" des Diskurses ab,[419] denn in einer von Emotionen geprägten Auseinandersetzung schienen die Argumente der Wissenschaftler:innen als Befürworter:innen für Tierversuche bei vielen politischen Akteur:innen auf taube Ohren zu stoßen.[420] Doch trotz der individuell durchgeführten Initiativen wurden die Pläne zur Novellierung des Tierschutzgesetzes unter Federführung des Bundesministeriums für Ernährung, Landwirtschaft und Forsten (BML) 1983 schließlich immer konkreter, weshalb die Wissenschaftsorganisationen beschlossen, ihre Kräfte zu bündeln. Zudem suchten sie den Schulterschluss mit dem BMFT, das für die Allianz einmal mehr als zentraler Ansprechpartner auf Bundesebene fungierte.[421] In

---

Tierschutzrecht in Deutschland bis zum Erlaß des Reichs-Tierschutzgesetzes vom 24. November 1933, S. 23–62. Zur Tierrechtsbewegung in Deutschland siehe Martin (1989), Die Entwicklung des Tierschutzes und seiner Organisationen in der Bundesrepublik Deutschland, der Deutschen Demokratischen Republik und dem deutschsprachigen Ausland; Roscher (2012), Tierschutz- und Tierrechtsbewegung; Sauer (1983), Geschichte der Mensch-Tier-Beziehungen, S. 38–53.
414 Vgl. Teutsch (1983), Tierversuche und Tierschutz, S. 7–9.
415 AMPG, II. Abt., Rep. 60, Nr. 100.SP. Niederschrift über die 100. Sitzung des Senats der MPG am 20.11.1981.
416 Vgl. ebd.
417 Vgl. AMPG, II. Abt., Rep. 60, Nr. 97.SP. Niederschrift über die 97. Sitzung des Senats der MPG am 21.11.1980.
418 Vgl. Max-Planck-Gesellschaft zur Förderung der Wissenschaften (1981), Tierversuche in der Forschung und ihre Bedeutung für die Gesundheit des Menschen.
419 AMPG, II. Abt., Rep. 60, Nr. 100.SP. Niederschrift über die 100. Sitzung des Senats der MPG am 20.11.1981.
420 Vgl. zur Rolle der öffentlichen Meinung im Diskurs um die Tierschutzgesetzgebung am Beispiel der europäischen Politik McIvor (2019), Political Campaigning. Siehe die Wahrnehmung innerhalb der MPG in AMPG, II. Abt., Rep. 60, Nr. 106.SP. Niederschrift über die 106. Sitzung des Senats der MPG am 18.11.1983.
421 Vgl. AMPG, II. Abt., Rep. 57, Nr. 641. Interner Vermerk der MPG zur Vorbereitung des Präsidentenkreises am 29.11.1983; BArch, B 196/513380. Interner Vermerk des BMFT zur Vorbereitung des TOP Tier-

den Konsultationen des Präsidentenkreises forderte Forschungsminister Riesenhuber die Wissenschaftsorganisationen dazu auf, sich stärker in die (politische) Diskussion einzuschalten und seine Bemühungen flankierend zu unterstützen.[422] Damit folgten das BMFT und die Allianz in ihrer Zusammenarbeit einem lange etablierten Muster, denn diese Form des kooperativen Vorgehens hatte sich für beide Kooperationspartner schon auf anderen Gebieten, beispielsweise in Fragen der Forschungsfinanzierung, bewährt.[423] Die jeweils separaten aber untereinander abgesprochenen Aktionen des Ministeriums und der Wissenschaftsorganisationen, die sich gleichermaßen an die Mitglieder der Bundesregierung und die Ministerpräsidenten der Länder richteten, sollten dem gemeinsamen Anliegen Nachdruck verleihen und so schließlich die Chance auf den Erhalt der Prämie – in diesem Fall die Möglichkeit zur Beeinflussung des Gesetzestextes – erhöhen. Im Mai 1984 wandten sich die Präsidenten und Vorsitzenden der Allianzmitglieder in einem gemeinsamen Brief an Bundeskanzler Kohl und im November desselben Jahres an die Ministerpräsidenten der Länder.[424]

Aufgrund des hohen öffentlichen Interesses, das an die künftige Regelung zur Durchführung von Tierversuchen geknüpft war, begannen die Allianzmitglieder jedoch an der Effektivität ihrer etablierten Mechanismen der korporatistischen Einflussnahme zu zweifeln. Zwar hatte Kanzler Kohl ein vermittelndes Gespräch mit dem federführenden Landwirtschaftsminister Ignaz Kiechle in Aussicht gestellt; davon erhofften sich die Präsidenten und Vorsitzenden allerdings keine großen Sprünge.[425] Am mangelnden Verständnis des BML für die Anliegen der Forschung und für die Auswirkungen der geplanten Gesetzesnovelle würde auch ein einmaliger Austausch wenig ändern können.[426] Immerhin konnte die Allianz durch ihre forcierte Kontaktaufnahme mit den verschiedenen beteiligten Politiker:innen einen ersten Erfolg verbuchen. Die strittige Formulierung der „Glaubhaftmachung", die für die Forscher:innen mit juristischen Fallstricken verbunden gewesen wäre, war im Entwurf für die Novellierung ersetzt worden. Doch gleichzeitig beobachteten die Wissenschaftsorganisationen schon

---

schutzgesetz für die Sitzung des Präsidentenkreises am 29.11.1983; AMPG, II. Abt., Rep. 60, Nr. 106.SP. Niederschrift über die 106. Sitzung des Senats der MPG am 18.11.1983. Siehe zu den Vorschlägen zur Novellierung des Gesetzes Sonntag (1981), Was geschieht im politischen Raum?
422 Vgl. zu den entsprechenden Aufforderungen durch den Minister bspw. BArch, B 196/103429. Interner Vermerk des BMFT über die Sitzung des Präsidentenkreises am 18.06.1984.
423 Siehe dazu die Analyse in Kapitel 3.1.3 und Kapitel 3.2.3 der vorliegenden Arbeit.
424 Vgl. zum Schreiben an den Bundeskanzler AMPG, II. Abt., Rep. 57, Nr. 606, Bd. 2. Schreiben von R. Lüst an T. Berchem vom 14.05.1984; AdWR, 6.2 – Allianz-Sitzungen, Bd. 4. Interner Vermerk des WR über die Sitzung der Allianz am 21.05.1984. Das Schreiben der Allianz an die Ministerpräsidenten findet sich z. B. in DFGA, AZ 02219-04, Bd. 7. Schreiben der Allianz an die Ministerpräsidenten vom 28.11.1984.
425 Vgl. AdWR, 6.2 – Allianz-Sitzungen, Bd. 4. Interner Vermerk des WR über die Sitzung der Allianz am 21.05.1984.
426 Vgl. zur Kritik am BML AMPG, II. Abt., Rep. 60, Nr. 106.SP. Niederschrift über die 106. Sitzung des Senats der MPG am 18.11.1983.

während des Ausarbeitungsprozesses des Novellierungsvorschlags einen steigenden „Druck der Öffentlichkeit", der sich unter anderem in der Zunahme unangemeldeter „Kontrollbesuche der zuständigen Veterinärbehörden" niederschlug.[427]

Nun befürchtete die Allianz, dass die Politik „ungeprüft emotionalen Angriffen und Behauptungen" der Tierschützer:innen nachgeben würde, was ihre Kooperationspartner aus dem BMFT – zumal diese nicht einmal von ihrer eigenen Partei entsprechend unterstützt wurden – nicht verhindern würden können.[428] Daher stellte sich für die Allianz in dieser Situation erstmalig die Frage, ob sie mit ihren Aktionen die richtigen Ansprechpartner:innen erreichte oder ob sie nicht „auch zu anderen, mehr auf das allgemeine Publikum wirkende Methoden [...] zurückgreifen" müsse.[429] Folglich überlegte die Allianz, ob sie zur Stärkung ihrer eigenen Stimme in den Medien eine gemeinsame Pressekonferenz veranstalten oder zumindest „die Leiter von wissenschaftlichen Redaktionen zu einem Gespräch" einladen sollte.[430] So ehrgeizig die Überlegung, den gemeinsamen Schritt in die Öffentlichkeit zu wagen, für das informelle Gremium klingen mochte, die tatsächliche Umsetzung sollte noch auf sich warten lassen.[431] Denn auch ein Jahr später waren die Planungen für eine öffentlichkeitswirksame Aktion kaum weiter gediehen – unter anderem weil man den richtigen Zeitpunkt hierfür abwarten wollte.[432] Stattdessen beschloss man in einer erneuten gemeinsamen Diskussion, über diesen Themenkomplex einmal mehr den Kontakt zu den Parlamentarier:innen zu suchen und ausgewählte, besonders mit dem Tierschutz befasste Abgeordnete zu einem Parlamentarischen Abend einzuladen.[433]

Zu den Überlegungen der Allianz in den 1980er Jahren ist ein weiterer Aspekt zu nennen, der die Kontinuität ihres gemeinsamen Handelns veranschaulicht: Als der Zusammenschluss erstmals dezidiert plante, eine strategische Pressearbeit zu starten, richtete sich diese einmal mehr an die politisch Verantwortlichen – wenn auch ver-

---

427 AMPG, II. Abt., Rep. 60, Nr. 108.SP. Niederschrift über die 108. Sitzung des Senats der MPG am 28.06.1984.
428 Ebd.
429 AdHRK, Allianz und Präsidentenkreis, Bd. 1. Interner Vermerk der HRK über die Sitzung der Allianz am 16.10.1984.
430 DFGA, AZ 02219–04, Bd. 7. Interner Vermerk der DFG über die Sitzung der Allianz am 28.11.1984. Vgl. zur Idee einer Pressekonferenz bspw. DFGA, AZ 02219–04, Bd. 7. Interner Vermerk der DFG über die Sitzung der Allianz am 16.10.1984.
431 So überlegten die Allianzmitglieder, wann der richtige Zeitpunkt für eine solche Aktion wäre und einigten sich schließlich darauf, dass man „gegebenenfalls nach Verabschiedung des Kabinettsentwurfs eine gemeinsame Pressekonferenz" veranstalten wollte. AdHRK, Allianz und Präsidentenkreis, Bd. 1. Interner Vermerk der HRK über die Sitzung der Allianz am 16.10.1984.
432 Vgl. AdWR, 6.2 – Allianz-Sitzungen. Interner Vermerk des WR über die Sitzung der Allianz am 24.06.1985; AMPG, II. Abt., Rep. 60, Nr. 110.SP. Niederschrift über die 110. Sitzung des Senats der MPG am 08.03.1985.
433 Vgl. zu den Planungen bspw. BArch, B 388/132. Interner Vermerk der AGF über die Sitzung der Allianz am 24.06.1985; DFGA, AZ 02219–04, Bd. 8. Interner Vermerk der DFG über die Sitzung der Allianz am 24.061985. Berichte über den Verlauf des parlamentarischen Abends finden sich u. a. in AdHRK, Allianz und Präsidentenkreis, Bd. 2. Interner Vermerk der HRK über die Sitzung der Allianz am 04.12.1985; DFGA, AZ 02219–04, Bd. 8. Interner Vermerk der DFG über die Sitzung der Allianz am 04.12.1985.

stärkt an die Ebene der Legislative. Die Allianz wollte insbesondere diejenigen „politischen Journalisten ansprechen, die in der Pressekonferenz in Bonn eine Rolle spielten".[434] Somit blieben die Verantwortlichen in der bundesdeutschen Politik weiterhin der Fixpunkt für die gemeinschaftlichen Bemühungen der Wissenschaftsorganisationen. Nichtsdestotrotz zeigten sich darin erste Tendenzen der Implementierung neuer Mechanismen zur Vermittlung ihrer Interessen.

Nach der Verabschiedung der Änderung des Tierschutzgesetzes im Jahr 1986, in dessen Rahmen unter anderem Tierschutzkommissionen eingeführt und das Genehmigungsverfahren nachgeschärft wurden,[435] kehrte lediglich für eine kurze Zeit Ruhe in die damit zusammenhängenden Debatten ein. Bereits gegen Ende des Jahrzehnts befassten sich die Wissenschaftsorganisationen erneut mit diesem Thema, da der überarbeitete und „komplizierte" Genehmigungsprozess einen erheblichen Mehraufwand für die Wissenschaftler:innen bedeutete und dadurch – nach Ansicht der Allianz – die Forschung beeinträchtigte.[436] Da ihnen eine grundsätzliche Oppositionshaltung gegen das novellierte Gesetz aufgrund der höchst emotional geführten Diskussionen in der Vergangenheit wenig zielführend erschien, bemühten sie sich stattdessen um eine Versachlichung der Debatte. Nach einer Auswertung der nachteiligen Auswirkungen des Verfahren wollten sie zudem in einer gemeinsamen Aktion kritisch Stellung dazu beziehen und konstruktive Anpassungsvorschläge äußern.[437] Ähnlich wie in der europäischen Forschungsförderung wollten sie nun also proaktiv die Debatten um eine erneute Überarbeitung des Tierschutzgesetzes in Gang bringen. Der Grund für den beginnenden Strategiewechsel der Allianz vom einem vergleichsweise reaktiven Handeln hin zu offensiv vorgebrachten Stellungnahmen war dabei insbesondere das wahrgenommene Scheitern ihrer vorangegangenen Bemühungen.

Auch Forschungsminister Riesenhuber hatte diagnostiziert, dass die bisherige Diskussion über Tierversuche aus der Sicht der Forscher:innen „nicht erfolgreich verlaufen" sei, weil es ihren Vertreter:innen nicht gelungen sei, „frühzeitig und offensiv" gesellschaftsrelevante Dissensthemen aufzugreifen und so ihrer Argumentation in der Öffentlichkeit Gehör zu verschaffen.[438] In einem eindringlichen Appell hatte der Minister von den Allianzmitgliedern gar gefordert, „über ihre klassischen Aufgaben hinaus [...]

---

434 DFGA, AZ 02219-04, Bd. 8. Interner Vermerk der DFG über die Sitzung der Allianz am 24.06.1985.
435 Vgl. Glock (2004), Das deutsche Tierschutzrecht, S. 24–25; Metzger (2008), Tierschutzgesetz – Kommentar, S. 183; Gruber (1995), Tierversuchskommissionen; Crowell (1998), Tierversuchskommission.
436 AMPG, II. Abt., Rep. 60, Nr. 115. Anlage 2 (Bericht des Präsidenten) zur Niederschrift über die 115. Sitzung des Senats der MPG am 13.03.1987.
437 Vgl. ebd.; AMPG, II. Abt., Rep. 60. Nr. 119.SP. Niederschrift über die 119. Sitzung des Senats der MPG am 09.06.1988; siehe daran anschließend die gemeinsame Überlegung der Allianz, dieses Thema im Gespräch mit Bundeskanzler Kohl zur Sprache zu bringen: AMPG, II. Abt., Rep. 57, Nr. 608, Bd. 1. Interner Vermerk der MPG über die Sitzung der Allianz am 28.06.1989.
438 AMPG, II. Abt., Rep. 60, Nr. 121.SP. Niederschrift über die 121. Sitzung des Senats der MPG am 17.03.1989.

Verantwortung" zu übernehmen und „Aufklärungsarbeit" zu leisten, wofür sie ihr wissenschaftliches Renommee in die Waagschale werfen müssten.[439] Die einzelnen Wissenschaftsorganisationen waren zwar, wie aus den Diskussionen innerhalb des Senats der MPG hervorgeht, durchaus „bereit, verstärkte Anstrengungen zu einer sachgerechten Aufklärung der Öffentlichkeit zu unternehmen",[440] sahen aber die bisherige Zusammenarbeit mit den Vertreter:innen der Presse, gerade wegen des eher durchwachsenen Erfolgs, sehr kritisch. Nichtsdestoweniger war der Allianz bewusst, dass öffentliche Diskussionen die politische Arbeit in Zukunft immer stärker beeinflussen würden, während sich das allgemeine „Forschungsklima" für sie „längst nicht mehr so günstig wie zwanzig Jahre zuvor" darstellte.[441] Vor dem Hintergrund dieser gefühlten Zeitenwende planten die Mitgliedsorganisationen 1989 erstmals, eine gemeinsame Agentur zu gründen, um eine gezieltere Öffentlichkeitsarbeit – jenseits bestehender Kontakte zu einzelnen Wissenschaftsjournalist:innen – betreiben zu können.[442] Doch trotz dieses ehrgeizigen Plans wollte die Allianz weiterhin in erster Linie ihre altbewährten Instrumente der korporatistischen Interessensvermittlung nutzen.

Im Jahr 1992 erfuhr die Allianz von den neuerlichen Plänen zur Änderung des Tierschutzgesetzes, was den internen Debatten um ihre Positionierung in der Öffentlichkeit neue Brisanz verlieh. Die Diskussion über eine erneute Novellierung des Gesetzestexts kam durch Änderungen im europäischen Recht in Gang, wobei die von der SPD und dem Tierschutzbund erarbeiteten Vorschläge jeweils weit über die europäischen Vorgaben hinausgingen. Sie forderten unter anderem, den Tierschutz als Staatsziel in das Grundgesetz aufzunehmen, was die Wissenschaftsorganisationen aufgrund der dadurch zu erwartenden Restriktionen für die Forschung in höchstem Maß alarmierte.[443] Die Allianz entschloss sich rasch für ein konzertiertes Vorgehen, statt je separat die Initiative zu ergreifen.[444] Einmal mehr wirkte eine äußere Bedrohung und die Existenz eines gemeinsamen Ziels als Katalysator für die Verstärkung der internen Zusammenarbeit.

---

439 Ebd.
440 AMPG, II. Abt., Rep. 60, Nr. 122.SP. Niederschrift über die 122. Sitzung des Senats der MPG am 08.06.1989.
441 AMPG, II. Abt., Rep. 57, Nr. 609, Bd. 1. Interner Vermerk der MPG zur Vorbereitung von TOP 1 für die Sitzung der Allianz am 07.11.1989. Zur steigenden Bedeutung der öffentlichen Meinung für den politischen Diskurs vgl. Peters/Allgaier/Dunwoody u. a. (2013), Medialisierung der Neurowissenschaften; Peters/Heinrichs/Jung u. a. (2008), Medialisierung der Wissenschaft; Steiner/Jarren (2009), Intermediäre Organisationen; Weingart (2005), Stunde der Wahrheit?, S. 246–253.
442 Vgl. AMPG, II. Abt., Rep. 57, Nr. 609, Bd. 1. Interner Vermerk der MPG zur Vorbereitung von TOP 1 für die Sitzung der Allianz am 07.11.1989.
443 Vgl. AMPG, II. Abt., Rep. 57, Nr. 612, Bd. 2. Interner Vermerk der MPG zur Vorbereitung von TOP 6 für die Sitzung der Allianz am 22.06.1992; AMPG, II. Abt., Rep. 57, Nr. 613, Bd. 2. Schreiben von H. F. Zacher an die Mitglieder der Allianz vom 27.11.1992; Kürten (1993), Bewährt in Sachen Forschung. Siehe zur europäischen Gesetzgebung Glock (2004), Das deutsche Tierschutzrecht, S. 124–230; Ahne (2007), Tierversuche, S. 5–10; Harrer (1998), Regelungen der EU.
444 Vgl. AMPG, II. Abt., Rep. 57, Nr. 612, Bd. 1. Interner Vermerk der MPG über die Sitzung der Allianz am 22.06.1992. Siehe zur Abwägung über ein separates oder gemeinsames Vorgehen auch AMPG, II. Abt., Rep. 57, Nr. 612, Bd. 2. Interner Vermerk der MPG zur Vorbereitung von TOP 6 für die Sitzung der Allianz am 22.06.1992.

Die Federführung für eine gemeinsame Stellungnahme oblag in dieser Angelegenheit erstmals der AGF. Diese Entscheidung war in erster Linie von der pragmatischen Überlegung geleitet, dass sich diese als eine der am stärksten von einer möglichen Novellierung betroffenen Organisationen bereits intensiv mit diesem Themenkomplex auseinandergesetzt hatte. Eine speziell dafür eingerichtete Arbeitsgruppe hatte sich bereits um eine enge Rücksprache mit den anderen Allianzmitgliedern bemüht.[445] Wegen der noch für Dezember 1992 geplanten Beratungen in der Gemeinsamen Verfassungskommission (GVK) von Bundestag und Bundesrat stand die Allianz unter enormem Zeitdruck. Auf Basis von Vorarbeiten der AGF-Arbeitsgruppe sollte nun zügig ein konsensfähiger Text entstehen. Diese Hoffnung der Kooperationspartner sollte sich erfüllen. Schon im Oktober konnte die Allianz ein Memorandum unterzeichnen und an die Ministerpräsidenten, verschiedene Bundesminister und ausgewählte Mitglieder des Bundestags versenden.[446] Wenngleich der Adressatenkreis die im Vorfeld geäußerten Ambitionen der Allianz für eine verstärkte Öffentlichkeitsarbeit kaum widerspiegelt, zeugen doch sowohl der Zeitpunkt als auch die leitende Rolle der AGF von einem Wandel in der Arbeitsweise des Gremiums. Anders als noch in den 1980er Jahren wartete man nicht mehr die Beratungen der Politik ab, um im Anschluss Stellung dazu zu beziehen, sondern versuchte, diese proaktiv in ihrem Interesse zu beeinflussen. Ein Novum war auch, dass die Allianz der AGF die Koordination der gemeinsamen Aktionen überließen, insbesondere da sich bis dato allen voran die MPG dem Thema der Tierversuche angenommen hatte. Dieser Entschluss kann als Indiz dafür gewertet werden, dass die Großforschungseinrichtungen – zunächst auf der Arbeitsebene, aber allmählich auch im Kreis der Präsidenten und Vorsitzenden – verstärkt als auf Augenhöhe agierende Wissenschaftsorganisation wahrgenommen und entsprechend ernst genommen wurde.[447]

Auch nach dem Versand des Memorandums sollten Fragen zur künftigen Regelung von Tierversuchen in den Besprechungen der Wissenschaftsorganisationen ein zentrales Thema bleiben. Während die Beratungen in der GVK andauerten, hielt sich die Allianz zunächst mit weiteren Stellungnahmen zurück, um zu verhindern, dass es zu „allzu vielen Briefen an Spitzenpolitiker" käme und folglich den gemeinsamen Äußerungen keine Bedeutung mehr zugemessen würde. Stattdessen setzten die Mitglieder

---

445 Vgl. bspw. AMPG, II. Abt., Rep. 57, Nr. 612, Bd. 2. Interner Vermerk der MPG zur Vorbereitung von TOP 6 für die Sitzung der Allianz am 22.06.1992; AdHRK, Allianz und Präsidentenkreis, Bd. 4. Interner Vermerk der HRK über die Sitzung der Allianz am 22.06.1992.
446 Vgl. AMPG, II. Abt., Rep. 57, Nr. 612, Bd. 1. Interner Vermerk der MPG über die Sitzung der Allianz am 07.10.1992; Das Memorandum selbst findet sich bspw. in AMPG, II. Abt., Rep. 57, Nr. 613, Bd. 2. Memorandum der Allianz der Wissenschaftsorganisationen zur Novellierung des Tierschutzgesetzes vom 07.10.1992.
447 Vgl. zur Zusammenarbeit zwischen der AGF und den anderen Allianzmitgliedern auf Ebene einzelner Institute oder (Unter-)Abteilungsleiter auch Interview mit Klaus Fleischmann (Bonn 23.09.2020).

gezielt auf Vorstöße einzelner Wissenschaftler:innen.[448] Erst nach Abschluss der Verhandlungen in der GVK wurde die Allianz wieder aktiv und nahm erneut Kontakt zu verschiedenen Bundestagsabgeordneten, den Ministerpräsidenten der Länder ebenso wie zur Presse auf.[449] Ihre Initiative, die insbesondere auf die aus einer weiteren Verschärfung des Tierschutzes resultierenden Nachteile für den Forschungsstandort Deutschland im internationalen Wettbewerb abhob,[450] war schließlich erfolgreich: Trotz einer breiten Zustimmung unter den Abgeordneten konnte die für eine Grundgesetzänderung erforderliche Zweidrittelmehrheit nicht erreicht werden.[451]

Doch trotz dieses Etappensiegs waren weder die Debatten im Bundestag über eine Novellierung noch der öffentliche Diskurs gänzlich verstummt, weshalb sich die Allianz weiterhin unter einem gewissen Zugzwang sah.[452] Einmal mehr war es das Forschungsministerium als wichtiger Kooperationspartner der Allianz auf Bundesebene, der das Gremium explizit dazu aufforderte, künftig stärker als „Mittler" zwischen Forschung und Gesellschaft aufzutreten und auf diese Weise um Unterstützung für die Wissenschaft in „der veränderten Medienlandschaft" zu werben.[453] Zur Erreichung des gemeinsamen Ziels, der bestmöglichen Verhinderung von Einschränkungen der Forschungsfreiheit durch ein zu striktes Tierschutzgesetz und dessen Verankerung im Grundgesetz, war es nach Meinung von Minister Rüttgers unabdingbar, in der Öffentlichkeit Verständnis für die Notwendigkeit von Tierversuchen in der Forschung zu schaffen. Auch die Allianz hatte dies bereits mehr und mehr erkannt, wenngleich ihre Pläne für eine intensivere Öffentlichkeitsarbeit zunächst vor allem theoretischer Natur geblieben wa-

---

448 Vgl. AMPG, II. Abt., Rep. 57, Nr. 613, Bd. 1. Interner Vermerk der MPG über die Sitzung der Allianz am 11.01.1993; DFGA, AZ 02219–04, Bd. 15. Interner Vermerk der DFG über die Sitzung der Allianz am 07.10.1992.
449 So berichtete bspw. die Süddeutsche Zeitung von der gemeinsamen Initiative, vgl. Fröhlich (1994), Forscher gegen Einschränkung von Tierversuchen. Siehe außerdem zur Kontaktaufnahme mit den Verantwortlichen in der Politik z. B. AMPG, II. Abt., Rep. 57, Nr. 616. Schreiben der Allianz an S. Hornung vom 21.02.1994; AMPG, II. Abt., Rep. 57, Nr. 616. Schreiben der Allianz an O. Lafontaine vom 01.06.1994.
450 Vgl. den expliziten Hinweis auf „Wettbewerbsnachteile" und eine mögliche „Abwanderung ganzer Bereiche der biomedizinischen Forschung" bspw. in AMPG, II. Abt., Rep. 57, Nr. 616. Schreiben von DFG, AGF, FhG und MPG an die Vorsitzenden von CDU, SPD und FDP vom 20.06.1994. Damit bettete die Allianz das Thema der Tierversuche in die allgemeinen Debatten um die mögliche Bedrohung Deutschlands als Forschungs- und Wissenschaftsstandort ein. Siehe dazu bspw. Mayer (2019), Universitäten im Wettbewerb, S. 260–269; Meteling (2014), Internationale Konkurrenz; Meteling (2016), Nationale Standortsemantiken, S. 236–238.
451 Vgl. AMPG, II. Abt., Rep. 57, Nr. 616. Schreiben von J. Christ an H. F. Zacher vom 11.08.1994. Siehe zur Entwicklung der Rechtsprechung in den 1990er und 2000er Jahren außerdem Köpernik (2010), Die Rechtsprechung zum Tierschutzrecht: 1972 bis 2008, S. 15–27; Knierim (1997), Tierschutzgesetzgebung.
452 Vgl. bspw. die Schilderung in AMPG, II. Abt., Rep. 57, Nr. 625. Interner Vermerk der MPG über die Sitzung der Allianz am 04.09.1996; AdHRK, Allianz und Präsidentenkreis, Bd. 8. Interner Vermerk der HRK über die Sitzung der Allianz am 04.09.1996; AMPG, II. Abt., Rep. 57, Nr. 1419. Schreiben von H. Markl an H. Kohl vom 29.07.1996.
453 AMPG, II. Abt., Rep. 57, Nr. 1399. Vermerk des BMFT über die Sitzung des Präsidentenkreises am 07.03.1995.

ren. Die anhaltenden Diskussionen um die Einführung des Staatsziels Tierschutz und die allmählich bröckelnde Unterstützung der CDU/CSU-Fraktion bewog die Allianz in der zweiten Hälfte der 1990er Jahre schließlich endgültig zu einem Umdenken.[454] Nach einer ausführlichen Rücksprache mit Sachverständigen wollten die Wissenschaftsorganisationen eine „differenzierte Infokampagne" auf den Weg bringen, in der sie die „Leistungen der Forschung" ebenso wie „das Nutzbringende von Tierversuchen" in den Vordergrund zu stellen planten.[455] Sie erwogen gar, sich Rat bei „Kommunikationsfachleuten großer Unternehmen" einzuholen, um „die Angstgefühle in der Bevölkerung auszuräumen".[456]

An den Initiativen zur Tierschutzgesetzgebung lässt sich also ein doppelter Wandel der Allianz in den 1990er Jahren nachzeichnen: Erstens begann sich die über Jahre gefestigte interne Hierarchie allmählich zu lockern und die AGF konnte sich als gleichrangige Kooperationspartnerin profilieren. Zweitens rückte erstmals eine eher diffuse Öffentlichkeit in den Fokus der Allianz, der sie einen nennenswerten Einfluss auf die politische Entscheidungsfindung attestieren musste. Um den Anforderungen dieses neu entdeckten Dritten zu genügen, machte sich die Allianz im Wettbewerb mit anderen Akteuren auf die Suche nach Mitteln und Wegen, um „für mehr Akzeptanz für [die] Wissenschaft zu werben".[457] Dieses Streben nach der Gunst der Öffentlichkeit sollte die Entwicklung des Gremiums im neuen Jahrtausend maßgeblich kennzeichnen. Noch heute – und damit rund 20 Jahre nach der Einführung des Staatsziels Tierschutz – engagiert sich die Allianz in besonderer Weise in den Debatten um Tierversuche.[458] Es ist sicher kein Zufall, dass die erste umfassende öffentlichkeitswirksame gemeinsame Kampagne, welche die Wissenschaftsorganisationen im Jahr 2016 starteten, eben diesem Thema galt.[459] Die Erarbeitung einer ansprechenden Webpräsenz wurde für die Initiative „Tierversuche verstehen" nun erstmals in die Hände einer erfahrenen Kommunikationsagentur gelegt, die in Kooperation mit der Allianz ein vielschichtiges Informationsangebot erarbeitete, das unter anderem Filme, Interviews mit

---

454 So hatten die jeweiligen Landtagsfraktionen der CDU beziehungsweise der CSU in Bayern und Baden-Württemberg einer Aufnahme des Tierschutzes in ihre Landesverfassungen und der rechtlichen Verankerung des Tieres als Mitgeschöpf zugestimmt. Vgl. dazu bspw. Loeper (1998), Schutz der Versuchstiere, S. 21–26.
455 DA GMPG, Barcode 108648. Interner Vermerk der MPG über die Sitzung der Allianz am 09.03.1998. AdWR, 6.2 – Allianz-Sitzungen, Bd. 15. Interner Vermerk des WR über die Sitzung der Allianz am 09.03.1998.
456 AdHRK, Allianz und Präsidentenkreis, Bd. 13. Interner Vermerk der HRK über die Sitzung der Allianz am 09.03.1998.
457 AdHRK, Allianz und Präsidentenkreis, Bd. 13. Interner Vermerk der HRK über die Sitzung der Allianz am 09.03.1998.
458 Vgl. Allianz der Wissenschaftsorganisationen (2016), Tierversuche verstehen.
459 Bereits acht Jahre zuvor hatte die Allianz die Schwerpunktinitiative Digitale Information gestartet, die sich allerdings weniger an eine breite Öffentlichkeit als gezielt an ein aus Wissenschaftler:innen bestehendes Fachpublikum gewendet hatte. Das Ziel dieser Initiative war bei ihrem Start auch weniger, den öffentlichen Diskurs zu gestalten, sondern vielmehr die Aktivitäten ihrer Mitglieder im Bereich der Digitalisierung zu koordinieren. Vgl. dazu Allianz der Wissenschaftsorganisationen (2008), Digitale Information.

Forscher:innen und sogar Materialien für den Schulunterricht beinhaltet.[460] Darüber hinaus ist die Kampagne seit ihrem Start in den sozialen Medien mit einem eigenen Twitter-Account ebenso wie mit einem YouTube-Kanal präsent. Die Kontroverse um das Thema Tierversuche diente als Vorbild für spätere Initiativen und markiert den symbolischen Schritt der Allianz in das neue Jahrtausend.[461]

Auch in anderen Bereichen wurden die Handlungsspielräume des Gremiums in den 1990er Jahren von den sich wandelnden wissenschaftspolitischen Vorzeichen geprägt. Dabei konnte sich die Allianz als strukturkonservativer Zusammenschluss jedoch nur sehr zögerlich von ihren etablierten Ansichten und über Jahrzehnte bewährten Praktiken lösen. Dies zeigte sich besonders in den wiederholt und von verschiedenen Mitgliedern angestoßenen Diskussionen über eine stärkere Formalisierung der Zusammenarbeit, für deren Unterstützung sich bis zur Jahrtausendwende allerdings keine Mehrheit fand. Die Positionierung der Allianz zu Fragen der europäischen Forschungsförderung waren ebenfalls über eine lange Zeit in erster Linie von Zurückhaltung und Skepsis geprägt, bevor man sich – nach der Jahrtausendwende – gemeinschaftlich dazu entschloss, die sich bietenden finanziellen Möglichkeiten der EG/EU nutzen und gestalterisch in die Planungsprozesse auf europäischer Ebene einzugreifen.

---

460 Vgl. Allianz der Wissenschaftsorganisationen (2016), Tierversuche verstehen; Müller-Lissner (2016), Mehr Offenheit bei Tierversuchen.
461 Dementsprechend wurde für die 2019 gestartete Kampagne „Freiheit ist unser System" ebenfalls eine Website mit ähnlichen digitalen Angeboten eingerichtet. Vgl. Allianz der Wissenschaftsorganisationen (2019), Freiheit der Wissenschaft.

5 Ausblick: Die Allianz nach der Jahrtausendwende
Möglichkeiten und Grenzen gemeinsamen Handelns

5.1 Die Allianz im Wissenschaftssystem des neuen Jahrtausends

Für die Allianz der Wissenschaftsorganisationen, für die Modi ihrer Zusammenarbeit und für ihre Geschichte im Allgemeinen fungiert die Jahrtausendwende als tiefgreifende Zäsur. Denn nicht nur einzelne Individuen neigen dazu, temporalen Wandel entlang von Dekaden zu strukturieren, selbiges gilt auch für gesellschaftliche Organisationen und Institutionen. So nutzte die Allianz das neue Millennium dazu, die eigene Position im Wissenschaftssystem zu hinterfragen und kritische Überlegungen zur Effizienz des eigenen Handelns auf die Tagesordnung zu setzen.

Schließlich hatte das deutsche Wissenschafts- und Forschungssystem und damit ihr direktes Betätigungsfeld in den vergangenen rund zehn Jahren den Beginn einer tiefgreifenden Umgestaltung erlebt: So hatte beispielsweise die Eingliederung der Forschungseinrichtungen aus der ehemaligen DDR in die nun gesamtdeutschen Forschungsstrukturen zum Erstarken der Blauen Liste geführt, die in der Folge ihre Selbstverwaltung neu organisierte und sich damit allmählich zu einer ernstzunehmenden wissenschaftspolitischen Akteurin entwickelte. Die umfassenden, in diesem Zeitraum teilweise (noch) laufenden Evaluationen – zunächst einzelner Wissenschaftsorganisationen und anschließend der gesamten Forschungslandschaft in Deutschland – zeugen ebenso wie die von der Politik angestoßenen Debatten um eine strategischere Ausrichtung des deutschen Wissenschaftssystems oder um die Stärkung des Wettbewerbs um finanzielle Ressourcen und deren leistungsorientierte Vergabe von einer sich verändernden Governance im Bereich der Wissenschaft.[1] Diese äußerte sich in einer Abkehr von der Detailsteuerung hin zu einer stärker outputorientierten Globalsteuerung unter anderem in Gestalt von Zielvereinbarungen – eine Entwicklung, die um die Jahrtausendwende vielfältig auf alle Allianzmitglieder und damit die gesamte

---

[1] Vgl. dazu bspw. AMPG, II. Abt., Rep. 57, Nr. 1399. Vermerk des BMBF über die Sitzung des Präsidentenkreises am 04.09.1996; DA GMPG, Barcode 108645. Vermerk des BMBF über die Sitzung des Präsidentenkreises am 12.12.1996.

Forschungslandschaft rückwirken sollte.² Insbesondere die HGF erlebte in den späten 1990er und frühen 2000er Jahren nicht nur eine grundlegende Neustrukturierung ihres Dachverbandes – ähnlich der WGL –, sondern reformierte 2001 zudem ihre interne Organisation durch die Einführung einer neuen Art der Mittelvergabe:³ Statt den einzelnen Großforschungszentren wie bis dato Globalhaushalte zur Verfügung zu stellen, fließen die Mittel seither in festgelegte Forschungsbereiche. Innerhalb dieser Felder stellen die Zentren alleine oder kooperativ konkrete Forschungsprogramme auf und bewerben sich um die verfügbaren Fördermittel, über deren Vergabe in einem kompetitiven Verfahren auf Basis einer externen Begutachtung entschieden wird. Damit manifestiert sich in der HGF in besonderer Weise die Bedeutungszunahme ökonomischer Logiken in Wissenschaft und Forschung. Doch auch die anderen Wissenschaftsorganisationen wie beispielsweise die Hochschulen, die MPG oder die FhG mussten auf die von den Zuwendungsgebern geforderten neuen Governancemodelle entsprechend reagieren und ihre Positionierung im deutschen Wissenschaftssystem mitunter neu justieren.⁴ Insbesondere nach Regierungsantritt der rot-grünen Koalition wurden die Diskussionen von Vertreter:innen aus Politik und Wirtschaft weiter befeuert, die eine tiefgreifende strategische Neuordnung der deutschen Forschungslandschaft forderten.⁵

Der Wissenschaftsrat nahm in diesen Debatten einmal mehr, wie bereits im vorangegangenen Jahrzehnt, eine Sonderrolle ein. Denn als politikberatendes Gremium war er, anders als seine Kooperationspartner, nicht unmittelbar von der Einführung neuer Governancemechanismen und Finanzierungsmodelle betroffen. Stattdessen strebte vor allem die Wissenschaftliche Kommission des Wissenschaftsrats in dieser Scharnierphase an, eine gestaltende Rolle einzunehmen, indem sie die „Handlungserfordernisse und Ziele" für die Weiterentwicklung der deutschen Forschungslandschaft zusammen-

---

2 Vgl. Hintze (2020), Kooperative Wissenschaftspolitik, S. 116–149; Leendertz (2022), Macht; Mayer (2019), Universitäten im Wettbewerb, S. 171–183; Schauz (2019), Umstrittene Analysekategorie; Flink/Kaldewey (2018), Language of Science Policy.
3 Vgl. dazu Helling-Moegen (2009), Forschen nach Programm, S. 17–19.
4 Die Frage nach den Auswirkungen einer möglichen Übernahme ökonomischer Logiken im Bereich der Wissenschaft kann an dieser Stelle nicht erschöpfend analysiert und beantwortet werden, da der Fokus dieser Arbeit auf der Allianz in ihrer Gesamtheit und dem Zusammenwirken ihrer Mitglieder liegt. Nichtsdestoweniger erscheint eine Untersuchung der mit diesen Entwicklungen einhergehenden Debatten innerhalb der einzelnen Mitgliedsorganisationen gewinnbringend.
5 Vgl. bspw. bil (1998), Strategiesche Neuordnung. Siehe auch DA GMPG, Barcode 108650. Skript von Edelgard Bulmahn für die Rede vor dem Bundestagsausschuss zu den bildungs- und forschungspolitischen Vorhaben der 14. Wahlperiode vom 02.12.1998. Wellen schlug dabei ein vom Zentralverband der Elektrotechnik und Elektroindustrie (ZVEI) veröffentlichtes Impulspapier, vgl. DA GMPG, Barcode 108650. ZVEI: Die deutsche Forschungslandschaft muß sich ändern. Szenario für eine Weiterentwicklung der deutschen Forschungslandschaft [Vorabexemplar], Frankfurt a. M. 1998. Vgl. zum Stimmungsbild in der Allianz die Unterlagen zur Sitzungsvorbereitung und die Vermerke zur Sitzung der Allianz am 01.06.1999, in AMPG, II. Abt., Rep. 57, Nr. 633, Bd. 1; AMPG, II. Abt., Rep. 57, Nr. 1421; DFGA, AZ 02219-04, Bd. 22; AdHRK, Allianz und Präsidentenkreis, Bd. 14; AdWR, 6.2 – Allianz-Sitzungen, Bd. 15.

trug.⁶ Doch dieser Vorschlag war nicht nur innerhalb des Wissenschaftsrats umstritten, auch in der Allianz regten sich Bedenken.⁷ Die übrigen Wissenschaftsorganisationen waren der Meinung, dass man die Diskussion über die zukünftige Gestalt des deutschen Wissenschaftssystems „nicht dem Wissenschaftsrat überlassen" sollte, sondern dass „die Allianz der beste Orte" wäre, um eine „Planskizze für ein neues System" zu erarbeiten.⁸ Die Vorbehalte gegenüber einem weiteren Alleingang des Wissenschaftsrats in dieser Angelegenheit waren möglicherweise Nachwirkungen der erst kurze Zeit zuvor beigelegten Konfliktsituation, in der das Kooperationsgefüge der Allianz nachhaltig erschüttert worden war. Entsprechend befürchteten die übrigen Wissenschaftsorganisationen, dass ihre Vorschläge durch den Wissenschaftsrat erneut nicht berücksichtigt würden, und bevorzugten es, diese wichtige Aufgabe nicht allein in die Hände eines ihrer Mitglieder zu legen. Die optimistische Selbsteinschätzung der Allianz bezüglich ihrer Rolle in den Beratungen über die Zukunft des Wissenschaftssystems sollte sich jedoch nicht bewahrheiten. Eine eigens zu diesem Thema anberaumte Sitzung im November 1996 verlor sich eher in Detaildiskussionen über das kurz zuvor vom BMBF vorgestellte Leitlinien-Papier „Innovation durch mehr Flexibilität und Wettbewerb",⁹ als dass die versammelten Vorsitzenden, Präsidenten und Generalsekretär:innen gemeinsam Ideen zum Umbau der Forschungslandschaft entwickelt hätten.¹⁰ Daher beschlossen die Vorsitzende und der Generalsekretär des WR, Dagmar Schipanski und Winfried Benz, trotz der Bedenken ihrer Kolleg:innen eine Arbeitsgruppe einzusetzen, die sich mit der Zukunft des deutschen Wissenschaftssystems beschäftigen sollte.¹¹ Nach der entsprechenden Ankündigung in der Februar-Sitzung der Allianz regte sich kein neuerlicher Widerspruch am Vorhaben des WR. Dies mag unter anderem damit zusammenhängen, dass sich schnell herauskristallisierte, dass der zunächst angekündigte Zeitrahmen von einem Jahr bis zur Verabschiedung entsprechender Empfehlungen aufgrund interner Unstimmigkeiten und anderer arbeitsintensiver Begutachtungsverfahren, die der Wissenschaftsrat koordinierte, nicht eingehalten werden würde.

Erst als Schipanskis Nachfolger, der Historiker Winfried Schulze, rund zwei Jahre später Näheres über die Aufgabenstellung für die Arbeitsgruppe berichtete, rief das erneut die übrigen Allianzmitglieder auf den Plan, die ihre jeweiligen Partikularinteressen

---

6 Wissenschaftsrat (2000), Thesen zur künftigen Entwicklung, S. 2.
7 Vgl. zu den Diskussionen innerhalb des Wissenschaftsrats Bartz (2007), Wissenschaftsrat, S. 218–220.
8 AMPG, II. Abt., Rep. 57, Nr. 1411. Interner Vermerk der MPG über die Sitzung der Allianz am 01.06.1996.
9 DA GMPG, Barcode 108646. Jürgen Rüttgers: Innovationen durch mehr Flexibilität und Wettbewerb. Bonn, 10.07.1996.
10 Vgl. AMPG, II. Abt, Rep. 57, Nr. 626. Interner Vermerk der MPG über die Sitzung der Allianz am 11.11.1996; DFGA, AZ 02219–04, Bd. 19. Interner Vermerk der DFG über die Sitzung der Allianz am 11.11.1996; AdHRK, Allianz und Präsidentenkreis, Bd. 8. Interner Vermerk über die Sitzung der Allianz am 11.11.1996.
11 Vgl. AMPG, II. Abt., Rep. 57, Nr. 1416. Interner Vermerk der MPG über die Sitzung der Allianz am 12.02.1997.

einbringen wollten.[12] Um dieses Bedürfnis der Kooperationspartner wissend, versicherte Schulze ihnen, sie in gebührendem Maße einzubeziehen. In der Tat lud die AG Künftiges Wissenschaftssystem die übrigen Allianzmitglieder im November 1999 einzeln zu einer Anhörung und sandte ihnen im Vorfeld einen ersten, neun Thesen umfassenden Entwurf zu, der die Basis für das Gespräch bilden sollte.[13] Doch schon das generelle Prozedere der Befragung weckte wenig Begeisterung. So monierte die MPG die kurzfristige Terminansetzung ebenso wie die je separate „Vorladung" der Allianzmitglieder, die den Eindruck eines gewissen Maßes an Intransparenz vermittelte.[14] Auch inhaltlich stießen die Thesen bei den Wissenschaftsorganisationen auf breite Kritik, da man der Arbeitsgruppe attestierte, „eine falsche Diagnose" entwickelt zu haben und zudem „eine falsche Therapie" vorzuschlagen.[15]

Ferner stieß es auf Unverständnis, dass der Wissenschaftsrat die deutsche Forschungslandschaft als deutlich reformbedürftig einschätzte, nachdem er wenige Jahre zuvor im Zuge der Wiedervereinigung noch die Leistungsfähigkeit der westdeutschen Strukturen hervorgehoben hatte.[16] Angesichts des heftigen Einspruchs von allen Seiten wollte der Wissenschaftsrat nach Aussage seines Generalsekretärs die Arbeitsgruppe personell verstärken und darüber hinaus die Thesen grundlegend überarbeiten, bevor sie erneut den Wissenschaftsorganisationen zur Diskussion überantwortet würden.[17] Umso überraschter waren letztere, als der WR nur ein halbes Jahr später schließlich seine Thesen zur künftigen Entwicklung des Wissenschaftssystems in Deutschlands veröffentlichte,[18] die weiterhin zahlreiche Punkte enthielten, an denen sie sich bereits im Vorjahr gestört hatten. Die versprochene Einbeziehung war nicht im angekündigten Umfang zustande gekommen, was Generalsekretär Winfried Benz auf verschiedene „Verfahrensprobleme" zurückführte.[19] Wenngleich die Empfehlungen des Wissenschaftsrats aufgrund der

---

12 Vgl. AMPG, II. Abt., Rep. 57, Nr. 1421. Interner Vermerk der MPG über die Sitzung der Allianz am 01.06.1999; AdWR, 6.2 – Allianz-Sitzungen, Bd. 15. Interner Vermerk des WR über die Sitzung der Allianz am 01.06.1999.
13 Vgl. AMPG, II. Abt., Rep. 57, Nr. 637, Bd. 1. Schreiben von W. Schulze an H. Markl vom 05.11.1999.
14 AMPG, II. Abt., Rep. 637, Bd. 1. Interner Vermerk der MPG zu den Thesen der AG Künftiges Wissenschaftssystem vom 12.11.1999.
15 DFGA, AZ 02219–04, Bd. 22. Interner Vermerk der DFG zu den Thesen der AG Künftiges Wissenschaftssystem vom 16.11.1999. Diese Einschätzung findet sich darüber hinaus bspw. auch in den Unterlagen der HRK, vgl. AdHRK, Allianz und Präsidentenkreis, Bd. 15. Interner Vermerk der HRK über die Sitzung der Allianz am 16.11.1999.
16 Vgl. AMPG, II. Abt., Rep. 637, Bd. 1. Interner Vermerk der MPG zu den Thesen der AG Künftiges Wissenschaftssystem vom 12.11.1999.
17 Vgl. AdHRK, Allianz und Präsidentenkreis, Bd. 16. Interner Vermerk der HRK über die Sitzung der Allianz am 12.01.2000; DFGA, AZ 02219–04, Bd. 22. Interner Vermerk der DFG über die Sitzung der Allianz am 12.01.2000; AMPG, II. Abt., Rep. 57, Nr. 1423. Interner Vermerk der MPG über die Sitzung der Allianz am 12.01.2000; AdWR, 6.2 – Allianz-Sitzungen, Bd. 15. Interner Vermerk des WR über die Sitzung der Allianz am 12.01.2000.
18 Vgl. AMPG, II. Abt., Rep. 57, Nr. 792, Bd. 2. Interner Vermerk der MPG zur Vorbereitung von TOP 1 für die Sitzung der Allianz am 27.09.2000.
19 DFGA, AZ 02219–04, Bd. 22. Interner Vermerk der DFG über die Sitzung der Allianz am 27.09.2000.

Kompromissfindung zwischen den beiden Kommissionen kein innovatives Zukunftskonzept bedeuteten, vielmehr nur weitverbreitete zeitgenössische Meinungen reproduzierten, wie der Historiker Olaf Bartz resümiert, stießen sie bei den übrigen Allianzmitgliedern dennoch auf Kritik.[20] Allerdings entschloss sich das Gremium aufgrund der kaum zusammenführbaren Partikularinteressen und heterogenen Monita am Thesenpapier dazu, einmal mehr den Weg des separaten Agierens zu wählen; statt einer gemeinsamen Stellungnahme wollten die Wissenschaftsorganisationen je einzeln die als untragbar angesehenen Punkte gegenüber dem WR und der Politik ansprechen. Trotz dieser Misstöne im Kooperationsgefüge der Allianz beurteilte der Wissenschaftsrat die eigenen Empfehlungen überwiegend positiv, sah er sie doch als Beginn eines „vertieften Diskussions- und Reformprozesses im deutschen Wissenschaftssystem".[21] In diesem Punkt war sich die Allianz – trotz aller Kritik am gewählten „Bild von der Versäulung" – in der Tat einig: Angesichts der sich rasant verändernden Rahmenbedingungen für die Forschung war eine „Reform des Wissenschaftssystems" dringend vonnöten.[22]

An den hier nur angeschnittenen kontroversen Debatten über die Thesen des Wissenschaftsrats zeigt sich, dass die Jahrtausendwende in der Wahrnehmung der Allianz-Akteure durchaus als Wendepunkt für ihr unmittelbares Tätigkeitsfeld wahrgenommen wurde. Sie nahmen dies zum Anlass, ihre eigene Arbeitsweise und Wirkmächtigkeit zu reflektieren. Zwar hatten die Wissenschaftsorganisationen bereits mehrfach über die geeignete Form ihrer Zusammenarbeit diskutiert, doch waren diese Erörterungen zumeist ins Leere gelaufen.[23] Sie hatten sich in den zurückliegenden Jahrzehnten nicht dazu durchringen können und wollen, ihren eingespielten und „gut funktionierenden Club" einer strafferen Formalisierung zu unterziehen.[24] Stattdessen hatte sie sich wiederholt darauf verständigt, die primär der „Ermittlung gemeinsamer Interessen der Wissenschaft gegenüber Öffentlichkeit und Politik"[25] dienende lockere Struktur ihres „beruflichen Freundeskreis[es]"[26] einer „weiteren institutionellen Verfestigung"[27] vorzuziehen. Obwohl es jedes Mal Vertreter:innen unterschiedlicher Allianzmitglieder waren, welche die Forderung nach einem stärkeren geschlossenen Auftreten ihres Gremiums im Bereich

---

20 Vgl. Bartz (2007), Wissenschaftsrat, S. 220.
21 AMPG, II. Abt., Rep. 57, Nr. 792, Bd. 2. Schreiben von W. Schulze an H. Markl vom 31.07.2000.
22 AdHRK, Allianz und Präsidentenkreis, Bd. 16. Internes Diskussionspapier der HRK zu den Thesen des WR vom 19.12.2000.
23 Vgl. ausführlich zu den Diskussionen über das Selbstverständnis in den ausgehenden 1980er und 1990er Jahren Kapitel 4.3.1 dieser Arbeit.
24 DFGA, AZ 02219–04, Bd. 15. Interner Vermerk der DFG über die Sitzung der Allianz am 4.11.1992.
25 AdHRK, Allianz und Präsidentenkreis, Bd. 6. Interner Vermerk der HRK über die Sitzung der Allianz am 04.11.1992.
26 AdWR, 6.2 – Allianz-Sitzungen, Bd. 12. Interner Vermerk des WR über die Sitzung der Allianz am 04.11.1992.
27 AdHRK, Allianz und Präsidentenkreis, Bd. 2. Interner Vermerk der HRK über die Sitzung der Allianz am 08.10.1986.

der Wissenschaftspolitik erhoben, hatte sich nie eine Mehrheit für einen solchen Vorschlag gefunden.

Dies sollte sich erst mit der Jahrtausendwende schrittweise ändern: Es war Frank Pobell, der Präsident der kurz zuvor aufgenommenen WGL, der dieses Thema erneut in die gemeinsamen Beratungen einbrachte und mit dem Wunsch verband, die Allianz möge zukünftig als institutionelles „Sprachrohr der deutschen Wissenschaft" fungieren.[28] Obwohl nicht alle Mitglieder den ehrgeizigen Wunsch Pobells uneingeschränkt unterstützten, war auch jenen Organisationen, die sich in der Vergangenheit vehement gegen jede Form der Institutionalisierung ausgesprochen hatten, inzwischen bewusst geworden, dass ihr Gesprächskreis „zunehmend wichtiger" geworden war.[29] Zwar resümierte das langjährige Allianzmitglied Hubert Markl, dass – bei allem notwendigen Diskussionsbedarf in dieser Sache – die Autonomie der einzelnen Mitgliedsorganisationen gewahrt bleiben müsse und es „keine Festlegung für die einzelnen Einrichtungen durch die Allianz geben" dürfe.[30] Trotz dieser Einschränkung einigten sich die Anwesenden aber darauf, „über eine organisatorische Unterstützung" nachzudenken, etwa in Form eines eigenen Sekretariats, das die Geschäfte der Allianz koordinieren sollte.[31]

Erstmals in der Geschichte der Allianz mündete die Debatte um eine Änderung ihrer Arbeitsweise also in konkrete Schritte auf dem Weg zu einer Reform. Am Ende der Sitzung vom Januar 2000 beauftragten die Teilnehmer:innen, die Generalsekretär:innen der Wissenschaftsorganisationen mit der Ausarbeitung eines Konzepts und einer ersten organisationsübergreifenden Interessensabstimmung. Der hierfür gewählte Weg verdeutlicht erneut das hierarchisch strukturierte Binnenverhältnis der Allianz. Denn obwohl die Anregung zur Diskussion über eine institutionelle Unterfütterung des Gremiums von der WGL gekommen war, sollten lediglich die Generalsekretär:innen von MPG, DFG und WR einen Vorschlag zur strukturellen Weiterentwicklung ihres Zusammenschlusses erarbeiten.[32] Es ist sicherlich kein Zufall, dass es sich dabei um Vertreter:innen von drei Gründungsmitgliedern handelte, die zudem bereits seit mehreren Jahren im Amt und mit der informellen Arbeitsweise der Allianz bestens vertraut waren. Auf den ersten Blick mag durchaus überraschen, dass die HRK als viertes Gründungs-

---

28 AdWR, 6.2 – Allianz-Sitzungen, Bd. 15. Interner Vermerk des WR über die Sitzung der Allianz am 12.01.2000.
29 AMPG, II. Abt., Rep. 57, Nr. 636. Interner Vermerk der MPG über die Sitzung der Allianz am 12.01.2000.
30 AdWR, 6.2 – Allianz-Sitzungen, Bd. 15. Interner Vermerk des WR über die Sitzung der Allianz am 12.01.2000. Markl kann wie kaum ein anderer der zu diesem Zeitpunkt anwesenden Präsidenten und Vorsitzenden als Kenner der Allianz gelten. Vor seiner Wahl zum Präsidenten der MPG war er von 1977 bis 1983 Vizepräsident der DFG und von 1986 bis 1991 schließlich ihr Präsident gewesen. In der Funktion des Präsidenten gehörte Markl dem Kreis der Allianz an, aber auch in seiner vorangehenden Zeit als Vizepräsident war er sicherlich gut über die Tätigkeit der Allianz informiert gewesen. Ab 1996 war Markl als Präsident der MPG erneut Mitglied der Allianz. Er konnte somit die Arbeit der Allianz aus unterschiedlichen Organisationen heraus und in unterschiedlichen Entwicklungsstufen ihrer Geschichte aktiv mitgestalten.
31 AMPG, II. Abt., Rep. 57, Nr. 636. Interner Vermerk der MPG über die Sitzung der Allianz am 12.01.2000.
32 Vgl. AdHRK, Allianz und Präsidentenkreis, Bd. 16. Interner Vermerk der HRK über die Sitzung der Allianz am 12.01.2000.

mitglied von den Beratungen ausgeschlossen war. Jedoch gab es dafür eine pragmatische Ursache: Josef Lange, der langjährige Generalsekretär der HRK, hatte sein Amt im Januar 2000 niedergelegt und war als Staatssekretär in die Senatsverwaltung des Landes Berlin gewechselt.[33] Da sein Nachfolger, Jürgen Heß, erst im April gewählt wurde und die Stelle schließlich im September antrat, war der Posten zum fraglichen Zeitpunkt vakant. Wesentlich symbolträchtiger und in ihrer Wirkung auf das Binnenverhältnis zwischen den Wissenschaftsorganisationen nicht zu unterschätzen war hingegen die Exklusion der jüngeren Allianzmitglieder: Denn in der WGL, wie auch in der HGF und FhG gab es zu diesem Zeitpunkt den Posten eines Generalsekretärs beziehungsweise einer Generalsekretärin nicht. Stattdessen wurden die Geschäftsstellen dieser drei Wissenschaftsorganisationen von einem Geschäftsführer beziehungsweise einem Vorstand geleitet, die jedoch bis dato nicht an den Allianzsitzungen teilnehmen durften.[34] Die Gründungsmitglieder begründeten dies vorrangig mit den beschränkten Durchgriffsrechten der Geschäftsführer innerhalb der jeweiligen Wissenschaftsorganisation.

Die im Januar 2000 getroffene Vereinbarung, dass allein die Generalsekretär:innen von MPG, DFG und WR über die Zukunft der Allianz entscheiden sollten, kann also als erneutes Bekenntnis zur asymmetrischen Kooperationskultur innerhalb des Gremiums verstanden werden. Auch für die WGL, auf deren Initiative hin der Themenkomplex überhaupt erst erörtert wurde, war es daher quasi nicht möglich, sich aktiv in die Ausarbeitung einer Beschlussvorlage einzubringen. Für die Gründungsmitglieder hingegen erleichterte dieser Beschluss die Situation erheblich, da davon auszugehen war, dass die Generalsekretär:innen der drei versammelten Organisationen ein ähnliches Bild von der zukünftigen Gestalt ihrer Zusammenarbeit hatten. Vor diesem Hintergrund ist es wenig verwunderlich, dass der Vorschlag der drei Generalsekretär:innen „im Kern eigentlich keinen neuen substantiellen Vorschlag einer Veränderung" beinhaltete.[35]

Einschneidende Veränderungen blieben also einmal mehr aus. Immerhin hatten sich Winfried Benz, Barbara Bludau und Reinhard Grunwald darauf verständigt, einerseits die „auf Erfahrungsaustausch und Abstimmung angelegte lockere Struktur der Allianz […] in ihrer Bandbreite zwischen aktuellem Austausch bis hin zur Vorbereitung gemeinsamer Stellungnahmen zu wichtigen Fragen in der Öffentlichkeit" zu erhalten, andererseits aber „die Vorbereitung der Sitzungen […] verbesser[n]" zu wollen.[36] Dies

---

33 Vgl. dazu Interview mit Josef Lange (München/Hannover 20.08.2020).
34 Diese Praxis war in der Vergangenheit insbesondere von der Geschäftsstelle der AGF kritisch hinterfragt worden. Vgl. Interview mit Klaus Fleischmann (Bonn 23.09.2020); Interview mit Eva Maria Heck (Bonn/München 02.02.2021); Interview mit Joachim Treusch (Bremen/München 27.05.2020).Siehe ausführlicher zum Ausschluss der Geschäftsführer aus den Sitzungen der Allianz und zu den Bemühungen der AGF die Kapitel 3.3.1 und 3.3.2 dieser Studie.
35 AMPG, II. Abt., Rep. 57, Nr. 1423. Handschriftliche Notiz von B. Bludau auf dem Entwurf eines Schreibens von R. Grunwald an die Allianz vom 05.04.2000.
36 AMPG, II. Abt., Rep. 57, Nr. 1423. Entwurf eines Schreibens von R. Grunwald an die Allianz vom 05.04.2000.

bedeutete zunächst die Einführung des jährlichen Rotationsprinzips in der Sitzungsvorbereitung, wobei auch eine stärkere Strukturierung der Tagesordnung angeregt wurde. Der von DFG-Generalsekretär Grunwald ausgearbeitete Entwurf zur verbesserten Vorbereitung der Allianz-Sitzungen wurde im Vorfeld des Termins im April den übrigen Sitzungsteilnehmer:innen zugeleitet, wobei seine Gesprächspartner:innen, Barbara Bludau und Winfried Benz, vorab einen Entwurf erhielten. In einer internen Notiz vermerkte die Generalsekretärin der MPG, dass dem „Vorschlag [...] grundsätzlich zugestimmt werden" könne. Sollte die Präsidenten mehr „Verfahrensfreiheit" wünschen, könnte man es bezüglich des Sitzungsvorsitzes „beim jetzigen Verfahren (pro Sitzung ein Wechsel)" belassen.[37] Hubert Markl und die übrigen Präsidenten bzw. Vorsitzenden stimmten dem Entwurf jedoch in vollem Umfang zu.[38] Die DFG erklärte sich überdies dazu bereit, als erste Organisation den Sitzungsvorsitz der Allianz zu übernehmen.[39]

Bereits unmittelbar zu Beginn des neuen Jahrtausends hatte sich dessen Zäsurcharakter für die Allianz gezeigt. Die Mitglieder hatten den beginnenden Wandel des Wissenschaftssystems und der Steuerungsinstrumente im Bereich der Forschungspolitik beobachten können, was sich in ihren jeweiligen internen Organisationsstrukturen niederschlug. Nicht umsonst stand die Entwicklung der deutschen Wissenschaftslandschaft bei jeder Zusammenkunft des Gremiums zwischen Juni 1999 und Januar 2001 auf der Tagesordnung. Dies wirkte in doppelter Hinsicht auf die Struktur der Allianz zurück: So setzte sich die Allianz einmal mehr mit ihrer eigenen Rolle im Wissenschafts- und Forschungssystem auseinander, was erstmals in die bewusste Entscheidung zu einer – wenn auch zaghaften – Verstetigung und Formalisierung der Zusammenarbeit führte. Gleichzeitig deutete sich an, dass sich die Allianz in Zukunft neu organisieren und damit auch in anderer Weise funktionieren sollte, als es bis dahin der Fall war. Denn durch das Wachstum von ursprünglich vier auf inzwischen sieben Mitglieder hatte sich die Zahl der zu harmonisierenden Interessen beträchtlich erhöht, was die etablierten Arbeitsabläufe und Kooperationsmechanismen an ihre Grenzen brachte. So können sowohl die Überlegungen zu einem jährlich rotierenden Vorsitz als auch die Tatsache, dass die Generalsekretär:innen mit der Erarbeitung eines ersten konzeptuellen Entwurfs hierfür betraut wurden, als Suche nach neuen Formen einer effizienten Zusammenarbeit verstanden werden.

---

37 AMPG, II. Abt., Rep. 57, Nr. 1423. Handschriftliche Notiz von B. Bludau auf dem Entwurf eines Schreibens von R. Grunwald an die Allianz vom 05.04.2000.
38 Vgl. AMPG, II. Abt., Rep. 57, Nr. 1422. Interner Vermerk der MPG über die Sitzung der Allianz am 10.04.2000.
39 Zunächst wurde vereinbart, dass die DFG den Vorsitz für ein Jahr übernehmen sollte. Letztlich wurden daraus zwei Jahre, denn erst Anfang Mai 2002 übergab die DFG den Vorsitz an die HGF. Vgl. DFGA, AZ 0224, Bd. 18. Ergebnisvermerk der DFG über die Sitzung der Allianz am 10.12.2001; AdWR, 6.2 – Allianz-Sitzungen, Bd. 15. Interner Vermerk des WR über die Sitzung der Allianz am 10.04.2000.

5.2 Neue Arbeitsweisen und Sitzungsteilnehmende

Obwohl die Entscheidung für die Einführung des jährlichen Rotationsprinzips im Sitzungsvorsitz der Allianz von den beteiligten Akteur:innen kaum als tiefgreifender Einschnitt in die Organisationsform des kooperativen Zusammenschlusses wahrgenommen wurde, veränderten sich gleichwohl sowohl die Arbeitsweise als auch die Zusammensetzung der Allianz grundlegend.

Knapp ein Jahr nachdem sie den Vorsitz in der Allianz übernommen hatte, begann die DFG mit der Anfertigung eines zentralen Ergebnisprotokolls, das sie im Nachgang der Sitzung an die übrigen Teilnehmenden versandte.[40] Dies war gewissermaßen ein Novum in der rund 40-jährigen Geschichte der Allianz, da zuvor lange bewusst kein offizielles Protokoll geführt worden war.[41] Zwar waren in der Anfangszeit der Allianz in den 1960er Jahren Ergebnisvermerke für alle Beteiligten angefertigt worden,[42] diese Praxis war im institutionellen Gedächtnis der Allianz jedoch verloren gegangen. Nach 1970 – und damit in einer Zeit, in der sich eine allmähliche Institutionalisierung und Festigung der Allianz als Gremium beobachten lässt – wurde das Versenden dieser Ergebnisvermerke abrupt eingestellt, ohne dass es darüber im Vorfeld eine größere Diskussion gegeben hätte.[43] Ob das mit der schrittweisen Institutionalisierung und Festigung der Allianz als wissenschaftspolitisch einflussreiches Gremium zusammenhängt, kann nur spekuliert werden. Belegen aber lässt sich, dass es 1970 erstmals Diskussionen über die Formulierung in einem der zentralen Ergebnisvermerke gab.[44] Vielleicht führte diese Entwicklung den Teilnehmern vor Augen, dass sich die Allianz wandelte und eine andere Art der Ergebnisniederschrift erforderte. Jedenfalls fertigten die einzelnen Wissenschaftsorganisationen (häufig die Generalsekretär:innen, verein-

---

40 Vgl. AdHRK, Allianz und Präsidentenkreis, Bd. 17. Schreiben von J.-P. Gaul an die Mitglieder der Allianz vom 20.12.2001.
41 Entsprechende Hinweise auf diese bewusste Entscheidung finden sich bspw. in AMPG, II. Abt., Rep. 57, Nr. 792, Bd. 1. Interner Vermerk der MPG zur Vorbereitung der Sitzung der Allianz am 22.07.2002; AdWR, 6.2 – Allianz-Sitzungen, Bd. 15. Interner Vermerk des WR über die Sitzung der Allianz am 13.02.2002; AdHRK, Allianz und Präsidentenkreis, Bd. 17. Interner Vermerk der HRK über die Sitzung der Allianz am 10.12.2001.
42 Diese Praxis lässt sich für einen relativ kurzen Zeitraum, nämlich 1967 bis 1970 nachweisen. Für die Zeit vor 1967 ist die Quellenlage allgemein vergleichsweise dünn, was sicherlich auch durch die hohe Informalität der Besprechungen begründet war. Dennoch lässt sich feststellen, dass die Wissenschaftsorganisationen bis 1967 zumindest vereinzelt interne Vermerke anfertigten. Im Jahr 1967 erfolgte dann relativ abrupt der Wechsel hin zu zentralen Ergebnisvermerken, die zwischen den Teilnehmern zirkulierten.
43 Es scheint, als wäre diese Praxis nach der Juli-Sitzung 1970 eingestellt worden. Zumindest finden sich danach in den Archiven der zu diesem Zeitpunkt an der Allianz beteiligten Wissenschaftsorganisationen keine zentral versendeten Vermerke mehr. Allerdings konnten für die Treffen der Allianz zwischen Dezember 1970 und Juli 1973 nur vereinzelt Sitzungsvermerke in den verschiedenen Archiven ausgemacht werden. Ab November 1973 nimmt die Anzahl der internen Vermerke in den Archiven dann bis 1975 langsam zu. Ab 1975 kann die Quellenlage für diese Studie wieder als grundsätzlich günstig betrachtet werden.
44 So bat Hans Rumpf, Präsident der WRK, im Nachgang der April-Sitzung 1970 um die Streichung eines Satzes aus dem Protokoll dieser Zusammenkunft. Vgl. DFGA, AZ 02219–04, Bd. 1a. Auszug aus der Aktennotiz über die Sitzung der Allianz am 13.07.1970.

zelt auch die Präsidenten oder Vorsitzenden) seitdem separat mehr oder minder offen handschriftliche Notizen an, die im Nachgang der Treffen zu internen Vermerken ausgearbeitet wurden.[45] Diese waren allerdings hochgradig vertraulich, stellten einzig die Sicht der jeweiligen Wissenschaftsorganisation auf die Besprechung dar und zirkulierten nur noch in einem kleinen Kreis innerhalb der eigenen Institution.[46]

Ein offizielles Protokoll, wie die DFG es Ende des Jahres 2001 (wieder) einführte und das zwischen den teilnehmenden Organisationen zirkulierte, bedeutete eine schriftliche Fixierung der Sitzungsergebnisse und garantierte deren nachträgliche Überprüfbarkeit. Zudem konnte auf diesem Weg Missverständnissen vorgebeugt werden, etwa wenn ein Tagesordnungspunkt auf die nächste Sitzung verschoben werden sollte. Auch hinsichtlich der Effizienz der Sitzungen, für deren Vor- und Nachbereitung, war ein solches, zentrales Ergebnisprotokoll vorteilhaft. Doch brachte ein offizielles Ergebnisprotokoll für die Allianz einschneidende Veränderungen mit sich. Nicht von ungefähr äußerten sich einige der Wissenschaftsorganisationen, insbesondere aus dem Kreis der Gründungsmitglieder, intern zunächst skeptisch über eine offizielle Protokollführung.[47] Erschwerend kam hinzu, dass dieser Schritt im Vorfeld nicht abgesprochen oder von den Mitgliedern gebilligt worden war. Dennoch erhob keine Wissenschaftsorganisation in den folgenden Sitzungen Einspruch gegen diese neue Arbeitskultur. Stattdessen konnte sich diese Praxis überraschend schnell etablieren und wurde von der HGF fortgeführt, die im Jahr 2002 schließlich den rotierenden Vorsitz übernahm.[48]

In der Folge begannen sämtliche Allianzmitglieder mit der internen Prüfung der offiziellen Ergebnisprotokolle und äußerten in der Folge in vielen Fällen nachträgliche Änderungswünsche, da sie ihre Partikularinteressen auch schriftlich berücksichtigt sehen wollten. Die Änderungen wurden anschließend von der vorsitzenden Wissenschaftsorganisation in das Protokoll eingearbeitet, eine Endfassung erstellt und diese

---

45 Vgl. Interview mit Josef Lange (München/Hannover 20.08.2020); Interview mit Christian Bode (Bonn/München 30.04.2020); Interview mit Christoph Schneider (Bonn 24.09.2019).

46 Vereinzelt kam es vor, dass eine Organisation ihren internen Vermerk auf Anfrage in Auszügen einem anderen Mitglied zur Verfügung stellte, wofür jedoch ein hohes wechselseitiges Vertrauen nötig war. Deswegen lässt sich diese Praxis hauptsächlich zwischen den Gründungsmitgliedern in denjenigen Fällen beobachten, in denen von der einer Wissenschaftsorganisation der Generalsekretär bzw. die Generalsekretärin an der Sitzungsteilnahme verhindert, ein Tagesordnungspunkt für diese Organisation aber von hohem Interesse war. Vgl. bspw. AMPG, II. Abt., Rep. 57, Nr. 604, Bd. 2. Schreiben von C. H. Schiel an D. Ranft vom 05.07.1976; AMPG, II. Abt., Rep. 57, Nr. 623. Schreiben von W. Benz an B. Bludau vom 27.03.1996. Die DFG sandte der MPG einmal gar den gesamten Ergebnisvermerk über die von MPG-Präsident Zacher geleitete Zusammenkunft zu, vgl. AMPG, II. Abt., Rep. 57, Nr. 611, Bd. 2. Schreiben von B. Müller an H. F. Zacher vom 23.09.1991.

47 Vgl. die entsprechenden Hinweise in AMPG, II. Abt., Rep. 57, Nr. 792, Bd. 1. Interner Vermerk der MPG zur Vorbereitung der Sitzung der Allianz am 22.07.2002; AdWR, 6.2 – Allianz-Sitzungen, Bd. Bd. 15. Interner Vermerk des WR über die Sitzung der Allianz am 13.02.2002; AdHRK, Allianz und Präsidentenkreis, Bd. 17. Interner Vermerk der HRK über die Sitzung der Allianz am 10.12.2001.

48 So finden sich weder in den offiziellen Ergebnisprotokollen noch in den parallel angefertigten internen Vermerken Hinweise darauf, dass ein Allianzmitglied sich offen gegen diese Praxis ausgesprochen hätte.

wiederum den übrigen Mitgliedern zur finalen Genehmigung (meist in der nächsten Allianzsitzung) vorgelegt.[49] Bedingt durch ihren offiziellen Charakter fokussieren diese Protokolle insbesondere die Ergebnisse (beziehungsweise auch die weiteren Veranlassungen) der Sitzung und sind sehr nüchtern gehalten. Zudem lassen sie kaum Rückschlüsse auf divergierende Positionen zu. Das alles unterscheidet sie von den internen und vertraulichen Sitzungsvermerken, die nur innerhalb der jeweiligen Wissenschaftsorganisationen zirkulierten und in denen die Teilnehmer:innen teilweise sehr offen ihre Eindrücke schilderten. Trotz der Erstellung eines zentralen Ergebnisprotokolls fertigten die Wissenschaftsorganisationen weiterhin auch interne Vermerke an, die sie hinsichtlich des Sitzungsverlaufes zunächst meist als verbindlich für ihre jeweilige Institution betrachteten.

Mit ihrem Entschluss zur Protokollführung führte die DFG eine weitere Neuerung ein: Sie zog mit Jens-Peter Gaul einen Schriftführer zu den Allianz-Sitzungen hinzu, der anders als die übrigen Anwesenden der Allianz eigentlich nicht angehörte.[50] Natürlich blieb diese, nicht vorher abgesprochene, Veränderung den anderen Mitgliedern der Allianz nicht verborgen.[51] So vermerkte die HRK beispielsweise in ihrem internen Sitzungsvermerk vergleichsweise nüchtern, dass „erstmalig ein Protokollführer anwesend" gewesen sei. In der MPG hingegen sorgte man sich kurzzeitig um die „Vertrau-

---

49 So wurde „Protokoll der letzten Sitzung" häufig als separater Punkt in die Tagesordnung der Allianz-Sitzungen aufgenommen. Vgl. bspw. den entsprechenden Vermerk in AdHRK, Allianz und Präsidentenkreis, Bd. 17. Ergebnisvermerk der HGF über die Sitzung der Allianz am 18.11.2002.
50 Vgl. die Anwesenheitsliste in AdHRK, Allianz und Präsidentenkreis, Bd. 17. Ergebnisvermerk der DFG über die Sitzung der Allianz am 13.02.2002. Für die Dezember-Sitzung gibt es im Ergebnisvermerk der DFG und auch in internen Vermerken der Wissenschaftsorganisationen keine Übersicht über die Teilnehmer:innen. Allerdings vermerkte der Generalsekretär der HRK am Ende seines internen Sitzungsvermerks zur Dezember-Sitzung, dass ein Protokollführer anwesend gewesen wäre, vgl. AdHRK, Allianz und Präsidentenkreis, Bd. 17. Interner Vermerk der HRK über die Sitzung der Allianz am 10.12.2001. Außerdem unterzeichnete Jens-Peter Gaul den entsprechenden Entwurf für das Ergebnisprotokoll der Sitzung am 10.12.2001 und versendete diesen im Nachgang der Sitzung an die übrigen Mitglieder der Allianz. Vgl. AdHRK, Allianz und Präsidentenkreis, Bd. 17. Schreiben von J.-P. Gaul an die Allianz vom 20.12.2001; DFGA, AZ 0224, Bd. 18. Ergebnisvermerk der DFG über die Sitzung der Allianz vom 10.12.2001. Jens-Peter Gaul war im Übrigen zu diesem Zeitpunkt Mitarbeiter in der Geschäftsstelle der DFG und dort verantwortlich für den Bereich „Gremien". 2002 wechselte er innerhalb der DFG in den Bereich „Perspektiven der Forschung". 2007 verließ er die DFG, um die Leitung der KoWi zu übernehmen. Seit 2016 ist er Generalsekretär der HRK. Vgl. den Lebenslauf auf der Website der HRK Hochschulrektorenkonferenz (o. J.), Dr. Jens-Peter Gaul.
51 Vgl. AdHRK, Allianz und Präsidentenkreis, Bd. 17. Interner Vermerk der HRK über die Sitzung der Allianz am 10.12.2001. An dieser Stelle muss jedoch auch angemerkt werden, dass es gerade in der Anfangszeit der Allianz vereinzelt vorkam, dass Mitarbeiter:innen der Geschäftsstelle der jeweils vorsitzenden Wissenschaftsorganisation zum Zweck der Protokollführung an den Sitzungen der Präsidenten und Generalsekretäre teilnahmen. So lässt sich bspw. für die Sitzung am 04.04.1967 die Teilnahme von Dagmar Dahs-Odenthal (DFG) und am 18.02.1967 von Edmund Marsch (MPG) nachweisen. Vgl. AMPG, II. Abt., Rep. 57, Nr. 602, Bd. 2. Ergebnisvermerk der MPG über die Sitzung der Allianz am 18.02.1967; AMPG, II. Abt., Rep. 57, Nr. 602, Bd. 2. Ergebnisvermerk der DFG über die Sitzung der Allianz am 04.04.1967.

lichkeit der Beratungen".⁵² Letztlich intervenierte allerdings keines der Allianzmitglieder gegen diese neue Praxis der DFG. Die HGF sah im Vorgehen der DFG gar eine willkommene Chance, endlich ein seit Jahrzehnten verfolgtes Ziel zu realisieren. Im Februar 2002 wagte ihr Präsident Walter Kröll in bilateralen Gesprächen mit seinen Kollegen einen neuerlichen Vorstoß bezüglich einer Teilnahme seines Geschäftsführers an den Besprechungen der Allianz vorzufühlen. Dass sich Kröll dabei offenbar zunächst an den Präsidenten der MPG wandte, ist wenig überraschend, da ähnliche Initiativen seiner Amtsvorgänger am vehementen Widerstand von MPG und DFG gescheitert waren. Nach wie vor herrschte in der MPG bezüglich der Tragweite einer möglichen Entscheidung ein gewisses Maß an Zurückhaltung. Daher empfahl man Kröll, diesen Punkt gemeinsam mit allen Mitgliedern bei der nächsten Sitzung im Juli zu erörtern.⁵³ Obgleich die Einschätzung der übrigen Wissenschaftsorganisationen aus der vorliegenden Quellenbasis nicht mit Sicherheit rekonstruiert werden kann, liegt die Vermutung nahe, dass viele Allianzmitglieder der Teilnahme des HGF-Geschäftsführers mit weniger Skepsis begegneten.⁵⁴ Ob das Anliegen wirklich im Rahmen der Allianz besprochen wurde oder ob die HGF nach dem nicht erfolgten Widerspruch von Seiten der MPG einfach ihrerseits Tatsachen schaffen wollte, ist unklar. Weder in der offiziellen Ergebnisniederschrift noch in den internen Sitzungsvermerken über den Termin im Juli 2002 oder in einer separaten Notiz der teilnehmenden Wissenschaftsorganisationen wird dieses Anliegen aufgeführt. Allerdings waren die Bemühungen der HGF dieses Mal von Erfolg gekrönt: Beginnend mit besagter Sitzung im Juli – und damit der ersten unter dem Vorsitz der HGF – begleitete der Geschäftsführer, Enno Aufderheide, seinen Präsidenten zu sämtlichen Allianz-Sitzungen.⁵⁵ Dabei hatte es der HGF sicherlich in die Karten gespielt, dass die DFG durch die Einladung eines Protokollführers im Vorfeld einen „Präzedenzfall"⁵⁶ hinsichtlich der Erweiterung des Mitgliederkreises geschaffen hatte. Schließlich konnte Kröll nun davon ausgehen, dass aus dieser Richtung (anders als knapp zehn Jahre zuvor) kein Gegenwind mehr zu erwarten war.

Doch nicht nur durch Einbindung eines Protokollführers und des Geschäftsführers der HGF wurde der Kreis der Sitzungsteilnehmer im Laufe der 2000er Jahre vergrößert. Ferner wurden zunächst AvH und DAAD, die bereits seit den 1990er Jahre an den Sitzun-

---

52 AMPG, II. Abt., Rep. 57, Nr. 792, Bd. 1. Interner Vermerk der MPG zur Vorbereitung der Sitzung der Allianz am 22.07.2002.
53 Vgl. zur Anfrage Krölls bei der MPG die entsprechende Notiz in AMPG, II. Abt., Rep. 57, Nr. 792, Bd. 1. Interner Vermerk der MPG zur Vorbereitung der Sitzung der Allianz am 22.07.2002.
54 Schließlich waren, wie oben erläutert, FhG und HRK bereits in den 1990er Jahren dazu übergegangen den damaligen Geschäftsführer der HGF einzuladen, bevor sich die DFG gegen diese Praxis ausgesprochen hatte.
55 Vgl. bspw. die Übersicht der Teilnehmer in AdHRK, Allianz und Präsidentenkreis, Bd. 17. Ergebnisvermerk der HGF über die Sitzung der Allianz am 22.07.2002 und AdHRK, Allianz und Präsidentenkreis, Bd. 17. Ergebnisvermerk der HGF über die Sitzung der Allianz am 18.11.2002.
56 AMPG, II. Abt., Rep. 57, Nr. 792, Bd. 1. Interner Vermerk der MPG zur Vorbereitung der Sitzung der Allianz am 22.07.2002.

gen der sogenannten Internationalen Allianz und am Präsidentenkreis teilnahmen, in die Allianz inkludiert. Im Jahr 2008 erfolgte schließlich mit der Einladung des Präsidenten und der Generalsekretärin der Deutschen Akademie der Naturforscher Leopoldina die letzte Erweiterung des Gremiums. Damit war die Allianz nach der Jahrtausendwende auf zehn Mitgliedsorganisationen und rund 20 teilnehmende Personen angewachsen, was in Teilen die voranschreitende Formalisierung der internen Abläufe erklärt. Abstimmungen oder Terminfindungen in einem so großen Kreis benötigten eine entsprechende Koordination. Informelle Absprachen beim gemeinsamen Abendessen in der privaten Residenz eines der Mitglieder waren bei diesem Umfang kaum mehr vorstellbar.

Ferner vergrößerte sich durch die Aufnahme neuer Mitglieder das Spektrum der zu harmonisierenden Positionen in der Allianz. Die verschiedenen Organisationen erfüllen im deutschen Wissenschaftssystem unterschiedliche Aufgaben und verfolgen unterschiedliche Schwerpunkte, was nicht ohne Rückwirkungen auf das Binnenverhältnis des kooperativen Zusammenschlusses blieb. Die Probleme der universitären Forschung tangierten die Belange politikberatender Institutionen unter Umständen nur in geringem Umfang, um nur ein Beispiel anzuführen. So führte das quantitative Wachstum der Allianz zugleich zu einer Verkleinerung der gemeinsamen Schnittpunkte der Teilnehmenden. Immer weniger der in den gemeinsamen Sitzungen besprochenen Themen betrafen daher alle Mitglieder gleichermaßen und waren somit Angelegenheiten, die nach Einschätzung der beteiligten Akteur:innen „vor der Klammer" standen und daher im gemeinsamen Gespräch eruiert werden sollten.[57] Auch die Suche nach einer gemeinsamen Linie und damit nach Kompromissen war im vergrößerten Kreis ungleich schwieriger als beispielsweise noch in den 1970er Jahren. Langjährige Kenner:innen des Gremiums stellen vor diesem Hintergrund nicht ohne Grund die Frage, wie sich die Balance zwischen einem effektiven gemeinsamen Auftreten und den heterogenen Interessen aller Beteiligten wahren lässt.[58]

Mit Blick auf die handlungsleitenden Modi der Interaktion, Kooperation und Konkurrenz, deren Analyse im Zentrum der vorliegenden Untersuchung steht, fällt eine bleibende Veränderung insbesondere der kooperativen Praktiken innerhalb der Allianz auf, die sich auf deren veränderte Zusammensetzung und dem Wandel im Selbstverständnis zurückführen lässt. Um die Arbeitsfähigkeit ihres gemeinsamen Zusammenschlusses trotz seiner Größe zu wahren, initiierten ihre Mitglieder seither themenspezifisch partielle Verkleinerungen des Besprechungskreises. Auf diese Weise wurde eine Erörterung in einer nur aus wenigen Teilnehmenden bestehenden Ar-

---

[57] Interview mit Barbara Bludau (München 22.10.2018). Der Terminus der „vor der Klammer" stehenden Punkte findet sich bspw. auch in AdHRK, Allianz und Präsidentenkreis, Bd. 18. Vermerk der HGF über die Sitzung der Allianz am 24.03.2003.
[58] Vgl. Interview mit Barbara Bludau (München 22.10.2018); Interview mit Christian Bode (Bonn/München 30.04.2020).

beitsgruppe den gemeinschaftlichen Beratungen im großen Kreis vorgeschaltet. Diese Arbeitsteilung kann als Indiz für eine weitere Professionalisierung der Arbeitsabläufe in der Allianz verstanden werden. Ähnlich lässt sich auch ein weiterer Vorschlag aus den frühen 2000er Jahren zur Verbesserung der Effizienz der gemeinsamen Sitzungen interpretieren. Nachdem die Teilnehmer:innen, wohl aufgrund ihrer divergierenden Partikularinteressen, trotz ausführlicher Diskussionen an einer gemeinsamen Stellungnahme gegenüber dem Bundeskanzler gescheitert waren, beschlossen sie, dass zukünftig jeweils eine Mitgliedsorganisation eigeninitiativ einen Entwurf für eine gemeinschaftliche Äußerung der Allianz erarbeiten und anschließend den Kooperationspartnern zukommen lassen sollte. Der Austausch in diesen Angelegenheiten sollte in der Folge also losgelöst von den Allianzterminen erfolgen, was den einzelnen Mitgliedern mehr Möglichkeiten gab, unmittelbar Rücksprache mit den betroffenen (Unter-)Abteilungen zu halten und Änderungswünsche direkt einzubringen. Gleichzeitig kann dies jedoch als Bedeutungswandel, vielleicht sogar als Bedeutungsverlust, der Allianzsitzungen betrachtet werden. Seither dienen die Zusammenkünfte der Präsident:innen, Vorsitzenden, Generalsekretär:innen und Geschäftsführer:innen dazu, gemeinsam konkrete Entscheidungen zu treffen. Die Vorbereitungen und die damit verbundenen Aushandlungsprozesse erfolgen dagegen oft im Vorfeld der Treffen und sind innerhalb der Mitgliedsorganisationen verstärkt auf der Arbeits- und nicht länger auf der obersten Führungsebene angesiedelt.[59] Diese Entwicklung hatte sich erstmals bei den Beratungen über die zukünftige Struktur der Allianz angedeutet, als die Generalsekretär:innen von MPG, DFG und WR mit der Erarbeitung einer ersten Beschlussvorlage betraut worden waren. Für die Allianz stellte sich bei alledem die Frage, ob sich die gemeinschaftliche Schlagkraft ihres Verbundes durch die Aufnahme neuer Mitglieder erhöhte oder verringerte. Gerade die beschriebenen partiellen Exklusionen, die Verlagerung der Arbeit in speziell eingerichtete Untergruppen und die Einführung offizieller Ergebnisniederschriften zeugen eindrucksvoll vom Versuch des Gremiums, sich den verändernden Rahmenbedingungen anzupassen. Der zeitliche Zuschnitt dieser Studie erlaubt es zwar nicht, die weitere Veränderung der Allianz und die Auswirkung der jüngsten Aufnahmen neuer Mitglieder auf ihre Kooperationskultur zu untersuchen, doch zeigt sich deutlich, dass die Allianz des 21. Jahrhunderts in vielen Belangen einen Wandel durchlaufen hat, der ihr Wesen grundlegend verändert hat.

---

59 Dies kann allerdings nur als Vermutung formuliert werden und wäre sicherlich ein vielversprechender Anknüpfungspunkt für weitere Untersuchungen, da für den entsprechenden Zeitraum keine Archivquellen gesichtet wurden. Allerdings lässt sich beobachten, dass die Allianz in der jüngeren Vergangenheit auch Stellungnahmen veröffentlichte, die nicht von allen Mitgliedern unterzeichnet wurden. Vgl. bspw. Allianz der Wissenschaftsorganisationen (2012), Stärkung von Wissenschaft und Forschung; Allianz der Wissenschaftsorganisationen (2015), Novellierung des Wissenschaftszeitvertragsgesetzes; Allianz der Wissenschaftsorganisationen (2017), Wissenschaft ist international; Allianz der Wissenschaftsorganisationen (2018), Qualitätssicherung; Deutsche Forschungsgemeinschaft / Fraunhofer-Gesellschaft / Helmholtz-Gemeinschaft u. a. (2020), Coronavirus-Pandemie.

5.3 Die Allianz als Stimme der Wissenschaft?

Nicht nur die interne Arbeitsweise der Allianz, ihre Zusammensetzung und ihr Selbstverständnis wandelten sich um die Jahrtausendwende grundlegend. Ebenso lässt sich ein Mentalitätswandel hinsichtlich ihrer Rolle in der Wissenschaft und in ihrem Verhältnis zur Öffentlichkeit feststellen.[60] Damit reagierte sie auf die sich rasant wandelnden Bedingungen in der modernen Wissensgesellschaft, die sich durch eine zunehmende Medialisierung verschiedener gesellschaftlicher Teilbereiche auszeichnet. So konnten sich auch die Wissenschaftsorganisationen auf Dauer nicht der stetig wachsenden Nachfrage nach Informationen und damit einhergehend nach Wissen und Orientierung verschließen.[61] In den Mitgliedsorganisationen waren bereits in den 1990er Jahren die Abteilungen für Public Relations personell angewachsen und hatten damit begonnen, Informationsangebote, etwa für Pressevertreter:innen oder die interessierte Öffentlichkeit, zu entwickeln.

Erst mit einer gewissen zeitlichen Verzögerung setzte dieser Mentalitätswandel auch in der Allianz ein. Erstmalig ließ sich eine stärkere Orientierung am öffentlichen Diskurs in den Diskussionen über die Novellierung des Tierschutzgesetzes in den 1990er Jahren verfolgen, was allerdings noch keine konkreten Veränderungen im Kommunikationsverhalten der Wissenschaftsorganisationen nach sich zog. Zwar hatte die Allianz erkannt, dass der Öffentlichkeit in den hitzigen Debatten um die Notwendigkeit von Tierversuchen eine zentrale Rolle als dritte Partei zukam oder sie zumindest die politische Meinungsbildung nachhaltig beeinflussen konnte, doch richteten sich die gemeinschaftlichen Bemühungen der Forschungseinrichtungen zunächst weiterhin an die Stakeholder aus der Politik. Zumindest aber setzte sich bei den Allianzmitgliedern allmählich die Erkenntnis durch, dass sie künftig ihre kommunikativen Strategien überarbeiten und den Bedürfnissen der Mediengesellschaft anpassen müssten. Als erste Konsequenz aus den entsprechenden Überlegungen kann die vom Stifterverband angestoßene Gründung der Initiative Wissenschaft im Dialog (WiD) im Jahr 2000 angesehen werden.[62] Hierbei nahm die Allianz gleichsam eine fördernde wie auch, insbesondere anfangs, eine skeptische Rolle ein. Nichtsdestoweniger stellte Wissenschaft im Dialog, woran alle damaligen Allianzmitglieder ebenso wie der Stifterverband und die Arbeitsgemeinschaft industrieller Forschungsvereinigungen beteiligt waren, die Weichen für eine mediale Öffnung des kooperativen Zusammenschlusses. Denn nach der Gründung von WiD gab sich die Allianz nicht mit einer Rolle als stille Teilhaberin zufrieden. Stattdessen verging kaum eine Sitzung, in der man nicht über die Aktivitäten der Initiative beriet. Eifrig wur-

---

60 Vgl. Interview mit Josef Lange (München/Hannover 20.08.2020).
61 Vgl. dazu bspw. Donges/Jarren (2017), Politische Kommunikation, S. 8–13; Donges (2008), Medialisierung, S. 19–49; Saxer (1998), Mediengesellschaft; Jarren (1998), Medien; Jarren (2001), „Mediengesellschaft".
62 Zum Spektrum der Aktivitäten siehe die Selbstdarstellung Wissenschaft im Dialog (2009), 10 Jahre Wissenschaft im Dialog. Vgl. außerdem zu WiD Erhardt (2005), Dampfwalze; Korbmann (2019), Weckruf für die Wissenschaftskommunikation; Treusch (2008), Nur wer sich öffnet, kann sich behaupten.

de Bericht erstattet, intensiv diskutiert und engagiert evaluiert; Schwerpunktsetzungen wurden verschoben und einzelne Aktionen kritisch unter die Lupe genommen.

Ebenfalls in den frühen 2000er Jahren begann die Allianz, ihre gemeinsamen Stellungnahmen öffentlich zu publizieren. Bereits 1999 hatten der Stifterverband, die Allianz und die AiF sowohl die Beiträge zum Symposium „Public Understanding of the Sciences and Humanities" als auch das Memorandum zum Start der gemeinsamen Initiative WiD in Form eines rund 80 Seiten umfassenden Konferenzbandes veröffentlicht.[63] Nur wenige Jahre später ließ die Allianz vor dem Hintergrund der laufenden politischen Debatten um eine Föderalismusreform öffentlichkeitswirksam zwei weitere gemeinsame Verlautbarungen folgen, in denen sie sich zugunsten einer Fortführung der Gemeinschaftsaufgaben Forschungsfinanzierung und Hochschulausbau positionierte.[64] Waren solche öffentlichen Stellungnahmen in den 1990er Jahren noch eine absolute Seltenheit gewesen, lässt sich nach der Jahrtausendwende eine deutliche Zunahme derselben erkennen.[65] Seit 2007 verging kein Jahr mehr, in dem die Wissenschaftsorganisationen sich nicht gemeinsam gegenüber einem größeren Adressat:innenkreis äußerten. Wenngleich die Anzahl der Verlautbarungen starken Schwankungen unterworfen war, lässt sich doch eine Verstetigung dieser Praxis diagnostizieren.

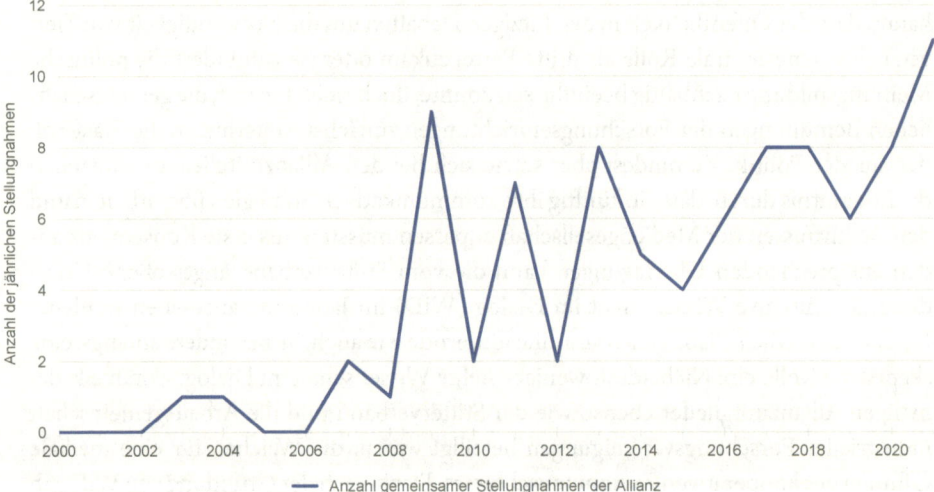

Abb. 25: Jährliche Anzahl der gemeinsamen Stellungnahmen der Allianz (2000–2021).[66]

---

63 Vgl. Stifterverband für die Deutsche Wissenschaft (1999), Dialog Wissenschaft und Gesellschaft.
64 Allianz der Wissenschaftsorganisationen (2004), Wachstum braucht Wissenschaft; Vgl. Allianz der Wissenschaftsorganisationen (2003), Neuordnung der Forschungsfinanzierung und des Hochschulbaus. Vgl. zur Föderalismusreform auch Hintze (2020), Kooperative Wissenschaftspolitik, S. 175–202; Seckelmann (2010), Konvergenz und Entflechtung; Speiser (2015), Der neue Art. 91b GG.
65 Vgl. Klofat (1991), Herrenhaus.
66 Eigene Visualisierung auf Basis der auf den Websites der Mitgliedsorganisationen veröffentlichten Stellungnahmen.

So wuchs die Zahl gemeinsamer Stellungnahmen von insgesamt 16 im Zeitraum zwischen 2000 und 2010 auf nicht weniger als 62 in den Jahren 2011 bis 2020. Diese standen zwar zumeist in direktem Zusammenhang mit aktuellen (wissenschafts-)politischen Entwicklungen, doch richteten sie sich nun im Unterschied zu den gemeinsamen Verlautbarungen in der Vergangenheit nicht mehr ausschließlich an die zuständigen Vertreter:innen der Politik, sondern dienten auch dem Zweck, die Rolle der Allianz in wichtigen wissenschaftspolitischen Debatten öffentlichkeitswirksam zu akzentuieren.[67]

Darüber hinaus findet sich auf den Homepages der Mitglieder ebenso wie auf der Website der Allianz die Information über den wechselnden Vorsitz innerhalb der Allianz und welcher Wissenschaftsorganisation aktuell die Federführung obliegt. Seit der Einführung des jährlichen Rotationsprinzips und insbesondere seit der Zunahme der öffentlichkeitswirksamen Aktionen kommt der vorsitzenden Organisation sukzessive eine Sprecherfunktion gegenüber der Politik und der Öffentlichkeit zu. So wurde der Präsident der Hochschulrektorenkonferenz, die 2020 den Vorsitz innehatte, unter anderem in gemeinsamen Pressemitteilungen gar als „Allianz-Sprecher" betitelt.[68] Auch bei einigen ihrer Initiativen ist die Allianz inzwischen dazu übergangen, eine Person als Sprecher:in zu benennen, was den Mentalitätswandel unterstreicht, der bei der Allianz in diesem Punkt zu beobachten ist.[69] Sie hat damit eben jene Funktionsbezeichnung offizialisiert, gegen die sie sich in den 1990er Jahren noch heftig gewehrt hatte.[70] Der Begriff des Sprechers bringt den Wandel im institutionellen Selbstverständnis und der wissenschaftspolitischen Bedeutung der Allianz semantisch in aller Deutlichkeit auf den Punkt: Sie versteht sich inzwischen mehr denn je als Interessenvertreterin und institutionalisiertes Sprachrohr der gesamten deutschen Wissenschaft.

---

67 Auf den Websites von Leopoldina und Wissenschaftsrat können die Stellungnahmen der Allianz bis in das Jahr 2003 zurückverfolgt werden. Die übrigen Mitglieder verweisen in diesem Zusammenhang lediglich auf die vorsitzende Institution und stellen keine weiteren Unterlagen zum Abruf bereit.
68 Allianz der Wissenschaftsorganisationen (2020), Wissenschaftszeitvertragsgesetz.
69 Als Beispiel sei hier auf das Projekt DEAL verwiesen. Der ehemalige HRK-Präsident Horst Hippler fungierte lange Zeit als Sprecher der DEAL-Verhandlungsgruppe, inzwischen hat diese Position Günther M. Ziegler übernommen, vgl. Hochschulrektorenkonferenz (o. J.), Projekt DEAL. Auch bei der Kampagne „Tierversuche verstehen" wird auf ihrer Homepage auf den Vorsitzenden der Steuerungsgruppe, Stefan Treue, und seine Stellvertreter:innen Olivia Masseck und Johannes Beckers verwiesen, vgl. Allianz der Wissenschaftsorganisationen (o. J.), Tierversuche verstehen.
70 Bereits einige Jahren zuvor wurde der Präsident bzw. Vorsitzende der Wissenschaftsorganisation, die den Allianz-Vorsitz innehatte, in der Presse auch als Sprecher der Allianz bezeichnet. Vgl. bspw. Prussky (2017), Fürsten. Zur abwehrenden Haltung der Allianz gegenüber der Einführung eines Sprecherpostens vgl. bspw. die Schilderung der DFG in Fragen der Repräsentanz der deutschen Wissenschaftsorganisationen in Europa in DFGA, AZ 02219–04, Bd. 14. Interner Vermerk der DFG über die Sitzung der Allianz am 31.03.1992. Auch in den Debatten über das Selbstverständnis der Allianz, auf die in diesem und dem vorangegangenen Kapitel bereits ausführlich eingegangen wurde, ging es um die Frage nach einem Sprecher, vgl. bspw. AdHRK, Allianz und Präsidentenkreis, Bd. 6. Interner Vermerk der HRK über die Sitzung der Allianz am 04.11.1992.

Mit Beginn der 2010er Jahre manifestierte sich die Öffnung der Allianz gegenüber der Gesellschaft schließlich in einer Serie von Hochglanzbroschüren. Unter dem Motto „Wir erforschen" präsentierte sich die Allianz als kohärente Anbieterin von Forschungsleistungen in den fünf Wissenschafts- und Technikfeldern Energie, Kommunikation, Sicherheit, Gesundheit und Mobilität. Einmal mehr zeichnete sich in diesem Versuch, die Öffentlichkeit für die Ergebnisse und Erkenntnisse der deutschen Spitzenwissenschaft zu interessieren, der korporatistische Modus von Wissenschaftspolitik ab. Sowohl der Zeitpunkt der Veröffentlichung als auch das Themenspektrum der Reihe war auf die Hightech-Strategie 2020 des BMBF ausgerichtet.[71] Diese Broschürenreihe stellt im Hinblick auf die öffentlichkeitswirksamen Aktionen der Allianz einen Scharniermoment dar. Erstmals ging es dem Gremium nun darum, seine Anliegen und die von seinen Mitgliedseinrichtungen durchgeführte Arbeit zielgruppengerecht einem breiten Publikum zu präsentieren und diese von seinen Standpunkten zu überzeugen. Noch deutlicher wird diese neue Form der Öffentlichkeitsarbeit in den gemeinsamen Schwerpunktinitiativen, etwa zu den Themen „Digitale Information"[72] oder „Tierversuche verstehen",[73] bei denen das Gremium sogar auf eine multimediale Vermittlung seiner Inhalte setzt, etwa über eigene Websites oder Auftritte in den sozialen Medien. Den vorläufigen Höhepunkt markiert die einleitend erwähnte, großangelegte Kampagne „Freiheit ist unser System"[74] aus dem Jahr 2019: Über ein halbes Jahr lang organisierten die Mitgliedsorganisationen unter anderem in Berlin, Bonn, Halle und München öffentliche Vorträge, Podiumsdiskussionen und Thementage zur Wissenschaftsfreiheit. Auch im World Wide Web stellte die Allianz ein breites Angebot zur Verfügung: Sie veröffentlichte unter anderem einen Podcast mit zehn Folgen, in dem Wissenschaftler:innen auf Fragen zur Freiheit der Forschung antworteten. Darüber hinaus stellte sie unter dem Hashtag #HirschhausenFragt eine Reihe von Videos online, in denen die Zuschauer:innen gemeinsam mit Wissenschaftsjournalist und Mediziner Eckart von Hirschhausen einige Wissenschaftler:innen aus Mitgliedsorganisationen der Allianz und ihre Forschung kennenlernen konnten. Im September mündete diese umfangreiche Kampagne schließlich in eine medial breit rezipierte Abschlussveranstaltung mit einer Festrede des Bundespräsidenten, Impulsbeiträgen der Präsidenten von MPG und WGL und schließlich einer Podiumsdiskussion, in der sich Vertreter:innen aus Wissenschaft, Industrie und Politik über die Zukunft freier Wissenschaft austauschten.[75]

---

71 Siehe Allianz der Wissenschaftsorganisationen (2010), Energie; Allianz der Wissenschaftsorganisationen (2011), Kommunikation; Allianz der Wissenschaftsorganisationen (2011), Sicherheit; Allianz der Wissenschaftsorganisationen (2011), Gesundheit; Allianz der Wissenschaftsorganisationen (2012), Mobilität.
72 Vgl. Allianz der Wissenschaftsorganisationen (2008), Digitale Information.
73 Vgl. Allianz der Wissenschaftsorganisationen (2016), Tierversuche verstehen. Diese Initiative verfügt neben einer eigenen Website auch über einen eigenen Twitter-Account und einen Youtube-Kanal.
74 Vgl. Allianz der Wissenschaftsorganisationen (o. J.), Freiheit ist unser System.
75 Vgl. Allianz der Wissenschaftsorganisationen (2019), Abschluss der Kampagne „Freiheit ist unser System".

Damit hatte sich die öffentliche Kommunikation von Wissenschaft und Forschung seit Beginn der 2010er Jahre zu einem wichtigen Aktionsfeld der Allianz entwickelt, nachdem sie die Öffentlichkeit als mögliche Adressatin ihrer gemeinschaftlichen Bemühungen erstmals in den ausgehenden 1990er Jahren entdeckt hatte. Auch vor einem zunächst informellen „Club" machten die (von innen und außen) an ihn herangetragenen Ansprüche, geprägt von der sich rasant verändernden Lebenswirklichkeit nicht Halt. Vielmehr zollte die Allianz im Angesicht des Millenniums den Erwartungen der modernen Mediengesellschaft allmählich Tribut, zunächst in Form von gemeinsamen Presseerklärungen und schließlich durch umfangreiche, multimediale Informationskampagnen. In einem Zehn-Punkte-Plan bekannte sie sich erst 2020 zu ihrer Verantwortung für die Gestaltung des Dialogs zwischen Wissenschaft und Gesellschaft und definierte darin sowohl vier zentrale Handlungsfelder als auch zehn konkrete Empfehlungen zu deren Umsetzung.[76]

So unscheinbar die einzelnen Entwicklungen, welche die Allianz nach der Jahrtausendwende durchlief – hinsichtlich ihres Selbstverständnisses, ihrer Organisationsstruktur, ihrer Zusammensetzung oder ihres Verhältnisses zur Öffentlichkeit – auch wirken mögen, in ihrem Zusammenspiel entfalteten sie eine nicht zu unterschätzende Wirkung. Denn dieser auf so vielen Ebenen gleichzeitig einsetzende Wandel führte dazu, dass die Allianz im 21. Jahrhundert ein gänzlich anderes Gesicht bekam.[77] Dabei beeinflusste dieser tiefgreifende Transformationsprozess nicht nur die Arbeitsweise des Gremiums, sondern wirkte sich vermutlich ebenso nachhaltig auf die kooperativen und kompetitiven Praktiken in seinem Binnenverhältnis aus. Begünstigt wurde dies durch externe Anforderungen ebenso wie durch zahlreiche personelle Veränderungen an der Spitze der Mitgliedsorganisationen zwischen 1998 und 2003.[78] Abgesehen von der DFG erlebten alle Allianzmitglieder in diesem Zeitraum einen Wechsel im Amt von Präsident:in und/oder Generalsekretär:in, was die Bereitschaft zur Veränderung der etablierten Strukturen erhöht haben dürfte.

---

76 Vgl. Allianz der Wissenschaftsorganisationen (2020), Wissenschaftskommunikation.
77 Vgl. Interview mit Christian Bode (Bonn/München 30.04.2020).
78 Lediglich bei der DFG (und beim DAAD, wenn man auch die jüngeren Mitglieder einbezieht) gab es in diesem Zeitraum weder im Amt des Präsidenten noch des Generalsekretärs einen Wechsel.

6   Fazit

Trotz (oder vielleicht gerade wegen) ihres über lange Jahre so zurückhaltenden öffentlichen Auftretens hat sich die Allianz als wichtige Abstimmungsplattform für die einflussreichsten deutschen Wissenschaftsorganisationen und gleichzeitig als bedeutendes Beratungsgremium in Fragen der Forschungspolitik bewährt. Die vorliegende Arbeit hat danach gefragt, wie die in ihr versammelten Wissenschaftsorganisationen die komplexe Wechselwirkung der handlungsleitenden Interaktionsmodi, Kooperation und Konkurrenz, ausbalancierten. Hierfür ist die Genese der Allianz bis zur Jahrtausendwende nachgezeichnet worden, während zugleich einzelne Fallstudien zu Themen, die für das Gremium von besonderer Relevanz waren, in die Untersuchung eingeflossen sind. Die Analyse hat sich auf drei zentrale Interaktionsebenen konzentriert: das Binnenverhältnis der Mitgliedsorganisationen innerhalb der Allianz, ihre Beziehung zu externen Akteuren sowie das Zusammenwirken von Wissenschaft und Politik im sogenannten Präsidentenkreis.

Das von Kenner:innen als „unvollkommene Institution" oder „hinter den Kulissen" agierende Runde charakterisierte Gremium wurde in den ersten knapp 50 Jahren seines Bestehens wiederholt zum Nexus für die spannungsreiche Gleichzeitigkeit kooperativer und kompetitiver Praktiken.[1] Um die im Rahmen dieser Studie gewonnenen Erkenntnisse zur Allianz der Wissenschaftsorganisationen noch einmal zu systematisieren, werden die vielfältigen Handlungsstränge in aller Kürze zusammengefasst und an die beiden erkenntnisleitenden Interaktionsmodi rückgebunden.

Die Analyse hat ergeben, dass sich die Entstehung der Allianz nicht auf einen konkreten Termin festlegen lässt, da sie von ihren Mitgliedern nie offiziell, etwa bei einem öffentlichen Festakt, aus der Taufe gehoben wurde. Stattdessen entwickelte, verfestigte und veränderte sie sich, wie es für informelle intermediäre Organisationen nicht unüblich ist, über einen längeren Zeitraum hinweg. Dieser Umstand machte es unmöglich, die historischen Wurzeln oder die Vorgeschichte des Zusammenschlusses von einem

---

[1] Van Bebber (2011), Ritterrunde, S. 35.

exakten Gründungsdatum aus zu erforschen. Stattdessen rückten die (wissenschaftspolitischen) Weichenstellungen ebenso wie die damit verbundenen Scharnier- und Kippmomente in den Fokus, die den Weg für die Formierung der Allianz als gewichtige forschungspolitische Akteurin ebneten. Es waren vor allem zwei Faktoren für das Zustandekommen und die Konsolidierung des Kooperationsformats zwischen dem Führungspersonal der zunächst drei beteiligten Wissenschaftsorganisationen, DFG, WRK und MPG, ausschlaggebend: die Existenz eines gemeinsamen Ziels und ein wechselseitiges Vertrauensverhältnis.

Den Mehrwert eines gemeinsamen Auftretens führten den leitenden Vertretern der drei Wissenschaftsorganisationen insbesondere zwei wissenschaftspolitische Initiativen des Bundes in den 1950er Jahren vor Augen. So resultierte eine erste Intensivierung des bis dato eher sporadischen Austauschs aus den von Bund und Ländern angestoßenen Plänen zur Errichtung des Wissenschaftsrats. Zunächst ging es den Wissenschaftsorganisationen darum, in der Politik um Unterstützung für das Vorhaben zu werben. Nachdem ihnen dies gelungen war, wollten sie die anschließende Ausgestaltung des Verwaltungsabkommens nicht alleine den Akteuren aus der Politik überlassen. In dieser Phase kooperierten vor allem die Präsidenten von DFG und WRK eng miteinander und stimmten sich hinsichtlich der zu ergreifenden Schritte ab. Die gemeinsamen öffentlichkeitswirksamen Äußerungen der Wissenschaftsmanager sollten ihren Forderungen mehr Nachdruck verleihen und dazu führen, dass ihre Vorschläge bei der Ausarbeitung des Abkommens entsprechend berücksichtigt wurden. Obwohl sich die Wissenschaftsorganisationen nicht in allen Punkten durchsetzen konnten, gelang es ihnen durch ihre gemeinschaftlichen Bemühungen dennoch, sich eine maßgebliche wissenschaftspolitische Gestaltungsmacht zu sichern. Denn in den langwierigen Verhandlungen über die Ausgestaltung des Verwaltungsabkommens hatten sich die Präsidenten von DFG, MPG und WRK durch ihr koordiniertes Vorgehen erstmals gegenüber der Politik als Stimme der bundesdeutschen Wissenschaft positionieren können, woraufhin ihnen das gemeinschaftliche Vorschlagsrecht für die Besetzung der Wissenschaftlichen Kommission des Wissenschaftsrats eingeräumt wurde. Das Erstellen der gemeinsamen Vorschlagsliste sollte sich in den folgenden Jahren mitunter als aufwändiger Prozess erweisen, der einen kontinuierlichen Dialog zwischen den drei Wissenschaftsorganisationen erforderte und anhand dessen sich erste Konturen einer Allianz *avant la lettre* zeigen. Die zweite wichtige Weichenstellung, in Folge derer sich die Zusammenarbeit von DFG, MPG und WRK verfestigte und sich zugleich der Dialog mit der Politik intensivierte, war die allmähliche Zentralisierung der staatlichen Kompetenzen in der Forschungs- und Technologiepolitik. Dadurch rückten die Wissenschaftsorganisationen enger zusammen, was einen weiteren wichtigen Schritt auf dem Weg zur Entstehung der Allianz markierte. Bereits mit der Gründung des Bundesministeriums für Atomfragen (BMAt) im Jahr 1955 war der Bund – wenn auch zunächst in geringem Umfang – in die Forschungsförderung eingestiegen. Als sich Atomminister Siegfried Balke wenige Jahre später mit der Bitte um Unterstützung seiner Pläne zum Aufbau eines eigenständigen Forschungsressorts an die drei Präsidenten wandte, erkannten diese die weitreichenden Konsequenzen seines Ansinnens. Die sich im Zuge dessen zunehmend festigende Kooperationsbeziehung des kleinen und bereits bestens miteinander vernetzten Führungszirkels im bundesdeutschen Wissenschaftssystem lässt sich folglich als Reaktion auf die Expansion staatlicher Zuständigkeiten im Bereich der Wissenschaftspolitik verstehen. Dabei einte insbesondere die Existenz eines gemeinsamen Ziels, nämlich die Verteidigung ihrer Autonomie ebenso wie die Sicherung ihrer forschungspolitischen Einflusssphären, die großen bundesdeutschen Wissenschaftsorganisationen über alle Partikularinteressen hinweg.[2]

Über die Gründung des Forschungsministeriums im Jahr 1962 zeigten sich die – inzwischen um den Vorsitzenden des Wissenschaftsrats erweiterten – Spitzenvertreter der Wissenschaftsorganisationen zunächst zwar wenig erfreut, doch erkannten sie bald, dass die befürchteten Steuerungseingriffe ausblieben. Daher arrangierten sie sich schnell mit der neuen Situation, in der sich die Bundespolitik zugleich ihrerseits um gute Kontakte zu der sich herausbildenden Allianz bemühte. Durch die Intensivierung ihres Dialogs mit dem Forschungsministerium als neuem Ansprechpartner auf Bundesebene etablierten die Wissenschaftsorganisationen den korporatistischen Weg einer wechselseitigen Abstimmung mit der Politik in wissenschafts- und forschungspolitischen Fragen. Aufgrund ihres geschlossenen gemeinsamen Auftretens konnten die Präsidenten der Selbstverwaltungsorganisationen ihr politisches Umfeld aktiv mitgestalten und beeinflussen.

Das konkrete geteilte Ziel, die Abwehr befürchteter staatlicher Steuerungseingriffe und damit der Auslöser für das Zustandekommen der Kooperation, trat in den Folgejahren in den Hintergrund. Stattdessen führten die positiven Erfahrungen aus der vergangenen Zusammenarbeit und das auf diese Weise gebildete Vertrauensverhältnis zu einer Verstetigung des kooperativen Austauschs.[3] Der hohe Grad an Informalität, der die Allianz über lange Jahre ihres Bestehens charakterisierte, war ein wichtiger Garant für ihre wissenschaftspolitischen Erfolge. Denn die Besprechungen dienten in erster Linie der wechselseitigen Information und der Ermittlung gemeinsamer Interessen. So stand es den Mitgliedsorganisationen weiterhin frei, bei fehlender Übereinstimmung selbst die Initiative zu ergreifen und die eigenen Interessen nach außen zu vertreten. Diese Möglichkeit zum kooperativen Vorgehen, ohne diesbezüglich Druck auszuüben, war für die Stabilisierung der Zusammenarbeit innerhalb der Allianz ein wichtiger Faktor.

---

2 Vgl. zur Bedeutung eines gemeinsamen Ziels u. a. Zentes/Swoboda/Morschett (2005), Kooperationen, Allianzen und Netzwerke.
3 Vgl. Ullrich (2004), Die Dynamik von Coopetition, S. 69–89; Luhmann (2014), Vertrauen; Laske/Neunteufel (2005), Vertrauen eine „Conditio sine qua non" für Kooperationen?

In der zweiten Hälfte der 1960er Jahre festigte sich der Dialog zwischen der Allianz und der Bundespolitik. Während sich bereits der erste Forschungsminister, Hans Lenz, um ein gutes Verhältnis zu den Präsidenten der Wissenschaftsorganisationen bemüht hatte, intensivierte sein Nachfolger, Gerhard Stoltenberg, den Kontakt deutlich. Mit den regelmäßig stattfindenden Kaminrunden schuf er einen informellen Rahmen für seine Gespräche mit der Allianz, die nach der im Jahr 1972 erfolgten Aufteilung des Ministeriums eine erste Institutionalisierung erfahren sollten. Trotz häufiger Wechsel an der Spitze des Ressorts konnte sich aufgrund hoher personeller Konstanz auf Ebene der Staatssekretäre und leitenden Ministerialen im Präsidentenkreis ein vertrauensvoller Austausch etablieren, in dem sich Wissenschaft und Politik wechselseitig als Ressourcen dienten.

Den Konsultationen der Allianz mit dem Bundesforschungsministerium kommt bis heute eine besondere Bedeutung zu.[4] Denn trotz der föderativen Verflechtung der Zuständigkeiten im Bereich der Wissenschafts- und Forschungspolitik ist es dem BMFT gelungen, sich als zentraler Kooperationspartner der Allianz zu positionieren und diese Rolle über Jahrzehnte hinweg zu festigen. Zusammenkünfte der Allianz mit den Ministerpräsident:innen oder Kultusminister:innen der Bundesländer erfuhren, vermutlich auch wegen der Anzahl der zu beteiligenden Personen, nie eine vergleichbare Institutionalisierung – stattdessen entwickelte sich das Bundesforschungsministerium zum primären Ansprechpartner der Allianz. Wie gezeigt, lässt sich Vertrauen dabei als eine zentrale Voraussetzung für das Entstehen dieser rechtlich nicht kodifizierten Kooperationsbeziehung mit der Politik verstehen. Die im dritten Kapitel durchgeführte Untersuchung der Entwicklung des Präsidentenkreises hat dabei verdeutlicht, dass Vertrauen in den suchend-sondierenden Gesprächen für beide beteiligte Parteien grundsätzlich als Schlüsselressource fungierte. Die Gesprächsteilnehmer:innen konnten im geschützten Raum eines von Vertrauen geprägten Dialogs abseits parlamentarischer Abstimmungsprozesse gemeinsame Positionen ausloten, beispielsweise in Sachfragen der Forschungsförderung oder in anstehenden wissenschaftspolitischen Entscheidungen.

Dabei hat die Analyse der Beziehung zwischen Wissenschaft und Politik im Rahmen des Präsidentenkreises und der korporatistischen Einbindung der Allianz in Fragen der Forschungspolitik gezeigt, wie asymmetrisch Kooperationsformate ausgeprägt und wie eng sie gleichzeitig mit kompetitiven Konstellationen verwoben sein können. Zum einen war das BMFT in der Rolle des Dritten, der über die Vergabe monetärer Prämien an die einzelnen Mitgliedsorganisationen verfügen konnte. Aus diesem Grund sah sich das Ministerium mitunter dazu berufen, keine der Wissenschaftsorganisationen zu übervorteilen. Dabei unterschied sich die Fremdwahrnehmung der Allianz durch das Ministerium deutlich von deren Selbstwahrnehmung. Da die Wissenschaftsorganisationen strittige Punkte in den gemeinsamen Gesprächen

---

4 Vgl. Hintze (2020), Kooperative Wissenschaftspolitik, S. 414–423.

meist aussparten und ihre Zuständigkeitsbereiche relativ klar voneinander abgegrenzt waren, nahmen sie sich über weite Teile des Untersuchungszeitraums nicht als Teilnehmer eines Wettbewerbs wahr. Stattdessen ließ sich nur in wenigen Ausnahmefällen, beispielsweise bei der Aufnahme neuer Mitglieder, ein kompetitives Verhalten innerhalb der Allianz beobachten. Zum anderen war das BMFT als kompetitiver Akteur selbst in verschiedene, primär politisch motivierte Konkurrenzkonstellationen eingebunden, in denen es von einer Unterstützung der Wissenschaftsorganisationen profitieren konnte. Im Präsidentenkreis ging das Bundesforschungsministerium daher eine Kooperationsbeziehung mit der Allianz ein, die jedoch von beiden Seiten als asymmetrisch wahrgenommen wurde. Im Ministerium war man sich des großen Einflusses der Allianz im bundesdeutschen Wissenschaftssystem bewusst, weswegen vor allem in den langen 1970er Jahren die neu ins Amt kommenden Minister von ihren Mitarbeiter:innen vor den Gesprächen mit den Präsidenten intensiv gebrieft wurden.[5] Umgekehrt bereitete sich auch die Allianz intern akribisch auf die Sitzungen des Präsidentenkreises vor, da dem BMFT aufgrund seiner finanziellen und politischen Befugnisse eine hervorgehobenen Position zukam. Dabei wogen die Vorsitzenden und Präsidenten genau ab, in welchen Anliegen sie auf die Unterstützung des Ministeriums hoffen konnten und in welchen Punkten sie stattdessen andere Kanäle der Interessensvermittlung bedienen sollten.

Trotz der Regelmäßigkeit, die sich bei den Konsultationen des Präsidentenkreises ab etwa 1975 einstellte und die sowohl über personelle Wechsel wie auch über sich wandelnde politische Koalitionen hinweg Bestand hatte, mangelte es der Allianz an einer stabilen Grundlage für ihre korporatistische Einbindung. Wiederholt machte sich bei den Präsidenten daher Unmut breit, wenn sie die Forschungspolitik nicht im erhofften Maße mitgestalten konnten oder das Ministerium andere Pläne verfolgte und der etablierte Modus der koordinierten Einbindung der selbstverwalteten Wissenschaft in die Formulierung der forschungspolitischen Agenda an seine Grenzen stieß. Man arbeitete zwar mit dem BMFT in vielen Fragen zusammen und pflegte einen vertrauensvollen Austausch; das Ministerium galt dabei jedoch eher als externer Partner, weswegen sich die Kooperationsbeziehung zwischen Wissenschaft und Politik von jener innerhalb der Allianz unterschied. Dies bedingte schließlich – in Zusammenspiel mit den unterschiedlichen systemimmanenten Logiken, denen diese ungleichen Kooperationspartner folgen – die rasch voranschreitende Institutionalisierung der Abläufe im Präsidentenkreis.

Die Dynamik der Institutionalisierungstendenzen in den Sitzungen der Allianz unterschied sich deutlich von denen des Präsidentenkreises. In ihren internen Beratungen waren die Wissenschaftsorganisationen stärker darauf bedacht, die Informal-

---

5 Vgl. dazu bspw. BArch, B 196/16342. Interner Vermerk des BMFT zur Vorbereitung der Sitzung des Präsidentenkreises am 25.11.1974; BArch, B 196/19557. Interner Vermerk des BMFT zur Vorbereitung des Präsidentenkreises am 18.12.1980.

ität ihrer Zusammenkünfte zu wahren. Nicht zufällig verstanden sich die Präsidenten, Vorsitzenden und Generalsekretär:innen über lange Zeit primär als „Freundeskreis"[6] und lockerer „Club".[7] Nichtsdestoweniger lassen sich seit den 1970er Jahren auch Elemente in der Zusammenarbeit beobachten, die auf eine (zögerliche) Formalisierung hindeuten, wozu etwa das Versenden offizieller Einladungen mit einer festgelegten Tagesordnung, das jeweils interne Anfertigen von Ergebnisvermerken zur besseren Nachvollziehbarkeit des Besprochenen und die sich etablierende Regelmäßigkeit der Sitzungen zählen. Letztere erklärt sich einerseits aus der steigenden Bedeutung der Allianz als Element der Politikberatung, in dessen Folge der Präsidentenkreis verstärkt als eine Art Beratungsgremium des BMFT wahrgenommen wurde. Andererseits nahm auch die Zahl der Schnittmengen zu, also diejenigen Themen, welche alle Allianzmitglieder gleichermaßen betrafen und die folglich im gemeinsamen Gespräch erörtert wurden. Neben Fragen, die beispielsweise außen- oder innenpolitische Belange oder das Gebiet der Hochschulpolitik berührten, kam insbesondere personalpolitischen Erwägungen und finanzpolitischen Abstimmungen eine hervorgehobene Rolle zu. Während sich erstere vor allem durch die Tatsache auszeichneten, dass sich die Wissenschaftsorganisationen in diesen Punkten vergleichsweise häufig auf ein gemeinsames Vorgehen einigen konnten und auf diese Weise die Besetzung zentraler Posten im deutschen wie auch im europäischen Wissenschaftssystem beeinflussten, zeugen die Debatten über die Finanzierung von Forschung in besonderer Weise von der spannungsreichen Gleichzeitigkeit von Kooperation und Konkurrenz. Obwohl Fragen der Budgetierung grundsätzlich eher ein kompetitives Feld darstellten, in dem es jeder Wissenschaftsorganisation in erster Linie darum gehen musste, ihre eigene Finanzlage zu verbessern, entschieden sie sich dennoch häufig für ein kooperatives Vorgehen. Ähnlich wie bei der Herausbildung der Allianz galt auch für die Zusammenarbeit in einem von struktureller Konkurrenz geprägten Bereich die Existenz eines gemeinsamen Ziels als eine zentrale Grundvoraussetzung. Über alle Partikularinteressen hinweg einte die Allianzmitglieder der Wille, den politischen Verantwortlichen ihre Verantwortung für die Förderung von Wissenschaft und Forschung vor Augen zu führen, was in ihren Augen gleichbedeutend mit einem entsprechenden Wachstum des Etats für diese Sektoren war.[8] Ferner wirkten sich einmal mehr die Informalität und das Vertrauen zwischen den Beteiligten stabilisierend auf ihre Kooperation aus. So konnten sie in den informellen Absprachen divergierende Meinungen äußern und diese bei Bedarf harmonisieren. War keine Einigung möglich, garantierte diese strukturelle Offenheit der Allianz, dass die Präsidenten und Vorsitzenden auch separat voneinander agieren konnten, um ihre je institutionenspezifischen Ziele zu erreichen.

---

6 AdWR, 6.2 – Allianz-Sitzungen, Bd. 12. Interner Vermerk des WR über die Sitzung der Allianz am 04.11.1992.
7 DFGA, AZ 02219-04, Bd. 15. Interner Vermerk der DFG über die Sitzung der Allianz am 04.11.1992.
8 Vgl. AMPG, II. Abt., Rep. 69, Nr. 334. Bericht des Präsidenten der MPG auf der Hauptversammlung der MPG am 22.06.1966.

Um das Umschwenken in eine Konkurrenzsituation zu verhindern, durften die Einzelinteressen jedoch, wie die Untersuchung gezeigt hat, nicht in direktem Konflikt miteinander stehen.

So gut es der Allianz im informellen und vertrauensvollen Dialog gelang, ihre unterschiedlichen Interessen in Finanzfragen zu koordinieren, so kompetitiv agierte der Zusammenschluss gegenüber Wissenschaftsorganisationen, die nicht Teil der gemeinsamen Beratungen waren. Diese wurden als direkte Konkurrenten im Wettbewerb um die knappen staatlichen Ressourcen wahrgenommen. Durch ihre Zusammenarbeit in solchen übergeordneten Konkurrenzsituationen konnten die Allianzmitglieder einen Vorteil auf den Erhalt eben dieser Prämie erwerben. Deutlich wurde dies beispielsweise in den 1950ern, als sich MPG und DFG – damals im Schulterschluss mit dem Stifterverband für die Deutsche Wissenschaft – darum bemühten, die Fraunhofer-Gesellschaft im Wettbewerb um staatliche Fördergelder abzuwickeln.[9] Auch die gemeinsame Positionierung gegen eine Mittelkürzung zugunsten der Institute der Blauen Liste ist vor diesem Hintergrund zu sehen.[10]

Diese, vom Wettbewerbsgedanken geprägte, Wahrnehmung anderer Forschungsorganisationen führte in den 1970er Jahren schließlich zu Spannungen innerhalb der Allianz. Auf Bestreben der Politik war 1976 erstmalig der Vorsitzende der AGF zu einer Sitzung des informellen Gremiums geladen worden. Allerdings bestand zu diesem Zeitpunkt zwischen der aufstrebenden Arbeitsgemeinschaft und den Gründungsmitgliedern noch kein wechselseitiges Vertrauensverhältnis, weswegen die etablierten Allianzorganisationen wiederholt partielle Schließungen ihres Kreises gegenüber der Newcomerin initiierten, um das aus dem Gleichgewicht geratene Binnenverhältnis ihres Zusammenschlusses zu restabilisieren. Die Einbindung dieser neuen Verhandlungspartnerin drohte, aus Sicht der Gründungsmitglieder, die etablierte Kooperationskultur zu destabilisieren und ihre Stimme in der Wissenschaftspolitik zu schwächen, da man nun die Interessen einer weiteren Organisation berücksichtigen musste.[11] Es benötigte erst ein klärendes Gespräch zwischen der MPG und der AGF, in dem letztere dezidiert auf die Komplementarität beider Organisationen und ihr gemeinsames Ziel hinwies, um die Wogen nach rund fünf Jahren endlich zu glätten. Doch trotz

---

9 Vgl. dazu Schulze (1995), Stifterverband; Trischler / vom Bruch (1999), Forschung für den Markt, S. 30–170; Wagner (2021), Notgemeinschaften der Wissenschaft, S. 304–319.
10 Vgl. AMPG, II. Abt., Rep. 57, Nr. 606, Bd. 2. Schreiben von C. H. Schiel an die Mitglieder der Allianz vom 03.11.1983.
11 Im Hinblick auf die Begriffe der De- und Restabilisierung sei auf die interdisziplinäre Forschungsgruppe „Practicing Evidence – Evidencing Practice" (FOR 2448) hingewiesen, welche diese beiden Mechanismen als Evidenzpraktiken beschreibt, die Hand in Hand gehen und einander häufig – auf unterschiedlichen Ebenen – bedingen. Siehe hierzu insbesondere die Ausführungen von Will (2021), Evidenz für das Anthropozän; Wenninger/Will/Dickel u. a. (2019), Ein- und Ausschließen. Ebenso gibt die Einleitung des zum Abschluss der ersten Förderphase veröffentlichten Sammelbands einen guten Überblick, vgl. Ehlers/Zachmann (2019), Wissen und Begründen.

ihrer stärkeren Einbindung in die gemeinsamen Belange blieb die AGF in den 1980er Jahren weiterhin in der Rolle einer Juniorpartnerin innerhalb des Gremiums, was sich unter anderem im Ausschluss ihres Geschäftsführers von den Sitzungen manifestierte. Obwohl die zweite Erweiterung der Allianz um die FhG kurze Zeit später wesentlich harmonischer ablief, festigte sich das hierarchische Binnenverhältnis in der Zusammenarbeit mit der Einbindung eines weiteren Mitglieds deutlich. Denn auch die Fraunhofer-Gesellschaft übernahm zunächst weniger Sitzungsvorsitze und war nur durch ihren Präsidenten in den gemeinsamen Besprechungen vertreten. Durch ihre steigende Bedeutung sowohl zur internen Vorabstimmung zwischen den Wissenschaftsorganisationen als auch in der Beratung des Forschungsministeriums war die Allianz in den 1980er Jahren wiederholt mit dem von außen an sie herangetragenen Wunsch zur Aufnahme neuer Mitglieder konfrontiert. Wie die Analyse in Kapitel 3 gezeigt hat, reagierte das Gremium dabei zumeist ablehnend, wobei es sich jedoch nicht gänzlich externen Ansprüchen gegenüber verwehren konnte.

Die Wiedervereinigung brachte nicht nur für die deutsche Wissenschafts- und Forschungslandschaft im Allgemeinen tiefgreifende Veränderung mit sich, sondern stellte auch für die Allianz einen wichtigen Scharniermoment dar, aus dem schließlich ein ernsthafter Konflikt zwischen den Mitgliedsorganisationen resultierte.

Zunächst erfuhren sowohl die Allianz in ihrer Gesamtheit als auch ihre einzelnen Mitglieder eine Bedeutungsaufwertung, da sie von politischer Seite verstärkt in die Aushandlungsprozesse über die Zukunft der gesamtdeutschen Wissenschaftslandschaft einbezogen wurden. So nahm in den 1990er Jahren die Anzahl der Sitzungen des Präsidentenkreises und – aufgrund der hierfür erforderlichen internen Vorabstimmung – der Allianz sprunghaft zu und pendelte sich im Lauf der ersten Hälfte des Jahrzehnts auf hohem Niveau ein. Für die Verantwortlichen in der Bundesrepublik war dabei schon früh klar, dass eine Reform der Akademie der Wissenschaften und der ostdeutschen Forschungslandschaft vonnöten wäre, für die eine eigens eingesetzte Arbeitsgruppe des Wissenschaftsrats Vorschläge erarbeiten sollte. Ebenso schnell traten in den gemeinsamen Beratungen die deutlichen Unterschiede zwischen den Allianzmitgliedern sowohl hinsichtlich der bereits aufgebauten Beziehungen zu ostdeutschen Einrichtungen als auch bezüglich der Planungen über ihr weiteres Engagement auf dem Gebiet der ehemaligen DDR zutage. Aus diesem Grund beschlossen die Wissenschaftsorganisationen, ihrem tradierten Selbstverständnis und den etablierten Mustern ihrer Zusammenarbeit entsprechend, in Anbetracht eines fehlenden gemeinsamen Ziels je separat zu agieren.[12] Auf diese Weise sollte das Konfliktpotenzial, das sich aus einer Disziplinierung der unterschiedlichen Interessen ergeben hätte, minimiert

---

12 Vgl. dazu AdWR, 6.2 – Allianz-Sitzungen, Bd. 9. Interner Vermerk des WR über die Sitzung der Allianz am 05.03.1990.

und die davon unberührte Kooperationsbeziehung des Gremiums gewahrt werden. Doch barg dieses getrennte Vorgehen ein gewisses Risiko in sich, die Kooperationsbeziehung zwischen den Wissenschaftsorganisationen zu destabilisieren. Sobald sich die jeweils verfolgten Individualziele der Akteure überschnitten oder gar in direktem Konflikt zueinander standen, konnte das unabhängige Verfolgen der eigenen Interessen in einen Wettbewerb zwischen den Kooperationspartnern umschlagen.

Hinzu kam das Tempo, das der Vereinigungsprozess schon früh aufnahm und die von der Politik nachdrücklich gewünschte, ja geforderte Integration der ostdeutschen Forschungslandschaft. Beides setzte die westdeutschen Wissenschaftsorganisationen unter einen nicht zu unterschätzenden Zeitdruck, der die Praktiken der internen Absprache und der wechselseitigen Vorabinformation an ihre Grenzen brachte. Gerade diese waren jedoch für das separate Agieren der Kooperationspartner zentral. So nahmen die übrigen Allianzmitglieder das proaktive Handeln der FhG als nicht abgestimmten Alleingang wahr, obwohl ihr Präsident in den gemeinsamen Sitzungen bereits artikuliert hatte, dass er – anders als seine Kollegen – ein intensiveres Engagement auf dem Gebiet der DDR anstrebte. Mit seinem Schritt in die Öffentlichkeit hatte er die übrigen Allianzmitglieder, allen voran die MPG, die bis dato stets für größtmögliche Zurückhaltung plädiert hatte, vor den Kopf gestoßen und das Binnenverhältnis der Allianz ins Wanken gebracht.[13] Denn die anderen Wissenschaftsorganisationen befürchteten, dass nun ein Verteilungskampf um die besten Einrichtungen in der DDR entbrennen könnte, in dem die ehemaligen Kooperationspartner zwangsläufig zu Konkurrenten mutieren würden. Um dies zu verhindern, intervenierte schließlich MPG-Präsident Hans F. Zacher und ermahnte seine Kollegen in einem Schreiben dazu, auch künftig den Weg einer internen Vorabstimmung zu wählen, bevor das weitere Vorgehen öffentlichkeitswirksam verkündet würde. In der folgenden Allianzsitzung zeigte sich dann die große Stärke des Kooperationszusammenhangs in der Allianz: Es gelang den versammelten Präsidenten, Vorsitzenden und Generalsekretären, den Sachverhalt zu klären und das ins Wanken geratene Kooperationsverhältnis erneut zu stabilisieren, indem sie sich zur wechselseitigen Rücksichtnahme und zur Koordination ihrer divergierenden Interessen bekannten.[14]

Nur kurze Zeit später aber brach innerhalb des kooperativen Zusammenschlusses ein ernsthafter Konflikt auf, in dessen Mittelpunkt der Vorsitzende des Wissenschaftsrats, Gerhard Neuweiler, stand. Dem Wissenschaftsrat kam bei der Gestaltung des künftigen gesamtdeutschen Wissenschaftssystems eine besondere Rolle zu, da er von der Politik mit der Evaluation der ostdeutschen Forschungslandschaft betraut worden

---

13 Vgl. AMPG, II. Abt., Rep 57, Nr. 610, Bd. 2. Interner Vermerk der MPG über die Sitzung der Allianz am 02.07.1990.
14 Vgl. DFGA, AZ 02219-04, Bd. 12. Interner Vermerk der DFG über die Sitzung der Allianz am 22.10.1990; AdHRK, Allianz und Präsidentenkreis, Bd. 4. Interner Vermerk der HRK über die Sitzung der Allianz am 22.10.1990.

war, was in zweifacher Hinsicht für Spannungen mit den anderen Allianzmitgliedern sorgte. So hatte sich das Gremium in seinen 1992 veröffentlichten Stellungnahmen zu den außeruniversitären Forschungseinrichtungen erstens dezidiert für eine Überführung zahlreicher AdW-Institute in die Blaue Liste ausgesprochen. Da Letztere jedoch über keine nennenswerte Selbstverwaltung verfügte, befürchtete die Allianz staatliche Steuerungseingriffe und versuchte ihren Bedenken beim Wissenschaftsrat Gehör zu verschaffen. Zweitens nahmen die etablierten Wissenschaftsorganisationen die Institute der Blauen Liste als direkte Konkurrentinnen um die knappen staatlichen Finanzmittel wahr, weswegen sich die Allianz schon in den 1980er Jahren wiederholt kritisch über das höchst heterogene Konglomerat an Forschungseinrichtungen geäußert hatte. Das enorme Wachstum, das der Wissenschaftsrat in seiner Stellungnahme vorgeschlagen hatte, nährte in der Allianz die Sorge vor Kürzungen bei den Budgets ihrer Mitglieder zugunsten der Blauen Liste. Andererseits stießen auch die Empfehlungen zur künftigen Struktur der Hochschullandschaft – vor allem innerhalb der HRK – auf deutliche Kritik, sowohl in inhaltlicher Perspektive als auch wegen der Tatsache, dass sie nicht aus einem offiziellen Auftrag zur Evaluation hervorgegangen waren. Einmal mehr sahen die übrigen Wissenschaftsorganisationen ihre Standpunkte in der Arbeit des Wissenschaftsrats, der sich zum Konkurrenten um wissenschaftspolitisches Mitspracherecht zu entwickeln drohte, nicht entsprechend berücksichtigt. So fühlten sich die anderen Allianzmitglieder wiederholt in der Entscheidungsfindung in wichtigen forschungspolitischen Fragen übergangen, was schließlich Zweifel an der über Jahrzehnte gewachsenen Kooperationsbeziehung nährte. Als dann im Januar 1993 mit Gerhard Neuweiler ein neuer Vorsitzender ins Amt kam, der die Positionen des Wissenschaftsrats forsch und zuweilen wenig diplomatisch vertrat und die allianzinternen Diskussionen in die Öffentlichkeit trug,[15] war das Vertrauensverhältnis in der Allianz bereits nachhaltig erschüttert. Daher beschlossen die vorschlagsberechtigten Wissenschaftsorganisationen nach einer ausführlichen Diskussion, Neuweiler nicht für eine erneute Amtszeit im Wissenschaftsrat vorzuschlagen und so seine Wiederwahl als Vorsitzender zu verhindern. Auf diese Weise zeigten die übrigen Wissenschaftsorganisationen dem mehrfach aus ihrem Kooperationszusammenhang ausscherenden Wissenschaftsrat die Grenzen ihrer Akzeptanz auf. Zudem kann der Umgang mit Neuweiler als Versuch der Allianz verstanden werden, ihr Binnenverhältnis zu restabilisieren, das durch die als Vertrauensbrüche wahrgenommenen Alleingänge des Wissenschaftsrats aus dem Gleichgewicht geraten war.

Nach dem Vollzug der Wiedervereinigung prägte der Evaluationsgedanke die weitere Entwicklung des Wissenschaftssystems in den 1990er Jahren.[16] Trotz des Konflikts innerhalb der Allianz war es dem Wissenschaftsrat gelungen, sich als institutioneller

---

15 Vgl. bspw. ALI (1993), Neuweiler kritisiert Regierung; RAD (1993), Haltet den Dieb.
16 Vgl. Bartz (2007), Wissenschaftsrat, S. 204; Popp (2003), Programmorientierte Förderung.

Akteur zu festigen und die Begutachtungspraxis fest in seinem Tätigkeitsspektrum zu verankern. Damit war ein Paradigmenwechsel im Hinblick auf Evaluationen als forschungspolitisches Instrument verbunden. Während die vom Wissenschaftsrat geforderte Überprüfung der westdeutschen Strukturen – sehr zum Gefallen der Allianz – unter anderem am Zeitdruck der Wiedervereinigung zunächst gescheitert war, erfuhr die Praxis einer regelmäßigen Überprüfung von wissenschaftlicher Leistungen eine massive Aufwertung und konnte sich erfolgreich als Element einer neuen Governance der Wissenschaft etablieren. Dies wirkte auf die Allianz zurück, wobei sich gleichzeitig die Unterschiede zwischen den einzelnen Wissenschaftsorganisationen hinsichtlich ihrer Organisationsfähigkeit offenbarten. MPG, DFG und FhG gelang es, aktiv die Ausgestaltung der Begutachtungsverfahren und die Besetzung der hierfür einberufenen Kommissionen zu beeinflussen. Diese hatten es vermeiden wollen, durch den Wissenschaftsrat und damit durch einen Kooperationspartner evaluiert zu werden, mit dem sie auf Augenhöhe agieren wollten. Einmal mehr spielte die Frage nach der Symmetrie beziehungsweise der Asymmetrie in der Kooperationsbeziehung eine wichtige Rolle für das Binnenverhältnis der Allianz. Besonders einschneidende Veränderungen brachte die Systemevaluation für die inzwischen umbenannte HGF und die WGL mit sich. Da die beiden Wissenschaftsorganisationen mit heftiger Kritik von politischer Seite konfrontiert wurden, reformierten sie ihre Organisationsstrukturen grundlegend, wozu insbesondere die Stärkung der Dachorganisation und die Schaffung eines Senats zählte.

Bedingt durch die tiefgreifenden Veränderungen in ihrem direkten Wirkungsfeld und in ihren einzelnen Mitgliedsorganisationen wandelte sich das Selbstverständnis der Allianz und auch ihre konkrete Arbeitsweise. So beschäftigte sich das Gremium in den 1990er Jahren erstmals ausgiebiger mit der Frage, ob es einer stärkeren Institutionalisierung ihrer Zusammenarbeit bedurfte. Obwohl sich die Teilnehmer:innen in den wiederholten Diskussionen nicht zu diesem Schritt durchringen konnten, zeugt allein die Überlegung schon davon, wie gefestigt die Kooperationsbeziehung trotz der Informalität, welche die Beteiligten unter allen Umständen bewahren wollten, bereits war. Gleichzeitig musste sich die Allianz entscheiden, wie sie sich zukünftig zu bislang exkludierten Wissenschaftsorganisationen positionieren wollte, die eine nachhaltige Bedeutungsaufwertung erfuhren. Einmal mehr auf Anregung des nun fusionierten BMBF wurden die Beziehung zu DAAD und AvH intensiviert, da die Präsidenten der beiden international agierenden Wissenschaftsorganisationen ab 1995 zu den Sitzungen des Präsidentenkreises eingeladen wurden. Anders als noch Mitte der 1970er Jahre erfolgte die Erweiterung des Teilnehmer:innenkreises jedoch nicht in Eigenregie des Ministeriums. Vielmehr traf die Allianz diesen Beschluss selbst – vermutlich auch, weil es sich bei Theodor Berchem (DAAD) und Reimar Lüst (AvH) um zwei ehemalige Allianzmitglieder handelte, die sich in der Vergangenheit als vertrauenswürdige Kooperationspartner bewährt hatten. Dies bedeutete allerdings nicht, dass die beiden Wissenschaftsorganisationen gleichsam in die Allianz integriert worden wären, woran sich das komplexe Wechselspiel von Formalisierungstendenzen und dem Wunsch nach einer größtmöglichen Informalität zeigt. Während es in den 1970er Jahren ohne ausgiebige Diskussionen möglich gewesen war, Friedrich Schneider als Generalsekretär der ESF zu den gemeinsamen Beratungen einzuladen, erschien dies den Teilnehmer:innen in den 1990er Jahren nahezu unmöglich. Stattdessen befürchteten sie, dass selbst eine formlose Einbindung weiterer Kooperationspartner dazu führen würde, dass man sich mit Aufnahmegesuchen zahlreicher weiterer Wissenschaftsorganisationen auseinandersetzen müsste. Denn so informell wie sich die Allianz selbst verstehen wollte, war sie zu diesem Zeitpunkt schon lange nicht mehr, was auch die hartnäckigen Bemühungen der Union der Akademien um eine Einbindung in das Gremium im Jahr 1989 gezeigt hatten. Nichtsdestoweniger war das personelle Netzwerk zwischen DAAD, AvH und den Allianzmitgliedern in den 1990er Jahren eng verflochten, weswegen die beiden Erstgenannten problemlos in die Ausarbeitung einer gemeinsamen Stellungnahme gegen Fremdenfeindlichkeit einbezogen werden konnten und man sich gegen Mitte des Jahrzehnts zur sogenannten Internationalen Allianz zusammenfand. Anders gestaltete sich das Verhältnis des kooperativen Zusammenschlusses zur WGL, die ebenfalls in die Beratungen des Präsidentenkreises einbezogen wurde. Nachdem man sich zunächst klar gegen eine Einbindung der WGL in die Allianz ausgesprochen hatte, änderte sich das Stimmungsbild zwei Jahre später schlagartig. Der Auslöser hierfür war die Bitte des WGL-Präsidenten, aufgrund ihrer finanziellen Beteiligung in die Beratungen über das geplante EXPO-Büro einbezogen zu werden. In der Folge beschloss die Allianz offenbar einstimmig, die WGL als Mitglied in ihren Kreis aufzunehmen.

Wie die beiden abschließenden Fallstudien dieses Kapitels zeigen konnten, wandelte sich in inhaltlichen Belangen die Einstellung der Allianz durchaus – wenn auch zögerlich. So herrschte innerhalb des strukturkonservativen Gremiums bezüglich der Forschungsförderung auf europäischer Ebene zunächst lange eine deutliche Skepsis, unter anderem weil man steuernde Eingriffe durch die „EG-Bürokratie" befürchtete.[17] Die Sicherung der wissenschaftlichen Autonomie war also auch rund 30 Jahre nach ihrer Gründung weiterhin das höchste Gut für die Allianz, weswegen sie hartnäckig auf dem Subsidiaritätsprinzip beharrte. Mit der Unterzeichnung des Vertrags von Maastricht im Jahr 1992 rückte das Thema der europäischen Forschungsförderung verstärkt auf die Tagesordnung der Allianz und die Wissenschaftsorganisationen wollten sich nun zumindest gestalterisch einbringen. Doch dauerte es noch bis zur Jahrtausendwende, bis das Gremium sich für die Gründung des ERC und damit für eine europäische Forschungspolitik im Bereich der Grundlagenforschung aussprach.

---

17 DFGA, AZ 02219–04, Bd. 13. Interner Vermerk der DFG über die Sitzung der Allianz am 20.01.1992. Vgl. für die entsprechenden Überlegungen der Allianz auch DFGA, AZ 02219–04, Bd. 14. Interner Vermerk der DFG über die Sitzung der Allianz am 22.06.1992.

Ein weiteres zentrales Betätigungsfeld war für die Allianz das Thema der Tierversuche, bei dessen historischer Analyse sich Veränderungen in ihrer Zusammenarbeit auf zwei Ebenen offenbart haben. Als die Mitgliedsorganisationen 1992 von den Plänen zur Novellierung des Tierschutzgesetzes erfuhren, waren sie sich schnell einig, dass sie nur gemeinsam aktiv in die Debatte eingreifen könnten. Dabei übertrugen sie erstmals der AGF die Federführung, die über viele Jahre hinweg in der Position einer Juniorpartnerin gewesen war. Das hierarchische Gefüge innerhalb der Allianz begann sich allmählich zu verschieben und die AGF konnte verstärkt auf Augenhöhe mit ihren Kooperationspartnern agieren. Die zweite Veränderung, die sich in diesem Zusammenhang nachzeichnen lässt, betrifft die Adressat:innen der gemeinschaftlichen Aktionen. Richteten sich diese in der Vergangenheit nahezu ausschließlich an die politische Exekutive, rückte nun die Öffentlichkeit in den Fokus der Allianz, wobei man sich zunächst auf Journalist:innen konzentrierte und Inspiration bei den Public Relations Abteilungen großer Unternehmen holen wollte.

In den 1990er Jahren begann die Allianz also allmählich auf die sich verändernden Rahmenbedingungen in der Wissenschaftslandschaft, in ihrer Binnenorganisation und in der Gesellschaft zu reagieren. Ihren Abschluss fand diese Transformation, wie der Ausblick dieser Arbeit veranschaulicht hat, erst nach der Jahrtausendwende. Das Millennium führte in der Allianz zu einer Phase intensiver Selbstreflexion, in deren Folge sie sich schließlich bewusst für eine Formalisierung der internen Strukturen entschied. In der Vergangenheit hatte unter anderem das aufgrund des hohen Grads an Informalität fehlende institutionelle Gedächtnis der Allianz für kleinere Unstimmigkeiten gesorgt.[18] Aus diesem Grund erarbeiteten die Generalsekretäre von DFG, MPG und WR nun ein Konzept zur Verbesserung der internen Organisationsstruktur, wobei sie den weiterhin bestehenden Wunsch nach einem möglichst informellen Rahmen und die Notwendigkeit einer stärkeren Formalisierung der Arbeitsabläufe ausbalancieren mussten. Schließlich einigten sich die Allianzmitglieder auf die Einführung eines jährlichen Rotationsprinzips für den Vorsitz der Allianz, was für sich genommen eine eher unscheinbare Veränderung der bisher praktizierten Arbeitsweise des Gremiums darstellte.[19]

Aufbauend auf dem neuen Modell für den Wechsel des Sitzungsvorsitzes wurden bald – gewissermaßen durch die Hintertüre – weitreichendere Konsequenzen gezogen. So begann die DFG ohne eine entsprechende Vorankündigung im Jahr 2001 mit der Anfertigung eines zentralen Protokolls, welches im Nachgang der Sitzung allen

---

18 Vgl. dazu bspw. DFGA, AZ 02219–04, Bd. 19. Interner Vermerk der DFG über die Sitzung der Allianz am 20.03.1996; AMPG, II. Abt., Rep. 57, Nr. 1410. Interner Vermerk der MPG über die Sitzung der Allianz am 06.02.1996; AMPG, II. Abt., Rep. 57, Nr. 1414. Schreiben von W. Benz an W. Frühwald vom 08.11.1996.
19 Vgl. AMPG, II. Abt., Rep. 57, Nr. 1423. Entwurf eines Schreibens von R. Grunwald an die Allianz vom 05.04.2000.

Teilnehmenden zugesandt wurde. Damit wurden erstmals nach mehr als drei Jahrzehnten die Ergebnisse der gemeinsamen Besprechungen verbindlich festgehalten, was deren nachträgliche Überprüfbarkeit garantierte und auf diese Weise Missverständnissen vorbeugte, wie sie noch in den 1990er Jahren beobachtet werden konnten. Für die bisher praktizierte Zusammenarbeit bedeuteten diese zirkulierenden Sitzungsvermerke nichtsdestoweniger eine einschneidende Veränderung.

Mit dem Entschluss der Protokollführung vergrößerte die DFG zugleich den Kreis der Sitzungsteilnehmer:innen, da sie fortan einen Schriftführer zu den Beratungen hinzuzog. Obwohl sich manche der anderen Wissenschaftsorganisationen deshalb zunächst um die Vertraulichkeit der gemeinsamen Besprechungen sorgten, erhoben sie keinen Einspruch gegen das Vorgehen der DFG. Die Tatsache, dass sich niemand gegen diese Erweiterung aussprach, lag vermutlich auch darin begründet, dass die DFG in der Binnenhierarchie der Allianz eine führende Position einnahm. So hatten sich zuvor neben der MPG insbesondere die Vertreter der DFG gegen eine Einbindung des Geschäftsführers der AGF eingesetzt und versucht, die Zahl der Beteiligten möglich klein zu halten. Nachdem die DFG zu Beginn des neuen Jahrtausends stillschweigend neue Tatsachen geschaffen hatte, witterte die HGF ihre Chance auf eine formelle Gleichstellung und inkludierte beginnend mit der unter ihrem Vorsitz veranstalteten Juli-Sitzung 2002 ihren Geschäftsführer.[20] Darüber hinaus wuchs die Allianz im Lauf der 2000er Jahre auch hinsichtlich der Anzahl der in ihr vertretenen Wissenschaftsorganisationen. Im Jahr 2007 wurden schließlich der DAAD und die AvH und 2008 die Leopoldina offiziell als Mitglieder aufgenommen. Damit umfasste der kooperative Zusammenschluss nun rund 20 Personen aus 10 verschiedenen Institutionen, was informelle Absprachen erschwerte und die Kooperationspraktiken erneut veränderte. So wurde überlegt, die Effizienz der gemeinsamen Sitzungen durch eine intensivere Vorbereitung in spezifisch dafür eingerichteten Arbeitsgruppen innerhalb der jeweiligen Wissenschaftsorganisationen zu erhöhen. Durch diese Professionalisierung der Arbeitsabläufe wandelte sich die Bedeutung der Allianz, da sie primär in die Rolle eines Entscheidungen treffenden Gremiums rückte, wobei es die konkreten Aushandlungsprozesse jedoch vorverlagert hatte. Ferner initiierten ihre Mitglieder seither themenspezifisch partielle Verkleinerungen des Besprechungskreises, um die Arbeitsfähigkeit ihres gemeinsamen Zusammenschlusses zu wahren.

Der Strukturwandel Allianz zeigte sich besonders eindrucksvoll in ihrem Verhältnis zur Öffentlichkeit. Wenngleich die Wissenschaftsorganisationen im Zuge ihrer Bemühungen einer möglichst forschungsfreundlichen Formulierung des Tierschutzgesetzes bereits erkannt hatten, dass die Öffentlichkeit in Prozessen der politischen Entscheidungsfindung immer wichtiger wurde, änderte sich ihre gemeinschaftliche Kommu-

---

20 Vgl. bspw. die Übersicht der Teilnehmer in AdHRK, Allianz und Präsidentenkreis, Bd. 17. Ergebnisvermerk der HGF über die Sitzung der Allianz am 22.07.2002 und AdHRK, Allianz und Präsidentenkreis, Bd. 17. Ergebnisvermerk der HGF über die Sitzung der Allianz am 18.11.2002.

nikationsstrategie erst nach der Jahrtausendwende. Seither richten sich die kooperativ formulierten Stellungnahmen nicht mehr ausschließlich an die Vertreter:innen der Politik, sondern stehen auch einer interessierten Öffentlichkeit zum Download zur Verfügung und werden in jüngster Vergangenheit auch auf den Social-Media-Kanälen der Mitgliedsorganisationen beworben. Außerdem hat sich die Kommunikation von Wissenschaft und Forschung zu einem wichtigen Aktionsfeld der Allianz entwickelt, was sich unter anderem anhand der verschiedenen Schwerpunktinitiativen, beispielsweise zum Thema der Tierversuche oder zur Forschungsfreiheit, nachvollziehen lässt. Die Analyse der verschiedenen Kampagnen hat gezeigt, dass die Allianz damit den Erwartungen der modernen Mediengesellschaft Tribut zu zollen begonnen hat und sich seither durchaus als Stimme der Wissenschaft gegenüber Politik und Öffentlichkeit profiliert, was dem lange tradierten Selbstverständnis als informelles Gremium eines vertrauensvollen Informationsaustausches nicht mehr entspricht.

In der Zusammenschau wird nochmals deutlich, dass die Allianz der 2000er Jahre anderen Logiken und Handlungsmustern folgt, als sie es noch in früheren Jahrzehnten tat. Aus diesem Grund wurde die Jahrtausendwende als fluider Endpunkt für die vorliegende Studie gewählt, in deren Zentrum die Frage danach stand, wie sich die Allianz der Wissenschaftsorganisationen im Spannungsfeld von Kooperation und Konkurrenz herausbildete, als bedeutendes Abstimmungs- und Beratungsgremium verfestigte und sich angesichts tiefgreifender Veränderungen bewährte. Gerade die hohe Informalität der gemeinsamen Besprechungen und die stets vorhandenen Eigeninteressen ihrer Mitglieder machten die Allianz zum vielversprechenden Untersuchungsgegenstand, um die Wechselwirkung kooperativer und kompetitiver Praktiken in historischer Perspektive in den Fokus zu nehmen.

Deutlich wurde, dass ein stabiles Vertrauensverhältnis und die Existenz eines gemeinsamen Ziels die zwei zentralen Grundvoraussetzungen für das Zustandekommen und den Fortbestand der Zusammenarbeit in der Allianz waren. Daneben wirkte sich die Regelmäßigkeit der Zusammenkünfte und vor allem die Informalität der gemeinsamen Besprechungen stabilisierend auf die Kooperationsbeziehung zwischen den Wissenschaftsorganisationen aus. Nur auf diese Weise konnten die Allianzmitglieder, die stets weiterhin ihre Partikularinteressen im Blick halten mussten, bei Bedarf entscheiden, ob ein kooperatives Vorgehen vonnöten war. Gleichzeitig erlaubte der informelle Rahmen es, dass die Präsident:innen, Vorsitzenden und Generalsekretär:innen bei mangelnder Übereinstimmung weiter separat agieren konnten – und bis heute gilt die Prämisse, dass jede Institution in erster Linie für sich selbst spricht und sich die Allianz nur bei Bedarf in Diskussionen einschaltet.

Trotz der strukturellen Konkurrenz um staatliche Mittel gelang es der Allianz zumeist, divergierende Interessen diskursiv zu harmonisieren und damit kompetitive Situationen zu vermeiden. Hierzu trug in nicht unerheblichem Maße der Umstand bei, dass die Allianz sich selbst als Teilnehmerin in anderen, übergeordneten Konkurrenzkonstellationen mit außenstehenden Akteuren wahrnahm, in denen sie sich von ihrer Zusammenarbeit eine höhere Schlagkraft und damit bessere Chancen auf den Erhalt der gemeinschaftlich angestrebten Prämie versprach.

Die Allianz als grundsätzlich strukturkonservatives Gremium verstand Reformen in ihrem direkten Wirkungsfeld oft als Gefahr für ihre etablierten Einflussbereiche und verhielt sich entsprechend zurückhaltend. Dies konnte sich destabilisierend auf das Binnenverhältnis auswirken, wenn die Allianz, wie im Fall der AGF, auf Druck von außen zu einer intensiveren Abstimmung gezwungen war. Ebenso hat sich gezeigt, dass Verletzungen des wechselseitigen Vertrauens durch langjährige Kooperationspartner als Kippmoment für das Umschlagen in kompetitive Verhaltensweisen wirken konnten. Gleiches gilt für Zweifel am Einsatz für das gemeinsame Ziel. Solche Regelverstöße stellten in der Allianz zwar eine Seltenheit dar, wurden daher aber umso stärker geahndet, wie die Analyse der Causa Neuweiler eindrücklich veranschaulicht hat.

Der Fokus auf die beiden zentralen Interaktionsmodi im Binnenverhältnis der Allianz hat zudem verdeutlicht, wie hierarchisch Kooperationsverbünde geprägt sein können und dass die nach innen gerichtete Demonstration des ungleich verteilten Machtverhältnisses auch dazu diente, den durch die Aufnahme neuer Mitglieder ins Wanken gebrachten kooperativen Verbund zu stabilisieren. Ein ebenso asymmetrisches Verhältnis hat die Analyse der Zusammenarbeit zwischen der Allianz und der Politik im Präsidentenkreis ergeben, da das Bundesforschungsministerium nicht nur als Kooperationspartner, sondern auch als Dritter fungierte, der über die Zuteilung monetärer Mittel entscheiden konnte. Doch auch der Allianz kam in den politischen Konkurrenzkonstellationen, in denen das BMFT agierte, die Rolle einer Dritten im Wettbewerb um machtpolitische Ressourcen zu. Zentral war in diesem Fall, in dem zwei so ungleiche Partner eine Kooperationsbeziehung eingingen, einmal mehr das Bewusstsein für ein nur gemeinsam zu erreichendes Ziel. Auch dem wechselseitigen Vertrauen kam dabei grundsätzlich eine wichtige Rolle zu, doch äußerte sich dies anders als in der Allianz. Denn die Akteure im Präsidentenkreis nahmen ihr jeweiliges Gegenüber in erster Linie als externen Partner wahr, was dazu führte, dass der Präsidentenkreis wesentlich früher eine deutlich stärkere Formalisierung durchlief, die den Fortbestand der Kooperation sicherte.

Die im Rahmen dieser Studie gewonnenen Erkenntnisse zu den Rahmenbedingungen ebenso wie zu den unterschiedlichen Ausformungen von Kooperation und Konkurrenz verdeutlichen, wie gewinnbringend es ist, den Blick auf informelle Organisationen und ihre internen Aushandlungsprozesse zu lenken – so unscheinbar diese zunächst wirken mögen. In einem nächsten Schritt wäre aufbauend auf den Ergebnissen der vorliegenden Arbeit zu prüfen, inwieweit sich diese Befunde auf andere, stärker formalisierte oder durch formelle Regelwerke organisierte Kooperationen übertragen lassen. Auf diese Weise könnten die für die Allianz herausgearbeiteten Charakteristika kooperativer und kompetitiver Praktiken in ihrer spannungsreichen Gleichzeitigkeit weitergehend systematisiert und für die (historische) Forschung als Analysekategorien über diese Studie hinaus fruchtbar gemacht werden.

Aufgrund des hier gewählten Untersuchungszeitraums sind zudem die Auswirkungen der durch die tiefgreifenden Reformen der 1990er und 2000er Jahre angestoßenen Statusänderungen einzelner Allianzakteure und deren Rückwirkungen auf die Zusammenarbeit in der Allianz in Teilen im Dunklen geblieben. Insbesondere für die HGF, die zur Jahrtausendwende die Einführung neuer Steuerungsmechanismen erlebte, erscheint ein solcher Fokus für weiterführende Untersuchungen vielversprechend. Denn wie die hier durchgeführte Analyse des Binnenverhältnisses der Allianz eindrucksvoll gezeigt hat, manifestieren sich die Regeln kooperativer Zusammenschlüsse vor allem in Momenten, in denen die sorgsam austarierte (mitunter hierarchisch organisierte) Beziehung zwischen den beteiligten Partnern durch intern oder extern angestoßene Veränderungen aus dem Gleichgewicht gebracht wird. Die vorliegende Studie zur Allianz der Wissenschaftsorganisationen und zu ihrem Agieren im Spannungsfeld von Kooperation und Konkurrenz hat die Organisation der deutschen Forschungslandschaft und den korporatistischen Aushandlungsprozess im Bereich der Wissenschaftspolitik in den Blick genommen. Mit der Allianz ist erstmals der lange Zeit kaum greifbare und im Hintergrund handelnde, informelle Zusammenschluss der einflussreichsten deutschen Wissenschaftsorganisationen in das Zentrum der Analyse gestellt und der Prozess seiner Etablierung als wichtiges Abstimmungsgremium aufgearbeitet worden. Dieses „höchst mühsam[e]" Unterfangen,[21] das der Journalist Rainer Klofat einem solchen Versuch (durchaus nicht zu Unrecht) unterstellt hat, hat sich dabei als überaus lohnenswert gezeigt. Auf diese Weise ist es auf methodischer Ebene gelungen, die Rahmenbedingungen für Kooperationszusammenhänge systematisch zu erfassen, ihre Wechselwirkung mit gleichzeitig existierenden Konkurrenzkonstellationen zu identifizieren und zugleich Methoden der Restabilisierung derselben zu ermitteln. Zugleich ist mit dem Fokus auf die Praktiken der Zusammenarbeit in der Allianz ihr Einfluss auf Wissenschaft und Politik rekonstruiert und der Schleier des Verborgenen,[22] der die Allianz bis heute in Teilen verhüllt, gelüftet worden.

---

21 Klofat (1991), Herrenhaus.
22 Vgl. dazu van Bebber (2011), Ritterrunde.

7 Anhang

7.1 Abkürzungsverzeichnis

AdHRK	Archiv der Hochschulrektorenkonferenz
AdW	Akademie der Wissenschaften der DDR
AdWR	Archiv des Wissenschaftsrats
AGF	Arbeitsgemeinschaft der Großforschungseinrichtungen
AiF	Arbeitsgemeinschaft industrieller Forschungsvereinigungen „Otto von Guericke" e. V.
AMPG	Archiv der Max-Planck-Gesellschaft
AWI	Alfred-Wegener-Institut
AvH	Alexander von Humboldt-Stiftung
BAFT	Beratender Ausschuss für Forschung und Technologie
BArch	Bundesarchiv
BASF AG	Badische Anilin- und Sodafabrik Aktiengesellschaft
BDI	Bundesverband der Deutschen Industrie e. V.
BL	Blaue Liste
BLK	Bund-Länder-Kommission für Bildungsplanung und Forschungsförderung
BMAt	Bundesministerium für Atomfragen
BMBF	Bundesministerium für Bildung und Forschung
BMBW	Bundesministerium für Bildung und Wissenschaft
BMFT	Bundesministerium für Forschung und Technologie
BML	Bundesministerium für Ernährung, Landwirtschaft und Forsten
BMVg	Bundesministerium der Verteidigung
BMwF	Bundesministerium für wissenschaftliche Forschung
CERN	Conseil Européen pour la Recherche Nucléaire / Europäische Organisation für Kernforschung
CDU	Christlich Demokratische Union Deutschlands
COST	European Cooperation in Science and Technology
CSU	Christlich-Soziale Union in Bayern e. V.

DA GMPG	Digitales Archiv der GMPG
DAAD	Deutscher Akademischer Austauschdienst e. V.
DDR	Deutsche Demokratische Republik
DESY	Deutsches Elektronen-Synchrotron
DFG	Deutsche Forschungsgemeinschaft
DFGA	Archiv der Deutschen Forschungsgemeinschaft
DFVLR	Deutsche Forschungs- und Versuchsanstalt für Luft- und Raumfahrt
DPG	Deutsche Physikalische Gesellschaft e. V.
EG	Europäische Gemeinschaft
EMBL	Europäisches Laboratorium für Molekularbiologie
EMBO	European Molecular Biology Organization
ERC	European Research Council
ESA	European Space Agency
ESF	European Science Foundation
ESRO	European Space Research Organisation
EU	Europäische Union
EURATOM	Europäische Atomgemeinschaft
EUROHORCS	European Heads of Research Councils
FhG	Fraunhofer Gesellschaft zur Förderung angewandter Forschung e. V.
FOR	Forschungsgruppe
FuE	Forschung und Entwicklung
GEW	Gewerkschaft Erziehung und Wissenschaft
GFE	Großforschungseinrichtung
GG	Grundgesetz
GKSS	Gesellschaft für Kernenergieverwertung in Schiffbau und Schifffahrt
GMD	Gesellschaft für Mathematik und Datenverarbeitung
GMPG	Forschungsprogramm „Geschichte der Max-Planck-Gesellschaft (1948–2002)"
GSF	Gesellschaft für Strahlenforschung
GSI	Gesellschaft für Schwerionenforschung
GVK	Gemeinsame Verfassungskommission
HGF	Helmholtz-Gemeinschaft Deutscher Forschungszentren e. V.
HMI	Hahn-Meitner-Institut
HRK	Hochschulrektorenkonferenz
IfZ	Institut für Zeitgeschichte München – Berlin
IIASA	Internationales Institut für Angewandte Systemanalyse
ILL	Institut Laue Langevin
IPP	Max-Planck-Institut für Plasmaphysik
KFA Jülich	Kernforschungsanalage Jülich
KfK	Kernforschungszentrum Karlsruhe
KMK	Kultusministerkonferenz

KWG	Kaiser-Wilhelm-Gesellschaft zur Förderung der Wissenschaften
KoWi	Kooperationsstelle EG (heute: EU) der Wissenschaftsorganisationen
MFT	Ministerium für Forschung und Technologie der DDR
MPG	Max-Planck-Gesellschaft zur Förderung der Wissenschaften e. V.
MPI	Max-Planck-Institut
POF	Programmorientierte Förderung
PUSH	Public Understanding of Science and Humanities
SPD	Sozialdemokratische Partei Deutschlands
TO	Tagesordnung
TOP	Tagesordnungspunkt
VDI	Verein Deutscher Ingenieure e. V.
WiD	Wissenschaft im Dialog
WBL	Wissenschaftsgemeinschaft Blaue Liste
WGL	Leibniz-Gemeinschaft (Wissenschaftsgemeinschaft Gottfried Wilhelm Leibniz e. V.)
WR	Wissenschaftsrat
WRK	Westdeutsche Rektorenkonferenz
WZB	Wissenschaftszentrum Berlin für Sozialforschung
ZVEI	Zentralverband Elektrotechnik- und Elektronikindustrie e. V.

7.2 Abbildungsverzeichnis

- **Abb. 1:** Personelle Zusammensetzung von Allianz und Präsidentenkreis. 21
- **Abb. 2:** Schematische Visualisierung einer triadischen Konkurrenzkonstellation. 25
- **Abb. 3:** Schematische Visualisierung einer Kooperation. 27
- **Abb. 4:** Schematische Visualisierung von Kooperation in Konkurrenzverhältnissen. 32
- **Abb. 5:** Themen der Allianzsitzungen (1955–1968). 63
- **Abb. 6:** Anzahl der jährlichen Sitzungen des Präsidentenkreises (1960–2000). 95
- **Abb. 7:** Kooperation zwischen BMFT und Allianz in Konkurrenzkonstellationen. 110
- **Abb. 8:** Schematische Darstellung der Kooperation zwischen Allianz und BMFT. 114
- **Abb. 9:** Vergleich der in der Allianz besprochenen Themen. 116
- **Abb. 10:** Anzahl der jährlichen Sitzungen der Allianz (1960–2000). 121
- **Abb. 11:** Stellenpolitik als Thema in der Allianz (1955–2000). 123
- **Abb. 12:** Beratungen über die Nominationen für den WR in der Allianz (1955–2000). 125
- **Abb. 13:** Forschungsfinanzierung als Thema in der Allianz (1955–2000). 132
- **Abb. 14:** Gesamtbudget des Bundesforschungsministeriums und Bundesanteil an der Förderung von AGF und MPG. 140
- **Abb. 15:** Kooperation in der Allianz in Finanzierungsfragen. 143
- **Abb. 16:** Vergleich der Vorsitze von AGF und WR in der Allianz (1976–2000). 156
- **Abb. 17:** Übersicht über alle Sitzungsvorsitze in der Allianz (1961–2000). 157
- **Abb. 18:** Vergleich der Vorsitze von FhG und AGF in der Allianz (1980–2000). 163
- **Abb. 19:** Anzahl der jährlichen Sitzungen von Allianz und Präsidentenkreis (1960–2000). 173
- **Abb. 20:** Schematische Darstellung eines Kippmoments aufgrund überlappender Ziele. 178
- **Abb. 21:** Bundesanteil an der Förderung von MPG, DFG, BL und FhG (1965–2000). 191
- **Abb. 22:** Debatten über das Selbstverständnis der Allianz (1990–2000). 231
- **Abb. 23:** Europa als Thema in der Allianz (1969–1989). 244
- **Abb. 24:** Europa als Thema in der Allianz (1990–2000). 247
- **Abb. 25:** Jährliche Anzahl der gemeinsamen Stellungnahmen der Allianz (2000–2021). 278

8 Quellen- und Literaturverzeichnis

8.1 Archivmaterial und Interviews

8.1.1 Archivalien

Archiv der Deutschen Forschungsgemeinschaft (DFGA), Bonn
DFGA, AZ 02219–04 (Geschäftsstelle – Sitzungen der Allianz)
DFGA, AZ 0224 (Präsidium – Sitzung der Allianz)
DFGA, AZ 6 (Wissenschaftsrat)

Archiv der Hochschulrektorenkonferenz (AdHRK), Bonn
AdHRK, Allianz und Präsidentenkreis

Archiv des Instituts für Zeitgeschichte (IfZ-Archiv), München
IfZ-Archiv, ED 721 (Fraunhofer-Gesellschaft)

Archiv der Max-Planck-Gesellschaft (AMPG), Berlin
AMPG, II. Abt., Rep. 1 (Handakten)
AMPG, II. Abt., Rep. 57 (Präsident, Präsidialbüro)
AMPG, II. Abt., Rep. 60 (Senat)
AMPG, II. Abt., Rep. 61 (Verwaltungsrat)
AMPG, II. Abt., Rep. 62 (Wissenschaftlicher Rat)
AMPG, II. Abt., Rep. 69 (Generalverwaltung: Finanzen/Revision)
AMPG, III. Abt., Rep. 84–2 (Nachlass von Adolf Butenandt, Korrespondenz)

Archiv des Wissenschaftsrats (AdWR), Köln
AdWR, 6.1 – Präsidentenkreis
AdWR, 6.2 – Allianz-Sitzungen

Bundesarchiv (BArch), Koblenz
BArch, B 136 (Bundeskanzleramt)
BArch, B 138 (Bundesministerium für Bildung und Wissenschaft)
BArch, B 196 (Bundesministerium für Forschung und Technologie)
BArch, B 388 (Hermann von Helmholtz-Gemeinschaft Deutscher Forschungszentren)
BArch, B 478 (Hochschulrektorenkonferenz)

Digitales Archiv des Forschungsprogramms „Geschichte der Max-Planck-Gesellschaft" (DA GMPG)

8.1.2 Interviews

Interview mit Barbara Bludau. München 22.10.2018.
Interview mit Christian Bode. Bonn/München 30.04.2020.
Interview mit Edelgard Bulmahn. Berlin/München 23.07.2020.
Interview mit Klaus Fleischmann. Bonn 23.09.2020.
Interview mit Wolfgang Frühwald. Augsburg 28.09.2018.
Interview mit Eva Maria Heck. Bonn/München 02.02.2021.
Interview mit Josef Lange. Hannover/München 20.08.2020.
Interview mit Heinz Riesenhuber. Frankfurt am Main / München 02.05.2020.
Interview mit Christoph Schneider. Bonn 24.09.2019.
Interview mit Herwig Schopper. Genf/München 16.04.2020.
Interview mit Winfried Schulze. Essen 14.09.2018.
Interview mit Joachim Treusch. Bremen/München 27.05.2020.

8.2   Gedruckte Quellen und Sekundärliteratur

Abelshauser, Werner, „Der Rheinische Kapitalismus im Kampf der Wirtschaftskulturen", in: Volker R. Berghahn / Sigurt Vitols (Hg.), *Gibt es einen deutschen Kapitalismus? Tradition und globale Perspektiven der sozialen Marktwirtschaft* (Frankfurt am Main / New York 2006): 186–199.

Abelshauser, Werner, „The First Post-liberal Nation. Stages in the Development of Modern Corporatism in Germany", in: *European History Quarterly* 14, no. 3 (1984): 285–317.

Adam, Konrad, „Der Einjährige", in: *Frankfurter Allgemeine Zeitung* (20.01.1994): 27.

Adam, Konrad, „Morsche Kähne. Abzuwickeln wäre auch im Westen", in: *Frankfurter Allgemeine Zeitung* (19.02.1991): 33.

Ahne, Winfried, *Tierversuche. Im Spannungsfeld von Praxis und Bioethik* (Stuttgart / New York 2007).

ALI, „Mit Stichwort Leistung in die Reform", in: *duz*, no. 3 (1993): 4.

ALI, „Neuweiler kritisiert Regierung", in: *duz*, no. 17 (1993): 5.

Allianz der Wissenschaftsorganisationen, *10-Punkte-Plan zur Wissenschaftskommunikation. Interne Vereinbarung zur Entwicklung der Kommunikation der Allianz und ihrer Mitglieder* (Berlin 26.05.2020).

Allianz der Wissenschaftsorganisationen, *Allianz der Wissenschaftsorganisationen* (o.J.). URL: https://www.allianz-der-wissenschaftsorganisationen.de/ (zuletzt aufgerufen am 14.04.2023).

Allianz der Wissenschaftsorganisationen, *Aufruf zu mehr Sachlichkeit in Krisensituationen* (Köln 06.12.2021).

Allianz der Wissenschaftsorganisationen, *„Erhellen Sie unsere Demokratie!" Bundespräsident Steinmeier spricht zum Abschluss der Kampagne „Freiheit ist unser System" der Allianz der Wissenschaftsorganisationen. Pressemitteilung* (Berlin 26.09.2019).

Allianz der Wissenschaftsorganisationen, *Erwartungen an die Wissenschaftspolitik einer neuen Bundesregierung. Gemeinsame Erklärung* (Köln 18.11.2021).

Allianz der Wissenschaftsorganisationen, *Freiheit ist unser System. Gemeinsam für die Wissenschaft. 70 Jahre Grundgesetz* (Berlin o.J.). URL: https://wissenschaftsfreiheit.de/ (zuletzt aufgerufen am 14.04.2023).

Allianz der Wissenschaftsorganisationen, *Gemeinsam für die Freiheit der Wissenschaft. Allianz der Wissenschaftsorganisationen startet Kampagne zu 70 Jahren Grundgesetz.* (Berlin 14.03.2019).

Allianz der Wissenschaftsorganisationen, *Gemeinsame Position der Allianz der Wissenschaftsorganisationen zur Neuordnung der Forschungsfinanzierung und des Hochschulbaus* (Bonn/Köln/München 22.07.2003).

Allianz der Wissenschaftsorganisationen, *Open Access und Urheberrecht: Kein Eingriff in die Publikationsfreiheit. Gemeinsame Erklärung der Wissenschaftsorganisationen* (Berlin 25.03.2009).

Allianz der Wissenschaftsorganisationen, *Schwerpunktinitiative „Digitale Information"* (Berlin 11.06.2008).

Allianz der Wissenschaftsorganisationen, *Stellungnahme der Allianz der Wissenschaftsorganisationen zur geplanten Novellierung des Wissenschaftszeitvertragsgesetzes* (München 25.03.2015).

Allianz der Wissenschaftsorganisationen, *Stellungnahme von neun Partnern der Allianz der Wissenschaftsorganisationen zur Qualitätssicherung von wissenschaftlichen Veröffentlichungen* (München 25.07.2018).

Allianz der Wissenschaftsorganisationen, *Strategische Zusammenarbeit von Wissenschaft und Wirtschaft* (Berlin 12.11.2007).

Allianz der Wissenschaftsorganisationen, *Tierversuche verstehen. Eine Informationsinitiative der Wissenschaft* (Göttingen o.J.). URL: https://www.tierversuche-verstehen.de/ (zuletzt aufgerufen am 14.04.2023).

Allianz der Wissenschaftsorganisationen, *„Tierversuche verstehen" – Allianz der Wissenschaftsorganisationen startet Informationsinitiative zu tierexperimenteller Forschung. Pressemitteilung* (Halle 06.09.2016).

Allianz der Wissenschaftsorganisationen, *Wachstum braucht Wissenschaft. Bildung und Forschung bilden Basis und Motor wirtschaftlicher und sozialer Innovation* (Bonn/Köln/München 12.02.2004).

Allianz der Wissenschaftsorganisationen, *Weichen für die Zukunft des deutschen Wissenschaftssystems stellen. Pressemitteilung* (Köln 28.06.2021).

Allianz der Wissenschaftsorganisationen, *Wichtiges Signal für Stärkung von Wissenschaft und Forschung. Wissenschaftsorganisationen begrüßen Entwurf der Bundesregierung für Wissenschaftsfreiheitsgesetz* (Köln 02.05.2012).

Allianz der Wissenschaftsorganisationen, *Wir erforschen: Energie* (München 2010). URL: https://www.mpg.de/9048584/allianzbroschuere-energie.pdf (zuletzt aufgerufen am 08.09.2021).

Allianz der Wissenschaftsorganisationen, *Wir erforschen: Gesundheit* (München 2011). URL: https://www.mpg.de/9048639/allianzbroschuere-gesundheit.pdf (zuletzt aufgerufen am 08.09.2021).

Allianz der Wissenschaftsorganisationen, *Wir erforschen: Kommunikation* (Bonn/München 2011). URL: https://www.mpg.de/9048375/allianzbroschuere-kommunikation.pdf (zuletzt aufgerufen am 08.09.2021).

Allianz der Wissenschaftsorganisationen, *Wir erforschen: Mobilität* (München 2012). URL: https://www.mpg.de/9048419/allianzbroschuere-mobilitaet.pdf (zuletzt aufgerufen am 08.09.2021).

Allianz der Wissenschaftsorganisationen, *Wir erforschen: Sicherheit* (München 2011). URL: https://www.mpg.de/9048463/allianzbroschuere-sicherheit.pdf (zuletzt aufgerufen am 08.09.2021).

Allianz der Wissenschaftsorganisationen, *Wissenschaft ist international. Stellungnahme* (Berlin 03.02.2017).

Allianz der Wissenschaftsorganisationen, *Wissenschafts- und Innovationspolitik in der Legislaturperiode 2021–2025. Stellungnahme* (Köln 09.06.2021).

Allianz der Wissenschaftsorganisationen, *Wissenschaftszeitvertragsgesetz: Anpassung hilft Betroffenen und Wissenschaft. Pressemitteilung* (Bonn 07.05.2020).

Allianz der Wissenschaftsorganisationen, *Zehn Thesen zur Wissenschaftsfreiheit. Abschlussmemorandum der Kampagne Freiheit ist unser System* (Berlin 27.08.2019).

Allianz der Wissenschaftsorganisationen / Stifterverband für die Deutsche Wissenschaft / Arbeitsgemeinschaft industrieller Forschungsvereinigungen, *PUSH-Memorandum. Dialog Wissenschaft und Gesellschaft* (Bonn 27.05.1999).

Alter, Peter, „Der DAAD seit seiner Wiedergründung 1950", in: Peter Alter (Hg.), *Spuren in die Zukunft. Band 1. Der DAAD in der Zeit. Geschichte, Gegenwart und zukünftige Aufgaben; vierzehn Essays* (Bonn 2000): 50–105.

Alter, Peter (Hg.), *Spuren in die Zukunft. Band 1. Der DAAD in der Zeit. Geschichte, Gegenwart und zukünftige Aufgaben; vierzehn Essays* (Bonn 2000).

Andersen, Hanne, „Collaboration, Interdisciplinarity, and the Epistemology of Contemporary Science", in: *Studies in History and Philosophy of Science Part A* 56 (2016): 1–10.

André, Michel, „L'Espace Européen de la Recherche. Histoire d'une Idée", in: *JEIH Journal of European Integration History* 12, no. 2 (2007): 131–150.

Andresen, Knut / Apel, Linda / Heinsohn, Kirsten, „Es gilt das gesprochene Wort. Oral History und Zeitgeschichte heute", in: Knut Andresen / Linda Apel / Kirsten Heinsohn (Hg.), *Es gilt das gesprochene Wort. Oral History und Zeitgeschichte heute* (Göttingen 2015): 7–22.

Arnold, Natalie, „The Application of the Concept of Governance to the Structures of German Extra-University Research Organizations form a Legal Perspective", in: Dorothea Jansen (Hg.), *New Forms of Governance in Research Organizations. Disciplinary Approaches, Interfaces and Integration* (Dodrecht 2007): 177–185.

Arnold, Natalie / Groß, Thomas, „Die Entscheidungsstrukturen der Leibniz-Gemeinschaft. Ein Beitrag zur Governance-Diskussion im Forschungsbereich", in: *Wissenschaftsrecht* 38 (2005): 238–263.

Arp, Agnès, „Tagungsbericht zum Historikertag 2016: Glauben was man hört. Hören was man glaubt? Zeitgeschichtliche Potenziale von Interviews und Oral History", in: *H-Soz-Kult* (19.11.2016). URL: https://www.hsozkult.de/conferencereport/id/tagungsberichte-6845 (zuletzt aufgerufen am 22.07.2020).

Ash, Mitchell G., *Die Max-Planck-Gesellschaft im Kontext der deutschen Vereinigung 1989–1992. Eine politische Wissenschaftsgeschichte* (Göttingen 2023).

Ash, Mitchell G., *Die Max-Planck-Gesellschaft im Kontext der Vereinigung 1989–1995* (Berlin 2020).

Ash, Mitchell G., „Reflexionen zum Ressourcenansatz", in: Sören Flachowsky / Rüdiger Hachtmann / Florian Schmaltz (Hg.), *Ressourcenmobilisierung. Wissenschaftspolitik und Forschungspraxis im NS-Herrschaftssystem* (Göttingen 2016): 535–553.

Ash, Mitchell G., „Wissenschaft und Politik. Eine Beziehungsgeschichte im 20. Jahrhundert", in: *Archiv für Sozialgeschichte* 50 (2010): 11–46.

Ash, Mitchell G., „Wissenschaft und Politik als Ressourcen füreinander", in: Rüdiger vom Bruch / Brigitte Kaderas (Hg.), *Wissenschaften und Wissenschaftspolitik. Bestandsaufnahmen zu Formationen, Brüchen und Kontinuitäten im Deutschland des 20. Jahrhunderts* (Stuttgart 2002): 32–51.

Baethge, Martin, „Staatliche Berufsbildungspolitik in einem korporatistischen System", in: Peter Weingart / Niels C. Taubert (Hg.), *Das Wissensministerium. Ein halbes Jahrhundert Forschungs- und Bildungspolitik in Deutschland* (Weilerswist 2006): 435–469.

Balcar, Jaromír, *Die Ursprünge der Max-Planck-Gesellschaft. Wiedergründung – Umgründung – Neugründung* (Berlin 2019).

Balcar, Jaromír, *Instrumentenbau – Patentvermarktung – Ausgründungen. Die Geschichte der Garching Instrumente GmbH* (Berlin 2018).

Balcar, Jaromír, *Wandel durch Wachstum in „dynamischen Zeiten". Die Max-Planck-Gesellschaft 1955/57 bis 1972* (Berlin 2020).
Bälz, Ulrich, „Ludwig Raiser (27.10.1904–13.06.1980). Ein Lebensbericht", in: Martin Nettesheim (Hg.), *Zum 100. Geburtstag von Professor Ludwig Raiser (27.10.1904–13.06.1980). Symposium der Tübinger Juristischen Fakultät am 3. Dezember 2004* (Tübingen 2005): 11–28.
Bartz, Olaf, *Der Wissenschaftsrat. Entwicklungslinien der Wissenschaftspolitik in der Bundesrepublik Deutschland 1957–2007* (Stuttgart 2007).
Bartz, Olaf, „Die Föderalismusreform von 2006 in zeithistorischer Perspektive", in: Margrit Seckelmann / Stefan Lange / Thomas Horstmann (Hg.), *Die Gemeinschaftsaufgaben von Bund und Ländern in der Wissenschafts- und Bildungspolitik. Analysen und Erfahrungen* (Baden-Baden 2010): 91–105.
Bartz, Olaf, *Wissenschaftsrat und Hochschulplanung. Leitbildwandel und Planungsprozesse in der Bundesrepublik Deutschland zwischen 1957 und 1975* (Köln 2006). URL: https://core.ac.uk/download/pdf/12009727.pdf (zuletzt aufgerufen am 28.07.2020).
Becker, Werner, „Mit einer Reiseschreibmaschine fing es an. Kleine Geschichte der Westdeutschen (Hochschul-) Rektorenkonferenz", in: *duz SPECIAL* (1999): 28–33.
Behlau, Lothar, *Forschungsmanagement. Ein praktischer Leitfaden* (Berlin/Boston 2017).
Behrends, Sylke, *Erklärung von Gruppenphänomenen in der Wirtschaftspolitik. Politologische und volkswirtschaftliche Theorien sowie Analyseansätze* (Berlin 1999).
Behrmann, Günter C., „Andreas von Bülow", in: Udo Kempf / Hans-Georg Merz (Hg.), *Kanzler und Minister 1949–1998. Biografisches Lexikon der deutschen Bundesregierungen* (Wiesbaden 2001): 191–194.
Behrmann, Günter C., „Hans Leussink", in: Udo Kempf / Hans-Georg Merz (Hg.), *Kanzler und Minister 1949–1998. Biografisches Lexikon der deutschen Bundesregierungen* (Wiesbaden 2001): 432–437.
Behrmann, Günter C., „Klaus von Dohnanyi", in: Udo Kempf / Hans-Georg Merz (Hg.), *Kanzler und Minister 1949–1998. Biografisches Lexikon der deutschen Bundesregierungen* (Wiesbaden 2001): 203–206.
Bentele, Karlheinz, *Kartellbildung in der allgemeinen Forschungsförderung* (Meisenheim am Glan 1979).
Benz, Arthur, „Politischer Wettbewerb", in: Arthur Benz / Susanne Lütz / Uwe Schimank / Georg Simonis (Hg.), *Handbuch Governance. theoretische Grundlagen und empirische Anwendungsfelder* (Wiesbaden 2007): 54–67.
Benz, Arthur / Dose, Nicolai (Hg.), *Governance – Regieren in komplexen Regelsystemen* (Wiesbaden ²2010).
Benz, Arthur / Lütz, Susanne / Schimank, Uwe u. a., „Einleitung", in: Arthur Benz / Susanne Lütz / Uwe Schimank / Georg Simonis (Hg.), *Handbuch Governance. theoretische Grundlagen und empirische Anwendungsfelder* (Wiesbaden 2007): 9–25.
Benz, Arthur / Lütz, Susanne / Schimank, Uwe u. a. (Hg.), *Handbuch Governance. theoretische Grundlagen und empirische Anwendungsfelder* (Wiesbaden 2007).
Benz, Winfried, „Der Wissenschaftsrat", in: Christian Flämig / Volker Grellert / Otto Kimminich / Ernst-Joachim Meusel / Hans Heinrich Rupp / Dieter Scheven / Hermann Josef Schuster / Friedrich Stenbock-Fermor (Hg.), *Handbuch des Wissenschaftsrechts. Band 2* (Berlin/Heidelberg ²1996): 1667–1687.
Berger, Peter L. / Luckmann, Thomas, *Die gesellschaftliche Konstruktion der Wirklichkeit. Eine Theorie der Wissenssoziologie* (Frankfurt am Main ⁵1977).

Berger, Rolf, „Zum Verhältnis von Aufgabe, Struktur und Interessen in der Forschungspolitik", in: Udo Bermbach (Hg.), *Politische Wissenschaft und politische Praxis. Tagung der Deutschen Vereinigung für Politische Wissenschaft in Bonn, Herbst 1977* (Opladen 1978): 169–191.

Bicchieri, Christina / Muldoon, Ryan, „Social Norms. [Online Version]", in: Edward N. Zalta (Hg.), *The Stanford Encyclopedia of Philosophy* (Stanford 2011). URL: https://plato.stanford.edu/entries/social-norms/ (zuletzt aufgerufen am 07.03.2018).

Bierwisch, Manfred, „Wissenschaften im Vereinigungsprozeß", in: Jürgen Kocka / Renate Mayntz (Hg.), *Wissenschaft und Wiedervereinigung. Disziplinen im Umbruch* (Berlin 1998): 485–507.

bil, „Strategische Neuordnung angekündigt. Bulmahn will Hochschule mit Forschung vernetzen", in: *Süddeutsche Zeitung* (17.12.1998).

Billing, Werner, „Horst Ehmke", in: Udo Kempf / Hans-Georg Merz (Hg.), *Kanzler und Minister 1949–1998. Biografisches Lexikon der deutschen Bundesregierungen* (Wiesbaden 2001): 212–216.

Bittlingmayer, Uwe H., *Die „Wissensgesellschaft". Mythos, Ideologie oder Realität?* (Wiesbaden 2006).

Bittlingmayer, Uwe H., *‚Wissensgesellschaft' als Wille und Vorstellung* (Konstanz 2005).

Bode, Christian, „Der Deutsche Akademische Austauschdienst (DAAD)", in: Christian Flämig / Volker Grellert / Otto Kimminich / Ernst-Joachim Meusel / Hans Heinrich Rupp / Dieter Scheven / Hermann Josef Schuster / Friedrich Stenbock-Fermor (Hg.), *Handbuch des Wissenschaftsrechts. Band 2* (Berlin/Heidelberg ²1996): 1401–1408.

Bogner, Alexander, „Politikberatung im Politikfeld der Biopolitik", in: Svenja Falk / Dieter Rehfeld / Andrea Römmele / Martin Thunert (Hg.), *Handbuch Politikberatung* (Wiesbaden 2006): 483–495.

Bogner, Alexander / Littig, Beate / Menz, Wolfgang, *Interviews mit Experten. Eine praxisorientierte Einführung* (Wiesbaden 2014).

Böschen, Stefan, „Wissensgesellschaft", in: Marianne Sommer / Staffan Müller-Wille / Carsten Reinhardt (Hg.), *Handbuch Wissenschaftsgeschichte* (Stuttgart 2017): 324–332.

Böttger, Joachim, *Forschung für den Mittelstand. die Geschichte der Arbeitsgemeinschaft Industrieller Forschungsvereinigungen „Otto von Guericke" e. V. (AiF) im wirtschaftspolitischen Kontext* (Köln 1993).

Bourdieu, Pierre, *Die verborgenen Mechanismen der Macht* (Hamburg 1992).

Bourdieu, Pierre, *Sozialer Raum und „Klassen"* (Frankfurt am Main 1985).

Bourdieu, Pierre, „The Specificity of the Scientific Field and the Social Conditions of the Progress of Reason", in: *Social Science Information* 14, no. 6 (1975): 19–47.

Bracher, Karl Dietrich / Jäger, Wolfgang / Link, Werner, *Republik im Wandel, 1969–1974. Die Ära Brandt* (Stuttgart 1986).

Brandenburger, Adam / Nalebuff, Barry, *Coopetition. Kooperativ konkurrieren; mit der Spieltheorie zum Geschäftserfolg* (Eschborn ³2012).

Brankovic, Jelena / Ringel, Leopold / Werron, Tobias, „How Rankings Produce Competition. The Case of Global University Rankings", in: *Zeitschrift für Soziologie* 47, no. 4 (2018): 270–288.

Braun, Dietmar, *Die politische Steuerung der Wissenschaft* (Frankfurt am Main / New York 1997).

Brechenmacher, Thomas, *Die Bonner Republik. Politisches System und innere Entwicklung der Bundesrepublik* (Berlin 2010).

Brill, Ariane, *Von der „Blauen Liste" zur gesamtdeutschen Wissenschaftsorganisation. Die Geschichte der Leibniz Gemeinschaft* (Leipzig 2017).

Brink, Tobias ten, „Kapitalismus und Staatenkonkurrenz", in: Thomas Kirchhoff (Hg.), *Konkurrenz. Historische, strukturelle und normative Perspektiven* (Bielefeld 2015): 93–116.

Bruder, Wolfgang, *Forschungs- und Technologiepolitik in der Bundesrepublik Deutschland* (1986).

Bulmahn, Edelgard, „Die Rolle der Europäischen Union in der Forschungs- und Technologiepolitik. Zukunftsgestaltung und Zukunftssicherung als Herausforderung", in: Reiner Braun / Ulf

Imiela / Klaus-Jürgen Scherer (Hg.), *Brückenschlag ins 21. Jahrhundert. Die Verantwortung der Wissenschaft für ein zukunftsfähiges Europa* (Baden-Baden 1997): 80–92.

Bundesministerium für Bildung und Forschung, *Ideen. Innovation. Wachstum. Hightech-Strategie 2020 für Deutschland* (Bonn 2010).

Bundesministerium für Forschung und Technologie, *Weichenstellung für eine künftige gesamtdeutsche Forschungslandschaft. Gemeinsame Pressemitteilung* (Bonn 03.07.1990).

Bundesregierung, *Bericht der Bundesregierung zur zukünftigen Entwicklung der Großforschungseinrichtungen.* Drs. 10/1327 (Bonn 16.04.1984).

Bundesregierung, *Ergänzende Stellungnahme zum Bericht der Bundesregierung zur zukünftigen Entwicklung der Großforschungseinrichtungen.* Drs. 10/1771 (Bonn 20.07.1984).

Bund-Länder-Kommission für Bildungsplanung und Forschungsförderung, *Jahresbericht 1999* (Bonn 2000).

Bund-Länder-Kommission für Bildungsplanung und Forschungsförderung, *Sicherung der Qualität der Forschung* (Bonn 1998).

Bürkert, Karin / Engel, Alexander / Heimerdinger, Timo u. a. (Hg.), *Auf den Spuren der Konkurrenz. kultur- und sozialwissenschaftliche Perspektiven* (Münster / New York 2019).

Busch, Alexander, „Friedrich Schneider – Generalsekretär des Wissenschaftsrates", in: Max-Planck-Gesellschaft zur Förderung der Wissenschaften (Hg.), *Problems of Science Policy in Europe. Symposium zum Gedenken an Friedrich Schneider* (München 1982): 41–45.

Butenandt, Adolf, „Was leistet die deutsche Forschung?", in: *Süddeutsche Zeitung* (06.07.1963): 67.

Carson, Cathryn / Gubser, Michael, „Science Advising and Science Policy in Post-War West Germany. The example of the Deutscher Forschungsrat", in: *Minerva* 40, no. 2 (2002): 147–179.

Cassata, Francesco, „A cold spring harbor in Europe. EURATOM, UNESCO and the Foundation of EMBO", in: *Journal of the History of Biology* 48, no. 4 (2015): 539–573.

Chadarevian, Soraya de, „Using Interviews to Write the History of Science", in: Thomas Söderqvist (Hg.), *The Historiography of Contemporary Science and Technology* (Amsterdam 1997): 51–70.

Crowell, Kathleen M., „Die Arbeit der Tierversuchskommission aus Sicht der Beteiligten", in: Johannes Caspar / Hans-Joachim Koch (Hg.), *Tierschutz für Versuchstiere – Ein Widerspruch in sich?* (Baden-Baden 1998): 163–169.

csl, „Stimme für Leibniz. Wissenschaftsrat gegen Zerschlagung", in: *Frankfurter Allgemeine Zeitung* (03.03.2004): 36.

Curien, Hubert, „A Scientific Policy for Europe. Big and Small Programmes", in: Max-Planck-Gesellschaft zur Förderung der Wissenschaften (Hg.), *Problems of Science Policy in Europe. Symposium zum Gedenken an Friedrich Schneider* (München 1982): 16–20.

Daniel, Ute, *Beziehungsgeschichten. Politik und Medien im 20. Jahrhundert* (Hamburg 2018).

Deutsch, Morton, „Cooperation and Competition", in: Peter T. Coleman / Morton Deutsch / Eric C. Marcus (Hg.), *The Handbook of Conflict Resolution. Theory and Practice* (San Francisco 2006): 23–42.

Deutsch, Morton, „Cooperation, Competition and Conflict", in: Peter T. Coleman / Morton Deutsch / Eric Colton Marcus (Hg.), *The handbook of conflict resolution. Theory and practice* (San Francisco, CA ³2014): 3–28.

Deutsche Forschungsgemeinschaft / Fraunhofer-Gesellschaft / Helmholtz-Gemeinschaft u. a., *Coronavirus-Pandemie: Es ist ernst* (Halle/Bonn/Berlin u. a. 27.10.2020).

Deutsche Physikalische Gesellschaft e. V., *Die Deutsche Physikalische Gesellschaft unterstützt den „Aufruf zu mehr Sachlichkeit in Krisensituationen" der Allianz der Wissenschaftsorganisationen* (Bad Honnef 09.12.2021).

Die Junge Akademie, *Appell für eine sachliche Berichterstattung* (Berlin 07.12.2021).

Diefenbacher, Hans / Rodenhäuser, Dorothee, „Konkurrenz – wie viel darf's sein? Zum theoretischen Fundament und der Frage nach dem richtigen Maß in Ökonomie und Politik", in: Thomas Kirchhoff (Hg.), *Konkurrenz. Historische, strukturelle und normative Perspektiven* (Bielefeld 2015): 63–91.

Doehring, Karl, „Forschungsfreiheit und Tierversuche. Verfassungsrechtliche Beurteilung", in: Wolfgang Hardegg / Gert Preiser (Hg.), *Tierversuche und medizinische Ethik. Beiträge zu einem Heidelberger Symposion* (Hildesheim 1986): 137–149.

Doering-Manteuffel, Anselm, „Nach dem Boom. Brüche und Kontinuitäten der Industriemoderne seit 1970.", in: *Vierteljahrshefte für Zeitgeschichte* 55, no. 4 (2007): 559–581.

Donges, Patrick, *Medialisierung politischer Organisationen. Parteien in der Mediengesellschaft.* (Wiesbaden 2008).

Donges, Patrick / Jarren, Otfried, *Politische Kommunikation in der Mediengesellschaft. Eine Einführung* (Wiesbaden ⁴2017).

Duret, Pascal, *Sociologie de la Competition* (Paris 2009).

Duve, Thomas / Kunstreich, Jasper / Vogenauer, Stefan (Hg.), *Rechtswissenschaft in der Max-Planck-Gesellschaft, 1948–2002* (Göttingen 2023).

Eberstein, Winfried C. J., *Das Tierschutzrecht in Deutschland bis zum Erlaß des Reichs-Tierschutzgesetzes vom 24. November 1933. Unter Berücksichtigung der Entwicklung in England* (Frankfurt am Main / Berlin 1999).

Eggmann, Sabine, „Wettbewerb diskursiviert. Konkurrenz als Produzentin und Garantin von „kulturwissenschaftlichem" Wissen", in: Markus Tauschek (Hg.), *Kulturen des Wettbewerbs. Formationen kompetitiver Logiken* (Münster/München 2013): 37–53.

Ehlers, Sarah / Zachmann, Karin, „Wissen und Begründen. Evidenz als umkämpfte Ressource in der Wissensgesellschaft. Einleitung", in: Karin Zachmann / Sarah Ehlers (Hg.), *Wissen und Begründen. Evidenz als umkämpfte Ressource in der Wissensgesellschaft* (Baden-Baden 2019): 9–29.

Engelhard, Johann / Sinz, Elmar J., *Kooperation im Wettbewerb. Neue Formen und Gestaltungskonzepte im Zeichen von Globalisierung und Informationstechnologie* (Wiesbaden 1999).

Erhardt, Manfred, „Die freundliche Dampfwalze", in: Katja Kohlhammer (Hg.), *Joachim Treusch – Das Gehirn von Jülich* (Leinfelden-Echterdingen 2005): 30–31.

Erichsen, Hans-Uwe, „Hochschulrektorenkonferenz (HRK). Konferenz der Rektoren und Präsidenten der Hochschulen in der Bundesrepublik Deutschland", in: Christian Flämig / Volker Grellert / Otto Kimminich / Ernst-Joachim Meusel / Hans Heinrich Rupp / Dieter Scheven / Hermann Josef Schuster / Friedrich Stenbock-Fermor (Hg.), *Handbuch des Wissenschaftsrechts. Band 2* (Berlin/Heidelberg ²1996): 1637–1653.

Fehrenbach, Elisabeth, *Vom Ancien Régime zum Wiener Kongreß* (2010).

Felder, Michael, *Forschungs- und Technologiepolitik zwischen Internationalisierung und Regionalisierung* (Marburg 1992).

Feldman, Gerald D., *The Great Disorder. Politics, Economics, and Society in the German Inflation, 1914–1924* (New York 1993).

Feldman, Gerald D. / Steinisch, Irmgard, *Industrie und Gewerkschaften 1918–1924. Die überforderte Zentralarbeitsgemeinschaft* (Stuttgart 1985).

Felt, Ulrike / Nowotny, Helga / Taschwer, Klaus, *Wissenschaftsforschung. Eine Einführung* (Frankfurt am Main / New York 1995).

Fischer, Jürgen, *Westdeutsche Rektorenkonferenz. Geschichte, Aufgaben, Gliederung* (Bad Godesberg ²1961).

Flick, Uwe, „Triangulation", in: Ralf Bohnsack / Alexander Geimer / Michael Meuser (Hg.), *Hauptbegriffe qualitativer Sozialforschung* (Opladen/Toronto ⁴2018): 235–237.
Flink, Tim, „EU-Forschungspolitik. Von der Industrieförderung zu einer pan-europäischen Wissenschaftspolitik?", in: Dagmar Simon / Andreas Knie / Stefan Hornbostel / Karin Zimmermann (Hg.), *Handbuch Wissenschaftspolitik* (Wiesbaden ²2016): 79–97.
Flink, Tim / Kaldewey, David, „The Language of Science Policy in the Twenty-First Century. What Comes after Basic and Applied Research?", in: David Kaldewey / Désirée Schauz (Hg.), *Basic and Applied Research. The Language of Science Policy in the Twentieth Century* (New York / Oxford 2018): 251–284.
Focke, Hermann, *Tierschutz in Deutschland – Etikettenschwindel?! Der gequälten Kreatur gewidmet* (Berlin 2007).
Foemer, Ulla, *Zum Problem der Integration komplexer Sozialsysteme am Beispiel des Wissenschaftsrats* (Berlin 1981).
Frevert, Ute, „Vertrauen – eine historische Spurensuche", in: Ute Frevert (Hg.), *Vertrauen. Historische Annäherungen* (Göttingen 2003): 7–66.
Frevert, Ute, *Vertrauensfragen. Eine Obsession der Moderne* (München 2013).
Fröhlich, Thomas, „Forscher gegen Einschränkung von Tierversuchen", in: *Süddeutsche Zeitung* (24.02.1994): 12.
Füssel, Marian, „Von der akademischen Freiheit zur Freiheit der Wissenschaft. Zur vormodernen Genealogie eines Leitbegriffs", in: *Georgia Augusta* 7 (2010): 22–28.
Gehringer, Thomas, „Er will vor allem die Kontinuität wahren", in: *Der Tagesspiegel* (02.02.1994).
Geiger, Theodor, *Konkurrenz. Eine soziologische Analyse. Herausgegeben und erläutert von Klaus Rodax* (Frankfurt am Main 2012).
Geppert, Alexander C. T., „Forschungstechnik oder Disziplin? Methodische Probleme der Oral History", in: *Geschichte in Wissenschaft und Unterricht* 45, no. 5 (1994): 303–323.
Gerber, Stefan, „Wie schreibt man „zeitgemäße" Universitätsgeschichte?", in: *Zeitschrift für Geschichte der Wissenschaften, Technik und Medizin* 22, no. 4 (2014): 277–286.
Gerstengarbe, Sybille / Thiel, Jens / vom Bruch, Rüdiger (Hg.), *Die Leopoldina. Die Deutsche Akademie der Naturforscher zwischen Kaiserreich und früher DDR* (Berlin-Brandenburg 2016).
Gillessen, Christina, „Hans Leussink – Seiteneinsteiger für (fast) unlösbare Aufgaben", in: Robert Lorenz / Matthias Micus (Hg.), *Seiteneinsteiger. Unkonventionelle Politiker-Karrieren in der Parteiendemokratie* (Wiesbaden 2009): 402–409.
Gläser, Jochen, „Die Akademie der Wissenschaften nach der Wende. Erst reformiert, dann ignoriert und schließlich aufgelöst", in: *Aus Politik und Zeitgeschichte*, no. 51 (1992): 37–46.
Gläser, Jochen / Laudel, Grit, *Experteninterviews und qualitative Inhaltsanalyse als Instrumente rekonstruierender Untersuchungen* (Wiesbaden ³2009).
Gläser, Jochen / Laudel, Grit, „Wenn zwei das Gleiche sagen. Qualitätsunterschiede zwischen Experten", in: Alexander Bogner / Beate Littig / Wolfgang Menz (Hg.), *Experteninterviews. Theorien, Methoden, Anwendungsfelder* (Wiesbaden ³2009): 137–158.
Gläser, Jochen / Stuckrad, Thimo von, „Reaktionen auf Evaluationen. Die Anwendung neuer Steuerungsinstrumente und ihre Grenzen", in: Edgar Grande / Dorothea Jansen / Otfried Jarren / Arie Rip / Uwe Schimank / Peter Weingart (Hg.), *Neue Governance der Wissenschaft. Reorganisation – externe Anforderungen – Medialisierung* (Bielefeld 2013): 73–93.
Glock, Jana, *Das deutsche Tierschutzrecht und das Staatsziel „Tierschutz" im Lichte des Völkerrechts und des Europarechts* (Baden-Baden 2004).
Goffman, Erving, *Wir alle spielen Theater. Die Selbstdarstellung im Alltag* (München/Zürich 1969).

Götter, Christian, „Von der Risikoberechnung zur Vertrauensfrage. Die deutsche Kernenergiedebatte am Beispiel des Kernkraftwerks Stade", in: Eva von Contzen / Tobias Huff / Peter Itzen (Hg.), *Risikogesellschaften. Literatur- und geschichtswissenschaftliche Perspektiven* (Bielefeld 2018): 199–221.

Grande, Edgar / Jansen, Dorothea / Jarren, Otfried u. a. (Hg.), *Neue Governance der Wissenschaft. Reorganisation – externe Anforderungen – Medialisierung* (Bielefeld 2013).

Grande, Edgar / May, Stefan (Hg.), *Perspektiven der Governance-Forschung* (Baden-Baden 2009).

Groß, Thomas / Arnold, Natalie, *Regelungsstrukturen der außeruniversitären Forschung. Organisation und Finanzierung der Forschungseinrichtungen in Deutschland* (Baden-Baden 2007).

Grossner, Claus, „Das Fiasko der Forschungsplanung. Profit oder gesellschaftliche Prioritäten?", in: *Die Zeit* (04.02.1972).

Gruber, Franz P., „Die Tierversuchskommissionen nach § 15 Tierschutzgesetz in der Bundesrepublik Deutschland", in: Harald Schöffl / Horst Spielmann / Helmut A. Tritthart / Klaus Cußler / Ulrike Fuhrmann / Antoine F. Goetschl / Franz P. Gruber / Christoph Heusser / Helga Möller / Hansjörg Ronneberger / Angelo Vedani (Hg.), *Forschung ohne Tierversuche 1995* (Wien 1995): 233–239.

Grunenberg, Nina, „Kreuzritter an der Uni", in: *Die Zeit* (20.03.1981).

Guzzetti, Luca, *A Brief History of European Union Research Policy* (Luxembourg 1995).

Hachtmann, Rüdiger, *Wissenschaftsmanagement im „Dritten Reich". Geschichte der Generalverwaltung der Kaiser-Wilhelm-Gesellschaft* (Göttingen 2007).

Hall, Peter A. / Soskice, David W., *Varieties of Capitalism. The Institutional Foundations of Comparative Advantage* (Oxford 2001).

Hammerstein, Notker, *Die Deutsche Forschungsgemeinschaft in der Weimarer Republik und im Dritten Reich. Wissenschaftspolitik in Republik und Diktatur; 1920–1945* (München 1999).

Harrer, Friedrich, „Die Regelungen der EU auf dem Gebiet des Tierversuchsrechts", in: Johannes Caspar / Hans-Joachim Koch (Hg.), *Tierschutz für Versuchstiere – Ein Widerspruch in sich?* (Baden-Baden 1998): 33–45.

Hauff, Volker / Scharpf, Fritz W., *Modernisierung der Volkswirtschaft. Technologiepolitik als Strukturpolitik* (Frankfurt am Main / Köln 1975).

Heinze, Thomas / Arnold, Natalie, „Governanceregimes im Wandel", in: *Kölner Zeitschrift für Soziologie und Sozialpsychologie* 60, no. 4 (2008): 686–722.

Heinze, Thomas / Kuhlmann, Stefan, „Analysis of Heterogeneous Collaboration in the German Research System with a Focus on Nanotechnology", in: Dorothea Jansen (Hg.), *New Forms of Governance in Research Organizations. Disciplinary Approaches, Interfaces and Integration* (Dodrecht 2007): 189–209.

Helling-Moegen, Sabine, *Forschen nach Programm. Die programmorientierte Förderung in der Helmholtz-Gemeinschaft: Anatomie einer Reform* (Marburg 2009).

Henkels, Walter, *99 Bonner Köpfe* (Düsseldorf/Wien 1963).

Hennis, Wilhelm, *Die deutsche Unruhe. Studien zur Hochschulpolitik* (Hamburg 1969).

Henrich-Franke, Christian / Hiepel, Claudia / Thiemeyer, Guido u.a., „Einleitung", in: Christian Henrich-Franke / Claudia Hiepel / Guido Thiemeyer / Henning Türk (Hg.), *Grenzüberschreitende institutionalisierte Zusammenarbeit von der Antike bis zur Gegenwart* (Baden-Baden 2019): 9–29.

Henrich-Franke, Christian / Hiepel, Claudia / Thiemeyer, Guido u. a. (Hg.), *Grenzüberschreitende institutionalisierte Zusammenarbeit von der Antike bis zur Gegenwart* (Baden-Baden 2019).

Heppe, Hans von, „Denken und Handeln für die Wissenschaft", in: Max-Planck-Gesellschaft zur Förderung der Wissenschaften (Hg.), *Problems of Science Policy in Europe. Symposium zum Gedenken an Friedrich Schneider* (München 1982): 46–48.

Herbert, Ulrich, *Geschichte Deutschlands im 20. Jahrhundert* (München 2014).

Herbold, Ralf, „Wissenschaft für die Politik", in: Peter Weingart (Hg.), *Nachrichten aus der Wissensgesellschaft. Analysen zur Veränderung der Wissenschaft* (Weilerswist 2007): 83–92.

Hermann, Armin / Krige, John (Hg.), *The History of CERN. Band 1. Launching the European Organization for Nuclear Research* (Amsterdam 2000).

Herzog, Thomas, *Strategisches Management von Koopetition. Eine empirisch begründete Theorie im industriellen Kontext der zivilen Luftfahrt* (Frankfurt am Main 2011).

Hess, Gerhard, „Ein langfristiger Plan für die Wissenschaft", in: *Frankfurter Allgemeine Zeitung* (05.07.1956): 2.

Hess, Gerhard, „Hält die deutsche Forschung Schritt?", in: *Frankfurter Allgemeine Zeitung* (10.07.1963): 11.

Hintze, Patrick, *Kooperative Wissenschaftspolitik. Verhandlungen und Einfluss in der Zusammenarbeit von Bund und Ländern* (Wiesbaden 2020).

Hochschulrektorenkonferenz, *Dr. Jens-Peter Gaul. Generalsekretär der Hochschulrektorenkonferenz seit 11. Januar 2016* (Bonn o.J.). URL: https://www.hrk.de/hrk/geschaeftsstelle/jens-peter-gaul/ (zuletzt aufgerufen am 14.04.2023).

Hochschulrektorenkonferenz, *Projekt DEAL. Bundesweite Lizenzierung von Angeboten großer Wissenschaftsverlage* (Freiburg o.J.). URL: https://deal-konsortium.de/ (zuletzt aufgerufen am 14.04.2023).

Hochschulrektorenkonferenz, *Stellungnahme der Hochschulrektorenkonferenz zum Bericht „Forschungsförderung in Deutschland" der internationalen Kommission zur Systemevaluation der Deutschen Forschungsgemeinschaft und der Max-Planck-Gesellschaft. Stellungnahme des 190. Plenums* (Bonn 21./22.02.2000).

Hoffmann, Dieter / Trischler, Helmuth, „Die Helmholtz-Gemeinschaft in historischer Perspektive", in: Jürgen Mlynek / Angela Bittner (Hg.), *20 Jahre Helmholtz-Gemeinschaft* (Bonn/Berlin 2015): 9–47.

Hoffmann, Wolfgang, „Bonner Kulisse", in: *Die Zeit* (16.01.1976a).

Hoffmann, Wolfgang, „Bonner Kulisse", in: *Die Zeit* (26.03.1976b).

Hohn, Hans-Willy, „Außeruniversitäre Forschungseinrichtungen", in: Dagmar Simon / Andreas Knie / Stefan Hornbostel (Hg.), *Handbuch Wissenschaftspolitik* (Wiesbaden 2010): 457–477.

Hohn, Hans-Willy, *Forschungspolitische Reformen im kooperativen Staat. Der Fall der Informationstechnik* (Speyer 2005).

Hohn, Hans-Willy, „Wissenschaftspolitik im semi-souveränen Staat. Die Rolle der außeruniversitären Forschungseinrichtungen und ihrer Trägerorganisationen", in: Margrit Seckelmann / Stefan Lange / Thomas Horstmann (Hg.), *Die Gemeinschaftsaufgaben von Bund und Ländern in der Wissenschafts- und Bildungspolitik. Analysen und Erfahrungen* (Baden-Baden 2010): 145–168.

Hohn, Hans-Willy / Schimank, Uwe, *Konflikte und Gleichgewichte im Forschungssystem. Akteurskonstellationen und Entwicklungspfade der staatlich finanzierten außeruniversitären Forschung* (Frankfurt am Main / New York 1990).

Holl, Wolfgang, „Akademien der Wissenschaften", in: Christian Flämig / Volker Grellert / Otto Kimminich / Ernst-Joachim Meusel / Hans Heinrich Rupp / Dieter Scheven / Hermann Josef Schuster / Friedrich Stenbock-Fermor (Hg.), *Handbuch des Wissenschaftsrechts. Band 2* (Berlin/Heidelberg ²1996): 1339–1363.

Hönig, Barbara, „Matthäus-Effekt", in: Christian Fleck / Christian Dayé (Hg.), *Meilensteine der Soziologie* (Frankfurt am Main / New York 2020): 456–462.

Hornbostel, Stefan, „(Forschungs-)Evaluation", in: Dagmar Simon / Andreas Knie / Stefan Hornbostel / Karin Zimmermann (Hg.), *Handbuch Wissenschaftspolitik* (Wiesbaden ²2016): 243–260.

Hornbostel, Stefan, *Wissenschaftsindikatoren. Bewertungen in der Wissenschaft* (Opladen 1997).
Hüttl, Reinhard, „Evaluation politikberatender Forschungsinstitute durch den Wissenschaftsrat. Kriterien und Erfahrungen", in: *Technikfolgenabschätzung – Theorie und Praxis* 12, no. 1 (2003): 38–42.
Imbusch, Peter, „Konkurrenz. Ordnungsprinzip zwischen Integration und Desintegration", in: Thomas Kirchhoff (Hg.), *Konkurrenz. Historische, strukturelle und normative Perspektiven* (Bielefeld 2015): 215–239.
Ismayr, Wolfgang, „Volker Hauff", in: Udo Kempf / Hans-Georg Merz (Hg.), *Kanzler und Minister 1949–1998. Biografisches Lexikon der deutschen Bundesregierungen* (Wiesbaden 2001): 299–303.
Jaeggi, Rahel, „Was ist eine (gute) Institution?", in: Rainer Forst (Hg.), *Sozialphilosophie und Kritik. Axel Honneth zum 60. Geburtstag* (Frankfurt am Main 2009): 528–544.
Jansen, Christian, *Exzellenz weltweit. Die Alexander von Humboldt-Stiftung zwischen Wissenschaftsförderung und auswärtiger Kulturpolitik (1953–2003)* (Köln 2004).
Jansen, Dorothea, „Forschungspolitische Thesen der Forschergruppe „Governance der Forschung". Rahmenbedingungen für eine leistungsfähige öffentlich finanzierte Forschung", in: Dorothea Jansen (Hg.), *Neue Governance für die Forschung. Tagungsband anlässlich der wissenschaftspolitischen Tagung der Forschergruppe „Governance der Forschung", Berlin, 14.–15. März 2007* (Baden-Baden 2009): 131–143.
Jansen, Dorothea, „Von der Steuerung zur Governance. Wandel der Staatlichkeit?", in: Dagmar Simon / Andreas Knie / Stefan Hornbostel (Hg.), *Handbuch Wissenschaftspolitik* (Wiesbaden 2010): 39–50.
Jansen, Stephan A. / Schleissing, Stephan, *Konkurrenz und Kooperation. Interdisziplinäre Zugänge zur Theorie der Co-opetition* (Marburg 2000).
Jarren, Otfried, „Medien. Mediensystem und politische Öffentlichkeit im Wandel", in: Ulrich Sarcinelli (Hg.), *Politikvermittlung und Demokratie in der Mediengesellschaft. Beiträge zur politischen Kommunikationskultur* (Bonn 1998): 74–94.
Jarren, Otfried, „Mediengesellschaft". Risiken für die politische Kommunikation", in: *Aus Politik und Zeitgeschichte*, no. 41–42 (2001): 10–19.
Jasper, Jörg, *Technologische Innovationen in Europa. Ordnungspolitische Implikationen der Forschungs- und Technologiepolitik der EU* (Wiesbaden 1998).
Jessen, Ralph (Hg.), *Konkurrenz in der Geschichte. Praktiken – Werte – Institutionalisierungen* (Frankfurt am Main / New York 2014).
Jessen, Ralph, „Konkurrenz in der Geschichte – Einleitung", in: Ralph Jessen (Hg.), *Konkurrenz in der Geschichte. Praktiken – Werte – Institutionalisierungen* (Frankfurt am Main / New York 2014): 7–32.
Johnson, David W. / Johnson, Roger T., *Cooperation and Competition. Theory and Research* (Edina ²1989).
Johnson, David W. / Maruyama, Geoffrey / Johnson, Roger u. a., „Effects of Cooperative, Competitive and Individualistic Goal Structures on Achievement. A Meta-Analysis", in: *Psychological Bulletin* 89 (1981): 47–62.
Kaiser, Christian, *Korporatismus in der Bundesrepublik Deutschland. Eine politikfelderübergreifende Übersicht* (Marburg 2006).
Kaminsky, Uwe, „Oral History", in: Hans-Jürgen Pandel / Ursula Becher (Hg.), *Handbuch Medien im Geschichtsunterricht* (Schwalbach/Ts. ⁶2011): 483–499.
Karlson, Peter, *Adolf Butenandt. Biochemiker, Hormonforscher, Wissenschaftspolitiker* (Stuttgart 1990).
Kaufmann, Doris (Hg.), *Geschichte der Kaiser-Wilhelm-Gesellschaft im Nationalsozialismus. Bestandsaufnahme und Perspektiven der Forschung* (Göttingen 2000).

Kempf, Udo, „Die Regierungsmitglieder als soziale Gruppe", in: Udo Kempf / Hans-Georg Merz (Hg.), *Kanzler und Minister 1949–1998. Biografisches Lexikon der deutschen Bundesregierungen* (Wiesbaden 2001): 7–35.

Kempf, Udo, „Matthias Wissmann", in: Udo Kempf / Hans-Georg Merz (Hg.), *Kanzler und Minister 1949–1998. Biografisches Lexikon der deutschen Bundesregierungen* (Wiesbaden 2001): 758–761.

Kirchhoff, Jochen, *Wissenschaftsförderung und forschungspolitische Prioritäten der Notgemeinschaft der Deutschen Wissenschaft 1920–1932* (Dissertation München 2007).

Kirchhoff, Thomas (Hg.), *Konkurrenz. Historische, strukturelle und normative Perspektiven* (Bielefeld 2015).

Klinkmann, Horst, „Zeitzeugenbericht am 01. Juni 2007", in: Kersten Krüger (Hg.), *Die Universität Rostock zwischen Sozialismus und Hochschulerneuerung. Zeitzeugen berichten. Bd. 2* (Rostock 2008): 226–253.

Klofat, Rainer, „Herrenhaus der Wissenschaft", in: *Rheinischer Merkur Christ und Welt* (15.11.1991): 24.

Klueting, Edeltraud, „Die gesetzlichen Regelungen der nationalsozialistischen Reichsregierung für den Tierschutz, den Naturschutz und den Umweltschutz", in: Joachim Radkau / Frank Uekötter (Hg.), *Naturschutz und Nationalsozialismus* (Frankfurt am Main 2003): 77–105.

Knie, Andreas, „Zur Organisation der Forschung im Spannungsfeld von Bund-Länder-Konkurrenzen und wissenschaftlicher Selbstverwaltung. Anmerkungen zur Entstehungsgeschichte der wissenschaftlichen Infrastruktur staatlicher Forschungs- und Technologiepolitik", in: Jochen Hucke / Hellmut Wollmann (Hg.), *Dezentrale Technologiepolitik? Technikförderung durch Bundesländer und Kommunen* (Basel/Boston/Berlin 1989): 76–98.

Knierim, Ute, „Die Tierschutzgesetzgebung in Deutschland", in: Hans Hinrich Sambraus / Andreas Steiger (Hg.), *Das Buch vom Tierschutz* (Stuttgart 1997): 832–844.

Kocka, Jürgen, *Vereinigungskrise. Zur Geschichte der Gegenwart* (Göttingen 1995).

Kocka, Jürgen, „Wissenschaft und Politik in der DDR", in: Jürgen Kocka / Renate Mayntz (Hg.), *Wissenschaft und Wiedervereinigung. Disziplinen im Umbruch* (Berlin 1998): 435–459.

Kocka, Jürgen / Reinhardt, Carsten / Renn, Jürgen u. a. (Hg.), *Die Max-Planck-Gesellschaft. Wissenschafts- und Zeitgeschichte 1945–2005* (Göttingen 2024).

Kohler, Robert E., *Lords of the Fly. Drosophila Genetics and the Experimental Life* (Chicago 1994).

Kölbel, Matthias, „Das Bundesministerium für Bildung und Forschung (BMBF) als wissenschaftspolitischer Akteur", in: Dagmar Simon / Andreas Knie / Stefan Hornbostel / Karin Zimmermann (Hg.), *Handbuch Wissenschaftspolitik* (Wiesbaden ²2016): 533–548.

Kolboske, Birgit, *Hierarchien. Das Unbehagen der Geschlechter mit dem Harnack-Prinzip* (Göttingen 2023).

König, Thomas, „Von der Politikverflechtung in die Parteienblockade. Probleme und Perspektiven der deutschen Zweikammerngesetzgebung", in: Max Kaase / Günther Schmid (Hg.), *Eine lernende Demokratie. 50 Jahre Bundesrepublik Deutschland* (Berlin ²1999): 63–85.

Köpernik, Kristin, *Die Rechtsprechung zum Tierschutzrecht: 1972 bis 2008. Unter besonderer Berücksichtigung der Staatszielbestimmung des Art. 20a GG* (Frankfurt am Main 2010).

Kopp, Clemens, „Jürgen Rüttgers", in: Udo Kempf / Hans-Georg Merz (Hg.), *Kanzler und Minister 1949–1998. Biografisches Lexikon der deutschen Bundesregierungen* (Wiesbaden 2001): 558–562.

Korbmann, Reiner, *Der Weckruf für die Wissenschaftskommunikation – 20 Jahre PUSH. Interview mit einem der Väter von PUSH, Prof. Joachim Treusch* (München 2019). URL: https://wissenschaftkommuniziert.wordpress.com/2019/05/20/der-weckruf-fuer-die-wissenschaftskommunikation-20-jahre-push/ (zuletzt aufgerufen am 14.04.2023).

Kreyenberg, Peter, „Die Rolle der Kultusministerkonferenz im Zuge des Einigungsprozesses", in: Renate Mayntz (Hg.), *Aufbruch und Reform von oben* (Frankfurt am Main / New York 1994): 191–204.
Krige, John (Hg.), *The History of CERN. Band 3* (Amsterdam 2004).
Krige, John / Russo, Arturo / Sebesta, Lorenza, *A History of the European Space Agency. 1958–1987.* 2 Bde. (Noordwijk 2000).
Krücken, Georg, „Zwischen gesellschaftlichem Diskurs und organisationalen Praktiken. Theoretische Überlegungen und empirische Befunde zur Wettbewerbskonstitution im Hochschulbereich", in: Karin Zimmermann / Marion Kamphans / Sigrid Metz-Göckel (Hg.), *Perspektiven der Hochschulforschung* (Wiesbaden 2008): 165–175.
Krull, Wilhelm (Hg.), *Forschungsförderung in Deutschland. Bericht der Internationalen Kommission zur Systemevaluation der Deutschen Forschungsgemeinschaft und der Max-Planck-Gesellschaft* (Hannover 1999).
Krull, Wilhelm, „Im Osten wie im Westen – nichts Neues? Zu den Empfehlungen des Wissenschaftsrates für die Neuordnung der Hochschulen auf dem Gebiet der ehemaligen DDR", in: Renate Mayntz (Hg.), *Aufbruch und Reform von oben* (Frankfurt am Main / New York 1994): 205–225.
Krull, Wilhelm, „Neue Strukturen für Wissenschaft und Forschung. Ein Überblick über die Tätigkeit des Wissenschaftsrates in den neuen Ländern", in: *Aus Politik und Zeitgeschichte*, no. 51 (1992): 15–28.
Krull, Wilhelm / Sommer, Simone, „Die deutsche Vereinigung und die Systemevaluation der deutschen Wissenschaftsorganisationen", in: Peter Weingart / Niels C. Taubert (Hg.), *Das Wissensministerium. Ein halbes Jahrhundert Forschungs- und Bildungspolitik in Deutschland* (Weilerswist 2006): 200–235.
Kruse, Jan, *Qualitative Interviewforschung. Ein integrativer Ansatz* (Weinheim/Basel ²2015).
Kübler, Hans-Dieter, *Mythos Wissensgesellschaft. Gesellschaftlicher Wandel zwischen Information, Medien und Wissen; eine Einführung* (Wiesbaden ²2009).
Kühl, Stefan, „Gruppen, Organisationen, Familien und Bewegungen. Zur Soziologie mitgliedschaftsbasierrer Systeme zwischen Interaktion und Gesellschaft", in: Bettina Heintz / Hartmann Tyrell (Hg.), *Interaktion, Organisation, Gesellschaft revisited. Anwendungen, Erweiterungen, Alternativen* (Stuttgart 2015): 65–85.
Kühl, Stefan, *Organisationen. Eine sehr kurze Einführung* (Wiesbaden ²2020).
Kuhlmann, Stefan, „Leistungsmessung oder Lernmedium? Evaluation in der Forschungs- und Innovationspolitik", in: *Technikfolgenabschätzung – Theorie und Praxis* 12, no. 1 (2003): 11–19.
Kuhlmann, Stefan / Holland, Doris, *Evaluation von Technologiepolitik in Deutschland. Konzepte, Anwendung, Perspektiven* (Heidelberg 1995).
Kühne, Anja / Wewetzer, Hartmut, „Die Länder bestimmen zu viel. Der neue Präsident der Leibniz-Gemeinschaft will den Bund wieder stärker an der Wissenschaft beteiligen", in: *Der Tagesspiegel* (21.12.2005). URL: https://www.tagesspiegel.de/themen/gesundheit/die-laender-bestimmen-zu-viel/669204.html (zuletzt aufgerufen am 26.04.2021).
Küpper, Mechthild, „Ein Sonntagskind des Föderalismus. Der einstige Vorsitzende Gerhard Neuweiler gratuliert dem Wissenschaftsrat zum vierzigsten Geburtstag und wünscht ihm mehr Schärfe", in: *Süddeutsche Zeitung* (29.09.1997): 34.
Küpper, Mechthild, „Wenn es kein Eigentor ist, dann ist es Heuchelei. Interview mit Dieter Simon, dem scheidenden Vorsitzenden des Wissenschaftsrates", in: *Der Tagesspiegel* (21.01.1993): 17.
Kursell, Georg, „Eine verzwickte hochinteressante Situation". Interview mit dem neuen Vorsitzenden des Wissenschaftsrats Professor Gerhard Neuweiler über die Perspektiven seines Amtes", in: *duz*, no. 5 (1993): 20–21.

Kürten, Ludwig, „Bewährt in Sachen Forschung", in: *duz* 49, no. 8 (1993): 13.

Lange, Stefan, „The Basic State of Research in Germany. Conditions of Knowledge Production Pre-Evaluation", in: Richard Whitley / Jochen Gläser (Hg.), *The Changing Governance of the Sciences. The Advent of Research Evaluation Systems* (Dordrecht 2007): 153–170.

Laske, Michael / Neunteufel, Herbert, *Vertrauen eine „Conditio sine qua non" für Kooperationen?* (Wismar 2005).

Laufs, Adolf, „Rechtshistorische Analekten", in: Wolfgang Hardegg / Gert Preiser (Hg.), *Tierversuche und medizinische Ethik. Beiträge zu einem Heidelberger Symposion* (Hildesheim 1986): 104–114.

Lax, Gregor, *Wissenschaft zwischen Planung, Aufgabenteilung und Kooperation. Zum Aufstieg der Erdsystemforschung in der Max-Planck-Gesellschaft, 1968–2000* (Berlin 2020).

Leendertz, Ariane, „Die Macht des Wettbewerbs. Die Max-Planck-Gesellschaft und die Ökonomisierung der Wissenschaft seit den 1990er Jahren", in: *Vierteljahreshefte für Zeitgeschichte* 70, no. 2 (2022): 235–271.

Lehmbruch, Gerhard, *Parteienwettbewerb im Bundesstaat. Regelsysteme und Spannungslagen im Institutionengefüge der Bundesrepublik Deutschland* (Opladen/Wiesbaden ²1998).

Letzelter, Franz, „Die Deutsche Forschungsgemeinschaft", in: Christian Flämig / Volker Grellert / Otto Kimminich / Ernst-Joachim Meusel / Hans Heinrich Rupp / Dieter Scheven / Hermann Josef Schuster / Friedrich Stenbock-Fermor (Hg.), *Handbuch des Wissenschaftsrechts. Band 2* (Berlin/Heidelberg ²1996): 1381–1399.

Lieske, Jürgen, *Forschung als Geschäft. Die Entwicklung von Auftragsforschung in den USA und Deutschland* (Frankfurt am Main 2000).

Lieske, Jürgen, „Zwischen Brüssel, Bonn und München. Angewandte Forschung im Spannungsfeld europäischer Forschungs- und Technologiepolitik am Beispiel der Fraunhofer-Gesellschaft", in: Gerhard A. Ritter / Margit Szöllösi-Janze / Helmuth Trischler (Hg.), *Antworten auf die amerikanische Herausforderung. Forschung in der Bundesrepublik und der DDR in den „langen" siebziger Jahren* (Frankfurt am Main / New York 1999): 242–265.

Littig, Peter, *Coopetition: Die Klugen vergrößern den Kuchen. Marktstudie zur Kooperation zwischen Wettbewerbern* (Bielefeld 1999).

Loeper, Eisenhart von, „Der Schutz der Versuchstiere in Deutschland. Rechtliche Situation und Novellierungsbestrebungen", in: Johannes Caspar / Hans-Joachim Koch (Hg.), *Tierschutz für Versuchstiere – Ein Widerspruch in sich?* (Baden-Baden 1998): 21–32.

Löffler, Bernhard, „Moderne Institutionengeschichte in kulturhistorischer Erweiterung. Thesen und Beispiele aus der Geschichte der Bundesrepublik Deutschland", in: Hans-Christof Kraus / Thomas Nicklas (Hg.), *Geschichte der Politik. Alte und neue Wege* (München 2007): 155–180.

Lorenz, Robert, *Siegfried Balke. Grenzgänger zwischen Wirtschaft und Politik in der Ära Adenauer* (Stuttgart 2010).

Lorenz, Robert, „Siegfried Balke – Spendenportier und Interessenpolitiker", in: Robert Lorenz / Matthias Micus (Hg.), *Seiteneinsteiger. Unkonventionelle Politiker-Karrieren in der Parteiendemokratie* (Wiesbaden 2009): 175–205.

Lorenz, Robert / Micus, Matthias, „Politische Seiteneinsteiger – Exoten in Parteien, Parlamenten, Ministerien", in: Robert Lorenz / Matthias Micus (Hg.), *Seiteneinsteiger. Unkonventionelle Politiker-Karrieren in der Parteiendemokratie* (Wiesbaden 2009): 11–28.

Ludwig-Maximilians-Universität München, *DFG-Forschungsgruppe „Kooperation und Konkurrenz in den Wissenschaften"* (München o. J.). URL: https://www.kooperation-und-konkurrenz.geschichte.uni-muenchen.de/index.html (zuletzt aufgerufen am 14.04.2023).

Luhmann, Niklas, *Funktionen und Folgen formaler Organisation* (Berlin ⁴1995).

Luhmann, Niklas, *Soziale Systeme. Grundriß einer allgemeinen Theorie* (Frankfurt am Main 1984).

Luhmann, Niklas, *Vertrauen. Ein Mechanismus der Reduktion sozialer Komplexität* (Konstanz ⁵2014).
Luhmann, Niklas, „Zweck – Herrschaft – System. Grundbegriffe und Prämissen Max Webers", in: Niklas Luhmann (Hg.), *Politische Planung. Aufsätze zur Soziologie von Politik und Verwaltung* (Opladen ²1971): 90–112.
Lundgreen, Peter, *Staatliche Forschung in Deutschland. 1870–1980* (Frankfurt am Main 1986).
Lüst, Reimar, „Blaue Listen. Ein Provisorium der Forschungsförderung droht zur festen Einrichtung zu werden", in: *Frankfurter Allgemeine Zeitung* (27.03.1993): 44.
Lüst, Reimar, „Brüderliche Härte. Zum Abschied des Vorsitzenden des Wissenschaftsrates", in: *Die Zeit* (04.02.1994).
Lüst, Reimar, „In Commemoration of Friedrich Schneider", in: Max-Planck-Gesellschaft zur Förderung der Wissenschaften (Hg.), *Problems of Science Policy in Europe. Symposium zum Gedenken an Friedrich Schneider* (München 1982): 11–15.
Maier, Helmut (Hg.), *Rüstungsforschung im Nationalsozialismus. Organisation, Mobilisierung und Entgrenzung der Technikwissenschaften* (Göttingen 2002).
Malich, Lisa, „Eine Zukunft der Wissenschaftsgeschichte liegt in der Institution", in: *Berichte zur Wissenschaftsgeschichte* 41, no. 4 (2018): 395–398.
Mannheim, Karl, „Die Bedeutung der Konkurrenz im Gebiete des Geistigen", in: Deutsche Gesellschaft für Soziologie (Hg.), *Verhandlungen des Sechsten Deutschen Soziologentages vom 17. bis 19. September 1928 in Zürich* (Tübingen 1929): 35–83.
Marsch, Edmund, „Adolf Butenandt als Präsident der Max-Planck-Gesellschaft 1960–1972. Zum 100. Geburtstag am 24. März 2003", in: *Dahlemer Archivgespräche* 9 (2003): 134–145.
Marsch, Ulrich, *Notgemeinschaft der Deutschen Wissenschaft. Gründung und frühe Geschichte 1920–1925* (Frankfurt am Main 1994).
Martin, Madeleine, *Die Entwicklung des Tierschutzes und seiner Organisationen in der Bundesrepublik Deutschland, der Deutschen Demokratischen Republik und dem deutschsprachigen Ausland* (Berlin 1989).
Max-Planck-Gesellschaft zur Förderung der Wissenschaften (Hg.), *Tierversuche in der Forschung und ihre Bedeutung für die Gesundheit des Menschen* (München 1981).
Mayer, Alexander, *Universitäten im Wettbewerb. Deutschland von den 1980er Jahren bis zur Exzellenzinitiative* (Stuttgart 2019).
Mayntz, Renate, „Academy of Sciences in Crisis. A Case Study of a Fruitless Struggle for Survival", in: Uwe Schimank / Andreas Stucke (Hg.), *Coping with Trouble. How Science Reacts to Political Disturbances of Research Conditions* (Frankfurt am Main / New York 1994): 163–188.
Mayntz, Renate, *Deutsche Forschung im Einigungsprozeß. Die Transformation der Akademie der Wissenschaften der DDR 1989 bis 1992* (Frankfurt am Main 1994).
Mayntz, Renate, „Die außeruniversitäre Forschung im Prozeß der deutschen Einigung", in: *Leviathan* 20, no. 1 (1992): 64–82.
Mayntz, Renate, „Governancetheorie. Erkenntnisinteresse und offene Fragen", in: Edgar Grande / Stefan May (Hg.), *Perspektiven der Governance-Forschung* (Baden-Baden 2009): 9–18.
Mayntz, Renate, *Soziologie der Organisation* (Reinbek bei Hamburg 1963).
McIvor, Emily, „Political Campaigning. Where Scientific and Ethical Arguments Meet Public Policy", in: Kathrin Herrmann (Hg.), *Animal experimentation. Working towards a paradigm change* (Leiden/Boston 2019): 151–167.
Merton, Robert King, *Entwicklung und Wandel von Forschungsinteressen. Aufsätze zur Wissenschaftssoziologie* (Frankfurt am Main 1985).

Merton, Robert King, „The Normative Structure of Science", in: Norman W. Storer (Hg.), *The sociology of science. Theoretical and empirical investigations* (Chicago, Ill. / London 1973): 267–278.

Meteling, Wencke, „Internationale Konkurrenz als nationale Bedrohung. Zur politischen Maxime der „Standortsicherung" in den neunziger Jahren", in: Ralph Jessen (Hg.), *Konkurrenz in der Geschichte. Praktiken – Werte – Institutionalisierungen* (Frankfurt am Main / New York 2014): 289–315.

Meteling, Wencke, „Nationale Standortsemantiken seit den 1970er Jahren", in: Ariane Leendertz / Wencke Meteling (Hg.), *Die neue Wirklichkeit. Semantische Neuvermessungen und Politik seit den 1970er-Jahren* (Frankfurt am Main / New York 2016): 207–241.

Metzger, Ernst, *Tierschutzgesetz. Tierschutzgesetz mit allgemeiner Verwaltungsvorschrift, Rechtsverordnungen und Europäischen Übereinkommen Sowie Erläuterungen des Art. 20 a GG; Kommentar* (München ^{6}2008).

Metzler, Gabriele, „Heinz Riesenhuber", in: Udo Kempf / Hans-Georg Merz (Hg.), *Kanzler und Minister 1949–1998. Biografisches Lexikon der deutschen Bundesregierungen* (Wiesbaden 2001): 539–545.

Meunier, Robert, „Epistemic Competition between Developmental Biology and Genetics around 1900. Traditions, Concepts and Causation", in: *Zeitschrift für Geschichte der Wissenschaften, Technik und Medizin* 24, no. 2 (2016): 141–167.

Meusel, Ernst-Joachim, *Außeruniversitäre Forschung im Wissenschaftsrecht* (Köln/Berlin/Bonn u. a. ^{2}1999).

Meusel, Ernst-Joachim, „Außeruniversitäre Forschung in der Verfassung", in: Christian Flämig / Volker Grellert / Otto Kimminich / Ernst-Joachim Meusel / Hans Heinrich Rupp / Dieter Scheven / Hermann Josef Schuster / Friedrich Stenbock-Fermor (Hg.), *Handbuch des Wissenschaftsrechts. Band 2* (Berlin/Heidelberg ^{2}1996): 1235–1280.

Meusel, Ernst-Joachim, „Max-Planck-Gesellschaft", in: Christian Flämig / Volker Grellert / Otto Kimminich / Ernst-Joachim Meusel / Hans Heinrich Rupp / Dieter Scheven / Hermann Josef Schuster / Friedrich Stenbock-Fermor (Hg.), *Handbuch des Wissenschaftsrechts. Band 2* (Berlin/ Heidelberg ^{2}1996): 1293–1300.

Meuser, Michael, „Leitfadeninterview", in: Ralf Bohnsack / Alexander Geimer / Michael Meuser (Hg.), *Hauptbegriffe qualitativer Sozialforschung* (Opladen/Toronto ^{4}2018): 151–152.

Meuser, Michael / Nagel, Ulrike, „Das ExpertInneninterview. Wissenssoziologische Grundlagen und methodische Durchführung", in: Barbara Friebertshäuser / Annedore Prengel (Hg.), *Handbuch qualitative Forschungsmethoden in der Erziehungswissenschaft* (Weinheim/München 1997): 481–491.

Meuser, Michael / Nagel, Ulrike, „Experteninterview und der Wandel in der Wissensproduktion", in: Alexander Bogner / Beate Littig / Wolfgang Menz (Hg.), *Experteninterviews. Theorien, Methoden, Anwendungsfelder* (Wiesbaden ^{3}2009): 35–60.

Meuser, Michael / Nagel, Ulrike, „Expertenwissen und Experteninterview", in: Ronald Hitzler / Anne Honer / Christoph Maeder (Hg.), *Expertenwissen. Die institutionalisierte Kompetenz zur Konstruktion von Wirklichkeit* (Opladen 1994): 180–192.

Meuser, Michael / Nagel, Ulrike, „ExpertInneninterviews – vielfach erprobt, wenig bedacht. Ein Beitrag zur qualitativen Methodendiskussion", in: Detlef Garz / Klaus Kraimer (Hg.), *Qualitativ-empirische Sozialforschung. Konzepte, Methoden, Analysen* (Opladen 1991): 441–471.

Morsey, Rudolf, *Die Bundesrepublik Deutschland. Entstehung und Entwicklung bis 1969* (München ^{2}1990).

Müller-Lissner, Adelheid, „Wissenschaft will mehr Offenheit bei Tierversuchen", in: *Der Tagesspiegel* (06.09.2016). URL: https://www.tagesspiegel.de/wissen/forschung-wissenschaft-will-mehr-offenheit-bei-tierversuchen/14508418.html (zuletzt aufgerufen am 05.04.2022).

Musil-Gutsch, Josephine / Nickelsen, Kärin, „Ein Botaniker in der Papiergeschichte. Offene und geschlossene Kooperationen in den Wissenschaften um 1900", in: *Zeitschrift für Geschichte der Wissenschaften, Technik und Medizin* 28, no. 1 (2020): 1–33.

Mutert, Susanne, *Großforschung zwischen staatlicher Politik und Anwendungsinteresse der Industrie (1969–1984)* (Frankfurt am Main / New York 2000).

Neidhardt, Friedhelm, „Institution, Organisation, Interaktion. Funktionsbedingungen des Wissenschaftsrats", in: *Leviathan* 40, no. 2 (2012): 271–296.

Neumann, Ariane, *Die Exzellenzinitiative. Deutungsmacht und Wandel im Wissenschaftssystem* (Wiesbaden 2015).

Neuweiler, Gerhard, „Der Wissenschaftsrat nach 1990", in: Lothar Mertens (Hg.), *Politischer Systemumbruch als irreversibler Faktor von Modernisierung in der Wissenschaft?* (Berlin 2001): 263–276.

Neuweiler, Gerhard, „Wer hindert uns an einer Hochschulreform?", in: *Gewerkschaftliche Monatshefte*, no. 11 (1993): 692–702.

Nickelsen, Kärin, „Kooperation und Konkurrenz in den Naturwissenschaften", in: Ralph Jessen (Hg.), *Konkurrenz in der Geschichte. Praktiken – Werte – Institutionalisierungen* (Frankfurt am Main / New York 2014): 353–379.

Nickelsen, Kärin, „Warum Forscher zusammenarbeiten müssen", in: *Unternehmen Region* 3 (2017): 48–50.

Nickelsen, Kärin / Krämer, Fabian, „Introduction. Cooperation and Competition in the Sciences", in: *Zeitschrift für Geschichte der Wissenschaften, Technik und Medizin* 24, no. 2 (2016): 119–123.

Nickelsen, Kärin / Schürch, Caterina, „Zur Dynamik disziplinenübergreifender Forschungsfelder", in: Michael Jungert / Andreas Frewer / Erasmus Mayr (Hg.), *Wissenschaftsreflexion. Interdisziplinäre Perspektiven zwischen Philosophie und Praxis* (Paderborn 2020): 163–197.

Nipperdey, Thomas / Schmugge, Ludwig, *50 Jahre Forschungsförderung in Deutschland* (Bonn 1970).

Nolte, Paul, *Der Wissenschaftsmacher. Reimar Lüst im Gespräch mit Paul Nolte* (München 2008).

North, Douglass Cecil, *Institutions, Institutional Change, and Economic Performance* (Cambridge / New York 1990).

Nullmeier, Frank, „Die Konkurrenzgesellschaft. Zum Wandel von Sozialstruktur und Politik in Deutschland", in: *Vorgänge* 45, no. 4 (2006): 5–12.

Nullmeier, Frank, „Wettbewerb und Konkurrenz", in: Bernhard Blanke / Stephan von Bandemer / Frank Nullmeier / Göttrik Wewer (Hg.), *Handbuch zur Verwaltungsreform* (Wiesbaden ³2005): 108–120.

Nüssel, Max, „Zur Problematik von Tierversuchen", in: *GSF Mensch+Umwelt* 1 (1984): 5–11.

o. A., „Beleidigter Stolz. Wechsel an der Spitze des Wissenschaftsrates.", in: *Der Spiegel* (31.01.1994): 190.

o. A., „Die Erwartungen sind verdammt hoch", in: *Der Spiegel* (26.10.1969).

o. A., „Die Lockdown-Macher. Experten-Trio für harte Maßnahmen", in: *BILD* (04.12.2021). URL: https://www.bild.de/politik/inland/politik-inland/experten-trio-die-lockdown-macher-78437086.bild.html (zuletzt aufgerufen am 02.05.2022).

o. A., „Diskussion über „Die Konkurrenz", in: Deutsche Gesellschaft für Soziologie (Hg.), *Verhandlungen des Sechsten Deutschen Soziologentages vom 17. bis 19. September 1928 in Zürich* (Tübingen 1929): 84–124.

o. A., „Fraunhofer-Gesellschaft. 14 Institute in der DDR. Staat und Wirtschaft lassen mehr forschen", in: *Handelsblatt* (26.09.1990): 20.

o. A., „Hans-Hilger Haunschild", in: *Munzinger. Internationales Biographisches Archiv [Onlineversion]* (Ravensburg o.J.). URL: http://www-1munzinger-1de-100123et30518.emedia1.bsb-muenchen.de/document/00000012980 (zuletzt aufgerufen am 04.01.2022).

o. A., „Waren Sie zu kritisch, Herr Neuweiler? Ein Interview von Petra Meyer mit Gerhard Neuweiler", in: *Süddeutsche Zeitung* (31.01.1994): 36.

Obertreis, Julia, „Oral History. Geschichte und Konzeptionen", in: Julia Obertreis (Hg.), *Oral History* (Stuttgart 2012): 7–28.

Orth, Karin, *Autonomie und Planung der Forschung. Förderpolitische Strategien der Deutschen Forschungsgemeinschaft 1949–1968* (Stuttgart 2011).

Orth, Karin / Oberkrome, Willi (Hg.), *Die Deutsche Forschungsgemeinschaft 1920–1970. Forschungsförderung im Spannungsfeld von Wissenschaft und Politik* (Stuttgart 2010).

Osganian, Vanessa, „Competitive Cooperation. Institutional and Social Dimensions of Collaboration in the Alliance of Science Organisations in Germany", in: *Zeitschrift für Geschichte der Wissenschaften, Technik und Medizin* 30, no. 1 (2022): 1–27.

Osganian, Vanessa / Trischler, Helmuth, *Die Max-Planck-Gesellschaft als wissenschaftspolitische Akteurin in der Allianz der Wissenschaftsorganisationen* (Berlin 2022).

Osietzki, Maria, *Wissenschaftsorganisation und Restauration. Der Aufbau außeruniversitärer Forschungseinrichtungen und die Gründung des westdeutschen Staates 1945–1952* (Köln 1984).

Papon, Pierre, „L'Espace Européen de la Recherche (1960–1985). Entre Science et Politique", in: Corine Defrance (Hg.), *La Construction d'un Espace Scientifique Commun? La France, la RFA et l'Europe après le „Choc du Spoutnik"* (Brüssel 2012): 37–54.

Papon, Pierre, *L'Europe de la Science et de la Technologie* (Saint-Martin-d'Hères (Isère) 2001).

Parthier, Benno, *Jahrbuch der Deutschen Akademie der Naturforscher Leopoldina 1992* (Stuttgart 1993).

Patel, Kiran Klaus, „Kooperation und Konkurrenz. Die Entstehung der europäischen Wissenschafts- und Forschungspolitik seit 1945", in: *Vierteljahrshefte für Zeitgeschichte* 69, no. 2 (2021): 183–209.

Patel, Kiran Klaus, *Projekt Europa. Eine kritische Geschichte* (München 2018).

Patzwaldt, Katja / Buchholz, Kai, „Politikberatung in der Forschungs- und Technologiepolitik", in: Svenja Falk / Dieter Rehfeld / Andrea Römmele / Martin Thunert (Hg.), *Handbuch Politikberatung* (Wiesbaden 2006): 460–471.

Paulig, Wolfgang, „Forschungseinrichtungen der „Blauen Liste"", in: Christian Flämig / Volker Grellert / Otto Kimminich / Ernst-Joachim Meusel / Hans Heinrich Rupp / Dieter Scheven / Hermann Josef Schuster / Friedrich Stenbock-Fermor (Hg.), *Handbuch des Wissenschaftsrechts. Band 2* (Berlin/Heidelberg ²1996): 1325–1338.

Peters, Hans Peter / Allgaier, Joachim / Dunwoody, Sharon u. a., „Medialisierung der Neurowissenschaften. Bedeutung journalistischer Medien für die Wissenschafts-Governance", in: Edgar Grande / Dorothea Jansen / Otfried Jarren / Arie Rip / Uwe Schimank / Peter Weingart (Hg.), *Neue Governance der Wissenschaft. Reorganisation – externe Anforderungen – Medialisierung* (Bielefeld 2013): 311–335.

Peters, Hans Peter / Heinrichs, Harald / Jung, Arlena u. a., „Medialisierung der Wissenschaft als Voraussetzung ihrer Legitimierung und politischen Relevanz", in: Renate Mayntz / Friedhelm Neidhart / Peter Weingart / Ulrich Wengenroth (Hg.), *Wissensproduktion und Wissenstransfer. Wissen im Spannungsfeld von Wissenschaft, Politik und Öffentlichkeit* (Bielefeld 2008): 269–292.

Plato, Alexander von, „Oral History als Erfahrungswissenschaft. Zum Stand der „mündlichen Geschichte" in Deutschland", in: *Bios* 4, no. 1 (1991): 97–119.

Plato, Alexander von, „Zeitzeugen und die historische Zunft. Erinnerung, kommunikative Tradierung und kommunikatives Gedächtnis in der qualitativen Geschichtswissenschaft – ein Problemaufriss", in: *Bios* 13 (2000): 5–29.

Popp, Manfred, „Erste Schritte in die Programmorientierte Förderung. Ein Abenteuerbericht", in: *Technikfolgenabschätzung – Theorie und Praxis* 12, no. 1 (2003): 51–55.

Präsidium der Deutschen Akademie der Naturforscher Leopoldina, *Festakt zur Ernennung der Deutschen Akademie der Naturforscher Leopoldina zur Nationalen Akademie der Wissenschaften* (Halle (Saale) / Stuttgart 2009).

Prussky, Christine, „Fürsten unter sich", in: *Die Zeit* (27.07.2017): 61.

Pyta, Wolfram, „Idee und Wirklichkeit der „Heiligen Allianz"", in: Frank-Lothar Kroll (Hg.), *Neue Wege der Ideengeschichte. Festschrift für Paul Kluxen zum 85. Geburtstag* (Paderborn/München/Wien u. a. 1996): 315–345.

RAD, „Haltet den Dieb", in: *duz*, no. 21 (1993): 4.

Radkau, Joachim, „Der atomare Ursprung der Forschungspolitik des Bundes", in: Peter Weingart / Niels C. Taubert (Hg.), *Das Wissensministerium. Ein halbes Jahrhundert Forschungs- und Bildungspolitik in Deutschland* (Weilerswist 2006): 33–63.

Raiser, Ludwig, „Falscher Föderalismus", in: *duz* 9, no. 17 (1954): 3–5.

Raiser, Thomas, „Raiser, Ludwig", in: Historische Kommission bei der Bayerischen Akademie der Wissenschaften (Hg.), *Neue Deutsche Biographie. Band 21* (Berlin 2003): 123–124.

Raphael, Lutz, *Jenseits von Kohle und Stahl. Eine Gesellschaftsgeschichte Westeuropas nach dem Boom* (Berlin ²2019).

Rehling, Andrea, „Demokratie und Korporatismus – eine Beziehungsgeschichte", in: Tim B. Müller / Adam Tooze (Hg.), *Normalität und Fragilität. Demokratie nach dem Ersten Weltkrieg* (Hamburg 2015): 133–153.

Rehling, Andrea, *Konfliktstrategie und Konsenssuche in der Krise* (Baden-Baden 2011).

Reinke, Niklas, *Geschichte der deutschen Raumfahrtpolitik. Konzepte, Einflußfaktoren und Interdependenzen 1923–2002* (München 2004).

Reissert, Bernd / Scharpf, Fritz W. / Schnabel, Fritz, *Politikverflechtung Bd. 1. Theorie und Empirie des kooperativen Föderalismus in der Bundesrepublik* (Kronberg im Taunus 1976).

Reitz, Tilman, „Konkurrenz als Beharrungsprinzip. Soziologische Theorie im Anschluss an Lewis Carroll", in: Thomas Kirchhoff (Hg.), *Konkurrenz. Historische, strukturelle und normative Perspektiven* (Bielefeld 2015): 165–190.

Renken, Jan, „Hermann Heimpel und das „Historische Colloquium". Selbstentnazifizierung und demokratischer Aufbruch in einer „historisch-politischen Arbeitsgemeinschaft" (1947–1965)", in: Petra Terhoeven / Dirk Schumann (Hg.), *Strategien der Selbstbehauptung. Vergangenheitspolitische Kommunikation an der Universität Göttingen (1945–1965)* (Göttingen 2021): 142–234.

Reumann, Kurt, „Wir haben die Nazis und Kommunisten überlebt, jetzt drohen wir am Wissenschaftsrat zu scheitern". Polemik im Streit um die Universitäten in Rostock und Greifswald", in: *Frankfurter Allgemeine Zeitung* (08.07.1991): 4.

Ritchie, Donald A., *Doing Oral History. A Practical Guide* (Oxford / New York ²2003).

Ritter, Gerhard A., *Großforschung und Staat in Deutschland. Ein historischer Überblick* (München 1992).

Ritter, Gerhard A. / Szöllösi-Janze, Margit / Trischler, Helmuth (Hg.), *Antworten auf die amerikanische Herausforderung. Forschung in der Bundesrepublik und der DDR in den „langen" siebziger Jahren* (Frankfurt am Main / New York 1999).

Röbbecke, Martina / Simon, Dagmar, *Zwischen Reputation und Markt. Ziele, Verfahren und Instrumente von (Selbst)Evaluationen außeruniversitärer, öffentlicher Forschungseinrichtungen* (Berlin 1999).

Rödder, Andreas, *Die Bundesrepublik Deutschland. 1969–1990* (München 2010).

Roelcke, Volker, „Auf der Suche nach der Politik in der Wissensproduktion. Plädoyer für eine historisch-politische Epistemologie", in: *Berichte zur Wissenschaftsgeschichte* 33, no. 2 (2010): 176–192.

Röhl, Hans Christian, *Der Wissenschaftsrat. Kooperation zwischen Wissenschaft, Bund und Ländern und ihre rechtlichen Determinanten* (Baden-Baden 1994).

Ronzheimer, Manfred, „Mut zur wahren Reform. Interview mit Gerhard Neuweiler, dem Vorsitzenden des Wissenschaftsrates von 1993", in: *duz*, no. 3 (1994): 14–15.

Roscher, Mieke, „Animal Liberation … or else!". Die britische Tierbefreiungsbewegung als Impulsgeber autonomer Politik und kollektiven Konsumverhaltens", in: Hanno Balz (Hg.), *„All we ever wanted …". Eine Kulturgeschichte europäischer Protestbewegungen der 1980er Jahre* (Berlin 2012): 178–195.

Roscher, Mieke, *Ein Königreich für Tiere. Die Geschichte der britischen Tierrechtsbewegung* (Marburg 2011).

Roscher, Mieke, „Tierschutz- und Tierrechtsbewegung – ein historischer Abriss", in: *Aus Politik und Zeitgeschichte* 62, no. 8–9 (2012): 34–40.

Roscher, Mieke, „Westfälischer Tierschutz zwischen politischer Einflussnahme und ideologischer Vereinnahmung von ca. 1880–1945", in: *Westfälische Forschungen* 62 (2012): 51–80.

Ruck, Michael, „Ein kurzer Sommer der konkreten Utopie. Zur westdeutschen Planungsgeschichte der langen 60er Jahre", in: Axel Schildt / Detlef Siegfried / Karl Christian Lammers (Hg.), *Dynamische Zeiten. Die 60er Jahre in den beiden deutschen Gesellschaften* (Hamburg 2000): 362–401.

Rudloff, Wilfried, *Does Science Matter? Zur Bedeutung wissenschaftlichen Wissens im politischen Prozess am Beispiel der bundesdeutschen Bildungspolitik in den Jahren des „Bildungsbooms"* (Speyer 2005).

Rudloff, Wilfried, „Einleitung: Politikberatung als Gegenstand historischer Betrachtung. Forschungsstand, neue Befunde, übergreifende Fragestellungen", in: Stefan Fisch / Wilfried Rudloff (Hg.), *Experten und Politik. Wissenschaftliche Politikberatung in geschichtlicher Perspektive* (Berlin 2004): 13–57.

Rudloff, Wilfried, „Verwissenschaftlichung der Politik? Wissenschaftliche Politikberatung in den sechziger Jahren", in: Peter Collin / Thomas Horstmann (Hg.), *Das Wissen des Staates. Geschichte, Theorie und Praxis* (Baden-Baden 2004): 216–257.

Rudloff, Wilfried, „Wieviel Macht den Räten? Politikberatung im bundesdeutschen Bildungswesen von den fünfziger bis zu den siebziger Jahren", in: Stefan Fisch / Wilfried Rudloff (Hg.), *Experten und Politik. Wissenschaftliche Politikberatung in geschichtlicher Perspektive* (Berlin 2004): 153–188.

Rudzio, Wolfgang / Yu, Jiahn-Tsyr, „Hans Matthöfer", in: Udo Kempf / Hans-Georg Merz (Hg.), *Kanzler und Minister 1949–1998. Biografisches Lexikon der deutschen Bundesregierungen* (Wiesbaden 2001): 470–474.

Rusinek, Bernd-A., *Das Forschungszentrum. Eine Geschichte der KFA Jülich von ihrer Gründung bis 1980* (Frankfurt am Main / New York 1996).

Sachse, Carola, „Basic Research in the Max Planck Society. Science Policy in the Federal Republic of Germany, 1945–1970", in: David Kaldewey / Désirée Schauz (Hg.), *Basic and Applied Research. The Language of Science Policy in the Twentieth Century* (New York / Oxford 2018): 163–186.

Sachse, Carola, „Grundlagenforschung. Zur Historisierung eines wissenschaftspolitischen Ordnungsprinzips am Beispiel der Max-Planck-Gesellschaft (1945–1970)", in: Dieter Hoffmann / Birgit Kolboske / Jürgen Renn (Hg.), *„Dem Anwenden muss das Erkennen vorausgehen". Auf dem Weg zu einer Geschichte der Kaiser-Wilhelm-/Max-Planck-Gesellschaft* (Berlin ²2014): 243–268.

Sachse, Carola, *Wissenschaft und Diplomatie. Die Max-Planck-Gesellschaft im Feld der internationalen Politik (1945–2000)* (Göttingen 2023).

Sauer, Hildegund, *Über die Geschichte der Mensch-Tier-Beziehungen und die historische Entwicklung des Tierschutzes in Deutschland* (Giessen 1983).

Saxer, Ulrich, „Mediengesellschaft. Verständnisse und Mißverständnisse", in: Ulrich Sarcinelli (Hg.), *Politikvermittlung und Demokratie in der Mediengesellschaft. Beiträge zur politischen Kommunikationskultur* (Bonn 1998): 52–73.

Scharpf, Fritz W., „Die Politikverflechtungs-Falle. Europäische Integration und deutscher Föderalismus im Vergleich", in: *Politische Vierteljahresschrift* 26, no. 4 (1985): 323–356.

Scharpf, Fritz W., „Die Theorie der Politikverflechtung. Ein kurzgefasster Leitfaden", in: Hans Joachim Hesse (Hg.), *Politikverflechtung im föderativen Staat* (Baden-Baden 1978): 21–31.

Scharpf, Fritz W., „Theorie der Politikverflechtung", in: Fritz W. Scharpf / Bernd Reissert / Fritz Schnabel (Hg.), *Politikverflechtung. Theorie und Empirie des kooperativen Föderalismus in der Bundesrepublik* (Kronberg im Taunus 1976): 13–70.

Schauz, Désirée, *Nützlichkeit und Erkenntnisfortschritt. Eine Geschichte des modernen Wissenschaftsverständnisses* (Göttingen 2020).

Schauz, Désirée, „Umstrittene Analysekategorie – erfolgreicher Protestbegriff. Debatten über Ökonomisierung der Wissenschaft in der jüngsten Geschichte", in: Rüdiger Graf (Hg.), *Ökonomisierung. Debatten und Praktiken in der Zeitgeschichte* (Göttingen 2019): 262–296.

Schauz, Désirée / Lax, Gregor, „Fascist Claims and Democratic Virtues. The Language of Science Policy in Germany", in: David Kaldewey / Désirée Schauz (Hg.), *Basic and Applied Research. The Language of Science Policy in the Twentieth Century* (New York / Oxford 2018): 64–103.

Scheibe, Hubertus, „Der Deutsche Akademische Austauschdienst 1950 bis 1975", in: Deutscher Akademischer Austauschdienst (Hg.), *Der Deutsche Akademische Austauschdienst. 1925 bis 1975* (Bonn 1975): 35–110.

Schettler, Gotthard, „Die Rolle der Wissenschaft in der modernen Industriegesellschaft", in: Gotthard Schettler / Detlev Ganten / Reinhard Baildon (Hg.), *Wissenschaft – Wirtschaft – Öffentlichkeit. Gemeinsames und Trennendes, Brücken und Hürden in der Forschung* (Berlin / Heidelberg / New York 1992): 1–4.

Schieder, Wolfgang / Trunk, Achim (Hg.), *Adolf Butenandt und die Kaiser-Wilhelm-Gesellschaft. Wissenschaft, Industrie und Politik im „Dritten Reich"* (Göttingen 2004).

Schiene, Christof / Schimank, Uwe, „Research Evaluation as Organisational Development. The Work of the Academic Advisory Council in Lower Saxony (FRG)", in: Richard Whitley / Jochen Gläser (Hg.), *The Changing Governance of the Sciences. The Advent of Research Evaluation Systems* (Dordrecht 2007): 171–190.

Schildt, Axel, „Entwicklungsphasen der Bundesrepublik nach 1949", in: Thomas Ellwein / Everhard Holtmann (Hg.), *50 Jahre Bundesrepublik Deutschland. Rahmenbedingungen – Entwicklungen – Perspektiven* (Opladen/Wiesbaden 1999): 21–36.

Schimank, Uwe, „Governance der Wissenschaft", in: Dagmar Simon / Andreas Knie / Stefan Hornbostel / Karin Zimmermann (Hg.), *Handbuch Wissenschaftspolitik* (Wiesbaden ²2016): 39–57.

Schimank, Uwe, „Governance-Reformen nationaler Hochschulsysteme. Deutschland in internationaler Perspektive", in: Jörg Bogumil (Hg.), *Neue Steuerung von Hochschulen. Eine Zwischenbilanz* (Berlin 2009): 123–137.

Schimank, Uwe, *Hochschulfinanzierung in der Bund-Länder-Konstellation. Grundmuster, Spielräume und Effekte auf die Forschung* (Berlin 2014).

Schimank, Uwe, „Planung – Steuerung – Governance. Metamorphosen politischer Gesellschaftsgestaltung", in: *Die Deutsche Schule: Zeitschrift für Erziehungswissenschaft, Bildungspolitik und pädagogische Praxis* 101, no. 3 (2009): 231–239.

Schimank, Uwe, „Politische Steuerung und Selbstregulation des Systems organisierter Forschung", in: Renate Mayntz / Fritz W. Scharpf (Hg.), *Gesellschaftliche Selbstregelung und politische Steuerung* (Frankfurt am Main / New York 1995): 101–139.

Schlüter, Anne / Metz-Göckel, Sigrid / Mense, Lisa u. a. (Hg.), *Kooperation und Konkurrenz im Wissenschaftsbetrieb. Perspektiven aus der Genderforschung und -politik* (Opladen/Berlin/Toronto 2020).

Schmid, Stefan, „Kooperation. Erklärungsperspektiven interaktionstheoretischer Ansätze", in: Joachim Zentes / Bernhard Swoboda / Dirk Morschett (Hg.), *Kooperationen, Allianzen und Netzwerke. Grundlagen – Ansätze – Perspektiven* (Wiesbaden ²2005): 235–256.

Schneider, Martin, „Eine Ordnung für die Blaue Liste. Die fünfte Säule staatlicher Forschungsförderung wird neu bewertet", in: *Süddeutsche Zeitung* (30.04.1992): 67.

Scholz, Juliane, *Partizipation und Mitbestimmung in der Forschung. Das Beispiel Max-Planck-Gesellschaft (1945–1980)* (Berlin 2019).

Schönstädt, Marie-Christin, „Eine neue, gesamtdeutsche zukunftsweisende Wissenschaftswelt". Über ein implizites Versprechen des Wissenschaftsrates infolge der Wende", in: de Boer, Jan-Hendryk (Hg.), *Praxisformen. Zur kulturellen Logik von Zukunftshandeln* (Frankfurt am Main / New York 2019): 392–405.

Schönstädt, Marie-Christin, „Transformation der Wissenschaft. Die Evaluation des ostdeutschen Wissenschaftssystems als Impuls für den Westen", in: *Jahrbuch Deutsche Einheit* (2021): 215–241.

Schönstädt, Marie-Christin, *Wissenschaft evaluieren. Der Wissenschaftsrat und das ostdeutsche Wissenschaftssystem während der Wende (1989/90)* (Stuttgart 2024).

Schreiterer, Ulrich, „Deutsche Wissenschaftspolitik im internationalen Kontext", in: Dagmar Simon / Andreas Knie / Stefan Hornbostel / Karin Zimmermann (Hg.), *Handbuch Wissenschaftspolitik* (Wiesbaden ²2016): 119–138.

Schreyögg, Georg / Sydow, Jörg (Hg.), *Kooperation und Konkurrenz* (Wiesbaden 2007).

Schulte, Hansgerd, „Der Deutsche Akademische Austauschdienst 1925/75. Versuch einer kritischen Bilanz", in: Deutscher Akademischer Austauschdienst (Hg.), *Der Deutsche Akademische Austauschdienst 1925–1975. Beiträge zum 50jährigen Bestehen* (Bonn 1976): 15–30.

Schultz-Hector, Susanne, „Begutachtung des Helmholtz-Forschungsbereichs Gesundheit. Ein Erfahrungsbericht", in: *Technikfolgenabschätzung – Theorie und Praxis* 12, no. 1 (2003): 60–64.

Schulze, Winfried, *Der Stifterverband für die Deutsche Wissenschaft. 1920–1995* (Berlin 1995).

Schuppert, Gunnar Folke (Hg.), *Governance-Forschung. Vergewisserung über Stand und Entwicklungslinien* (Baden-Baden ²2006).

Schw., „Die Mitglieder des Wissenschaftsrates. Bericht aus unserer Bonner Redaktion", in: *Frankfurter Allgemeine Zeitung* (01.11.1957).

Seckelmann, Margrit, „Konvergenz und Entflechtung im Wissenschaftsföderalismus von 1998 bis 2009 – insbesondere in den beiden Etappen der Föderalismusreform", in: Margrit Seckelmann / Stefan Lange / Thomas Horstmann (Hg.), *Die Gemeinschaftsaufgaben von Bund und Ländern in der Wissenschafts- und Bildungspolitik. Analysen und Erfahrungen* (Baden-Baden 2010): 65–90.

Seefried, Elke, „Experten für die Planung? Zukunftsforscher als Berater der Bundesregierung 1966–1972/73", in: *Archiv für Sozialgeschichte* 50 (2010): 109–152.

Seh, „Förderung der Weltraumforschung eklatante Fehlentscheidung. Heraeus kritisiert den neuen Schwerpunkt staatlicher Unterstützung", in: *Frankfurter Allgemeine Zeitung* (08.08.1987): 11.

Sentker, Andreas, „Krieg im Schrebergarten. Die deutsche Wissenschaft ist heillos zersplittert. Eine nationale Akademie könnte die Kräfte bündeln", in: *Die Zeit* (05.02.2004). URL: https://www.zeit.de/2004/07/Dt__Nationalakademie/komplettansicht?print (zuletzt aufgerufen am 17.08.2020).

Servan-Schreiber, Jean-Jacques, *Die amerikanische Herausforderung* (Hamburg ²1968).

Servan-Schreiber, Jean-Jacques, *Le Défi Américain* (Paris 1967).

Siefken, Sven T., „Expertenkommissionen der Bundesregierung", in: Svenja Falk / Dieter Rehfeld / Andrea Römmele / Martin Thunert (Hg.), *Handbuch Politikberatung* (Wiesbaden 2006): 215–227.

Simmel, Georg, „Soziologie der Konkurrenz", in: Heinz-Jürgen Dahme / Otthein Rammstedt (Hg.), *Schriften zur Soziologie. Eine Auswahl* (Frankfurt am Main ²1986): 173–193.
Simon, Dieter, „Die Quintessenz. Der Wissenschaftsrat in den neuen Bundesländern. Eine vorwärtsgewandte Rückschau", in: *Aus Politik und Zeitgeschichte*, no. 51 (1992): 29–36.
Simon, Dieter, „Im Block. Ein Vorsitzender blickt auf seine vielfältigen Erfahrungen zurück: Wie kluge Köpfe sich in raffinierten Kompromissen einzimmern", in: *Die Zeit* (26.09.1997).
Simon, Dieter, „Im Zoo der Forschungslobby", in: *Frankfurter Allgemeine Zeitung* (30.12.1991): 23–24.
Sobotta, Johannes, *Das Bundesministerium für wissenschaftliche Forschung* (Bonn 1969).
Sonntag, Karl-Heinz, „Was geschieht im politischen Raum?", in: Max-Planck-Gesellschaft zur Förderung der Wissenschaften (Hg.), *Tierversuche in der Forschung und ihre Bedeutung für die Gesundheit des Menschen* (München 1981): 45–52.
Soutschek, Liza / Nickelsen, Kärin, „Zusammenwirken" oder „Wettstreit der Nationen", in: *Zeitschrift für Geschichte der Wissenschaften, Technik und Medizin* 27, no. 3 (2019): 229–263.
Spangenberger, Michael, *Rheinischer Kapitalismus und seine Quellen in der katholischen Soziallehre* (Münster 2011).
Speiser, Guido, *Der deutsche Wissenschaftsföderalismus auf dem Prüfstand – der neue Art. 91b Abs. 1 GG* (Speyer 2017).
Speiser, Guido, „Der neue Art. 91b GG. zentrale Regelungen und praktische Bedeutung", in: *Recht und Politik* 51, no. 2 (2015): 86–93.
Staab, Heinz A., „Freiheit und Unabhängigkeit der Forschung müssen gewahrt bleiben. Ansprache des scheidenden Präsidenten der Max-Planck-Gesellschaft", in: *MPG Spiegel*, no. 4 (1990): 53–63.
Staff, Ilse, *Wissenschaftsförderung im Gesamtstaat* (Berlin 1971).
Stamm, Thomas, *Zwischen Staat und Selbstverwaltung. Die deutsche Forschung im Wiederaufbau 1945–1965* (Köln 1981).
Stark, Isolde, „Der Runde Tisch der Akademie und die Reform der Akademie der Wissenschaften der DDR nach der Herbstrevolution 1989. Ein gescheiterter Versuch der Selbsterneuerung", in: *Geschichte und Gesellschaft* 23, no. 3 (1997): 423–445.
Steiner, Adrian / Jarren, Otfried, „Intermediäre Organisationen unter Medieneinfluss? Zum Wandel der politischen Kommunikation von Parteien, Verbänden und Bewegungen", in: Frank Marcinkowski / Barbara Pfetsch (Hg.), *Politik in der Mediendemokratie* (Wiesbaden 2009): 251–269.
Stern, Horst, *Tierversuche* (Reinbek bei Hamburg 1981).
Stifterverband für die Deutsche Wissenschaft, *Dialog Wissenschaft und Gesellschaft. Symposium „Public Understanding of the Sciences and Humanities – International and German Perspectives"* (Essen 1999).
Strunk, Peter, *Ingolf Hertel 60 Jahre. Festakt in Adlershof am 11. Juni 2001* (Berlin 11.06.2001).
Stucke, Andreas, „Brauchen wir ein Forschungsministerium des Bundes?", in: Peter Weingart / Niels C. Taubert (Hg.), *Das Wissensministerium. Ein halbes Jahrhundert Forschungs- und Bildungspolitik in Deutschland* (Weilerswist 2006): 299–307.
Stucke, Andreas, „Der Wissenschaftsrat", in: Svenja Falk / Dieter Rehfeld / Andrea Römmele / Martin Thunert (Hg.), *Handbuch Politikberatung* (Wiesbaden 2006): 248–255.
Stucke, Andreas, „Die Raumfahrtpolitik des Forschungsministeriums. Domänenstruktur und Steuerungsoptionen", in: Johannes Weyer (Hg.), *Technische Visionen – politische Kompromisse. Geschichte und Perspektiven der deutschen Raumfahrt* (Berlin 1993): 37–58.
Stucke, Andreas, „Die westdeutsche Wissenschaftspolitik auf dem Weg zur deutschen Einheit", in: *Aus Politik und Zeitgeschichte*, no. 52 (1992): 3–14.

Stucke, Andreas, *Institutionalisierung der Forschungspolitik* (Frankfurt am Main / New York 1993).
Stucke, Andreas, „Staatliche Akteure der Wissenschaftspolitik", in: Dagmar Simon / Andreas Knie / Stefan Hornbostel / Karin Zimmermann (Hg.), *Handbuch Wissenschaftspolitik* (Wiesbaden ²2016): 485–501.
Sydow, Jörg / Duschek, Stephan, *Management interorganisationaler Beziehungen. Netzwerke, Cluster, Allianzen* (Stuttgart 2011).
Syrbe, Max, „Zum Gedenken an Professor Karl Heinz Beckurts", in: *Physikalische Blätter* 42, no. 10 (1986): 357.
Szöllösi-Janze, Margit, „Archäologie des Wettbewerbs. Konkurrenz in und zwischen Universitäten in (West-)Deutschland seit den 1980er Jahren", in: *Vierteljahrshefte für Zeitgeschichte* 69, no. 2 (2021): 241–276.
Szöllösi-Janze, Margit, „‚Der Geist des Wettbewerbs ist aus der Flasche!' Der Exzellenzwettbewerb zwischen den deutschen Universitäten in historischer Perspektive", in: *Jahrbuch für Universitätsgeschichte* 14 (2011): 49–73.
Szöllösi-Janze, Margit, „Die Arbeitsgemeinschaft der Großforschungseinrichtungen. Identitätsfindung und Selbstorganisation. 1958–1970", in: Margit Szöllösi-Janze / Helmuth Trischler (Hg.), *Großforschung in Deutschland* (Frankfurt am Main / New York 1990): 140–160.
Szöllösi-Janze, Margit, *Geschichte der Arbeitsgemeinschaft der Großforschungseinrichtungen. 1958–1980* (Frankfurt am Main / New York 1990).
Szöllösi-Janze, Margit / Trischler, Helmuth, „Einleitung. Entwicklungslinien der Großforschung in der Bundesrepublik Deutschland", in: Margit Szöllösi-Janze / Helmuth Trischler (Hg.), *Großforschung in Deutschland* (Frankfurt am Main / New York 1990): 13–20.
Szöllösi-Janze, Margit / Trischler, Helmuth (Hg.), *Großforschung in Deutschland* (Frankfurt am Main / New York 1990).
Tauschek, Markus, „Konkurrenznarrative. Zur Erfahrung und Deutung kompetitiver Konstellationen", in: Karin Bürkert / Alexander Engel / Timo Heimerdinger / Markus Tauschek / Tobias Werron (Hg.), *Auf den Spuren der Konkurrenz. Kultur- und sozialwissenschaftliche Perspektiven* (Münster / New York 2019): 87–101.
Tauschek, Markus, „Zur Kultur des Wettbewerbs. Eine Einführung", in: Markus Tauschek (Hg.), *Kulturen des Wettbewerbs. Formationen kompetitiver Logiken* (Münster / München 2013): 7–36.
ter Meulen, Volker, *Jahrbuch der Deutschen Akademie der Naturforscher Leopoldina 2008* (Stuttgart 2009).
Teutsch, Gotthard M., *Tierversuche und Tierschutz* (München 1983).
Thijs, Krijn, „Die Evaluierer aus dem Westen und der Schein der Routine. Zur Begutachtung durch den Wissenschaftsrat am Beispiel der historischen Akademieinstitute in Ost-Berlin", in: Jens Blecher / Jürgen John (Hg.), *Hochschulumbau Ost. Die Transformation des DDR-Hochschulwesens nach 1989/90 in typologisch-vergleichender Perspektive* (Stuttgart 2021): 169–198.
Tils, Ralf, „Politikberatung in der Umweltpolitik", in: Svenja Falk / Dieter Rehfeld / Andrea Römmele / Martin Thunert (Hg.), *Handbuch Politikberatung* (Wiesbaden 2006): 449–459.
Treusch, Joachim, „Nur wer sich öffnet, kann sich behaupten", in: *Frankfurter Allgemeine Zeitung* (03.12.2008): N 1.
Trischler, Helmuth, „50 Jahre Fraunhofer-Gesellschaft", in: *Naturwissenschaftliche Rundschau* 52, no. 4 (1999): 127–132.
Trischler, Helmuth, „Die bundesdeutsche Raumfahrt der 60er Jahre. Forschungs- und technologiepolitische Weichenstellungen", in: Johannes Weyer (Hg.), *Technische Visionen – politische Kompromisse. Geschichte und Perspektiven der deutschen Raumfahrt* (Berlin 1993): 59–72.

Trischler, Helmuth, „Großforschung und Großforschungseinrichtungen", in: Peter Frieß / Peter Steiner (Hg.), *Deutsches Museum Bonn. Forschung und Technik in Deutschland nach 1945* (München 1995): 112–123.

Trischler, Helmuth, *Luft- und Raumfahrtforschung in Deutschland 1900–1970. Politische Geschichte einer Wissenschaft* (Frankfurt am Main / New York 1992).

Trischler, Helmuth, „Planungseuphorie und Forschungssteuerung in den 1960er Jahren in der Luft- und Raumfahrtforschung", in: Margit Szöllösi-Janze / Helmuth Trischler (Hg.), *Großforschung in Deutschland* (Frankfurt am Main / New York 1990): 117–139.

Trischler, Helmuth, „Problemfall – Hoffnungsträger – Innovationsmotor. Die politische Wahrnehmung der Vertragsforschung in Deutschland", in: Peter Weingart / Niels C. Taubert (Hg.), *Das Wissensministerium. Ein halbes Jahrhundert Forschungs- und Bildungspolitik in Deutschland* (Weilerswist 2006): 236–267.

Trischler, Helmuth, *The „Triple Helix" of Space. German Space Activities in a European Perspective* (Noordwijk 2002).

Trischler, Helmuth / vom Bruch, Rüdiger, *Forschung für den Markt. Geschichte der Fraunhofer-Gesellschaft* (München 1999).

Trischler, Helmuth / Walker, Mark (Hg.), *Physics and Politics. Research and Research Support in Twentieth Century Germany in International Perspective* (Stuttgart 2010).

Ulf, Christoph, „Wettbewerbskulturen zwischen Realität und Konstrukt", in: Markus Tauschek (Hg.), *Kulturen des Wettbewerbs. Formationen kompetitiver Logiken* (Münster/München 2013): 75–95.

Ullrich, Christian, *Die Dynamik von Coopetition. Möglichkeiten und Grenzen dauerhafter Kooperation* (Wiesbaden 2004).

Unger, Corinna R., „Making Science European. Towards a History of the European Science Foundation", in: *Contemporanea* 23, no. 3 (2020): 363–383.

van Bebber, Frank, „Ritterrunde im Verborgenen", in: *duz* 67, no. 2 (2011): 35–37.

Vermeulen, Niki, „Big Biology. Supersizing Science During the Emergence of the 21st Century", in: *Zeitschrift für Geschichte der Wissenschaften, Technik und Medizin* 24, no. 2 (2016): 195–223.

Vierhaus, Rudolf / Vom Brocke, Bernhard, *Forschung im Spannungsfeld von Politik und Gesellschaft. Geschichte und Struktur der Kaiser-Wilhelm-/Max-Planck-Gesellschaft* (Stuttgart 1990).

Vits, Ernst H., „Die Aufgaben des Stifterverbandes", in: *Bulletin des Presse- und Informationsamtes der Bundesregierung*, no. 79 (1957): 686–688.

Vogt, Markus, „Konkurrenz und Solidarität. Alternative oder verwobene Formen sozialer Interaktion", in: Thomas Kirchhoff (Hg.), *Konkurrenz. Historische, strukturelle und normative Perspektiven* (Bielefeld 2015): 191–214.

Volf, Darina, „Evolution of the Apollo-Soyuz Test Project. The Effects of the „Third" on the Interplay Between Cooperation and Competition", in: *Minerva* (2021): 1–20.

vom Brocke, Bernhard / Laitko, Hubert (Hg.), *Die Kaiser-Wilhelm-/Max-Planck-Gesellschaft und ihre Institute. Studien zu ihrer Geschichte: Das Harnack-Prinzip* (Berlin / New York 1996).

vom Bruch, Rüdiger, „Vom „Lumpensammler" zur „dritten Säule". Zur Förderung angewandter Forschung in der Fraunhofer-Gesellschaft", in: Rüdiger vom Bruch / Eckart Henning (Hg.), *Wissenschaftsfördernde Institutionen im Deutschland des 20. Jahrhunderts. Beiträge der gemeinsamen Tagung des Lehrstuhls für Wissenschaftsgeschichte an der Humboldt-Universität zu Berlin und des Archivs zur Geschichte der Max-Planck-Gesellschaft, 18.–20.02.1999* (Berlin 1999): 184–199.

vom Bruch, Rüdiger, „Wissenschaft im Gehäuse. Vom Nutzen und Nachteil institutionengeschichtlicher Perspektiven", in: *Berichte zur Wissenschaftsgeschichte* 23, no. 1 (2000): 37–49.

Wagner, Patrick, *Notgemeinschaften der Wissenschaft. Die Deutsche Forschungsgemeinschaft (DFG) in drei politischen Systemen, 1920 bis 1973* (Stuttgart 2021).

Waßer, Fabian, *Von der „Universitätsfabrick" zur „Entrepreneurial University". Konkurrenz unter deutschen Universitäten von der Spätaufklärung bis in die 1980er Jahre* (Stuttgart 2019).

Weber, Max, *Wirtschaft und Gesellschaft. Grundriss der verstehenden Soziologie* (Tübingen ⁵2009).

Weingart, Peter, *Die Stunde der Wahrheit? Zum Verhältnis der Wissenschaft zu Politik, Wirtschaft und Medien in der Wissensgesellschaft* (Weilerswist 2005).

Weingart, Peter, „Keine Angst vor dem Weitblick", in: *duz* 51, no. 19 (1995): 16–18.

Weingart, Peter, „Verwissenschaftlichung der Gesellschaft – Politisierung der Wissenschaft", in: *Zeitschrift für Soziologie* 12, no. 3 (1983): 225–241.

Weingart, Peter, *Wissen – Beraten – Entscheiden. Form und Funktion wissenschaftlicher Politikberatung in Deutschland* (Weilerswist 2008).

Weingart, Peter / Taubert, Niels C., „Das Bundesministerium für Bildung und Forschung", in: Peter Weingart / Niels C. Taubert (Hg.), *Das Wissensministerium. Ein halbes Jahrhundert Forschungs- und Bildungspolitik in Deutschland* (Weilerswist 2006): 11–29.

Weingart, Peter / Taubert, Niels C. (Hg.), *Das Wissensministerium. Ein halbes Jahrhundert Forschungs- und Bildungspolitik in Deutschland* (Weilerswist 2006).

Wenninger, Andreas / Will, Fabienne / Dickel, Sascha u. a., „Ein- und Ausschließen. Evidenzpraktiken in der Anthropozändebatte und der Citizen Science", in: Karin Zachmann / Sarah Ehlers (Hg.), *Wissen und Begründen. Evidenz als umkämpfte Ressource in der Wissensgesellschaft* (Baden-Baden 2019): 31–58.

Werron, Tobias, „Direkte Konflikte, indirekte Konkurrenzen. Unterscheidung und Vergleich zweier Formen des Kampfes", in: *Zeitschrift für Soziologie* 39, no. 4 (2010): 302–318.

Werron, Tobias, „Form und Typen von Konkurrenz", in: Karin Bürkert / Alexander Engel / Timo Heimerdinger / Markus Tauschek / Tobias Werron (Hg.), *Auf den Spuren der Konkurrenz. Kultur- und sozialwissenschaftliche Perspektiven* (Münster / New York 2019): 17–44.

Werron, Tobias, *Zur sozialen Konstruktion moderner Konkurrenzen. Das Publikum in der „Soziologie der Konkurrenz" [Onlineversion]* (Luzern 2009).

Werron, Tobias, „Zur sozialen Konstruktion moderner Konkurrenzen. Das Publikum in der ‚Soziologie der Konkurrenz'", in: Hartmann Tyrell / Otthein Rammstedt / Otto Meyer (Hg.), *Georg Simmels große „Soziologie". Eine kritische Sichtung nach hundert Jahren* (Bielefeld 2011): 227–258.

Weßels, Bernhard, „Die deutsche Variante des Korporatismus", in: Max Kaase / Günther Schmid (Hg.), *Eine lernende Demokratie. 50 Jahre Bundesrepublik Deutschland* (Berlin ²1999): 87–114.

Weßels, Bernhard, „Die Entwicklung des deutschen Korporatismus", in: *Aus Politik und Zeitgeschichte*, no. 26–27 (2000): 16–21.

Westdeutsche Rektorenkonferenz, „Fernschreiben des Bundesverbandes der deutschen Industrie an die Ministerpräsidenten und Finanzminister der Länder vom 21.02.1962", in: *Empfehlungen, Entschließungen und Nachrichten vom Präsidenten mitgeteilt (= Schwarze Hefte)* (1962): 27.

Westdeutsche Rektorenkonferenz, „Presseverlautbarung des Stifterverbandes für die Deutsche Wissenschaft vom 21.02.1962", in: *Empfehlungen, Entschließungen und Nachrichten vom Präsidenten mitgeteilt (= Schwarze Hefte)* (1962): 27.

Westdeutsche Rektorenkonferenz, „Schreiben der Präsidenten der MPG, DFG und WRK an den Bundeskanzler und die Ministerpräsidenten der Länder vom 11.08.1961", in: *Empfehlungen, Entschließungen und Nachrichten vom Präsidenten mitgeteilt (= Schwarze Hefte)* (1962): 16–17.

Westdeutsche Rektorenkonferenz, „Schreiben des Präsidenten der WRK an den Bundeskanzler und – gleichlautend – an den Präsidenten der MPK vom 19.02.1962", in: *Empfehlungen, Entschließungen und Nachrichten vom Präsidenten mitgeteilt (= Schwarze Hefte)* (1962): 26.

Wetzel, Dietmar J., „Soziologie des Wettbewerbs. Ergebnisse einer wirtschafts- und kultursoziologischen Analyse der Marktgesellschaft", in: Markus Tauschek (Hg.), *Kulturen des Wettbewerbs. Formationen kompetitiver Logiken* (Münster/München 2013a): 55–73.

Wetzel, Dietmar J., *Soziologie des Wettbewerbs. Eine kultur- und wirtschaftssoziologische Analyse der Marktgesellschaft* (Wiesbaden 2013b).

Weyer, Johannes, *Akteurstrategien und strukturelle Eigendynamiken. Raumfahrt in Westdeutschland 1945–1965* (Göttingen 1993).

Weyer, Johannes, „Die Raumfahrtpolitik des Bundesforschungsministeriums", in: Peter Weingart / Niels C. Taubert (Hg.), *Das Wissensministerium. Ein halbes Jahrhundert Forschungs- und Bildungspolitik in Deutschland* (Weilerswist 2006): 64–91.

Weyer, Johannes, „Space Policy in West Germany 1945–1965. Strategic Action and Actor Network Dynamics", in: Uwe Schimank / Andreas Stucke (Hg.), *Coping with Trouble. How Science Reacts to Political Disturbances of Research Conditions* (Frankfurt am Main / New York 1994): 333–356.

Wieland, Thomas, *Neue Technik auf alten Pfaden? Forschungs- und Technologiepolitik in der Bonner Republik; eine Studie zur Pfadabhängigkeit des technischen Fortschritts* (Bielefeld 2009).

Wierling, Dorothee, „Oral History", in: Michael Maurer (Hg.), *Aufriß der historischen Wissenschaften. Band 7. Neue Themen und Methoden der Geschichtswissenschaft* (Stuttgart 2003): 81–151.

Will, Fabienne, *Evidenz für das Anthropozän. Die Debatte um das Anthropozän. Wissensbildung und Aushandlungsprozesse an der Schnittstelle von Natur-, Geistes- und Sozialwissenschaften* (Göttingen 2021).

Williamson, Oliver E., *Markets and Hierarchies: Analysis and Antitrust Implications. A Study in the Economics of Internal Organization* (New York, NY 1975).

Wilms, Dorothee, „Thesen zu einer Hochschulpolitik für die 90er Jahre", in: *Mitteilungen des Hochschulverbandes* 31, no. 6 (1983): 306.

Wissenschaft im Dialog, *10 Jahre Wissenschaft im Dialog* (Berlin 2009).

Wissenschaftsrat, *50 Jahre Wissenschaftsrat. Dokumentation der 50-Jahr-Feier am 5. September 2007 im Deutschen Historischen Museum Berlin* (Köln 2008).

Wissenschaftsrat, *Allianz der Wissenschaftsorganisationen* (Köln o. J.). URL: https://www.wissenschaftsrat.de/DE/Ueber-uns/Wissenschaftsrat/Partnerorganisationen/Allianz_der_Wissenschaftsorganisationen/Allianz_der_Wissenschaftsorganisationen_node.html (zuletzt aufgerufen am 14.04.2023).

Wissenschaftsrat, *Aufgaben, Kriterien und Verfahren des Evaluationsausschusses des Wissenschaftsrates* (Berlin 25.01.2008).

Wissenschaftsrat, *Empfehlungen des Wissenschaftsrates zum Ausbau der wissenschaftlichen Einrichtungen. Teil III. Forschungseinrichtungen außerhalb der Hochschulen. Bd. 1* (Köln 1965).

Wissenschaftsrat, *Empfehlungen zu einer Prospektion für die Forschung. Drs. 1645/94* (Berlin 08.07.1994).

Wissenschaftsrat, *Empfehlungen zum Wettbewerb im deutschen Hochschulsystem* (Köln 1985).

Wissenschaftsrat, *Empfehlungen zur künftigen Struktur der Hochschullandschaft in den neuen Ländern und im Ostteil von Berlin. 4 Bde.* (Köln 1992).

Wissenschaftsrat, *Empfehlungen zur Neuordnung der Blauen Liste* (Wiesbaden 1993).

Wissenschaftsrat, *Perspektiven für Wissenschaft und Forschung auf dem Weg zur deutschen Einheit. Zwölf Empfehlungen. Drs. 9847/90* (Berlin 06.07.1990).

Wissenschaftsrat, *Stellungnahme zur Umweltforschung in Deutschland, 2 Bde.* (Köln 1994).

Wissenschaftsrat, *Stellungnahmen zu den außeruniversitären Forschungseinrichtungen in den neuen Ländern und in Berlin. 10 Bde.* (Köln 1992).

Wissenschaftsrat, *Systemevaluation der Blauen Liste. Stellungnahme des Wissenschaftsrates zum Abschluß der Bewertung der Einrichtungen der Blauen Liste.* (Leipzig 2000).
Wissenschaftsrat, *Systemevaluation der HGF. Stellungnahme des Wissenschaftsrates zur Hermann von Helmholtz-Gemeinschaft Deutscher Forschungszentren.* (Berlin 2001).
Wissenschaftsrat, *Thesen zur künftigen Entwicklung des Wissenschaftssystems in Deutschland* (Köln 2000).
Wissenschaftsrat, *Wissenschaftsrat empfiehlt Neuordnung von Struktur und Arbeit der Hermann-von-Helmholtz-Gemeinschaft Deutscher Forschungszentren (HGF).* Drs. 3/01 (Berlin 22.01.2001).
Wissenschaftsrat, *Wissenschaftsrat verabschiedet Stellungnahmen zu Instituten der Blauen Liste und zum Gmelin-Institut.* Drs. 24/96 (Berlin 12.07.1996).
Wissenschaftsrat, *Wissenschaftsrat verabschiedet Systemevaluation der Blauen Liste.* Drs. 17/00 (Köln 21.11.2000).
Wissenschaftsrat, *Wissenschaftsrat verabschiedet umfassende Stellungnahme zur Materialforschung in Deutschland.* Drs. 7/96 (Köln 23.01.1996).
Wissenschaftsrat, *Wissenschaftsrat verabschiedet umfassende Stellungnahme zur Umweltforschung.* Drs. 10/94 (Köln 26.05.1994).
Wissenschaftsrat, *Wissenschaftsrat verabschiedet weitere drei Stellungnahmen zu Instituten der Blauen Liste.* Drs. 19/97 (Berlin 14.11.1997).
Wissenschaftsrat, *Wissenschaftsrat verabschiedet weitere fünf Stellungnahmen zu Instituten der Blauen Listen.* Drs. 13/97 (Köln 15.07.1997).
Wissenschaftsrat, *Wissenschaftsrat, 1957–1982* (Köln 1983).
Wolf, Hans-Georg, „German Unification as a Steamroller? The Institutes of the Academy of Sciences of the GDR in the Period of Transformation", in: Uwe Schimank / Andreas Stucke (Hg.), *Coping with Trouble. How Science Reacts to Political Disturbances of Research Conditions* (Frankfurt am Main / New York 1994): 189–232.
Wolf, Hans-Georg, *Organisationsschicksale im deutschen Vereinigungsprozess. Die Entwicklungswege der Institute der Akademie der Wissenschaften der DDR* (Frankfurt am Main 1996).
Wolfrum, Edgar, *Die Bundesrepublik Deutschland. 1949–1990* (Stuttgart [10]2011).
Wollmann, Hellmut, „Entwicklungslinien der Technologiepolitik in Deutschland. Bestimmungsfaktoren, Zielsetzungen und politische Zuständigkeiten im Wandel", in: Jochen Hucke / Hellmut Wollmann (Hg.), *Dezentrale Technologiepolitik? Technikförderung durch Bundesländer und Kommunen* (Basel/Boston/Berlin 1989): 35–75.
Woratschek, Herbert / Roth, Stefan, „Kooperation. Erklärungsperspektive der Neuen Institutionenökonomik", in: Joachim Zentes / Bernhard Swoboda / Dirk Morschett (Hg.), *Kooperationen, Allianzen und Netzwerke. Grundlagen – Ansätze – Perspektiven* (Wiesbaden [2]2005): 141–166.
Zacher, Hans F., „Herausforderungen an die Forschung. Ansprache des neuen Präsidenten der MPG", in: *MPG Spiegel*, no. 4 (1990): 63–68.
Zentes, Joachim / Swoboda, Bernhard / Morschett, Dirk (Hg.), *Kooperationen, Allianzen und Netzwerke. Grundlagen – Ansätze – Perspektiven* (Wiesbaden [2]2005).
Zierold, Kurt, *Forschungsförderung in drei Epochen. Deutsche Forschungsgemeinschaft; Geschichte, Arbeitsweise, Kommentar* (Wiesbaden 1968).

Wissenschaftsrat, *Systemevaluation der Blauen Liste. Stellungnahme des Wissenschaftsrates zum Abschluß der Bewertung der Einrichtungen der Blauen Liste.* (Leipzig 2000).
Wissenschaftsrat, *Systemevaluation der HGF. Stellungnahme des Wissenschaftsrates zur Hermann von Helmholtz-Gemeinschaft Deutscher Forschungszentren.* (Berlin 2001).
Wissenschaftsrat, *Thesen zur künftigen Entwicklung des Wissenschaftssystems in Deutschland* (Köln 2000).
Wissenschaftsrat, *Wissenschaftsrat empfiehlt Neuordnung von Struktur und Arbeit der Hermann-von-Helmholtz-Gemeinschaft Deutscher Forschungszentren (HGF).* Drs. 3/01 (Berlin 22.01.2001).
Wissenschaftsrat, *Wissenschaftsrat verabschiedet Stellungnahmen zu Instituten der Blauen Liste und zum Gmelin-Institut.* Drs. 24/96 (Berlin 12.07.1996).
Wissenschaftsrat, *Wissenschaftsrat verabschiedet Systemevaluation der Blauen Liste.* Drs. 17/00 (Köln 21.11.2000).
Wissenschaftsrat, *Wissenschaftsrat verabschiedet umfassende Stellungnahme zur Materialforschung in Deutschland.* Drs. 7/96 (Köln 23.01.1996).
Wissenschaftsrat, *Wissenschaftsrat verabschiedet umfassende Stellungnahme zur Umweltforschung.* Drs. 10/94 (Köln 26.05.1994).
Wissenschaftsrat, *Wissenschaftsrat verabschiedet weitere drei Stellungnahmen zu Instituten der Blauen Liste.* Drs. 19/97 (Berlin 14.11.1997).
Wissenschaftsrat, *Wissenschaftsrat verabschiedet weitere fünf Stellungnahmen zu Instituten der Blauen Listen.* Drs. 13/97 (Köln 15.07.1997).
Wissenschaftsrat, *Wissenschaftsrat, 1957–1982* (Köln 1983).
Wolf, Hans-Georg, „German Unification as a Steamroller? The Institutes of the Academy of Sciences of the GDR in the Period of Transformation", in: Uwe Schimank / Andreas Stucke (Hg.), *Coping with Trouble. How Science Reacts to Political Disturbances of Research Conditions* (Frankfurt am Main / New York 1994): 189–232.
Wolf, Hans-Georg, *Organisationsschicksale im deutschen Vereinigungsprozess. Die Entwicklungswege der Institute der Akademie der Wissenschaften der DDR* (Frankfurt am Main 1996).
Wolfrum, Edgar, *Die Bundesrepublik Deutschland. 1949–1990* (Stuttgart [10]2011).
Wollmann, Hellmut, „Entwicklungslinien der Technologiepolitik in Deutschland. Bestimmungsfaktoren, Zielsetzungen und politische Zuständigkeiten im Wandel", in: Jochen Hucke / Hellmut Wollmann (Hg.), *Dezentrale Technologiepolitik? Technikförderung durch Bundesländer und Kommunen* (Basel/Boston/Berlin 1989): 35–75.
Woratschek, Herbert / Roth, Stefan, „Kooperation. Erklärungsperspektive der Neuen Institutionenökonomik", in: Joachim Zentes / Bernhard Swoboda / Dirk Morschett (Hg.), *Kooperationen, Allianzen und Netzwerke. Grundlagen – Ansätze – Perspektiven* (Wiesbaden [2]2005): 141–166.
Zacher, Hans F., „Herausforderungen an die Forschung. Ansprache des neuen Präsidenten der MPG", in: *MPG Spiegel*, no. 4 (1990): 63–68.
Zentes, Joachim / Swoboda, Bernhard / Morschett, Dirk (Hg.), *Kooperationen, Allianzen und Netzwerke. Grundlagen – Ansätze – Perspektiven* (Wiesbaden [2]2005).
Zierold, Kurt, *Forschungsförderung in drei Epochen. Deutsche Forschungsgemeinschaft; Geschichte, Arbeitsweise, Kommentar* (Wiesbaden 1968).

9 Personenregister

Abelshauser, Werner 34
Adenauer, Konrad 55, 68 f., 73, 74 (Anm. 117), 75
Ash, Mitchell G. 22, 31 (Anm. 80), 32, 186, 188 (Anm. 81)
Aufderheide, Enno 274
Balcar, Jaromír 109
Balke, Siegfried 65–69, 92 (Anm. 17), 284
Ballreich, Hans 120
Bartz, Olaf 59 (Anm. 47), 60, 75, 89, 187 (Anm. 75), 196 (Anm. 122), 200 (Anm. 142), 204, 213 (Anm. 215), 267
Beckurts, Karl Heinz 139, 148–152, 157
Benz, Winfried 196 (Anm. 122), 199, 230, 265 f., 269 f.
Berchem, Theodor 127, 235 f., 293
Bludau, Barbara 269 f.
Bode, Christian 119 (Anm. 123), 127, 164 (Anm. 302), 236
Bourdieu, Pierre 32 (Anm. 87)
Brandt, Willy 89 f., 92, 96, 101
Breitenbach, Diether 200
Bruch, Rüdiger vom 40, 44 (Anm. 140), 89
Budig, Peter-Klaus 180
Bulmahn, Edelgard 218, 221, 223, 247 (Anm. 387)
Bülow, Andreas von 101, 105 f., 110, 112 (Anm. 100), 139 f., 242
Cartellieri, Wolfgang 77 (Anm. 127), 82
Coing, Helmut 55 f., 60, 72, 119, 123
Dahs-Odenthal, Dagmar 273 (Anm. 51)
Dohnanyi, Klaus von 96
Ehmke, Horst 96, 98–101, 104, 147, 161
Erhard, Ludwig 78, 82, 85
Erichsen, Hans-Uwe 184, 192 f., 229
Fischer, Jürgen 93, 164 (Anm. 302)

Fleischmann, Klaus 164 f.
Frühwald, Wolfgang 124, 127 (Anm. 156), 210
Gabriel, Helmut 200
Ganten, Detlev 233 (Anm. 324)
Gaul, Jens-Peter 273
Grunwald, Reinhard 269 f.
Hahn, Otto 59
Hasemann, Karl-Gotthart 120
Hasenclever, Wolfgang 183, 229, 232
Hassel, Kai-Uwe von 81 f., 85
Hauff, Volker 100 f., 105
Haunschild, Hans-Hilger 103
Hausen, Harald zur 168, 170
Heimpel, Hermann 93
Hempel, Gotthilf 164–166
Heppe, Hans von 78, 84, 92, 103
Herbert, Ulrich 40
Hertel, Ingolf 39 (Anm. 111), 233–235
Hess, Gerhard 54–57, 60, 67 f., 71, 74 f., 123, 198
Heß, Jürgen 269
Heuss, Theodor 59 f.
Hintze, Patrick 43 (Anm. 133), 213 (Anm. 215)
Hippler, Horst 279 (Anm. 69)
Hoegner, Wilhelm 53
Hoffmann, Dieter 42
Hoffmann, Karl-Heinz 200
Hohn, Hans-Willy 109
Jochimsen, Reimut 148
Keller, Heinz 161 f., 164, 242
Kiechle, Ignaz 254
Kielwein, Gerhard 127
Kiesinger, Kurt Georg 90
Klinkmann, Horst 186 (Anm. 73)
Kohl, Helmut 101 (Anm. 55), 107 (Anm. 81), 111, 135, 157, 196, 235, 242, 248, 254, 256 (Anm. 437)

Kreyenberg, Peter 188 (Anm. 80)
Kröll, Walter 220, 250, 274
Krüger, Paul 248
Kuhn, Richard 59 f.
Lange, Josef 269
Lehmbruch, Gerhard 33 (Anm. 92)
Lehr, Günther 103 (Anm. 60), 131 (Anm. 172)
Lenz, Hans 69 f., 82, 286
Leussink, Hans 67 f., 72 (Anm. 106), 74, 90, 92–97, 101, 103 f., 123, 126, 146, 198
Luhmann, Niklas 31 (Anm. 82), 34 f.
Lüst, Reimar 123, 127, 129, 136 f., 150, 153–155, 162, 190, 197 f., 201–203, 205, 236, 243, 293
Maier-Leibnitz, Heinz 122 (Anm. 132), 150
Markl, Hubert 123, 165 (Anm. 309), 166–168, 170, 177, 183 f., 198, 214, 216, 227, 233, 268, 270
Marsch, Edmund 273 (Anm. 51)
Matthöfer, Hans 101 f., 104 f., 134, 136–138
Merton, Robert K. 30
Meyer, Hans Joachim 185 (Anm. 62)
Neuweiler, Gerhard 194–204, 207, 291 f., 298
Orth, Karin 67 (Anm. 86), 89
Osietzki, Maria 40
Parthier, Benno 238 f.
Pobell, Frank 268
Putlitz, Gisbert zu 113, 139, 141, 153–155
Radkau, Joachim 65
Raiser, Ludwig 60, 71 f., 75, 123, 198
Ranft, Dietrich 128 (Anm. 160)
Riesenhuber, Heinz 106 f., 111, 115, 135, 177, 180, 184–188, 243, 245, 247 f., 254, 256
Rüttgers, Jürgen 108, 209, 235, 259
Schäffer, Fritz 53
Schaumann, Fritz 200
Scheibe, Hubertus 126
Scheidemann, Karl-Friedrich 102 (Anm. 60), 104
Schettler, Gotthard 166, 168–170, 228
Schimank, Uwe 109
Schipanski, Dagmar 265
Schneider, Christoph 123 (Anm. 135)

Schneider, Friedrich 78, 119 f., 123, 128–130, 238, 241, 294
Schönstädt, Marie-Christin 41 (Anm. 121), 189 (Anm. 89), 208 (Anm. 183)
Schopper, Herwig 139, 152 f., 158
Schröder, Gerhard (Bundesinnenminister) 55, 60
Schröder, Gerhard (Bundeskanzler) 218
Schulte, Hansgerd 127, 236
Schulze, Winfried 265 f.
Seebohm, Hans-Christoph 60
Seibold, Eugen 115, 153, 243
Seidel, Hinrich 168
Servan-Schreiber, Jean-Jacques 240 f.
Simmel, Georg 23 f., 107
Simon, Dieter 166, 168–170, 184, 192 f., 195, 198, 228, 233
Speer, Julius 78, 119, 123
Staab, Heinz A. 22, 115, 137, 164 f., 168, 170, 179 f. 227
Stamm, Thomas 40, 68 (Anm. 89)
Stern, Horst 252
Stoltenberg, Gerhard 78, 82–86, 92, 94, 102–104, 106, 111, 160, 286
Strauß, Franz Josef 60, 63, 65 f., 69, 81
Syrbe, Max 157, 180–182
Szöllösi-Janze, Margit 40, 148 (Anm. 241)
Tellenbach, Gerd 56, 60
Terpe, Frank 185 (Anm. 62)
Thomas, Uwe 219
Trischler, Helmuth 42, 44 (Anm. 140), 89
Turner, George 93 (Anm. 22), 153
Unger, Corinna 129 (Anm. 161)
Vits, Ernst H. 57
Winnacker, Ernst-Ludwig 216
Wissmann, Matthias 248
Zacher, Hans F. 179, 182 f., 187 f., 213, 229, 246, 291
Zajonc, Horst 164 (Anm. 303)
Zierold, Kurt 41 (Anm. 118), 54
Ziller, Gebhard 177, 248